人工智能
科学与技术丛书

语音信号处理

（第3版）

韩纪庆　张磊　郑铁然 ◎编著
Han Jiqing　Zhang Lei　Zheng Tieran

SPEECH SIGNAL PROCESSING
THIRD EDITION

清华大学出版社
北京

内 容 简 介

本书系统地介绍语音信号处理的基础、概念、原理、方法与应用。全书共分 9 章。第 1 章介绍语音信号处理及其发展过程;第 2 章介绍语音信号的产生与人类听觉的机理,传统的线性语音产生模型,以及非线性语音产生模型;第 3 章从语音信号的时域特征入手,引入时频分析的思想,并进一步阐述时频分析中短时傅里叶变换和小波变换在语音信号特征分析中的应用,最后对广泛使用的倒谱特征以及同态解卷积进行介绍;第 4 章介绍语音信号的线性预测原理、解法、几种推演方法以及线谱对分析法;第 5 章介绍语音编码的相关知识,包括语音的波形编码、极低速率语音编码技术,以及相关编码器的性能指标和评测方法;第 6 章介绍语音识别的基本内容,从基于矢量量化的识别技术到动态时间归正的识别技术,从隐马尔可夫模型技术到基于深度学习的语音识别技术,从孤立词识别到连接词识别及连续语音识别技术,再到关键词检出技术,最后还介绍新兴起的语音识别应用技术,以及用于 HMM 系统构建的 HTK 工具和用于深度学习系统构建的 Kaldi 工具等;第 7 章介绍说话人识别的基本内容,从基于 GMM-UBM 的识别技术到基于支持向量机的识别技术,从基于联合因子分析的识别技术到基于 i-vector 的识别技术,以及近年来受到关注的基于深度学习的识别技术等;第 8 章介绍顽健语音识别技术,从影响语音识别性能的环境变化因素分析开始,介绍噪声环境下顽健语音识别技术,以及变异语音识别的技术;第 9 章介绍语音合成的基本原理、线性预测合成、共振峰合成以及汉语按规则合成,以及基于 HMM 的合成技术等内容。

本书可作为高等院校计算机应用、信号与信息处理、通信与电子系统等专业及学科的高年级本科生、研究生教材,也可供该领域的科研及工程技术人员参考。

图书在版编目(CIP)数据

语音信号处理/韩纪庆,张磊,郑铁然编著. —3 版. —北京:清华大学出版社,2019(2024.1重印)
(人工智能科学与技术丛书)
ISBN 978-7-302-51760-3

Ⅰ.①语… Ⅱ.①韩… ②张… ③郑… Ⅲ.①语声信号处理—青少年读物 Ⅳ.①TN912.3-49

中国版本图书馆 CIP 数据核字(2018)第 271405 号

责任编辑:盛东亮
封面设计:李召霞
责任校对:李建庄
责任印制:沈 露

出版发行:清华大学出版社
    网　　址:https://www.tup.com.cn,https://www.wqxuetang.com
    地　　址:北京清华大学学研大厦 A 座　　　　　　邮　　编:100084
    社 总 机:010-83470000　　　　　　　　　　　邮　　购:010-62786544
    投稿与读者服务:010-62776969,c-service@tup.tsinghua.edu.cn
    质量反馈:010-62772015,zhiliang@tup.tsinghua.edu.cn
    课件下载:https://www.tup.com.cn,010-83470236
印 装 者:三河市铭诚印务有限公司
经　　销:全国新华书店
开　　本:185mm×260mm　　印　　张:27.25　　　　字　　数:663 千字
版　　次:2004 年 9 月第 1 版　2019 年 5 月第 3 版　　印　　次:2024 年 1 月第 7 次印刷
定　　价:89.00 元

产品编号:078637-01

前 言
PREFACE

语音信号处理以语音为研究对象,涉及心理学、生理学、语言学、数字信号处理、模式识别、人工智能、机器学习等诸多研究领域,甚至还涉及人说话时的表情、手势等体态语言信息。由于语音是人们日常生活中的主要交流手段,因此语音信号处理在现代信息社会中占有重要地位。

语音信号处理的研究工作最早可以追溯到 19 世纪 70 年代,在 20 世纪得到了长足的发展,并在 20 世纪 90 年代,随着 IBM、Microsoft、Apple、AT&T、NTT 等著名公司为语音识别的实用化开发投以巨资,掀起了语音信号处理技术的应用热潮。进入 21 世纪,伴随着以深度神经网络为代表的深度学习理论的全面突破、以通用图形处理器(GPU)为代表的硬件技术的迅猛发展,语音识别的性能得到显著提高,从而迎来了语音信号处理技术的蓬勃发展。

目前在语音信号处理领域中不断有新的技术涌现。本书再版的目的就是将这些新的技术融合到已有的相关理论与技术中。全书以语音信号处理过程的总体框架为线索,全面阐述语音信号的前端处理技术、语音编码技术、语音识别和说话人识别技术,以及语音合成技术。相对于上一版,本书补充了基于深度学习的语音识别、基于 i-vector 的说话人识别等本领域的前沿理论和技术,以利于读者充分了解最新的学术发展动态,并能在学术思想上受到启发。同时,书中也介绍了当前深度学习方法中广泛采用的 Kaldi 工具的使用技巧,以帮助读者掌握相关的实践手段。

本书涉及作者承担的多项国家自然科学基金项目的部分研究成果,在内容上既注重基本理论的系统性,又兼顾实用性和可读性,可作为高等院校计算机应用、信号与信息处理、通信与电子系统等专业及学科的高年级本科生、研究生教材,也可供该领域的科研及工程技术人员参考。

本书的第 1、2、4 章由韩纪庆编写,第 3、6、9 章由张磊编写,第 5、7、8 章由郑铁然编写。韩纪庆负责全书的总体安排和审定。在新版增加的内容中,郑铁然在基于深度学习的语音识别部分、陈晨在说话人识别部分、史秋莹在 Kaldi 工具部分的撰写上作出了重要贡献。郑贵滨为书稿的完善做了大量工作,在此表示感谢!

本书虽然是作者从事语音信号处理工作 30 年的理论与实践的结晶,但因作者水平有限、时间仓促,缺点和错误在所难免,敬请读者批评指正,提出宝贵意见。

作　者
于哈尔滨工业大学
2019 年 1 月

目录
CONTENTS

绪　　论

语言是人类最重要的交流工具,它自然方便、准确高效。随着社会的不断发展,各种各样的机器参与了人类的生产活动和社会活动,因此改善人和机器之间的关系,方便人对机器的操纵就显得越来越重要。随着电子计算机和人工智能机器的广泛应用,人们发现,人和机器之间最好的通信方式是语言通信。而语音是语言的声学表现形式;要使机器听懂人的语言并能使用人类的语言进行表达,需要做很多工作,这就是研究了几十年的语音识别和语音合成技术。而随着移动通信的迅猛发展,人们可以随时随地通过电话进行交流,其中语音压缩编码技术发挥着重要的作用。上述这些应用领域构成了语音信号处理技术的主要研究内容。

语音信号处理是语音学与数字信号处理技术相结合的交叉学科,它和认知科学、心理学、语言学、计算机科学、模式识别和人工智能等学科联系紧密;语音信号处理技术的发展依赖这些学科的发展,而语音信号处理技术的进步也会促进这些学科的进步。

1.1　语音信号处理的发展

语音信号处理的研究工作最早可以追溯到 1876 年贝尔发明的电话,它首次完成了用声电—电声转换来实现远距离传输语音的技术。1939 年,Dudley 研制成功了第一个声码器,从此奠定了语音产生模型的基础,这一工作在语音信号处理领域具有划时代的意义。1947年,贝尔实验室发明了语谱图仪,将语音信号的时变频谱用图形表示出来,为语音信号的分析提供了一个有力的工具。1948 年,美国 Haskins 实验室研制成功"语图回放机",它把手工绘制在薄膜片上的语谱图自动转换为语音,可以进行语音合成。共振峰合成方法就是源于这一思想。

对语音识别而言,它的研究相对较晚,起源于 20 世纪 50 年代。语音识别技术的根本目的是研究出一种具有听觉功能的机器,能接收人类的语音,理解人的意图。由于语音识别本身所固有的难度,人们提出了各种限制条件下的研究任务,并由此产生了不同的研究领域。这些领域包括:按说话人的限制,可分为特定说话人语音识别和非特定说话人语音识别;按词汇量的限制,可划分为小词汇量、中词汇量和大词汇量的识别;按说话方式的限制,可分为孤立词识别和连续语音识别等。最简单的研究领域是特定说话人小词汇量孤立词的识别,而最难的则是非特定说话人大词汇量连续语音的识别。

1952 年,贝尔实验室的 Davis 等研制了特定说话人孤立数字识别系统。该系统利用每个数字元音部分的频谱特征进行识别。1956 年,RCA 实验室的 Olson 等也独立地研制出 10 个单音节词的识别系统,系统采用从带通滤波器组获得的频谱参数作为语音的特征。1959 年,Fry 和 Denes 等尝试构建音素识别器来识别 4 个元音和 9 个辅音,采用频谱分析和模式匹配来进行识别决策,其突出贡献在于,使用了英语音素序列中的统计信息来改进词中音素的精度。1959 年,MIT 林肯实验室的 Forgie 等,采用声道的时变估计技术对 10 个元音进行识别。

20 世纪 60 年代初期,日本的很多研究者开发了相关的特殊硬件来进行语音识别,如东京无线电研究实验室 Suzuki 等研制的通过硬件来进行元音识别的系统。在此期间开展的很多研究工作对后来近二十年的语音识别研究产生了很大的影响。RCA 实验室的 Martin 等在 20 世纪 60 年代末开始研究语音信号时间尺度不统一的解决办法,开发了一系列的时间归正方法,明显地改善了识别性能。与此同时,苏联的 Vintsyuk 提出了采用动态规划方法来解决两个语音的时间对准问题。尽管这是动态时间弯折算法(dynamic time warping,DTW)的基础,也是连接词识别算法的初级版,但 Vintsyuk 的工作并不为学术界的广大研究者所知,直到 20 世纪 80 年代大家才知道 Vintsyuk 的工作,而这时 DTW 方法已广为人知。

值得一提的是 20 世纪 60 年代中期,斯坦福大学的 Reddy 开始尝试用动态跟踪音素的方法来进行连续语音的识别。后来 Reddy 加入卡内基梅隆大学,多年来在连续语音识别上开展了卓有成效的工作,直至现在仍然在此方面居于领先地位。

20 世纪 70 年代之前,语音识别的研究特点是以孤立词的识别为主。20 世纪 70 年代,语音识别研究在多方面取得了诸多的成就,在孤立词识别方面,日本学者 Sakoe 给出了使用动态规划方法进行语音识别的途径——DTW 算法,它是把时间归正和距离测度计算结合起来的一种非线性归正技术。这是语音识别中一种非常成功的匹配算法,当时在小词汇量的研究中获得了成功,从而掀起了语音识别的研究热潮。Itakura 利用语音编码中广泛使用的线性预测编码(linear predictive coding,LPC)技术,通过定义基于 LPC 频谱参数的合适的距离测度,成功地将其扩展应用到语音识别中。以 IBM 为首的一些研究单位还着手开展了连续语音识别的研究,AT&T 的贝尔实验室也开展了一系列非特定说话人语音识别方面的研究工作。

应该指出的是,20 世纪 70 年代,人工智能技术开始被引入到语音识别中。美国国防部的高级研究规划局(Advanced Research Projects Agency,ARPA)组织了有卡内基梅隆大学等五个单位参加的一项大规模语音识别和理解的研究计划,当时专家们认为:要使语音识别研究获得突破性进展,必须让计算机像人那样具有理解语言的智能,而不必过多地在孤立词识别上下功夫。在这个历时五年的庞大的研究计划中,最终在语言理解、语言的统计模型等方面积累了经验,其中卡内基梅隆大学完成的 Hearsay-II 和 Harpy 两个系统效果最好。在这两个系统中,引用了"黑板模型"来完成底层和顶层之间不同层次的信息交换和规则调用,成为以后其他专家系统研究工作中的一种规范。但从整体上看,这个计划并没有取得突破性的进展。

20 世纪 70 年代末 80 年代初,Linda、Buzo、Gray 等提出了矢量量化(vector quantization)码本生成的方法,并将矢量量化技术成功地应用到语音编码中,从此矢量量化技术不仅在语音识别、语音编码和说话人识别等方面发挥了重要的作用,而且很快推广应用到其他领域。这一时代,语音识别的研究重点之一是连接词识别,典型的工作是进行数字串的识别。研究者提出了各种连接词语音识别算法,大多数工作是基于对独立的词模板进行拼接来进行匹配的方法,如两级动态规划识别算法、分层构筑(level building)、帧同步(frame synchronous)分层构筑方法等。这些方法都有各自的特点,广泛用于连接词识别当中。

20 世纪 80 年代开始,语音识别研究的一个重要进展,就是识别算法从模式匹配技术转向基于统计模型的技术,更多地追求从整体统计的角度来建立最佳的语音识别系统。隐马尔可夫模型(hidden markov model,HMM)技术就是其中的一个典型;尽管开始的时候仅有较少的单位采用这种模型,但由于该模型能很好地描述语音信号的时变性和平稳性,具有把从声学—语言学到句法等统计知识全部集成在一个统一框架中的优点,因此从 20 世纪80 年代起,它被广泛地应用到语音识别研究中。直到目前为止,HMM 方法仍然是语音识别研究中的主流方法。HMM 的研究使大词汇量连续语音识别系统的开发成为可能。20世纪 80 年代末,美国卡内基梅隆大学用 VQ/HMM 实现了 997 词的非特定人连续语音识别系统 SPHINX,这是世界上第一个高性能的非特定人、大词汇量、连续语音识别系统。此外,BBN 的 BYBLOS 系统,林肯实验室的识别系统等也都具有很好的性能。这些研究工作开创了语音识别的新时代。

从 20 世纪 80 年代后期和 90 年代初开始,人工神经网络(artificial neural network,ANN)的研究异常活跃,并且被应用到语音识别的研究中。进入 20 世纪 90 年代后,相应的研究工作在模型设计的细化、参数提取和优化,以及系统的自适应技术等方面取得了一些关键性的进展,使语音识别技术进一步成熟,并且出现一些很好的产品。许多发达国家,如美国、日本、韩国,以及 IBM、Microsoft、Apple、AT&T、NTT 等著名公司都为语音识别系统的实用化开发研究投以巨资。

进入 21 世纪,基于深度学习理论的语音识别得到了全面突破,识别性能显著提高。2006 年,加拿大多伦多大学的 Hinton 等提出了一种深度神经网络(deep neural network,DNN)模型——深度置信网络模型(deep belief network,DBN)。它由一组受限玻尔兹曼机(restricted boltzmann machine,RBM)堆叠而成,其核心部分是贪婪的逐层无监督学习算法,其时间复杂度与网络的大小及深度呈线性关系。通过先使用 DBN 来对包含多个隐层的多层感知机进行预训练,然后通过反向传播算法来进行微调(fine-tuning),能够提供一种解决深层网络优化过程中过拟合和梯度消失问题的有效途径。

通常对 DNN 等深度模型的训练需要具有强大计算能力的设备,而近年来以通用图形处理器(graphics processing unit,GPU)为代表的硬件技术的迅猛发展,有力支撑了深度学习理论与方法的高效实现。

最早将深度神经网络方法成功应用到语音识别中的研究机构是多伦多大学与微软研究院。他们使用 DNN 代替传统的 GMM-HMM 系统中的高斯混合模型,以音素状态为建模单位,提出了 DNN-HMM 的识别方法,显著降低了误识率,从而引发了基于深度神经网络的语音识别热潮。此后,随着深度学习技术的发展,卷积神经网络(convolutional neural networks,CNN)和循环神经网络(recurrent neural networks,RNN)等网络结构成功地应用到语音识别任务中。它们与传统的 DNN 方法相比展现出了各自的优势,受到越来越广泛的关注。目前,能够彻底摆脱 HMM 框架的端到端语音识别技术正日益成为语音识别研究的焦点,无论是学术机构,还是工业界都投入大量的人力和财力,致力于此方面的研究。

近年来,语音识别研究工作更趋于解决在真实环境应用时所面临的实际问题,这可从作为国际语音识别研究热点风向标的 NIST(national institute of standards and technology)评测情况反映出来:其评测的语音类型已从最初的朗读语音到广播语音,再到后来的交谈式电话语音(conversational telephone speech),发展到目前真实场景的会议语音。相对于广播语音,交谈式电话语音增加了相应的难度,具体表现在:发音多为自发的口语语音,存在着大量的不流利(如犹豫词、重复、更正等)现象,同时,语音内容和词汇的随机性明显增加。此外,针对实际的电话线路,噪声的影响较大。2002 年,美国国防部先进研究项目局(Defense Advanced Research Projects Agency,DARPA)提出了一个"EARS-Effective, Affordable and Reusable Speech-to-text(高效低耗可重用语音文字转化)"的项目,把 NIST 的语音评测推到了又一个新的时代——丰富的语音文本(rich transcription,RT)转写,其要求不仅将语音所对应的文字显示出来,而且要将语音中的其他丰富信息,如文字之间的标点符号、句词之间的停顿、说话人等也能同时识别出来。从 2004 年的评测结果看,对广播语音和电话语音的词错误率(word error rates,WERs)已分别下降到 10% 和 15% 以下。从 2005 年起,NIST 评测的语音类型转变为英语会议语音,包括磋商式会议(conference meeting)和演讲式会议(lecture meeting),其特点是研究真实会议场景中多人多方对话时的口语语音识别。相对于交谈式电话语音,会议语音又增加了相应的难度,表现在:必须解决会议场景中处于不同位置上说话人语音数据的有效采集问题,以及在多人交谈相互语音有少部分交叠时各自语音的分离问题。为此,NIST 评测中开始提供采用远离用户,且处于空间上多个位置、摆放形式多样的多麦克风或麦克风阵列采集来的现场数据作为评测的语料。从 2007 年进行的评测结果看,会议语音的词错误率在 40%~50% 之间。2009 年的评测内容基本与 2007 年相同,所不同的是仅进行磋商式会议语音的评测,同时为各个测试任务定义了视频和音视频的输入条件。

目前无论从 NIST 评测的内容看,还是欧美发达国家的关注点看,研究真实场景中多人多方对话时的口语语音识别是当前语音识别的研究热点之一。从处理口语语音与朗读语音的方法看,其不同之处在于声学模型的自适应(acoustic adaptation)和发音词典自适应(lexicon adaptation)方面。声学模型自适应常采用基于最大似然线性回归(maximum likelihood linear regression,MLLR)和最大后验概率(maximum a posteriori,MAP)的方法。这两种方法是当前最为有效的自适应方法,许多新的自适应方法都是从二者中派生出来的。发音词典自适应常采用发音变化建模(pronunciation variation modeling)相关技术,主要研究由说话方式、语速、口音等带来的影响。

口语语音识别的另一个挑战是缺乏建立在大量口语文本语料之上良好的语言模型。朗读语音识别器所使用的统计语言模型,实际上都要依赖于大规模的训练语料,但是同样量级的口语语言的文字脚本还难以实现。口语语音中的不连贯进一步增加了语言模型估计的难度。目前研究者正致力于多种口语语言模型的建模方法研究。

当前语音识别研究的另一个趋势是,不再只单纯地关注大词表连续语音识别的精度,而是从实际的应用角度出发,积极探索机器对人类的语音进行感知与理解的途径和方法。而从整个计算领域的发展趋势看,近年的研究热点之一是普适计算,计算的模式与物理位置也正从传统的桌面方式逐步向以嵌入式处理为特征的无处不在的方式发展,比较典型的是移动计算方式。因此对语音处理而言,探讨在典型的移动方式下的语音感知与理解机制,实现能根据用户的语音内容及所处的音频场景,并借助其他辅助信息(如地理位置、时间等)自主地感知和理解用户的意图及情感倾向,从而提供更智能化、人性化的人机交互手段,具有重要的理论意义与现实意义。同时,随着网络技术和移动计算技术的迅速发展,出现了网络环境下的语音识别技术、嵌入式和计算资源有限时的语音识别技术、语种识别技术、基于语音的情感处理技术等一些新的研究方向。

在国内,20世纪50年代末就有人尝试用电子管电路进行元音识别,而到了70年代才由中科院声学所开始了计算机语音识别的研究。在此之后,有关专家也开始撰文介绍这方面的工作。从20世纪80年代开始,很多单位陆续参加到这一行列中来,它们纷纷采用不同的方法,开展了从最初的特定说话人中、小词汇量孤立词识别,到非特定说话人大词汇量连续语音识别的研究工作。20世纪80年代末,以汉语全音节识别作为主攻方向的研究已经取得了相当大的进展,一些汉语语音输入系统已向实用化迈进。四达技术开发中心、星河公司等相继推出了相应的实际产品。清华大学、中科院声学所在无限词汇的汉语听写机的研制上获得成功。20世纪90年代初,四达技术开发中心又与哈尔滨工业大学合作推出了具有自然语言理解能力的新产品。在国家"863计划"支持下,清华大学和中科院自动化所等单位在汉语听写机原理样机的研制方面开展了卓有成效的工作。北京大学在说话人识别方面也做了大量的工作。

近年来,随着改革开放的不断进行,我国的国际地位与日俱增,汉语语音识别越来越受到重视,国外很多著名的公司都在国内设立了研发机构,并且都将汉语语音识别作为主攻方向之一。IBM公司于1997年推出了汉语连续语音识别系统ViaVoice,输入速度平均每分钟可达150字,平均最高识别率达到95%,并具有"自我"学习的功能。2000年发布的ViaVoice千禧版,用户可以通过语音导航到计算机桌面及浏览网页。1998年,微软(Microsoft)投资8000万美元在中国筹建微软中国研究院(2000年更名为微软亚洲研究院),开发的重点方向之一就是语音识别。1998年,Intel提出了基于Intel架构发展语音技术的构想,向软件开发厂商提供包括信号处理库、识别库、图像处理库在内的高性能语音函数库支持。1999年,Intel和L&H公司合作,推出语音识别软件开发包Spark3.0,其中包括Spark语音识别引擎和软件开发工具箱。微软也推出了基于.net的语音识别引擎。2011年苹果公司在其iphone手机上率先推出了智能语音助理siri,掀起了语音应用的热潮。国内一些著名企业也投入大量资金开始资助语音识别方面的研究,如百度、科大讯飞、阿里巴巴等。

尽管语音识别技术研究已经取得了很大的成绩,但到目前为止离广泛的应用尚存在距离。很多因素影响着语音识别系统的性能,如实际复杂环境中的背景噪声、传输通道的频率特性、说话人生理或心理情况的变化,以及应用领域的变化等都会导致语音识别系统性能的下降,甚至不能工作。研究语音识别系统顽健性(robustness)问题受到了研究者的广泛重视,国内外很多单位都开展了大量的工作。但到目前为止,所做的工作大都是针对某一种或两种影响因素进行补偿的研究,综合考虑各种影响因素补偿方法的研究还相对偏少。

语音识别通常是指能识别出相应的语音内容,除此之外,它还有一种特殊的形式——说话人识别。说话人识别不必识别出语音信号的具体内容,而只要鉴别出该语音是哪个说话人发出的即可。从实现的技术手段上看,说话人识别和语音识别一样,都是通过提取语音信号的特征,并建立相应的参考模板来进行分类判断。说话人识别问题,最初是在第二次世界大战期间,美国国防部向贝尔实验室提出的课题。目的是根据窃听到的电话语音来判断说话人是哪一位德军高级将领,这对分析当时的德军战略部署具有重要的意义。该项目持续进行了三年,但并未达到预期的目的。

说话人识别研究的早期工作,主要集中在人耳听辨实验和探讨听音识别的可能性方面。随着语音识别研究的不断深入,说话人识别研究也获得了突飞猛进的发展。语音识别中很多成功的技术,如矢量量化(vector quantization, VQ)、隐马尔科夫模型等都被应用到说话人识别中。

20 世纪 90 年代,Rose 等提出了单状态的 HMM,即后来的高斯混合模型(gaussian mixture model, GMM),它是一个顽健的参数化模型。Matsui 等比较了基于连续 HMM 的说话人识别方法,发现识别率是状态和混合数的函数。同时,识别率与总的混合数有很强的关联性,但与状态数无关。这意味着不同状态间的转移信息对文本无关的说话人系统而言是没有作用的,因此,高斯混合模型 GMM 得到了与多状态 HMM 几乎相同的识别性能。正是上述工作,使得 GMM 建模方法在说话人识别研究中得到了越来越多的重视。特别是 Reynolds 等对高斯混合模型 GMM 以及通用背景模型(universal background model, UBM)的详尽介绍后,由于 GMM-UBM 具有简单有效,以及具有较好的顽健性等特点,迅速成为当今与文本无关的说话人识别中的主流技术,并由此将说话人识别技术带入了一个新的阶段。20 世纪 90 年代另一项重要的研究工作是,针对说话人确认中,说话人自身的似然度的得分变异的规整技术,出现了很多关于得分规整的算法,比较典型的如基于似然比(likelihood ratio)和后验概率(a posteriori probability)的技术。为了降低计算规整算法的计算复杂性,相继出现了群组说话人(cohort speakers)等方法。与此同时,说话人识别技术与其他的语音研究方向的结合更加密切,比如针对对话/会议中包含多人的说话人分割与聚类技术,音频元数据(metadata)的检索研究等也得到了很多研究人员的关注。

2000 年以来,各种新的说话人识别技术层出不穷,如支持向量机和 GMM 的结合,出现了一系列说话人得分规整的新方法,包括 Z-norm、H-norm、T-norm、Ht-norm、C-norm、D-norm 和 AT-norm。此外,针对信道失配问题,研究者们提出说话人模型合成方法。近年来,又提出了联合因子分析(Joint Factor Analysis),通过将说话人所在的空间划分为说话人空间和信道空间,进而能提取出与说话人相关的特征,并去掉与信道相关的特征。在此基础上,为了压缩说话人特征的规模,研究者又采用一个总变化空间来代替上述两个空间,从而提出了基于 i-vector 特征的方法。由于 i-vector 方法中只使用一个总变化空间来提取特征,因此所提取出的特征中可能同时包含说话人和信道的影响,需要对其进行进一步的信道补偿。通常是采用线性判别分析(linear discriminant analysis, LDA)来去除信道的影响。

目前,说话人识别的重点已经从实验系统转移到研究针对实际应用面临的问题。NIST 从 1996 年起开始举办每年一度的说话人识别评测(speaker recognition evaluations, SRE)。从其评测内容、评测方式的演变看,正逐步贴近实际的应用情况。例如,麦克风的种类越来越多,语种从单纯的英语,扩展到十几种语言,场景也从简单的单个说话人方式扩展到多个说话人方式。应该指出的是,近些年在 NIST 举办的说话人测试大赛中,识别率最高的单系统是基于 i-vector 的系统。除了 NIST 说话人评测之外,其他机构也组织过类似的评测,比如荷兰 NFI-TNO(Netherlands forensic institute-TNO human factors)组织的说话人评测,主要针对司法应用方面的说话人识别。中文口语处理会议也在 2006 年组织了不同任务单元的说话人评测。虽然以上两个评测的规模和影响力不如 NIST 评测,但是都针对具体的应用语音环境,通过会议交流的方式,开放式的进行算法的优势对比和分析,不同程度地促进了技术的提高和进步。

目前,国外已经有了一些成熟的产品。如 AT&T 应用说话人识别技术研制出了智慧卡,已应用于自动提款机。欧洲电信联盟在电信与金融结合领域应用说话人识别技术,于 1998 年完成了 CAVE 计划,在电信网上进行说话人识别。说话人识别技术应用最为成功的例子是在伊拉克战争期间,萨达姆在电视上发表讲话后,美国 FBI 宣称讲话者不是萨达姆本人,而德国的科学家应用说话人识别技术证实讲话的人确实是萨达姆。从后来的情况看,德国科学家的判断是正确的。随着 Internet 的发展,网络环境下的说话人识别技术日益受到了重视,已成为当今的一个研究热点。

就语音合成技术而言,最早的语音合成器是 1835 年由 W. von Kempelen 发明,经威斯顿改进的机械式的会讲话的机器。它完全模拟人的发音生理过程,用风箱模拟来自肺部的空气动力,气流通过特别设计的哨时会产生语音中的辅音;气流通过形状可以变化的模拟口腔的软管时会产生元音。风箱、哨和软管三部分机械配合起来就可以产生一些音节和词。这是一个相当完善的机械式语音合成器。最早的电子式语音合成器是前面提到的 1939 年 Dudley 发明的声码器,它不是机械地模仿人发音的生理过程,而是通过电子线路来实现基于语音产生的源/滤波器理论;其中声源包括产生清音的噪声源和产生浊音的周期脉冲声源,它们分别用噪声发生器和张弛振荡器来实现,而声道的滤波作用是通过电子通道滤波器来实现的,滤波器的中心频率是用键盘上的十个琴键来控制。

现代的语音合成器都是利用计算机来实现的。从 20 世纪 70 年代末开始,出现了文-语转换(text to speech,TTS)系统的研究,其特点是用最基本的语音单元,如音素、双音素、半音节或音节作为合成单元,建立语音库,通过合成单元拼接而达到无限词汇的合成。为了保证合成声音具有良好的音质,在这种系统中除语音库外,还有一个相当庞大的规则库,以实现对合成语音的音段特征和超音段特征的控制。20 世纪 80 年代,由 D. Klatt 设计的串/并联混合型共振峰合成器是 20 世纪最有代表性的工作。它可以设置和控制多达八个共振峰,可模拟发音过程中的声道共振,而且还设有单独的滤波器来模拟鼻腔和气管的共振。其中,元音和浊辅音的产生用串联通道来实现,清辅音的产生用并联通道来实现。此外,这种合成器还可以对声源做各种选择和调整,以模拟不同的噪音。它共可以产生七种不同音色的语音,包括模拟不同年龄、性别和个性的说话人的语音。瑞典皇家理工学院 Fant 实验室在多语种文-语转换系统研究方面也做出了突出的成绩,完成了英语、法语、瑞典语、西班牙语和芬兰语的文-语转换系统。

20 世纪 90 年代末,日本的研究者提出了一种多样本、不等长语音拼接合成技术 PSOLA。它在语音库中存放了大量的真人语音样本,通过选择合适的拼接语音片段来实现高质量的合成语音。在这项技术中,语音合成问题被简化为如何建立一个在语音学上充分覆盖的语音库,如何从语音库中选择合适的语音片段来拼接,以及如何对语音片段之间的拼接部分做适当的调整。

20 世纪 90 年代中期,随着语音识别中统计建模方法的日益成熟,研究者提出了可训练的语音合成方法,其基本思想是基于统计建模和机器学习的方法,根据一定的语音数据进行训练并快速构建合成系统。随着声学合成性能的提高,在此基础上又发展出统计参数语音合成方法,其中以 HMM 的建模与参数生成合成方法为代表。

基于 HMM 的参数语音合成方法分为训练与合成两个阶段。在训练阶段,主要从训练语音数据中提取基频和多维频谱参数,然后训练一组上下文相关音素对应的 HMM 模型,保证相对该模型的训练数据似然函数值最大。一般使用多空间概率分布(multi-space probability distribution,MSD)来进行基频参数的建模,通过训练决策树来进行上下文扩展模型的聚类,以提高数据稀疏情况下训练得到的模型参数的顽健性,并防止过训练;接着使用训练得到的上下文相关 HMM 进行状态的切分,并且训练状态的时长概率模型用于合成时的时长预测。在合成阶段,首先依据文本分析的结果和聚类决策树,找出待合成语句所对应的 HMM 模型。然后基于最大似然准则,并且使用动态参数约束来生成每帧对应的最优静态特征向量。最后将生成的声学参数送入参数合成器合成语音。基于 HMM 的参数语音合成方法可以在不需要人工干预的情况下,自动快速地构建合成系统,而且对不同发音人、不同发音风格、不同语种的依赖性非常小。

近年来,随着深度神经网络(DNN)在语音识别中的成功应用,基于 DNN 的统计声学建模方法也成为语音合成领域的研究热点。与基于 HMM 模型和决策树聚类的高斯状态分布的参数语音合成方法相比,基于 DNN 的方法能对高维声学特征中各维间的相关性,以及输入文本特征与输出声学特征间的复杂映射关系进行更精细的建模,因而能有效改进合成语音的音质。

目前,有限词汇的语音合成器已经在自动报时、报警、报站、电话查询服务、智能玩具等方面得到了广泛的应用。从研究进展上看,很多语音合成系统都具有较高的可懂度,但在自然度研究方面还有很大的研究空间。提高语音合成的自然度是当今研究的热点。

我国的语音合成研究是从 20 世纪 80 年代开始的,中科院声学所、中科院自动化所、社科院语言所较早地开展了这方面的工作。早期的工作主要是参数合成,尤其是共振峰合成及线性预测合成。20 世纪 90 年代初开始,真实语音的波形拼接技术最早由清华大学应用到汉语合成中来,合成的语音清晰度明显好于参数合成。之后声学所将可以调节韵律参数的波形拼接合成技术 PSOLA 引入汉语合成,并提出了一套韵律控制方法,使合成语音的质量有突破性的提高。当前的汉语语音合成系统中,很多单位也在开展基于 HMM 参数语音合成方法的研究,如清华大学、中国科技大学、微软亚洲研究院,IBM 中国研究中心,摩托罗拉中国研究中心等,尤其是中国科技大学及科大讯飞公司近年来在若干次国际语音评测中取得了突出的成绩,其研发的语音合成系统已广为使用。

就语音编码技术而言,它的研究也是始于 1939 年 Dudley 发明的声码器,但是直到 20 世纪 70 年代中期,除了脉冲编码调制(pulse coding modulation,PCM)和自适应差分脉冲编码调制(ADPCM)取得较好的进展之外,中低比特率语音编码一直没有大的突破。自 20 世纪 70 年代起,国外就开始研究计算机网络上的语音通信,当时主要是基于 ARPANET 网络平台进行的研究和实验。1974 年,首次分组语音实验是在美国西海岸南加州大学的信息科学研究所和东海岸的林肯实验室之间进行,语音编码为 9.6kb/s 的连续可变斜率增量调制。1974 年 12 月,线性预测编码(LPC)声码器首次用于分组语音通信实验,数码率为 3.5kb/s。1975 年 1 月,首次在美国实现了使用 LPC 声码器的分组语音电话会议。1977 年,Internet

工程任务组(Internet Engineering Task Force,IETF)颁发了关于分组话音通信协议的讨论文件 RFC741。因为 20 世纪 70 年代后期已推出带宽可达 Mb/s 量级的价格较为低廉的以太网,所以 20 世纪 80 年代的研究主要集中在局域网上的语音通信。最早的实验是由英国剑桥大学于 1982 年在 10Mb/s 的剑桥环形网上进行的。其后,意大利、美国、英国等许多国家的研究者在总线型局域网、令牌环网、3Com 以太网上进行实验,深入研究了分组时延的原因、分组语音通信协议、链路利用率和语音分组同步等问题,并试制了电话网和局域网的接口模块。1980 年美国政府公布了一种 2.4kb/s 的线性预测编码标准算法 LPC-10,这使得在普通电话带宽信道中传输数字电话成为可能。1988 年美国又公布了一个 4.8kb/s 的码激励线性预测编码(CELP)语音编码标准算法,欧洲推出了一个 16kb/s 的规则脉冲激励(RELP)线性预测编码算法,这些算法的音质都能达到很高的质量,而不像单脉冲 LPC 声码器的输出语音那样不为人们所接受。进入 20 世纪 90 年代,随着 Internet 在全球范围内的兴起和语音编码技术的发展,IP 分组语音通信技术获得了突破性的进展和实际应用。最初的应用只是在网络游戏等软件包中传送和存储语音信息,它对语音质量要求低,相当于机器人的声音效果。其后计算机厂商纷纷推出对等方式或客户机—服务器方式语音通信免费软件,它们利用计算机中的声卡对语音进行打包传送,语音一般不进行压缩。20 世纪 90 年代中期开始,有关厂商开始开发用于局域网语音通信的网关产品,实现局域网内 PC 间的语音通信以及经 PBX 和外界电话的通信,但这些产品都采用内部协议规范。20 世纪 90 年代中期还出现了很多被广泛使用的语音编码国际标准,如数码率为 5.3/6.4kb/s 的 G.723.1、数码率为 8kb/s 的 G.729 等。此外,也存在着各种未形成国际标准,但数码率更低的成熟的编码算法,有的算法数码率甚至可以达到 1.2kb/s 以下,但仍能提供可懂的语音。

20 世纪 90 年代后期起,嵌入式语音编码作为一种新兴的语音编码技术,逐步成为本领域的研究热点之一。嵌入式语音编码又称为可分级性语音编码,在其编码码流中,低码率的码字包含(嵌入)在高码率的码字中,作为高速率工作的核心码元。也即,一个嵌入式的码流可以分解成几个低级的码流,它们的码率逐次递减,但仍然能代表原来的语音信号,只是在不同程度上损失了一些细节。当线路容量足够时,可高速率传输以保证较高的语音质量;当遇到线路拥塞时,可将码字中非核心码元丢弃,以低速率较差的语音质量工作,保证连续性。嵌入式的码流结构不仅可以有效解决由于分组丢失所引起的合成语音质量下降的问题,而且可以提供多种编码速率,以适应不同种类的通信终端。它以一个统一的能够提供多种速率输出的编解码系统代替了以往众多的固定速率编码算法,免去了不同种类终端通信带来的不便。

目前的语音编码研究主要朝两个方向发展:一是窄带低速率方向,目标是提高语音的可懂度,主要应用于军事等短波通信领域;二是宽带高速率分层编码方向,目标是提高人类对音质的需求,主要应用于基于包交换的移动互联网中。它既可以对语音进行编码,也可以对音频进行编码,但对音频编码时,需要对输入音频进行分类处理后才来决定编码框架,MPEG 及 ITU 都制定了相关标准,目前最为成功的是由华为公司主导的 EVS(enhanced voice service)编码器。

由于语音编码产品化的过程相对来说比语音识别容易些,因此其研究成果能很快转向实际应用,对通信事业的发展起了重要的推动作用。

1.2　语音信号处理的应用

语音信号处理技术是计算机智能接口与人机交互的重要手段之一。就语音识别技术而言,其基本任务是将输入语音转化为相应的文本或命令。语音识别的市场前景广泛,在一些应用领域中正迅速成为一个关键的具有竞争力的技术。如在声控应用中,计算机识别输入的语音内容,并根据内容来执行相应的动作;这些应用包括声控电话转换、声控语音拨号系统、声控智能玩具、信息网络查询、家庭服务、宾馆服务、旅行社服务、医疗服务、银行服务、股票查询服务、工业控制等。语音识别也可用于将文字以口授的方式输入的计算机中,即广泛开展的听写机研究,如声控打字机等。语音识别技术还可以用于自动口语翻译,通过将口语识别技术、机器翻译技术、语音合成技术等结合,可将一种语言输入的语音翻译为另一种语言的语音输出,实现跨语言的交流,如美国、日本、欧洲,包括中科院自动化所参加的CSTAR计划,重点开展多语种口语自动翻译研究。随着无处不在计算技术的发展,各种移动计算设备、可穿戴计算设备日益增多,对这些设备,其尺寸越来越小,并且要求在行走或驾驶时进行信息的输入,传统的键盘输入方式已不能满足其方便、自然,在行进中有效地输入信息的需要,采用语音识别技术可以解放用户的手眼,有效地改变人机交互手段。如目前在一些手持计算机、手机等嵌入式电子产品上已经使用语音识别技术来进行控制。

对说话人识别技术,近年来已经在安全加密、银行信息电话查询服务等方面得到了很好的应用。此外,在公安机关破案和法庭取证方面也发挥着重要的作用。

就语音合成而言,它已经在许多方面得到了实际应用,发挥了很好的社会效益,如公共交通中的自动报站、各种场合的自动报时、自动告警、电话自动查询服务、文本校对中的语音提示等。在电信声讯服务领域的智能电话查询系统中,采用语音合成技术可以解决以往通过电话只能进行静态查询的不足,满足海量数据和动态查询的需求,可查询一些动态信息,如股票、成绩、节目、热点问题、机场、车站、购物、市场、售后服务等信息;也可用于基于个人计算机的办公、教学、娱乐等智能多媒体软件,如文稿校对、语音学习(帮助外国人、残疾人、儿童等学习语言)、语音秘书、语音书籍、教学软件、语音玩具等。通过与互联网的结合,可以获取有声的E-mail、进行网上信息的有声获取及进行网上语音聊天。将语音合成技术与机器翻译技术相结合,可以实现语音翻译;与图像技术相结合,可以输出视觉语音(visual speech)。

就语音编码技术而言,它的根本作用是使语音通信数字化,目前已广泛应用于数字通信系统、移动无线通信、保密语音通信等方面。语音编码技术也可应用于呼叫服务,如数字录音电话、语音信箱、电子留言簿等。与模拟语音通信系统相比,数字语音通信系统具有抗干扰性强、保密性好、易于集成化等优点。在当前正在蓬勃兴起的移动通信中,语音编码技术是其中非常重要的支撑技术。

随着信息技术的不断发展,尤其是网络技术的日益普及和完善,语音信号处理技术正发挥着越来越重要的作用,并且出现了一些新的研究方向。

基于语音的信息检索是随着网络技术及面向数字图书馆技术的发展而出现的新的应用技术。传统的信息检索技术大多是基于文本信息的,诸如雅虎、谷歌等各种搜索引擎,就是这方面的典型应用。随着语音识别技术的不断发展和完善,基于语音识别的信息检索技术正成为当今的研究热点。

随着 Internet 网络技术的迅速发展,出现了 Internet 电话技术,它是一种用 VoIP(voice over internet protocol)技术实现的通过 TCP/IP 网络,而不是传统的电话网络来传输语音的新的通信方式,通常称为 IP 电话技术。对这种经过数据压缩,并经过网络以数据包形式传输后的语音进行识别,与传统的语音识别技术有着很大的不同,这提出了一个新的研究课题,即网络环境下的语音识别问题,它在电子商务和国防军事应用领域有着广阔的应用前景。而随着手持计算机、手机等电子设备的迅猛发展,研制开发这些设备上嵌入式的语音识别算法越来越引起人们的重视,目前已经出现了一些可用语音识别进行声音拨号,以及口述关键词进行信息查询的手机,这类技术的不断完善对移动计算技术的发展有着重要的意义。

语音训练与校正技术也是近年来的一个重要研究方向。当今社会越来越多的人,希望学习和掌握其他的非母语语言,以利于更方便地进行交流。然而,语言不通往往成为交流的最大障碍。因此,语言学习已成为当今教育领域的一个热点。实践证明,采用传统的课堂教学对于学习一门非母语语言来说是远远不够的。自学是一种有效的途径,它具有不受时间地点限制、灵活方便等特点。随着计算机技术的迅速发展,一种称为计算机辅助语言学习(computer-aided language learning,CALL)的技术应运而生;而伴随着语音识别技术的进步,人们开始研究进行辅助发音学习的 CALL 技术。在发音学习中,有效地反馈是必不可少的一个重要环节。在课堂教学中,教师是一个有效的反馈源,而传统的发音自学中,要么是没有任何反馈,要么就是反馈最终还得依赖于学习者自身的判断能力,如利用复读机学习发音时,学习者只能依靠自己的感知能力去比较其发音与标准发音的差别,从而进行发音的修正。如果利用辅助发音学习的 CALL 系统,学习者就可以随时获得有效的反馈,包括分值或等级等简洁直观的形式,图谱或口形等具体形象的形式,以及直接的指导性建议。

语种识别(language identification)也是近年来新出现的研究方向,它是通过分析处理一个语音片段以判别其所属语言的种类,本质上也是语音识别的一个方面。由于世界上的不同语种间有着多种区别性特征,如音素集合、音位序列、音节结构、韵律特征、词汇分类、语法及语义网络等,所以在自动语种识别中有多种可以利用的特征。对于一个语种识别系统,它和语音识别系统与说话人识别系统有着很多相似之处,如都要经过数字化、特征提取、模式匹配等过程。语种识别可以应用于多语言语音识别的前端处理,在信息检索、军事领域和国家安全事务中有着重要的应用。

基于语音的情感处理研究是当今一个重要的研究方向。在人与人的交流中,除了言语信息外,非言语信息也起着非常重要的作用。随着计算机技术的迅速发展,人机交流变得越来越普遍,计算机正成为日常生活工作中的得力助手。为使人机交流更自然、更人性化,十分有必要进行人机非言语交流方式的研究。尽管人们早已认识到非言语交流的重要性,但时至今日,大多数研究还仅仅是基于视觉信息的工作,如面部表情识别、手势识别等。语音作为语言的声音表现形式,是人类交流信息最自然、最有效、最方便的手段。人类的语音中不仅包含了语言学信息,同时也包含了人们的感情和情绪等非言语信息。例如,同样一句话,往往由于说话人的情感不同,其意思和给听者的感觉就会不同。传统的语音处理系统仅仅着眼于语音词汇传达的准确性,而完全忽视了包含在语音信号中的情感因素,所以它只是反映了信息的一个方面。直到近年来,人们发现由于情感和态度所引起的变化对语音合成、语音识别、说话人确认的影响较大,才逐步引起了人们的重视。目前许多研究者都在致力于研究情感对语音的影响,以及情感状态下语音信号处理的有效方法。

1.3 语音信号处理的总体结构

从总体上看,语音信号处理过程可以用一个统一的框架来表示,其结构如图 1-1 所示。

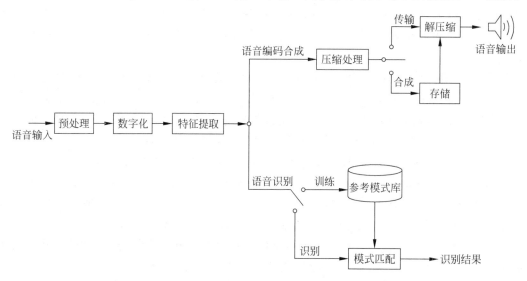

图 1-1 语音信号处理的总体结构框图

从这个总体结构可以看出:无论是语音识别,还是语音编码与合成,输入的语音信号首先要进行预处理,对信号进行适当放大和增益控制,并进行反混叠滤波来消除工频信号的干扰;然后进行数字化,将模拟信号转化为数字信号,便于用计算机来处理;接着进行特征提取,用反映语音信号特点的若干参数来代表语音。在此之后,根据任务的不同,采取不同的处理办法。对语音识别技术,它分为两个阶段:训练阶段,将用特征参数形式表示的语音信号进行相应的处理,获得表示识别基本单元共性特点的标准数据,以此构成参考模板,将所有能识别的基本单元的参考模板结合在一起形成参考模式库;识别阶段,将待识别的语音经特征提取后逐一与参考模式库中的各个模板按某种原则进行比较,找出最相像的参考模板所对应的发音,即为识别结果。对语音编码与合成技术,都是将语音信号进行某种压缩处理;如果是语音编码,则对编码后的语音信号进行传输,在接收端进行解压缩回放播出;如果是语音合成,则对编码后的语音信号进行存储,待需要的时候进行解压缩回放播出。

本书在后续章节中将以上述总体结构为线索,从共性的技术到个性的特点,就各部分的具体内容进行充分地展开和详细地介绍。

参考文献

[1] Rabiner L，Juang B H．Fundamentals of Speech Recognition［M］．New Jersey：Prentice Hall PTR，1993.

[2] 易克初，田斌，付强．语音信号处理［M］．北京：国防工业出版社，2000.

[3] Huang X D，Acero A，Hon H，et al．Spoken Language Processing：A Guide to Theory，Algorithm and System Development［M］．New Jersey：Prentice Hall PTR，2001.

[4] 杨行峻，迟惠生．语音信号数字处理［M］．北京：电子工业出版社，1995.

[5] 刘加．汉语大词汇量连续语音识别系统研究进展［J］．电子学报，2000，28(1)：85-91.

[6] 张全．语言声学的进展［J］．应用声学，2002，21(1)：35-39.

[7] 吕士楠，张连毅，林凡．TTS 技术的发展和展望：第六届全国人机语音通讯学术会议论文集［C］．深圳：2001.

[8] Fine S，Navratil J，Gopinath R A．A Hybrid GMM/SVM Approach to Speaker Identification．In：Proceedings of 2001 IEEE International Conference on Acoustics，Speech，and Signal Processing［C］，2001，1：417-420.

[9] 凌震华．基于统计声学建模的语音合成技术研究［D］．合肥：中国科学技术大学，2008.

[10] 范睿，鲍长春，李锐．基于 ACELP 的嵌入式语音编码算法［J］．通信学报，2007，28 (10)：48-54.

[11] Hinton G E，Salakhutdinov R R．Reducing the Dimensionality of Data with Neural Networks ［J］．Science，2006，313(5786)：504-507.

[12] Seide F，Li G，and Yu D．Conversational Speech Transcription using Context-Dependent Deep Neural Networks ［C］．Interspeech，2011，437-440.

[13] 邓力，俞栋.深度学习方法及应用［M］.谢磊，译.北京：机械工业出版社，2016.

[14] 殷翔.语音合成中的神经网络声学建模方法研究［D］.合肥：中国科技大学，2016.

第 2 章
CHAPTER 2

语音信号的声学基础 及产生模型

在研究和分析各种语音信号处理技术之前,必须了解有关语音信号的一些基本特性。为了对语音信号进行数字处理,需要建立一个能够精确描述语音产生过程和语音全部特征的数学模型,即根据语音的产生过程建立一个既实用又便于分析的语音信号模型。本章将讨论这些问题。

语音是在说话人和听者之间互相传递的,传递的媒介是声波。说话人的发音器官做出发音动作,接着空气振动形成声波,声波传到听者的耳朵里,立即引起听者的听觉反应,语音的传递就是这样的一个过程。其中发音动作属于生理现象,空气振动属于物理现象,而听觉反应属于心理现象。

从语音的传递过程出发来研究语音,就产生了语音学的三个分支: ① 发音语音学(articulatory phonetics)。发音语音学是最早发展起来的语音学,它的目的是从生理的角度研究语音。在没有仪器的时候,通常只能直接观察发音器官的动作来分析语音。由于生理活动不能完全依靠直观分析,因而人们制造出一些仪器来进行辅助研究。这样直观分析和仪器分析的结合,就能够清楚地认识语音的发音部位和发音方法。②声学语音学(acoustic phonetics)。声学语音学是在 20 世纪 40 年代开始发展起来的学科。它的目的是从声学角度研究语音的物理性质,同时考察语音物理性质和发音器官之间的关系。随着"频谱仪"(sound spectrograph),以及其他电子声学仪器的发明,声学语音学也发展迅速,人们对语音的声学性质的认识也不断深入。于是,进一步出现了声音模拟、语音合成以及语音识别等研究。③听觉语音学和心理语言学(auditory phonetics and psycholinguistics)。听觉语音学和心理语言学是较新的学科。因为语言的传递从大脑开始,又到大脑结束,或者说,语言的传递起点和终点都在大脑,所以听觉语音学和心理语言学就以大脑作为研究对象。它的目的是要探索大脑通过什么步骤或者方式来处理语音的发出和接收,以及语言信息又是以什么形式在大脑的什么部位存储起来。声音到达大脑的第一关是人耳,即听觉系统的起点在人耳,因此听觉语音学和心理语言学还要研究人耳的构造,以及人耳是如何传递声波的。

本章首先对语音的产生过程及人耳的听觉过程进行分析,接着给出传统的线性语音产生模型,以及目前广泛受到重视的非线性语音产生模型,这些都是从事语音信号处理研究的基础知识。

2.1 语音信号的产生

语音信号产生过程分为如下几个阶段：首先，说话人在头脑中产生想要用语言表达的信息，然后将这些信息转换成语言编码，即将这些信息用其所包含的音素序列、韵律、响度、基音周期的升降等表示出来。一旦这些信息编码完成后，说话人会用一些神经肌肉命令在适当的时候控制声带振动，并塑造声道的形状以便可以发出编码中指定的声音序列。神经肌肉命令必须同时控制调音运动中涉及的各个部位，包括唇、颚、舌头，以及控制气流是否进入鼻腔的软腭。一旦产生了语音信号，并将这些信息传递到听者时，语音的感知过程也就开始了。听者内耳的基底膜，首先对语音信号进行动态的频谱分析，神经传感器将基底膜输出的频谱信号转换成对听觉神经的触动信号，这一过程和后面将要介绍的特征提取的过程有些类似。作用在听觉神经上的活动信号，在大脑更高层的中枢转化成语言编码，并由此产生具有语义的信息。

2.1.1 语音的发音器官

人类用来产生语音的发音器官自下而上包括肺部(lung)、气管(trachea)、喉(larynx)、咽(pharynx)、鼻腔(nasal cavity)、口腔(oral cavity)和唇(lip)。它们作为整体形成了一个连续的管道，如图2-1所示。其中喉部以上的部分称为声道，随着发出语音的不同其形状是变化的，喉的部分称为声门。

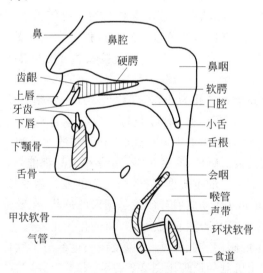

图 2-1 发音器官示意图

肺是胸腔内的一团有弹性的海绵状物质，它可以储存空气。通过正常的呼吸系统空气可以进入肺部，在说话时腹肌收缩使横膈膜向上，挤出肺部的空气，形成气流。由肺部呼出的气流是语音产生的原动力。气管将肺部排出的气流送到咽喉。喉部位于气管的上端，由四块软骨组成，包括甲状软骨、杓状软骨、环状软骨和会厌软骨。其中甲状软骨突出在颈部，称为喉结。在喉部从喉结到杓状软骨之间的韧带褶，称为声带(vocal cords)。喉部的声带既是一个阀门,又是一个振动部件。一般声带的长度为 $10\sim14\mathrm{mm}$。呼吸时,左右声带打开,说话时声带合拢。两个声带之间形成一个开闭自如的声门(glottis),声门的开启和关闭是由两个杓状软骨控制,说话时合拢的声带受声门下气流冲击而张开;由于声带具有一定的韧性,可以迅速闭合。当气流通过气管和支气管经过咽喉时,收紧的声带由于气流的冲击产生振动,不断地张开和闭合,使声门向上送出一连串喷流。这时的气流被截断成准周期的脉冲,一般用非对称的三角波表示。声带的振动取决于其质量。质量越大,每秒振动次数越小;反之,质量越小,声带振动越快。声带振动频率决定了声音的音高。声带振动产生声音,这是产生声音的基本声源,称为声带音源(glottal source)。它被进一步调制后经过咽喉、口腔或者鼻腔。口腔的开合、舌头的活动和软腭的升降等发音动作,形成了不同的声道构形,从而发出不同的语音。最后,由嘴唇开口处将语音辐射出去。

声带每开启和闭合一次的时间就是基音周期(pitch period),它的倒数称为基音频率(pitch frequency)。基音频率取决于声带的大小、厚薄、松紧程度,以及声门上下之间的气压差的效应等。一般基音频率越高,声带被拉得越长、越紧、越薄,声门的形状也变得越细长,而且这时声带在闭合时也未必是完全闭合的。基音频率最低可达到 $80\mathrm{Hz}$,最高可达到 $500\mathrm{Hz}$。它的范围随发音人的性别、年龄及具体情况而定。老年男性偏低,小孩和青年女性偏高。基音频率不仅是反映说话人特点的一个重要参数,而且基音频率随时间的变化模式,也反映了汉语语音中的声调变化。

声道由咽腔、口腔和鼻腔三个空气腔体组成,它是一根从声门延伸至口唇的非均匀截面的声管,其外形变化是时间的函数。声道是气流自声门声带之后最重要的、对发音起决定性作用的器官,发出不同音时其形状变化是非常复杂的。成年男子声道的平均长度约 $17\mathrm{cm}$,而声道的截面积取决于其发音器官的位置。发音过程中声道的截面积由舌头、唇、上颚、小舌的位置决定,具体为 $0\sim20\mathrm{cm}^2$。其中咽腔是连接喉和食道与鼻腔和口腔的一段管子。在说话时咽腔的形状会发生变化,它和口腔一起使得声道的形状变化多端,因而能发出较多不同的声音。鼻腔从咽腔开始到鼻孔为止,长度约为 $101\mathrm{mm}$,鼻中隔贯穿全长并将鼻腔分为两个部分。当发鼻化音时,软腭下垂,鼻腔与口腔发生耦合产生语音中的鼻音;如果它上抬,则完全由口腔发音。口腔是声道中最重要的部分,它的大小和形状可以由舌、唇、牙齿和腭的变化而调整。舌头是最活跃的,它的尖部、边缘和中间都能自由的活动,并且整个舌体也可以上下前后活动。由于它的重要性,语音中元音的发音就是以舌的位置来分类的。双唇位于口腔的末端,它也可以活动成展开的或是圆形的形状,在发音过程中起着很重要的作用,所以发音方法中也标明了是否圆唇的发音。齿的作用是发齿化音的关键,而腭中的软腭如前所述,是发鼻音与否的阀门。此外,硬腭以及齿龈也参与了发音的过程。

可以将上述声音产生机制的原理用图 2-2 表示。

在发音过程中,肺部与相连的肌肉相当于声道系统的激励源。当声带处于收紧状态时,流经的气流使声带振动,这时产生的声音称为浊音(voiced sound),不伴有声带振动的音称为清音(unvoiced sound)。当声带处于放松状态时,有两种方式能发出声音。其中一种方法是通过舌头,在声道的某一部分形成狭窄部位,也称为收紧点,当气流经过这个收紧点时会产生湍流,形成噪声型的声音。这时对应的收紧点的位置不同及声道形状的不同,形成不同的摩擦音。另一种方法是声带处于松懈状态,利用舌头和嘴唇关闭声道,暂时阻止气流,当压力非常高时,突然放开舌与唇,气流被突然释放产生的短暂脉冲音。对应于声道闭紧点

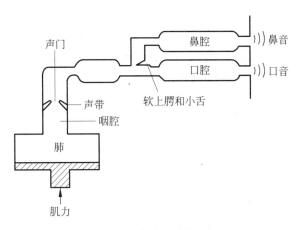

图 2-2 语音产生的机理图

的不同位置和声道的形状,形成不同的爆破音。

为了发出各种各样的声音,需要调整声道的形状,称为调音(articulation)。声道各部位的动作称为调音运动(articulation movement)。调音用的声道的各部分器官称为调音器官(articulation organ),包括舌、颚、唇和嘴等声道中可以自由活动的部分。在调音器官中,因调音而产生的声道固定部位的狭窄位置称为调音点(place of articulation)。声带的状态,包括它的位置、形状、各个不同的调音器官的大小随时间变化的情况决定产生不同音色的语音。这是因为不同的声道形状具有不同的传递特性,由于共鸣的作用,能量按着频率发生强弱的变化,导致产生的语音之间存在各种差异。

由上面所述可以看出,声道是气流自声门声带之后的最重要,也是对发音起着决定性作用的器官。用 X 光照相技术,可以清楚地显示出发各种语音时声道的形状。虽然声道的变化是非常复杂的,但是,如果从声学观点来看,可以把它拉直而完全不影响其声学特性。这样,人们可以从物理学的观点来分析声道的贡献,并可以方便地用模型来描述它。

2.1.2 语音的声学特征

语音是以声波的方式在空气中传播。声波是一种纵波,它的振动方向和传播方向是一致的。声波有一些物理意义上的描述,而从语音学角度,它具有一些其他的特征。

1. 声波的物理描述

声波从声源向四面八方传播,它的频率(frequency)指在单位时间内声波的周期数。而波长(wave length)指声波中两个波峰之间相隔的时间距离。波长的计算是用声波的传播速度/声波的频率。频率越高,波长越短;频率越低,波长越长。

从物理描述上看,声波具有两个参数:一个是频率;另一个是振幅(amplitude)。声音的频率与声音的音高有关。振幅则与声音的响度(loudness)有关。声音的频率高,声音就高;声音的频率低,声音就低。在荒郊野外大声呼喊,必然振幅大,响度大;在近处低声交头接耳,必然振幅小,响度小。而频率和振幅之间没有必然的关系。

除了用频率和波长这些物理概念来描述声音外,通常的声音还有复合音(complex tone)和纯音(pure tone)之分。音叉发出的音是单纯声波,哨子发出的音也是纯音。笛子低音区发出的声音,其中一部分也是纯音。在纯音中仅仅有基音而没有倍音,而所谓倍音指该语音频率是基频的整数倍。一般的声音是包含了复合声波的声音。例如吉他的任何一根弦,它的声波中除了基频外,还有许多倍音。一个元音也是复合音。总的来说,对于大部分声音,并非只有一个基频,而是有若干个倍音。在一串声波中,基频的能量最高,力度最强,其他倍音的能量逐渐减低,力量逐渐减弱,以致最后消失。

在相当长的一段时期内,人们只知道声音与声音之间有区别,却不知道其中的原因。法国物理学家傅里叶发现了各个声音之间的区别在于和弦(chord)的不同。之所以能够听出每种乐器都有自己特殊的音色,就是因为它们之间的和弦不同。一个声音的基音与倍音共同组成这个声音的和弦。其中频率最低的和弦是第一和弦,其他的依次是第二和弦、第三和弦、第四和弦,乃至更多的和弦。

每个复合音都有一连串的倍音,但是并非每个倍音都同样那么明显。事实上,只有一部分倍音比较明显,而其余的倍音会被抑制。

总之,一个复合音除了基频外,同时还有若干个倍音。每个复合音突出的倍音会有所不同。在复合音中,基频的频率最低,但振幅最大。其余各个倍音的能量逐渐地减少,振幅也就逐渐减小。

2. 共振峰及其与元音舌位的关系

声带产生的声音周期较短、阻尼高,其中包含的频率很多,即声带振动除产生基频外,还会有倍音产生。基频与倍音的频率,取决于肺部用力多少以及声带紧张度如何。这些复合音通过口腔共鸣,有的频率得到加强,有的频率消失。口腔中可以调节的器官较多,包括舌、上腭以及唇的变化都可能影响口腔的形状和阻尼大小,使不同的频率共鸣出来。当把声道看作一个发音的腔体时,激励的频率达到它的固有频率,则声道会以最大的振幅来振荡,即产生共鸣。一般把这个频率称为共振频率(formant frequency),简称共振峰(formant)。

共鸣反应与共鸣器的质量有关,声波碰到硬的东西会反弹回来。如果把球扔到木板上,由于木板比较硬,球会反弹回来。如果把球扔到软椅靠背上,由于椅背较软,反弹力小,就会抵消一部分冲击力。口腔里面的肌肉是很软的物质,声波在口腔肌肉上的反弹力没有那么强,口腔肌肉将吸收去一部分声波能量。因此,口腔作为一个共鸣器,它有较大的阻尼。无阻尼的共鸣器,只对一个频率产生共鸣反应,共鸣器阻尼大,则会对比较多的频率产生共鸣反应。通常,不同的元音是由于口腔共鸣的不同形状造成的。

包含口腔在内的声道是一个分布参数系统,它有许多自然谐振频率(在这些频率上其传递函数具有极大值),所以声道是一谐振腔,它放大某些频率成分而衰减其他频率分量。谐振频率由每一瞬间的声道外形决定。讲话时,舌和唇连续运动,使声道常常改变外形和尺寸,随即改变谐振频率。如果声道的截面是均匀的,谐振频率将发生在

$$F_n = \frac{(2n-1)c}{4L} \quad (n = 1, 2, 3, \cdots) \tag{2-1}$$

其中,c 为声速,在空气中 $c=340\text{m/s}$;L 为声道的长度;n 为谐振频率的序号。

如果 $L=17\text{cm}$,则谐振频率发生在 500Hz 的奇数倍上,即 $F_1=500\text{Hz}$,$F_2=1500\text{Hz}$,$F_3=2500\text{Hz}$ 等。元音 e/ə/发音时声道的截面最接近于均匀断面,所以谐振频率也最接近上述值。而发其他音时,声道的形状很少是均匀断面的,这些谐振点之间的间隔不同。但声道的谐振点的平均密度仍然大约每 1kHz 有一个谐振点。上述谐振频率就是通常所说的共振

峰。其中共振峰特性和元音的音色紧密相关。一般将舌位高度分为高、中、低,舌位的前后分为前、中、后,则元音的音色和舌位的关系如图 2-3 所示。

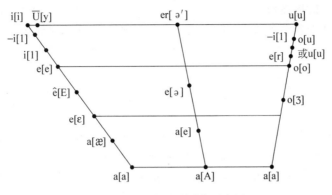

图 2-3　单元音发音舌位示意图

对于元音舌位与共振峰的关系,简单地说,元音舌位的"高、低"与第一个共振峰有关,舌位的"前、后"与第二个共振峰有关。用元音的前两个共振峰频率为坐标轴来表示各个元音所在位置的二维图称为声学元音图,如图 2-4 所示。其中坐标轴是非线性的,以使各元音区域尽可能分离。

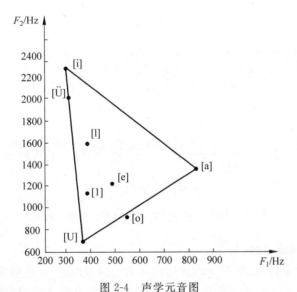

图 2-4　声学元音图

从声学的角度看元音,每个元音在口腔中所占有的位置是与元音的共振峰频率有对应关系的。一个元音的第一共振峰频率越低,这个元音的舌位就越高。一个元音的第一共振峰的频率越高,这个元音的舌位就越低。一个元音的第二共振峰频率越低,这个元音的舌位就越后。一个元音的第二共振峰的频率越高,这个元音的舌位就越前。不同人发同一个元音时,各人发音的共振峰的频率不会绝对相同。因此,它们的共振峰频率位置不会完全重叠,而会有差异。但这些差异是同一个元音的共振峰频率位置范围内的差异,人耳和大脑不计较这些差异。

2.1.3　语音信号在时域和频域的表示

1. 语音信号的时域波形

在进行语音信号数字处理时,最先接触、最直观的是它的时域波形。通常是将语音用话筒转换成电信号,再用 A/D 转换器将其转换成离散的数字采样信号后存入计算机内存中。

图 2-5(a)是一个女声说的"开始"的时域波形,语音数据是在实验室环境下用普通麦克风录制的。采样频率为 16kHz,每个采样点用 16 位进行量化。图中横轴为时间,纵轴表示信号的幅度。从图中虽然无法辨别语音波形的细节,但可以看出语音能量的起伏,以及语音信号随时间变化的过程。图 2-5(b)是将"开"的元音部分/ai/拉长后的形状。可以看出,这段语音信号具有很强的准周期性,并具有较强的振幅。它的周期对应的频率就是基音频率。图 2-5(c)是/k/辅音的展开图。可以看出,辅音波形类似于白噪声,并且具有很弱的振幅。

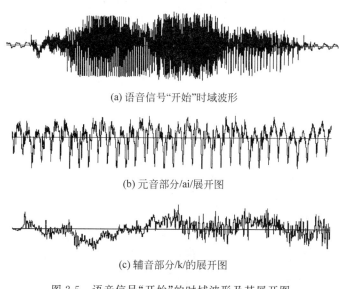

(a) 语音信号"开始"时域波形

(b) 元音部分/ai/展开图

(c) 辅音部分/k/的展开图

图 2-5　语音信号"开始"的时域波形及其展开图

2. 语音信号的频域波形

时域波形虽然简单直观,但对于语音这样复杂的信号而言,一些特性要在频域中才能体现出来;并且无论是从发音器官的共振角度,还是从听觉器官的频率响应角度来看,频谱都是表征语音特性的基本参数。其中共振峰就是一个典型的频域参数,它可以决定信号频谱的总体轮廓或谱包络(spectrum envelope)。对于声道而言,它的共振频率不止一个,一般元音可以有 3~5 个共振峰。

语音的发音过程中,声道通常都是处于运动状态,这个运动状态的时变过程比振动过程要缓慢得多,因此一般假设语音信号是一种短时平稳信号,在一个很短的时间内(10~30ms)是相对平稳的,但在长时的周期中语音信号的特性会发生变化,这种变化的不同决定了产生语音的不同。根据语音信号的这种短时平稳的特点,在每一时刻都可以用该时刻附近的一短段语音信号分析得到一个频谱。图 2-6 给出了"开始"中/ai/的频谱特性。其中横轴表示频率,变化范围是采样频率的一半。纵轴表示该频率的强弱,以分贝(dB)为单位。这里的短时分析采用汉明窗,进行频谱分析的窗长为512个采样点。

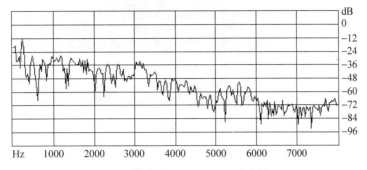

图 2-6　"开始"中/ai/的频谱特性

从图中可以看出,第一个频谱的峰值点在 250Hz 左右,它反映的是基频。第一共振峰在 500Hz 左右,第二共振峰在 1000Hz 左右,第三共振峰在 1500Hz 左右。

3. 语谱图

前面的频谱分析只能反映出信号的频率变化,而不能表示信号的时间变化特性。由于语音信号是一种短时平稳信号,可以在每个时刻用其附近的短时段语音信号分析得到一种频谱,将语音信号连续地进行这种频谱分析,可以得到一种二维图谱,它的横坐标表示时间,纵坐标表示频率,每个像素的灰度值大小反映相应时刻和相应频率的能量。这种时频图称为语谱图(spectrogram)。其中能量功率谱具体可以表示如下:

$$P_x(n,\omega) = \frac{1}{2N+1} \mid X(n,\omega) \mid \tag{2-2}$$

其中,$X(n,\omega) = \sum_{k=-\infty}^{\infty} x[k]w[n-k]\mathrm{e}^{-\mathrm{j}\omega k}$,$w[n]$是一个长度为 $2N+1$ 的窗函数。$X(n,\omega)$ 表示在时域以 n 点为中心的一帧信号的傅里叶变换在 ω 处的大小。在实际情况下,一般不用对每个可能的频率和时间计算相应的能量。对于频率轴,一般计算 $2N+1$ 点就足够;对于时间轴,取 N 个点也足够。

图 2-7 给出了语音"开始"的语谱图。其中横轴表示时间(n),纵轴表示频率(ω),颜色的深浅表示在(n,ω)处的能量大小,一般用能量的对数表示,即 $\log^{①}(P_x(n,\omega))$。语谱图可以根据带通滤波器的宽窄分为宽带语谱图和窄带语谱图。宽带语谱图的频率分辨率通常取为 $300\sim400$Hz;时间分辨率为 $2\sim5$ms。窄带语谱图的频率分辨率为 $50\sim100$Hz,时间分辨率的长度为 $5\sim10$ms。图 2-7(a)和图 2-7(b)分别是"开始"的宽带语谱图和窄带语谱图。

下面分别从元音和辅音的角度,说明它们在语谱图中的具体表现出的特性。汉语元音一类的浊音是由声带的准周期振动,经声道共鸣调制,由口鼻辐射出来。不同元音的音色反映在不同的频谱结构中。各元音音色上的差异,可以用前三个共振峰频率来表示。对元音,

---

① 本书中的对数函数,除明确标注了底数的部分外,其他形如 log 表述的部分底数均可取任意值。因为语音信号处理中,取对数运算主要有两个用途:一是压缩数据的动态范围;二是将诸如 x,y 两变量的乘积部分通过取对数运算转化为两变量的相加,即 $\log xy = \log x + \log y$。

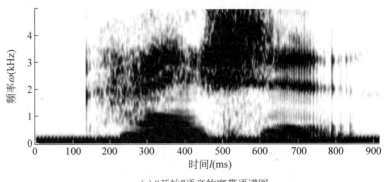

(a) "开始"语音的宽带语谱图

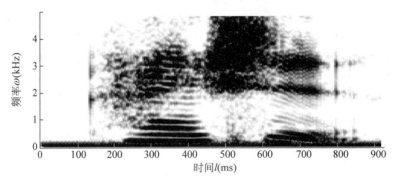

(b) "开始"语音的窄带语谱图

图 2-7　语音"开始"的宽带语谱图和窄带语谱图

从其宽带语谱图上可以看出,语谱图呈现出垂直的条纹,由于宽带语谱图滤波器冲激响应的宽度大约与基音周期相同,因此这些垂直条纹的间隔时间即为基音周期。在窄带语谱图中,可以看到元音的共振峰频率及其随时间的变化,并可以看到浊音区的各个谐波。其中共振峰表现为较粗的黑色带,称为"横杠"(bar),该横杠随时间起伏变化。而各个谐波表现为横向的波纹。

　　辅音一般都比元音短促,而且能量小,发音时声道变化剧烈,其特性往往受后续元音的影响,因此分析起来要比元音复杂一些。在清音期间,看不到浊音周期呈现的垂直条纹,而表现的是细而密的杂乱的纹理,这可以说明清音的类白噪声激励的性质。一般可以用这样几种样式来表示辅音:直切线样式、间断区样式、噪声样式。在发清塞音时,声带是不振动的。在塞音开始的时候必然有一个宁静点。这时在语谱图上会有一条笔直的切线。看到这条切线就可以断定此处是塞音的开头。图 2-7 中,100～200ms 之间有一条类似的切线,就是因为"开始"中的起始音/k/是一个清塞音。擦音和送气音是一片乱纹。这些乱纹在某些频率区域会比较集中,对应的区域称为强谱区,这是声道对噪声源共鸣作用的结果。不同的辅音,强谱区的分布是不同的。另外,在连续发音时,词与词之间或音节与音节之间,声带往往有简短的宁静。特别是一个音节之后,如果是一个清塞音开头,则两个音节之间会出现一个"间隙",形成一个间断区。在发清音时,一般声带是不振动的,因此清音的语谱和元音的语谱当然不同。在语谱图上,清音的图谱比较含混,看起来有点杂乱。

　　另外,当一个辅音与一个元音拼接,例如/d/和/a/拼成/da/的时候,/d/的发音部位是舌头顶齿龈,气流突破此障碍后发音器官迅速向发/a/的部位移动;与此同时,声带开始振动,这样就出现了声带波的形状迅速变化的声带的激励,反映在语谱图上就是弯向元音段的共振峰弯横杠,即所谓的过渡音特性。同一辅音与不同元音拼接时,过渡音特性的上升和下降各有不同,但其延长线会合于一点,这就是该辅音的音轨。不同的辅音,其过渡特性和音轨频率也不尽相同。在辅音的听辨上,过渡音段的信息是很重要的。

图 2-7 分析的是一种基本的语谱图。类似地,还有一种 Mel 语谱图,它可以表示出 Mel 滤波器的能量随着时间的变化。在 Mel 语谱图中,横轴为帧号,纵轴表示 Mel 频带滤波器号,每一个像素点的深浅表示该帧信号在该滤波器上输出的能量大小。这时 Mel 功率谱表示为

$$P_x(n,k) = \sum_{j=0}^{2N} m_k(j) \mid X(n,j) \mid^2 \tag{2-3}$$

其中,$P_x(n,k)$ 表示第 n 个分析窗的 Mel 频谱的第 k 个分量;$m_k(j)$ 表示第 k 个 Mel 滤波器冲激响应的 DFT 变换的第 j 个系数;$X(n,j)$ 表示语音信号的第 n 个分析窗的 DFT 变换的第 j 个点。

2.1.4　汉语中语音的分类

音素是指发出各不相同音的最小单位。在汉语中,音素可以构成声母和韵母。有时将含有声调的韵母称为调母。由单个调母或由声母与调母拼成的单位称为音节。音节在汉语中就是一个字的音。音节可以构成词,词可以构成句子。汉语共包括 22 个声母(包括零声母)和 38 个韵母。

根据声母和韵母发音动作的不同,可以把音素分为辅音、单元音、复元音和复鼻尾音。

1. 辅音

发辅音时声道的某处有一定的阻碍,这种阻碍是声道中活动部分与固定部分接触所形成的,接触点不同发出辅音的音色也就不同。具体接触点的位置可以有 11 个,可以根据这些接触点位置的不同将辅音分为六类:唇音、舌尖前阻、舌尖阻、舌尖后阻、舌面阻、舌根阻,如表 2-1 中的横向所示。根据辅音发音过程中的具体阻碍方式,又可分为塞音、擦音、塞擦音、鼻音、边音等。发塞音时,声道中某部位处先呈闭塞状态,使气流无法通过,声音出现短暂的间歇,而后气流突破该障碍而涌出,产生一种很短促的声音,它经过声道共鸣后辐射出去。而擦音在声道中某部位处并不完全闭塞,形成一条很窄的缝隙,让气流挤出去形成湍流,擦音可以任意延长。塞擦音介于擦音和塞音之间,在开始阻碍处完全闭塞,气流无法通过,然后略微放松,让气流挤出去产生摩擦,形成先塞后擦的音。鼻音在口腔里阻碍处完全或几乎完全闭合,但软腭下降,打开通往鼻腔的通路,气流从鼻腔出去形成鼻音,鼻音也可以任意延长。边音的形成是舌尖形成阻碍不让气流通过,但舌头两边留出空隙让气流通过。

辅音共有 22 个,包括除了零声母以外的全部声母以及韵母中的鼻韵尾音 ng/ŋ/。其中大部分辅音都是清辅音,只有 m,n,l,r 四个辅音在发音时声带产生振动,是浊辅音。辅音根据发音部位和发音方法的不同,可进行相应的分类,具体情况如表 2-1 所示。

表 2-1　汉语辅音音素表

发音部位 发音方法		双唇阻 上唇与下唇	齿唇阻 上齿与下唇	舌尖前阻 舌尖与上齿背	舌尖阻 舌尖与上牙龈	舌尖后阻 舌尖与前硬腭	舌面阻 舌面与硬腭	舌根阻 舌根与软腭
塞音	不送气	b/p/			d/t/			g/k/
	送气	p/p'/			t/t'/			k/k'/
塞擦音	不送气			z/ts/		zh/tʂ/	j/tɕ/	
	送气			c/ts'/		ch/tʂ'/	q/tɕ'/	
擦音	清音		f/f/	s/s/		sh/ʂ/	x/ɕ/	h/x/
	浊音					r/ʐ/		
鼻音（浊音）		m/m/		n/n/				ng/ŋ/
边音（浊音）				l/l/				

2. 单元音

一般单元音有 13 个，此外还包括 7 个从国际音标的单元音音素借用的单元音。应该注意，元音并不等于韵母。元音、辅音是按着音素的发音特征来分类的；而声母和韵母则是按着音节的结构来分类的。尽管它们之间有一定的联系，但是两种不同的概念。单元音的音色由声道的形状决定，并且主要由舌头的形状及其在口腔中的位置、嘴唇的形状决定。根据舌头的高、中、低，舌位的前、中、后，以及嘴唇的开放程度，可以发出十多种不同的单元音。根据发音时舌位的高低和前后，以及唇形的圆扁，可将汉语中单元音进行分类，情况如表 2-2 所示。

表 2-2　汉语单元音分类表

类　别		舌　面　元　音					舌　尖　元　音		卷舌元音
舌位前后		前		央	后		前	后	央
唇形		展唇	圆唇		展唇	圆唇			
舌高 （口开）	高（闭）	i/i/	ü/y/			u/u/	-i/ɿ/	-i/ʅ/	
	半高（半闭）				e/ɤ/	o/o/			
	中			e/ə/					er/ər/
	半低（半开）	ê/ɛ/							
	低（开）	a/a/		a/A/	a/ɑ/				

全部元音都是浊音，声带都振动，比轻辅音响亮得多。其中舌尖前元音，舌尖后元音，以及卷舌元音是汉语语音所特有的元音音素。

3. 复元音

元音中还有 13 个复合元音，它们都是韵母表中的韵母。所谓复合元音是由两个以上的元音连接而成的。其发音方法是：按复元音中单元音的顺序连续的移动舌位、唇形而发出的声音。需要注意的是，这种连接不是简单拼接，而是一种新的"动态"的声音。因为在连接时，舌位、唇形顺序连续的移动，相互的影响，并且结合得很紧，成为一种固定的音组，在发音的感觉和听音的感觉上等同于单元音，可以视为独立的语音单位。

4. 复鼻尾音

复鼻尾音共 16 个,它们也都是韵母表中的韵母。在汉语中,鼻韵尾只有两个:-n,-ng。它们与元音复合之后也成为不可分割的音组。复鼻尾音音素的情况如表 2-3 所示。

表 2-3 复鼻尾音音素分类表

	开 口 呼	齐 齿 呼	合 口 呼	撮 口 呼
复鼻尾音	an/an/	ian/iæn/	uan/uan/	üan/yen/
	en/ən/	in/in/	uen/uən/	ün/yn/
	ang/aŋ/	iang/iaŋ/	uang/uaŋ/	
	eng/əŋ/	ing/iŋ/	ueng/uəŋ/	
			ong/uŋ/	iong/iuŋ/

音节是语流中最小的发音单位,它不仅是听觉上能够自然辨别出来的最小语音单位,也是音义结合的语言单位。从发音机制的角度看,一个音节对应着喉部肌肉的一次紧张,即肌肉紧张一次,就形成一个音节,紧张两次就形成两个音节,如汉语 xian 包含的一串音素,如果发音时肌肉紧张一次,就形成一个音节"鲜",如果发音时肌肉紧张两次,就形成两个音节"西安"。每个音节发音时肌肉的紧张可以包含渐强、强峰和渐弱三个阶段,如果把这三个阶段的对应音分别称为起音、领音和收音的话,音节的构成模式有以下四种:①领音;②起音+领音;③领音+收音;④起音+领音+收音。一个音节可以没有起音和收音,但绝对不能没有领音,没有领音就不能构成音节。领音必须有相当的响度才能在听觉上觉察出音节的出现。

汉语语音中,充当领音的经常是元音(V),起音一般由辅音(C)充当,收音可以是元音,也可以是辅音。这样汉语音节结构的基本形式有 V、VC、CV、CVC 等。音节的这种宏观物理性质,可以作为汉语连续语音识别中音节切分的一种依据。领音处在喉头肌肉紧张度的强峰阶段,将形成音峰,对应于音节的中心。而渐弱阶段的尾端与另一次肌肉紧张渐强阶段的开端之间的地方是喉头肌肉紧张度的最低点,将形成音谷,对应于音节的边界,所以可以在音谷处进行音节切分。

2.1.5 汉语语音的韵律特性

语音是一种特殊的声音,因此它具有声学特征的物理性质。语音的声学特征是指音色、音高、音长和音强,简称语音的四要素。音色也称音质,是一种声音区别于其他声音的基本特征。音色是由混入基音的倍音所决定的。每个人由于性别、年龄、喉部和声道构造的不同,产生倍音的成分也不相同,故具有各不相同的音色。也可以说,语音的音色与声带的振动频率、发音器官的送气方式和声道的形状、尺寸密切相关。音高指声音的高低,即对应前面所讨论的声调,汉语有阴平、阳平、上声和去声四种声调。从物理学角度来分析,音调的变化其实对应频率的变化,即其基频随声调的变化而变化。基频越高,声调越高。而声带的振动频率又决定于声带的长度、张力、厚薄和呼出气流的强弱。一位训练有素的歌唱家,能精确地运用这些变化而发出准确的音调。声音的长短叫作音长,它取决于发音持续时间的长短。音强主要指发音的轻重,一般存在三种重音:正常重音,对比重音和轻声。在词或短语的各音节中,若无轻声和对比重音,则就是正常重音,在没有中间停顿的一连串带正常重音的音节中,不论是一个短语还是复合词,其轻重程度是不完全相同的,其中最末音节最重,其次是第一个音节,中间音节最轻,如"展览馆""篮球赛"等。正常重音的声学特点是声调的完整性和音长的加长,而不是音强的增加。对轻声,首先它失去了原有的声调,其次是它的音长大大缩短,如指物品的"东西"的"西"。对比重音与正常重音不同的地方在于它的音高范围更大、音长更长、音强也往往增加。

语音在音高、音强和音长方面所显示出来的抑扬顿挫的特性,也称为汉语的韵律特性。汉语中,主要靠音色和音高来区别语义,而音强和音长不能区别语义。关于语音的韵律特性还有待于进一步的研究。

2.2 语音信号的感知

语音信号的感知过程与人耳的听觉系统密不可分。尽管 100 多年前,物理学家 Georg Ohm 就提出人耳是一种频谱分析仪的设想,但直到 20 世纪 60 年代,人们对外围的听觉系统才有一个较深入的了解,但对于听觉通路等许多方面的研究至今还在探讨阶段。

2.2.1 听觉系统

1. 耳的结构

耳是人类的听觉器官,其作用就是接收声音并将声音转换成神经刺激。所谓的语音感知,就是指将听到的声音经过大脑的处理后变成确切的含义。

人耳由外耳(outer ear)、中耳(middle ear)和内耳(inner ear)三部分组成,如图 2-8 所示。其中外耳、中耳、内耳的耳蜗部分是听觉器官。内耳的前庭窗和半规管部分是判定位置和进行平衡的器官。

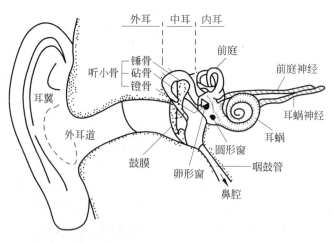

图 2-8 人耳的构造

外耳由耳翼(pinna)、外耳道(external auditory meatus)和鼓膜(ear drum)构成。耳翼的作用是保护耳孔,其卷曲状具有定向作用。外耳道是一条比较均匀的耳管,声音沿外耳道传送至鼓膜,外耳道同其他管道一样也有许多共振频率。外耳道对声波的共振频率可以计算如下:共振峰频率＝声音速度/声音的波长。外耳道的长度大约是25mm,声波波长的长度是它的4倍,声速是340m/s,因此外耳道共振峰频率＝(1000×340)/(4×25)＝3400Hz,即外耳道的共振峰频率大约是3400Hz。由于外耳道的共振效应,会使声音得到10dB左右的放大。鼓膜是位于外耳道内端的韧性锥形结构,声音的振动通过鼓膜传到内耳。一般认为外耳在声音感知中有两个作用:一是对声源的定位;二是对声音的放大。对声音的放大除了外耳道的共振效应外,头的衍射效应也会增大鼓膜处的声压,总共可以使声音得到20dB左右的放大。外耳是将声音发送给内耳神经转换器的一系列机构中的第一个环节。

中耳为充气腔体,由鼓膜将其与外耳隔离,并通过圆形窗和卵形窗两个小孔与内耳相通,中耳还通过咽鼓管与外界相连,以便使中耳和周围大气之间的气压得到平衡。鼓膜后面的一个小小的骨腔里有锤骨(malleus)、砧骨(anvil)和镫骨(stapes)三块听小骨组成。鼓膜通过听小骨将声音耦合至卵形窗。其中锤骨和鼓膜接触,镫骨和内耳的卵形窗相连,听骨链能把鼓膜受声波而产生的振动传到内耳,听骨链有交角杠杆的作用,在传导声波时能够增加振动的力量。根据力学计算,砧骨脚端的振动力量是锤骨柄部的3/2,又因为鼓膜的面积比卵形窗大20倍左右,所以声波通过听骨链的传导,振动力量可以增加30倍左右。中耳鼓室和咽鼓管相连,咽鼓管能维持鼓膜内外大气压的平衡。在一定的声强范围内,听小骨实现声音的线性传递,而在特强声时,听小骨实现声音的非线性传递,以达到保护内耳的作用。因此,中耳的作用有两个:一个是通过听小骨进行声阻抗的变换,放大声压;另一个是保护内耳。

内耳深埋在头骨中,由半规管(semicircular canal)、前庭窗(oval window)和耳蜗(cochlea)组成。其中前庭窗和半规管属于本体感受器,与机体的平衡机能有关。半规管是三个半环形小管,相互垂直,类似于一个三维坐标系统。它们分别称为上半规管、外半规管和后半规管,半规管内的感受器能感受旋转变速运动的刺激,而前庭窗内的感受器能感受静止的位置和直线的变速运动。内耳的耳蜗是听觉的受纳器,形似蜗牛壳,由蜗螺旋管旋转两圈半构成。耳蜗很小,蜗螺旋管总长只有3cm。内耳的结构复杂,又称为迷路。以上三部分的外表由骨质形成,称为骨迷路;套在骨迷路内的膜性管称为膜迷路。骨迷路和膜迷路形态大致一样,关系就好像自行车车轮的外胎和内胎。膜迷路内有内淋巴液;膜迷路和骨迷路之间有外淋巴液。耳蜗里的膜迷路有感声的毛细胞,它可以把声音刺激变成神经冲动,经听神经传入大脑的听觉中枢完成语音的感知功能。耳蜗中有一个重要部分称为基底膜(basilar membrane),基底膜在靠近前庭窗的部分硬而窄,而在靠近耳蜗孔的部分软而宽。在基底膜之上是柯蒂氏器官(organ of corti),它相当于一种传感装置,耳蜗内的流体速度变化,可以影响柯蒂氏器官上的毛细胞膜两边电位的变化,在一定条件下造成听觉神经的发放和抑制,从而完成机械振动向神经发放信号转换的过程。

2. 听觉的形成

声音的感受细胞在内耳的耳蜗部分,因此,外来的声波必须传到内耳才能引起听觉。外界的声波振动鼓膜,经过中耳的听小骨传到卵形窗,进而引起耳蜗的外淋巴和内淋巴的振动,这样的刺激使耳蜗中的听觉感受器的毛细胞兴奋,并将这种声音的刺激转化为神经冲动,由听神经传到大脑皮层的听觉中枢,形成听觉。声波的振动还可以通过颅骨和耳蜗骨壁的振动传到内耳,这个途径叫骨传递。由于听自己说话时包含了骨传递部分,因此与单纯的由鼓膜和听小骨传递的声音感觉会有所不同。

3. 耳蜗的作用

声波引起外耳腔空气振动,由鼓膜经过三块听小骨传到内耳的前庭窗,镫骨的运动引起耳蜗内流体压强的变化,从而引起行波沿基底膜的传播。不同频率的声音产生不同的行波,其峰值出现在基底膜的不同位置上。频率较低时,基底膜的幅度峰值出现在靠近耳蜗孔处,随着声音频率的增加,该峰值向基底膜根部(靠近前庭窗的部分)移动。在每个声音频率上,随着强度的增加,基底膜运动的幅度加大,并带动更宽的部分振动。不同的声音频率沿着基底膜的分布是对数型的。

基底膜的振动引起了基底膜和耳蜗覆膜之间的剪切运动,使得基底膜和耳蜗覆膜之间的毛细胞上的绒毛发生弯曲。绒毛向一个方向的弯曲会引起毛细胞的去极化(depolarization),即开启离子通道产生向内的离子流,从而增加传入神经(afferent nerve)的发放;当绒毛向另一个方向弯曲时,会引起毛细胞的超极化(hyperpolarization),增加细胞膜电位,从而导致抑制效应。基底膜上不同部位的毛细胞具有不同的电学和力学特性。在耳蜗的根部,基底膜窄而劲度强,外毛细胞及其绒毛短而有劲度;而靠近蜗孔处,基底膜宽而柔和,毛细胞及其绒毛也较长而柔和。由于这种结构上的差别,使得它们具有不同的机械谐振性和电谐振性。这种差别是基底膜在频率选择方面不同的重要因素,也是声音频率沿基底膜呈对数分布的主要原因。

2.2.2　听觉特性

正常人的听觉系统是极为灵敏的,人耳所能感觉的最低声压接近空气分子热运动产生的声压。一般来说,声音从右耳传至左大脑的速度比较快,声音从左耳传至右大脑的速度比较慢。即两耳传递速度不同。或者说,左大脑接收右耳传来的声音要快些,右大脑接收左耳传来的声音要慢些。至于接收语音的情况,两耳也有所不同,但它们辨听元音的能力大体一致。对于辅音,右耳比左耳强一些;听音调也是右耳较有优势。正常人可听声音的频率范围为16Hz～16kHz,年轻人可听到20kHz的声音,而老年人可听到的高频声音要减少到10kHz左右。

人类听觉器官对声波的音高、音强、声波的动态频谱具有分析感知能力。人耳对声音的强度和频率的主观感觉,是从响度及音调来体现的。

1. 人耳的听阈及响度

语音信号就是一种复合音,它包含了很多频率成分的谐波组成。对频率不同的纯音,人耳具有不同的听辨灵敏度。响度就是反映一个人主观感觉不同频率成分的声音强弱的物理量,单位为方(phone)。在数值上1方等于1kHz的纯音的声强级,而零方对应人耳的听阈。所谓正常人的听阈是指声音小到人耳刚刚能听见时的大小。听阈值及响度的大小是随着频率的变化而变化的,例如在1kHz的纯音下,响度为10方时相当于10dB的声压级;而对于100Hz的纯音,为了使它听起来与10方的1kHz的纯音同样响,则声压级应该为30dB。这说明人耳对不同频率的声音的响应是不平坦的。这样,人耳感知的声音响度是频率和声压级的函数,通过比较不同频率和幅度的语音可以得到主观等响度曲线,如图2-9所示。在该图中,最上面那根等响度曲线是痛阈,最下面那根等响度曲线是听阈。该曲线组在3～4kHz附近稍有下降,意味着感知灵敏度有提高,这是由于外耳道的共振引起的。

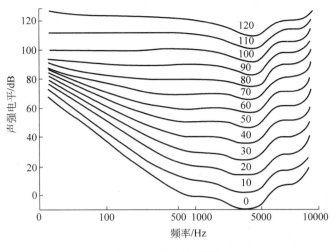

图 2-9　等响度曲线

2. 音调

音调是听觉分辨声音高低时,用于描述这种感觉的一种特性。客观上用频率来表示音调,主观上感觉音调的单位是采用美(Mel)标度。这是两个概念上不同,却有联系的计量单位。一般对于频率低的声音,听起来觉得它的音调低,而频率高的声音,听起来感觉它的音调高。但是音调和频率并不是成正比的关系,它还与声音的强度及波形有关。一个高于听阈 40dB、频率为 1kHz 的纯音所产生的音调定为 1000Mel。如果一个纯音听起来比 1000Mel 的声音的音调高出一倍,则其音调为 2000Mel。如果用公式近似的表示音调和频率的关系,则有

$$T_{\mathrm{Mel}} = 2595\lg(1 + f/700) \tag{2-4}$$

2.2.3　掩蔽效应

迄今为止,人耳听觉特性的研究大多在心理声学和语言声学领域内进行。实践证明,声音虽然客观存在,但是人的主观感觉(听觉)和客观实际(声波)并不完全一致,人耳听觉有其独有的特性。人的听觉系统具有复杂的功能,没有哪一种物理仪器具有人耳那样惊人的特性。听觉机构不但是一个极端灵敏的声音接收器,它还具有选择性,可以起到分析器的作用。此外,它还具有判别响度、音调和音色的本领。当然这些功能在一定程度上是与大脑的结合而产生的,因此听觉特性涉及心理声学和生理声学方面的问题。对于听觉系统的复杂结构与其信息处理过程,虽然现今的科学已经有所揭示,但对真正的实质问题还没完全掌握。

1. 同时掩蔽和异时掩蔽

掩蔽现象是一种常见的心理声学现象,是由人耳对声音的频率分辨机制决定的。它指的是在一个较强的声音附近,相对较弱的声音将不被人耳觉察,即被强音所掩蔽。较强的音称为掩蔽者,弱音称为被掩蔽者。掩蔽效应分为同时掩蔽(simultaneous masking)和异时掩蔽(non-simultaneous masking)两类。

同时掩蔽指掩蔽现象发生在掩蔽者和被掩蔽者同时存在时,也称为频域掩蔽。声音能

否被听到取决于它的频率和强度。正常人听觉的频率范围为 20Hz～20kHz,强度范围为
－5～130dB。人耳不能听到听觉区域以外的声音。在听觉区域内,人耳对声音的响应随频
率而变化,最敏感的频率段是 2～4kHz。在这个频率段以外,人耳的听觉灵敏度逐渐降低。
人耳刚好可听到的最低声压级称为听阈,它是声音频率的函数,图 2-10 中虚线是人耳在安
静时的听阈曲线。人耳不能听到声压级低于听阈的声音,例如,把一个纯音信号作为目标,
如果它的声压级低于听阈(即安静时阈值),它是听不见的。

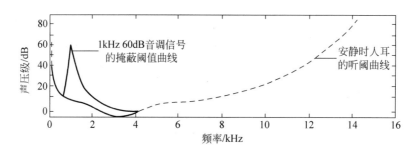

图 2-10　频率为 1kHz 声压级为 60dB 的音调信号的掩蔽阈值曲线

　　由于一个较强信号(掩蔽者)的存在,听力阈值不等于安静时的阈值。在掩蔽者频率的
邻域内,听力阈值被提高。而新阈值,也就是不可闻的被掩蔽者的最大声压级,称为掩蔽阈
值。图 2-10 中实线是频率为 1kHz、声压级为 60dB 的音调信号产生的掩蔽阈值曲线。当目
标信号的声压级低于掩蔽者的掩蔽阈值时,目标信号被掩蔽,即不被人耳所察觉。利用人类
听觉系统的这一特性,一方面可以把被掩蔽的弱信号看作与人耳无关的信号,不必对其进行
编码处理;另一方面,在语音编码中,通过对量化噪声的频谱进行适当整形,使量化噪声低
于掩蔽阈值曲线,在主观听觉上能够被音频信号所掩蔽,这样既降低了量化的码率,又提高
了音频编码的主观质量。
　　异时掩蔽的掩蔽效应发生在掩蔽者和被掩蔽者不同时存在时,也称为时域掩蔽。异时
掩蔽又分为前掩蔽(pre-masking)和后掩蔽(post-masking)两种。若掩蔽效应发生在掩蔽者
开始之前的某段时间,则称为前掩蔽;若掩蔽效应发生在掩蔽者结束之后的某段时间,则称
为后掩蔽。图 2-11 给出了同时掩蔽和异时掩蔽现象。从图中得知,同时掩蔽在掩蔽者持续
的时间内一直有效,它是一种较强的掩蔽效应,而异时掩蔽随着时间的推移很快衰减。一般
后掩蔽可持续 100ms,而前掩蔽仅持续 20ms。

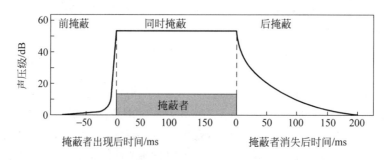

图 2-11　三种掩蔽现象的强度以及持续时间

利用前掩蔽效应,对抑制因时间分辨率不够而造成的预回声起着重要的作用。语音信号是分帧处理的,帧长的选择受一些因素制约,如过长的帧会使时间分辨率下降,产生严重的预回声。解决预回声的方法是缩短帧长,以提高时间分辨率,这样预回声的影响就被限制在一个较短的时间内。当帧长缩短到 2～5ms 时,由于前掩蔽效应,预回声会被随之而来的冲激响应所掩蔽。

人类听觉系统的掩蔽效应需要用一个数学-心理声学模型来描述,依据该模型可估算出各掩蔽者的掩蔽阈值。掩蔽阈值取决于掩蔽者的音调性、频率、声压级和持续时间。图 2-12 描述了一个掩蔽者产生的掩蔽阈值曲线。从图中可以看出,掩蔽阈值是时间、频率和声压级的函数,并且掩蔽阈值随掩蔽音调的变化而有所变化。

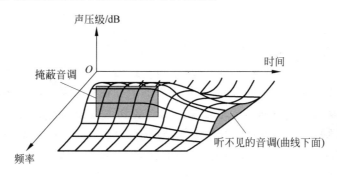

图 2-12　掩蔽阈值曲线

2. 各种不同的掩蔽效果

掩蔽者有三种类型:纯音调、宽带噪声和窄带噪声。不同的掩蔽者和被掩蔽者的组合有着不同的掩蔽结果,它们的掩蔽阈值曲线形状有着相似之处。

1) 纯音调信号间的掩蔽

这是指掩蔽者和被掩蔽者都是纯音调信号,这种掩蔽效应比较简单。图 2-13 是频率为 1kHz 不同声压级的纯音调对纯音调产生的掩蔽曲线。从图中可以看出,掩蔽阈值曲线的低频段陡峭,高频段比较平坦。

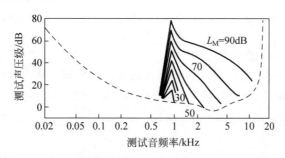

图 2-13　频率为 1kHz 声压级不同的纯音调对纯音调的掩蔽阈值曲线

2) 宽带噪声对纯音调的掩蔽

掩蔽者是宽带噪声,被掩蔽者是纯音调信号。虽然白噪声的功率谱是平坦的,但是它产生的掩蔽阈值却只在低频段保持水平。在大约 500Hz 以上,掩蔽阈值随着频率的增大而提高,每十倍频程大约提高 10dB。在低频段,掩蔽阈值一般高于噪声功率谱密度 17dB。宽带噪声对纯音调的掩蔽曲线如图 2-14 所示。

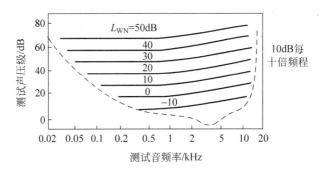

图 2-14　宽带噪声对纯音调的掩蔽阈值曲线

3）窄带噪声对纯音调的掩蔽

掩蔽者是窄带噪声,被掩蔽者是纯音调信号。这是一种比较复杂的掩蔽效应,掩蔽阈值随声压级的不同而有所变化,并且随着窄带噪声的中心频率的变化,掩蔽阈值也相应地随之变化。下面分别从这两个方面考虑窄带噪声对纯音调的掩蔽效果。图 2-15 是中心频率为1kHz、声压级不同的窄带噪声对纯音调的掩蔽阈值曲线。从图中可以看出,曲线的峰值出现在掩蔽者的中心频率处,在声压级大于 80dB 时,掩蔽阈值曲线在高频段出现严重的非线性特性,有谷点出现。

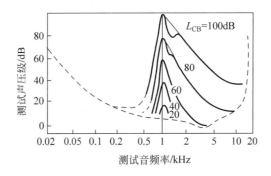

图 2-15　中心频率为 1kHz、声压级不同的窄带噪声对纯音调的掩蔽曲线

中心频率不同的窄带噪声产生的掩蔽阈值曲线的形状是不同的,图 2-16 显示了声压级相同,但中心频率不同的窄带噪声对纯音调的掩蔽阈值曲线。从图中可以看出,掩蔽阈值曲线是不等宽的:在低频段,曲线比较窄,随着频率增高,曲线逐渐变宽。

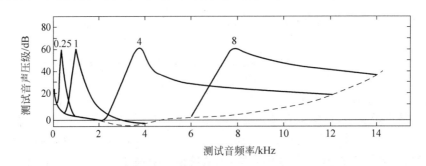

图 2-16　声压级相同、中心频率不同的窄带噪声对纯音调的掩蔽阈值曲线

为了描写窄带噪声对纯音调信号的掩蔽效应,引入临界带宽的概念。一个纯音可以被以它为中心频率,且具有一定带宽的连续噪声所掩蔽,如果在这一频带内噪声功率等于该纯音的功率,这时该纯音处于刚好能被听到的临界状态,即称这一带宽为临界带宽。临界带宽有许多近似表示,一般在低于 500Hz 的频带内,临界带宽约为 100Hz;在高于 500Hz 时,临界带宽约为中心频率的 20%;最高可达到 4kHz。临界频带的位置不固定,以任何频率为中心都有一个临界频带。连续的临界频带序号记为临界频带率,或称为 Bark 域,这是为了纪念 Barkhauseu 而定名的。通常将 20Hz~16kHz 之间的频率用 24 个频率群来划分,或者说共有 24Bark,如表 2-4 所示。

表 2-4　临界带宽表

频率群序号 /Bark	中心频率 /Hz	临界带宽 /Hz	相对带宽 /dB	下限频率 /Hz	上限频率 /Hz
1	50	80	19	20	100
2	150	100	20	100	200
3	250	100	20	200	300
4	350	100	20	300	400
5	450	110	20	400	510
6	570	120	21	510	630
7	700	140	21	630	770
8	840	150	22	770	920
9	1000	160	22	920	1080
10	1170	190	23	1080	1270
11	1370	210	23	1270	1480
12	1600	240	24	1480	1720
13	1850	280	25	1720	2000
14	2150	320	25	2000	2320
15	2500	380	26	2320	2700
16	2900	450	27	2700	3150
17	3400	550	27	3150	3700
18	4000	700	28	3700	4400
19	4800	900	29	4400	5300
20	5800	1100	30	5300	6400
21	7000	1300	32	6400	7700
22	8500	1800	32	7700	9500
23	10500	2500	34	9500	12000
24	13500	3500	35	12000	15500

这种掩蔽效应可以从听觉生理上找到依据。人耳的基底膜具有与频谱分析仪相似的作用。频率群的划分相应地将基底膜分成许多小的部分,每一部分对应一个频率群。掩蔽效应就是在这些频率群内发生,这是因为对应的那一频率群的基底膜部分的声音,在大脑中似乎是叠加在一起来评价的,如果这时同时发声,可以互相掩蔽。划分后的 Bark 域与耳蜗中基底膜的长度呈线性关系,而与声音频率呈近似对数关系。

除了按照上面的表划分 Bark 域外,也有一种简单的计算方法:

$$1\text{Bark} \approx \begin{cases} \text{freq}/100, & \text{freq} \leqslant 500\,\text{Hz} \\ 9 + 4\log_2(\text{freq}/1000), & \text{freq} > 500\,\text{Hz} \end{cases} \tag{2-5}$$

在 Bark 域上描述窄带信号对纯音调的掩蔽效应,声压级相同,但临界频带率不同的掩蔽阈值曲线如图 2-17 所示。从图中可以看出,掩蔽阈值曲线在 Bark 尺度上是等宽的。

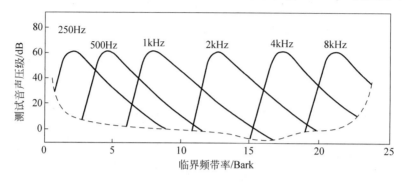

图 2-17　声压级相同、临界频带率不同的窄带噪声对纯音调的掩蔽阈值曲线

2.3　语音信号的线性产生模型

从前面的讨论知道,语音是由气流激励声道,最后从嘴唇或鼻孔,或同时从嘴唇和鼻孔辐射出来而形成。传统的基于声道的语音产生模型,就是从这一角度来描述语音的产生过程。它包括激励模型、声道模型和辐射模型,这三个模型分别与肺部的气流和声带共同作用形成的激励、声道的调音运动及嘴唇和鼻孔的辐射效应一一对应。它们之间的关系可以用图 2-18 表示。

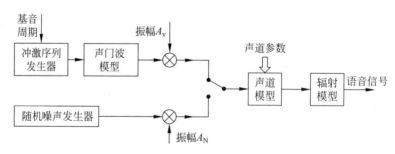

图 2-18　语音信号产生系统线性模型

2.3.1　激励模型

研究证实:发不同的音时,激励的情况不同。这些不同大致可分为两大类:在发浊音时,气流通过绷紧的声带,对声带进行冲击而产生振动,使声门处形成准周期的脉冲串。声带的绷紧程度不同,振动的频率也不同,即基音频率不同。由于人的声带情况有所差异,因此具有不同的基音周期。应该提醒注意的是,浊音不仅包括所有的元音,也包括一些浊辅音。这样,在发浊音时声带的不断张开和关闭产生的脉冲波,类似于斜三角形的脉冲。此时的激励源就是一个以基音周期为周期的斜三角形的脉冲串。单个的斜三角形脉冲可以用下

式表达：

$$g(n) = \begin{cases} \dfrac{1}{2}[1 - \cos(n\pi/N_1)], & 0 \leqslant n \leqslant N_1 \\ \cos[\pi(n - N_1)/2N_2], & N_1 \leqslant n \leqslant N_1 + N_2 \\ 0, & \text{其他} \end{cases} \qquad (2\text{-}6)$$

其中，N_1 为斜三角波上升部分的时间；N_2 为其下降部分的时间。

如果将上述函数变换到频域可以看出，它相当于一个低通滤波器。因此通常将它表示成 z 变换的全极点模型形式：

$$G(z) = \frac{1}{(1 - g_1 z^{-1})(1 - g_2 z^{-1})} \qquad (2\text{-}7)$$

其中，g_1 和 g_2 都接近 1。这样，斜三角波可以看作是加权的单位脉冲经过上述的低通滤波器的输出。而单位脉冲可以表示为下面的 z 变换形式：

$$E(z) = \frac{A_v}{1 - z^{-1}} \qquad (2\text{-}8)$$

其中，A_v 是调节浊音的幅值或能量的参数。因此整个激励模型可以表示为

$$U(z) = G(z)E(z) = \frac{A_v}{1 - z^{-1}} \times \frac{1}{(1 - g_1 z^{-1})(1 - g_2 z^{-1})} \qquad (2\text{-}9)$$

在发清音时，声带处于松弛状态，不发生振动，气流通过声门直接进入声道，所有的清辅音都属于这种情况。无论是擦音还是塞音，声道都被阻碍形成湍流，所以激励信号相当于一个随机白噪声。实际上可以用均值为 0、均方差为 1，并在时间或幅值上为白色分布的序列来表示。

应该指出，单纯地将语音信号分成受周期脉冲激励和受噪声激励两种情况，与实际情况不完全符合。有时即便将两种激励情况按照一定的比例叠加，也不能刻画某些语音，如浊擦音。为了更好地模拟激励信号，有人提出在一个基音周期中用多个斜三角波脉冲的方法。此外，还有用多脉冲序列和随机噪声序列的自适应激励的方法等。

2.3.2　声道模型

发不同性质的声音时，声道的情况是不同的。大致可以将这些情况分为两大类：①发元音的情况——这时声道的口腔为稳定的某种形状的谐振腔，由声门来的准周期脉冲波激励声道而产生响应，所有的单元音、复元音及复鼻尾音的元音部分都属于这种情况；②发辅音的情况——此时又可以分为塞音、擦音、鼻音等情况。发塞音时，声道的某部分构成阻碍完全封闭，使声门来的激励波在此处形成高压湍流，然后突然开放发出声音。而发擦音时，声道的某部分构成未完全封闭的阻碍，使激励波在此处形成高速湍流，与该处摩擦而发出声音。发鼻音时，软腭下垂，鼻腔参加谐振响应。

对于声道的数学模型有两种观点：一种是将声道看作是由多个不同截面积的声管串联而成的系统，称为声管模型；另一种是将声道视为一个谐振腔，共振峰就是这个腔体的谐振频率，从这个角度出发来描述声道的模型，即为共振峰模型。由于人耳听觉的柯蒂氏器官的毛细胞是按着频率感受来排列其位置的，所以共振峰模型很有效，经常被使用。实践表明：用前三个共振峰来代表一个元音就足够了。对于较复杂的辅音或鼻音，大概要用五个以上的共振峰才行。

一般情况下,可以用一个如下式的全极点模型来刻画共振峰特性。

$$V(z) = \frac{1}{\sum\limits_{i=0}^{p} a_i z^{-i}} \qquad (2\text{-}10)$$

其中,p 为全极点滤波器的阶,一般在 8~12 范围内取值,它的每一对极点对应一个共振峰;a_i 为声道模型参数,它随声道的调音运动不断变化。声道的惯性使这些参数变化的速度受到限制。一般在 10~30ms 的时间间隔内,认为这些声道参数保持不变,这也是语音信号短时分析的理论依据之一。

对一些鼻音和摩擦音,声道传输函数中也包含一些零点。对于这种情况,可以在上式中引入若干个零点,但这时的模型将变得相对较复杂。这种情况也可以通过适当提高阶数 p,使得全极点模型可以更好地逼近具有零点的传递函数。

2.3.3 辐射模型

声道的终端是口和唇。从声道输出的是速度波,而语音信号是声压波,两者的倒比称为辐射阻抗,可以用它来表示口唇的辐射效应,也包括头部的绕射效应等。从理论上推导这个阻抗是有困难的,但是如果认为口唇张开的面积远小于头部的表面积,则可以推导出辐射阻抗公式如下:

$$z_L(\Omega) = \frac{j\Omega L_r R_r}{R_r + j\Omega L_r} \qquad (2\text{-}11)$$

其中,$R_r = \dfrac{128}{9\pi^2}$,$L_r = \dfrac{8a}{3\pi c}$,这里 a 是口唇张开时的开口半径,c 是声波的传播速度。

由辐射引起的能量损耗正比于辐射阻抗的实部,并且研究表明,口唇端的辐射效应在高频段较为明显,而在低频段影响较小,因此可以用一个高通滤波器来表示辐射模型,例如:

$$R(z) = (1 - r z^{-1}) \qquad (2\text{-}12)$$

其中,r 接近 1。

在实际信号分析时,常采用这样的预加重技术。即在采样之后,插入一个一阶高通滤波器。在语音合成时再进行"去加重"处理,就可以恢复原来的语音。

由上面所述,完整的语音信号产生模型可以用三个子模型串联而成,其传递函数为

$$H(z) = U(z)V(z)R(z) \qquad (2\text{-}13)$$

2.4 语音信号的非线性产生模型

在传统的线性语音产生模型中,语音信号是声道在激励信号的作用下发生共振而产生的输出。在发音的过程中声道处于运动状态,由于这种运动和语音信号相比变化缓慢,因此这个过程一般可以用时变的线性系统来模拟。

线性语音产生理论是基于这样的假设:来自肺部的气流在声道中以平面波的形式传播。这个传统语音产生模型多年来一直都是语音研究者进行语音分析和语音处理的基础。而在 20 世纪 80 年代,Teager 等在语音和听觉实验中发现,在声道中传播的气流并不总是以平面波的形式传播,而是有时分离,有时附着在声道壁上。根据一些实验的观测结果,Teager 给出了一个语音产生模型,如图 2-19 所示。在这个模型中,从声门射出的气流像一

个喷嘴,它在经过声道时极度不稳定,这种不稳定性体现在气流在离声道壁最近的地方会附着、然后分离、再附着,这样会改变声道的有效截面积。从图 2-19 中可以看出,当气流通过真正的声带和伪声带之间的腔体时会存在涡流,而经过伪声带之后的气流又会重新以平面波的形式传播。Teager 认为,在伪声带处的涡流区域也会产生语音,并且对语音信号有调制作用。这样,语音信号应该由平面波部分的线性部分和涡流区域的非线性部分共同组成。与传统的语音产生模型相比,Teager 语音产生模型的特点在于考虑到有涡流存在,以及涡流会对语音信号产生影响。在实验结果的基础上,Teager 通过工程化处理给出了一个Teager 能量算子(Teager energy operator)。他在利用该算子对单个共振峰信号的能量跟踪时发现,在一个基音周期中存在着多个激励脉冲。Teager认为这种多个激励脉冲的存在,在一定程度上说明

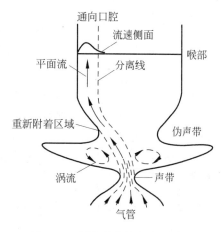

图 2-19 语音的非线性产生模型

语音信号不仅仅由声门的激励产生,也可以由声道中存在的涡流来产生。在后来的研究中,Thomas 和 McGowan 也证实了在语音产生的过程中,会存在着涡流这种非线性现象。Thomas 利用液体流模拟声道的过程中发现了涡流的存在,McGowan 从流体力学角度证明了涡流的存在,同时证明了涡流同样可以作为一个声源产生声音。

基于上述的这种非线性现象的存在,许多学者开始试图提出一个新的语音产生模型来解释语音产生的过程,其中最为成功的是 1993 年 Maragos 从语音是由声道共振产生的角度,提出的一个新模型来描述语音产生过程,这就是调频-调幅模型(AM-FM modulation model)。在这个模型中,语音信号中的单个共振峰的输出,相当于以该共振峰频率为载波频率进行频率调制和幅值调制的结果,进一步假定语音信号是由若干个共振峰经过这样调制结果的叠加而成。这样,就可以用能量分离算法(energy separation algorithm),将与每个共振峰相对应的瞬时频率从语音信号中分离出来。利用这个瞬时频率,就可以得到一些描述语音信号本身基本特性的一些特征。这个模型后续被广泛应用到语音信号处理领域,并获得一定程度的成功。

2.4.1 调频-调幅模型的基本原理

在调频-调幅模型中,假定语音信号是由若干个共振峰的幅值调制和频率调制叠加的结果。对于一个载波频率为 f_c,频率调制信号为 $q(t)$,由 $a(t)$ 来控制幅值的调制信号,可以表示为

$$r(t) = a(t)\cos\left(2\pi\left[f_c \times t + \int_0^t q(\tau)\mathrm{d}\tau\right] + \theta\right) \tag{2-14}$$

这里的载波频率与每个共振峰频率对应,$2\pi\left[f_c \times t + \int_0^t q(\tau)\mathrm{d}\tau\right] + \theta$ 为在 t 时刻的瞬时相位。可以将瞬时频率定义为瞬时相位的变化率,即为 $f(t) = f_c + q(t)$,它反映了在载波频率附近的频率是按着频率调制信号来变化。这样,$r(t)$ 可以看作是语音信号中的单个共振峰

的输出。可以将语音信号看作是由若干个这样的共振峰调制信号的叠加而成,则语音信号可以表示为

$$s(t) = \sum_{k=1}^{K} r_k(t) \qquad (2\text{-}15)$$

其中,K 为总的共振峰数目;$r_k(t)$ 为用第 k 个共振峰作为载波频率的频率调制和幅度调制后的信号。

　　对于单个共振峰的调制信号 $r_k(t)$,可以用一个能量分离算法将幅度调制后的幅值包络 $|a(t)|$ 和频率调制后的瞬时频率 $f(t)$ 从语音信号中分离出来,这个能量分离算法是根据 Teager 能量算子发展而来的。而 Teager 能量算子无论是在连续域,还是在离散域中对信号分析都很有帮助,并且这个算子在时间伸缩、复合函数,以及函数的算术运算等情况下具有很多特性,利用这些特性可以简化计算,使得表达更清晰。

2.4.2　Teager 能量算子

　　Teager 能量算子在连续域和在离散域中有两种表达形式。在连续域中,这个算子可以表示为信号 $s(t)$ 的一阶和二阶导数的函数,具有如下形式:

$$\psi_{\mathrm{C}}\big[s(t)\big] = \left(\frac{\mathrm{d}s(t)}{\mathrm{d}t}\right)^2 - s(t)\,\frac{\mathrm{d}^2 s(t)}{\mathrm{d}t^2} \qquad (2\text{-}16)$$

或简写为

$$\psi_{\mathrm{C}}\big[s(t)\big] = (\dot{s}(t))^2 - s(t)\,\ddot{s}(t) \qquad (2\text{-}17)$$

其中,$\psi_{\mathrm{C}}[\,\boldsymbol{\cdot}\,]$ 表示连续域的 Teager 能量算子,由后面的公式推导可以看出,这个算子实质上是在一定程度上对语音信号的能量提供一种测度,它可以表示出对单个共振峰能量的调制状态。也可以用这样的能量算子表示两个时间函数 g 和 h 的相关性,即

$$\psi_{\mathrm{C}}[g,h] = \dot{g}\dot{h} - g\ddot{h}; \qquad \psi_{\mathrm{C}}[h,g] = \dot{g}\dot{h} - h\ddot{g} \qquad (2\text{-}18)$$

注意,如果函数 g 和函数 h 的顺序不同,结果也不相同。

　　由于要利用计算机进行语音信号处理,一般需要将上述公式进行离散化。在离散域中,一般用差分来代替导数运算,式(2-16)可以改写如下:

$$\psi_{\mathrm{D}}\big[s(n)\big] = s^2(n) - s(n+1)s(n-1) \qquad (2\text{-}19)$$

其中,$\psi_{\mathrm{D}}[\,\boldsymbol{\cdot}\,]$ 表示离散域的能量算子。

　　从式(2-19)可以看出,能量算子输出的信号的局部特性,只依赖于原始语音信号本身和它的时域差分,即计算能量算子在第 n 点处的输出,只需知道该样本点和它前后各一个样本点的值。这样会使得能量算子输出后的信号依然与原始信号保持相似的局域性。J. Kaiser 在 1990 年给出这种表示形式,并且其研究表明,如果对多分量信号应用 Teager 能量算子时,会产生交叉因子的干扰,因此一般它只能用于单共振峰的调制信号上。

　　利用这个 Teager 能量算子,可以把语音信号中的幅值调制部分与频率调制部分有效地分离开,这就是下面要介绍的能量分离算法。

2.4.3　能量分离算法

　　能量分离算法(energy separation algorithm,ESA)使用非线性能量算子来跟踪语音信号,将只包含单个共振峰的语音信号分离成频率分量和幅值分量。其中单个共振峰的调制

信号,具有与式(2-14)相似的形式,用离散形式可以重新表达如下:

$$r(n) = a(n)\cos[\phi(n)] = a(n)\cos\left(f_c n + \int_0^n q(k)\mathrm{d}k + \theta\right) \tag{2-20}$$

其中,瞬时频率为 $f(n) = f_c + q(n)$,表示在中心频率 f_c 附近按照调制信号频率 $q(n)$ 来变化的频率。对这样的信号进行能量算子操作,根据前述的性质可得到如下结果:

$$\psi[r(n)] = |a(n)|^2 \sin^2(f(n)) \approx |a(n)|^2 f^2(n) \tag{2-21}$$

$r(n)$ 信号的能量算子输出由两部分组成:一个是频率调制后的瞬时频率;另一个是幅值调制后的幅值包络。这个结果表示了该算子的能量跟踪能力,所以将这个算子称为能量算子。可以看出,$r(n)$ 信号的能量算子输出是幅值包络 $|a(n)|$ 和瞬时频率 $f(n)$ 的一个函数,它可以反映出幅值和频率的变化。如果 $r(n)$ 信号是一个简单的调频脉冲信号,其幅值不变,则经过 TEO 操作后的输出如图 2-20 所示。可以看出,当信号的幅值不发生变化时,TEO 操作后的信号可以反映出频率的高低。

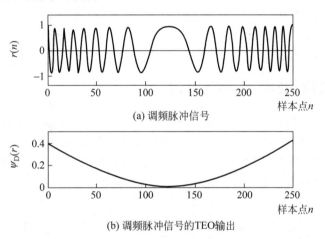

(a) 调频脉冲信号

(b) 调频脉冲信号的TEO输出

图 2-20 线性调频脉冲的 TEO 输出

对于 $r(n)$ 的导数,它的能量算子的输出仍然是只与 $|a(n)|$ 和 $f(n)$ 有关的一个函数。考虑到差分的对称性,可以用 $x(n) = [r(n+1) - r(n-1)]/2$ 代替 $r(n)$ 的导数,则

$$\psi_D[\dot{r}(n)] = \psi_D[x(n)] = |a(n)|^2 \sin^4(f(n)) \tag{2-22}$$

将 $f(n)$、$a(n)$ 作为未知函数,对式(2-21)及式(2-22)联立求解,可得到信号的幅值包络和瞬时频率如下:

$$f(n) \approx \frac{1}{2\pi T}\arcsin\sqrt{\frac{\psi_D[r(n+1) - r(n-1)]}{2\psi_D[r(n)]}} \tag{2-23}$$

$$|a(n)| \approx \frac{2\psi_D[r(n)]}{\sqrt{\psi_D[r(n+1) - r(n-1)]}} \tag{2-24}$$

其中,T 为采样周期。这里是用样本间距为 2 的差分来代替一阶导数。如果用前向差分、后向差分来代替一阶导数,可以得到另一种表达形式。其中前向差分和后向差分分别为

$$\begin{cases} y(n) = r(n) - r(n-1) \\ z(n) = r(n+1) - r(n) = y(n+1) \end{cases} \tag{2-25}$$

用 $\dfrac{\psi_D[y(n)]+\psi_D[z(n)]}{2}$ 来代替 $r(n)$ 的一阶导数的能量算子的输出结果,可得

$$G(n) = 1 - \frac{\psi_D[y(n)]+\psi_D[y(n+1)]}{4\psi_D[r(n)]} \tag{2-26}$$

$$f(n) \approx \frac{1}{2\pi T}\arccos[G(n)] \tag{2-27}$$

$$|a(n)| \approx \sqrt{\frac{\psi_D[r(n)]}{1-G^2(n)}} \tag{2-28}$$

这两种表达方式的核心是,由于调频-调幅信号的能量算子输出与该信号一阶导数的能量算子输出都是瞬时频率和幅值包络的函数,则根据这两个输出,可以分别求出瞬时频率和幅值包络。上述两种表达方式的不同之处在于,前一种是利用两个样本间距的差分来代替导数,后一种是用一个样本间距的前向、后向差分共同来代替导数。两种方法中的瞬时频率都是以每个样本点为单位,具有较高的时间分辨率。有分析表明,后一种表达方式的误差略小于前一种表达方式的误差,但前一种方式具有更简单的数学分析过程,所以更经常使用。

2.4.4 调频-调幅模型的应用

调频-调幅模型在语音信号分析中得到了广泛的应用,主要表现在共振峰轨迹的跟踪、基音频率的检测及端点检测等方面。其中关于共振峰获取的应用为主要方面。

共振峰的检测是语音信号处理的一个重要部分,这是因为共振峰参数随时间变化的情况,反映了声道对各种发音的调音运动的变化情况,它最能体现声道的一些自然特性,对于更好地理解语音信号的产生、分析语音信号的特性变化有着重要的作用。传统的共振峰检测方法是通过找到平滑的倒谱或 LPC 频谱的峰值,以及通过求解 LPC 多项式的根来检测,这些方法通常是认为在一个短时语音帧内的共振峰是不变的。基于调频-调幅模型的共振峰检测方法,由于可以获得任意一个时域点 n 处的瞬时频率,因而具有更高的时间分辨率。对于单共振峰调制的信号,可以通过式(2-23)、式(2-24)或式(2-26)~式(2-28)来求得瞬时频率的值。但对于语音信号,它是由多个共振峰调制结果叠加而成,如果直接对这样的多分量信号进行能量分离算法操作,会产生交叉因子的干扰现象。因此,需要用一组滤波器将每个共振峰调制的信号分离出来,然后再应用上述的 ESA 算法进行幅值包络和瞬时频率的分离。在分离出来的瞬时频率基础上做进一步的迭代,得到共振峰的中心频率;这就是基于能量分离算法的共振峰检测。

通常用 Gabor 滤波器分离语音信号中与单个共振峰对应的那部分信号,这个滤波器具有高斯分布的形式,同时具有最高时间分辨率和频率分辨率的优点,因而被广泛使用。Gabor 滤波器在离散时域的形式为

$$g(n) = \begin{cases} \exp(-(\alpha nT)^2)\cos(\omega Tn), & |n| \leqslant N \\ 0, & n > N \end{cases} \tag{2-29}$$

其中,$\omega = 2\pi f$,f 为滤波器的中心频率;α 为滤波器的带宽参数;T 为采样周期。N 的选择应使 $g(n)$ 在 $n=N$ 时接近于 0。根据经验知识,满足下面公式的 N 值效果最好:

$$\exp(-\alpha TN)^2 \approx 10^{-6} \tag{2-30}$$

为了将语音信号中的瞬时频率和幅值调制包络分离出来,在应用上述的 ESA 算法之前,应该合理地选择各滤波器的中心频率和带宽。其中滤波器带宽参数的选择非常重要,它要求既能包含想要的共振峰信号,又必须可以排除相邻的共振峰信号。一般为了简化起见,假定滤波器带宽固定,并根据经验获得该参数的值。通常当共振峰的中心频率 $f_c<1000\mathrm{Hz}$ 时,带宽参数 α 为 800Hz,其他情况下的带宽参数 α 为 1100Hz 为一种最佳选择。如果允许带宽变化,有关合成 AM-FM 语音信号的研究表明,最佳的带宽应该为共振峰之间距离的线性函数。

在选择好带宽的前提下,对共振峰与滤波器的中心频率可以进行迭代地估计。从一些实验结果可以看出,当滤波器的中心频率和共振峰频率有几百赫兹的偏差时,它的瞬时频率的平均值仍然接近于共振峰的峰值频率,并且瞬时频率的平均值接近于功率谱中的峰值或局部最大值。基于这样的观测,可以认为在给定一个初始估计中心频率的前提下,用瞬时频率均值可以迭代地估计出滤波器的中心频率,在每一步迭代的过程中调整滤波器的中心频率,达到收敛时的中心频率即为该共振峰的中心频率。对于候选共振峰,当带宽固定,具体的中心频率迭代公式在离散域表达如下:

$$f_c^{i+1} = \frac{1}{N}\sum_{n=0}^{N-1} f^i(n) \tag{2-31}$$

即用前一次的中心频率为 f_c^i 的滤波器滤波后的语音信号,采用 ESA 算法进行能量分解,求得第 i 次的瞬时频率 $f^i(n)$,再次用中心频率迭代公式(2-31)迭代求得新的中心频率。用新的中心频率构造的滤波器重新对语音信号进行滤波,再用 ESA 算法求得瞬时频率,开始新的一轮迭代。一般认为当相邻的两次迭代中心频率的变化范围不超过 5Hz 时,即认为已经收敛,可以结束迭代过程。其中,中心频率初始值的设定可以根据求 LPC 多项式的根所求得的共振频率来获得。这种方法以调频-调幅模型为基础,充分考虑了语音产生模型中的非线性现象的存在,并且可以在任意样本点获得瞬时频率,具有较高的时间分辨率。

调频-调幅模型同样可以应用于基频提取上。可以采用与共振峰提取类似的方法,只是使用与第一共振峰区域匹配的一个 Gabor 带通滤波器对语音信号进行滤波,然后用 ESA 算法对瞬时频率和幅值调制包络进行分离,与上述方法一样得中心频率,通过它来获得基音频率的估计值。也可以在语音信号经过带通滤波器滤波之前,先对语音信号进行 Teager 能量算子操作,再将 Teager 能量算子输出分成固定帧,计算交叉相关系数,然后进行峰值检测提取出基频的值。可以对能量算子的输出按照一定的方法提取基频信息,这是因为元音信号的 Teager 能量算子的输出,仍与原始语音信号保持相同的基音频率。

另外,在端点检测方面也可以应用调频-调幅模型。这是因为 Teager 能量算子不仅可以反映幅值变化,也可以反映频率变化。幅值变化的越快,或频率变化的越快,则能量算子的输出值越大,并且针对不同类别的信号时,Teager 能量算子的输出也反映出不同的特性。应用这个特点可以进行以 Teager 能量算子输出的能量为特征的端点检测。可以简化计算如下:

(1) 计算出每帧信号的功率谱;

(2) 对功率谱中每个样本点用频率的平方加权,计算加权后的功率谱和的平方根即为所要求的每一帧的能量,称这个能量为 Teager 帧能量测度;

(3) 以这个能量为基础进行端点检测。

　　実験表明,用这种方法获得的帧能量测度进行端点检测,可以得到比用传统的能量进行端点检测更好的结果。

　　近年来,在语音信号处理中,调频-调幅模型逐渐受到重视,尤其是在变异语音的分析及处理中。这里的变异是指在环境发生异常变化的情况下,话者由于感觉到这种变化的存在,在语音产生过程中会做出相应的调整,使得产生的语音和正常语音会有所不同,即发生了语音变异。一般情况下,当有变异存在时,表达语音信息的特征会受到影响,使得这些特征不能准确地表达所包含的信息,从而导致一些语音识别系统的识别性能下降。因此在有变异情况存在时,在一定程度上给语音特征的准确提取带来困难。对于正常语音和变异语音,它们之间的变化主要体现在声道特性的变化上,这一点可以用共振峰参数来刻画。Hansen等假定语音信号是由线性分量和非线性分量共同组成,而在变异情况下,非线性分量在正常语音和变异语音之间的变化比较大。基于这样的假定,利用调频-调幅模型提取出的共振峰信息作为变异语音的特征,并将此特征应用于变异语音的分类中,取得了比传统方法更好的分类效果。同时,与正常情况下产生的语音相比,变异情况下产生的语音的非线性现象更明显,采用调频-调幅模型和 Teager 能量算子,可以获得变异情况下语音的非线性特征,如TEO-FM-Var 特征、TEO-Auto-Env 特征、TEO-Pitch 特征等。这些特征主要应用在变异语音的分类中,实验结果表明,这些非线性特征比传统的线性特征,如基频、音素或词的持续时间、强度等具有更好的分类结果。

参考文献

[1]　Flanagan J L. Speech analysis,synthesis,and perception[M]. 2nd ed. New York:Springer-Verlag, 1972.

[2]　Ramakrishnan B R. Reconstruction of incomplete spectrograms for robust speech recognition[D]. Ph. D. dissertation. CMU,2000.

[3]　Kandel E R, Schwartz J H,Jessell T M,et al. Principles of neural science[M],3rd ed. Amsterdam: Elsevier Science Publishing,1991.

[4]　Morgan D P, Scofield C L. Neural networks and speech processing[M]. Amsterdam:Kluwer Academic Publishers,1991.

[5]　Painter T,Spanias A. Perceptual Coding of Digital Audio[J]. Proceedings of the IEEE,2000,88(4): 451-513.

[6]　鲁瑞华. 听觉特性在数字音频压缩编码中的应用[J]. 电声技术,1998,(5):6-11.

[7]　何冬梅. 低码率高质量音频压缩算法研究[D]. 哈尔滨:哈尔滨工业大学,2000.

[8]　Teager H M,Teager S M. Some observation on oral airflow during phonation[J]. IEEE Trans on ASSP,1980,28(5):599-601.

[9]　Teager H M,Teager S M. Evidence for nonlinear production mechanisms in vocal tract[J]. In: Speech Production and Speech Modeling, vol 55. Boston:Kluwer Academic Publishers, 1990: 241-261.

[10]　Thomas T J. A finite element model of fluid flow in the vocal tract[J]. Computer Speech and Language,1986,1:131-151.

[11]　McGowan R S. An aero acoustic approach to phonation[J]. The Journal of the Acoustical Society of America,1988,83(2):696-704.

[12]　Maragos P,Kaiser J F, Quatieri T F. Energy separation in signal modulation with application to

speech analysis[J]. IEEE Trans. Signal Processing,1993,41(10)：3024-3051.

[13] Kaiser J F. Some useful properties of Teager energy operators[J]. In Sullivan B J. ICASSP 93,vol 3. Minnesota,USA：IEEE Press,1993：149-152.

[14] Kaiser J F. On a simple algorithm to calculate the "energy" of a signal[J]. In Ludeman L. ICASSP, vol 1. Albuquerque,New Mexico：IEEE Press,1990：381-384.

[15] Hanson H M,Maragos P,Potamianos A. Finding speech formants and modulations via energy separation：with application to a vocoder[J]. In Sullivan B J. ICASSP 93,vol 2. Minnesota,USA：IEEE Press,1993：716-719.

[16] Potamianos A,Maragos P. Speech formant frequency and bandwidth tracking using multiband energy demodulation[J]. In Drago D. ICASSP 95,vol 1. Michigan,USA：IEEE Press,1995,1：784-787.

[17] Potamianos A，Maragos P. Speech analysis and synthesis using an AM-FM modulation model[J]. Speech Communication,1999,28(3)：195-209.

[18] Foote J T,Mashao D J,Silverman H F. Stop classification using DESA-1 high-resolution formant Tracking[J]. In Sullivan B J. ICASSP 93,vol 2. Minnesota,USA：IEEE Press,1993,720-723.

[19] Guojun Z,Hansen J H L,Kaiser J F. Classification of speech under stress based on features derived from the nonlinear Teager energy operator[J]. In Acero A. ICASSP 98,vol 1. Seattle,Washington, USA：IEEE Press,1998,549-552.

[20] Ying G S，Mitchell C D，Jamieson L H. Endpoint detection of isolated utterances based on a modified Teager energy measurement[J]. In Sullivan B J. ICASSP 93,vol 2. Minnesota,USA： IEEE Press,1993,732-735.

[21] Cairns D A,Hansen J H L. Nonlinear analysis and classification of speech under stressed conditions [J]. The Journal of the Acoustical Society of America,1994,96(6)：3392-3400.

[22] Guojun Z,Hansen H J L,Kaiser J F. Methods for stress classification：nonlinear TEO and linear speech based features[J]. In Rodriguez J. ICASSP 99,vol 4. Phoenix,Arizona,USA：IEEE Press, 1999,2087-2090.

[23] 马永林,韩纪庆,张磊,等.应力影响下的变异语音分类[M]//怀进鹏,等.智能计算机研究进展.北京：清华大学出版社,2001.

[24] 张磊,韩纪庆,等.声道的调频-调幅模型及其在语音分析中的应用[J].计算机研究与发展,2002, 39(6)：684-688.

[25] 陈永彬,王仁华.语言信号处理[M].合肥：中国科技大学出版社,1990.

[26] 易克初,田斌,付强.语音信号处理[M].北京：国防工业出版社,2000.

[27] 罗宾纳.语音识别基本原理[M].北京：清华大学出版社,1999.

[28] Michael Konerner.最新语音识别技术[M].李逸波,郭天杰,王华驹,等译.北京：电子工业出版社,1998.

[29] 杨行峻,迟惠生,等.语音信号数字处理[M].北京：电子工业出版社,1995.

第 3 章

CHAPTER 3

语音信号的特征分析

前面讨论了语言学、汉语语音学和信号模型等基础知识。语音信号处理虽然包括语音通信、语音合成、语音识别等，但其前提是对语音信号的分析。只有将语音信号分析表示成其本质特性的参数，才有可能利用这些参数进行高效的语音通信，才能建立用于语音合成的语音库，也才可能建立用于识别的模板或知识库。而且，语音合成的音质好坏、语音识别率的高低，都取决于对语音信号分析的准确性和精度。例如，利用线性预测分析来进行语音合成，其先决条件是要先用线性预测方法分析语音库，如果线性预测分析获得的语音参数较好，则用此参数合成的语音音质就好。又如，利用带通滤波器组法来进行语音识别，其先决条件是要弄清楚语音共振峰的幅值、个数、频率变化范围及其分布情况。因此，应先对语音信号进行特征分析，得到提高语音识别率的有用数据，并据此来设计语音识别系统的硬件和软件。

国内外的经验说明，语音分析的工作必须先于其他的语音信号处理工作。例如，20世纪40年代，贝尔实验室的研究人员就对语音信号分析做了大量的、卓有成效的工作，这些成果推动了语音信号处理的发展。

根据所分析的参数不同，语音信号分析可分为时域、频域、倒谱域等方法。进行语音信号分析时，最先接触到的、最直观的是它的时域波形。语音信号本身就是时域信号，因而时域分析是最早使用且应用范围最广的一种方法。时域分析具有简单直观、清晰易懂、运算量小、物理意义明确等优点，但更为有效的分析多是围绕频域进行的，因为语音中最重要的感知特性反映在其功率谱中，而相位变化只起着很小的作用。

常用的频域分析方法有带通滤波器组方法、傅里叶变换法和线性预测分析法等，其中线性预测方法将在第4章中具体介绍。频谱分析具有如下优点：时域波形较易随外界环境变化，但语音信号的频谱对外界环境变化具有一定的顽健性。另外，语音信号的频谱具有非常明显的声学特性，利用频域分析获得的语音特征具有实际的物理意义，如共振峰参数、基音周期参数等。

倒谱域是将对数功率谱进行反傅里叶变换后得到的，它可以将声道特性和激励特性有效地分开，因此可以更好地揭示语音信号的本质特征。

按照语音学的观点，可将语音信号分析分为模型分析法和非模型分析法两种。模型分析法是指依据语音信号产生的数学模型，来分析和提取表征这些模型的特征参数；共振峰模型分析及线性预测分析即属于这种方法。凡不进行模型化分析的其他方法都属于非模型分析法,包括上面提到的时域分析法、频域分析法及同态分析法等。

　　贯穿于语音信号分析全过程的是"短时分析技术"。根据对语音信号的研究,其特性是随时间而变化的,所以它是一个非稳态过程。但从另一方面看,虽然语音信号具有时变特性,但不同的语音是由人的口腔肌肉运动构成声道的某种形状而产生的响应,而这种肌肉运动频率相对于语音频率来说是缓慢的,因而在一个短时间范围内,其特性基本保持不变,即相对稳定,所以可以将其看作是一个准稳态过程。基于这样的考虑,对语音信号的分析和处理必须建立在"短时"的基础上,即进行"短时分析"。将语音信号分为一段一段来分析,其中每一段称为一"帧"(frame)。由于语音信号通常在 10~30ms 之内是保持相对平稳的,因而帧长一般取 10~30ms。

　　本章首先介绍语音信号的数字化处理,接着介绍语音信号的时域处理技术及频域和倒谱域的相应处理。此外,还将介绍常见的倒谱特征、基音周期和共振峰参数的提取等。

3.1　语音信号数字化

　　语音信号数字化之前,必须先进行防混叠滤波及防工频干扰滤波。其中防混叠滤波指滤除高于 1/2 采样频率的信号成分或噪声,使信号带宽限制在某个范围内;否则,如果采样率不满足采样定理,则会产生频谱混叠,此时信号中的高频成分将产生失真;而工频干扰指50Hz 的电源干扰。由于防混叠和工频干扰滤波器在一个集成块中,实现起来很简便,在这里不再赘述。

3.1.1　语音信号的采样和量化

　　语音信号是时间和幅度都连续变化的一维模拟信号,要想在计算机中对它进行处理,就要先进行采样和量化,将它变成时间和幅度都离散的数字信号。

　　在语音信号处理中,需要将信号表示成可以处理的函数的形式。对于模拟信号 $x_a(t)$,它表示函数值随着连续时间变量 t 的变化趋势。如果以一定的时间间隔 T 对这样的连续信号取值,则连续信号 $x_a(t)$ 即变成离散信号 $x(n)=x_a(nT)$,这个过程称为采样,其中两个取样点之间的间隔 T 称为采样周期,它的倒数 F_s 称为采样频率。

　　根据采样定理,当采样频率大于信号最高频率的两倍时,在采样过程中就不会丢失信息,并且可以用采样后的信号重构原始信号。实际的信号常有一些低能量的频谱分量超过采样频率的一半,如浊音的频谱超过 4kHz 的分量比其峰值至少要低 40dB;而对于清音,即使超过 8kHz,频率分量也没有显著下降,因此语音信号所占的频率范围可以达到 10kHz 以上。虽然这样,但对语音清晰度有明显影响部分的最高频率为 5.7kHz 左右。CCITT(国际电报电话咨询委员会)提出的 G.711 标准建议采样频率为 8kHz,但一般情况下这只适合电话语音的情况,因为电话语音的频率为 60~3400Hz。在实际的语音信号处理中,采样频率一般为 8~10kHz。有一些系统为了实现更高质量的语音合成,或者使语音识别系统得到更高的识别率,将可处理的语音信号扩展到 7~9kHz,这时的采样频率一般为 15~20kHz。表 3-1 给出了采样率对语音识别系统性能的影响。

表 3-1   不同采样率对误识率降低程度的影响

采 样 率	相对误识率的降低程度	采 样 率	相对误识率的降低程度
8kHz	基线系统	16kHz	+10%
11kHz	+10%	22kHz	+0%

在表 3-1 中,将 8kHz 采样率时的系统作为基线系统,当采样率为 11kHz 时,系统的误识率有 10% 的降低;继续升高采样率到 16kHz 时,系统的误识率与 11kHz 相比有 10% 的降低;当采样率继续增加时,误识率几乎没有降低。因此在一般的识别系统中,采样率最高选择在 16kHz。

图 3-1 的下半部分为一段模拟信号,其上半部分为对应的离散信号。可以看出,采样后的信号在时间域上是离散的形式,但在幅度上还保持着连续的特点,所以要进行量化。量化的目的是将信号波形的幅度值离散化。一个量化器就是将整个信号的幅度值分成若干个有限的区间,并且把落入同一个区间的样本点都用同一个幅度值表示,这个幅度值称为量化值。量化方式有 3 种:零记忆量化、分组量化和序列量化。零记忆量化是每次量化一个模拟采样值,并对所有采样点都使用相同的量化器特性。分组量化是从可能输出组的离散集合中,选出一组输出值,代表一组输入的模拟采样值。序列量化是在分组或非分组的基础上,用一些邻近采样点的信息对采样序列进行量化。

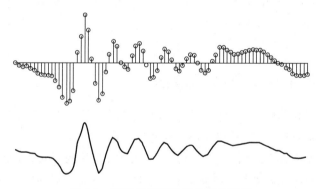

图 3-1   模拟信号和对应的离散信号

零记忆量化是最简单的一种,它的输入-输出特性采用阶梯形函数的形式。图 3-2 给出了两种量化器特性。中点上升量化器的输出没有零电平,在零附近有两个输入区间;正区间产生正输出电平,负区间产生负输出电平。中点水平量化器有零电平输出,它对应于零输入区间。量化范围和电平可以用不同方法选取,但通常都是均匀分布的。

一般量化值都用二进制来表示,如果用 B 个二进制数表示量化值,即量化字长,那么一般将幅度值划分为 2^B 个等分区间。从量化的过程可以看出,信号在经过量化后,一定存在一个量化误差。其定义为

$$e(n) = \hat{x}(n) - x(n) \tag{3-1}$$

其中,$e(n)$ 为量化误差或噪声;$\hat{x}(n)$ 为量化后的采样值,即量化器的输出;$x(n)$ 为未量化的采样值,即量化器的输入。对于上图中的两种量化器,当按 $2x_{max} = \Delta \times 2^B$ 选定 Δ 和 B 时,量化误差的变化范围为

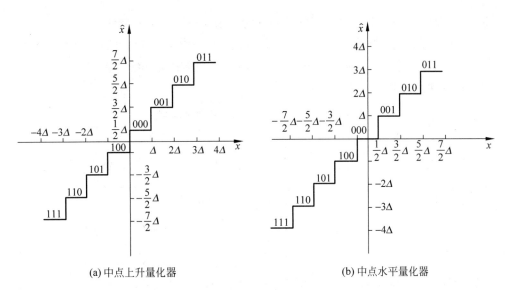

(a) 中点上升量化器　　　　　　　　　(b) 中点水平量化器

图 3-2　量化器特性

$$-\frac{\Delta}{2} \leqslant e(n) \leqslant \frac{\Delta}{2} \qquad (3\text{-}2)$$

其中，x_{max} 表示信号的峰值，当信号波形的变化足够大或量化间隔 Δ 足够大时，可以证明量化噪声符合具有下列特性的统计模型：①它是一个平稳的白噪声过程；②量化噪声和输入信号相互独立；③量化噪声在量化间隔内均匀分布，即具有等概率密度分布。

若用 σ_x^2 表示输入语音信号序列的方差，σ_e^2 表示噪声序列的方差，则可以证明量化信噪比 SNR(dB) 为

$$\text{SNR} = 10\lg\left(\frac{\sigma_x^2}{\sigma_e^2}\right) = 6.02B + 4.77 - 20\log\left(\frac{x_{max}}{\sigma_x}\right) \qquad (3\text{-}3)$$

假设语音信号的幅度服从拉普拉斯分布，此时信号幅度超过 $4\sigma_x$ 的概率很小，只有 0.35%，因而可以取 $x_{max}=4\sigma_x$。此时式(3-3)变为

$$\text{SNR} = 6.02B - 7.2 \qquad (3\text{-}4)$$

式(3-4)表明：量化器中每个比特字长对信噪比的贡献大约为 6dB。当量化字长为 7 比特时，信噪比为 35dB。此时量化后的语音质量能满足一般通信系统的要求。然而研究表明，语音波形的动态范围达 55dB，故量化字长应取 10 比特以上。

经过采样和量化过程后，一般还要对语音信号进行一些预加重。由于语音信号的平均功率谱受声门激励和口鼻辐射的影响，高频端大约在 800Hz 以上按着 -6dB/倍频程跌落，为此要在预处理中进行预加重。其目的就是提升高频部分，使信号的频谱变得平坦，便于进行频谱分析或声道参数分析。预加重可以在 A/D 变换前，在防混叠滤波之前进行，这样不仅能够进行预加重，而且可以压缩信号的动态范围，有效地提高信噪比。预加重也可以在 A/D 变换之后进行，用具有 6dB/倍频程提升高频特性的预加重数字滤波器实现，预加重滤波器一般是一阶的，形式如下：

$$H(z) = 1 - uz^{-1} \qquad (3\text{-}5)$$

其中，u 值接近 1，典型的取值为 $0.94 \sim 0.97$。预加重后的信号在分析处理之后，需要进行

去加重处理,即加上－6dB/倍频程下降的频率特性来还原成原来的特性。

一般情况下,如果一个输入信号是若干信号的线性叠加,而其输出是对应的若干输出信号的线性叠加时,则称这样的数字系统为线性系统,否则称其为非线性系统。语音信号处理中常用的非线性系统如表 3-2 所示。

表 3-2　语音信号处理中常用的非线性系统

非线性系统	表 达 式
(2N+1)的中值滤波	$y(n) = \mathrm{median}\{x(n-N), \cdots, x(n), \cdots, x(n+N)\}$
全波整流	$y(n) = \lvert x(n) \rvert$
半波整流	$y(n) = \begin{cases} x(n), & x(n) \geqslant 0 \\ 0, & x(n) < 0 \end{cases}$
频率调制	$y(n) = A\cos(\omega_0 + \Delta\omega x(n))n$
硬限制器(Hard-Limiter)	$y(n) = \begin{cases} A, & x(n) \geqslant A \\ x(n), & \lvert x(n) \rvert < A \\ -A, & x(n) \leqslant -A \end{cases}$

对于系统的表示,除线性系统和非线性系统外,还可以根据系统参数是否随时间变化分为时不变系统和时变系统。

3.1.2　短时加窗处理

经过数字化的语音信号实际上是一个时变信号,这是由于人在发音时声道一直处于变化状态,因此实际上的语音信号产生系统可以近似看作线性时变系统。为了能用传统的方法对语音信号进行分析,假设语音信号在 10～30ms 短时间内是平稳的。后面的所有分析都是在语音信号短时平稳这个假设条件下进行的。

为了得到短时的语音信号,要对语音信号进行如式(3-6)所示的加窗操作。窗函数平滑地在语音信号上滑动,将语音信号分成帧。分帧可以连续,也可以采用交叠分段的方法,交叠部分称为帧移,一般为窗长的一半。

在加窗的时候,不同的窗口选择将影响到语音信号分析的结果。在选择窗函数时,一般有两个问题要考虑。

1. 窗函数形式

窗函数可以选用矩形窗,即

$$w(n) = \begin{cases} 1, & 0 \leqslant n \leqslant N-1 \\ 0, & \text{其他} \end{cases} \tag{3-6}$$

或其他形式的窗函数,如汉明(hamming)窗,即

$$w(n) = \begin{cases} 0.54 - 0.46\cos[2\pi n/(N-1)], & 0 \leqslant n \leqslant N-1 \\ 0, & \text{其他} \end{cases} \tag{3-7}$$

或汉宁窗,即

$$w(n) = \begin{cases} 0.5[1 - \cos(2\pi n/(N-1))], & 0 \leqslant n \leqslant N-1 \\ 0, & \text{其他} \end{cases} \tag{3-8}$$

其中,N 为窗口长度。

这两种窗函数可以统一定义为

$$w(n) = \begin{cases} (1-\alpha) - \alpha\cos[2\pi n/(N-1)], & 0 \leqslant n \leqslant N-1 \\ 0, & \text{其他} \end{cases} \tag{3-9}$$

其中,汉明窗对应的 $\alpha = 0.46$,汉宁窗对应的 $\alpha = 0.5$。

虽然这些窗函数的频率响应都具有低通的特性,但不同的窗口形状将影响分帧后短时特征的特性。下面以矩形窗和汉明窗为例对窗口形状进行比较。

矩形窗在窗内对所有的采样点给以同等的加权,矩形窗函数对应的数字滤波器的单位冲激响应对应的频谱为

$$H(\omega) = \sum_{n=0}^{N-1} e^{-j\omega n} = \frac{\sin(\omega N/2)}{\sin(\omega/2)} e^{-j\omega(N-1)/2} = A(\omega) e^{-j\omega(N-1)/2} \tag{3-10}$$

其中,幅值响应 $A(\omega)$ 是实偶函数,其形状如图 3-3 所示。$A(\omega)$ 穿过横轴的点为 $\omega_k = 2\pi k/N$,第一个零值所对应的归一化频率为

$$f_1 = \frac{1}{N} \tag{3-11}$$

图 3-3(a)中给出了在 $N=51$ 时的矩形窗及其频率响应的对数幅度。需要注意,f_1 对应于矩形窗的低通滤波器的归一化截止频率。51 点汉明窗的频率响应如图 3-3(b)所示。可以看到,汉明窗的第一个零值频率位置比矩形窗要大一倍左右,即汉明窗的主瓣带宽大约是同样宽度矩形窗带宽的两倍。同时也可以很明显地看到,在通带外,汉明窗的衰减较相应的矩形窗大得多。

对语音信号的时域分析来说,窗函数的形状是非常重要的,矩形窗的谱平滑性较好,但波形细节丢失,并且矩形窗会产生泄漏现象;而汉明窗可以有效地克服泄漏现象,应用范围也最为广泛。

2. 窗函数长度

不论什么样的窗口,窗的长度对能否反映语音信号的幅度变化起决定性作用。如果 N 特别大,即等于几个基音周期量级,则窗函数等效于很窄的低通滤波器,此时信号短时信息将缓慢地变化,因而也就不能充分地反映波形变化的细节;反之,如果 N 特别小,即等于或小于一个基音周期的量级,则信号的能量将按照信号波形的细微状况而很快地起伏。但如果 N 太小,滤波器的通带变宽,则不能得到较为平滑的短时信息,因此窗口的长度要选择合适。窗的衰减基本上与窗的持续时间无关,因此当改变宽度 N 时,只会使带宽发生变化。

前面的窗口长度是相对于语音信号的基音周期而言的。通常认为一个语音帧内,应含有 1~7 个基音周期。然而不同人的基音周期变化范围很大,基音周期的持续时间会从高音调(女性或儿童)的约 20 个采样点(采样频率为 10kHz)变化到很低音调(男性)的 250 个采样点,这意味着在进行分析时可能需要多个不同的 N 值,所以 N 的选择比较困难。通常在采样频率为 10kHz 的情况,N 选择在 100~200 量级(10~20ms 持续时间)是合适的。

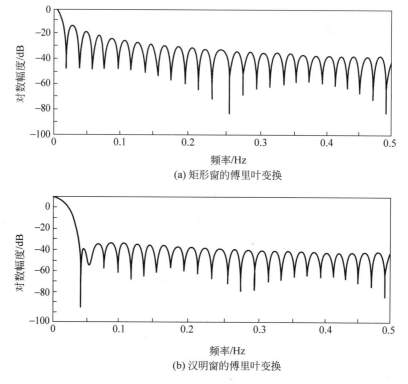

(a) 矩形窗的傅里叶变换

(b) 汉明窗的傅里叶变换

图 3-3　矩形窗和汉明窗的傅里叶变换

3.2　语音信号的时域分析

对信号分析最自然、最直接的方法是以时间为自变量进行分析,语音信号典型的时域特征包括短时能量、短时平均过零率、短时自相关系数和短时平均幅度差等。在这一节中主要对这些时域的特征及它们的具体应用加以介绍。

典型的语音信号特性是随着时间变化而变化的。例如,浊音和清音之间激励的改变,会使信号峰值幅度有很大的变化;在浊音范围内基频有相当大的变化。在一个语音信号的波形图中,这些变化十分明显,所以要求能用简单的时域处理技术对这样的信号特征给以有效的描述。

3.2.1　短时能量分析

语音信号的能量随着时间变化比较明显,一般清音部分的能量比浊音的能量小得多。语音信号的短时能量分析给出了反映这些幅度变化的一个合适的描述方法。对于信号$\{x(n)\}$,短时能量的定义如下:

$$E_n = \sum_{m=-\infty}^{\infty} \left[x(m)w(n-m) \right]^2 = \sum_{m=-\infty}^{\infty} x^2(m)h(n-m) = x^2(n) * h(n) \quad (3\text{-}12)$$

其中,$h(n) = w^2(n)$,E_n 表示在信号的第 n 个点开始加窗函数时的短时能量。可以看出,短时能量可以看作语音信号的平方经过一个线性滤波器的输出,该线性滤波器的单位冲激响应为$h(n)$,如图 3-4 所示。

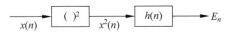

图 3-4　短时能量的方块图表示

　　冲激响应$h(n)$的选择,或者说窗函数的选择决定了短时能量表示方法的特点。为了反映窗函数选择对短时能量的影响,假设式(3-12)中的$h(n)$非常长,且为恒定幅度,那么E_n随时间的变化将很小,这样的窗就等效为很窄的低通滤波器。很明显,我们要求的是对语音信号进行低通滤波,但还不是很窄的低通滤波,至少短时能量应能反映语音信号的幅度变化。因此出现了窗长选取上的矛盾,这种矛盾将在语音信号的短时表示方法的研究中反复出现。即希望有一个短时窗(冲激响应)以响应快速的幅度变化。但是,太窄的窗将得不到平滑的能量函数。并且窗函数的形状和长短直接影响着短时能量的性质。如果用$x_w(n)$表示$x(n)$经过加窗处理后的信号,窗函数的长度为N,短时能量可表示为

$$E_n = \sum_{m=n}^{n+N-1} x_w^2(m) \tag{3-13}$$

　　短时能量主要有以下几个方面的应用:首先利用短时能量可以区分清音和浊音,因为浊音的能量要比清音的能量大得多;其次可以用短时能量对有声段和无声段进行判定,对声母和韵母分界,以及连字的分界等。在语音识别系统中,短时能量一般也作为特征中的一维参数来表示语音信号的能量大小和超音段信息。

　　短时能量由于是对信号进行平方运算,因而人为增加了高低信号之间的差距,在一些应用场合不太适用。解决这个问题的简单方法是采用短时平均幅值来表示能量的变化,其公式为

$$M_n = \sum_{m=-\infty}^{\infty} |x(m)| w(n-m) = \sum_{m=n}^{n+N-1} |x_w(m)| \tag{3-14}$$

这里用加窗后信号的绝对值之和代替平方和,使运算进一步简化。短时平均幅值的实现如图 3-5 所示。

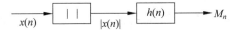

图 3-5　短时平均幅度的方块图

3.2.2　短时平均过零率

　　短时平均过零率是语音信号时域分析中最简单的一种特征。顾名思义,它是指每帧内信号通过零值的次数。对于连续语音信号,可以考察其时域波形通过时间轴的情况。对于离散信号,实质上就是信号采样点符号变化的次数。如果是正弦信号,它的平均过零率就是信号的频率除以两倍的采样频率,而采样频率是固定的,因此过零率在一定程度上可以反映出频率的信息。语音信号不是简单的正弦序列,所以平均过零率的表示方法就不那么确切。然而短时平均过零率仍然可以在一定程度上反映其频谱性质,可以通过短时平均过零率获得谱特性的一种粗略估计。短时平均过零率的公式为

$$Z_n = \frac{1}{2} \sum_{m=-\infty}^{\infty} |\operatorname{sgn}[x(m)] - \operatorname{sgn}[x(m-1)]| w(n-m)$$

$$= \frac{1}{2} \sum_{m=n}^{n+N-1} \mid \mathrm{sgn}[x_w(m)] - \mathrm{sgn}[x_w(m-1)] \mid \qquad (3\text{-}15)$$

式中,sgn[·]是符号函数,即

$$\mathrm{sgn}[x(n)] = \begin{cases} 1, & x(n) \geqslant 0 \\ -1, & x(n) < 0 \end{cases} \qquad (3\text{-}16)$$

图 3-6 给出了短时平均过零率的计算过程。可以看出,首先对语音信号序列 $x(n)$ 进行成对处理,检查是否有过零现象,若有符号变化,则表示有一次过零现象;然后进行一阶差分计算,取绝对值;最后进行低通滤波。

图 3-6　短时平均过零率的计算

短时平均过零率可以用于语音信号分析。在发浊音时,声带振动,因而声门激励是频率为基频的声压波,它在经过声道时产生共振。尽管声道有若干个共振峰,但由于声门的影响,其能量分布主要集中在 3kHz 频率范围内;反之,在发清音时声带不振动,声道的某部分受到阻塞产生类白噪声的激励,该激励通过声道后能量集中在比浊音时更高的频率范围内。因此,浊音时的能量集中于低频段,而清音的能量集中在高频段。由于短时平均过零率可以在一定程度上反映频率的高低,因此在浊音段,一般具有较低的过零率,而在清音段具有较高的过零率,这样可以用短时平均过零率来初步判断清音和浊音。然而这种高低仅是相对而言的,没有精确的数值关系。

另外,可以将短时平均过零率和短时能量结合起来判断语音起止点的位置,即进行端点检测。在背景噪声较小的情况下,短时能量比较准确,但当背景噪声较大时,短时平均过零率可以获得较好的检测效果。因此,一般的识别系统,其前端的端点检测过程都是将这两个参数结合用于检测语音是否真的开始。短时平均过零率的另一个用途是作为语音频域分析的一个中间步骤。方法是不用窗口型的低通滤波器来处理过零,而改用多通道的带通滤波器,这时的输出就是频域的短时平均过零率,如果加上用带通滤波器的短时能量的输出,就可以得到语音信号的频域分析结果。

从上面定义出发计算的短时平均过零率容易受到低频的干扰。解决这个问题的一种方法是对上述定义做一个简单的修改,即设立一个门限 T,将过零率的含义修改为跨过正负门限的次数,如图 3-7 所示。

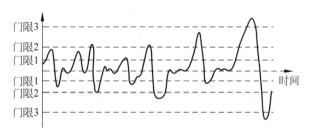

图 3-7　门限短时平均过零率

于是,有

$$Z_n = \frac{1}{2} \sum_{m=-\infty}^{\infty} \{|\operatorname{sgn}[x(m)-T] - \operatorname{sgn}[x(m-1)-T]|$$

$$+ |\operatorname{sgn}[x(m)+T] - \operatorname{sgn}[x(m-1)+T]|\}w(n-m) \tag{3-17}$$

这样计算的短时平均过零率就有一定的抗干扰能力。即使存在小的随机噪声,只要它不超过正、负门限所构成的带,就不会产生虚假过零率。在语音识别前端检测时还可以采用多门限过零率,可进一步改善检测效果。

3.2.3　短时自相关函数和短时平均幅度差函数

1. 自相关函数

一般情况下,相关函数用于测定两个信号在时域内的相似程度,可以分为互相关函数和自相关函数。互相关函数主要研究两个信号之间的相关性,如果两个信号完全不同、相互独立,那么互相关函数接近于零;如果两个信号的波形相同,则互相关函数会在超前和滞后处出现峰值,可据此求出两个信号之间的相似程度。自相关函数主要用于研究信号本身的同步性、周期性。这里主要讨论自相关函数的性质及应用。

对于离散的语音数字信号 $x(n)$,它的自相关函数的定义如下:

$$R(k) = \sum_{m=-\infty}^{+\infty} x(m)x(m+k) \tag{3-18}$$

如果信号是随机的或周期的,这时的定义为

$$R(k) = \lim_{N \to \infty} \frac{1}{2N+1} \sum_{m=-N}^{N} x(m)x(m+k) \tag{3-19}$$

式(3-18)和式(3-19)表示一个信号和延迟 k 点后的该信号本身的相似程度。在任何一种情况下,信号的自相关函数都是描述信号特性的一种方便的方法。它具有很多性质:

(1) 如果信号 $x(n)$ 具有周期性,那么它的自相关函数也具有周期性,并且周期与信号 $x(n)$ 的周期相同;

(2) 自相关函数是一个偶函数,即 $R(k)=R(-k)$;

(3) 当 $k=0$ 时,自相关函数具有最大值,即信号和自己本身的自相关性最大。并且这时的自相关函数值是确定信号的能量或随机信号的平均功率。

从这些性质可以看到,自相关函数相当于一个特殊情况下的能量;而更为重要的是,自相关函数提供了一种获取周期性信号周期的方法。可以看出,在周期信号周期的整数倍上,它的自相关函数可以达到最大值。即可以不用考虑信号的起始时间,而从自相关函数的第一个最大值的位置来估计其周期,这个性质使自相关函数成为估计各种信号周期的一个依据。因此,将自相关函数的定义用到语音信号处理上,以获得其短时自相关函数的表示是十分重要的;这就是下面将介绍的短时自相关函数。

2. 短时自相关函数

短时自相关函数是在前面自相关函数的基础上将信号加窗获得的,即

$$R_n(k) = \sum_{m=-\infty}^{\infty} x(m)w(n-m)x(m+k)w(n-(m+k))$$

$$= \sum_{m=n}^{n+N-k-1} x_w(m)x_w(m+k) \tag{3-20}$$

式中,n 表示窗函数是从第 n 点开始加入。通过上述对自相关函数的分析易于证明,$R_n(k)$ 是偶函数,即 $R_n(k)=R_n(-k)$;$R_n(k)$ 在 $k=0$ 时具有最大值,并且 $R_n(0)$ 等于加窗语音信号 的能量。

如果定义

$$h_k(n) = w(n)w(n-k) \tag{3-21}$$

那么式(3-20)可以写为

$$R_n(k) = \sum_{m=-\infty}^{+\infty} x(m)x(m-k)h_k(n-m) \tag{3-22}$$

该式表明,序列 $x(n)x(n-k)$ 经过一个冲激响应为 $h_k(n)$ 的滤波器滤波后得到上述的自相 关函数,将其用图 3-8 表示如下。

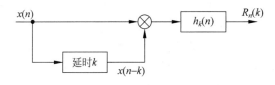

图 3-8　短时自相关函数的计算

如果 $x(n)$ 是一个浊音性的周期信号,那么从自相关函数的性质可知,其短时自相关函 数也是呈现出明显的周期性,并且它的周期与原信号本身的周期相同。相反,清音是接近于 随机噪声,其短时自相关函数不具有周期性,并随着 k 的增大而迅速减小。因此可以利用这 一特点决定一个浊音的基音周期。

图 3-9 给出了三个自相关函数的例子,这是在 $N=401$ 时用 10kHz 采样频率获得的语 音计算的自相关函数,并分别计算了滞后为 $0 \leqslant k \leqslant 250$ 时的自相关值。前两种情况是对浊 音语音段,而第三种情况是对一个清音段。由图 3-9(a)、图 3-9(b)可见,对应于浊音语音的 自相关函数,具有一定的周期性。在相隔一定的采样后,自相关函数达到最大值。在图 3-9(c) 上自相关函数没有很强的周期峰值,表明在信号中缺乏周期性,这种清音语音的自相关函数 有一个类似噪声的波形,有点像语音信号本身。浊音语音的周期可用自相关函数中的第一 个峰值的位置来估算。在图 3-9(a)中,峰值约出现在 72 的倍数上,由此估计出该浊音的基 音周期为 7.2ms 或为 140Hz 左右的基频。在图 3-9(b)中,第一个最大值出现在第 58 个采 样的倍数上,它表明平均的基音周期约为 5.8ms。

在语音信号处理中,计算自相关函数所用的窗口长度与计算短时能量时的情况略有不 同。这里,N 值至少要大于基音周期的两倍,否则将找不到除 $R(0)$ 外最近的一个最大值点。 另一方面,N 值也要尽可能地小,因为语音信号的特性是变化的,N 过大将影响短时性。由 于语音信号的最小基频为 80Hz,因而其最大周期为 12.5ms,两倍周期为 25ms,所以 10kHz 采样时窗宽 N 为 250 个采样点。因此,当用自相关函数估算基音周期时,N 不应小于 250。 由于基音周期的范围很宽,所以应使窗宽匹配于预期的基音周期。对基音周期较长的信号, 使用较窄的窗将得不到预期的基音周期;而对基音周期较短的信号,使用较宽的窗,自相关 函数将对许多个基音周期做平均计算,这是不必要的。为此,可采用基于基音周期的自适应 窗口长度法,但是这种方法比较复杂。为了解决这个问题,可用"修正的短时自相关函数"来

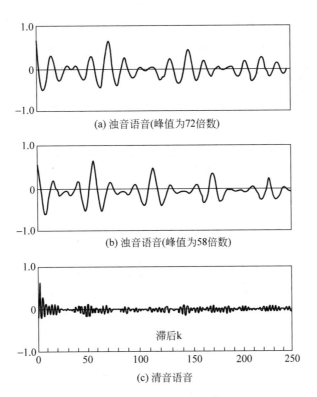

(a) 浊音语音(峰值为72倍数)

(b) 浊音语音(峰值为58倍数)

滞后k

(c) 清音语音

图 3-9　三种自相关函数

代替短时自相关函数。

修正的短时自相关函数定义为

$$\hat{R}_n(k) = \sum_{m=-\infty}^{\infty} x(m)w_1(n-m)x(m+k)w_2(n-m-k) \qquad (3-23)$$

或

$$\hat{R}_n(k) = \sum_{m=-\infty}^{\infty} x(n+m)w_1'(m)x(n+m+k)w_2'(m+k) \qquad (3-24)$$

与上面公式相比,不同的是两个窗函数用了不同的长度。可以选取 $w_2'(n)$ 使其包括 $w_1'(n)$ 的非零间隔以外的采样,比如在直角窗时,可以使

$$w_1'(m) = \begin{cases} 1, & 0 \leqslant m \leqslant N-1 \\ 0, & 其他 \end{cases} \qquad (3-25)$$

$$w_2'(m) = \begin{cases} 1, & 0 \leqslant m \leqslant N-1+k \\ 0, & 其他 \end{cases} \qquad (3-26)$$

因此,修正自相关函数可以写为

$$\hat{R}_n(k) = \sum_{m=0}^{N-1} x(n+m)x(n+m+k) \qquad (3-27)$$

式中,k 是最大的延迟点数。

修正短时自相关函数和短时自相关函数计算数据之间的差别如图 3-10 所示。其中图 3-10(a)表示一个语音波形;图 3-10(b)表示由一个矩形窗选取的 N 个采样点;图 3-10(c)

表示 $N+K$ 长度的矩形窗选取的采样点。严格地说,修正自相关函数是两个不同的有限语音段 $x(n+m)w_1'(m)$ 和 $x(n+m)w_2'(m)$ 的互相关函数。因而,$\hat{R}_n(k)$ 具有互相关函数的特性,而不再是一个自相关函数,例如 $\hat{R}_n(k) \neq \hat{R}_n(-k)$。然而 $\hat{R}_n(k)$ 在周期信号的周期倍数上有峰值,所以与 $\hat{R}_n(0)$ 最近的第二个最大值点仍表示基音周期的位置。

(a) 语音波形

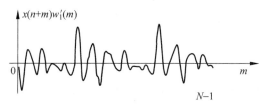

(b) 由矩形窗选取的 N 个采样点

(c) 长度为 $(N+k)$ 的矩形窗选取的采样点

图 3-10　修正短时自相关函数计算中两个不同长度的短时信号说明

3. 短时平均幅度差函数

短时自相关函数是语音信号时域分析的重要参数,但是计算短时自相关函数需要很大的计算量,其原因是乘法运算所需的时间较长。简化计算自相关函数的方法有很多,但都无法避免乘法运算。为了避免乘法运算,常常采用另一种与自相关函数有类似作用的参量,即短时平均幅度差函数。它是基于这样一个想法,对于一个周期为 P 的单纯的周期信号做差分,即

$$d(n) = x(n) - x(n-k) \tag{3-28}$$

则在 $k=0, \pm P, \pm 2P, \cdots$ 时,式(3-28)将为零。即当 k 与信号周期吻合时,作为 $d(n)$ 的短时平均幅度值总是很小,因此短时平均幅度差函数的定义为

$$\gamma_n(k) = \sum_{m=n}^{n+N-k-1} | x_w(m+k) - x_w(m) | \tag{3-29}$$

对于周期性的 $x(n)$,$\gamma_n(k)$ 也呈现周期性。与 $R_n(k)$ 相反的是,在周期的各整数倍点上 $\gamma_n(k)$ 具有的是谷值,而不是峰值。因此在浊音语音的基音周期上,$\gamma_n(k)$ 会急速下降,而在清音语音时不会有明显的下降。由此可见,短时平均幅度差函数也可以用于基音周期的检测,而且计算上比短时自相关方法更为简单。

3.2.4　端点检测和语音分割

在许多语音信号处理任务中需要判断一段输入信号中哪些是语音段,哪些是无声段。例如在语音识别中,正确地判定输入语音的起点、终点对于提高识别率往往是非常重要的。在一些语音识别或低速语音编解码器应用中,对于已经判别为语音段的部分,还需要进一步判断清音和浊音。这些问题可以称为有声/无声判决,以及更细致的无声(S)/清音(U)/浊音(V)判决。

能够实现这些判决的依据在于,不同性质语音的各种短时参数具有不同的概率密度函数,以及相邻的若干帧语音应具有一致的语音特性,它们不会在 S、U、V 之间随机地跳来跳去。

在孤立词语音识别系统中,需要正确判断每个输入语音的起点和终点,利用短时平均幅度参数 M 和短时平均过零率 Z 可以做到这一点。首先,根据浊音情况下的短时平均幅度参数的概率密度函数 $P(M|V)$ 确定一个阈值参数 M_H,M_H 值一般定得较高。当一帧输入信号的短时平均幅度参数超过 M_H 时,可以判定该帧语音信号不是无声,而有相当大的可能是浊音。根据 M_H 可判定输入语音的前后两个点 A_1 和 A_2。在 A_1 和 A_2 之间的部分肯定是语音段,但语音的精确起点、终点还要在 A_1 之前和 A_2 之后仔细查找,如图 3-11 所示。

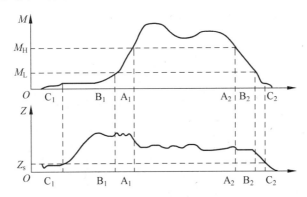

图 3-11　利用短时平均幅度和短时平均过零率判定语音的起点和终点

为此,再设定一个较低的阈值参数 M_L,由 A_1 点向前找,当短时平均幅度由大到小减至 M_L 时,可以确定点 B_1。类似地,可以由 A_2 点向后找,确定 B_2 点。在 B_1 和 B_2 之间仍能肯定是语音段。然后由 B_1 向前和 B_2 向后,利用短时平均过零率进行搜索。根据无声情况下的短时平均过零率,设置一个参数 Z_s,如果由 B_1 向前搜索,短时平均过零率大于 Z_s 的 3 倍,则认为这些信号仍属于语音段,直到短时平均过零率下降到低于 3 倍的 Z_s,这时的点 C_1 就是语音的精确的起点。对于终点做类似的处理,可以确定终点 C_2。采用短时平均过零率的原因在于,点 B_1 以前可能是一段清辅音,它的能量相当弱,依靠能量不可能将它们与无声段分开。而对于清辅音来说,它们的过零率明显高于无声段,因而能用这个参数将二者区分开来。

研究结果表明,利用短时平均过零率来区分无声和清音在有些情况下不是很可靠。由于清音的强度会比无声段高一些,将门限提高一些对于清音的影响不大,但在没有背景噪声的情况下,无声段将不会穿越这一提高的电平,因而可以正确地区分清音和无声段,因此采用式(3-17)所示的过零率进行判断更加可靠。

除了上述用短时平均幅值和短时平均过零率来进行清浊音判断之外,还可以在求取基音周期时,利用基音周期存在与否来判断是浊音还是清音。

3.3　语音信号的频域分析

语音的感知过程与人类听觉系统具有频谱分析功能是紧密相关的。因此,对语音信号进行频谱分析,是认识语音信号和处理语音信号的重要方法。所采用的分析方法有很多,下面介绍滤波器组分析方法和傅里叶分析方法。

3.3.1　滤波器组方法

利用一组滤波器来分析语音信号的频谱,是最早采用的频谱分析方法之一。这种方法使用简单、实时性好、受外界环境的影响小,所以至今这一方法仍是频谱分析的常用方法。滤波器组法所用的滤波器可以是模拟滤波器,也可以是数字滤波器。滤波器可以用宽带带通滤波器,也可以用窄带带通滤波器。宽带带通滤波器具有平坦特性,用它可以粗略地求取语音的频谱,其频率分辨率降低,相当于短时处理时窗宽窄的那种情况。使用窄带带通滤波器,其频率分辨率提高,相当于短时处理时窗宽较宽的那种情况。图 3-12 为带通滤波器组法频谱分析原理图。

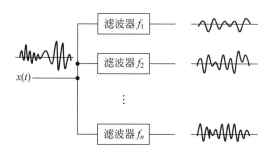

图 3-12　滤波器组法频谱分析原理图

语音信号 $x(t)$ 输入带通滤波器 $f_1,f_2,\cdots,f_n$,滤波器输出为具有一定频带的中心频率为 $f_1,f_2,\cdots,f_n$ 的信号。图 3-12 中滤波器组的输出为模拟信号,不便于计算机做分析处理。可以将滤波器组的输出经过自适应增量调制器变为二进制脉冲信号,再经过多路开关,变为一串二进制脉冲信号。这种信号可以输入计算机进行各种分析和处理。

3.3.2　傅里叶频谱分析

傅里叶频谱分析是语音信号频域分析中广泛采用的一种方法。它是法国科学家 J. Fourier 在 1807 年为了得到热传导方程的简便解法而提出的。傅里叶变换在电气工程等领域得到了广泛的应用,很多理论研究和应用研究,都把傅里叶变换当作最基本的经典工具来使用。傅里叶频谱分析是分析线性系统和平稳信号稳态特性的强有力的工具,这种以复指数函数为基函数的正交变换,理论上很完善,计算上很方便,概念上易于为人们理解,在语音信号处理上也是一个非常重要的工具。

傅里叶频谱分析的基础是傅里叶变换,用傅里叶变换及其反变换可以求得傅里叶谱、自相关函数、功率谱、倒谱。由于语音信号的特性是随着时间缓慢变化的,由此引出的语音信号短时分析。如同在时域特征分析中用到的一样,这里的傅里叶频谱分析也采用相同的短时分析技术。

信号 $x(n)$ 的短时傅里叶变换定义为

$$X_n(\omega) = \sum_{m=-\infty}^{\infty} x(m)w(n-m)e^{-j\omega m} \tag{3-30}$$

式中,$w(n)$ 为窗口函数。

可以从两个角度理解函数 $X_n(\omega)$ 的物理意义:一是当 n 固定时,例如 $n=n_0$,$X_{n_0}(\omega)$ 是将窗函数的起点移至 n_0 处截取信号 $x(n)$,再做傅里叶变换而得到的一个频谱函数。这是直接从频率轴方向来理解的。二是从时间轴方向来理解,当频率固定时,例如 $\omega=\omega_k$,$X_n(\omega_k)$ 可以看作是信号经过一个中心频率为 ω_k 的带通滤波器产生的输出。这是因为窗口函数 $w(n)$ 通常具有低通频率响应,而指数 $e^{jn\omega_k}$ 对语音信号 $x(n)$ 有调制的作用,可使频谱产生移位,即将 $x(n)$ 频谱中对应于频率 ω_k 的分量平移到零频。这时的短时傅里叶变换可以理解为如图 3-13 所示的带通滤波器的作用。

在实际计算时,一般用离散傅里叶变换代替连续傅里叶变换,这就需要对信号进行周期性扩展,即把 $x(n)w(n)$ 看成某个周期信号的一个周期,然后对它做离散傅里叶变换,这时得到的是功率谱。值得注意的是,如果窗长为 L,那么 $x(n)w(n)$ 的长度为 L,而 $R_n(k)$ 的长度为 $2L$。如果对 $x(n)w(n)$ 以 L 为周期进行扩展,在自相关域就会出现混叠现象,即这个周期函数的循环相关函数在一个周期中的值就与线性相关 $R_n(k)$ 的值不同,这样得到的功率谱只是真正功率谱的一组欠采样,即 L 个采样值。若想得到功率谱的全部 $2L$ 个值,可以在 $x(n)w(n)$ 之后补充 L 个零,将其扩展成周期为 $2L$ 的信号,并做离散傅里叶变换。这时的循环相关与线性相关是等价的。

图 3-14 给出了几种典型情况下男性元音的短时频谱。可以看出,通过傅里叶变换得到的元音短时频谱中,存在一定数量的峰值。为了说明这个情况,假设 $x_n(m)$ 在窗之外依然保持一种周期性,其周期为 M,对于这样类周期信号的 $x_n(m)$,对应的傅里叶级数的系数为 $X_n(k)$,则其对应的频谱应该是一系列的冲激函数和,即

$$X_n(\omega) = \sum_{k=-\infty}^{\infty} X_n(k)\delta(\omega - 2\pi k/M) \tag{3-31}$$

假设窗函数 $w(m)$ 对应的傅里叶变换表示为

$$W(\omega) = \sum_{m=-\infty}^{\infty} w(m)e^{-j\omega m} \tag{3-32}$$

则 $w(n-m)$ 对应的频谱为 $W(\omega)e^{-j\omega n}$。因此在时间域信号的乘积 $x(m)w(n-m)$ 在频域上变成卷积关系,即

$$X_n(\omega) = \sum_{k=-\infty}^{\infty} X_n(k)W(e^{j(\omega-2\pi k/M)})e^{j(\omega-2\pi k/M)n} \tag{3-33}$$

$X_n(\omega)$ 可以看作是幅值由 $X_n(k)$ 控制的若干个窗函数的频谱在每个谐波上平移后的叠

加。这种谐波特性就体现在图 3-14 的窄带峰值上(间隔接近 $2\pi/M$)。

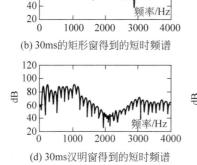

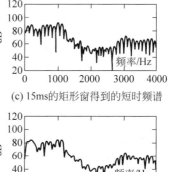

(a) 基频为110Hz元音/ah/的时间信号

(b) 30ms的矩形窗得到的短时频谱

(c) 15ms的矩形窗得到的短时频谱

(d) 30ms汉明窗得到的短时频谱

(e) 15ms汉明窗得到的短时频谱

图 3-14   男性元音对应的短时频谱

在窗函数分析中,我们知道对于任一个窗函数都存在旁瓣效应。一般可以对窗函数的
频谱近似如下:

$$W(\omega) \approx 0, \qquad |\omega - \omega_k| > \lambda \tag{3-34}$$

对于矩形窗函数,窗长为 N,$\lambda = 2\pi/N$。如果 $N \geqslant M$,表明一个窗函数至少包含了一个
基音周期,则式(3-34)成立。图 3-14 为基音周期为 $M=71$,采样率为 8kHz 的男声。这里
窗长 30ms 对应 $N=240$,窗长 15ms 对应 $N=120$,因此图 3-14(b)和图 3-14(c)均会表现出
这种谐波效应,并且窗长越小,对应频谱的主瓣越宽。但对汉明窗,窗长为 N,$\lambda = 4\pi/N$,
这就要求一个窗至少包含两个基音周期,即 $N \geqslant 2M$,图 3-14(d)满足这个条件,因此仍然
可以看到谐波特性。而对于图 3-14(e),这个条件不再满足,因而谐波特性表现得就不
明显。

前面讨论了短时傅里叶变换,从分析中得到语音信号的短时谱 $X_n(\omega)$。下面简要讨论
如何由 $X_n(\omega)$ 来恢复信号 $x(n)$,这就是短时傅里叶反变换。傅里叶变换建立了信号从时域
到频域的变换桥梁,而傅里叶反变换则建立了信号从频域到时域的变换桥梁,这两个域之间
的变换为一对一映射关系。

我们知道,$X_n(\omega)$ 可以看作加窗后函数的傅里叶变换,为了实现反变换,将 $X_n(\omega)$ 进行
频率采样,即令 $\omega_k = 2\pi k/L$,则有

$$X_n(\omega_k) = \sum_{m=-\infty}^{\infty} \left[x(m)w(n-m) \right] \mathrm{e}^{-\mathrm{j}\omega_k m} \tag{3-35}$$

式中,L 为频率采样点数。

将 $X_n(\omega_k)$ 在时域 n 上每隔 R 个样本采样,则可令

$$Y_r(\omega_k) = X_{rR}(\omega_k), \quad n = rR, r = 1,2,\cdots \tag{3-36}$$

用这些 $Y_r(\omega_k)$ 求出其离散傅里叶反变换 $y_r(n)$，即

$$y_r(n) = \frac{1}{L} \sum_{k=0}^{L-1} Y_r(\omega_k) e^{j\omega_k n} \tag{3-37}$$

而

$$y(n) = \sum_{r=-\infty}^{+\infty} y_r(n) \tag{3-38}$$

可以证明，$x(n)$ 和 $y(n)$ 之间只相差一个比例因子，它们的关系如下：

$$y(n) = x(n)W(0)/R \tag{3-39}$$

即

$$x(n) = \frac{R}{LW(0)} \sum_{r=-\infty}^{+\infty} \sum_{k=0}^{L-1} Y_r(\omega_k) e^{j\omega_k n} \tag{3-40}$$

在短时傅里叶变换的基础上，可以得到短时功率谱。短时功率谱实际上是短时傅里叶变换幅度的平方，不难证明，它是信号 $x(n)$ 的短时自相关函数的傅里叶变换，即

$$P_n(\omega) = | X_n(\omega) |^2 = \sum_{k=-\infty}^{\infty} R_n(k) e^{j\omega k} \tag{3-41}$$

式中，$R_n(k)$ 是前面讨论的自相关函数。

短时功率谱是二维非负的实值函数。用时间作为横坐标，频率作为纵坐标，将短时功率谱的值表示为灰度级所构成的二维图像就是第 2 章中提到的语谱图。下面介绍语谱图中的时间分辨率和频率分辨率。这里分辨率是指对信号所能做出辨别的时域或频域的最小间隔。对时域具有瞬变的信号，希望时域的分辨率要高，即时域的观察间隔尽量短，以保证能观察到该瞬变信号发生的时刻及瞬变的形态。对频域具有两个或多个靠得很近的谱峰信号，希望频域的分辨率要高，即频域的观察间隔尽量短，短到小于两个谱峰的距离，以保证能观察这两个或多个谱峰。

语谱图中的时间分辨率和频率分辨率是由所采用的窗函数来决定的，按照式(3-30)的第一种解释，假定时间固定，对信号乘以窗函数相当于在频域用窗函数的频率响应与信号频谱的卷积。如果窗函数的频率响应 $W(\omega)$ 的通带宽度为 b，那么语谱图中的频率分辨率的宽度即为 b。即卷积的作用将使任何两个相隔频率小于 b 的谱峰合并为一个单峰。因为对于同一种窗函数而言，其通带宽度与窗长成反比。因此，如果希望频率分辨率高，则窗长应该尽量长一些。

对于时间分辨率，按照式(3-30)的第二种解释，假定频率固定，对信号乘以窗函数的作用，相当于对时间序列 $x(n)e^{jn\omega_k}$ 做低通滤波。其输出信号的带宽就是 $w(n)$ 的带宽 b。根据采样定理，这时只需要以 $2b$ 为采样率就可以充分反映出信号的所有频率成分，可见它所具有的时间分辨率宽度为 $1/(2b)$。因此，如果希望时间分辨率高，则窗长应该尽量取短些。由此可见，时间分辨率和频率分辨率是相互矛盾的，这也是短时傅里叶变换本身固有的缺点。

基于上述分析，在语谱图中分为窄带语谱图和宽带语谱图两种。窄带语谱图用于获得较高的频率分辨率，而宽带语谱图可以获得较高的时间分辨率。

除了前述的短时傅里叶变换频谱和功率谱之外，还有对数功率谱以及倒谱等。其中对

数功率谱就是将功率谱取对数,而倒谱是将功率谱取对数后进行傅里叶反变换,关于倒谱的具体内容在 3.7 节详细介绍。图 3-15 为几种谱之间的关系。

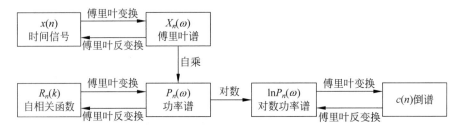

图 3-15   几种基于短时傅里叶变换谱之间的关系

3.4   传统傅里叶变换缺点及时频分析的思想

一般信号都是随着时间的变化而发生变化,要深入理解信号的本质,需要从多个角度研究信号的不同表现方式。时域和频域是观察信号的两种方式,时域分析和频域分析技术也是目前信号处理的主要方法。时域分析方法完全是在时间域中分析信号,时间分辨率理论上可以达到无穷大,但频率分辨率为零,而频域分析方法则相反。一般在频域里分析信号可以得到更多的信息,因此以往人们更重视在频域内对信号加以分析。

自牛顿以来,人们笃信和向往世界的稳定性、规则性、和谐性以及本质上的简单性。傅里叶分析就体现了这种信念。基于傅里叶变换的信号频域表示及其能量的频域分布揭示了信号在频域上的特征。事实上,傅里叶变换是一个强有力的数学工具,它具有重要的物理意义,即信号的傅里叶变换表示信号的频谱。正是傅里叶变换这样重要的物理意义,决定了傅里叶变换在信号分析和信号处理中的独特地位,特别是它可作为平稳信号分析的最重要的工具。然而在实际应用中,所遇到的信号大多数并不是平稳的,至少在观测的全部时间段内它不是平稳的,所以随着应用范围的逐步扩大和理论分析的不断深入,傅里叶变换的局限性就渐渐展示出来。主要表现在如下三个方面。

1. 传统傅里叶变换的时间分辨率为零

传统傅里叶变换的本质在于,它将一个任意的函数表示为一族标准函数的加权和,即正弦函数的加权和。其中的权函数便是原来函数的傅里叶变换。这样就将对原来函数的研究转化为对其权函数,即其傅里叶变换的研究。由于这些正弦函数的频率是固定不变的,并且其波形是无始无终的,因此不难看出,傅里叶分析只适于分析信号组成分量的频率不随时间变化的平稳信号,分析结果也仅能揭示一个信号是由多少个正弦波叠加而成的,以及各正弦波的相对幅度,但不能给出任何有关这些正弦波何时出现与何时消亡的信息。因此,经典的傅里叶分析是一种纯频域分析。理论上频率分辨率可以达到无穷大,但时域内无任何分辨能力,即时域信息完全丧失。傅里叶变换不能反映信号在各个指定时刻的附近所希望的任何频率范围内的频谱信息,这无论在理论上还是在实际中都带来了许多困难和不便。从理论上说,为了用傅里叶变换来研究一个时域信号的频谱特性,就必须获得信号在时域中的全部信息,甚至将来的信息。

2. 传统傅里叶变换基于信号平稳的假设

对于平稳信号,时域分析和频域分析方法都是有效的。传统傅里叶变换的频谱分析是建立在信号平稳假设的基础上。然而,在许多实际应用场合,信号不是平稳的,其统计量是随时间变化的函数。许多天然的和人工的信号,诸如语音、生物医学信号、音乐、雷达和声呐信号、在色散媒质中传播的波、机械振动和动物叫声等都是典型的非平稳信号,其特点是持续时间有限,并且是时变的。对于这种时变信号,必须研究其在时域和频域中的全貌和局部性质,既要能总体上把握信号,又要能深入到信号局部中分析信号的非平稳性,这样才能提取更多的特征信息。这时,只了解信号在时域或频域的全局特性是远远不够的,希望得到的是信号频谱随时间变化的情况。

3. 传统傅里叶变换在全频域范围内分辨率相同

因为一个信号的频率与它的周期成反比,所以在应用中,一个合理的要求是,对于待分析信号的高频信息,其参与分析的信号时间长度应相对较短,以给出精确的高频成分;而对于待分析信号的低频信息,参与分析的信号时间长度应相对较长,以给出一个周期内完整的信息。即要能给出一个对信号进行分析的灵活多变的时间和频率函数,使得由它给出的时域和频域的联合窗口函数宽度具有如下的制约关系:在中心频率高的地方,时间窗自动变窄,而在中心频率低的地方,时间窗应自动变宽。然而,傅里叶变换是一种整体变换,它在整体上将信号分解为不同的频率分量,而对信号的表征要么完全在时域,要么完全在频域。作为频域表示的功率谱,并不能反映出某种频率分量出现在什么时候以及其变化情况。此外,从应用的角度来看,如果一个信号只在某一时刻的一个小的范围内发生变化,那么信号的整个频谱都要受到影响,而频谱的变化从根本上来说又无法标定发生变化的时间位置和发生变化的剧烈程度,即傅里叶变换对信号的局部畸变没有标定和度量的能力。在许多实际的应用中,畸变正是我们所关心的信号在局部范围内的特征,比如对于音乐和语音信号,人们关心的是什么时候演奏什么音符、发出什么音节。

为了分析和处理非平稳信号,人们对傅里叶变换进行了推广,提出并发展了一系列新的信号分析理论。联合时频分析(简称时频分析)就是其中一种重要的方法。它着眼于真实信号组成成分的时变谱特征,将一个一维的时间信号以二维的时间-频率密度函数形式表示出来。时频分析的基本思想是设计时间和频率的联合函数,用该函数同时描述信号在不同时间和频率的能量密度和强度。这种分析方法旨在揭示信号中包含多少频率分量,以及每一分量是怎样随时间变化的。信号的时频表示方法是针对频谱随时间变化的确定性信号和非平稳的随机信号发展起来的。它将一维时域信号 $x(n)$ 或频域信号 $X(\omega)$ 映射成为时间频率平面上的二维信号,即使用时间和频率的联合函数来表示信号,这种表示简称为信号的联合时频表示。

3.4.1　信号的时频表示

傅里叶谱和功率谱都是信号变换到频域的一种表示,对于频谱不随时间变化的确定信号及平稳的随机信号,可以用它们进行分析和处理。但当信号的频谱随时间变化时,它不能表示某个时刻信号的频谱分布情况,因此这种分析方法就存在着严重的不足。

针对频谱随时间变化的确定信号和非平稳随机信号,近年来出现了信号的时频域表示方法,如前面 3.3 节中介绍的短时傅里叶变换方法等。其目的是将一维的时间信号 $x(n)$ 或

频域信号 $X(\omega)$ 映射成时间-频率平面上的二维信号 $P_x(n,\omega)$。这样,信号的瞬时能量和功率谱可以分别表示为

$$| x(n) |^2 = \int_{-\infty}^{\infty} P_x(n,\omega)\mathrm{d}\omega \tag{3-42}$$

$$| X(\omega) |^2 = \sum_{n=-\infty}^{+\infty} P_x(n,\omega) \tag{3-43}$$

而信号在时频域 $n\in[n_1,n_2]$,$\omega\in[\omega_1,\omega_2]$ 的能量成分表示为

$$\sum_{n=n_1}^{n_2} \int_{\omega_1}^{\omega_2} P_x(n,\omega)$$

可以根据函数 $P_x(n,\omega)$ 计算在某一特定时间的频率密度,计算该分布的整体和局部的各阶矩等。然而,在寻求理想的时频表示方法时却遇到了很大的困难。因为理想的 $P_x(n,\omega)$ 应该表示信号在时间频率点 (n,ω) 处的能量密度。然而,根据下面即将介绍的不确定性原理,不允许有"某个特定时间和频率处的能量"这一概念,这样理想的 $P_x(n,\omega)$ 并不存在。因此,只能研究伪能量密度或时频结构,根据不同的要求和不同的性能去逼近理想的时频表示。

人们提出了多种时频表示方法,它们各有优缺点。这些时频表示方法主要有线性时频表示、二次时频表示以及其他形式的时频表示方法。

1. 线性时频表示

这一类时频表示是由傅里叶谱演化而来的,其特点是变换为线性的。由于傅里叶谱具有线性变换的性质,如果信号之间满足线性关系,那么它们的谱函数之间同样满足这样的线性关系,即

$$x(n) = a_1 x_1(n) + a_2 x_2(n) \tag{3-44}$$

则

$$X(\omega) = a_1 X_1(\omega) + a_2 X_2(\omega) \tag{3-45}$$

其中,$X(\omega)$,$X_1(\omega)$ 和 $X_2(\omega)$ 分别是 $x(n)$,$x_1(n)$ 和 $x_2(n)$ 的傅里叶变换;a_1 和 a_2 为常数。因此,由傅里叶谱演化而来的线性时频表示也同样满足这样的线性关系。当 $x_1(n)$ 和 $x_2(n)$ 的频谱是随时间变化时,其时频表示 $P_{x_1}(n,\omega)$ 和 $P_{x_2}(n,\omega)$ 是线性变换的,则有

$$P_x(n,\omega) = a_1 P_{x_1}(n,\omega) + a_2 P_{x_2}(n,\omega) \tag{3-46}$$

其中,$P_x(n,\omega)$ 是 $x(n)$ 的时频表示。

属于这类的时频表示主要有前面讲述的短时傅里叶变换与 Gabor 变换及小波变换等。其中,短时傅里叶变换和 Gabor 变换是一种加窗的傅里叶变换,使用固定大小的时频网格,时频网格在时频平面上的变化只限于时间平移和频率平移。在短时傅里叶变换和 Gabor 变换这两种时频表示中,窗函数宽度是固定的,其时频分辨率也是固定的,因此只适用于分析具有带宽固定不变的非平稳信号。而实际应用中,常希望在对低频成分分析时,频率的分辨率高一些;对高频成分分析时,时间的分辨率高一些;这就要求窗函数的宽度能随着频率变化而变化。小波变换的时频分析网格的变化除了时间平移外,还有时间和频率轴比例尺度的改变,它使用长宽大小不一的长方形时频分析网格,因而适用于分析具有固定比例带宽的非平稳信号。

2. 二次时频表示

这类时频表示是由能量谱或功率谱演化而来的,其特点是变换为二次的(也称为双线性

的）。能量谱或功率谱具有双线性变换特性，即当信号之间满足式(3-46)的线性关系，则能量谱函数之间为如下的双线性关系：

$$\varepsilon(\omega) = |a_1|^2 \varepsilon_1(\omega) + |a_2|^2 \varepsilon_2(\omega) + 2\text{Re}[a_1 a_2 X_1^*(\omega) X_2^*(\omega)] \tag{3-47}$$

其中，$\varepsilon(\omega)$、$\varepsilon_1(\omega)$与$\varepsilon_2(\omega)$分别为$x(n)$、$x_1(n)$和$x_2(n)$的能量谱；*号表示对信号的频谱取共轭操作。这样，当$x_1(n)$和$x_2(n)$的频谱随时间变化时，根据能量谱或功率谱得到的时频表示$P_{x_1}(n,\omega)$和$P_{x_2}(n,\omega)$是二次的，则有

$$P_x(n,\omega) = |a_1|^2 P_{x_1}(n,\omega) + |a_2|^2 P_{x_2}(n,\omega) + 2\text{Re}[a_1 a_2 P_{x_1 x_2}(n,\omega)] \tag{3-48}$$

其中，$P_x(n,\omega)$是$x(n)$的时频表示；右边最后一项为交叉项或互项；$P_{x_1 x_2}(n,\omega)$为$x_1(n)$和$x_2(n)$的互时频表示。

维格纳分布是这类时频表示中非常重要的一种。除此之外，还有一些其他二次型能量化的时域表示，可以统一地由 L. Cohen 提出的广义双线性时频表示，即

$$P_x(n,\omega) = \frac{1}{2\pi} \sum_{\tau=-\infty}^{+\infty} \sum_{u=-\infty}^{+\infty} \sum_{\xi=-\infty}^{+\infty} e^{-j\xi(n-u)} \varphi(\xi,\tau) x\left(u+\frac{\tau}{2}\right) x^*\left(u-\frac{\tau}{2}\right) e^{-j\omega\tau} \tag{3-49}$$

其中，$\varphi(\xi,\tau)$表示核函数，它决定$P_x(n,\omega)$的特性。

采用不同的核函数，将得到不同的时频分布。对核函数的要求是，希望既能压缩交叉干扰项，又能有好的特性。常用的 Cohen 类广义双线性时频分布有指数分布或称 Choi-Williams 分布、广义指数分布等。

3. 其他时频表示

除了上述线性与二次时频表示外，还有一些其他形式的时频表示，如 Cohen-Posch 类正值分布，L. Stankovic 等人在维格纳分布基础上提出的 L-维格纳分布等。此外，比较重要的还有分数傅里叶变换等。在下面的章节中，将介绍现在应用研究中常见的几种线性时频表示方法：短时傅里叶变换、Gabor 变换、小波变换及它们的联系与区别。

总之，对给定的信号$x(n)$，人们希望能找到一个二维函数$P_x(n,\omega)$，它应是人们最关心的两个物理量n和ω的联合分布函数，可以反映$x(n)$的能量随时间n和频率ω变化的形态，同时，又希望$P_x(n,\omega)$既具有好的时间分辨率，同时又具有好的频率分辨率。但这受到下面将介绍的不确定原理的制约。

3.4.2 不确定原理

在信号分析与信号处理中，信号的"时间中心"及"时间宽度(time-duration)"，以及频率的"频率中心"与"频带宽度(frequency-bandwidth)"是非常重要的概念。它们分别说明信号在时域和频域的中心位置及在两个域内的扩展情况。

如果分别用$w(n)$和$W(\omega)$来作为信号的时域和频域表示，则可以用$\Delta(w)$和$\Delta(W)$来分别衡量它们的宽度，分别称为有效时域半径和有效频域半径。数值$2\Delta(w)$和$2\Delta(W)$称为窗口函数$w(n)$的有效时宽和有效频宽，而用$E(w)$和$E(W)$表示它们的中心。这里中心和半径分别表示为

$$E(w) = \frac{\sum_{n=-\infty}^{+\infty} n|w(n)|^2}{\|w\|_2^2} \quad \Delta(w) = \sqrt{\frac{\sum_{n=-\infty}^{+\infty} (n-E(w))^2 |w(n)|^2}{\|w\|_2^2}} \tag{3-50}$$

$$E(W) = \frac{\sum\limits_{\omega=-\infty}^{+\infty} \omega \mid W(e^{j\omega}) \mid^2}{\parallel W \parallel_2^2} \qquad \Delta(W) = \sqrt{\frac{\sum\limits_{\omega=-\infty}^{\infty} (\omega - E(W))^2 \mid W(e^{j\omega}) \mid^2}{\parallel W \parallel_2^2}} \qquad (3\text{-}51)$$

信号在时间和频率这两个物理量的测量上有一个重要的约束原则,这就是著名的"不确定原理",或称为"测不准原理"。它的意义是:信号波形在频率轴上的扩张和在时间轴上的扩张不可能同时小于某一界限,即若函数 $w(n)$ 和 $W(\omega)$ 构成一对傅里叶变换,则它们不可能同时都是短宽度的,即

若 $w(n)$ 及其傅里叶变换 $W(\omega)$ 满足窗口函数的条件,则

$$\Delta(w)\Delta(W) \geqslant \frac{1}{2} \qquad (3\text{-}52)$$

这里等号成立的充分必要条件是 $w(n)$ 为高斯函数,即 $w(n) = Ae^{-an^2}$。

下面证明这一定理。如果将 $w(n)$ 的导函数的傅里叶变换记为 $W'(\omega)$,那么由傅里叶变换的性质可以得到

$$W'(\omega) = (j\omega)W(\omega) \qquad (3\text{-}53)$$

于是,由著名的柯西-施瓦茨(Cauchy-Schwarts)不等式得

$$(\Delta(w)\Delta(W))^2 = \frac{1}{\parallel w \parallel_2^2} \sum_{n=-\infty}^{+\infty} n^2 \mid w(n) \mid^2 \cdot \frac{1}{\parallel W \parallel_2^2} \sum_{\omega=-\infty}^{+\infty} \omega^2 \mid W(\omega) \mid^2$$

$$= \frac{\sum\limits_{n=-\infty}^{+\infty} n^2 \mid w(n) \mid^2 \cdot \sum\limits_{\omega=-\infty}^{+\infty} \mid W'(\omega) \mid^2}{\parallel w \parallel_2^2 \cdot \parallel W \parallel_2^2}$$

$$\geqslant \frac{1}{\parallel w \parallel_2^4} \left| \sum_{n=-\infty}^{+\infty} nw(n)w'(n) \right|^2$$

$$= \frac{1}{\parallel w \parallel_2^4} \left(\frac{1}{2} \sum_{n=-\infty}^{+\infty} \mid w(n) \mid^2 \right)^2 = \frac{1}{4}$$

所以

$$\Delta(w)\Delta(W) \geqslant \frac{1}{2}$$

在上面推导过程中,等号成立的条件就是 Cauchy-Schwarts 不等式成为等式的条件,最后,通过解微分方程可以得到全部的证明。

不确定原理是信号处理中的一个重要的基本定理,该定理指出,对给定的信号,其时宽与带宽的乘积为一常数。当信号的时宽减小时,其带宽将相应增大,当时宽减到无穷小时,带宽将变成无穷大,例如时域的 δ 函数;反之亦然,例如时域的正弦信号。即信号的时宽与带宽不可能同时趋于无限小,这一基本关系就是前面几节中所讨论过的时间分辨率和频率分辨率的制约关系。在这一基本关系的制约下,人们在竭力探索既能得到好的时间分辨率,又能得到好的频率分辨率的信号分析方法。

3.5 Gabor 变换

传统的傅里叶分析适合于平稳信号处理,它使用的是一种全局的变换。因此,传统的傅里叶分析无法表达信号的时频局域性质。为了分析和处理非平稳信号,人们基于时频分析

思想提出了短时傅里叶变换。3.3 节中从信号处理的角度详细介绍了短时傅里叶变换,本节将从时频分析的角度对短时傅里叶变换进行总结,并将进一步介绍 Gabor 变换。

前面介绍短时傅里叶变换中的"短时",是直接延续时域分析中对语音的分帧概念而引出的。为了表示信号随时间变化的频谱,采用加窗的技术将信号在时间上分成许多段,然后对每个小段求傅里叶变换,得到对应于不同时刻的信号的频谱,这是短时傅里叶变换的思想。

假定非平稳信号在一个较短的分析窗函数内是平稳(伪平稳)的,移动窗函数,使信号在不同的有限时间宽度内为不同的伪平稳信号,则可以计算出各个不同时刻的功率谱。这些傅里叶变换的集合,就是短时傅里叶变换的结果。显然,这个结果是时间变量和频率变量的二维函数。实际上,在短时傅里叶变换中,对于窗函数有一定的要求。设 $w(n) \in L^2(R)$,即为平方可积空间的函数,而且它的范数不为零,如果 $\sum\limits_{n=-\infty}^{+\infty} |nw(n)|^2 < +\infty$,则称 $w(n)$ 是一个窗函数。这时窗函数的中心和半径分别如式(3-50)和式(3-51)所示。其中的窗函数有很多种选择,不同的窗函数,对应不同的变换结果。如 3.1.2 节中的矩形窗函数、汉明窗函数以及汉宁窗函数等都是语音信号处理中常用的窗函数。

另外,从时频分析的角度,另一种窗函数——高斯函数也是经常使用的。这时的短时傅里叶变换称为 Gabor 变换。

Gabor 在 1946 年的论文中,为了提取信号的包括时间和频率两方面的局部信息,引入了一个时间局部化的"窗口函数"。所取的窗函数为一个高斯函数,其原因有二:一是高斯函数的傅里叶变换仍为高斯函数,这相当于傅里叶反变换也是用高斯函数加窗的,同时体现了频域的局部化;二是 Gabor 变换作为一般的"窗口函数"具有最佳性,这是在不确定原理明确之后才看出来的,即在时频窗面积最小的意义下,Gabor 变换是最优的窗口傅里叶变换。一般认为只有在 Gabor 变换出现后,才有了真正意义上的时频分析。

对于函数 $x(n) \in L^2(R)$,其 Gabor 变换的定义为

$$G_x(n,\omega) = \sum_{\tau=-\infty}^{+\infty} x(\tau) g_a^*(\tau-n) e^{-j\omega\tau} \tag{3-54}$$

式中,$g_a^*(n) = \dfrac{1}{2\sqrt{\pi a}} \exp\left(-\dfrac{n^2}{4a}\right)$ 是高斯函数,a 是大于零的固定常数。

由于 $\sum\limits_{n=-\infty}^{+\infty} g_a(\tau-n) = 1$,因此 $\sum\limits_{n=-\infty}^{+\infty} G_x(n,\omega) = X(\omega)$。这表明,信号 $x(n)$ 的 Gabor 变换 $G_x(n,\omega)$ 是对任何 $a > 0$ 在时间 $\tau = n$ 附近对 $x(n)$ 傅里叶变换的局部化。对于任意给定 $\omega \in R$,这种局部化完成得很好,达到了对 $X(\omega)$ 的精确分解,从而完整地给出了 $x(n)$ 频谱的局部信息,充分体现了 Gabor 变换在时间域的局部化思想。

对于任意的 $x(n) \in L^2(R)$,它的短时傅里叶变换可写为与 Gabor 变换相似的形式

$$C_x(n,\omega) = \sum_{\tau=-\infty}^{+\infty} x(\tau) w^*(\tau-n) e^{-j\omega\tau} \tag{3-55}$$

实际上,如果窗函数 $w(n)$ 的傅里叶变换也满足窗函数的条件,那么短时傅里叶变换同时也给出了信号 $x(n)$ 在如下时频窗中的局部信息:

$$[E(w)+n-\Delta(w), E(w)+n+\Delta(w)] \cdot [E(W)+\omega-\Delta(W), E(W)+\omega+\Delta(W)]$$

选定窗口函数 $w(n)$ 之后,这个时频窗是一条边与坐标轴平行的与 (n,ω) 无关的矩形,其固定的面积为 $4\Delta(w)\Delta(W)$,该矩形的中心坐标为 $(E(w)+n, E(W)+\omega)$。当窗函数的时域中心和频域中心都在原点时,时频窗的中心正好就是参数对 (n,ω),这时短时傅里叶变换就真正给出了信号在时间点 n 附近和在频率点 ω 附近,且时频窗为如下形式的时间和频率的局部信息:

$$[n-\Delta(w), n+\Delta(w)] \cdot [\omega-\Delta(W), \omega+\Delta(W)]$$

这也是称它们为时频分析方法的原因所在。

短时傅里叶变换的时频分析能力是用前述时频窗矩形的面积 $4\Delta(w)\Delta(W)$ 来衡量。在时频窗的形状固定不变时,窗函数面积越小,说明它的时频局部化描述能力越强;窗函数面积越大,说明它的时频局部化描述能力越差。当然,要得到尽量精确的时频局部化描述,自然希望选择使时频窗面积 $4\Delta(w)\Delta(W)$ 尽量小的窗函数。但是,不确定原理说明这种潜力是有限度的。

对于 Gabor 变换来说,由于高斯函数 $g_a(n)$ 及其傅里叶变换 $G_a(\omega)$ 都满足窗函数的要求,可以得到 $g_a(n)$ 对应的时频窗的面积 $4\Delta(w)\Delta(W)=2$。那么,是否存在比 Gabor 变换所用的高斯函数具有更好的时频局部化描述能力的窗函数呢?由前面的不确定原理可以知道,当窗函数 $w(n)$ 及其傅里叶变换都满足窗函数的要求时,$\Delta(w)\Delta(W) \geqslant 1/2$。即 Gabor 变换是具有最小时频窗的短时傅里叶变换,这反映了 Gabor 变换的某种最佳性。当然这里没有考虑到时频窗函数形状的变化与信号时频分析的需要之间的关系。

总之,作为信号分析的工具,短时傅里叶变换和 Gabor 变换发展了傅里叶变换,能够满足信号处理的某些特殊需要。但进一步的研究发现,这两种变换都没有离散的正交基。这决定了它们在进行数值计算时,没有像离散傅里叶变换中 FFT 那样的快速算法,使其应用受到限制;另一方面,当选定窗函数后,对短时傅里叶变换和 Gabor 变换来说,时频窗函数的形状是固定的,它不能随着所分析的信号成分是高频还是低频等信息做相应的变化,而非平稳信号都包含着丰富的频率成分,所以它们对非平稳信号分析能力是有限的。

在对信号做时频分析时,一般对快变的信号,希望它有较高的时间分辨率以观察其快变部分,如尖脉冲等。根据不确定原理,对该信号频域的分辨率必定要下降。由于快变信号对应的是高频信号,对这一类信号采用较高的时间分辨率,就要降低频率分辨率。反之,对慢变信号,由于它对应的是低频信号,所以希望在低频处有较高的频率分辨率,但不可避免地要降低时间分辨率。

下面以矩形窗为例来说明短时傅里叶变换的时频特性。一个宽度为无穷的矩形窗(即直流信号)的傅里叶变换为一 δ 函数,反之亦然。当矩形窗为有限宽时,其傅里叶变换为一函数,即

$$X(\omega) = A\sum_{n=-N}^{+N} \mathrm{e}^{-\mathrm{j}\omega n} = 2A\frac{\sin\omega(2N+1)/2}{\omega} \tag{3-56}$$

式中,A 是窗函数的高度;N 是其单边宽度。$x(n)$ 和其频谱 $X(\omega)$ 如图 3-16(a) 和图 3-16(b) 所示。

显然,矩形窗的宽度 N 和其频谱主瓣的宽度 $\left(-\dfrac{\pi}{N} \sim \dfrac{\pi}{N}\right)$ 成反比。由于矩形窗在信号处理中起到了对信号截短的作用,因此,若信号在时域取得越短,即在时域保持有较高的分辨

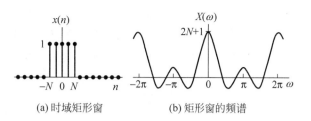

(a) 时域矩形窗　　　　　　(b) 矩形窗的频谱

图 3-16　矩形窗及其频谱

率,那么由于 $X(\omega)$ 的主瓣变宽,因此在频域的分辨率必然会下降。这些体现了短时傅里叶变换中在时域和频域分辨率方面所固有的矛盾。我们希望能用时频分析算法自动适应这一要求。由于短时傅里叶变换窗函数的有效时宽和有效带宽不随 (n,ω) 的变化而变化,因而它不具备这一自动调节的能力。下面将要讨论的小波变换则具备这一能力。

3.6　小波变换在语音信号分析中的应用

　　小波变换是 20 世纪 80 年代中后期逐渐发展起来的一种数学分析方法,它一出现就受到数学界和工程界的极大重视。1984 年法国科学家 J. Molet 在分析地震波的局部特性时,首先使用了小波变换来对信号进行分析,并提出了小波这一术语。所谓小波,就是小的波形,“小”指其具有衰减性,“波”指其波动性,即小波的振幅具有振幅正负相间的振荡形式。小波理论采用多分辨率分析的思想,非均匀地划分时频空间,例如图 3-17 所示的划分方法,它使信号仍能在一组正交基上进行分解,为非平稳信号的分析提供了新途径。

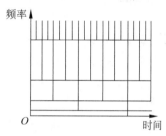

图 3-17　非均匀地划分时间轴和频率轴

3.6.1　小波的数学表示及意义

　　用数学形式来表述小波,小波就是函数空间 $L^2(R)$ 中满足下述条件的一个函数或者信号 $\psi(t)$:

$$C_\psi = \int_{R^*} \frac{|\Psi(\omega)|^2}{|\omega|} \mathrm{d}\omega < \infty \tag{3-57}$$

这里,$R^* = R - \{0\}$ 表示非零实数全体,其中 $\Psi(\omega)$ 为 $\psi(t)$ 的频域表示形式。$\psi(t)$ 称为小波母函数。对于任意的实数对 (a,b),称如下形式的函数为由小波母函数生成的依赖于参数 (a,b) 的连续小波函数,简称小波。其中参数 a 必须为非零实数。

$$\psi_{(a,b)}(t) = \frac{1}{\sqrt{a}} \psi\left(\frac{t-b}{a}\right) \tag{3-58}$$

其中,连续性指参数对 (a,b) 可以连续取值。若 a,b 不断地变化,可以得到一族函数 $\psi_{a,b}(t)$。对于任意的参数对 (a,b),显然 $\int_R \psi_{(a,b)}(t)\mathrm{d}t = 0$。尺度因子 a 的作用是把基本小波 $\psi(t)$ 做伸缩。b 的作用是确定对 $x(t)$ 分析的时间位置,也即时间中心。$\psi_{(a,b)}(t)$ 在 $t=b$ 的附近存在明显的波动,而且波动的范围大小完全依赖于尺度因子 a 的变化。当 $a=1$ 时,这个范围与原来的小波函数 $\psi(t)$ 的范围是一致的;当 $a>1$ 时,这个范围比原来的小波函数 $\psi(t)$ 的范围大些,小波的波形变得矮宽,而且当 a 变得越来越大时,小波的形状变得越来越宽、越来越矮,整个函数的形状表现出来的变化越来越缓慢;当 $0<a<1$ 时,$\psi_{(a,b)}(t)$ 在 $t=b$ 的附近存在波动的范围比原来的小波母函数 $\psi(t)$ 的波动范围要小,小波的波形变得尖锐而消瘦,当 $a>0$ 且越来越小时,小波的波形渐渐地接近于脉冲函数,整个函数的形状表现出来的变化越来越快。小波函数 $\psi_{(a,b)}(t)$ 随着参数 a 的这种变化规律,决定了小波分析能够对函数和信号进行任意指定点处的任意精细结构的分析,同时,这也决定了小波分析在对非平稳信号进行时频分析时,具有对时频同时局部化的能力。

给定平方可积的信号 $x(t)$,即 $x(t)\in L^2(R)$,则 $x(t)$ 的小波变换定义为

$$W_x(a,b) = \int_R x(t)\psi^*_{(a,b)}(t)\mathrm{d}t = \frac{1}{\sqrt{a}}\int_R x(t)\psi^*\left(\frac{t-b}{a}\right)\mathrm{d}t \tag{3-59}$$

因此,对任意函数 $x(t)$,它的小波变换是一个二元函数,这与傅里叶变换不同。另外,因为小波母函数 $\psi(t)$ 只有在原点附近才会有明显偏离水平轴的波动,在远离原点的地方,函数值将迅速衰减为零,整个波动趋于平静。所以,对于任意的参数对 (a,b),小波函数 $\psi_{(a,b)}(t)$ 在 $t=b$ 的附近存在明显的波动,远离 $t=b$ 的地方将迅速地衰减到零。因而,从形式上可以看出,小波变换的数值 $W_x(a,b)$ 表明的实质是原来函数 $x(t)$ 在 $t=b$ 附近按照 $\psi_{(a,b)}(t)$ 进行加权平均,体现的是以 $\psi_{(a,b)}(t)$ 为标准快慢的 $x(t)$ 变化情况。这样,参数 b 表示分析的时间中心或时间点,而参数 a 体现的是以 $t=b$ 为中心的附近范围的大小。因此,当 b 固定不变时,小波变换 $W_x(a,b)$ 体现的是原来的函数在 $t=b$ 附近,随着分析和观察的范围逐渐变化时表现出来的变化。

假设小波函数 $\psi(t)$ 及其傅里叶变换 $\Psi(\omega)$ 都满足窗口函数的要求,它们的窗口中心和半径分别记为 $E(\psi)$ 和 $\Delta(\psi)$ 与 $E(\Psi)$ 和 $\Delta(\Psi)$,可以证明对于任意参数对 (a,b),连续小波 $\psi_{(a,b)}(t)$ 及其傅里叶变换 $\Psi_{(a,b)}(\omega)$ 都满足窗口函数的要求,它们的窗口中心和宽度分别为

$$\begin{cases} E(\psi_{(a,b)}) = b + aE(\psi) \\ \Delta(\psi_{(a,b)}) = a\Delta(\psi) \end{cases} \tag{3-60}$$

和

$$\begin{cases} E(\Psi_{(a,b)}) = E(\Psi)/a \\ \Delta(\Psi_{(a,b)}) = a\Delta(\Psi)/a \end{cases} \tag{3-61}$$

因此,对于连续小波 $\psi_{(a,b)}(t)$ 的时间窗为

$$[b + aE(\psi) - a\Delta(\psi), b + aE(\psi) + a\Delta(\psi)]$$

其频率窗为

$$\left[\frac{E(\Psi)}{a} - \frac{\Delta(\Psi)}{a}, \quad \frac{E(\Psi)}{a} + \frac{\Delta(\Psi)}{a}\right]$$

因此可以看出,连续小波 $\psi_{(a,b)}(t)$ 的时频窗是时频平面上一个可变的矩形,它的时频窗的面积为

$$2a\Delta(\psi) \times \frac{2\Delta(\Psi)}{a} = 4\Delta(\psi)\Delta(\Psi) \tag{3-62}$$

这个面积只与小波的母函数 $\psi(t)$ 有关,而与参数对 (a,b) 毫无关系,但时频窗口的形状随着

参数 a 而发生变化,这是与短时傅里叶变换和 Gabor 变换完全不同的时频分析特性,正是这一点决定了小波变换在信号的时频分析中的特殊作用。

具体地说,对于较小的 $a>0$,这时时间域的窗口宽度 $a\Delta(\psi)$ 随着 a 一起变小,时间窗 $[b-a\Delta(\psi),b+a\Delta(\psi)]$ 变窄(为方便,假定小波的母函数时域中心 $E(\psi)$ 为零),中心频率 $\dfrac{E(\Psi)}{a}$ 变高,检测到的主要是信号的高频成分。由于高频成分在时间域的特点是变化迅速,因此为了准确检测到在时域中某点处的高频成分,只能利用该点附近很小范围内的观察数据,这必然要求在该点的时间窗比较小,小波变换正好具备了这样的自适应性;反过来,对于较大的 $a>0$,这时时间域的窗口宽度 $a\Delta(\psi)$ 随着 a 一起变大,时间窗 $[b-a\Delta(\psi),b+a\Delta(\psi)]$ 变宽,中心频率 $\dfrac{E(\Psi)}{a}$ 变低,检测到的主要是信号的低频成分。由于低频成分在时间域的特点是变化缓慢,因此为了完整地检测在时间域中某点的低频成分,必须利用该点附近较大范围内的观测数据,这必然要求在该点的时间窗较大,小波变换恰好具备这种自适应性,这是小波变换作为时频分析方法的独到之处。

3.6.2 小波分析特点

下面从小波变换的恒 Q 性质及时域、频域分辨率,以及与其他变换方法的对比来讨论小波变换的特点,以帮助我们对小波变换有更深入的理解。

若 $\psi(t)$ 的时间中心是 t_0,时宽是 Δ_t,$\Psi(\omega)$ 的频率中心是 ω_0,带宽是 Δ_ω,那么 $\psi\left(\dfrac{t}{a}\right)$ 的时间中心仍是 t_0,但时宽变成 $a\Delta_t$,$\psi\left(\dfrac{t}{a}\right)$ 的频谱 $a\Psi(a\omega)$ 的频率中心变为 ω_0/a,带宽变成 Δ_ω/a。这样 $\psi\left(\dfrac{t}{a}\right)$ 的时宽—带宽积仍是 $\Delta_t\Delta_\omega$,与 a 无关。这一方面说明小波变换的时频关系也受到不确定原理的制约,另一方面,更主要地揭示了小波变换的一个性质,即恒 Q 性质。其中 Q 为母小波 $\psi(t)$ 的品质因数,定义如下:

$$Q = \Delta_\omega/\omega_0 = \text{带宽} / \text{中心频率} \tag{3-63}$$

对 $\psi\left(\dfrac{t}{a}\right)$,其带宽/中心频率为

$$\frac{\Delta_\omega/a}{\omega_0/a} = \Delta_\omega/\omega_0 = Q \tag{3-64}$$

因此,不论 a 为何值($a>0$),$\psi\left(\dfrac{t}{a}\right)$ 始终保持与 $\psi(t)$ 具有相同的品质因数。恒 Q 性质是小波变换的一个重要性质,也是小波变换区别于其他类型的变换,且被广泛应用的一个重要原因。图 3-18 说明了 $\Psi(\omega)$ 和 $\Psi(a\omega)$ 的带宽及中心频率随 a 变化的情况。

可以看到,正常情况下小波变换如 3-18(a)所示。小波变换在对信号分析时有如下特点:当 a 变大时,对 $x(t)$ 的时域观察范围变宽,频域的观察范围变窄,且分析的中心频率向低频处移动,如图 3-18(b)所示。反之,当 a 变小时,对 $x(t)$ 的时域观察范围变窄,但对 $X(\omega)$ 在频率观察的范围变宽,且观察的中心频率向高频处移动,如图 3-18(c)所示。可以得到在不同尺度下小波变换所分析的时宽、带宽、时间中心和频率中心的关系,如图 3-19 所示。

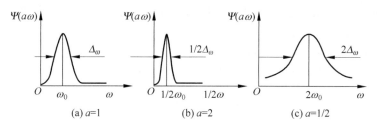

图 3-18　$\Psi(a\omega)$ 随 a 变化的说明

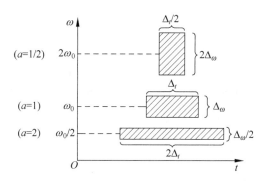

图 3-19　a 取不同值时小波变换对信号分析的时频区间

由于小波变换的恒 Q 性质,因此在不同尺度下,图 3-19 中三个时频分析区间(三个矩形)的面积保持不变。但可以看到,小波变换提供了一个在时频平面上可调的分析窗口。该分析窗口在高频端,如图 3-19 中 $2\omega_0$ 处的频率分辨率不好,矩形窗的频率边变长,但矩形的时间边变短,这表明时域的分辨率增加;反之,在低频端 $\omega_0/2$ 处,频率分辨率变好,而时域分辨率变差。

由小波变换的特点可知,当用较小的 a 对信号做高频分析时,实际上是用高频小波对信号做细致观察;而用较大的 a 对信号做低频分析时,实际上是用低频小波对信号做概貌观察。如上所述,小波变换的这一特点符合对信号做实际分析时的规律。

小波分析是傅里叶分析方法的发展与延拓。它自产生以来,一直与傅里叶分析密切相关。两者相比较主要有以下差别:

(1) 傅里叶变换用到的基本函数只有 $\sin(\omega t)$、$\cos(\omega t)$ 和 $\exp(j\omega t)$,具有唯一性;小波分析所用到的函数则具有不唯一性,同样一个问题用不同的小波函数进行分析有时结果相差很远。

(2) 在频域中,傅里叶变换具有较好的局部化能力,特别是对于那些频率成分比较简单的确定信号,傅里叶变换可以很容易地把信号表示成各种频率成分叠加和的形式。但在时域中,傅里叶变换没有局部化能力,无法从信号的傅里叶变换中看出原信号在任一时间点附近的形态。

(3) 若用信号通过滤波器来解释,小波变换与短时傅里叶变换的不同之处在于:对短时傅里叶变换来说,带通滤波器的带宽与中心频率无关;相反,小波变换带通滤波器的带宽则正比于中心频率,即小波变换对应的滤波器有一个恒定的相对带宽。

3.6.3 小波变换的多分辨分析

可以用照相机镜头相对被观察景物前后推移的比喻关系来粗略地解释多分辨分析的概念。当尺度 a 较大时,视野宽而分析频率低,可以做概貌的观察;当尺度 a 较小时,视野窄而分析频率高,可以做细节观察,但不同 a 值的品质因数保持不变。这种由粗到细对事物逐级的分析称为多分辨分析,其特性是由信号的自然特征所决定的。一个实际的物理信号不可能在 $0 \sim \pi$ 的范围内有均匀的频谱。既然信号的能量在不同的频带有不同的分布,在分析时自然需要对它们分别对待。例如,信号在传输过程中需要量化编码,但在有些频段上信号的能量较大,在另一些频段上信号的能量较小。对能量大的频段所对应的信号,应给以较多的比特进行量化编码,而对能量少的频段所对应的信号,可分配较少的比特。这样就可以在保证信号传输质量的前提下,减少所用的比特数。这实际上是对信号进行分层量化。此外,对不同频段所对应的信号还可以采用不同的加权,或者采用不同的去噪处理等。

信号的多分辨率分析,又称信号的多分辨率分解。可以从两个角度引入多分辨分析,即函数空间的划分和理想滤波器组。前者是由 Mallat 首先提出的,数学上比较严谨,结论也比较全面。但是对于具体的信号处理,理想滤波器组则更容易接受,因此我们从理想滤波器组引入多分辨分析的概念。对于函数空间划分方面,只是简要地进行描述。

从理想滤波器组的角度看,多分辨分析实质上是将信号按频带进行分解。信号的分解方法可以是等频带划分,也可以采用一种二进制分解。当信号的采样频率满足采样定理时,归一频带必须限制在 $-\pi \sim +\pi$ 之间。此时可以分别用理想低通滤波器 $H_0(z)$ 和理想高通滤波器 $H_1(z)$ 将其分解成 $0 \sim \frac{\pi}{2}$ 的低频部分和 $\frac{\pi}{2} \sim \pi$ 的高频部分,它们分别反映信号的概貌与细节。由于两种滤波器输出的带宽均减半,因此采样频率减半也不至于引起信息的丢失。图 3-20 给出了具体分解的过程。

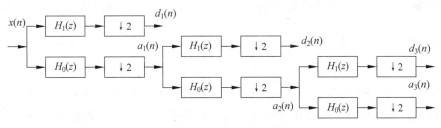

图 3-20 信号二进制分解的实现

如果 $x(n)$ 的带宽在 $0 \sim \pi$ 之间,采样频率为 f_s,那么经过高通和低通滤波器后,$a_1(n)$ 的带宽在 $0 \sim \frac{\pi}{2}$ 之间,$d_1(n)$ 的带宽在 $\frac{\pi}{2} \sim \pi$ 之间,它们均比原信号 $x(n)$ 的带宽($0 \sim \pi$)减小了一半。由此,对 $a_1(n)$ 和 $d_1(n)$ 的采样频率没有必要再用 f_s,仅用 $f_s/2$ 就可以满足采样定理。在上述分解过程中,每一级分解后信号的频带都比前一级减小一半,因此在图 3-20 中每一级都跟随着一个二抽取环节,它表示对每两点数据保存一点,因此采样频率降低了一半。由于 $H_1(z)$ 是高通滤波器,所以其输出 $d_j(n)$ 是每一级的高频信号,称为该级信号的"细节"(detail),而 $a_j(n)$ 是每一级的低频信号,称为信号的"概貌"或"近似"(approximation)。

从信号的分解过程可以看出,一次次的分解将原信号 $x(n)$ 分成了一个个具有不同频带的"子带"(subband)信号。若对这些子带信号各自做 DFT,且 DFT 的长度都一样,那么每一个子带信号的频率分辨率是不一样的。对信号 $x(n)$ 的频率分辨率是 f_s/N,对 $a_1(n)$、$d_1(n)$ 的频率分辨率是 $f_s/2N$,提高了一倍,对 $a_2(n)$、$d_2(n)$ 是 $f_s/4N$,对 $a_3(n)$、$d_3(n)$ 的频率分辨率是 $f_s/8N$,这一分析过程是一个由"粗"到"精"的过程。因此,把这一类将原信号按频带分解成一个个子带信号的方法称作"多分辨率分析(或分解)"。

由此可以引出以下概念。

1. 频率空间的划分

如果把原始信号 $x(n)$ 占据的总频带 $0\sim\pi$ 定义为空间 V_0,则经过第一级分解后 V_0 被划分成两个子空间:低频的 $V_1\left(\text{频带 }0\sim\dfrac{\pi}{2}\right)$ 和高频的 $W_1\left(\text{频带 }\dfrac{\pi}{2}\sim\pi\right)$。经过第二级分解后 V_1 又被划分成低频 $V_2\left(\text{频带 }0\sim\dfrac{\pi}{4}\right)$ 和高频的 $W_2\left(\text{频带 }\dfrac{\pi}{4}\sim\dfrac{\pi}{2}\right)$,这种子空间分解过程可以记作

$$V_0 = V_1 \oplus W_1, V_1 = V_2 \oplus W_2, \cdots, V_{j-1} = V_j \oplus W_j$$

这些子空间具有逐级包含和逐级替换的特性。

2. 各带通空间具有恒 Q 性

即 W_1 空间的中心频率为 $\dfrac{3}{4}\pi$,带宽为 $\pi-\dfrac{\pi}{2}=\dfrac{\pi}{2}$;$W_2$ 空间的中心频率为 $\dfrac{3}{8}\pi$,较 W_1 减半,带宽为 $\dfrac{\pi}{2}-\dfrac{\pi}{4}=\dfrac{\pi}{4}$,也较 W_1 减半。可见各 W_j 的品质因数是相同的。

3. 各级滤波器的一致性

各级低通滤波器和高通滤波器是一样的。这是因为前一级输出被二抽取,而滤波器设计是根据归一频率进行的,所谓归一频率是指真实频率与采样间隔的乘积。例如第一级低通滤波器的真实频带是 $0\sim\dfrac{\pi}{2T_s}$(T_s 是输入的采样间隔),其归一频率则是 $0\sim\dfrac{\pi}{2}$。第二级低通滤波器的真实频带虽然是 $0\sim\dfrac{\pi}{4T_s}$,但归一频率仍是 $0\sim\dfrac{\pi}{2}$,因为第二级输入的采样间隔是 $2T_s$。

从函数空间划分的角度看,在二分的情况下 Mallat 从函数的多分辨率空间分解概念出发,在小波变换与多分辨分析之间建立起联系。如果把平方可积的函数 $x(t)\in L^2(R)$ 看成是某一逐级逼近的极限情况,则每级逼近都是用某一平滑函数对 $x(t)$ 做平滑的结果,只是逐级逼近时平滑函数也做逐级伸缩,即用不同的分辨率来逐级逼近待分析的函数 $x(t)$。对于 V_j 与 W_j 空间,可以找到相应空间的标准正交基,并可以由此构造尺度函数 $\phi(t)$ 与小波函数 $\psi(t)$。其中尺度函数和低通滤波器相对应,而小波函数和高通滤波器相对应。

3.6.4　小波变换在语音处理中的应用

如前所述,小波变换具有很多傅里叶变换无法比拟的性质,使得小波变换在非平稳信号的分析和处理中发挥着重要的作用。由于语音信号是一种比较典型的非平稳信号,因此很多学者将小波变换引入到语音信号处理中,并开展了相关的研究工作,主要包括:利用小波变换对听觉感知系统进行模拟,对语音信号去噪,进行清、浊音判断。

1. 利用小波变换对听觉系统的模拟

听觉系统对声音信号的感知是一系列复杂的转换过程,这些转换大致分为三个阶段:耳蜗滤波器,也就是基底膜完成对信号的分析;毛细胞完成机械振动到点激励的转换;侧抑制网络完成声学谱特征的缩减。对声音信号的分析主要是在基底膜上完成的。基底膜上的振动是以行波方式传递的。频率不同,行波传播的距离也不同,从而不同频率行波的极大值出现在基底膜的不同位置上。频率高的极大值在基底膜的前端,频率低的极大值在其末端,这使得基底膜具有频率分解的能力。此外,对相同的频差,振动频率低时其极大值相距较远,而振动频率高时其极大值相距较近。因此,基底膜对低频的分辨力要高于高频的分辨力。

由于人耳的频率分辨率是非线性的,用传统的线性信号处理方法,如傅里叶变换来模拟人耳基底膜的频率分析特性是比较困难的。可以利用小波变换对频带进行划分,使得其接近于临界频带。使用单纯的小波变换对信号进行处理时,是将整个频带二分,然后保留高频部分,对低频部分继续二分,如此重复下去。这样当频带为 4kHz 时,得到各个子带带宽依次为 2kHz、1kHz、500Hz 和 125Hz,如图 3-21 所示,这与临界频带的划分相去甚远。

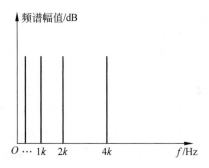

图 3-21　小波变换对频带的划分

为此可以采用广义的小波变换,即把小波变换与小波包变换结合使用,以不完全的小波包变换来对输入信号进行处理。小波包算法有灵活的时频分析能力,可以更好地符合人耳基底膜的频率分析特性。这时对频带的划分如图 3-22 所示。进行小波包变换时阶数最大为 5,当频带宽为 4kHz 时,子带最小宽度为 125Hz,接近最小的临界频带带宽。

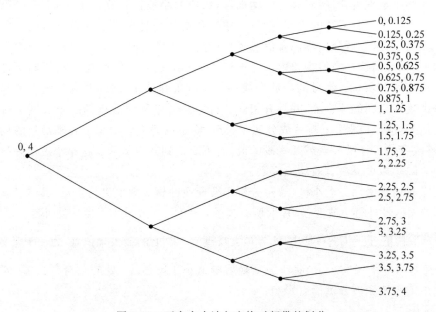

图 3-22　不完全小波包变换对频带的划分

2. 用于随机噪声的去除

传统的基于滤波的噪声去除方法是将被噪声污染的信号通过一个滤波器,滤掉噪声频率成分。但是对于短时瞬态信号、非平稳过程信号、含宽带噪声信号,采用传统方法进行处理有着明显的局限性。小波变换具有时频局部分析的特点,具有传统方法不可比拟的、非常灵活的对奇异特征提取的功能,可在低信噪比的情况下有效地去噪,并检测信号的波形特征。

利用小波变换去噪的基本思想是:根据噪声与信号在各尺度(即各频带)上的小波谱具有不同表现的特点,将噪声小波谱占主导地位的那些尺度上的噪声小波谱分量去掉,这样保留下来的小波谱基本上就是原信号的小波谱,然后再利用小波变换重构算法,重构出原信号。小波变换去噪的关键是如何滤除由噪声产生的小波谱分量。

白噪声信号在小波变换下具有与语音信号不同的特点,这可以由以下的两个定理来体现。

定理 3.1 假设一个信号 $n(t)$ 是一个方差为 σ^2 的宽平稳白噪声,$\psi(t)$ 是一个小波函数,则白噪声 $n(t)$ 的小波变换的期望值为

$$E\{|W_s n(t)|^2\} = \frac{\|\psi\|^2}{s}\sigma^2 \tag{3-65}$$

即 $E\{|W_s n(t)|^2\}$ 的衰减正比于 $1/s$,随着小波变换尺度的增加,白噪声的小波变换幅值平均减少;即噪声的能量随尺度的增大而迅速减少。

定理 3.2 若白噪声 $n(t)$ 是高斯白噪声,在尺度 s,其小波变换模的平均密度为

$$d_s = \frac{1}{s\pi}\left(\frac{\|\psi''\|}{\|\psi'\|} + \frac{\|\psi'\|}{\|\psi\|}\right) \tag{3-66}$$

该定理说明白噪声的小波变换模值的平均密度正比于 $1/s$,随着尺度 s 增大,其密度减小。另外,还可以证明高斯白噪声几乎处处奇异。

由上述两个定理可知,随着尺度的增加,白噪声的小波谱将逐渐消失,而有效信号的小波变换在大尺度上仍有清楚的表现。因此,通过观察信号与噪声小波谱模值随尺度增加或减少的演变情况,可以区分白噪声及信号各自产生的变换模值。如果 s 减少,小波变换模幅值急剧增加,则说明这些模值主要由白噪声产生,应该去掉。另外,噪声在不同尺度下的小波变换是高度不相关的;信号的小波变换一般具有很强的相关性,相邻尺度上的局部模极大值几乎出现在相同的位置上,并且有相同的符号。可以利用这点判断小尺度上哪些成分属于有用信号,应予以保留;哪些成分属于噪声,应予以滤除。由于小波基函数的局部支撑特性,能够改变信号在某些点或某些段的值,而不影响其他部分。这是小波消除噪声比傅里叶变换去除噪声更灵活有效的原因之一。

在去噪时通常采用二进小波,通过分析小波变换的模极大值进行去噪,具体步骤如下:

(1)带噪信号进行小波变换,提取所有模的极大值,一般最大尺度 J 会小于 4;

(2)求取阈值 $T_0 = C\dfrac{M}{J}$,其中 M 为最大尺度 $s = 2^J$ 上的最大幅值,C 为一个常数;

(3)在最后一个尺度 J 上,将小波变换后幅值小于阈值 T_0 处的点全部去掉,因为在这些点上噪声的小波变换分量仍有影响;

(4)将小波变换后的大于阈值的部分求出相应的 α,其中 $\alpha = \log_2\left|\dfrac{W_{2^{j+1}}f(x)}{W_{2^j}f(x)}\right|$,一般取

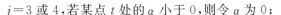

$j=3$ 或 4,若某点 t 处的 α 小于 0,则令 α 为 0;

(5) 将 $1,\cdots,J-1$ 尺度的小波变换全部去掉,由最后一个尺度的小波变换,按照 $W_{2^j}f(x)=W_{2^{j+1}}f(x)\times 2^{-\alpha}$ 重新构造出 $j=J-1,\cdots,1$ 尺度上的小波变换;

(6) 由重建的小波变换经小波反变换恢复去噪后的信号。

3. 用于清音和浊音判断

语音信号小波系数的低频部分描述了信号的轮廓,相当于信号经过低通滤波器的结果;高频部分描述了信号的细节,相当于信号经过高通滤波器的结果。根据语音信号短时平稳的特点,首先对语音信号分帧进行小波变换,将小波域的系数平均分为 4 个频带,计算每个频带的平均能量。如果满足以下条件:①在小波域中的最高频带的能量比其他频带的能量大;②最低频带的能量和最高频带的能量比小于 0.9,则认为这段语音信号为清音。

另外,小波变换还可以用于动态频谱分析。例如,将其用于语音信号分析,看它是否能比传统的语谱图揭示出更多的信息,特别是关于快变语音段的特征;或利用小波变换作为携带信号信息的载体,在语音识别中用作特征提取的手段,而不关心它是否能表示功率谱密度。

3.7 语音信号的同态解卷积

按照语音信号产生的线性模型理论,语音信号是由激励信号与声道响应卷积产生的。在语音信号处理所涉及的各个领域中,根据语音信号求得声门激励信号和声道冲激响应有着非常重要的意义。例如,为了求得语音信号的共振峰,必须知道声道的传递函数。又如,为了判断语音信号是清音还是浊音,以及求得浊音情况下的基音频率,必须知道声门激励序列。要想提取反映声道特性的谱包络,就必须通过解卷积去掉激励信息。

"解卷",就是将各卷积分量分开。解卷算法可以分成两大类。一类算法称为"参数解卷",即线性预测分析;另一类算法称为"非参数解卷",即同态解卷积,对语音信号进行同态分析后,将得到语音信号的倒谱参数,因此同态分析也称为倒谱分析或同态处理。同态处理是一种较好的解卷积的方法,它可以较好地将语音信号中的激励信号和声道响应分离,并且只需要用十几个倒谱系数就能相当好地描述语音信号的声道响应,因而在语音信号处理中占有很重要的位置。本节主要介绍同态处理的基本原理,以及声道响应和激励源的倒谱特性和一些常用的语音特征表示等。

3.7.1 同态信号处理的基本原理

通常的加性信号可以用线性系统来处理,这种系统是满足线性叠加原理的。然而许多客观物理现象中的信号,其中各组成分量的组合,并不是按加法组合原则组合起来的。例如,图像信号、地震信号、通信中的衰落信号、调制信号以及我们所研究的语音信号等,都不是加性信号;而是乘积性组合信号或卷积性组合信号。显然,这样的信号不能用线性系统来处理,而必须用满足该组合规则的非线性系统来处理才行。但是非线性系统分析起来非常困难。同态信号处理法就是设法将非线性问题转化为线性问题来处理的一种方法。按被处理信号来分类,大体上可以分为:乘积同态信号处理和卷积同态信号处理两种。由于语音信号可以看作是声门激励信号与声道响应的卷积结果,所以下面仅讨论卷积同态信号处理问题。

同态信号处理的一个通用系统构成如图 3-23 所示。其中,符号 * 表示由卷积组合规则组合起来的空间,即该系统的输入和输出信号都是卷积性信号。同态系统的一个最主要理论结果是同态系统分解,分解的目的是用两个特征系统和一个线性系统来代替非线性的同态系统。分解的情形如图 3-23(b)所示。针对语音信号的具体情况,其特征系统和逆特征系统及其运算情况如图 3-23(c)、(d)所示。

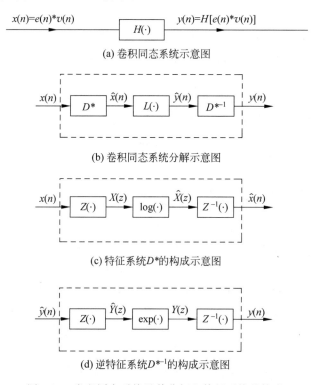

(a) 卷积同态系统示意图

(b) 卷积同态系统分解示意图

(c) 特征系统D*的构成示意图

(d) 逆特征系统D*⁻¹的构成示意图

图 3-23　卷积同态系统及其分解和特征系统的构成

假设输入信号是两个信号的卷积,这两个信号 $e(n)$ 和 $v(n)$ 分别对应声门激励信号和声道响应序列。特征系统 D^* 的运算是将卷积信号转化为加性信号。它包括三步。第一步是对信号进行 Z 变换,将卷积信号转变为乘积信号,这时得到的就是输入信号的频谱:

$$Z[x(n)] = X(z) = E(z) \times V(z) \tag{3-67}$$

第二步是进行对数运算,将乘积信号变为加性信号:

$$\log X(z) = \log E(z) + \log V(z) = \hat{E}(z) + \hat{V}(z) = \hat{X}(z) \tag{3-68}$$

由于这个信号是加性的对数频谱,使用起来有些不方便,因此常常将它再变回时域信号。所以第三步进行 Z 反变换运算,得到的就是输入语音信号的倒谱(cepstrum):

$$Z^{-1}[\hat{X}(z)] = Z^{-1}[\hat{E}(z) + \hat{V}(z)] = \hat{e}(n) + \hat{v}(n) = \hat{x}(n) \tag{3-69}$$

由于加性信号的 Z 变换或 Z 反变换的结果仍然是加性信号,所以倒谱这种时域信号是可以用线性系统加以处理的。

$L(\cdot)$ 是在倒谱域对信号进行处理,常见的处理方式是将语音声源信号和声道信号分离。

由于在倒谱域,总可以找到一个 N,当 $n \geqslant N$ 时,声道滤波器的倒谱为零。而在 $n < N$ 时,激励的倒谱接近于零。这样在图 3-24 中,可以通过 $l(n)$ 形式分别把激励和声道的倒谱信息进行分离。

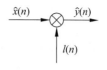

图 3-24　解卷积的倒谱域常见的处理方式

对于图 3-24,为得到声道的倒谱信息,其对应的 $l(n)$ 如下:

$$l(n) = \begin{cases} 1, & |n| < N \\ 0, & |n| \geqslant N \end{cases} \tag{3-70}$$

同理,为得到激励的倒谱信息,其对应的 $l(n)$ 的表示如下:

$$l(n) = \begin{cases} 0, & |n| < N \\ 1, & |n| \geqslant N \end{cases} \tag{3-71}$$

经过 $L(\cdot)$ 处理之后,如果想再恢复为语音信号 $y(n)$,可以用图 3-23(d)所示的逆特征系统运算。显然,它是特征系统的反运算,即将线性系统输出的加性倒谱信号进行 Z 变换,得到线性的对数频谱,然后再进行指数运算转换为输出频谱,这种频谱是一种乘积性信号。最后通过 Z 反变换,就得到卷积性的语音恢复信号。

3.7.2　语音信号的复倒谱

在倒谱域上,可以将信号分为实倒谱信号和复倒谱信号。对于输入信号 $x(n)$,如果其对应的倒谱信号求解如式(3-72)表示,则其对应定义为实倒谱信号。

$$c(n) = \frac{1}{2\pi} \int_{-\pi}^{\pi} \log |X(\omega)| \, e^{j\omega n} \, d\omega \tag{3-72}$$

如果在其倒谱域的求解过程中,不仅考虑信号对应的频谱的模,也考虑其相位,则称其为复倒谱域。这时对应的公式可以表示如下:

$$\hat{x}(n) = \frac{1}{2\pi} \int_{-\pi}^{\pi} \log X(\omega) e^{j\omega n} \, d\omega \tag{3-73}$$

如果采用复倒谱的表示,则需要对复数的频谱信号取对数,这时的对数表示为

$$\hat{X}(\omega) = \log X(e^{j\omega}) = \log |X(\omega)| + j\theta(\omega) \tag{3-74}$$

其中相位为

$$\theta(\omega) = \arg[X(\omega)] \tag{3-75}$$

1. 声门激励信号

除了人们发清音时,声门激励是能量较小、频谱均匀分布的白噪声外;在发浊音时,声门激励是以基音周期为周期的冲激序列:

$$e(n) = \sum_{r=0}^{M} \alpha_r \delta(n - rN_p) \tag{3-76}$$

式中,M 是正整数;α_r 是振幅因子;N_p 为基音周期。这样的冲激序列的 Z 变换为

$$E(z) = \sum_{n=-\infty}^{+\infty} \left[\sum_{r=0}^{M} \alpha_r \delta(n - rN_p) \right] z^{-n} = \sum_{r=0}^{M} \alpha_r z^{-rN_p} \tag{3-77}$$

由式(3-77)可见,$E(z)$ 是变量 z^{-N_p} 的多项式,而不是 z^{-1} 的多项式。于是,$E(z)$ 可以表示成形式为 $(1 - az^{-N_p})$ 因式的乘积,即

$$E(z) = \alpha_0 \prod_{r=1}^{M} \left[1 - a_r (z^{N_p})^{-1} \right] \tag{3-78}$$

通常由于 $a_r = \alpha_r / \alpha_0$ 小于 1,所以将上述公式取对数,并用泰勒公式展开为

$$\hat{E}(z) = \log E(z) = \log \alpha_0 - \sum_{r=1}^{M} \sum_{k=1}^{+\infty} \frac{a_r^k}{k} (z^{N_p})^{-k}, \quad |z^{N_p}| > |a_r| \tag{3-79}$$

因此,对上式求 Z 的反变换,就可以得到倒谱:

$$\hat{e}(n) = \log \alpha_0 \delta(n) + \sum_{k=1}^{+\infty} \beta_k \delta(n - kN_p) \tag{3-80}$$

式中:

$$\beta_k = -\frac{1}{k} \sum_{r=1}^{M} a_r^k = -\frac{1}{k} \sum_{r=1}^{M} \left(\frac{\alpha_r}{\alpha_0} \right)^k, \quad 1 \leqslant k \leqslant +\infty \tag{3-81}$$

由声门激励的倒谱可以得到如下结论:①一个周期冲激的有限长度序列,其倒谱也是一个周期冲激序列,而且周期长度 N_p 不变,只是长度变成无限长度;②周期冲激序列倒谱的振幅随着 r 值的增大而衰减,并且衰减的速度比原序列要快。

这些特点对语音信号的分析很有用。这意味着除了原点外,可以采用"高时窗"来从语音信号的倒谱中提取浊音信号的倒谱,从而使得用倒谱法提取基音周期成为现实。

声门激励源在浊音时,其倒谱只在 $n = kN_p$ 诸点上不等于零,在其他点上均为零。即声门激励在浊音时,倒谱序列第一个非零点与原点的距离正好为基音周期 N_p。在清音的情况下,声门激励源具有噪声特性,因而这时的倒谱没有明显的峰点,分布范围很宽,从低时域延伸到高时域。利用这个特点可以进行清音和浊音的判断。

2. 声道冲激响应的倒谱

如果用最严格的极零模型来描述声道响应,则该响应序列 $v(n)$ 的 Z 变换有如下的形式:

$$V(z) = |A| \frac{\prod\limits_{k=1}^{m_1} (1 - a_k z^{-1}) \prod\limits_{k=1}^{m_0} (1 - b_k z)}{\prod\limits_{k=1}^{p_1} (1 - c_k z^{-1}) \prod\limits_{k=1}^{p_0} (1 - d_k z)} \tag{3-82}$$

式中,A 是一实数,它是归一化 $V(z)$ 后得到的一个系数。而 $|a_k|$、$|b_k|$、$|c_k|$、$|d_k|$ 的值都小于 1。上式表明,$V(z)$ 具有 m_1 个零点在 Z 平面单位圆内,有 m_0 个零点在 Z 平面单位圆外;有 p_1 个极点在 Z 平面单位圆内,有 p_0 个极点在 Z 平面单位圆外。

将式(3-82)求对数即可得到

$$\hat{V}(z) = \log V(z) = \log |A| + \sum_{k=1}^{m_1} \log(1 - a_k z^{-1}) + \sum_{k=1}^{m_0} \log(1 - b_k z)$$

$$- \sum_{k=1}^{p_1} \log(1 - c_k z^{-1}) - \sum_{k=1}^{p_0} \log(1 - d_k z) \tag{3-83}$$

除了 $\log |A|$ 外,上式所有项都包含 $\log(1 - \alpha z^{-1})$ 和 $\log(1 - \beta z)$ 的形式,这些因式所表示的 Z 变换的收敛域都包括单位圆。由于 $|a_k|$、$|b_k|$、$|c_k|$、$|d_k|$ 都小于 1,所以可以用泰勒展开将上式的后 4 项按下面模式展开:

$$\log(1 - \alpha z^{-1}) = -\sum_{n=1}^{\infty} \frac{\alpha^n}{n} z^{-n}, \quad |z| > |\alpha| \tag{3-84}$$

$$\log(1-\beta z) = -\sum_{n=1}^{\infty} \frac{\beta^n}{n} z^n, \quad |z| < |\beta^{-1}| \tag{3-85}$$

将上述类型的展开式代入式(3-83),有

$$\hat{V}(z) = \log|A| - \sum_{k=1}^{m_1}\sum_{n=1}^{+\infty} \frac{a_k^n}{n} z^{-n} - \sum_{k=1}^{m_0}\sum_{n=1}^{+\infty} \frac{b_k^n}{n} z^n$$

$$+ \sum_{k=1}^{p_1}\sum_{n=1}^{+\infty} \frac{c_k^n}{n} z^{-n} + \sum_{k=1}^{p_0}\sum_{n=1}^{+\infty} \frac{d_k^n}{n} z^n \tag{3-86}$$

上式中后 4 项的收敛区域分别为 $|z|>a_k$、$|z|>|b_k^{-1}|$、$|z|>c_k$、$|z|>|d_k^{-1}|$。逐项求上式的 Z 逆变换,可以求得倒谱:

$$\hat{v}(n) = \log|A|\delta(n) - \sum_{k=1}^{m_1} \frac{a_k^n}{n} u(n-1) + \sum_{k=1}^{m_0} \frac{b_k^{-n}}{n} u(-n-1)$$

$$+ \sum_{k=1}^{p_1} \frac{c_k^n}{n} u(n-1) - \sum_{k=1}^{p_0} \frac{d_k^{-n}}{n} u(-n-1) \tag{3-87}$$

或写成

$$\hat{v}(n) = \begin{cases} \log|A|, & n=0 \\ \sum_{k=1}^{p_1} \frac{c_k^n}{n} - \sum_{k=1}^{m_1} \frac{a_k^n}{n}, & n>0 \\ \sum_{k=1}^{m_0} \frac{b_k^{-n}}{n} - \sum_{k=1}^{p_0} \frac{d_k^{-n}}{n}, & n<0 \end{cases} \tag{3-88}$$

应该指出,对于有限长度序列,式(3-88)中在 n 不等于零时的取值将消失。

从上述分析中可以看出,声道响应序列的倒谱特性如下:①倒谱 $\hat{v}(n)$ 是一个双边序列,即在 $-\infty < n < \infty$ 的范围内,$\hat{v}(n)$ 皆有值;②由于 $|a_k|$、$|b_k|$、$|c_k|$、$|d_k|$ 都小于 1,所以倒谱 $\hat{v}(n)$ 是一个衰减序列,即随着 $|n|$ 的增大,$|\hat{v}(n)|$ 减小,并且衰减速度至少比 $\frac{1}{n}$ 快;③如果信号本身 $v(n)$ 是最小相位序列,即极点和零点皆在 Z 平面单位圆内部,即 $b_k=0$ 同时 $d_k=0$,则 $\hat{v}(n)$ 只在 $n \geqslant 0$ 范围有值,即为因果序列,或者说,最小相位信号序列的倒谱是一个因果序列;④如果 $v(n)$ 是最大相位序列,即极点和零点皆在 Z 平面单位圆外部,即 $a_k=0$ 同时 $c_k=0$,则 $\hat{v}(n)$ 只在 $n<0$ 范围有值,即为反因果序列。或者说,最大相位信号序列的倒谱是一个反因果序列。

实际上,声道的特性取决于式(3-82)的零极点分布。从声道响应的倒谱可知,当 $V(z)$ 的零极点的模值不接近于 1 时,$\hat{v}(n)$ 将随着 n 的增大而迅速递减。当采样频率为 10kHz 时,$\hat{v}(n)$ 在间隔 $[-25,25]$ 之外的值已经相当小,可认为声道响应的倒谱只分布在这一范围内。

3.7.3 避免相位卷绕的算法

在倒谱分析的过程中,由于 Z 变换后得到的是复数,所以取对数时进行的是复对数的运算。这时将存在相位的多值性问题,形象些说就是将存在"相位卷绕"问题。由于相位卷绕,使得求倒谱及由倒谱恢复语音的运算存在不确定性,因而会产生错误。下面以 Z 变换是最简单的傅里叶变换运算为例,分析相位卷绕是如何产生的。

设信号

$$x(n) = e(n) * v(n) \tag{3-89}$$

其傅里叶变换为

$$X(\omega) = E(\omega) \times V(\omega) \tag{3-90}$$

复对数如下:

$$\log X(\omega) = \log E(\omega) + \log V(\omega) \tag{3-91}$$

因而有振幅和相位如下:

$$\log |X(\omega)| = \log |E(\omega)| + \log |V(\omega)| \tag{3-92}$$

$$\angle [X(\omega)] = \angle [E(\omega)] + \angle [V(\omega)] \tag{3-93}$$

其中,$\angle$ 表示求相角。式(3-93)也可以表示为

$$\phi(\omega) = \phi_1(\omega) + \phi_2(\omega) \tag{3-94}$$

式(3-94)表明了相位的多值性,尽管 $\phi_1(\omega)$ 和 $\phi_2(\omega)$ 单个值是在 $0 \sim 2\pi$ 内。这里由于 $\phi(\omega)$ 采用了求和,因此其值可能超过 2π。但是,在用计算机计算时,它得到的总相位值 $\angle [X(\omega)]$ 只能用其小于 2π 的主值 $\Phi(\omega)$ 来表示。所以有可能出现

$$\phi(\omega) = \Phi(\omega) + 2\pi k \tag{3-95}$$

其中,k 为整数。由于 k 值无法事先确知,因而真值 $\phi(\omega)$ 也就无法得出。图 3-25 表示相位卷绕的一个例子。

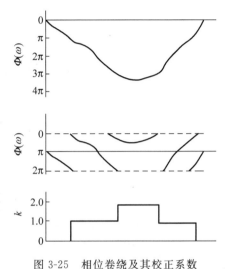

图 3-25 相位卷绕及其校正系数

下面介绍几种避免相位卷绕的方法。

1. 微分法

这种方法利用了傅里叶变换的微分特性和对数微分特性。傅里叶变换的微分特性为

$$j \frac{d}{d\omega} X(\omega) = \sum_{n=-\infty}^{+\infty} n x(n) e^{-j\omega n} \tag{3-96}$$

该式表明,若 $x(n)$ 的傅里叶变换为 $X(\omega)$,则序列 $n x(n)$ 的傅里叶变换为 $j d X(\omega)/d\omega$。而复倒谱 $\hat{x}(n)$ 和对数谱 $\hat{X}(\omega)$ 之间也满足关系

$$j \frac{d}{d\omega} \hat{X}(\omega) = \sum_{n=-\infty}^{\infty} n \hat{x}(n) e^{-j\omega n} \tag{3-97}$$

利用对数微分特性,式(3-97)可以改写为

$$j \frac{d}{d\omega} \hat{X}(\omega) = j \frac{d}{d\omega} [\log X(\omega)] = j \frac{\frac{d}{d\omega}[X(\omega)]}{X(\omega)} = \sum_{n=-\infty}^{+\infty} n \hat{x}(n) e^{-j\omega n} \tag{3-98}$$

因此,由式(3-96)和式(3-98)可以画出避免相位卷绕求复倒谱的框图,如图 3-26 所示。

虽然这种方法避免了求复对数的问题,但缺点是会产生严重的混叠。其原因是 $n x(n)$ 的频谱中的高频分量比 $x(n)$ 有所增加,所以仍使用 $x(n)$ 原来的采样率将引起混叠;混叠后求出的 $\hat{x}(n)$ 将不是 $x(n)$ 的复倒谱。因而这不是一个理想的方法。

2. 最小相位信号法

这是一种较好的解决相位卷绕的方法,它既避开了求复对数过程,又不会产生混叠问

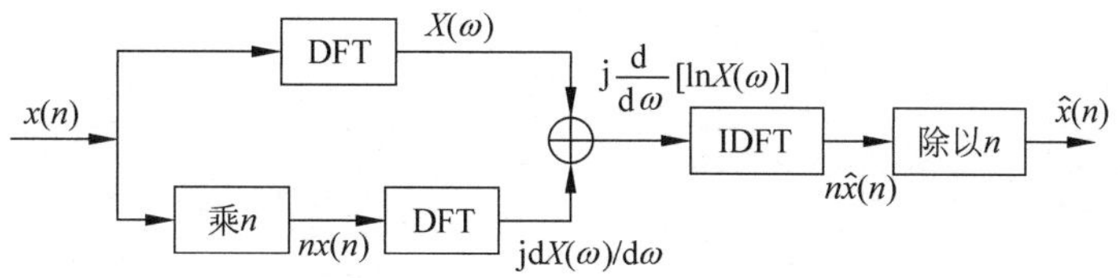

图 3-26　利用微分特性求复倒谱的框图

题。但它有一个限制条件：即被处理的信号 $x(n)$ 必须是最小相位信号。实际上许多信号都是最小相位信号，或可以看作是最小相位信号。语音信号的模型就是极点都在 Z 平面单位圆内的全极模型，或者极零点都在 Z 平面单位圆内的极零模型。

最小相位信号法是由最小相位信号序列的复倒谱性质，以及希尔伯特（Hilbert）变换的性质推导出来的。设信号 $x(n)$ 的 Z 变换为 $X(z)=N(z)/D(z)$，则有

$$\hat{X}(z) = \log X(z) = \log \frac{N(z)}{D(z)} \tag{3-99}$$

根据 Z 变换的微分性质有

$$\sum_{n=-\infty}^{\infty} n\hat{x}(n)z^{-n} = -z\frac{\mathrm{d}}{\mathrm{d}z}\hat{X}(z) = -z\frac{\mathrm{d}}{\mathrm{d}z}\left[\log\frac{N(z)}{D(z)}\right]$$

$$= \frac{-z\frac{\mathrm{d}}{\mathrm{d}z}\left[\frac{N(z)}{D(z)}\right]}{\frac{N(z)}{D(z)}} = -z\frac{\frac{D(z)N'(z)-N(z)D'(z)}{D^2(z)}}{\frac{N(z)}{D(z)}}$$

$$= -z\frac{D(z)N'(z)-N(z)D'(z)}{N(z)D(z)} \tag{3-100}$$

如果 $x(n)$ 是最小相位信号，则 $N(z)$ 和 $D(z)$ 的所有根均在 Z 平面的单位圆，$n\hat{x}(n)$ 的 Z 变换的所有极点也均位于 Z 平面单位圆内。这表明，若 $x(n)$ 是最小相位信号，则 $\hat{x}(n)$ 必然是稳定的因果序列。

另一方面，由希尔伯特变换的性质可知，任一因果的复倒谱序列 $\hat{x}(n)$ 都可以分解为偶对数分量 $\hat{x}_\mathrm{e}(n)$ 和奇对数分量 $\hat{x}_\mathrm{o}(n)$ 之和，即

$$\hat{x}(n) = \hat{x}_\mathrm{e}(n) + \hat{x}_\mathrm{o}(n) \tag{3-101}$$

而且，这两个分量的傅里叶变换分别为 $\hat{x}(n)$ 的傅里叶变换的实部和虚部。设

$$\hat{X}(\omega) = \sum_{n=-\infty}^{+\infty}\hat{x}(n)\mathrm{e}^{-\mathrm{j}\omega n} = \hat{X}_R(\omega) + \mathrm{j}\hat{X}_I(\omega) \tag{3-102}$$

则

$$\hat{X}_R(\omega) = \sum_{n=-\infty}^{+\infty}\hat{x}_\mathrm{e}(n)\mathrm{e}^{-\mathrm{j}\omega n} \tag{3-103}$$

$$\hat{X}_I(\omega) = \sum_{n=-\infty}^{+\infty}\hat{x}_\mathrm{o}(n)\mathrm{e}^{-\mathrm{j}\omega n} \tag{3-104}$$

图 3-27 给出了将复倒谱因果序列 $\hat{x}(n)$ 分解为 $\hat{x}_\mathrm{e}(n)$ 和 $\hat{x}_\mathrm{o}(n)$ 的情况。由图可见，它们可由 $\hat{x}(n)$ 和 $\hat{x}(-n)$ 求得

$$\hat{x}_\mathrm{e}(n) = \frac{1}{2}\left[\hat{x}(n) + \hat{x}(-n)\right] \tag{3-105}$$

$$\hat{x}_{\mathrm{o}}(n) = \frac{1}{2}\big[\hat{x}(n) - \hat{x}(-n)\big] \tag{3-106}$$

由此可得

$$\hat{x}(n) = \begin{cases} 0, & n < 0 \\ \hat{x}_{\mathrm{e}}(n), & n = 0 \\ 2\,\hat{x}_{\mathrm{e}}(n), & n > 0 \end{cases} \tag{3-107}$$

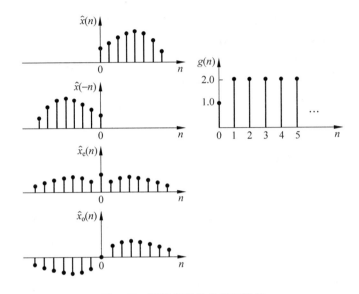

图 3-27 因果序列的分解和恢复

这表明,一个因果序列可由其偶对称分量来恢复。如果引入一个辅助因子 $g(n)$,则上式可以写为

$$\hat{x}(n) = g(n)\,\hat{x}_{\mathrm{e}}(n) \tag{3-108}$$

式中

$$g(n) = \begin{cases} 0, & n < 0 \\ 1, & n = 0 \\ 2, & n > 0 \end{cases} \tag{3-109}$$

根据上述原理,可以画出最小相位法求复倒谱的原理框图,如图 3-28 所示。

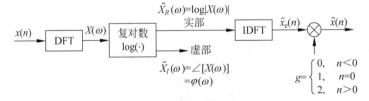

图 3-28 最小相位信号法求复倒谱

3. 递归法

这也是一种避开相位卷绕而能从 $x(n)$ 求出 $\hat{x}(n)$ 的方法。它也仅限于 $x(n)$ 是最小相位

信号的情况。所谓递归是指在运算 $\hat{x}(n)$ 时,除了要已知 $x(n)$ 之外,还要知道在 $n' < n$ 时 $\hat{x}(n')$ 各值。根据 Z 变换的微分特性,有

$$-z\frac{\mathrm{d}}{\mathrm{d}z}\hat{X}(z) = -z\frac{\mathrm{d}}{\mathrm{d}z}[\log X(z)] = -z\frac{\dfrac{\mathrm{d}}{\mathrm{d}z}X(z)}{X(z)} \tag{3-110}$$

得

$$-zX(z)\frac{\mathrm{d}}{\mathrm{d}z}\hat{X}(z) = -z\frac{\mathrm{d}}{\mathrm{d}z}X(z) \tag{3-111}$$

对上式求 Z 逆变换,根据 Z 变换的微分性质,有

$$[n\hat{x}(n)] * x(n) = nx(n) \tag{3-112}$$

或写为

$$\sum_{k=-\infty}^{\infty}[k\hat{x}(k)]x(n-k) = nx(n) \tag{3-113}$$

所以

$$x(n) = \sum_{k=-\infty}^{\infty}\left(\frac{k}{n}\right)\hat{x}(k)x(n-k), \quad n \neq 0 \tag{3-114}$$

设 $x(n)$ 是最小相位信号序列,而最小相位信号序列一定为因果序列,所以有

$$\begin{cases} x(n) = 0, & n < 0 \\ \hat{x}(n) = 0, & n < 0 \end{cases} \tag{3-115}$$

此时可以将 $x(n)$ 写作

$$x(n) = \sum_{k=0}^{n}\left(\frac{k}{n}\right)\hat{x}(k)x(n-k) = \sum_{k=0}^{n-1}\left(\frac{k}{n}\right)\hat{x}(k)x(n-k) + \hat{x}(n)x(0) \tag{3-116}$$

其中,由于当 $k < 0$ 时,$\hat{x}(k) = 0$;且在 $k > n$ 时 $x(n-k) = 0$,所以求和的上下限变为由 0 到 n。由此得到的递归公式为

$$\hat{x}(n) = \frac{x(n)}{x(0)} - \sum_{k=0}^{n-1}\left(\frac{k}{n}\right)\hat{x}(k)\frac{x(n-k)}{x(0)}, \quad n > 0 \tag{3-117}$$

在实际应用中,一般只知道 $x(n)$,并不知道在 $n' < n$ 时 $\hat{x}(n')$。但是可以在第一次递归之前先求出 $\hat{x}(0)$,这样就可以进行递归运算。求 $\hat{x}(0)$ 的方法如下,由复倒谱定义

$$\hat{x}(n) = Z^{-1}\{\log Z[x(n)]\} = Z^{-1}\left\{\log\left[\sum_{n=-\infty}^{\infty}x(n)z^{-n}\right]\right\} \tag{3-118}$$

在 $n=0$ 时

$$\hat{x}(0) = Z^{-1}[\log x(0)] = \log x(0)\delta(n)\,|_{n=0} = \log x(0) \tag{3-119}$$

顺便指出,如果 $x(n)$ 是最大相位序列,则式(3-109)中的 $g(n)$ 为

$$g(n) = \begin{cases} 0, & n > 0 \\ 1, & n = 0 \\ 2, & n < 0 \end{cases} \tag{3-120}$$

而这时递归公式变成

$$\hat{x}(n) = \frac{x(n)}{x(0)} - \sum_{k=n+1}^{0}\left(\frac{k}{n}\right)\hat{x}(k)\frac{x(n-k)}{x(0)}, \quad n < 0 \tag{3-121}$$

3.7.4 基于听觉特性的 Mel 频率倒谱系数

在语音识别和说话人识别中,常用的语音特征是基于 Mel 频率的倒谱系数(mel

frequency cepstrum coefficient,MFCC)。由于 MFCC 参数是将人耳的听觉感知特性和语音的产生机制相结合,因此大多数语音识别系统中广泛使用这种特征。

人耳具有一些特殊的功能,这些功能使得人耳在嘈杂的环境中,以及各种变异情况下仍能正常地分辨出各种语音,其中耳蜗起了很关键的作用。耳蜗实质上的作用相当于一个滤波器组,耳蜗的滤波作用是在对数频率尺度上进行的,在 1000Hz 以下为线性尺度,而 1000Hz 以上为对数尺度,这就使得人耳对低频信号比对高频信号更敏感。根据这一原则,研究者根据心理学实验得到了类似于耳蜗作用的一组滤波器组,这就是 Mel 频率滤波器组。Mel 频率可以用如下公式表示:

$$f_{Mel} = 2595 \times \lg(1 + f/700) \tag{3-122}$$

对频率轴的不均匀划分是 MFCC 特征区别于前面所述的普通倒谱特征的最重要的特点。将频率按照式(3-122)变换到 Mel 域后,Mel 带通滤波器组的中心频率是按照 Mel 频率刻度均匀排列的。在实际应用中,MFCC 倒谱系数计算过程如下:

(1) 将信号进行分帧,预加重和加汉明窗处理,然后进行短时傅里叶变换得到其频谱;

(2) 求出频谱平方,即能量谱,并用 M 个 Mel 带通滤波器进行滤波,由于每一个频带中分量的作用在人耳中是叠加的,因此将每个滤波频带内的能量进行叠加,这时第 k 个滤波器输出功率谱 $x'(k)$;

(3) 将每个滤波器的输出取对数,得到相应频带的对数功率谱;并进行反离散余弦变换,得到 L 个 MFCC 系数,一般 L 取 12~16,如下式所示:

$$C_n = \sum_{k=1}^{M} \log x'(k) \cos[\pi(k-0.5)n/M], \quad n = 1,2,\cdots,L \tag{3-123}$$

(4) 这种直接得到的 MFCC 特征作为静态特征,将这种静态特征做一阶和二阶差分,得到相应的动态特征。

表 3-3 给出了 13 维 MFCC 特征及其动态特征对系统识别性能的影响。

表 3-3　动态特征对系统识别性能的影响

特 征 集 合	相对误识率的降低	特 征 集 合	相对误识率的降低
13 维的 LPCC 特征	基线系统	1 阶和 2 阶动态特征	+20%
13 维的 MFCC 特征	+10%	3 阶动态特征	+0%
16 维的 MFCC 特征	+0%		

表 3-3 以 13 维的 LPCC 倒谱特征为基线系统,可以看出,MFCC 系统由于有效利用了听觉特性,因此其改进了识别系统性能。如果将倒谱维数增加,对识别性能影响不大,误识率基本上与 13 维时一样。但采用动态特征,误识率可以有 20% 的下降。动态阶数继续增加时,其性能没有进一步提高。

3.8　语音信号特征应用

前面各节介绍了语音信号的时域特征、频域特征,以及一些可直接用于语音信号处理的其他特征等。此外,语音信号中还有一些如共振峰和基音周期等固有特征,本节将对这些问题加以介绍。

3.8.1　基音周期估计

基音是指发浊音时声带振动所引起的周期性,而基音周期是指声带振动频率的倒数。由于它只是准周期性的,所以只能采用短时平均方法估计其周期,这个过程也常称为基音检测(pitch detection)。

基音周期是语音信号最重要的参数之一,它的提取是语音信号处理中一个十分重要的问题,尤其是对汉语更是如此;因为汉语是一种有调语言,基音的变化模式称为声调。声调携带着非常重要的具有辨意作用的信息,有区别意义的功能。根据加窗的短时语音帧来估计基音周期,在语音编解码器、语音识别、说话人确认和辨认,以及生理缺陷人的辅助系统等许多领域都是重要的一环。自进行语音信号分析研究以来,基音检测一直是一个重点研究的课题,已经提出了很多方法,然而这些方法都有它们的局限性。迄今为止,尚未找到一个完善的可以适用于不同的说话人、不同的要求和环境的基音检测方法。

基音检测的主要困难表现在:①语音信号变化十分复杂,声门激励的波形并不是一个完全周期的序列,在语音的头、尾部并不具有声带振动那样的周期性,对有些清浊音的过渡帧是很难判定它应属于周期性或非周期性,从而也就无法估计出基音周期;②要从语音信号中去除声道的影响,直接取出仅与声带振动有关的声源信息并非易事,例如声道共振峰有时会严重影响激励信号的谐波结构;③在浊音段很难精确地确定每个基音周期的开始和结束位置,这不仅因为语音信号本身是准周期的,也是因为波形的峰受共振峰结构、噪声等影响;④基音周期变化范围较大,从低音(男声)80Hz 直到(女孩)500Hz,也给基音周期的检测带来了一定的困难。另外,浊音信号可能包含有 30～40 次谐波分量,而基波分量往往不是最强的分量。因为语音的第一共振峰通常在 300～1000Hz 范围内,这就是说,2～8 次谐波成分往往比基波分量还强。丰富的谐波成分使语音信号的波形变得很复杂,给基音检测带来困难,经常发生基频估计结果为实际基音频率的二、三次倍频或二次分频的情况。

基音检测的方法大致可分为三类:①波形估计法,直接由语音波形来估计基音周期,分析出波形上的周期峰值,包括并行处理法、数据减少法等;②相关处理法,这种方法在语音信号处理中广泛使用,这是因为相关处理法抗波形的相位失真能力强,另外它在硬件处理上结构简单,包括波形自相关法、平均振幅差分函数法(AMDF)、简化逆滤波法(SIFT)等;③变换法,将语音信号变换到频域或倒谱域来估计基音周期,利用同态分析方法将声道的影响消除,得到属于激励部分的信息,进一步求取基音周期,比如倒谱法。虽然倒谱分析算法比较复杂,但基音估计效果较好。各种方法的对比见表 3-4 所示。

表 3-4　典型的基音周期检测方法

分　类	基音检测方法	特　点
波形估 计法	并行处理方法	由多种简单的波形峰值检测器决定提取的多数基音周期
	数据减少法	根据各种理论操作,从波形去掉修正基音脉冲以外的数据
	过零率法	关于波形的过零率,着眼于重复图形

续表

分　类	基音检测方法	特　点
相关 处理法	自相关法 及其改进	语音波形的自相关函数,根据中心削波平坦处理频谱,采用峰值削波可以 简化运算
	SIFT 计算法	语音波形降低采样后,进行 LPC 分析,用逆滤波器平坦处理频谱,通过预 测误差的自相关函数,恢复时间精度
	AMDF	采用平均幅差函数检测周期性,也可以根据残差信号的 AMDF 进行提取
变换法	倒谱法	根据对数功率谱的傅里叶反变换,分离频谱包络和微细结构
	循环直方图	在频谱上求出基频高次谐波成分的直方图,根据高次谐波的公约数决定基音

下面介绍常用的几种基音检测方法。

1. 自相关方法

浊音信号的自相关函数在基音周期的整数倍位置上出现峰值,而清音的自相关函数没有明显的峰值出现,因此检测自相关函数是否有峰值就可以判断是清音或浊音,峰-峰值之间对应的就是基音周期。

影响从自相关函数中正确提取基音周期的最主要原因是声道响应部分。当基音的周期性和共振峰的周期性混在一起时,被检测出来的峰值就可能会偏离原来峰值的真实位置。另外,某些浊音中,第一共振峰频率可能会等于或低于基音频率。此时,如果其幅度很高,它就可能在自相关函数中产生一个峰值,而该峰值又可以同基音频率的峰值相比拟。

为了提高自相关方法检测基音周期的准确性,需要进行一些前期的预处理。

1) 预处理

语音信号的低幅值部分包含大量的共振峰信息,而高幅值部分包含较多的基音信息。因此,任何削减或者抑制语音低幅度部分的非线性处理都会使自相关方法的性能得到改善。中心削波即是一种非线性处理,它消除语音信号的低幅度部分,其削波特性如图 3-29 所示,数学表达形式为

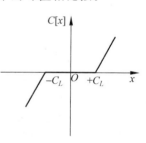

图 3-29　中心削波函数

$$y(n) = C(n) = \begin{cases} x(n) - L, & x(n) > C_L \\ 0, & |x(n)| \leqslant C_L \\ x(n) + L, & x(n) < -C_L \end{cases} \qquad (3\text{-}124)$$

式中,削波电平 C_L 由语音信号的峰值幅度来确定,它等于语音段最大幅度的一个固定百分数,一般取最大信号幅度的 $60\% \sim 70\%$。这个门限的选择是重要的,一般在不损失基音信息的情况下应尽可能选得高些,以达到较好的效果。经过中心削波后只保留了超过削波电平的部分,其结果是削去了许多和声道响应有关的波动。对中心削波后的语音再计算自相关函数,这样在基音周期位置呈现大而尖的峰值,而其余的次要峰值幅度都很小。据报道使用这种方法,对电话带宽的语音在信噪比低至 18dB 的情况下获得了良好的性能。

计算自相关函数的运算量是很大的,其原因是传统的计算机进行乘法运算非常费时。尽管近年来随着数字信号处理器的广泛使用,实时地计算自相关函数已经不是问题,但在基音检测中仍然有一些减少短时自相关运算的有效方法。例如可对中心削波函数进行修正,

采用三电平中心削波的方法,如图 3-30 所示。其削波函数为

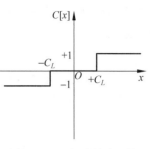

$$y(n) = C[x(n)] = \begin{cases} 1, & x(n) > C_L \\ 0, & |x(n)| \leqslant C_L \quad (3\text{-}125) \\ -1, & x(n) < -C_L \end{cases}$$

即削波器的输出在 $x(n) > C_L$ 时为 1,$x(n) < -C_L$ 时为 -1,除此以外均为零。虽然这一处理会增加刚刚超过削波电平峰的重要性,但大多数次要的峰被滤除掉了,而只保留了明显的周期性峰。

图 3-30 三电平削波函数

此外,还可以用一个通带为 900Hz 的线性相位低通滤波器滤除高次谐波分量。这样处理后的信号,基本上只含有第一共振峰以下的基波和谐波分量。实验表明,用这种方法做预处理,对改善自相关和平均幅度差函数法的基音检测都有明显的效果。

2) 基于自相关函数的基音检测

短时自相关函数在基音周期的各个整数倍点上有很大的峰值,只要找到第一最大峰值点的位置,并计算它与原点的间隔,便能估计出基音周期。但实际上并不是这么简单,第一个最大峰值点的位置有时不能与基音周期相吻合。产生这种情况的原因有两个方面:一方面与窗的长度有关,一般认为窗长至少应大于两个基音周期,才可能有较好的效果;另一方面与声道特性的影响有关,有的情况下,即使窗长已经选得足够长,第一个最大峰值点与基音周期仍不一致,这就是声道共振峰特性的干扰。经过上述带通滤波的预处理,可以消除大部分的共振峰的影响。但是,如果希望减少自相关计算中的乘法运算,可以把上述中心削波后的信号 $\{y(n)\}$ 的自相关序列用两个信号的互相关序列代替,其中一个信号是 $\{y(n)\}$,另一个信号是对 $\{y(n)\}$ 进行三电平量化产生的结果 $\{y'(n)\}$。显然,$y'(n)$ 只有 $-1, 0, +1$ 三种可能的取值,因而这里的互相关计算只需做加减法,而这个互相关序列的周期性与 $\{y(n)\}$ 的自相关序列近似相同。

下面结合 L. R. Rabiner 在一篇论文中介绍的具体例子来叙述关于自相关函数的基音检测方法。假设信号的采样率为 10kHz,窗序列采用 300 点的矩形窗,帧叠 200 点。这时对每一帧进行基音周期估计的步骤如下:

(1) 用 900Hz 低通滤波器对一帧语音信号 $\{x(n)\}$ 进行滤波,并去掉开头的 20 个输出值不用,得到 $\{x'(n)\}$。

(2) 分别求 $\{x'(n)\}$ 的前部 100 个样点和后部 100 个样点的最大幅度,并取其中较小的一个,乘以因子 0.68 作为门限电平 C_L。

(3) 对 $\{x'(n)\}$ 分别进行中心削波得到 $\{y(n)\}$ 和三电平量化得到 $\{y'(n)\}$。

(4) 求这两个信号的互相关值 $R(k)$。其中 $R(k) = \sum_{n=21}^{300} y(n) \cdot y'(n+k)$,此处 k 的取值范围 $20 \sim 150$ 相应于基音频率范围 $60 \sim 500$Hz,$R(0)$ 相应于短时能量。

(5) 得到互相关值后,可以得到 $R(20) \cdots R(150)$ 中的最大值 R_{max},如果 $R_{max} < 0.25R(0)$,则认为本帧为清音,令其基音周期值为 0,否则基音周期即为使 $R(k)$ 为最大值 R_{max} 时位置 k 的值,即 $p = \underset{20 \leqslant k \leqslant 150}{\mathrm{argmax}} R(k)$。

2. 基于短时平均幅度差的基音周期估计

平均幅度差函数只涉及加减和求绝对值运算,因此不需要做中心削波和三电平量化。

首先,只要将一帧信号$\{x(n)\}$经过900Hz低通滤波器处理后得到$\{x'(n)\}$;计算$\{x'(n)\}$的平均幅度差函数$\gamma(k)$,并求出取得这一最小值时的下标作为基音周期的初步值,即$p=\operatorname{argmin}_k\gamma(k)$。这时的平均幅度差函数的最小值为$\gamma_{\min}=\min_k\gamma(k)$。其次,搜寻平均幅度差函数的若干局部极小值点作为基音周期的候选。这些局部极小值点必须满足两个条件:①其取值应在$\gamma_{\min}\sim\gamma_{\min}+\gamma_{TH}$的范围内,$\gamma_{TH}$是一个恰当选取的阈值;②各个局部极小值点之间的间隔不得小于l_{TH},l_{TH}是一个恰当选取的间隔值,在实际应用中要根据实验确定。对于各个局部极小值点进行再度检查,确定清晰点。在某个最小点左右各8个点范围内对平均幅度差函数求平均,若该最小点与此平均值的差距大于某个阈值γ_D,称为清晰点;最后,在所有清晰点中找到最左边的那个点,就是该帧语音的基音周期值。

3. 倒谱法

对语音信号利用倒谱解卷原理,可以得出激励序列的倒谱,它具有与基音周期相同的周期,因此可以容易且精确地求出基音周期。图3-31(a)为语音信号对数频谱示意图,它包含两个分量:对应于频谱包络的慢变分量(如虚线所示),以及对应于基音谐波峰值的快变分量(如实线所示)。通过滤波或再取一次傅里叶逆变换,即可将慢变分量与快变分量分离开。图3-31(b)为倒谱$c(n)$的示意图,其中靠近原点的低倒频部分是频谱包络的变换,而位于t_0处的窄峰为谐波峰值的变换,表示基音。基音峰值的变换与频谱包络变换之间的间隔总是足够大,从而能对前者很容易地加以识别。

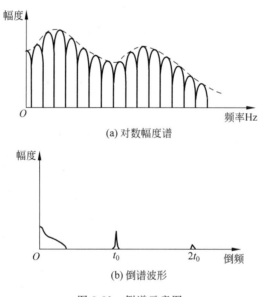

图3-31 倒谱示意图

下面举一个用倒谱提取基音的实例,如图3-32所示,其工作原理简要说明如下。

(1) 采样率为10kHz,帧长51.2ms,用汉明窗平滑,然后求出倒谱。汉明窗的长度以及窗相对于语音信号的位置,对倒谱峰的高度有相当大的影响。为使倒谱具有明显的周期性,窗口选择的语音段应至少包含有两个明显的周期。例如对基音频率低的男性,要求窗口长度为40ms;而对基音频率高的语音,窗的长度可以成比例地缩短。

(2) 求出倒谱峰值I_{pk}及其位置I_{pos},如果峰值未超过某门限值,则进行过零计算;若过

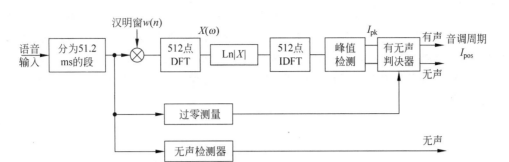

图 3-32 基音检测的倒谱法

零率低于某门限值,则为无声语音帧。反之,则为有声语音帧,且基音周期仍等于该峰值的位置。

(3) 图中的无声检测器是时域信号的峰值检测器;若低于某门限值,则认为是无声,不进行上述由倒谱检测基音的计算。

当采用无噪语音时,倒谱法进行基音检测是很理想的。然而当存在加性噪声时,在对数功率谱中的低电平部分被噪声填满,掩盖了基音谐波的周期性。这意味着倒谱的输入不再是纯净的周期性成分,而倒谱中的基音峰值将会展宽,并受到噪声的污染,从而使倒谱的灵敏度也随之下降。

4. 简化逆滤波法

简化的逆滤波跟踪算法先抽取声道模型参数,利用这些参数对原信号进行逆滤波,从预测误差中得到声源序列,再用自相关法求得基音周期。语音信号通过线性预测逆滤波器后达到频谱的平坦化。预测误差是自相关器的输入,通过与门限的比较可以确定浊音,通过辅助信息可以减少误差。

简化逆滤波器的原理框图如图 3-33 所示,其工作过程如下:

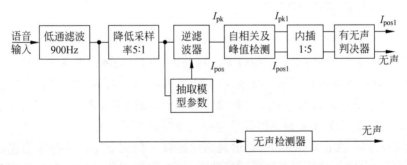

图 3-33 简化逆滤波法原理

(1) 语音信号经过 10kHz 采样后,通过 0~900Hz 的低通滤波器,然后将采样率降低为原采样率的 1/5(因为激励序列的宽度小于 1kHz,所以用 2kHz 采样就足够了);当然,后面要进行内插。

(2) 提取降低采样率后的信号模型参数(LPC 参数,见第 4 章),利用声道模型参数构造一个逆滤波器。经过逆滤波器后的信号是与声道特性分离的激励源信号,经过相应的自相关算法后,检测出峰值及其位置,就得到基音周期值。

（3）最后进行有/无声判决。与前面倒谱法类似,有一个无声检测器,以减少运算量。

在基音检测中,广泛采用对语音波形或误差信号波形进行低通滤波,因为这种低通滤波对提高基音检测精度有良好的效果。低通滤波在去除了高阶共振峰影响的同时,还可以补充自相关函数时间分辨率的不足。特别是后者在用线性预测误差的自相关函数的基音检测中尤其重要。

无论采用哪一种算法求得的基音周期轨迹与真实的基音周期轨迹不可能完全一致。实际情况是大部分段落是一致的,而在一些局部段落或区域中有一个或几个基音周期的估计值偏离了正常的轨迹(通常是偏离到正常值的 2 倍或 1/2),这时称为基音轨迹产生了若干"野点"。为了去除这些野点,可以采用各种平滑算法,其中最常用的是中值平滑算法和线性平滑算法。

在中值滤波平滑算法中,被平滑点的左右各取 L 个样点,连同被平滑点共同构成一组 $2L+1$ 个信号样点值。将这些样点值按大小次序排成一队,取此队列中间者作为平滑器的输出。L 值一般取为 1 或 2,即中值平滑的"窗口"一般套住 3 或 5 个样值。中值平滑的优点是既可以有效地去除少量野点,又不会破坏基音周期轨迹中的两个平滑段之间的阶跃性变化。

线性平滑是用滑动窗进行线性滤波处理,即

$$y(n) = \sum_{m=-L}^{L} x(n-m) \cdot w(m) \qquad (3\text{-}126)$$

式中,$\{w(m), m=-L, -L+1, \cdots, 0, \cdots, L\}$ 为 $2L+1$ 点平滑窗,满足

$$\sum_{m=-L}^{L} w(m) = 1 \qquad (3\text{-}127)$$

例如,三点窗的值可取为 $\{0.25, 0.5, 0.25\}$。线性平滑在纠正输入信号中不平滑处样点的同时,也使附近的样点值做了修改,所以窗长不易过大。

3.8.2　共振峰的估计

共振峰是反映声道谐振特性的重要特征,它代表了发音信息的最直接的来源,而且人在语音感知中也利用了共振峰信息。所以共振峰是语音信号处理中非常重要的特征参数。

共振峰信息包含在语音频谱包络中,因此提取共振峰参数的关键是估计语音的频谱包络,一般认为谱包络中的最大值就是共振峰。与基音检测类似,共振峰估计也是表面上看起来很容易,而实际上又受许多问题困扰。这些问题包括以下几类。

（1）虚假峰值。在正常情况下,频谱包络中的极大值完全是由共振峰引起的。但在线性预测分析方法出现之前的频谱包络估计器中,出现虚假峰值是相当普遍的现象。甚至在采用线性预测方法时,也并非没有虚假峰值。为了增加灵活性会给预测器增加 2～3 个额外的极点,有时可利用这些极点代表虚假峰值。

（2）共振峰合并。相邻共振峰的频率可能会靠得太近而难以分辨。这时会产生共振峰合并现象,而探讨一种理想的能对共振峰合并进行识别的共振峰提取算法存在很多实际困难。

（3）高音调语音。传统的频谱包络估计方法是利用由谐波峰值提供的样点。高音调语音(如女声和童声)的谐波间隔比较宽,因而为频谱包络估值所提供的样点比较少,所以谱包

络本身的估计就不够精确。即使采用线性预测进行频谱包络估计也会出现这个问题。在这样的语音中,线性预测包络峰值趋向于离开真实位置,而朝着最接近的谐波峰位移动。

下面讨论常用的几种共振峰提取方法。

1. 基于线性预测的共振峰求取方法

一种有效的频谱包络估计方法是从线性预测分析角度推导出声道滤波器,根据这个声道滤波器找出共振峰。虽然线性预测法也有一定的缺点,例如其频率灵敏度与人耳不相匹配,但对于许多应用来说,它仍然是一种行之有效的方法。线性预测共振峰估计通常有两种途径可供选择:一种途径是利用一种标准的寻找复根的程序计算预测误差滤波器的根,称为求根法;另一种途径是找出由预测器导出的频谱包络中的局部极大值,称为选峰法。

1) 求根法

这种方法是找出多项式复根,根据求得的根来确定共振峰。通常采用牛顿-拉夫逊(Newton-Raphson)搜索算法。该算法一开始先猜测一个根值,并就此猜测值计算多项式及其导数的值,然后利用计算结果再找出一个改进的猜测值。通常当前后两个猜测值之差小于某个事先设定的阈值时,结束求根过程。

若求出的根为实根,则在多项式中相对应的因子项是线性的;若为复根,则通过该根及其共轭可以找到一个二次因子。通过使多项式降阶有效地去掉这个根,然后利用上面的求根方法,求出降阶后多项式的与此不同的根。多项式降阶与求根过程如此重复进行下去,直到将全部的根找出为止。由于被去掉的根并不是精确已知的,从而导致多项式降阶总要造成某些精度的损失,因而用这种方法相继求出的根在精度方面越来越差。避免这个问题的方法通常是对于未降阶多项式的每一个新根实行最后的牛顿-拉夫逊重复运算。有时利用这个算法可能会找到远离单位圆的猜测值,这时可以将猜测值到原点的距离限制在某个合适的范围之内。对于自相关预测器,极点总是位于单位圆内;而对于协方差预测器,即使在最坏的情况下,极点也只是在一个短距离之外,因此上述限制并不妨碍从已找出的根得到修正根。

假如每一帧的最初猜测值与前一帧的根的位置重合,那么一般来说根的帧到帧的移动足够小,经过较少的重复运算之后,即可使新的根值会聚在一起。当求根过程刚开始的时候,第一帧的最初猜测值可以在单位圆上等间隔放置。

如果在某个点 z_i 是一个根,那么与 i 对应的共振峰频率和三分贝带宽分别由下面公式给出:

$$F_i = \frac{\theta_i}{2\pi T_s} \tag{3-128}$$

$$B_i = \frac{\ln|z_i|}{\pi T_s} \tag{3-129}$$

其中,$T_s = 1/f_s$。例如,若求出一个根位于 $z_i = 0.1 + \mathrm{j}0.95$,则 $|z_i| = 0.955$,$\theta_i = 1.466$。若语音的采样频率为 8kHz,则共振峰频率为 $F_i = 1866\text{Hz}$,三分贝带宽 $B_i = 117\text{Hz}$。因为极点是以共轭对形式出现的,所以只需要对虚部为正的极点进行考察就可以。若 B_i 为负值,则相应的极点位于单位圆外。这时对 B_i 的修正,通常可以用 $1/z_i$ 代替 z_i,即可将极点反射到单位圆内,显然这样做并不影响 B_i 的绝对值。

对于实时语音处理来说,多项式求根的计算开销通常是很大的,一般不可取。但这种方法可以用于实验研究。

2) 选峰法

由预测器系数获得共振峰数据的另一个途径是计算出语音信号的频谱包络,然后通过对频谱包络中局部极大值进行搜索找出共振峰。显然选峰法比求根法容易实现。选峰法的主要缺点是对共振峰合并现象无能为力,对于共振峰合并来说,两个相邻共振峰的极点紧紧地靠在一起,从而频谱包络只呈现出一个局部极大值,而不是两个极大值。于是峰值检测器认为在此处只存在一个共振峰,当将峰值同共振峰对号入座时便会引起一系列的混乱。

解决共振峰合并问题最有效的方法是减少从极点到计算频谱包络曲线的距离。显然,如果极点位于单位圆内,并通过在单位圆与极点之间的曲线上对函数求值,那么所得到的频谱包络也就不大可能出现共振峰合并。原则上说,只要用于函数求值的曲线和极点相距足够近,那么任何共振峰合并问题都可以解决。

利用频谱包络中局部极大值进行搜索寻找共振峰,会将谐波峰值误识为共振峰。下面介绍一种利用谐波频率及其上下两个次极值频率求得共振峰频率的方法。

设激励频率为 F_0,则语音信号的频谱将出现多个谐波频率 $f = nF_0$,它们的位置是频谱曲线的各峰值处。图 3-34 表示如何从谐波频率求得共振峰频率的两种内插关系,即可由谐波频率 f 及其上下两个次极值频率 $f + F_0$、$f - F_0$ 的插值来求得共振峰频率:

$$F = f \pm \Delta f \tag{3-130}$$

其中,Δf 是谐波频率与共振峰频率之差。

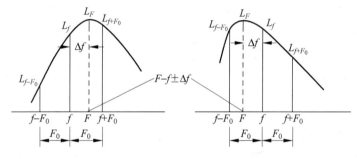

图 3-34　共振峰频率与谐波频率之间的关系

具体内插时的几何关系如图 3-35 所示。

由图 3-35,可知

$$\frac{d_2}{BG} = \frac{d_1}{F_0}, \quad BG + (F_0 - \Delta f) = F_0 + \Delta f \tag{3-131}$$

因此有

$$\Delta f = \frac{d_2}{2d_1} F_0 \tag{3-132}$$

即可以得到两种内插可能的共振峰频率:

$$F = f \pm \frac{d_2}{2d_1} F_0 \tag{3-133}$$

共振峰幅值 L_F 与谐波频率时幅值 L_f 之差是 ΔL,则由图 3-35 的几何关系及式(3-133)可以得到 $d_1/F_0 = \Delta L/\Delta f$,因此有

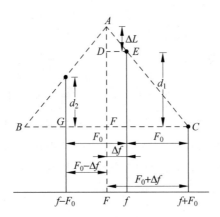

图 3-35　计算共振峰频率的图解

$$\Delta L = \frac{d_2}{2}, \quad L_F = L_f + \frac{d_2}{2} \tag{3-134}$$

而共振峰带宽如图 3-35 中的 d_1 用分贝表示,由于 $\left(\frac{BF}{2}\right)/3 = \frac{F_0}{d_1}$,故共振峰三分贝带宽可以表示为

$$B_F = 6F_0/d_1 \tag{3-135}$$

2. 倒谱法

从前面的同态分析可以知道,由于声道响应的倒谱衰减很快,在 $[-25,25]$ 之外的值已经相当小,因此可以构造一个相应的倒谱滤波器,将声道的倒谱分离。对分离出来的倒谱做相应的反变换,就可以得到声道函数的对数谱,对此做进一步处理即可求得所需的各个共振峰。需要注意,实际分析中的语音信号是一段加窗的短时语音。未加窗的语音信号 $x(n)$ 等于激励信号 $e(n)$ 和声道响应 $v(n)$ 的卷积。而加窗信号 $x_w(n)$ 可以表示为 $x_w(n) = [e(n) * v(n)]w(n)$,式中 $w(n)$ 为某种窗函数。可以从频域或时域角度估计加窗对同态分析的影响。

由于 $x_w(n)$ 等于 $x(n)$ 和 $w(n)$ 的乘积,$x_w(n)$ 的频谱等于 $x(n)$ 的频谱与 $w(n)$ 的频谱的卷积,由此引入的畸变主要来自 $w(n)$ 频谱的主瓣宽度不够窄和主瓣以外的波纹造成的泄漏现象。为了克服后者,窗函数一般选为汉明窗,而很少用方窗。对于前者,当语音帧的长度为 20ms 左右时,所引入的畸变不是很大,因此可以接受。

从时域角度,$x_w(n)$ 可以写成

$$x_w(n) = \left[\sum_{l=-\infty}^{+\infty} v(n)e(n-l)\right]w(n) \tag{3-136}$$

考虑到 $v(n)$ 是声道函数的单位取样响应,是因果序列,所以对持续时间也有限制。因此 $v(n)$ 的非零间隔可以表示为 $[0, n_l]$,式中 n_l 是一个与语音短时帧的点数相比小得多的正整数。再假设 $w(n)$ 的变化在 $[0, n_l]$ 范围内,因此当 $l \in [0, n_l]$ 时 $w(n_l) \approx w(n)$。这样,语音信号可用下面公式近似表示。

$$x_w(n) = \left[\sum_{l=0}^{n_l} v(l)e(n-l)\right]w(n) = \sum_{l=0}^{n_l}\{v(l)\}\{e(n-l)w(n)\}$$

$$\approx \sum_{l=0}^{n_l} \{v(l)\}\{e(n-l)w(n-l)\} \tag{3-137}$$

设 $e_w(n) = e(n)w(n)$，就可以得到

$$x_w(n) \approx \sum_{l=0}^{n_l} v(l)e_w(n-l) = v(n) * e_w(n) \tag{3-138}$$

这样，对加窗语音进行同态分析，并采用倒谱滤波器分离，就可以得到 $v(n)$ 和 $e_w(n)$。从而可以由此确定共振峰及其声道和激励参数。在此讨论中所做的重要假设是 $w(n)$ 必须变化比较缓慢。汉明窗的变化缓慢，而方窗的变化剧烈，从这一角度出发也应该选择前者，这与在频域的讨论结果一致。

参考文献

[1] 杨行峻,迟惠生,等. 语音信号数字处理[M]. 北京：电子工业出版社,1995.

[2] 陈永彬,王仁华. 语言信号处理[M]. 合肥：中国科技大学出版社,1990.

[3] 易克初,田斌,付强. 语音信号处理[M]. 北京：国防工业出版社,2000.

[4] 冉启文. 小波变换与分数傅里叶变换理论及应用[M]. 哈尔滨：哈尔滨工业大学出版社,2001.

[5] 刘贵忠,邸双亮. 小波分析及其应用[M]. 西安：西安电子科技大学出版社,1995.

[6] 程正兴. 小波分析算法与应用[M]. 西安：西安交通大学出版社,1998.

[7] 王宏禹. 非平稳随机信号分析与处理[M]. 北京：国防工业出版社,1999.

[8] 王炜,杨道淳,方元,等. 基于听觉模型的小波包变换的语音增强[J]. 南京大学学报（自然科学）,2001,37(5)：630-636.

[9] 陶传会,杨道淳,王炜. 听觉系统识别语音信号的模拟[J]. 数据采集与处理,1999,14(2)：157-162.

[10] 陈东义,曹长修,朱冰莲,等. 一种简化的小波去噪算法[J]. 重庆大学学报（自然科学版）,1997,20(5)：63-67.

[11] 张维强. 小波分析及其在语音信号处理中的应用[D]. 西安：西安电子科技大学,2000.

[12] 胡惠英,吴善培. 小波去噪在语音识别中的应用[J]. 北京：北京邮电大学学报,1999,22(3)：31-34.

[13] 陈尚勤,罗成烈,杨雪. 近代语音识别[M]. 成都：电子科技大学出版社,1991.

[14] 胡光锐. 语音处理与识别[M]. 上海：上海科学技术文献出版社,1994.

[15] Xuedong Huang,Alex Acero,Hsiao-Wuen Hon. Spoken Language Processing：A Guide to Theory, Algorithm and System Development[M]. New Jersey：Prentice Hall,2001.

第 4 章
CHAPTER 4

语音信号的线性预测分析

参数模型法是现代谱估计的主要内容,经常采用的模型有三种:①自回归(auto-regressive)模型,简称 AR 模型,它是一个全极点的模型;②移动平均(moving-average)模型,简称 MA 模型,它是一个全零点模型;③自回归-移动平均模型,简称 ARMA 模型,它是一个既有零点又有极点的模型。

从数字信号处理的知识可以知道,AR 模型易反映频谱中的峰值,MA 模型易反映频谱中的谷值,而 ARMA 模型可以同时反映两者。考虑到求解 AR 模型的正则方程(normal equation)是一组线性方程,而求解 MA 和 ARMA 模型的方程是非线性方程,因此,在实际处理中,应用比较广泛的是 AR 模型。更由于 AR 模型可以与基于级联无损声管的语音产生模型相联系,因此在语音处理中它是被广泛采用的模型;而与其相关的线性预测(linear prediction)分析也是语音信号处理中普遍采用的核心技术之一。

根据数字信号处理中的知识,一个 p 阶的 AR 模型总是等效于一个 p 阶的线性预测器。因此,目前提出的有关 AR 模型系数的求解,以及 AR 模型性能的讨论大都是建立在线性预测理论基础上的。对语音信号进行线性预测分析的基本思想是:一个语音的采样能够用过去若干个语音采样的线性组合来逼近。通过使线性预测到的采样在最小均方误差意义上逼近实际语音采样,可以求取一组唯一的预测系数。这里的预测系数就是线性组合中所用的加权系数。这种线性预测分析最早是用于语音编码中,因此也简称为 LPC(linear prediction coding)。

4.1 线性预测的基本原理

根据参数模型功率谱估计的思想,可以将语音信号 $x(n)$ 看作是由一个输入序列 $u(n)$ 激励一个全极点的系统(模型)$H(z)$ 而产生的输出,如图 4-1 所示。

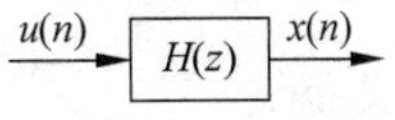

系统的传递函数为

图 4-1 语音信号的模型化

$$H(z) = \frac{G}{1 - \sum_{i=1}^{p} a_i z^{-i}} \tag{4-1}$$

其中,G 为常数;a_i 为实数;p 为模型的阶数。显而易见,这种模型是以系数 a_i 和增益 G 为模型参数的全极点模型,即 AR 模型。

用系数 $\{a_i\}$ 可以定义一个 p 阶线性预测器:

$$F(z) = \sum_{i=1}^{p} a_i z^{-i} \qquad (4\text{-}2)$$

这个 p 阶预测器从时域角度可以理解为,用信号的前 p 个样本来预测当前的样本得到预测值 $\tilde{x}(n)$,即

$$\tilde{x}(n) = \sum_{i=1}^{p} a_i x(n-i) \qquad (4\text{-}3)$$

因为预测器 $F(z)$ 是用 AR 模型的系数 $\{a_i\}$ 来构造的,而 AR 模型是在最小均方意义上对数据的拟合,所以预测器 $F(z)$ 必然是一个最佳预测器,即此时预测器的预测误差短时总能量最小。

语音信号的线性预测分析就是根据这一性质,从语音信号 $x(n)$ 出发,依据最小均方误差准则,估计出一组线性预测器的系数 $\{a_i\}$,它就是所要求的信号 AR 模型的系数。$\{a_i\}$ 称为线性预测系数或 LPC 系数。

预测器的预测误差 $e(n)$ 为

$$e(n) = x(n) - \tilde{x}(n) = x(n) - \sum_{i=1}^{p} a_i x(n-i) \qquad (4\text{-}4)$$

由上式可知,$e(n)$ 是输入为 $x(n)$,且具有如下形式传递函数的滤波器的输出

$$A(z) = 1 - F(z) = 1 - \sum_{i=1}^{p} a_i z^{-i} \qquad (4\text{-}5)$$

因此称 $A(z)$ 为预测误差滤波器。比较式(4-1)和式(4-5)可知 $A(z) = G/H(z)$,即预测误差滤波器是系统 $H(z)$ 的逆滤波器。

为了在最小均方误差意义上计算一组最佳预测系数,定义短时预测均方误差为

$$E_n = \sum_{n} e^2(n) = \sum_{n} \left[x(n) - \tilde{x}(n) \right]^2 = \sum_{n} \left[x(n) - \sum_{i=1}^{p} a_i x(n-i) \right]^2 \qquad (4\text{-}6)$$

由于语音信号的时变特性,线性预测分析应该在短时的语音段上进行,即按帧进行。因此上式的求和通常也是在一帧语音的范围内进行。

使式(4-6)中的 E_n 达到最小,$\{a_i\}$ 必须满足 $\partial E_n / \partial a_k = 0$,$(k=1,2,\cdots,p)$。考虑式(4-6),有

$$\frac{\partial E_n}{\partial a_k} = -\left(2 \sum_{n} x(n)x(n-k) - 2 \sum_{i=1}^{p} a_i \sum_{n} x(n-k)x(n-i) \right) \qquad (4\text{-}7)$$

这样可以得到以 $\{a_i\}$ 为变量的线性方程组

$$\sum_{n} x(n)x(n-k) = \sum_{i=1}^{p} a_i \sum_{n} x(n-k)x(n-i), \quad k=1,2,\cdots,p \qquad (4\text{-}8)$$

若定义 $\Phi(k,i) = \sum_{n} x(n-k)x(n-i)$,$(k=1,2,\cdots,p;\ i=0,1,2,\cdots,p)$,则式(4-8)可简写为

$$\sum_{i=1}^{p} a_i \Phi(k,i) = \Phi(k,0), \quad k=1,2,\cdots,p \qquad (4\text{-}9)$$

式(4-9)是一个由 p 个方程组成的有 p 个未知数的线性方程组,求解方程组就可得到线性预测系数的估计值 $\hat{a}_1, \hat{a}_2, \cdots, \hat{a}_p$。同样也可以求得最小预测误差能量的值 $\hat{E}_n$,利用式(4-6)和式(4-8)有

$$\hat{E}_n = \sum_n x^2(n) - \sum_{i=1}^{p} \hat{a}_i \sum_n x(n)x(n-i) \qquad (4\text{-}10)$$

或写成

$$\hat{E}_n = \Phi_n(0,0) - \sum_{i=1}^{p} \hat{a}_i \Phi(0,i) \qquad (4\text{-}11)$$

$\hat{E}_n$ 又被称为预测残差能量，由式(4-11)可见，它由一个固定分量和一个依赖于预测系数的分量组成。

要构造信号的 AR 模型，还应估算增益因子 G。将式(4-1)转化成差分方程的形式：

$$x(n) = \sum_{i=1}^{p} a_i x(n-k) + Gu(n) \qquad (4\text{-}12)$$

由式(4-3)和式(4-12)计算预测误差 $e(n)$ 和残差能量 E_n：

$$e(n) = \sum_n [x(n) - \tilde{x}(n)] = \sum_n Gu(n)$$

则

$$E_n = G^2 \sum_n u^2(n) \qquad (4\text{-}13)$$

激励信号 $u(n)$ 无法准确计算，但根据前文所述的语音产生模型，在浊音情况下，激励可以看作是准周期的脉冲串；在清音时，可以看作为高斯白噪声。因此式(4-13)中的输入信号总能量可以认为近似为 1，这样估算增益因子 $\hat{G} = \hat{E}_n^{1/2}$。虽然这种计算只是一种近似的方法，但却很实用，尤其是当模型的假定很好地符合语音产生模型时，这种估算能得到很好的效果。

为了使模型的假定能够很好地符合语音产生的模型，需要考虑如下两个因素。

1. 模型阶数 p 的选择

阶数 p 应与共振峰的个数相吻合，通常一对极点对应一个共振峰，因此当共振峰数为 5 时，应取 $p=10$。此外当语音为鼻音和摩擦音时，声道传递函数并不符合全极点模型的假定，而是一个既有极点又有零点的模型，但由于可以用多个极点来近似一个零点，所以仍然可以采用全极点模型的假定，但要求有足够高的阶数。考虑到这些情况，一般按如下的方式计算模型阶数 $p=2D+1$，其中 D 为共振峰的个数。

2. 通过预加重进行高频提升

由于声门脉冲形状和口唇辐射的影响，语音信号的频谱在总趋势上会产生高频衰落的现象，大约每倍程下降 6dB。要抵消这一影响，通常在 LPC 分析之前采用一个非常简单的一阶 FIR 滤波器进行预加重以进行高频提升，其传递函数为 $1-\alpha z^{-1}$，其中 α 为预加重系数，对 10kHz 采样的语音，一般取 $\alpha=0.95$。

线性预测分析是在短时平稳这一现实的假定基础上进行的，即一段语音信号是各态历经的平稳随机过程。线性预测分析被普遍应用到语音处理的各个方面，大量的实践证明：LPC 参数是反映语音信号特征的良好参数。

4.2 线性预测方程组的解法

式(4-9)给出了以线性预测系数为变量的线性方程组。欲解线性方程组，首先必须计算 $\Phi(k,i)$，4.1 节中 $\Phi(k,i)$ 被定义为

$$\Phi(k,i) = \sum_n x(n-k)x(n-i), \quad k=1,2,\cdots,p; i=0,1,2,\cdots,p$$

这是一个比较模糊的定义,式中 n 的求和范围并没有具体化。因此当采用不同的计算方法时,就会存在不同的线性预测解法。本节首先介绍两种经典的解法:自相关法和协方差法。在这两种方法中,其方程组系数矩阵 $\{\Phi(k,i)\}$ 都具有特殊的性质,可以用高效的算法来计算方程组的解。然后,介绍一种避开自相关和协方差计算,直接由样本递推的线性预测解法:格型法。最后,对上述这三种线性预测分析方法的性能进行比较。

4.2.1 自相关法

定义 n 的求和范围的一种较直接的方法是,认为语音段外的数据全为零,只计算范围 n 以内 $(0 \leqslant n \leqslant N)$ 的语音数据,这相当于先将语音加窗,然后再进行处理。此时 $\Phi(k,i)$ 可以表示为

$$\Phi(k,i) = \sum_{n=0}^{N-1+p} x_w(n-k)x_w(n-i), \quad k=1,2,\cdots,p; i=0,1,2,\cdots,p \quad (4\text{-}14)$$

或者

$$\Phi(k,i) = \sum_{n=0}^{N-1-(k-i)} x_w(n)x_w(n+k-i), \quad k=1,2,\cdots,p; i=0,1,2,\cdots,p \quad (4\text{-}15)$$

其中,$x_w(n)$ 为加窗后的语音数据。

由于假定窗外的语音数据为零,显然存在着误差。为了减少这种误差的影响,在线性预测分析中,一般不采用突变的矩形窗,而使用两端具有平滑过渡特性的窗函数,如 Hamming 窗。从 3.2.3 节的知识可以知道,加窗处理后的自相关函数可以表示为如下形式:

$$R_n(k) = \sum_{m=n}^{n+N-k-1} x_w(m)x_w(m+k) \quad (4\text{-}16)$$

其中,$R_n(k)$ 为短时自相关函数,它仍然保留了自相关函数的特性,即满足偶函数的特性,有 $R_n(-k)=R_n(k)$,同时 $R_n(k-i)$ 仅与 k、i 的相对值有关,而与 k、i 的绝对值无关等。从式(4-15)和式(4-16)可知,$\Phi(k,i)$ 可以表示为

$$\Phi(k,i) = R_n(k-i) = R_n(|k-i|), \quad k=1,2,\cdots,p; i=0,1,2,\cdots,p \quad (4\text{-}17)$$

于是方程组(4-9)就可以转换成如下形式:

$$\sum_{i=1}^{p} R_n(|k-i|)\hat{a}_i = R_n(k), \quad k=1,2,\cdots,p \quad (4\text{-}18)$$

这就是自相关方程组,将其转换成矩阵形式:

$$\begin{bmatrix} R_n(0) & R_n(1) & R_n(2) & \cdots & R_n(p-1) \\ R_n(1) & R_n(0) & R_n(1) & \cdots & R_n(p-2) \\ R_n(2) & R_n(1) & R_n(0) & \cdots & R_n(p-3) \\ \vdots & \vdots & \vdots & \ddots & \vdots \\ R_n(p-1) & R_n(p-2) & R_n(p-3) & \cdots & R_n(0) \end{bmatrix} \begin{bmatrix} \hat{a}_1 \\ \hat{a}_2 \\ \hat{a}_3 \\ \vdots \\ \hat{a}_p \end{bmatrix} = \begin{bmatrix} R_n(1) \\ R_n(2) \\ R_n(3) \\ \vdots \\ R_n(p) \end{bmatrix} \quad (4\text{-}19)$$

这种方程为 Yule-Walker 方程,它的系数矩阵,即自相关矩阵是一个 $p \times p$ 阶的对称阵,且沿着主对角线及任何一条与主对角线平行的斜线上的所有元素都相等,这种矩阵称为托布里兹(Toeplitz)矩阵。对于这种具有托布里兹矩阵的方程组可用特殊的递推算法来求解。

其指导思想为：第 i 阶方程组的解可以用第 $i-1$ 阶方程组的解来表示，第 $i-1$ 阶方程组的解又可以用第 $i-2$ 阶方程组的解来表示，依此类推。因此只要解出一阶方程的解，就可以一步一步地递推来解出任意阶方程组的解。用自相关法求解线性预测系数的递推算法有好几种，本节介绍两种典型的方法：莱文逊—杜宾(Levinson-Durbin)递推算法和舒尔(Schur)递推算法。

1. 莱文逊—杜宾递推算法

该算法过程如下：

(1) 计算自相关系数 $R_n(j),j=0,1,\cdots,p$。

(2) $E^{(0)}=R_n(0)$。

(3) $i=1$。

(4) 开始按如下公式进行递推运算：

$$k_i = \frac{R_n(i) - \sum_{j=1}^{i-1} a_j^{(i-1)} R_n(i-j)}{E^{(i-1)}} \tag{4-20}$$

$$a_i^{(i)} = k_i \tag{4-21}$$

$$a_j^{(i)} = a_j^{(i-1)} - k_i a_{i-j}^{(i-1)}, \quad j=1,\cdots,i-1 \tag{4-22}$$

$$E^{(i)} = (1-k_i^2)E^{(i-1)} \tag{4-23}$$

(5) $i=i+1$。若 $i>p$ 则算法结束退出，否则返回第(4)步，按式(4-20)到式(4-23)进行递推。

注意上面各式中括号内的上标表示的是预测器的阶数。$a_j^{(i)}$ 表示第 i 阶预测器的第 j 个预测系数，$E^{(i)}$ 为第 i 阶预测器的预测残差能量，这样经过递推计算后，可得到 $i=1,2,\cdots,$ p 各阶预测器的解。实际上只需要第 p 阶的运算结果，最终解为

$$\hat{a}_j = a_j^{(p)}, \quad j=1,2,\cdots,p \tag{4-24}$$

和

$$E^{(p)} = R_n(0) \prod_{i=1}^{p} (1-k_i^2) \tag{4-25}$$

由于各阶预测器的预测残差能量 $E^{(i)}$ 都是非负的。因此由式(4-23)可以推知参数 k_i 必定满足

$$|k_i| \leqslant 1, \quad i=1,2,\cdots,p \tag{4-26}$$

且 $E^{(i)}$ 必随预测器阶数的增加而减少。参数 k_i 称为反射系数，也称 PARCOR 系数。$|k_i| \leqslant 1$ 这个条件十分重要。可以证明，它是保证系统 $H(z)$ 稳定的条件，也就是 $H(z)$ 的根在单位圆内的充分必要条件。

2. 舒尔递推算法

定义归一化的自相关函数如下：

$$r_n(j) = R_n(j)/R_n(0), \quad j=-p \sim p \tag{4-27}$$

对式(4-18)左右两侧都除以 $R_n(0)$，可将方程中的自相关函数都转化为其归一化形式。由于有 $R_n(j) \leqslant R_n(0)$，因此归一化自相关函数永远不大于1，因而，递推过程中的所有变量都小于或等于1。这一特性特别适合采用定点运算的场合，对算法的硬件实现很有利。

递推过程中设一辅助序列 $q_j^{(i)}$：

$$q_j^{(i)} = \sum_{k=0}^{i} a_k^{(i)} r_n(|k-j|), \quad j = -p \sim p, i = 0,1,\cdots,p \tag{4-28}$$

可以证明,$q_j^{(i)}$ 有如下性质:

(1) 当 $i=0$ 时,$q_j^{(i)} = r_n(j)$,$j = -p \sim p$。

(2) 反射系数 $k_i = \dfrac{q_i^{(i-1)}}{q_0^{(i-1)}}$,$i = 1,2,\cdots,p$。

(3) 递推式 $q_j^{(i)} = q_j^{(i-1)} - k_i q_{i-j}^{(i-1)}$ 成立。

(4) $|q_i(j)| \leqslant r_n(0)$,其中等号仅当 $i=j=0$ 时成立。

舒尔递推算法描述如下:

(1) 计算自相关系数 $R_n(j)$,$j = -p \sim p$。

(2) 计算归一化自相关系数 $r_n(j) = R_n(j)/R_n(0)$,$j = -p \sim p$。

(3) 令 $a_0 = 1$;$q_j^{(0)} = r_n(j)$,$(j = -p \sim p)$;$E^{(0)} = 1$。

(4) 令 $i = 1$。

(5) 对于 $i-p \leqslant j \leqslant p$ 计算:

$$q_j^{(i)} = q_j^{(i-1)} - k_i q_{i-j}^{(i-1)} \tag{4-29}$$

$$k_i = q_i^{(i-1)} / q_0^{(i-1)} \tag{4-30}$$

(6) $i = i+1$。若 $i > p$ 则算法结束退出,否则返回第(5)步。

最终得到的 $\{k_i\}$ 是相应的反射系数。本算法可以专门用来求反射系数,这时参与运算的初值、中间值和最终值都小于等于 1。如果在第(5)步的递推过程加入式(4-21)、式(4-22)和式(4-23),可以同步求出线性预测系数 $\{a_j^{(p)},(j=1,\cdots,p)\}$ 和预测残差能量 $E^{(p)}$。

4.2.2 协方差法

前面介绍的基于自相关求解线性预测系数的方法,首先对语音信号进行加窗处理,假定窗外的语音样本点全为零,这种不尽合理的假定使得自相关法的分辨率降低,数据越短,分辨率越不好。用协方差法求解线性预测系数,不需要对语音信号进行加窗处理。调整式(4-14)中的求和范围,$\Phi(k,i)$ 重新定义如下:

$$\Phi(k,i) = \sum_{n=0}^{N-1} x(n-k)x(n-i), \quad k = 1,2,\cdots,p; i = 0,1,2,\cdots,p \tag{4-31}$$

设 $(n-i) = m$,则此式可以表示为

$$\Phi(k,i) = \sum_{m=-i}^{N-i-1} x(m+(i-k))x(m), \quad k = 1,2,\cdots,p; i = 0,1,2,\cdots,p \tag{4-32}$$

可以看出,此处的 $\Phi(k,i)$ 与前面自相关法中式(4-16)的 $\Phi(k,i)$ 显然不同,这里 $\Phi(k,i)$ 不仅取决于 k 和 i 的差值,而且取决于 i 值本身。这样,$\Phi(k,i)$ 就不再是自相关函数,它非常类似于第 3 章中介绍的修正自相关函数。虽然仍有 $\Phi(k,i) = \Phi(i,k)$,但是不能满足 $\Phi(i+1,k+1) = \Phi(i,k)$。这样可将方程组(4-9)写成如下矩阵形式:

$$\begin{bmatrix} \Phi(1,1) & \Phi(1,2) & \Phi(1,3) & \cdots & \Phi(1,p) \\ \Phi(2,1) & \Phi(2,2) & \Phi(2,3) & \cdots & \Phi(2,p) \\ \Phi(3,1) & \Phi(3,2) & \Phi(3,3) & \cdots & \Phi(3,p) \\ \vdots & \vdots & \vdots & \ddots & \vdots \\ \Phi(p,1) & \Phi(p,2) & \Phi(p,3) & \cdots & \Phi(p,p) \end{bmatrix} \begin{bmatrix} \hat{a}_1 \\ \hat{a}_2 \\ \hat{a}_3 \\ \vdots \\ \hat{a}_p \end{bmatrix} = \begin{bmatrix} \Phi(1,0) \\ \Phi(2,0) \\ \Phi(3,0) \\ \vdots \\ \Phi(p,0) \end{bmatrix} \tag{4-33}$$

此方程组的系数矩阵不再是一个托布里兹矩阵,虽然它仍是对称阵,但主对角线和各个副对角线上的元素并不相等。这种线性方程组也有多种解法,其中最常用的解法是乔里斯基(Choleskey)分解法,其基本思想是将系数矩阵采用消元法化成主对角线元素为 1 的上三角矩阵,然后逐个变量递推求解。

4.2.3　格型法

无论是自相关法还是协方差法,它们都分成两步,即先计算自相关矩阵,再解一组线性方程。这两种线性预测算法各有其优缺点:自相关法能保证系统的稳定性,但由于它使用了窗函数来截取,对语音信号进行了人为的截断,从而引入了误差,导致其计算精度不高;而协方差法由于不采用窗口函数,所以精度高,但它不如自相关法稳定,也没有用于求解的高效递推算法。20 世纪 70 年代,日本学者 Itakura 在分析自相关的基础上,引入了"正向预测"和"反向预测"的概念,阐述了参数 k_i 的物理意义,首先提出了逆滤波器 $A(z)$ 的格型结构形式,由此给出了线性预测分析的格型法。格型法不需要用窗口函数对信号进行加权,同时又保证了解的稳定性,较好地解决了精度和稳定性的矛盾。特别是由于引入了正向预测和反向预测的概念,使运用均方误差最小逼近准则更加灵活,由此派生出了一系列基于格型结构的线性预测算法。

1. 格型法的基本原理

首先引入正向预测和反向预测的概念。在基于自相关的莱文逊—杜宾递推算法中,当递推进行到第 i 阶时,可得到该阶预测系数 $a_j^{(i)}(j=1,2,\cdots,i)$,因而可以定义一个 i 阶的线性预测误差滤波器,它的传输函数 $A^{(i)}(z)$ 定义如下:

$$A^{(i)}(z) = 1 - \sum_{j=1}^{i} a_j^{(i)} z^{-j} \tag{4-34}$$

这个滤波器的输入信号是 $x(n)$,输出信号为预测误差 $e^{(i)}(n)$,它们之间的关系为

$$e^{(i)}(n) = x(n) - \sum_{j=1}^{i} a_j^{(i)} x(n-j) \tag{4-35}$$

写成 z 变换形式为

$$E^{(i)}(z) = X(z) A^{(i)}(z) \tag{4-36}$$

利用递推式(4-21)和式(4-22),将其代入到式(4-34),有

$$A^{(i)}(z) = A^{(i-1)}(z) - k_i z^{-i} A^{(i-1)}(z^{-1}) \tag{4-37}$$

将其代入式(4-36),即可得到

$$\begin{aligned} E^{(i)}(z) &= A^{(i-1)}(z) X(z) - k_i z^{-i} A^{(i-1)}(z^{-1}) X(z) \\ &= E^{(i-1)}(z) - k_i z^{-1} B^{(i-1)}(z) \end{aligned} \tag{4-38}$$

其中

$$B^{(i-1)}(z) = z^{-(i-1)} A^{(i-1)}(z^{-1}) X(z) \tag{4-39}$$

式(4-38)表明,第 i 阶线性预测误差滤波器的输出 $e^{(i)}(n)$ 可以分解成两部分,第一部分是第 $i-1$ 阶滤波器的输出 $e^{(i-1)}(n)$;第二部分是与第 $i-1$ 阶有关的输出信号 $b^{(i-1)}(n)$ 经过单位移序和 k_i 加权后的信号。将这两部分信号分别定义为正向预测误差信号 $e^{(i)}(n)$ 和反向预测误差信号 $b^{(i)}(n)$。其中,$e^{(i)}(n)$ 的计算公式如式(4-35)所示,$b^{(i)}(n)$ 可以写成如下形式:

$$b^{(i)}(n) = x(n-i) - \sum_{j=1}^{i} a_j^{(i)} x(n-i+j) \tag{4-40}$$

正向预测误差信号 $e^{(i)}(n)$ 就是通常意义上的线性预测误差,它是用 i 个过去的样本值 $x(n-1),x(n-2),\cdots,x(n-i)$ 来预测 $x(n)$ 时的误差。而反向预测误差 $b^{(i)}(n)$ 可以看作是用时间上延迟时刻的样本值 $x(n-i+1),x(n-i+2),\cdots,x(n)$ 来预测 $x(n-i)$ 时的误差。这两种预测情况如图 4-2 所示。

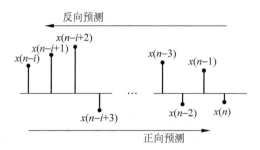

图 4-2　用 i 阶预测器作前向后向预测示意图

在建立了正向预测和反向预测的概念后,就可以推出线性预测分析采用的格型滤波器结构。对于正向预测,将式(4-38)进行反变换,可得到如下的递推公式:

$$e^{(i)}(n) = e^{(i-1)}(n) - k_i b^{(i-1)}(n-1) \tag{4-41}$$

同理将式(4-37)代入式(4-39)中,得

$$\begin{aligned} B^{(i)}(z) &= z^{-i} X(z) \left[A^{(i-1)}(z^{-1}) - k_i z^i A^{(i-1)}(z) \right] \\ &= z^{-i} A^{(i-1)}(z^{-1}) X(z) - k_i A^{(i-1)}(z) X(z) \\ &= z^{-1} \left[z^{-(i-1)} A^{(i-1)}(z^{-1}) X(z) \right] - k_i \left[A^{(i-1)}(z) X(z) \right] \\ &= z^{-1} B^{(i-1)}(z) - k_i E^{(i-1)}(z) \end{aligned}$$

并作反变换,可以得到如下求反向预测误差 $b^{(i)}(n)$ 的递推公式:

$$b^{(i)}(n) = b^{(i-1)}(n-1) - k_i e^{(i-1)}(n) \tag{4-42}$$

根据式(4-35)和式(4-40),当 $i=0$ 时有

$$e^{(0)}(n) = b^{(0)}(n) = x(n) \tag{4-43}$$

而当 $i=p$ 时,有

$$e^{(p)}(n) = e(n) \tag{4-44}$$

其中,$e(n)$ 为 p 阶线性预测误差滤波器所输出的预测误差信号。根据递推式(4-41)和式(4-42),以及初值条件式(4-43),可以导出适合于线性预测分析的格型滤波器的结构形式如图 4-3 所示。

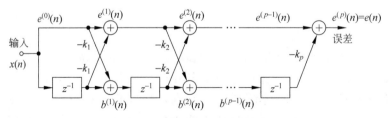

图 4-3　格型分析滤波器结构

这个滤波器输入为 $x(n)$，输出为预测误差 $e(n)$，它对应 4.1 节中所描述的预测误差滤波器 $A(z)$。另一方面，图 4-1 语音信号模型化框图中的合成滤波器 $H(z)$ 也可以用格型结构来实现。如果将模型中的增益因子 G 考虑到输入信号中，则该滤波器的输入是 $Gu(n)$，那么此时 $H(z)$ 就应该是预测误差滤波器 $A(z)$ 的逆滤波器，输入信号 $Gu(n)$ 也可以由 $e(n)$ 来逼近，因此合成滤波器 $H(z)$ 的输入为 $e(n)$ 时，输出应为 $x(n)$。整理递推式(4-41)和式(4-42)，可以得到如下的递推关系式：

$$\begin{cases} e^{(i-1)}(n) = e^{(i)}(n) + k_i b^{(i-1)}(n-1) \\ b^{(i)}(n) = b^{(i-1)}(n-1) - k_i e^{(i-1)}(n) \end{cases} \tag{4-45}$$

这样可根据此递推关系式画出图 4-4 所示的格型合成滤波器的结构。

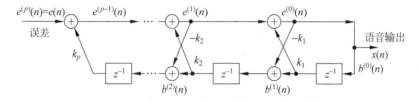

图 4-4　格型合成滤波器结构

由图 4-3 和图 4-4 可见，p 阶滤波器可以表示成由 p 节斜格构成，尤其是合成滤波器的结构直接与第 2 章讨论的声道的级联声管模型相对应。在声管模型中，声道被模拟成一系列长度和截面积不等的无损声管的级联，而在这里，可以认为每一个格型网络就相当于一小段声管段。滤波器结构中关键的参数是反射系数 $k_i(i=1,2,\cdots,p)$，它反映了第 i 节格型网络处的反射，与声波在各声管段边界处的反射量相对应。

2. 格型法的求解

根据图 4-3 所示的格型分析滤波器的结构形式，可以依据最小误差准则，求出各反射系数 k_i。如果需要还可以更进一步由式(4-21)和式(4-22)计算出预测系数 a_i。由于在格型滤波器中有正向预测误差和反向预测误差两种误差数据，因而在求解反射系数时可以依照几种不同的最优准则来进行，由此出现了多种格型法的求解算法。下面将介绍几种常用的算法。首先定义三种均方误差：

正向均方误差　　　　　　$E^{(i)}(n) = E[(e^{(i)}(n))^2]$　　　　　　　　　(4-46)

反向均方误差　　　　　　$B^{(i)}(n) = E[(b^{(i)}(n))^2]$　　　　　　　　　(4-47)

交叉均方误差　　　　　　$C^{(i)}(n) = E[e^{(i)}(n)b^{(i)}(n-1)]$　　　　　(4-48)

1) 正向格型法

正向格型法的逼近准则：使格型滤波器的第 i 节正向均方误差最小，即令

$$\frac{\partial E^{(i)}(n)}{\partial k_i} = 0$$

经过推导可得

$$k_i^f = \frac{C^{(i-1)}(n)}{B^{(i-1)}(n-1)} = \frac{E[e^{(i-1)}(n)b^{(i-1)}(n-1)]}{E[(b^{(i-1)}(n-1))^2]} \tag{4-49}$$

其中，k_i^f 的上标 f 表示这个反射系数是用正向误差最小准则求得的，它等于正反向预测误差的互相关和反向预测误差能量之比。在实际运算时总是用时间平均代替集平均，为了提

高精度,可以像协方差法中一样不用加窗的方法来限制信号 $x(n)$ 的长度范围,则上式变为

$$k_i^f = \frac{\sum\limits_{n=0}^{N-1} e^{(i-1)}(n)b^{(i-1)}(n-1)}{\sum\limits_{n=0}^{N-1} [b^{(i-1)}(n-1)]^2}, \quad i=1,2,\cdots,p \tag{4-50}$$

其中,假定 $e^{(i-1)}(n)$ 和 $b^{(i-1)}(n)$ 的长度范围为 $0 \leqslant n \leqslant N-1$。

2) 反向格型法

反向格型法的逼近准则是:使格型滤波器的第 i 节反向均方误差最小,即令

$$\frac{\partial B^{(i)}(n)}{\partial k_i} = 0$$

由此可得

$$k_i^b = \frac{C^{(i-1)}(n)}{E^{(i-1)}(n)} = \frac{E[e^{(i-1)}(n)b^{(i-1)}(n-1)]}{E[(e^{(i-1)}(n))^2]} \tag{4-51}$$

其中,k_i^b 的上标 b 表示这个反射系数是由反向误差最小准则求得的,它等于正反向预测误差的互相关和正向预测误差能量之比。注意到 $E^{(i)}(n)$ 和 $B^{(i)}(n)$ 的值都是非负的,所以 k_i^f 和 k_i^b 符号总是相同的。在正向格型法和反向格型法中,由于不能保证 $|C^{(i-1)}(n)| < |B^{(i-1)}(n)|$ 和 $|C^{(i-1)}(n)| < |E^{(i-1)}(n)|$,所以它们都不能保证 $|k_i| \leqslant 1$,也就是说解的稳定性是不能保证的。

3) 几何平均格型法

定义正向格型法和反向格型法中 k_i^f 和 k_i^b 的几何平均值如下:

$$k_i^I = S\sqrt{k_i^f k_i^b} \tag{4-52}$$

这是导出的反射系数计算公式,k_i^f 和 k_i^b 分别为用正向格型法和反向格型法计算得到的反射系数,S 为 k_i^f 的符号。将式(4-49)和式(4-51)代入式(4-52),可得

$$k_i^I = \frac{E[e^{(i-1)}(n)b^{(i-1)}(n-1)]}{\sqrt{E[(e^{(i-1)}(n))^2]E[(b^{(i-1)}(n-1))^2]}} \tag{4-53}$$

或者以时间平均的形式表示:

$$k_i^I = \frac{\sum\limits_{n=0}^{N-1} e^{(i-1)}(n)b^{(i-1)}(n-1)}{\sqrt{\sum\limits_{n=0}^{N-1}[e^{(i-1)}(n)]^2 \sum\limits_{n=0}^{N-1}[b^{(i-1)}(n-1)]^2}} \tag{4-54}$$

这个表达式具有归一化互相关函数的形式,由于它表示了正向预测误差和反向预测误差之间的相关程度,因此反射系数也被称为部分相关系数,简写为 PARCOR 系数。运用柯西—施瓦兹不等式容易证明有 $|k_i^I| \leqslant 1$,所以这种方法求解的反射系数将能保证系统的稳定。

4) 伯格(Burg)法

伯格法的逼近准则:使格型滤波器第 i 节正向和反向均方误差之和最小,即令

$$\frac{\partial[E^{(i)}(n) + B^{(i)}(n)]}{\partial k_i} = 0$$

由此可以得到

$$k_i^B = \frac{2C^{(i-1)}(n)}{E^{(i-1)}(n) + B^{(i-1)}(n-1)} \tag{4-55}$$

或者

$$k_i^B = \frac{2\sum_{n=0}^{N-1}\left[e^{(i-1)}(n)b^{(i-1)}(n-1)\right]}{\sum_{n=0}^{N-1}\left[e^{(i-1)}(n)\right]^2 + \sum_{n=0}^{N-1}\left[b^{(i-1)}(n-1)\right]^2} \tag{4-56}$$

这里 k_i^B 的上标 B 表示此结果是按伯格法求出的。同样根据柯西—施瓦兹不等式可以证明 $|k_i^B| \leqslant 1$，所以这种方法也能保证系统稳定。

伯格法递推算法实现过程如下：

(1) 设定初值

$$e^{(0)}(n) = b^{(0)}(n) = x(n), \quad n = 0,1,2,\cdots,N-1$$

(2) $i=1$；

(3) 计算反射系数 k_i 和预测系数 $a_j^{(i)}$ 和 $a_i^{(i)}$，即

$$k_i = \frac{2\sum_{n=0}^{N-1}\left[e^{(i-1)}(n)b^{(i-1)}(n-1)\right]}{\sum_{n=0}^{N-1}\left[e^{(i-1)}(n)\right]^2 + \sum_{n=0}^{N-1}\left[b^{(i-1)}(n-1)\right]^2}$$

$$a_j^{(i)} = a_j^{(i-1)} - k_i a_{i-j}^{(i-1)}, \quad j = 1,2,\cdots,i-1$$

$$a_i^{(i)} = k_i$$

(4) 计算 $e^{(i)}(n)$ 和 $b^{(i)}(n)$，即

$$e^{(i)}(n) = e^{(i-1)}(n) - k_i b^{(i-1)}(n-1)$$

$$b^{(i)}(n) = b^{(i-1)}(n-1) - k_i e^{(i-1)}(n)$$

(5) $i=i+1$，若 $i<p$ 则返回第(3)步，否则结束。

4.2.4　几种求解线性预测方法的比较

前面介绍了一些典型的求解线性预测方程组的方法。这些方法各有特点。自相关法必须对语音信号进行加窗处理，规定了信号的长度范围，假定窗外的语音样本值为零，所以自相关法误差较大，计算结果精度最差。从理论上来讲，自相关法能够保证系统的稳定性，即保证预测多项式的根在单位圆内。但是在实际计算时，由于有限字长的影响，自相关函数计算精度不够，会造成病态的自相关矩阵，从而系统的稳定性得不到保证。研究表明，如果对语音信号先进行预加重，使得它的谱尽可能平滑，则可以使这种有限字长的影响减至最低程度。协方差法因不需要加窗，所给出的参数估值要比自相关法精确得多，同时也优于格型法的精度，但协方差法不如自相关法稳定，虽然在算法中，可以用判根和最小相位化的方法来纠正极点位置，但终究是件很麻烦的事。另外，乔里斯基分解法因没有快速算法，也需要较大的计算量才能实现。在实际应用中，当 N 和 p 很接近时，自相关法的误差非常大，协方差法误差小的优势就非常明显。但是在大部分应用中很容易满足 $N \gg p$，这时协方差法误差小的优点就不再突出，而自相关法具有高效递推算法的优势就非常明显。因此在语音信号处理中，自相关法比协方差法用得多。从信号特性的角度来看，自相关法适用于平稳信号，而协方差法适用于非平稳信号。

格型法无需加窗，也不需要计算自相关矩阵，可直接通过语音样本递推得到预测器系

数。它的计算结果精度很高,对系统的稳定性也有保证,同时避免了前两种算法的缺陷,是一种很好的线性预测求解方法。但是格型法求解时,先计算 $e^{(i)}(n)$ 和 $b^{(i)}(n)$,然后才能求得反射系数 $\{k_i\}$ 和预测系数 $\{a_i\}$,计算过程中多次调用相同的语音样本,所以运算量很大,大致为自相关法或协方差法的 4 倍以上。为了减少运算量,也有人在格型法上进行改进,提出了协方差格型法,将计算量恢复到了自相关法的水平上。因此,格型法是一种很有生命力的线性预测算法。

4.3 线性预测的几种推演参数

线性预测分析法求得的是一个全极点模型的传递函数,在语音产生模型中,这一全极点模型与声道滤波器的假定相符合,而形式上是一递归滤波器。一个递归数字滤波器可以有多种实现结构,如直接法、链接法和格型法等,相应地就有多种不同的滤波器参数,而它们所实现的滤波器都是等价的。因此用全极点模型所表征的声道滤波器,也应该有除预测系数 $\{a_i\}$ 外,其他不同形式的滤波器参数。这些参数一般可由线性预测系数推演得到,但各有不同的物理意义和特性。在对语音信号做进一步处理以达到各种应用目的时,往往按照这些特性来选择某种合适的参数来描述语音信号。本节介绍七种推演参数,此外还有一种称为线谱对的参数,因涉及的问题较多放在下一节介绍。事实上这些推演参数只要求出一种,就可以推导出其他几种。

4.3.1 归一化自相关函数

此参数的物理意义已经在前文中讨论过了,这里不再赘述,只给出计算公式。归一化的自相关函数为

$$r_n(j) = \frac{R_n(j)}{R_n(0)} \tag{4-57}$$

其中,$R_n(j)$ 为自相关函数,表示为

$$R_n(j) = R_n(-j) = \sum_{m=n}^{n+N-j-1} x_w(m+j)x_w(m)$$

其中,$x_w(m)$ 为加窗后的语音信号。

4.3.2 反射系数

在第 2 章讨论声道的级联声管模型中,声道被模拟成一系列长度和截面积不等的无损声管的级联,反射系数 $\{k_i\}$ 反映了声波在各声管段边界处的反射量,有

$$k_i = \frac{A_{i+1} - A_i}{A_{i+1} + A_i} \tag{4-58}$$

其中,A_i 是第 i 节声管的面积函数。另外,它也表示了正向预测误差和反向预测误差之间的相关程度。反射系数 $\{k_i\}$ 在低速率语音编码、语音合成、语音识别和说话人识别等许多领域中都是非常重要的特征参数。如上文所述,通过莱文逊—杜宾算法、舒尔算法和伯格算法都可以直接得到反射系数。若已知线性预测系数 $\{a_i\}$,也可以用来求取反射系数 $\{k_i\}$。

由式(4-21)和式(4-22),可以推导出下列各式:

$$a_j^{(i)} = a_j^{(i-1)} - k_i a_{i-j}^{(i-1)}, \quad j = 1, \cdots, i-1$$

$$a_{i-j}^{(i)} = a_{i-j}^{(i-1)} - k_i a_j^{(i-1)}, \quad j = 1, \cdots, i-1$$

$$k_i = a_i^{(i)}$$

因而可以进一步推导出下式：

$$a_j^{(i-1)} = (a_j^{(i)} + a_i^{(i)} a_{i-j}^{(i)})/(1 - k_i^2), \quad j = 1, \cdots, i-1$$

即若已知线性预测系数 $\{a_i\}$，可以用如下递推关系求反射系数 $\{k_i\}$：

$$\begin{cases} a_j^{(p)} = a_j, \quad j = 1, 2, \cdots, p \\ k_i = a_i^{(i)} \\ a_j^{(i-1)} = (a_j^{(i)} + a_i^{(i)} a_{i-j}^{(i)})/(1 - k_i^2), \quad j = 1, 2, \cdots, i-1 \end{cases}$$

它是从 $i=p$ 开始，向递减的方向逐级递推。反过来，若已知反射系数 $\{k_i\}$，用以下递推关系可以求相应的线性预测系数 $\{a_i\}$：

$$\begin{cases} a_i^{(i)} = k_i \\ a_j^{(i)} = a_j^{(i-1)} - k_i a_{i-j}^{(i-1)}, \quad j = 1, \cdots, i-1 \end{cases}$$

它从 $i=1$ 开始，向递增的方向逐级递推，而最终有 $a_j = a_j^{(p)}, (j = 1, 2, \cdots, p)$。

反射系数的取值范围为 $(-1, 1)$，这也是保证相应的系统函数稳定的充分必要条件。

4.3.3 预测器多项式的根

LPC 分析是估计语音信号功率谱的一种有效方法。如果把合成滤波器看作是一个 p 阶 AR 模型，那么就有

$$|H(\omega)|^2 = |X(\omega)|^2 \tag{4-59}$$

其中，$H(\omega)$ 是合成滤波器 $H(z)$ 的频率响应；$X(\omega)$ 是语音信号的傅里叶变换，即信号谱。然而，语音信号并非是 p 阶 AR 过程，因此 $H(\omega)$ 只能看作是对信号谱的一个估计。

通过求取预测器多项式的根，可以实现对共振峰的估计。预测误差滤波器 $A(z)$ 可以用它的一组根 $\{z_i, 1 \leqslant i \leqslant p\}$ 等效地表示，即

$$A(z) = 1 - \sum_{i=1}^{p} a_i z^{-i} = \prod_{i=1}^{p} (1 - z_i z^{-1}) \tag{4-60}$$

若使 $A(z) = 0$，则可以解出 p 个根 $z_1, z_2, \cdots, z_p$。若 p 为偶数，那么一般情况下得到的是 $p/2$ 对复根，可以表示为

$$z_k = z_{kr} \pm j \cdot z_{ki}, \quad k = 1, 2, \cdots, p/2 \tag{4-61}$$

每一对根与信号谱中的一个共振峰相对应。如果把 Z 平面的根转换到 S 平面，令 $z_k = e^{s_k T}$，其中 T 为采样间隔。设 $S_k = \sigma_k + j\Omega_k$，则有

$$\Omega_k = \frac{1}{T} \arctan\left(\frac{z_{ki}}{z_{kr}}\right) \tag{4-62}$$

$$\sigma_k = \frac{1}{2T} \log(z_{kr}^2 + z_{ki}^2) \tag{4-63}$$

Ω_k 决定了共振峰的频率，σ_k 决定了共振峰的带宽。

4.3.4 LPC 倒谱

根据第 3 章的内容，语音信号的倒谱可以通过对信号做傅里叶变换，取模的对数，再求

反傅里叶变换得到。由于频率响应 $H(\omega)$ 反映声道的频率响应和被分析信号的谱包络,因此用 $\log|H(\omega)|$ 做反傅里叶变换求出的 LPC 倒谱系数,也可以认为包含了信号谱的包络信息,可以将其看作是对原始信号短时倒谱的一种近似。

通过线性预测分析得到的合成滤波器的系统函数为 $H(z) = \dfrac{1}{1 - \sum\limits_{i=1}^{p} a_i z^{-i}}$,其冲激响应

为 $h(n)$,下面求 $h(n)$ 的倒谱 $\hat{h}(n)$,首先根据同态处理方法,有

$$\hat{H}(z) = \log H(z) \tag{4-64}$$

因为 $H(z)$ 是最小相位的,即在单位圆内是解析的,所以 $\hat{H}(z)$ 一定可以展开成级数形式,即

$$\hat{H}(z) = \sum_{n=1}^{\infty} \hat{h}(n) z^{-n} \tag{4-65}$$

就是说 $\hat{H}(z)$ 的逆变换 $\hat{h}(n)$ 是存在的,设 $\hat{h}(0) = 0$,将上式两边同时对 z^{-1} 求导,得

$$\frac{\partial}{\partial z^{-1}} \log \left[\frac{1}{1 - \sum\limits_{i=1}^{p} a_i z^{-i}} \right] = \frac{\partial}{\partial z^{-1}} \sum_{n=1}^{\infty} \hat{h}(n) z^{-n} \tag{4-66}$$

得到

$$\sum_{n=1}^{\infty} n \hat{h}(n) z^{-n+1} = \frac{\sum\limits_{i=1}^{p} i a_i z^{-i+1}}{1 - \sum\limits_{i=1}^{p} a_i z^{-i}} \tag{4-67}$$

有

$$\left(1 - \sum_{i=1}^{p} a_i z^{-i} \right) \sum_{n=1}^{\infty} n \hat{h}(n) z^{-n+1} = \sum_{i=1}^{p} i a_i z^{-i+1} \tag{4-68}$$

通过式(4-68)可得到 $\hat{h}(n)$ 和 a_i 间的递推关系为

$$\begin{cases} \hat{h}(1) = a_1 \\ \hat{h}(n) = a_n + \sum\limits_{i=1}^{n-1} \left(1 - \dfrac{i}{n}\right) a_i \hat{h}(n-k), & 1 \leqslant n \leqslant p \\ \hat{h}(n) = \sum\limits_{i=1}^{p} \left(1 - \dfrac{i}{n}\right) a_i \hat{h}(n-i), & n > p \end{cases} \tag{4-69}$$

按式(4-69)可直接从预测系数 $\{a_i\}$ 求得倒谱 $\hat{h}(n)$。这个倒谱是根据线性预测模型得到的,又称为 LPC 倒谱。LPC 倒谱由于利用线性预测中声道系统函数 $H(z)$ 的最小相位特性,避免了一般同态处理中求复对数的麻烦。

4.3.5　全极点系统的冲激响应及其自相关函数

LPC 算法求解一个全极点模型 $H(z)$ 来逼近每一帧语音的实际声道函数。它的单位冲激响应 $h(n)$ 可以由下式确定:

$$\begin{cases} h(n) = 0, & n < 0 \\ h(n) = \sum\limits_{i=1}^{p} a_i h(n-i) + \delta(n), & n \geqslant 0 \end{cases} \tag{4-70}$$

$h(n)$ 的自相关函数 $R_h(j)$ 可以由下式求出:

$$R_h(j) = R_h(-j) = \sum_{n=0}^{\infty} h(n+j)h(n), \quad j = 1, 2, \cdots, p \tag{4-71}$$

容易证明 $R_h(j)$ 满足下列方程组:

$$R_h(j) = \sum_{i=1}^{p} a_i R_h(|j-i|), \quad j = 1, 2, \cdots, p \tag{4-72}$$

当 $\{a_i\}$ 为已知时,则可由这组方程解出 p 个未知数 $R_h(j), j = 1, 2, \cdots, p$。反过来也可以由这组自相关函数求出线性预测系数 $\{a_i\}$。

4.3.6 预测误差滤波器的冲激响应及其自相关函数

预测误差滤波器的传递函数为

$$A(z) = 1 - \sum_{i=1}^{p} a_i z^{-i}$$

其单位冲激响应为

$$a(n) = \delta(n) - \sum_{i=1}^{p} a_i \delta(n-i) = \begin{cases} 1, & n = 0 \\ a_n, & 0 < n \leqslant P \\ 0, & \text{其他} \end{cases} \tag{4-73}$$

$a(n)$ 的自相关函数为

$$R_a(j) = \sum_{n=0}^{p-j} a(n)a(n+j), \quad j = 1, 2, \cdots, p \tag{4-74}$$

4.3.7 对数面积比系数

由反射系数 $\{k_i\}$ 可以直接推导出一组重要参数——对数面积比系数,其定义为

$$g_i = \ln(A_{i+1}/A_i), \quad i = 1, 2, \cdots, p \tag{4-75}$$

其中,A_i 就是多节无损声管中第 i 节的截面积。根据式(4-58),将其变换后代入式(4-75),就可得到直接通过反射系数求取对数面积比系数的关系式:

$$g_i = \ln[(1-k_i)/(1+k_i)], \quad i = 1, 2, \cdots, p \tag{4-76}$$

同理,通过反变换也可以直接由 g_i 求 k_i:

$$k_i = (1 - e^{g_i})/(1 + e^{g_i}), \quad i = 1, 2, \cdots, p \tag{4-77}$$

对数面积比系数 g_i 相对于谱的变化的灵敏度比较平缓,因而特别适于量化。

4.4 线谱对分析法

线谱对参数(line spectrum pair,LSP)也是线性预测系数的一种推演参数。LSP 参数具有非常好的量化特性和插值特性,因而在声码器研究中获得广泛的应用。

4.4.1 线谱对分析的原理

设 i 阶线性预测器的逆滤波器为

$$A^{(i)}(z) = 1 - \sum_{j=1}^{i} a_j^{(i)} z^{-j}, \quad i = 1, 2, \cdots, p$$

将反射系数到线性预测系数的递推公式(4-21)代入上式可以得到

$$A^{(i)}(z) = A^{(i-1)}(z) - k_i z^{-i} A^{(i-1)}(z^{-1})$$

设 p 阶线性预测逆滤波器为 $A(z)$，即 $A(z)=A^{(p)}(z)$，定义两个 $(p+1)$ 阶的多项式：

$$P(z) = A(z) + z^{-(p+1)} A(z^{-1}) \tag{4-78}$$

$$Q(z) = A(z) - z^{-(p+1)} A(z^{-1}) \tag{4-79}$$

显然，$P(z)$ 相当于 $k_{p+1}=-1$ 时的 $A^{(p+1)}(z)$，而 $Q(z)$ 相当于 $k_{p+1}=1$ 时的 $A^{(p+1)}(z)$，而且不难看出：

$$A(z) = [P(z) + Q(z)]/2 \tag{4-80}$$

将式(4-78)和式(4-79)中的 $A(z)$ 和 $z^{-(p+1)}A(z^{-1})$ 分别写成如下形式：

$$A(z) = 1 - a_1 z^{-1} - a_2 z^{-2} - \cdots - a_p z^{-p} \tag{4-81}$$

$$z^{-(p+1)}A(z^{-1}) = z^{-(p+1)} - a_1 z^{-p} - a_2 z^{-(p-1)} - \cdots - a_p z^{-1} \tag{4-82}$$

则式(4-78)和式(4-79)可以写成

$$P(z) = 1 - (a_1+a_p)z^{-1} - (a_2+a_{p-1})z^{-2} - \cdots - (a_p+a_1)z^{-p} + z^{-(p+1)} \tag{4-83}$$

$$Q(z) = 1 - (a_1-a_p)z^{-1} - (a_2-a_{p-1})z^{-2} - \cdots - (a_p-a_1)z^{-p} - z^{-(p+1)} \tag{4-84}$$

可见 $P(z)$ 是一个对称的实系数多项式，而 $Q(z)$ 是一个反对称的实系数多项式，因此它们都有共轭的复根。从式(4-83)和式(4-84)还可以看出，它们分别有值为 ±1 的实根，即

$$P(z)\,|_{z=-1} = 0, \quad Q(z)\,|_{z=1} = 0 \tag{4-85}$$

可以证明：当 $A(z)$ 的零点都在单位圆内时，$P(z)$ 和 $Q(z)$ 的零点都在单位圆上，并且 $P(z)$ 和 $Q(z)$ 零点随 ω 的增加而交替出现，即

$$0 < \omega_1 < \theta_1 < \cdots < \omega_{p/2} < \theta_{p/2} < \pi \tag{4-86}$$

其中，ω_i 和 θ_i 分别为 $P(z)$ 和 $Q(z)$ 的第 i 个零点。于是 $P(z)$ 和 $Q(z)$ 可分别写成如下因式分解形式：

$$P(z) = (1 + z^{-1}) \prod_{i=1}^{p/2} (1 - 2\cos\omega_i z^{-1} + z^{-2}) \tag{4-87}$$

$$Q(z) = (1 - z^{-1}) \prod_{i=1}^{p/2} (1 - 2\cos\theta_i z^{-1} + z^{-2}) \tag{4-88}$$

参数 ω_i、θ_i 成对地出现，且反映信号的频谱特性，因此称为线谱对系数。我们知道，线性预测分析中的声道滤波器 $H(z)=G/A(z)$ 的频率响应的幅度，基本上反映的是被分析信号的频谱包络。由式(4-80)、式(4-87)和式(4-88)在单位圆上取值，可以求得

$$|H(\omega)| = G/|A(\omega)| = 2G/|P(\omega)+Q(\omega)|$$

$$= 2^{(1-p)/2}G / \left[\sin^2(\omega/2) \prod_{i=1}^{p/2} (\cos\omega - \cos\theta_i)^2 + \cos^2(\omega/2) \prod_{i=1}^{p/2} (\cos\omega - \cos\omega_i)^2 \right]$$

$$\tag{4-89}$$

从上式可以看出，当 ω 接近于 0 或 $\theta_i(i=1,2,\cdots,p/2)$ 时，上式中括号中第一项接近于零，而当 ω 接近于 π 或 $\omega_i(i=1,2,\cdots,p/2)$ 时，上式中括号中第二项接近于零。一般每对零点 (ω_i,θ_i) 对应于一个共振峰。当 ω_i 和 θ_i 很靠近时，第 i 个共振峰就很尖锐，共振峰带宽就很窄。因此 $\omega_i \neq \theta_i(i=1,2,\cdots,p/2)$ 就是保证声道滤波器 $H(z)$ 稳定的充分必要条件。总之，线谱对分析是用 p 个离散频率 ω_i 和 θ_i 的分布密度来表示语音信号频谱特性的一种方法。

4.4.2　线谱对参数的求解

求解线谱对参数就是求解多项式 $P(z)$ 和 $Q(z)$ 关于 z 的根。当线性预测系数 $\{a_i\}$ 已知

时,可以用如下两种方法来求 LSP 参数:

1. 代数方程式求根

因为

$$\prod_{j=1}^{m}(1-2z^{-1}\cos\omega_j+z^{-2}) = (2z^{-1})^m \cdot \prod_{i=1}^{m}\left[\frac{(z+z^{-1})}{2}-\cos\omega_j\right]$$

令 $(z+z^{-1})/2\big|_{z=e^{j\omega}}=\cos\omega=y$,可以通过变换使 $P(z)/(1+z^{-1})=0$ 和 $Q(z)/(1-z^{-1})=0$ 表示成关于 y 的一对 $p/2$ 次代数方程组。这对代数方程可以用牛顿迭代法求解得到方程的根,再进一步可求出 ω_i 和 θ_i。

2. DFT 法

对 $P(z)$ 和 $Q(z)$ 的系数求 DFT,得到 $z_k=e^{-j\frac{k\pi}{N}}(k=0,1,\cdots,N)$ 各点的值,搜索极小值点的位置,也就是可能的零点的位置。利用式(4-86),可使查找零点的计算量大大减少。可以证实,N 值取 64~128 就能够满足要求。这种方法直接得到线谱对参数的编码,码长决定于 N 的取值。DFT 法是一种很实用的线谱对参数求解方法。

4.5　感知线性预测 PLP 系数

感知线性预测(perceptual linear predictive,PLP)技术,是将人耳听觉试验获得的一些结论,通过近似计算的方法进行工程化的处理,之后应用到频谱分析中。经过这样处理后的语音频谱考虑到了人耳的听觉特点,因而有利于语音信号处理。PLP 方法的过程可用图 4-5 来表示。

下面介绍 PLP 分析的具体过程。

1. 频谱分析

语音信号经采样、加窗、离散傅里叶变换后,取短时语音频谱的实部和虚部的平方和,得到短时功率谱,即

$$P(\omega) = \text{Re}[X(\omega)]^2 + \text{Im}[X(\omega)]^2 \tag{4-90}$$

2. 临界带分析(critical-band spectral resolution)

将频谱 $P(\omega)$ 的频率轴 ω 映射到 Bark 频率 Ω,有

$$\Omega(\omega) = 6\ln\{\omega/1200\pi + [(\omega/1200\pi)^2+1]^{0.5}\} \tag{4-91}$$

按临界带曲线对 Ω 进行变换,得

$$\Psi(\Omega) = \begin{cases} 0, & \Omega < -1.3 \\ 10^{2.5(\Omega+2.5)}, & -1.3 \leqslant \Omega \leqslant -0.5 \\ 1, & -0.5 < \Omega < 0.5 \\ 10^{-(\Omega-0.5)}, & 0.5 \leqslant \Omega \leqslant 2.5 \\ 0, & \Omega > 2.5 \end{cases} \tag{4-92}$$

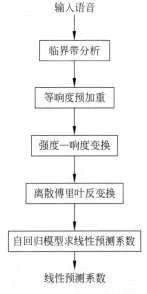

图 4-5　PLP 语音分析方框图

$\Psi(\Omega)$ 与 $P(\omega)$ 的离散卷积将产生临界带功率谱,即

$$\theta(\Omega_i) = \sum_{\Omega=-1.3}^{2.5} P(\Omega-\Omega_i)\Psi(\Omega) \tag{4-93}$$

一般 $\theta(\Omega)$ 按每个 Bark 间隔进行采样,通过选择合适的采样间隔可以保证用整数的采样值能覆盖整个分析频带。例如典型的使用 0.994 Bark 间隔,用 $\theta(\Omega)$ 的 18 个频谱采样覆盖 0~16.9 Bark(0~5kHz)的带宽。

3. 等响度预加重(equal-loudness preemphasis)

$\theta[\Omega(\omega)]$按模拟等响度曲线进行预加重,即

$$\Xi[\Omega(\omega)] = E(\omega)\theta[\Omega(\omega)] \tag{4-94}$$

函数$E(\omega)$近似地反映人耳对不同频率的不同敏感性,且

$$E(\omega) = [(\omega^2 + 56.8 \times 10^6)\omega^4]/[(\omega^2 + 6.3 \times 10^6)^2 \times (\omega^2 + 0.38 \times 10^9)] \tag{4-95}$$

4. 强度—响度转换(intensity-loudness power law)

在进行全极点模型求线性预测系数之前的最后一步为响度幅值的压缩

$$\Phi(\Omega) = \Xi(\Omega)^{0.33} \tag{4-96}$$

这一步是近似和模拟声音的强度与人耳感受的响度间的非线性关系。

5. 全极点模型求线性预测系数

这一步的具体过程为本章第4.2节的内容。

从上面PLP的处理过程可以看出,这种技术就是将人耳听觉的各种特性通过工程化处理,用简化的模型来加以模拟。因而经过这样处理后获得的频谱更符合人耳的听觉特点,有利于进行语音信号处理。一些研究表明,对噪声环境下的语音识别,采用PLP特征比MFCC特征的性能更好一些。不难看出,尽管PLP已经对听觉的各种特性进行了相应的简化,但其各个计算步骤还是相当复杂,运算量仍然较大。

参考文献

[1] 杨行峻,迟惠生等. 语音信号数字处理[M]. 北京:电子工业出版社,1995.

[2] Huang X D, Acero A, Hon H W, Reddy R. Spoken Language Processing: A Guide to Theory, Algorithm and System Development[M]. New Jersey: Prentice Hall PTR,2001.

[3] Rabiner L, Juang B H. Fundamentals of Speech Recognition[M]. 北京:清华大学出版社,1999.

[4] 易克初,田斌,付强. 语音信号处理[M]. 北京:国防工业出版社,2000.

[5] 胡广书. 数字信号处理[M]. 北京:清华大学出版社,1997.

[6] 王炳锡. 语音编码[M]. 西安:西安电子科技大学出版社,2002.

[7] Hermansky H. Perceptual Linear Predictive(PLP)Analysis of Speech[J]. Journal of Acoustical Society of America,1990,87(4): 1738-1752.

语 音 编 码

  语音信号的数字化传输一直是通信发展的主要方向之一,语音的数字通信与模拟通信相比,无疑具有更好的效率和性能,这主要体现在:①具有更好的话音质量;②具有更强的抗干扰性,并易于进行加密;③可节省带宽,能够更有效地利用网络资源;④更加易于存储和处理。最简单的数字化的方法是直接对语音信号进行模/数转换,只要满足一定的采样率和量化要求,就能够得到高质量的数字语音。但这时语音的数据量仍旧非常大,因此在进行传输和存储之前,往往要对其进行压缩处理,以减少其传输码率或存储量,即进行压缩编码。传输码率也称为数码率或编码速率,表示为传输每秒钟语音信号所需要的比特数。语音编码的目的就是要在保证语音音质和可懂度的条件下,采用尽可能少的比特数来表示语音。

  早在 20 世纪 30 年代末期,语音编码技术的研究已经开始。而近年来,在数字通信领域实际需求的强力推动下,随着计算机技术的高速发展,语音编码技术的研究获得了突飞猛进的发展,并得到了广泛的应用,由此形成了比较完善的理论和技术体系。具体表现为,当今世界上存在着数量众多的语音编码的国际标准和地区性标准,并且该领域也成为国际标准化工作中最为活跃的研究领域。

  最早提出的语音编码标准是数码率为 64Kbps 的 PCM 波形编码器,而在 20 世纪 90 年代中期出现了很多被广泛使用的语音编码国际标准,例如:数码率为 5.3/6.4Kbps 的 G.723.1、数码率为 8Kbps 的 G.729 等。此外,也存在着各种未形成国际标准,但数码率更低的成熟的编码算法,有的算法数码率甚至可以达到 1.2Kbps 以下,但仍能提供可懂的语音。

  语音编码方式有很多种划分方法。从数码率的角度可以将语音编码划分成五大类:高速率(32Kbps 以上)、中高速率(16～32Kbps)、中速率(4.8～16Kbps)、低速率(1.2～4.8Kbps)和极低速率(1.2Kbps 以下)。

  从采用的编码方法的角度还可以分为三类:波形编码、参数编码和混合编码。波形编码是根据语音信号的波形导出相应的数字编码形式,其目的是尽量保持波形不变,使接收端能够忠实地再现原始语音。波形编码具有抗噪性能强、语音质量好等优点,但需要有较高的数码率,一般为 16～64Kbps。参数编码又称为声码器技术,它通过对语音信号进行分析,提取参数来对参数进行编码。在接收端能够用解码后的参数重构语音信号,参数编码主要是从听觉感知的角度注重语音的再现,即让解码语音听起来与输入语音是相同的,而不是保证其波形相同。参数编码一般对数码率的要求要比波形编码低得多。混合编码是上述两种方法的有机结合,同时从两个方面构造语音编码,一方面增加语音的自然度,提高了语音质量,另一方面相对于波形编码实现较低的数码率指标。

在对语音信号压缩很多倍后仍可以得到可懂的语音,是因为语音信号中存在大量的冗余信息,而语音编码就是利用各种编码技术减少语音信号的冗余度。此外语音编码中也充分地利用了人耳的听觉掩蔽效应,一方面去除将会被掩蔽的语音信号,实现数据的压缩;另一方面控制量化噪声,使其低于掩蔽阈值,即使在较低数码率的情况下,也能获得高质量的语音。

在本章中,5.1节主要介绍几种常用的波形编码算法;5.2节介绍参数编码器和混合编码器;5.3节介绍极低速率语音编码技术;在5.4节中对语音编码器的性能指标和质量评测方法进行讨论;最后在5.5节中对语音编码国际标准的情况进行介绍。

5.1 波形编码

5.1.1 均匀量化 PCM

最直接的语音数字化的方法是对其进行 A/D 转换,包括采样和量化两个过程。采样时,采样频率要高于信号中最高频率的两倍,以避免发生混叠失真。因此一般情况下在采样前应该进行抗混叠滤波,即进行低通滤波,以控制信号的最高频率。量化时将采样得到的样本的幅度用均匀量化的方法表示成二进制数字信号,相当于用一组二进制脉冲序列表示各量化后采样值,于是语音波形信号就被表示成一组用数字编码的脉冲序列。这种编码方法被称为脉冲编码调制(pulse coding modulation,PCM),其编码原理如图 5-1 所示。

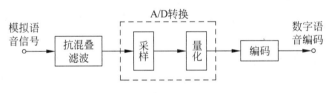

图 5-1　PCM 编码原理图

量化过程不可避免地会产生误差,量化误差 $e(n)$ 可以定义为

$$e(n) = \bar{x}(n) - x(n) \tag{5-1}$$

式中,$\bar{x}(n)$ 为量化后的信号,$x(n)$ 为量化前的采样信号。

量化误差也被称为量化噪声。对于均匀量化器来说,量化噪声的功率仅取决于量化间隔 Δ,而与输入信号的功率及概率分布无关。如公式(3-3)所示,可以计算出当 $B=12$ 时,采样频率为 8kHz 的均匀量化器所产生的数字语音的信噪比可达 60dB,基本上可以满足高质量的电话通信要求。此时 PCM 的编码速率为 $8\text{kHz}\times12=96\text{Kbps}$。

5.1.2 非均匀量化 PCM

均匀量化 PCM 编码器的主要问题是编码速率高。由于要满足一定信噪比的要求,所以量化间隔就不能太大,而当语音信号动态变化范围较大时,为了防止幅度较大的信号因超出量化范围而出现过载,必须使用较高的量化比特数。解决的方法是,依据语音信号的幅度统计分布特性,进行非均匀量化。在语音信号中,样本的幅度值不是均匀分布的,信号大量地集中在小幅度值上。如果对小幅度样本使用小的量化间隔,则可以进行精确量化;若对大幅度样本使用大的量化间隔,则既可成功地提高信噪比,又可避免大信号的过载。均匀量化和非均匀量化的特性如图 5-2 所示。

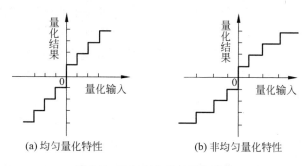

(a) 均匀量化特性   (b) 非均匀量化特性

图 5-2 均匀与非均匀量化特性

最常用的非均匀量化方法是对数压扩方法。编码时,利用语音信号的幅度统计特性,对幅度按对数变换进行压缩,然后再进行均匀量化。解码时,则进行逆向的扩张变换。在实际使用中有各种不同的变换方法,如 μ 律变换、A 律变换等。

设 $x(n)$ 为语音波形的采样值,则 μ 律压缩定义为

$$y(n) = F_\mu[x(n)]$$

$$= X_{\max} \frac{\ln\left[1 + \mu \dfrac{|x(n)|}{X_{\max}}\right]}{\ln(1+\mu)} \operatorname{sgn}[x(n)] \quad (5\text{-}2)$$

即将输入语音 $x(n)$ 压缩变换为 $y(n)$,然后再进行均匀量化编码。式中,$X_{\max}$ 是 $x(n)$ 的最大幅值,μ 是常数,用于调节压缩的程度,μ 越大其压缩程度越高。当 $\mu=0$ 时表示不进行压缩,通常 μ 值在 $100\sim500$ 之间取值。图 5-3 给出了不同 μ 值时 μ 律的压扩特性曲线。

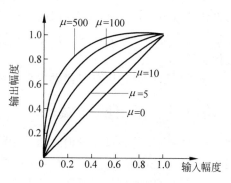

图 5-3 μ 律特性的输入输出关系

A 律的压缩方法与 μ 律相似,按如下公式进行:

$$y(n) = F_A[x(n)] = \begin{cases} \dfrac{A|x(n)|}{1+\ln A}\operatorname{sgn}[x(n)] & \left(0 \leqslant \dfrac{|x(n)|}{X_{\max}} < \dfrac{1}{A}\right) \\[4mm] X_{\max}\dfrac{1+\ln[A|x(n)|/X_{\max}]}{1+\ln A}\operatorname{sgn}[x(n)] & \left(\dfrac{1}{A} \leqslant \dfrac{|x(n)|}{X_{\max}} \leqslant 1\right) \end{cases}$$

$$(5\text{-}3)$$

目前,非均匀量化的 PCM 编码广泛地应用在数字电话网中,北美和日本主要使用 μ 律压缩,我国则采用 A 律压缩。

5.1.3 自适应量化 PCM

除了上文介绍的非均匀量化的方法外,还可以通过自适应量化的方法来提高信噪比。由于语音信号的特性是随时间变化的,能量时大时小,因此可以采用自适应的方法,对短时能量比较大的信号,采用比较大的量化间隔进行量化,相反的,对短时能量比较小的信号,可

以采用比较小的量化间隔进行量化,这样有助于减少量化噪声,提高量化后信号的信噪比。这种方法称为自适应量化 PCM(adaptive PCM,APCM)。它的量化器特性随着输入信号短时能量的变化而自适应地变化。在自适应量化器中,除了可以采用量化间隔作为量化器的特性外,还可以采用放大增益来作为量化器特性,实现时在固定量化器前加一个自适应的增益控制,对能量较大的信号采用较小的放大增益,对能量较小的信号,采用较大的放大增益。可以看出,这种自适应改变放大增益的方法,与自适应的改变量化间隔的方法是等效的。显而易见,APCM 编码器除了要发送量化结果外,还需要发送自适应调整参数作为边信息,使解码端能获知当前采样点的量化器特性。

可以根据下式计算自适应参数:

$$\begin{cases} \Delta(n) = \Delta_0 \cdot \sigma(n) \\ G(n) = G_0/\sigma(n) \end{cases} \tag{5-4}$$

$\Delta(n)$ 和 $G(n)$ 分别对应第 n 个采样点的量化间隔和放大增益。其中 $\sigma^2(n)$ 为输入语音信号的方差。式(5-4)表明,$\Delta(n)$ 正比于输入信号方差 $\sigma^2(n)$,通常认为,时变的方差 $\sigma^2(n)$ 正比于信号的短时能量,因此 $\Delta(n)$ 也就正比于信号的短时能量。而 $G(n)$ 反比于信号的方差和短时能量。

APCM 的自适应方案又可分为前馈自适应和反馈自适应两种。采用前馈自适应方案,$\Delta(n)$ 和 $G(n)$ 是由输入信号本身估算出来的。而采用反馈自适应方案,则是用量化器的输出来估算 $\Delta(n)$ 和 $G(n)$,即用前面信号的情况来估算后面信号的短时能量和方差。因此,前馈自适应能得到更好的信噪比指标,但需要一定的编码延迟,而反馈自适应方案不需要传输边信息。

采用自适应量化后可以提供更高的信噪比,一般可以得到约 4~6dB 的编码增益。

5.1.4 差分脉冲编码

语音编码就是通过减少语音信号中的信息冗余度来实现数据压缩,这种冗余度的最直接的证据,就是语音采样信号之间具有很强的相关性。分析表明,当采样频率为 8kHz 时,相邻采样值之间的自相关系数一般在 0.85 以上。可以利用这种相关性减小量化字长,从而降低编码速率。由于相邻采样值之间的差值远小于采样值本身,因此可以设计一种编码方法,对差值进行编码,而不是对采样值本身进行编码,这种编码方法称为差分脉冲编码(difference PCM,DPCM)。

产生差分信号的最简单的方法是直接存储前一次的采样值,然后用本次采样值去计算差值,经量化得到数字语音编码。解码端则做相反的处理,恢复原信号。其原理如图 5-4 所示。图中 $x(n)$ 为输入语音,$d(n)$ 为差值信号,$Q[\cdot]$ 为量化器,$c(n)$ 为语音编码,$\bar{x}(n)$ 为解码后的语音。

用 Z 变换考察各点信号的时域关系,有

$$C(z) = X(z)(1 - z^{-1}) + E(z) \tag{5-5}$$

和

$$\bar{X}(z) = \frac{C(z)}{1 - z^{-1}} = X(z) + \frac{E(z)}{1 - z^{-1}} \tag{5-6}$$

式中,$E(z)$ 为量化器量化噪声 $e(n)$ 的 Z 变换。

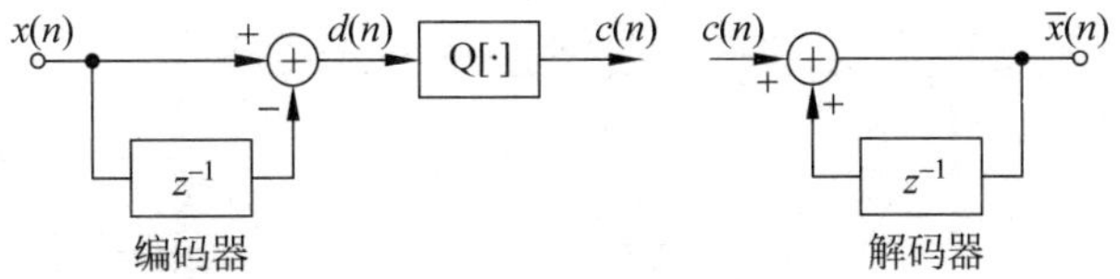

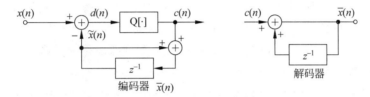

图 5-4 DPCM 原理图

由式(5-6)可以看出,量化器所产生的量化噪声被累积叠加到了输出信号中,即每次的量化噪声信号都被记忆下来,然后叠加到下一次输出中。如果量化噪声始终是同一方向,则输出信号会越来越偏离正常信号。为了解决这一问题,编码器应该用前一次解码后的采样值替代前一次的输入采样值,以生成差分信号。如图 5-5 所示,编码器通过反馈的方式由差分编码重构生成前一次的采样值。

图 5-5 实际 DPCM 结构图

采用如图 5-5 所示的结构后,若一个采样点的量化噪声信号为正,则重构的采样值 $\bar{x}(n)$ 必将大于 $x(n)$,在下一个时刻,由于使用重构的采样值来计算差分,使差分信号变小而抵消上一次量化噪声的影响。从 Z 变换的角度进行分析会得到同样的结论,从图可知

$$\widetilde{X}(z) = \frac{C(z)z^{-1}}{1 - z^{-1}} \tag{5-7}$$

编码结果为

$$C(z) = X(z) - \widetilde{X}(z) + E(z) \tag{5-8}$$

将式(5-7)带入到式(5-8)中,得

$$C(z) = (X(z) + E(z))(1 - z^{-1}) \tag{5-9}$$

因此有

$$\overline{X}(z) = \frac{C(z)}{1 - z^{-1}} = X(z) + E(z) \tag{5-10}$$

可见,已经消除了量化噪声的积累。

上面所叙述的是差分脉冲编码的一种简单形式,它仅利用两个相邻采样值之间的相关性。实际上,当前输入的采样值不仅与上一时刻的采样值相关,而且也与前面若干个采样值相关,充分利用这些相关性无疑能够得到更多的编码增益。可以应用第 4 章曾详细讨论过的线性预测分析的方法来实现一般形式的差分脉冲编码。根据线性预测分析的原理,可以用过去的一些采样值的线性组合来预测和推断当前的采样值,得到一组线性预测系数,且预测所带来的误差 $e(n)$ 的动态范围和平均能量均比信号 $x(n)$ 要小得多,预测阶数越高,预测误差就越小,相应的编码速率就可以越低。图 5-6 为采用线性预测的 DPCM 的一般结构图。

图 5-6 中 $P(z)$ 为线性预测多项式,a_i 为线性预测系数,p 为预测阶数。有

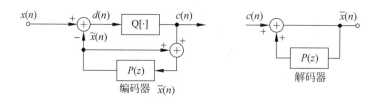

图 5-6　DPCM 的一般结构图

$$P(z) = \sum_{i=1}^{p} a_i z^{-i} \tag{5-11}$$

可以看出,当预测阶数为 1,且 $a_1 = 1$ 时,就得到前文所述简单形式的差分脉冲编码器。

　　差分脉冲编码采用差分(预测误差)信号进行编码,由于差分信号能量比原输入信号能量要小得多,因此量化限幅电平也可以小得多。这样在量化电平数不变的条件下,差分量化器的量化间隔就可以比原输入信号的量化间隔小,从而减少量化噪声。因此差分编码的信噪比将比直接对原信号编码的 PCM 高,由此得到差分增益或称预测增益,其值等于原信号能量和差分信号能量之比。

　　从另一角度来讲,在保持信噪比不变的条件下,差分编码器可以通过减少量化字长,即减少量化电平数的方法来降低编码速率。分析表明,1 阶预测 DPCM 的差分增益为 5dB,可比 PCM 减少 1 比特编码长度,即编码速率可降低到 56Kbps。3 阶预测 DPCM 能减少 1.5~2 比特编码长度,编码速率可降低到 48Kbps。

5.1.5　自适应差分脉冲编码

1. 自适应差分脉冲编码的原理

　　差分编码器的编码速率能降低到什么程度,主要取决于其预测精度,即其预测误差的大小。上节所述的 DPCM 采用的是固定系数的线性预测器,从第 4 章的内容可知,由于语音信号的不平稳性,显然不能保证其总是最佳预测器,从而使预测误差最小。比较好的方法是在编码的过程中,采用自适应技术动态地调整预测器系数。此外,用自适应量化技术对差分信号进行量化,也能进一步降低编码速率。一般将采用自适应量化及高阶自适应预测的 DPCM 称作自适应差分脉冲编码(adaptive DPCM,ADPCM)。

　　前馈型 ADPCM 的编码原理如图 5-7 所示,与图 5-6 相比较可知,系统的核心部分与 DPCM 相同,但 $P(z)$ 的系数受自适应逻辑控制,另外增加了自适应量化的功能。

　　从图 5-7 可知,当自适应量化采用前馈自适应时,编码器输出包括 3 类信息:

(1) 预测误差信号编码码字 $c(n)$;

(2) 预测器系数 $a_i(n)$;

(3) 量化间隔 $\Delta(n)$ 或者增益因子 $G(n)$。

　　如果自适应量化采用反馈自适应方法,编码器就不必传送 $\Delta(n)$ 和 $G(n)$,而由解码端根据前面的信号估算得到。

　　自适应线性预测以帧为单位进行,根据本帧语音波形的时间相关性确定预测系数,使预测误差信号的方差最小。可以采用第 4 章所述的自相关函数法等方法求取线性预测系数。自适应线性预测又可以分为前向预测和反向预测两种,前向预测采用当前帧的采样值计算

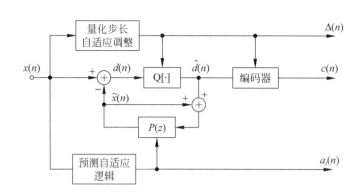

图 5-7 ADPCM 系统编码器原理图

出预测器系数,然后计算当前帧的预测信号,得出预测误差信号进行编码。其预测精度较高,并可获得较低的编码速率,代价是引入一帧时间的算法时延。反向预测采用上一帧的样本值算出预测器系数,以此预测器计算当前帧的预测信号,它虽然没有算法时延,但预测精度较低。

2. G.726 语音编码

ADPCM 已形成国际标准,ITU-T(原 CCITT)在 1988 年制定了 G.726 标准,将 1984 年和 1986 年分别制定的 ADPCM 标准 G.721 和 G.723 进行了合并,同时也删除了上述两个标准。G.726 能提供 4 种数码率:40Kbps、32Kbps、24Kbps、16Kbps。其语音质量相当于 64Kbps 的 PCM 编码,并具有很好的抗误码性能。图 5-8 为 G.726 的编码器方框图。编码器的输入为 8 位的 A 律或 μ 律 PCM 信号,首先通过转换器将其转换为 14 位的均匀量化的 PCM 编码。然后减去线性预测器输出的预测信号 $x_e(n)$,得到预测误差信号 $d(n)$,再经非均匀自适应量化器得到编码信号 $c(n)$。一方面将 $c(n)$ 传送给解码器;另一方面将其输入反向自适应量化器进行 D/A 转换,还原得到模拟量化差分信号 $d_q(n)$,供反馈回路生成重构信号和预测信号。自适应量化器和反向自适应量化器均受尺度因子 $y(n)$ 控制,其量化特性的变化与信号的动态范围相匹配。自适应量化速度控制器采用双模式自适应:对幅度变化较大的语音信号进行快速处理,其标尺因子为 $y_u(n)$;对幅度变化较小的带内数据和信令进行慢速自适应处理,其尺度因子为 $y_l(n)$。总的标尺因子 $y(n)$ 为 $y_u(n)$ 和 $y_l(n)$ 的线性组合,即

$$y(n) = k_1(n)y_u(n-1) + [1-k_1(n)]y_l(n-1) \tag{5-12}$$

式中,$k_1(n)$ 为自适应控制参数,有 $0 \leqslant k_1(n) \leqslant 1$。$k_1(n)$ 由自适应速率控制器模块根据差分信号变化速率确定。对于语音数据,$k_1(n)$ 趋于 1,对于带内数据或信令,$k_1(n)$ 趋于 0。$t_r(n)$ 和 $t_d(n)$ 为信号音检测信号,由信号音和转换检测器生成,供自适应控制模块转换适应模式。

自适应预测器根据量化差分信号 $d_q(n)$ 计算预测信号 $x_e(n)$,用一个两阶的全极点滤波器和一个六阶的全零点滤波器实现。G.726 采用反馈型自适应和反向预测的方法,编码中仅包括预测误差信号编码,不包含预测系数和自适应量化器的量化间隔或增益因子等参数。

解码器方框图如图 5-9 所示,其模块基本上与编码器中的反馈回路部分相同。其中同步编码调整模块的作用是防止同步级联情况下产生累计失真,调整 PCM 输出编码以消除后面一个 ADPCM 级的量化失真。

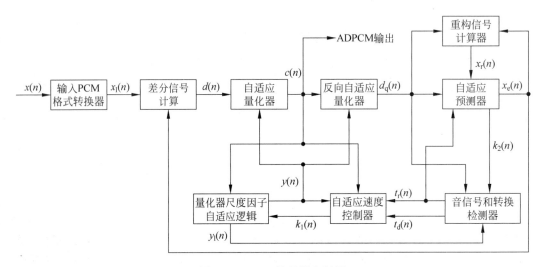

图 5-8 G.726 编码器方框图

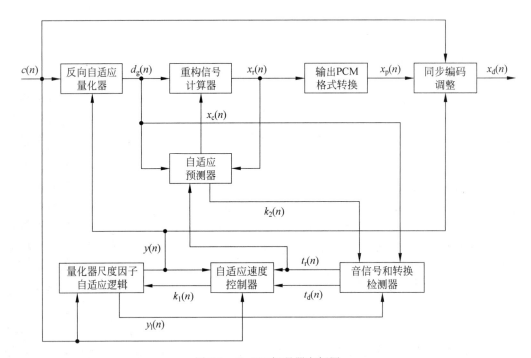

图 5-9 G.726 解码器方框图

3. 长时预测和噪声整形

在 ADPCM 系统中增加长时预测和噪声整形机制,可以进一步改善编码质量。ADPCM 中的线性预测器是利用相邻若干样本的采样值来预测当前样本的采样值,这种预测经常被称为短时预测。实际上,对短时预测所得到的预测误差信号还可以再次进行长时预测,从而得到功率更小的差分信号,获得更高的编码增益。浊音信号是准周期信号,其周期相当于基音周期,因此相邻周期的样本之间具有很大的相关性。经过短时预测之后,预测误差序列仍然保持着这种相关性,从而显示出明显的周期性。利用这种周期性再次进行预

测,预测器函数为

$$P(z) = \beta z^{-D} \tag{5-13}$$

式中,β 为预测系数,D 为基音周期。即用上一个基音周期的采样值来预测当前周期的采样值。这样,用预测信号计算获得的差分信号必然因去除了周期性而功率更小,从而可以进一步压缩量化字长。为了与短时预测的概念相区别,经常将这种基于基音周期的预测称为长时预测。

在语音编码中,量化器不可避免地会产生量化噪声。这种量化噪声可以近似地看做是高斯白噪声,即噪声谱是平坦的。但是由于人耳的听觉灵敏度在整个谱上并不是均匀分布的,因此方差最小的量化噪声信号对人耳的感觉来说不一定是最小的。如果能整形噪声谱,使其在人耳感觉灵敏的频段内噪声能量小,而相对地在人耳不灵敏的频段内噪声能量大,无疑会使噪声更不易被察觉,从而提高语音质量。噪声整形的工作原理如图 5-10 所示。

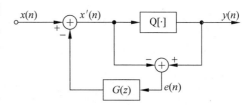

图 5-10　噪声谱整形工作原理图

量化噪声通过噪声整形滤波器 $G(z)$ 进行负反馈,$E(z)$ 为整形前的量化误差 $e(n)$ 的 Z 变换,$E'(z)$ 为整形后的量化误差,量化器输出为

$$Y(z) = X'(z) + E(z) = X(z) - E(z)G(z) + E(z) \tag{5-14}$$

$$E'(z) = [1 - G(z)]E(z) \tag{5-15}$$

对 $E(z)$ 的频谱按 $1-G(z)$ 进行整形,就得到整形后的量化误差的频谱。噪声整形技术的关键是如何选取合适的噪声整形滤波器 $G(z)$,以得到满意的噪声谱。选取的方法很多,这里介绍较常用的三种方法:

(1) 利用人耳的听觉掩蔽效应,使噪声谱的包络形状跟随语音频谱的包络变化,从而使量化噪声的能量集中在信号的高能量区域,如共振峰处。通过语音信号来掩盖噪声,获得更好的主观听觉效果。

(2) 整形噪声谱使其符合人耳的听觉灵敏度曲线,使噪声能量集中在听觉不敏感的区域内。国际标准组织认可的人耳听觉灵敏度曲线如:E-计权曲线、F-计权曲线等。

(3) 对量化噪声进行低频衰减、高频提升,从而把大部分量化噪声转移到信号频带以外,提高量化信号的信噪比。

5.1.6　增量调制和自适应增量调制

增量调制(delta modulation,DM)是 DPCM 的一种特殊形式。根据采样定理,采样频率必须大于奈奎斯特频率。当系统的采样频率大于奈奎斯特频率很多倍时,则相邻采样值之间的相关性会变得非常强,差分信号的幅值会在一个很小的动态范围内变化,这样就可以用正负两个固定的电平来表示差分信号。因此在 DM 中,仅用 1 比特就能量化差分信号,即只需指示极性。所采用的固定电平值被称为量化阶梯,在接收端,用上升下降的阶梯波形来逼近语音信号。

基本的 DM 使用固定的量化阶梯 Δ,当差分信号的幅值大于 Δ 时,量化为 0;小于 $-\Delta$ 时,量化为 1;若差分信号的绝对值小于 Δ,既可取 0 也可取 1,一般应让 0 和 1 交替出现。如何选取适当的 Δ 值,要考虑两方面的因素:一方面若 Δ 值选取的太小,则当语音急剧变

化时,重构信号会因不能反映信号的变化而产生斜率过载失真;另一方面,若 Δ 选取的太大,则当输入信号变化比较平稳时,量化输出将呈现 0、1 交替的序列,使重构信号围绕着某一固定电平重复增减,产生颗粒噪声。实际上,由于这两方面的因素相互矛盾,很难确定一个适当的 Δ 值。解决办法是采用自适应技术,实现自适应增量调制(adaptive DM,ADM)。

ADM 的基本原理是使 Δ 值随信号的平均斜率而变化,斜率大时,Δ 值自动增大;反之 Δ 值减小。这样 Δ 值跟随输入波形自适应的变化,使得斜率过载失真和颗粒噪声都减至最小。ADM 一般采用反馈自适应方式,避免发送边信息。

5.1.7 子带编码

以上所介绍的都是基于时域的波形编码技术。下面介绍两种频域编码:子带编码和自适应变换域编码。本节主要介绍子带编码,而自适应变换域编码将在下节中详细介绍。

所谓子带编码(sub-band coding,SBC),就是首先将输入信号分割成几个不同的频带分量,然后再分别进行编码。这种编码方式主要有以下四个优点:

(1)语音信号的频谱是非平坦的,且对人耳的听觉的贡献也是不均匀的。多数人的语音信号能量主要集中在 $500\text{Hz} \sim 1\text{kHz}$ 左右,并随着频率的升高衰减得很快。因此子带编码可以根据不同频段给各子带合理地分配量化字长,使编码速率更精确地与各子带的信源统计特性相匹配。例如可以用较高的比特数使低频带的基音和共振峰保存较高的精度,而对发生在高频带的摩擦音及噪声样值只分配较少的编码比特。

(2)高频段的子带信号可以通过频谱平移变换成基带信号,然后用相对较低的采样频率进行欠采样后再进行编码。这样编码中各子带信号的采样率显然都远低于原信号的采样率,从而得到较低的编码速率。

(3)调整不同子带的量化字长,就控制了总的量化噪声的频谱形状,进一步与语音心理-生理模型相结合,可将噪声谱按人耳主观噪声感知特性来成形。

(4)各子带内的量化噪声都被束缚在本子带内,这样就避免能量较小频带内的输入信号被其他频段的量化噪声所掩盖。

子带编码的工作原理如图 5-11 所示,首先用一组带通滤波器(BPF)将输入信号频带分割成若干个子频带,然后用调制的办法将这些带通信号经过频谱平移变成基带信号,以利于降低采样率进行抽取(进行欠采样),抽取后的信号按波形编码技术(PCM、ADPCM 等)进行编码。最后将各子带的编码数据复接成一个总编码数据发送给接收端。接收端首先通过内插恢复原始的采样率,然后经过频率平移恢复到原来的频段,最后各个频带的分量相加得到重构语音信号。

子带编码中各带通滤波器的宽度可以相同,也可以不同。等带宽子带编码虽然易于用硬件实现,但因为没有考虑人耳的听觉效果,难以获得很好的语音质量。一般情况下都采用不等带宽子带编码,而且按照对主观听觉贡献相等的原则来分配各子带的带宽。同时为了易于实现频谱平移,实际使用时往往采用"整数带"采样方法。所谓整数带,是指子带最低频率为子带带宽的整数倍,这样平移频谱成分时,可以不用调制器而直接实现,如图 5-12 所示。

子带编码中,重构信号的质量受带通滤波器组的性能影响很大。理想情况下,各子带之和可以覆盖全部信号带宽,而不重叠。但实际上,数字滤波器的阻带和通带总存在波动,难

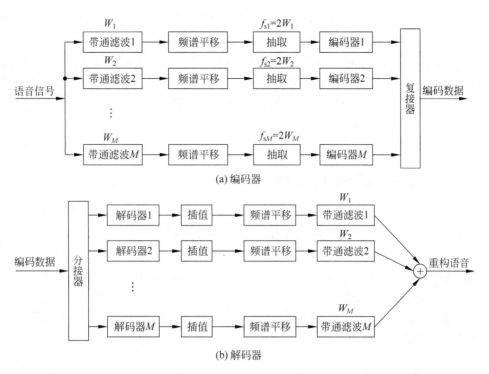

(a) 编码器

(b) 解码器

图 5-11 子带编码原理框图

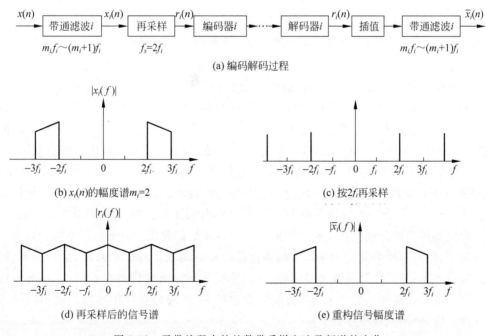

(a) 编码解码过程

(b) $x_i(n)$的幅度谱$m_i=2$

(c) 按$2f_i$再采样

(d) 再采样后的信号谱

(e) 重构信号幅度谱

图 5-12 子带编码中的整数带采样方法及频谱的变化

以得到这种理想情况。如果子带滤波后的各频带重叠太多,将会需要更大的数码率;原来各独立子带的误差也会影响相邻的子带,造成混叠现象。早期的解决方法是让相邻子带间留有间隙,尽管如此,这些间隙仍会引起输出结果的回声现象。现在多采用正交镜像滤波器

(quadrature mirror filter,QMF)技术来解决这一问题。QMF 允许编码器分解滤波中的混叠现象,而在解码端通过重构滤波器可以准确无误地消除混叠。

ITU-T 制定的 G.722 标准就是基于 SBC 的编码器算法,它采用 ADPCM 技术对抽取后的信号进行编码,该算法将采样频率提高到 16kHz,以适应高质量语音应用的场合,例如电话会议或视频会议等。它利用正交镜像滤波器将语音频带分成两个子带,高端子带采用 16Kbps 的 ADPCM 进行编码,低端采用 48/40/32Kbps 的 ADPCM 编码。因此,G.722 可提供 3 种不同的数码率:64Kbps、56Kbps 和 48Kbps。

5.1.8 自适应变换域编码

自适应变换域编码(adaptive transform coding,ATC)与 SBC 一样,在频域上寻找语音的压缩途径。ATC 与 SBC 都是在频域上分割信号的编码方式。

ATC 对语音信号进行正交变换,以去除样本间的相关性,变换后的系数将集中在一个较小的范围内,所以对变换系数进行量化编码后,可以实现数码率的压缩。在接收端解码后,可用相应的逆变换重构语音信号。由于进行了正交变换,实际上等同于把时域的语音信号变换到另一个域中去,因此被称为变换域编码。它通过去除语音样本间的相关性,达到了减少语音中冗余信息的目的。

编码时,先将语音信号序列分帧,每帧表示为一个矢量 $\boldsymbol{x}=(x_1,x_2,\cdots,x_N)^T$,然后用正交变换矩阵 $\boldsymbol{A}$ 进行线性变换

$$\boldsymbol{y} = \boldsymbol{A}\boldsymbol{x} \tag{5-16}$$

式中,$\boldsymbol{A}$ 满足 $\boldsymbol{A}^{-1}=\boldsymbol{A}^T$,$\boldsymbol{y}$ 中的元素就是变换域的系数,各元素可以看作是互不相关的,或基本上是互不相关。对其进行量化后得到矢量 $\bar{\boldsymbol{y}}$。在解码端通过逆变换重构出信号矢量 $\bar{\boldsymbol{x}}$ 为

$$\bar{\boldsymbol{x}} = \boldsymbol{A}^{-1}\bar{\boldsymbol{y}} = \boldsymbol{A}^T\bar{\boldsymbol{y}} \tag{5-17}$$

变换域编码的关键是提供一种合适的正交变换。从去除相关性的意义来讲,KL 变换(Karhunen-Loeve Transform)是最佳的,但是它需要计算变换矩阵及逆矩阵,不仅计算量大,而且需要传送边信息,很难实际应用。在变换域编码中,最常采用的正交变换是离散余弦变换(discrete cosine transform,DCT),它与 KL 变换相比,频域的概念比较直观,且与人的听觉频率分析机理相对应,因此容易控制量化噪声的频率范围。从信噪比的角度看,DCT 变换比 KL 变换只相差 1~2dB,计算复杂性却小得多。此外,其他正交变换,如快速傅里叶变换 FFT、沃尔什—哈达马变换 WHT 等,因其计算上的优势,也有一定的实用价值。

变换域编码通常是按照各变换分量对语音质量贡献的程度来分配量化字长。在非自适应的情况下,码位分配和量化间隔均根据语音信号长时间统计特性来确定,是固定不变的。而自适应情况下,需要估计每帧变换谱的包络,使用估计的谱值代替方差,再计算出码位的分配。将表征估计谱的参数作为边信息传送到解码端,由解码端使用与编码端相同的步骤计算比特分配,解码变换域参数。

ATC 的优劣取决于自适应的效果,即估计谱对语音信号短时 DCT 谱的逼近程度,因此码位的分配应使估计谱能正确反映变换域系数的能量分布,但是由于估计谱要作为边信息传送,所以它所占的比特数自然要受到一定的限制。在 ATC 中,谱估计常使用线性预测分析的方法或线性滤波器组的方法。ATC 的原理如图 5-13 所示。

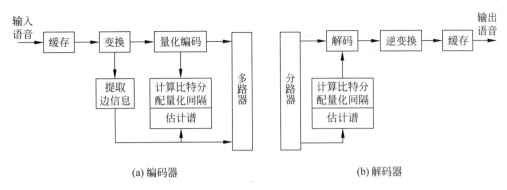

(a) 编码器   (b) 解码器

图 5-13 ATC 编码解码工作原理框图

5.2 参数编码和混合编码

参数编码器又称声码器(vocoder),其原理和设计思想与波形编码完全不同。波形编码的基本思路是忠实地再现语音的时域波形,它在 32Kbps 的编码速率下能够得到非常好的话音质量。在话务过载的情况下,还可降质使用 24Kbps 或 16Kbps 编码速率,但要进一步降低比特率就比较困难。因此,使用波形编码方式实现的语音编码器大多属于中高速率的编码器。参数编码根据声音形成机理的分析,着眼于构造语音生成模型,该模型以一定的精度模拟说话人的发音声道,接收端根据该模型还原生成合成语音。编码器发送的主要信息是该模型的参数,相当于语音的主要特征,而不是具体的语音波形的幅值。参数编码器是最早成功应用的语音编码器,它将分析与合成结合起来,实际上是一种语音分析合成系统。因为仅传输模型参数所需要的数据量要小得多,所以参数编码可以实现很低的编码速率,例如,可以达到 2.4Kbps 甚至 2.4Kbps 以下。但是参数编码器也有语音质量差,自然度较低,对环境噪声敏感等缺点。典型的参数编码器有通道声码器、共振峰声码器及线性预测声码器等,其中线性预测声码器目前得到了广泛的应用。

20 世纪 70 年代中期,特别是 20 世纪 80 年代以来,语音编码技术有了突破性的进展,一些非常有效的处理方法被提出,产生了新一代的参数编码算法,也就是混合编码。混合编码克服了参数编码激励形式过于简单的缺点,成功地将波形编码和参数编码两者的优点结合起来,既利用了语音产生模型,通过对模型参数进行编码,减少被编码对象的动态范围和数据量;又使编码过程产生接近原始语音波形的合成语音,以保留说话人的各种自然特征,提高了语音质量。混合编码器在 4~16Kbps 的数码率上能够得到高质量的合成语音。目前比较成功的混合编码器有多脉冲激励线性预测编码(MPLPC)、规则脉冲激励线性预测编码(RPELPC)、码激励线性预测编码(CELP)以及多带激励(MBE)编码等。其中,MPLPC、RPELPC 和 CELP 是基于全极点语音产生模型的混合编码器,而 MBE 是基于正弦模型的混合编码器。

5.2.1 参数编码

参数编码的基础是语音产生的模型,如第 2 章的图 2-18 所示。根据该模型对语音信号进行分析可以得到谱包络、基音周期以及清浊音判别等信息,其中谱包络信息是一组定义声道共振特性的滤波器系数。如果将上述参数编码后传输到接收端,那么就可以在同样的语音模型的基础上合成语音信号,合成器中所采用声道滤波器的形式与编码端的谱包络分析器的形式相对应,它们的不同形式决定了声码器的不同类型,如通道声码器、共振峰声码器和 LPC 声码器等。

1. 通道声码器

最古老的语音编码装置就是通道声码器,它是基于短时傅里叶变换的语音分析合成系统,发送端通过若干个并联的通道对语音信号进行粗略的频谱估计,而接收端产生一信号,使频谱与发送端规定的频谱相匹配。通道声码器的原理图如图 5-14 所示。

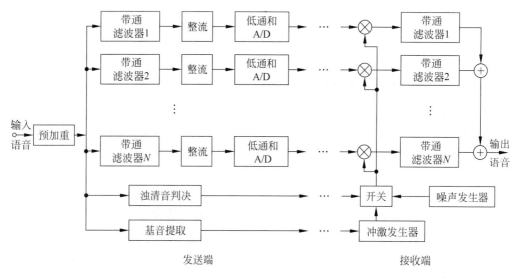

图 5-14　通道声码器原理图

在发送端,输入语音被加于滤波器组和基音提取器上。滤波器组将语音的频率范围分成许多相邻的频带或通道,滤波器的个数典型值为 10～20 个。这种频带的划分并不是均匀的,低频部分带宽较窄,以保证低频段有较高的频率分辨能力。整流电路取出各频段信号幅值,低通滤波器的目的是避免采样后产生混叠失真,同时完成信号的 A/D 转换。每一路通道输出对应频带的幅度谱的均值,这一组数据就反映了信号频谱的包络。将其与清浊音判决信号和基音周期一起编码后传送到接收端。

在接收端,通过清浊音判决信号和基音周期来提供声门激励信号,并用频谱包络信号对其进行调制,经带通滤波器输出后叠加在一起就合成为输出语音信号。

编码器中的预加重模块的作用是按 6dB/倍频程的比例补偿嘴唇辐射衰减,使得各通道输出信号的电平大致相同。相应地,在接收端应设置一个具有 −6dB/倍频程衰减的逆滤波器进行去加重。

通道声码器的主要缺点是需要检测基音周期和进行清浊音判决,而精确地求出这两部分数据是相当困难的,其误差会对合成语音的质量造成很大的影响。此外,由于通道数量有限,可能几个谐波分量会落入同一个通道,在合成时它们将被赋予相同的幅度,结果导致频谱畸变。

2. 共振峰声码器

共振峰声码器不是将语音信号划分成多个频段,而是对整体进行分析,提取共振峰的位置、幅度和带宽等参数,构成两个声道滤波器。浊音滤波器采用全极点滤波器,由多个二阶滤波器级联而成;清音滤波器一般采用1个极点和1个零点的数字滤波器。这些滤波器的参数都是时变的。图 5-15 为共振峰声码器的合成器结构。其中共振峰 F_1、F_2、F_3 为浊音滤波器的参数,极点 F_p 和零点 F_z 为清音滤波器的参数,F_0 为基音频率,A_u、A_v 为增益系数。

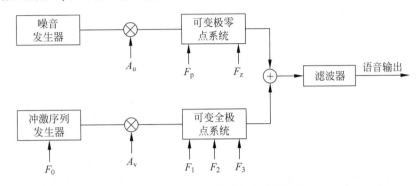

图 5-15　共振峰声码器的合成器结构

与通道声码器相比,共振峰声码器合成出语音的质量更好,比特率可压缩得更低。

3. 线性预测(LPC)声码器

LPC 声码器是应用最成功的低速率语音编码器。它基于全极点声道模型的假定,采用线性预测分析合成原理,对模型参数和激励参数进行编码传输。LPC 声码器遵循二元激励的假设,即浊音语音段采用间隔为基音周期的脉冲序列,清音语音段采用白噪声序列。因此,声码器只需对 LPC 参数、基音周期、增益和清浊信息进行编码。LPC 声码器可以得到很低的比特率(2.4Kbps 以下)。它的工作原理如图 5-16 所示。

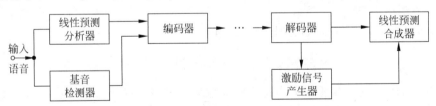

图 5-16　LPC 声码器原理图

虽然 LPC 声码器与 ADPCM 一样,都是基于线性预测分析来实现对语音信号的编码压缩,但是它们之间有本质的区别,LPC 声码器不考虑重建信号波形是否与原来信号的波形相同,而努力使重建信号在主观感觉上与输入语音一致,所以不必量化和传输预测残差,而只需传输 LPC 参数和重构激励信号的基音周期和清浊信息。

如第 4 章所述,LPC 分析存在多种推演参数,选用哪种参数进行编码,需要考虑如下两个因素。

(1)参数的量化特性:参数的量化特性与参数的谱灵敏度是密切相关的,所谓谱灵敏度是指参数的微小变化所引起的谱变化的程度。谱灵敏度比较均匀的参数,其量化特性就好,对于一定的谱失真允许范围,参数编码所需要的总比特数就比较小,合成滤波器的稳定性也会比较好。

(2) 参数的内插特性：在编码系统中,常需要将两组 LPC 参数进行线性内插,得到另一组 LPC 参数作为两者之间的过渡,以便使合成语音的频谱特性过渡更加自然平滑。如果参数的编码特性很好,但它内插所得到的参数不代表频谱的平滑过渡,甚至导致合成不稳定的滤波器,这样的参数显然也不适合用于编码传输。现在来比较几种 LPC 参数的编码性能。

1) 线性预测系数 $\{a_i\}$

线性预测系数 $\{a_i\}$ 显然不适合作为编码参数,它的谱灵敏度极不均匀,有些系数很小的变化,就可能会引起频谱发生很大的变化。而且线性预测系数的内插特性也很差,内插得到的新参数,不一定能够构成稳定的合成滤波器。

2) 反射系数 $\{k_i\}$

用反射系数构成的格型滤波器是一种参数灵敏度较低的合成滤波器,它稳定的充分必要条件是 $|k_i|<1$。这一点无论是在对参数进行量化编码时,还是在对参数进行线性内插时都容易保证。因此,反射系数被广泛地应用于语音的编码及合成。但是反射系数的谱灵敏度并不均匀,其绝对值越接近 1,谱灵敏度就越高。因此,采用反射系数进行编码时,一般都采用非线性量化,比特数分配也不是平均分配的。通常 k_1、k_2 用 5~6 比特,其他各阶,随阶数增加量化比特数逐渐减少。

3) 对数面积比 $\{g_i\}$

对数面积比参数可由下式计算：

$$g_i = \ln(A_{i+1}/A_i) = \ln[(1-k_i)/(1+k_i)], \quad 1 \leqslant i \leqslant p \tag{5-18}$$

式中,A_i 就是多节无损声管中第 i 节的截面积。

由于式(5-18)将域 $-1 \leqslant k_i \leqslant 1$ 映射到 $-\infty \leqslant g_i \leqslant +\infty$,它使 g_i 呈现相当均匀的幅度分布,可以进行均匀量化。此外,对数面积比参数各维之间相关性很低,因此能够保证通过线性内插得到的滤波器的稳定性。

4) 预测多项式的根

对预测多项式 $A(z)$ 做简单的因式分解,有

$$A(z) = 1 - \sum_{i=1}^{p} a_i z^{-i} = \prod_{i=1}^{p} (1 - z_i z^{-i}) \tag{5-19}$$

取 $A(z)=0$,即可求得一组根。其中每一对根与信号谱中的一个共振峰相对应。这种参数的优点是容易保证合成滤波器的稳定性。只要让 $\{z_i\}$ 都在单位圆内就可以。其主要缺点是求解多项式的根需要相当大的计算量。

5) 线谱对参数 LSP

线谱对参数 LSP 是量化编码过程中最常用的 LPC 参数,实验证明,其量化特性和内插特性都明显优于其他参数。LSP 的 $P(z)$ 和 $Q(z)$ 的根均位于单位圆上,且相互交替间隔排列,利用这一性质,很容易保证合成滤波器的稳定性。LSP 的频谱灵敏度具有很好的频率选择性,单个 LSP 的误差只局限于该频率附近的频谱范围,这种误差相对独立的性质非常有利于 LSP 的量化和内插。

LPC 声码器在通信领域,尤其是军事通信领域得到了广泛的应用。1976 年美国确定用 LPC 声码器标准 LPC-10 作为 2.4Kbps 速率上的推荐编码方式。1981 年这个算法被官方接受,作为联邦政府标准 FS-1015 公布。利用这个算法可以合成清晰、可懂的语音,但是抗

噪声能力和自然度尚有欠缺。自1986年以来,美国第三代保密电话装置(STU-Ⅲ)采用了速率为2.4Kbps的LPC-10e(LPC-10的增强型)作为语音处理手段。下面介绍LPC-10的工作原理和一些改进措施。

图5-17为LPC-10的编码器框图。原始语音经过一锐截止的低通滤波器之后,输入A/D转换器,以8kHz采样率12比特量化得到数字化语音,然后每180个采样点(22.5ms)为一帧,以帧为处理单元。编码器分两个支路同时进行,其中一个支路用于提取基音周期D和清浊音判决信息V/UV,另一支路用于提取预测系数和增益因子RMS。提取基音周期的支路把A/D变换后输出的数字化语音缓存,经过低通滤波、二阶逆滤波后,再用平均幅度差函数(AMDF)计算基音周期,经过平滑、校正得到该帧的基音周期。与此同时,利用模式匹配技术,基于低带能量、AMDF函数最大值和最小值之比、过零率进行清/浊音判决,判决结果为以下4种状态中的一个:稳定的清音,清音向浊音转换,浊音向清音转换和稳定的浊音。在提取声道参数的支路,先进行预加重处理,然后增益因子RMS按如下形式计算:

$$RMS = \left[\frac{1}{N} \sum_{i=1}^{N} x_i^2 \right]^{\frac{1}{2}} \tag{5-20}$$

式中,N为分析帧长,x_i为经过预加重后的数字语音。

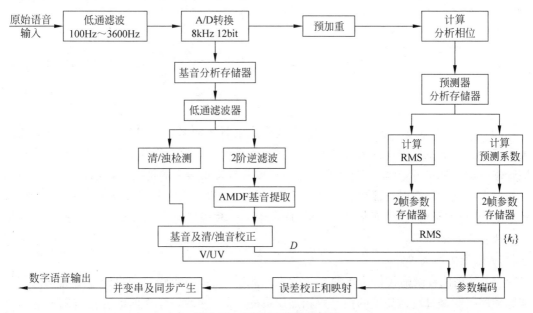

图5-17 LPC-10编码器框图

用协方差法求取10阶线性预测系数,将线性预测系数转换成反射系数$\{k_i\}$,$i=1,\cdots,$10。前两个反射系数被转化为对数面积比系数后进行量化编码,其余的直接按线性编码。$k_1 \sim k_4$每个系数用5比特,$k_5 \sim k_8$每个系数用4比特,k_9为3比特,k_{10}为2比特,基音周期和清浊判决用7比特,增益的对数用5比特,再加上同步信息用1比特,每帧共计54比特,因此总的编码速率为2.4Kbps。

解码时,首先利用直接查表法对数码流进行检错和纠错。经过纠错解码后得到基音周期、清浊音标志、增益及反射系数的数值。解码结果延时一帧输出。这样输出的数据可以在过去1帧、现在1帧、将来1帧共3帧内进行平滑,由于每帧语音只传输一组参数,考虑一帧之内可能有不止一个基音周期,因此要对接收数值进行由帧块到基音块的转换和插值,使基音周期、清浊音标志、增益及反射系数等参数值每个基音周期更新一次。在解码器中,根据莱文逊—杜宾递推算法将反射系数$\{k_i\}$变换为线性预测系数$\{a_i\}$,然后用直接型递归滤波器$H(z) = 1 \Big/ \left(1 - \sum_{i=1}^{p} a_i z^{-i}\right)$来合成语音。激励采用简单的二元激励,即用随机数来作为清音帧激励源,用周期性冲激序列通过一个全极点滤波器来生成浊音激励源。LPC-10 的解码器框图如图 5-18 所示。

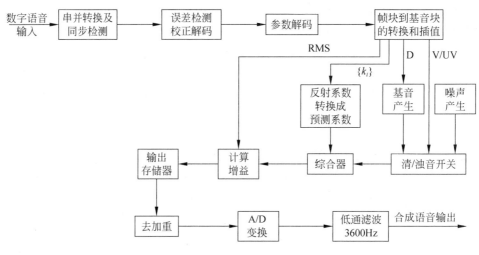

图 5-18　LPC-10 解码器框图

　　LPC-10 虽然有编码速率低的优点,但是合成语音听起来很不自然,即使提高编码速率也无济于事。这主要是因为清浊音判决和浊音信号的基音检测很难做到十分可靠。有些摩擦音本身就清浊难分,在辅音与元音的过渡段或者有背景噪声的情况下,检测结果就更容易发生错误。这种错误对合成语音的清晰度影响特别严重。此外采用过分简化的二元激励形式,也不符合实际情况,因而造成自然度的下降。在增强型 LPC-10e 中采用了如下一些措施来改善语音的质量:

　　1) 激励源的改善

　　(1) 采用混合激励代替简单的二元激励。此时,浊音的激励源是由经过低通滤波的周期脉冲序列与经过高通滤波的白噪声相加而成的,周期脉冲与噪声的混合比例随输入语音的浊化程度变化。清音的激励源是白噪声加上位置随机的一个正脉冲跟随一个负脉冲的脉冲对形成的爆破脉冲。对于爆破音,脉冲对的幅度增大,与语音的突变成正比。采用混合激励可以使原来二元激励合成引起的金属声、重击声、音调噪声等得到改善。

　　(2) 采用激励脉冲加抖动(Jittler)的方式。将基音相关性不是很强或残差信号中有大的峰值的语音帧判定为抖动的浊音帧。除采用脉冲加噪声的混合激励外,激励信号中的周期脉冲的相位要做随机地抖动,即对每个基音周期的长度乘上一个 0.75~1.25 之间均匀分布的随机数,这样可以改善语音的自然度。

　　(3) 采用单脉冲与码本相结合的激励模式。可取多脉冲激励线性预测编码与码本激励线性预测编码各自的长处,对不同的语音段采用不同的激励模式。对于具有周期性的语音段用以基音周期重复的单脉冲作为激励源,非周期性语音段用从码本中选择的随机序列作为激励源。

2)改进基音提取方法

计算线性预测残差信号或者语音信号的自相关函数,并利用动态规划的平滑算法来更准确地提取基音周期。将该帧的线性预测残差信号低通滤波后,求出所有可能的基音时延点上的归一化自相关系数,选出其中 L 个最大值,再用相邻 3 帧的每帧 L 个最大值,用动态规划算法求得最佳基音值。

3)选择线谱对参数 LSP 作为声道滤波器的量化参数

5.2.2 基于全极点语音产生模型的混合编码

经过几十年的研究,人们已经认识到,导致 LPC 声码器性能差的原因不在于声道模型本身,而在于对激励信号的表示过于简化。多年来一直被广泛采用的,使用准周期性脉冲或白噪声作为激励源的方法,是进一步提高语音质量的障碍。基于这种认识,20 世纪 80 年代以来,人们提出了一系列高音质的混合编码算法,例如多脉冲激励线性预测声码器、规则脉冲激励线性预测声码器、码激励线性预测声码器等。这些混合编码算法在保留原有声道模型假定的基础上,引入高质量的波形编码准则来优化激励信号。以感觉加权均方误差最小为判决准则,采用闭环搜索的方法——合成分析法(analysis-by-synthesis,ABS)来选取最佳激励矢量,以得到最佳逼近原始语音的效果。

上文所列举的这三种编码都是基于全极点语音产生模型假定的,编码过程可以简述如下:首先通过线性预测分析方法提取声道滤波器参数;然后通过合成分析的方法确定最佳激励矢量;最后将滤波器参数和最佳激励矢量进行编码传输。有时也将它们统称为基于合成分析法的线性预测编码器(ABS-LPC)。本节首先将这类混合编码实现过程中所采用的主要分析方法做简要介绍,如:语音产生模型、合成分析法、感觉加权均方误差最小准则。然后分别介绍上文所列举的这三种编码算法。

1. 主要分析方法

1)计入长时相关性的语音产生模型

上一节讨论过语音中有两种类型的相关性,即在样本点之间的短时相关性和相邻基音周期之间的长时相关性。对语音信号用线性预测的方法分别进行这两种相关性的去相关处理后,可以得到更加平坦的预测残差信号,因而更加有利于进行量化编码。对应地,同时考虑这两种相关性的语音产生模型如图 5-19 所示。

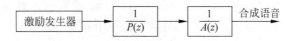

图 5-19 计入长时相关性的语音产生模型

在模型中,激励信号首先输入长时预测综合滤波器 $1/P(z)$,再将其输出作为短时预测综合滤波器 $1/A(z)$ 的输入,在输出端得到合成语音。

长时预测综合滤波器 $1/P(z)$ 是表示语音信号长时相关性的模型。它的一般形式为

$$1/P(z) = 1 \left/ \left[1 - \sum_{i=-q}^{r} b_i z^{-(D+i)} \right] \right. \tag{5-21}$$

式中,延时参数 D 等于基音周期,$\{b_i\}$ 是语音信号的长时预测系数。

通常长时预测系数的个数取在 $1(q=r=0)$ 到 $3(q=r=1)$ 之间。前文中的式(5-13)就是一阶预测器的情况。延时参数 D 和系数 $\{b_i\}$ 可以从语音信号中提取,也可以从去除了短时相关性所得到的余量信号中提取。语音信号的长时相关性反映了谱的精细结构。

短时预测综合滤波器 $1/A(z)$ 与语音信号短时相关的模型相对应,可以用一个全极点模型来描述,它的传输函数 $H(z)$ 为

$$H(z) = 1/A(z) = 1 \left/ \left[1 - \sum_{i=1}^{p} a_i z^{-i} \right] \right. \tag{5-22}$$

式中,$\{a_i\}$ 是语音信号的短时预测系数;p 是滤波器阶数。

一般称 $H(z)$ 为线性预测综合滤波器,$A(z)$ 为线性预测分析滤波器或逆滤波器,同时将 $Q(z) = \sum_{i=1}^{p} a_i z^{-i}$ 称为 p 阶预测器。短时相关性反映了语音信号谱包络信息。

编码时,对语音信号用线性预测分析的方法求取短时和长时预测系数后,构造短时和长时线性预测逆滤波器 $A(z)$ 和 $P(z)$,并将语音信号输入滤波器 $A(z)$ 和 $P(z)$,去除信号中的短时、长时相关性,在其输出端就可得到类似于噪声的波形,即线性预测残差信号。虽然在残差信号中浊音段可能还存在若干尖峰脉冲,但是与原语音信号相比要平坦得多,因此,编码时可以得到比较低的编码速率。如果用预测残差信号作为激励信号,则一定可以在语音产生模型上得到无失真的合成语音。但在事实上,从压缩数码率的角度来说,用残差作为激励信号进行语音编码是不现实的。必须采用某种技术,以较低的速率,有效地精确地对预测残差信号进行压缩编码,这也是 ABS-LPC 编码器中的核心问题。

根据具体编码方案的需要,也可以只进行短时预测,不进行长时预测,而在 LPC 激励模型中引入语音的长时相关性。

2) 合成分析法

近几年来,人们在 LPC 算法的基础上,对 16Kbps 以下的高质量语音编码技术进行了广泛深入的研究和实践。在此速率下,能用于残差信号编码的比特数比较少。若对残差信号进行直接的量化,并且使残差信号的量化误差达到最小,并不能保证原始语音与重建语音之间误差最小。必须采用合成分析的方法,以得到的重建语音能够最接近原始语音为目的,闭环搜索残差信号的编码量化值。

基于全极点语音产生模型的语音编解码算法,总是通过解码得到 LPC 系数,以构造综合滤波器,按一定的规则生成激励信号,并将激励信号输入到综合滤波器来合成重构语音。这一功能部件常被称为综合器。而合成分析法将综合滤波器引入到编码器中,使之与分析器相结合,将搜索到的每一残差信号的编码量化值作为激励,通过综合滤波器在编码器中产生与解码器端完全一致的合成语音,将此合成语音与原始语音相比较,按照一定的误差准则计算两者之间的误差,选择使误差最小的参数作为激励编码值。

3) 感觉加权滤波器(perceptually weighted filter)

感觉加权滤波器的依据是人耳的听觉掩蔽效应。在语音频谱中能量较高的频段,即共振峰处的噪声相对于能量较低频段的噪声而言更不易被感知。因此,在度量原始语音与合成语音之间的误差时可以计入这一因素,在语音能量高的频段,允许两者的误差大一些,反之则小一些。为此可以引入一个频域感觉加权滤波器 $M(\omega)$ 来计算两者的误差,即

$$e = \int_0^{\omega_s} | x(\omega) - \bar{x}(\omega) |^2 M(\omega) \mathrm{d}\omega \tag{5-23}$$

式中，f_s 是采样率，$\omega_s = 2\pi f_s$；$x(\omega)$、$\bar{x}(\omega)$ 分别是原始语音与合成语音的傅里叶变换。

不难证明，为使 e 达到最小值，$| x(\omega) - \bar{x}(\omega) |^2 M(\omega)$ 在整个积分域内应保持常数值。因此，在语音能量较大的语音频段内应使 $M(\omega)$ 较小，在能量较小的频段内使 $M(\omega)$ 较大，这就能抬高前者的误差能量，而降低后者的误差能量，为此可取的感觉加权滤波器 $M(\omega)$ 在 z 域的表达式 $M(z)$ 为

$$M(z) = \frac{A(z)}{A(z/\gamma)} = \frac{1 - \sum_{i=1}^{p} a_i z^{-i}}{1 - \sum_{i=1}^{p} a_i \gamma^i z^{-i}} \tag{5-24}$$

感觉加权滤波器的特性由预测系数 $\{a_i\}$ 和加权因子 γ 来确定。γ 取值在 $0 \sim 1$ 之间，由它控制共振峰区域误差的增加和减少。以两个极端情况为例，当 $\gamma = 1$ 时，$M(z) = 1$，此时没有进行感觉加权，当 $\gamma = 0$ 时，$M(z) = 1 - \sum_{i=1}^{p} a_i z^{-i}$，它等于语音的 p 阶全极点模型谱的倒数。由此得到的噪声频谱能量分布与语音频谱的能量分布是一致的。显而易见，$M(z)$ 的作用就是使实际误差信号的谱不再平坦，而有着与语音信号谱具有相似的包络形状。这就使得误差度量的优化过程与感觉上的共振峰对误差的掩蔽效应相吻合，产生较好的主观听觉效果。实际上取 $\gamma = 0$ 时听音效果并不很好，其原因是人耳对语音的共振峰更敏感，相应地对其信噪比要求也更高一些，实际听音的结果表明：在 8kHz 采样频率下，γ 取 0.8 左右较为适宜。将感觉加权滤波器 $M(z)$ 与滤波器 $H(z)$ 级联，即获得加权综合滤波器 $H(z/\gamma)$ 为

$$H(z/\gamma) = H(z)M(z) = \frac{1}{1 - \sum_{i=1}^{p} a_i z^{-i}} \cdot \frac{1 - \sum_{i=1}^{p} a_i z^{-i}}{1 - \sum_{i=1}^{p} a_i \gamma^i z^{-i}} = \frac{1}{1 - \sum_{i=1}^{p} a_i \gamma^i z^{-i}} \tag{5-25}$$

随着 γ 的减小，$H(z/\gamma)$ 的频谱中的各共振峰的带宽相应加大。因此，$H(z/\gamma)$ 有时又称为频带扩展滤波器或称为误差整形滤波器。若 $H(z)$ 的冲激响应为 $h(n)$，则 $H(z/\gamma)$ 的冲激响应为 $\gamma^n h(n)$。

2. 多脉冲激励线性预测声码器

人们对线性预测残差信号进行深入研究后发现，残差信号中的小信号对合成语音的质量影响不大。如果对残差信号进行削波处理，即将幅度低于某一阈值的所有信号皆置为零。这样只要适当调整阈值就可以使残差信号中 90% 的样点值为零，用余下的幅度较大的信号作为语音产生模型的激励信号源，其合成语音并未产生明显的畸变。1982 年，Bishnu S. Atal 和 Joel R. Remde 提出了多脉冲线性预测编码（multi-pulse linear predictive coding，MPLPC）方案。在此方案中，首先规定激励脉冲序列在一定的时间间隔中只能出现数目有限的非零脉冲，然后对每个非零脉冲的位置和幅度用合成分析法和感觉加权误差最小判决准则进行优化；最后用优化的脉冲序列表示残差信号，并作为合成滤波器的激励源。

图 5-20 为多脉冲激励线性预测声码器的原理框图。在 MPLPC 中，不再提取基音和进行清浊判决，原始语音信号 $x(n)$ 以帧为单位进行处理，帧长通常取 $10 \sim 20\text{ms}$。对每帧原始语音，首先采用线性预测分析方法计算出预测系数 $\{a_i\}$；然后在当前帧范围内每 5ms 或

10ms 用合成分析法估计出一组激励脉冲的幅度和位置,将其输入合成器(虚线框内的部分)得到合成语音 $\bar{x}(n)$,再将合成语音 $\bar{x}(n)$ 与原始语音 $x(n)$ 相减并输入感觉加权滤波器 $M(z)$,得到加权误差信号 $e_m(n)$;最后根据最小均方误差准则,分析估计出一组脉冲位置及幅度最佳的激励脉冲,与线性预测参数一起编码送入信道。

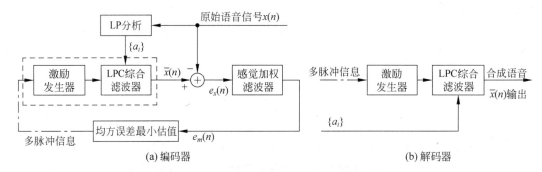

图 5-20　多脉冲激励线性预测声码器的原理框图

MPLPC 的关键问题是如何求出 K 个脉冲的位置和幅值,使合成语音与原始语音的感觉加权均方差误差最小。设帧长为 N,K 个脉冲的位置和幅值分别为 $n_1, n_2, \cdots, n_K$ 和 $g_1, g_2, \cdots, g_K$。将这 K 个脉冲形成的序列作为激励信号输入到 LPC 综合滤波器 $H(z) = \dfrac{1}{1 - \sum\limits_{i=1}^{p} a_i z^{-i}}$,得到合成语音 $\bar{x}(n)$。当前帧的 $\bar{x}(n)$ 由两部分组成:一部分是 LPC 综合滤波器的零输入响应 $\bar{x}_0(n)$,它是在当前帧不输入激励信号时,用以前各帧所有激励信号在合成器 $H(z)$ 中存储的记忆值在当前帧产生的输出。在做逐帧分析时,当前帧的 $\bar{x}_0(n)$ 为已知;另一部分是 LPC 综合滤波器 $H(z)$ 的零状态响应,即在当前帧激励信号与 $H(z)$ 的冲激响应 $h(n)$ 的卷积。这样合成语音 $\bar{x}(n)$ 可以表示为

$$\bar{x}(n) = \bar{x}_0(n) + \sum_{k=1}^{K} g_k h(n - n_k) \tag{5-26}$$

合成语音 $\bar{x}(n)$ 与原始语音 $x(n)$ 的误差 $e_x(n)$ 为

$$e_x(n) = x(n) - \bar{x}(n) = x(n) - \bar{x}_0(n) - \sum_{k=1}^{K} g_k h(n - n_k) = \bar{e}(n) - \sum_{k=1}^{K} g_k h(n - n_k) \tag{5-27}$$

式中,$\bar{e}(n) = x(n) - \bar{x}_0(n)$ 表示输入的原始语音减去零输入响应,即当前帧内除去合成器中由历史记忆造成的输出后的等效语音。将 $e_x(n)$ 输入到感觉加权滤波器 $M(z)$,其输出 $e_m(n)$ 为 $e_x(n)$ 和感觉加权滤波器冲激响应 $m(n)$ 的卷积,即

$$e_m(n) = \left[\bar{e}(n) - \sum_{k=1}^{K} g_k h(n - n_k) \right] * m(n) = \bar{e}_m(n) - \sum_{k=1}^{K} g_k h_m(n - n_k) \tag{5-28}$$

式中,$\bar{e}_m(n)$ 表示原始语音信号中除掉零输入响应的等效语音与 $m(n)$ 的卷积,$h_m(n)$ 是加权综合滤波器 $H(z/\gamma)$ 的冲激响应,感觉加权均方误差 E 为

$$E = \sum_{n=1}^{N} e_m^2(n) = \sum_{n=1}^{N} \left[\bar{e}_m(n) - \sum_{k=1}^{K} g_k h_m(n - n_k) \right]^2 \tag{5-29}$$

激励脉冲的位置与幅度的选择是使 E 最小。为了求取激励脉冲的最佳位置$\{n_k\}$和最佳幅度$\{g_k\}$，对 E 求偏导数，并使之等于 0，因此有

$$\frac{\partial E}{\partial n_j} = 0, \quad j = 1,\cdots,K \tag{5-30}$$

$$\frac{\partial E}{\partial g_j} = 0, \quad j = 1,\cdots,K \tag{5-31}$$

这样就能得到 $2K$ 个方程，由式(5-30)得到 K 个非线性方程，而由式(5-31)得到 K 个线性方程，它们是

$$\sum_{k=1}^{k} g_k R_{hh}(n_k,n_j) = R_{eh}(n_j), \quad j = 1,\cdots,K \tag{5-32}$$

式中：

$$R_{eh}(n_j) = \sum_{n=1}^{N} \bar{e}_m(n) \cdot h_m(n-n_j) \tag{5-33}$$

$$R_{hh}(n_k,n_j) = \sum_{k=1}^{k} h_m(n-n_k) \cdot h_m(n-n_j) \tag{5-34}$$

当$\{n_k\}$，$\{g_k\}$($k=1,\cdots,M$)满足上述方程时，将式(5-33)和式(5-34)代入式(5-29)，得到当前帧最小加权均方误差为

$$E_{min} = \sum_{n=1}^{N} \left[\bar{e}_m(n)\right]^2 - \sum_{k=1}^{K} g_k R_{eh}(n_k) \tag{5-35}$$

由于式(5-32)只包含 K 个方程，不可能求出 $2K$ 个未知数，要求出对应于 E_{min} 的$\{n_k\}$和$\{g_k\}$($k=1,\cdots,K$)参数，需要同时解 K 个线性方程和 K 个非线性方程，这一过程是极其复杂的，考虑其实用性，可采用次优搜索算法，即用依次对每个激励脉冲的位置和幅度的顺序优化代替全面搜索的总体优化，这样可以大大简化计算复杂度。这种方法被称为准最优顺序优化激励参数估值法。

设 n_1、g_1 分别是第一个最优激励的位置和幅度，它们满足式(5-32)和式(5-35)，即

$$g_1 R_{hh}(n_1,n_1) = R_{eh}(n_1) \tag{5-36}$$

$$E_{min} = \sum_{n=1}^{N} \left[\bar{e}_m(n)\right]^2 - g_1 R_{eh}(n_1) \tag{5-37}$$

将式(5-36)代入式(5-37)可得

$$E_{min} = \sum_{n=1}^{N} \left[\bar{e}_m(n)\right]^2 - \frac{R_{eh}^2(n_1)}{R_{hh}(n_1,n_1)} \tag{5-38}$$

由于$\bar{e}_m(n)$为固定的已知数，要在当前帧内搜索第一个激励脉冲的最佳位置 n_1，只要搜索到 E_{min}，即只要搜索到使下式取得最大值的 n_1 即可。

$$\frac{R_{eh}^2(n_1)}{R_{hh}(n_1,n_1)} \tag{5-39}$$

然后再确定最佳幅度 g_1，即

$$g_1 = \frac{R_{eh}(n_1)}{R_{hh}(n_1,n_1)} \tag{5-40}$$

如果已逐个找到 $j-1$ 个激励脉冲的最优位置和幅度，现要找第 j 个激励脉冲的最优位置 n_j 和最佳幅值 g_j，它应满足式(5-36)和式(5-37)，即

$$g_j R_{hh}(n_j, n_j) = R_{eh}(n_j) \tag{5-41}$$

$$E_{min} = \sum_{n=1}^{N} \left[\bar{e}_{m,j}(n) \right]^2 - g_j R_{eh}(n_j) \tag{5-42}$$

同样,将式(5-41)代入式(5-42)可得:

$$E_{min} = \sum_{n=1}^{N} \left[\bar{e}_{m,j}(n) \right]^2 - \frac{R_{eh}^2(n_j)}{R_{hh}(n_j, n_j)} \tag{5-43}$$

式中,$\bar{e}_{m,j}(n)$表示在输入的原始语音中,扣除了第j个以前的所有激励脉冲所产生合成语音的份额后的结果。起始条件为$g_0 = 0$,$\bar{e}_{m,0}(n) = x_m(n) - \bar{x}_{m,0}(n)$,$\bar{x}_{m,0}(n)$是当前帧还未搜索出任何激励脉冲时,以前所有激励信号影响下所产生的$H(z/\gamma)$的输出。在搜索第j个激励脉冲时,$\bar{e}_{m,j}(n)$是已知的。在顺序求各个激励脉冲时,它由下面的迭代公式更新:

$$\bar{e}_{m,j}(n) = \bar{e}_{m,j-1}(n) - g_{j-1} h_m(n - n_{j-1}), \quad j = 1, \cdots, K \tag{5-44}$$

式中,n_{j-1}和g_{j-1}分别是在第$j-1$次搜索中得到的第$j-1$个激励脉冲的最优位置和最优幅值。相应地在每次搜索中$R_{eh}(n_j)$的更新公式为

$$R_{eh}(n_j) = \sum_{n=1}^{N} \bar{e}_{m,j}(n) h_m(n - n_j) \tag{5-45}$$

由于$\bar{e}_{m,j}(n)$为固定的已知数,要在当前帧内搜索第j个激励脉冲的最优位置n_j,只要搜索到E_{min},即只要搜索到下式取最大值时的n_j即可:

$$\frac{R_{eh}^2(n_j)}{R_{hh}(n_j, n_j)} \tag{5-46}$$

然后再确定最佳幅度g_j:

$$g_j = \frac{R_{eh}(n_j)}{R_{hh}(n_j, n_j)} \tag{5-47}$$

在此搜索方案中,对于一帧内K个激励脉冲需要做K次搜索迭代,虽然可以方便地得到多脉冲激励中脉冲较优的位置和幅度,但它不是全局最优的,因此估值中会出现一些问题,应采取相应的措施来避免或克服。

MPLPC合成的语音有较好的自然度,这种编码方法能保证一定的抗噪能力。但其最大的缺点是,即使采取了准最优顺序优化激励参数估值方法,分析时的运算量仍然很大,这使它难以实时实现,因此也很难推广应用。目前还没有见到采用这种算法的商用声码器或标准。

3. 规则脉冲激励线性预测声码器

规则脉冲激励线性预测声码器(regular pulse excitation linear predictive coding, RPELPC)是由Ed. F. Deprettere和Peter Kroon在1985年提出的,其编码思想与MPLPC很相似,但更实用。RPELPC用一组间距一定的非零规则脉冲代替残差信号,该脉冲序列的相位(即第一个非零脉冲出现的位置)和每个非零脉冲的幅度可以按照MPLPC同样的方法进行优化。因为各个非零脉冲的相互位置是固定的,所以它的计算量和编码速率与MPLPC相比都要小得多。图5-21为规则脉冲激励线性预测声码器的原理框图。

语音信号首先经过p阶LPC逆滤波器$A(z)$之后得到残差信号$r(n)$,将$r(n)$和激励信号$v(n)$的差输入到感觉加权滤波器,可知滤波器的输出就应该是感觉加权误差$e(n)$。通过调整激励信号$v(n)$,可以使$e(n)$在一定范围内取得平方和最小。

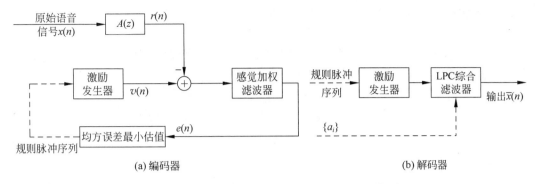

图 5-21　规则脉冲激励线性预测声码器的原理框图

　　编码时将一帧语音激励信号分为若干个子帧,用 L 表示激励子帧的长度。8kHz 采样率时,L 的典型值是 40 个样点,相当于 5ms。在每个激励子帧内,都采用间隔相同的规则脉冲串作为激励信号。当脉冲间隔确定时,脉冲串所能采用的模式种类就应该是确定的,规则脉冲串的模式按照脉冲串的相位,即第一个非零脉冲出现的位置来区分。当脉冲间隔为 $R-1$ 个样点时,脉冲串的模式最多为 R 种。同理串中非零脉冲的数量 Q 也可以确定 $Q=L/R$。一种规则脉冲串的模式可以由位置脉冲矩阵($Q \times L$)来表示,设 $\boldsymbol{B}_k$ 是相位为 k 的规则脉冲序列的位置脉冲矩阵,矩阵元素 b_{ij}^k 可表示为

$$b_{ij}^{k}=\begin{cases}1, & j=i\times R+k; i=0,1,\cdots,(Q-1)\\ 0, & j\neq i\times R+k; j=0,1,\cdots,(L-1)\end{cases} \tag{5-48}$$

而在相位为 k 的规则脉冲序列中,Q 个非零脉冲的幅度可用行矢量 $\boldsymbol{g}^{(k)}$ 表示为

$$\boldsymbol{g}^{(k)}=[g^{(k)}(0),g^{(k)}(1),\cdots,g^{(k)}(Q-1)] \tag{5-49}$$

　　将一个子帧的激励信号表示为一个矢量,每一个采样点为矢量中的一维。则 L 维激励矢量 $\boldsymbol{v}^{(k)}$ 可表示为

$$\boldsymbol{v}^{(k)}=\boldsymbol{g}^{(k)}\cdot\boldsymbol{B}_k \tag{5-50}$$

　　设 $\boldsymbol{M}$ 是感觉加权滤波器 $M(z)$ 的冲激响应矩阵,这是一个 $L \times L$ 的上三角矩阵。它的第 j 行由 $M(z)$ 对单位冲激 $\delta(n-j)$ 的响应取前 $L-j$ 项组成,$j=0,1,\cdots,(L-1)$。$\boldsymbol{M}$ 矩阵为

$$\boldsymbol{M}=\begin{bmatrix} m(0) & m(1) & \cdots & m(L-1)\\ 0 & m(0) & \cdots & m(L-2)\\ \vdots & \vdots & & \vdots\\ 0 & 0 & \cdots & m(0)\end{bmatrix} \tag{5-51}$$

　　如果用 $\boldsymbol{e}_0$ 表示 $M(z)$ 的零输入响应矢量,$\boldsymbol{r}$ 表示当前激励子帧的线性预测残差信号 $r(n)$ 形成的矢量,将 $\boldsymbol{r}$ 与第 k 个相位激励矢量 $\boldsymbol{v}^{(k)}$ 的差输入到感觉加权滤波器 $M(z)$,得到相应的输出感觉加权误差 $\boldsymbol{e}^{(k)}$ 为

$$\boldsymbol{e}^{(k)}=\boldsymbol{e}^{(0)}-\boldsymbol{g}^{(k)}\boldsymbol{M}_k, \quad k=0,1,\cdots,R-1 \tag{5-52}$$

式中:

$$\boldsymbol{e}^{(0)}=\boldsymbol{r}\cdot\boldsymbol{M}+\boldsymbol{e}_0 \tag{5-53}$$

$$\boldsymbol{M}_k=\boldsymbol{B}_k\cdot\boldsymbol{M} \tag{5-54}$$

优化过程的第一步就是求 $\boldsymbol{g}^{(k)}$,使 $\boldsymbol{e}^{(k)}$ 中各分量的平方和 $E^{(k)}$ 最小。$E^{(k)}$ 可表示为

$$E^{(k)} = \boldsymbol{e}^{(k)} \boldsymbol{e}^{(k)\mathrm{T}} \tag{5-55}$$

下面首先要解决的问题是:当 L、Q 和 k 都固定时,优化激励脉冲非零值的幅度使 $E^{(k)}$ 最小,将式(5-52)代入式(5-55)并展开,有

$$\begin{aligned} E^{(k)} &= [\boldsymbol{e}^{(0)} - \boldsymbol{g}^{(k)} \boldsymbol{M}_k][\boldsymbol{e}^{(0)} - \boldsymbol{g}^{(k)} \boldsymbol{M}_k]^{\mathrm{T}} \\ &= \boldsymbol{e}^{(0)} \boldsymbol{e}^{(0)\mathrm{T}} - \boldsymbol{g}^{(k)} \boldsymbol{M}_k \boldsymbol{e}^{(0)\mathrm{T}} - \boldsymbol{e}^{(0)} \boldsymbol{M}_k^{\mathrm{T}} \boldsymbol{g}^{(k)\mathrm{T}} + \boldsymbol{g}^{(k)} \boldsymbol{M}_k \boldsymbol{M}_k^{\mathrm{T}} \boldsymbol{g}^{(k)\mathrm{T}} \end{aligned} \tag{5-56}$$

为求幅度矢量 $\boldsymbol{g}^{(k)}$ 中的第 i 个分量的最佳幅度 $g^{(k)}(i)$,$(i=0,\cdots,Q-1)$,将式(5-56)两边对 $g^{(k)}(i)$ 求导,得

$$\begin{aligned} \frac{\partial E^{(k)}}{\partial g^{(k)}(i)} &= - \frac{\partial \boldsymbol{g}^{(k)}}{\partial g^{(k)}(i)} \boldsymbol{M}_k \boldsymbol{e}^{(0)\mathrm{T}} - \boldsymbol{e}^{(0)} \boldsymbol{M}_k^{\mathrm{T}} \frac{\partial \boldsymbol{g}^{(k)\mathrm{T}}}{\partial g^{(k)}(i)} + \frac{\partial \boldsymbol{g}^{(k)}}{\partial g^{(k)}(i)} \boldsymbol{M}_k \boldsymbol{M}_k^{\mathrm{T}} \boldsymbol{g}^{(k)\mathrm{T}} + \boldsymbol{g}^{(k)} \boldsymbol{M}_k \boldsymbol{M}_k^{\mathrm{T}} \frac{\partial \boldsymbol{g}^{(k)\mathrm{T}}}{\partial g^{(k)}(i)} \\ &= - \frac{\partial \boldsymbol{g}^{(k)}}{\partial g^{(k)}(i)} \boldsymbol{M}_k (\boldsymbol{e}^{(0)} - \boldsymbol{g}^{(k)} \boldsymbol{M}_k)^{\mathrm{T}} - [\boldsymbol{e}^{(0)} - \boldsymbol{g}^{(k)} \boldsymbol{M}_k] \boldsymbol{M}_k^{\mathrm{T}} \frac{\partial \boldsymbol{g}^{(k)\mathrm{T}}}{\partial g^{(k)}(i)} \end{aligned} \tag{5-57}$$

将式(5-52)代入上式得到

$$\begin{aligned} \frac{\partial E^{(k)}}{\partial g^{(k)}(i)} &= - \frac{\partial \boldsymbol{g}^{(k)}}{\partial g^{(k)}(i)} \boldsymbol{M}_k \boldsymbol{e}^{(k)\mathrm{T}} - \boldsymbol{e}^{(k)} \boldsymbol{M}_k^{\mathrm{T}} \frac{\partial \boldsymbol{g}^{(k)\mathrm{T}}}{\partial g^{(k)}(i)} \\ &= - \left[\boldsymbol{e}^{(k)} \boldsymbol{M}_k^{\mathrm{T}} \frac{\partial \boldsymbol{g}^{(k)\mathrm{T}}}{\partial g^{(k)}(i)} \right]^{\mathrm{T}} - \boldsymbol{e}^{(k)} \boldsymbol{M}_k^{\mathrm{T}} \frac{\partial \boldsymbol{g}^{(k)\mathrm{T}}}{\partial g^{(k)}(i)} \end{aligned} \tag{5-58}$$

令 $\dfrac{\partial E^{(k)}}{\partial g^{(k)}(i)} = 0$,$(i=0,\cdots,Q-1)$,则有

$$\left[\boldsymbol{e}^{(k)} \boldsymbol{M}_k^{\mathrm{T}} \frac{\partial \boldsymbol{g}^{(k)\mathrm{T}}}{\partial g^{(k)}(i)} \right]^{\mathrm{T}} + \boldsymbol{e}^{(k)} \boldsymbol{M}_k^{\mathrm{T}} \frac{\partial \boldsymbol{g}^{(k)\mathrm{T}}}{\partial g^{(k)}(i)} = 0 \tag{5-59}$$

由于 $\boldsymbol{e}^{(k)} \boldsymbol{M}_k^{\mathrm{T}} \dfrac{\partial \boldsymbol{g}^{(k)\mathrm{T}}}{\partial g^{(k)}(i)}$ 是一个标量,式(5-59)可写为

$$2\boldsymbol{e}^{(k)} \boldsymbol{M}_k^{\mathrm{T}} \frac{\partial \boldsymbol{g}^{(k)\mathrm{T}}}{\partial g^{(k)}(i)} = 0 \tag{5-60}$$

考虑到 $\dfrac{\partial \boldsymbol{g}^{(k)\mathrm{T}}}{\partial g^{(k)}(i)} = [0,\cdots,0, \underset{\text{第}i\text{位}}{1}, 0,\cdots,0]^{\mathrm{T}}$,因此有

$$\boldsymbol{e}^{(k)} \boldsymbol{M}_k^{\mathrm{T}} = 0 \tag{5-61}$$

将式(5-52)代入式(5-61),得到

$$[\boldsymbol{e}^{(0)} - \boldsymbol{g}^{(k)} \boldsymbol{M}_k] \boldsymbol{M}_k^{\mathrm{T}} = 0 \tag{5-62}$$

当 $\boldsymbol{M}_k \boldsymbol{M}_k^{\mathrm{T}}$ 可逆时,得到相位为 k 的激励脉冲序列的最佳激励幅度矢量 $\boldsymbol{g}^{(k)}$

$$\boldsymbol{g}^{(k)} = \boldsymbol{e}^{(0)} \boldsymbol{M}_k^{\mathrm{T}} (\boldsymbol{M}_k \boldsymbol{M}_k^{\mathrm{T}})^{-1} \tag{5-63}$$

将式(5-63)代入式(5-56),求出相位为 k 的序列的最佳激励矢量 $\boldsymbol{v}^{(k)}$ 引起的误差 $E^{(k)}$

$$\begin{aligned} E^{(k)} &= \boldsymbol{e}^{(0)} \boldsymbol{e}^{(0)\mathrm{T}} - \boldsymbol{e}^{(0)} \boldsymbol{M}_k^{\mathrm{T}} (\boldsymbol{M}_k \boldsymbol{M}_k^{\mathrm{T}})^{-1} \boldsymbol{M}_k \boldsymbol{e}^{(0)\mathrm{T}} - \boldsymbol{e}^{(0)} \boldsymbol{M}_k^{\mathrm{T}} [\boldsymbol{e}^{(0)} \boldsymbol{M}_k^{\mathrm{T}} (\boldsymbol{M}_k \boldsymbol{M}_k^{\mathrm{T}})^{-1}]^{\mathrm{T}} \\ &\quad + \boldsymbol{e}^{(0)} \boldsymbol{M}_k^{\mathrm{T}} (\boldsymbol{M}_k \boldsymbol{M}_k^{\mathrm{T}})^{-1} \boldsymbol{M}_k \boldsymbol{M}_k^{\mathrm{T}} [\boldsymbol{e}^{(0)} \boldsymbol{M}_k^{\mathrm{T}} (\boldsymbol{M}_k \boldsymbol{M}_k^{\mathrm{T}})^{-1}]^{\mathrm{T}} \\ &= \boldsymbol{e}^{(0)} [\boldsymbol{I} - \boldsymbol{M}_k^{\mathrm{T}} (\boldsymbol{M}_k \boldsymbol{M}_k^{\mathrm{T}})^{-1} \boldsymbol{M}_k] \boldsymbol{e}^{(0)\mathrm{T}} \end{aligned} \tag{5-64}$$

使 $E^{(k)}$ 最小的 k 就是最佳激励的模式号,它所对应的激励信号 $\boldsymbol{v}^{(k)}$ 就是最佳激励信号。$\boldsymbol{v}^{(k)}$ 是由式(5-50)计算出来的。

从上述过程可以看出,最佳激励信号 $\boldsymbol{v}^{(k)}$ 是由相位信息 k 和幅度矢量 $\boldsymbol{g}^{(k)}$ 决定的,如式(5-63)所示,整个过程包含了 R 个线性方程组的求解,这种线性方程组有多种快速的解法,因此,RPELPC 的计算复杂度要比 MPLPC 小得多。

RPELPC 算法也可以增加长时预测机制来改善算法性能。一种比特率为 13Kbps 的长时预测 RPELPC 算法,已被欧洲电信标准协会(ETSI)的全球移动通信(GSM)分会定为其第一个 TDMA 数字蜂窝电话标准。

4. 码激励线性预测声码器

MPLPC 算法和 REPLPC 算法虽然克服了基音检测和清浊判决不精确导致的编码质量下降的问题,但是这两种算法表示激励脉冲所需的比特数很难进一步压缩,当总的数码率低于 8Kbps 时,语音质量急剧下降。这就使其应用范围受到很大限制。1985 年,Manfred R. Schroeder 和 Bishnus S. Atal 提出了用矢量量化(VQ)技术对激励信号进行编码,VQ 码本中每一个存储的码字矢量都可以代替残差信号作为可能的激励信号源。在编码时对码本中码矢量逐个搜索,找到能产生与输入语音误差最小的合成语音的激励码矢量。只要将该码矢量的标号传送给接收端,在接收端用储存的同样的码本,就能根据收到的标号找到相应的码矢量作为激励。将这样的编码系统,称为码激励线性预测编码(code excited linear predictive coding,CELP)。CELP 在 4.8~16Kbps 的范围内可以获得质量相当高的合成语音,并且抗噪性能和多次转接的性能也很好。

CELP 采用分帧技术进行编码,帧长一般为 20~30ms,将每一语音帧分成 2~5 个子帧,在每个子帧内搜索最佳的码矢量作为激励信号。图 5-22 为 CELP 编码示意图。图中虚线框内是 CELP 综合器,它也是 CELP 解码器中的最主要功能部件。

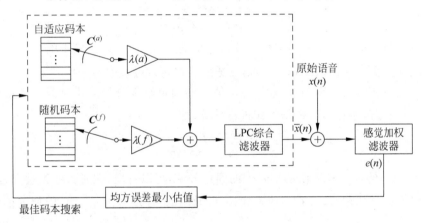

图 5-22 CELP 编码器示意图

CELP 一般都采用分阶段量化的方法将码本划分成两个,一个称为自适应码本,其码矢量逼近语音的长时周期性(基音)结构。另一个称为固定码本,其矢量为随机激励,对应语音经过短时预测和长时预测后的残差信号。当生成激励信号时,首先搜索确定自适应码本矢量,然后再搜索确定固定码本矢量。在搜索固定码本时,必须考虑自适应码本矢量的响应分量。两个码本矢量乘以各自的最佳增益后相加,其和就是 CELP 激励信号源。由于两个码本的尺寸远小于未采用基音预测(自适应码本)的单码本尺寸,因此搜索效率将大大提高。将激励信号输入 p 阶线性预测综合滤波器 $1/A(z)$,得到合成语音信号 $\bar{x}(n)$,再将 $\bar{x}(n)$ 与原始语音 $x(n)$ 的误差经过感觉加权滤波器 $M(z)$,得到感觉加权误差 $e(n)$。CELP 用感觉加权的最小均方预测误差作为搜索最佳码矢量及其幅度的度量准则,使感觉加权误差的平方和最小的码矢量即是最佳码矢量。

设一个子帧内的信号为一个矢量,则输入语音矢量可表示为 $\boldsymbol{x}=[x(0),x(1),\cdots,x(L-1)]^{\mathrm{T}}$,激励矢量表示为 $\boldsymbol{e}=[e(0),e(1),\cdots,e(L-1)]^{\mathrm{T}}$,$L$ 为子帧的长度。

令 $\boldsymbol{C}_r^{(a)}$ 为标号为 r 的自适应码矢量,相应的增益因子为 $\lambda^{(a)}$;$\boldsymbol{C}_q^{(f)}$ 为标号为 q 的固定码矢量,相应的增益因子为 $\lambda^{(f)}$。则激励信号可表示为

$$\boldsymbol{e}_{rq} = \lambda^{(a)}\boldsymbol{C}_r^{(a)}+\lambda^{(f)}\boldsymbol{C}_q^{(f)} \tag{5-65}$$

搜索自适应码本,对所有的矢量计算其重构信号,每个矢量必须在同样的初始状态,即同样的零输入响应下输入线性预测合成滤波器。记 $\bar{\boldsymbol{x}}_r$ 为当激励输入是 $\boldsymbol{C}_r^{(a)}$ 时滤波器的合成信号,$\bar{\boldsymbol{x}}_0$ 为滤波器的零输入响应,则有

$$\bar{\boldsymbol{x}}_r = \lambda^{(a)}\boldsymbol{M}\boldsymbol{C}_r^{(a)}+\bar{\boldsymbol{x}}_0 \tag{5-66}$$

式中,$\boldsymbol{M}$ 是感觉加权滤波器 $M(z)$ 的冲激响应矩阵,如式(5-51)所示。则原信号和合成重构信号之均方差 $E_r^{(a)}$ 为

$$E_r^{(a)} = |\boldsymbol{x}-\bar{\boldsymbol{x}}_r|^2 = \lambda^{(a)2}\boldsymbol{C}_r^{(a)\mathrm{T}}\boldsymbol{M}^{\mathrm{T}}\boldsymbol{M}\boldsymbol{C}_r^{(a)}-2\lambda^{(a)}\boldsymbol{C}_r^{(a)\mathrm{T}}\boldsymbol{M}^{\mathrm{T}}(\boldsymbol{x}-\bar{\boldsymbol{x}}_0)+|\boldsymbol{x}-\bar{\boldsymbol{x}}_0|^2 \tag{5-67}$$

对于给定的 $\boldsymbol{C}_r^{(a)}$,求最优增益 $\bar{\lambda}^{(a)}$,使 $E_r^{(a)}$ 为最小,应有 $\frac{\partial E_r^{(a)}}{\partial \lambda^{(a)}}=0$。由此得

$$\bar{\lambda}^{(a)} = \frac{\boldsymbol{C}_r^{(a)\mathrm{T}}\boldsymbol{M}^{\mathrm{T}}(\boldsymbol{x}-\bar{\boldsymbol{x}}_0)}{\boldsymbol{C}_r^{(a)\mathrm{T}}\boldsymbol{M}^{\mathrm{T}}\boldsymbol{M}\boldsymbol{C}_r^{(a)}} \tag{5-68}$$

将式(5-68)代入到式(5-67)中,并忽略常数项,得到误差判据:

$$E_r^{(a)} = \frac{[\boldsymbol{C}_r^{(a)\mathrm{T}}\boldsymbol{M}^{\mathrm{T}}(\boldsymbol{x}-\bar{\boldsymbol{x}}_0)]^2}{\boldsymbol{C}_r^{(a)\mathrm{T}}\boldsymbol{M}^{\mathrm{T}}\boldsymbol{M}\boldsymbol{C}_r^{(a)}} \tag{5-69}$$

对每一个自适应码矢量 $\boldsymbol{C}_r^{(a)}$ 按(5-71)计算 $E_r^{(a)}$,选择使 $E_r^{(a)}$ 最小的 $\bar{\boldsymbol{C}}_r^{(a)}$ 作为激励信号中的自适应分量。显而易见,$\boldsymbol{x}-\bar{\boldsymbol{x}}_0$ 是自适应码本搜索过程中的目标矢量。

按同样的方法搜索固定码本,求得激励信号的固定码本分量。这时需要考察 $\bar{\boldsymbol{C}}_r^{(a)}$ 的响应分量 $\bar{\boldsymbol{x}}_r$,在固定码本搜索时依据下式进行计算,即

$$E_q^{(f)} = \frac{[\boldsymbol{C}_q^{(f)\mathrm{T}}\boldsymbol{M}^{\mathrm{T}}(\boldsymbol{x}-\bar{\boldsymbol{x}}_r)]^2}{\boldsymbol{C}_q^{(f)\mathrm{T}}\boldsymbol{M}^{\mathrm{T}}\boldsymbol{M}\boldsymbol{C}_q^{(f)}} \tag{5-70}$$

选择使 $E_q^{(f)}$ 最小的 $\bar{\boldsymbol{C}}_q^{(f)}$ 作为激励信号中的固定分量,可以看出,此时目标矢量变为 $\boldsymbol{x}-\bar{\boldsymbol{x}}_r$。

最佳码本矢量选定后,将 $\bar{\boldsymbol{C}}_r^{(a)}$ 代入式(5-68)计算最佳增益因子 $\bar{\lambda}^{(a)}$,同理可根据下式来计算 $\bar{\lambda}^{(f)}$。

$$\bar{\lambda}^{(f)} = \frac{\bar{\boldsymbol{C}}_q^{(f)\mathrm{T}}\boldsymbol{M}^{\mathrm{T}}(\boldsymbol{x}-\bar{\boldsymbol{x}}_r)}{\bar{\boldsymbol{C}}_q^{(f)\mathrm{T}}\boldsymbol{M}^{\mathrm{T}}\boldsymbol{M}\bar{\boldsymbol{C}}_q^{(f)}} \tag{5-71}$$

然后对两个增益因子 $\bar{\lambda}^{(a)}$ 和 $\bar{\lambda}^{(f)}$ 进行量化,自适应码本增益约需 3~4 比特,固定码本增益约需 4~5 比特。

CELP 解码器一般由两部分组成:综合器和后置滤波器滤波。综合器生成的合成语音一般还要经过后置滤波器滤波,以达到去除噪声和提高音质的目的。CELP 解码器的示意图这里就不再给出。

在 CELP 的解码器中,解码操作也是按子帧进行的。首先对编码中的索引值执行查表操作,从激励码本中抽取对应的码矢量,通过相应的增益控制单元和合成滤波器生成合成语音,而合成滤波器系数和增益按照与编码器同样的方式定期更新。但是这样得到的重构信号往往仍旧包含可闻噪声,在低数码率编码的情况下尤其如此。为了降低噪声,同时又不降

低语音质量,一般在解码器中要加入后置滤波器,它能够在听觉不敏感的频域对噪声进行选择性抑制。后置滤波既包括短时后置滤波,也包括长时后置滤波。其传输函数表示为

$$H(z) = G H_{\mathrm{L}}(z) H_{\mathrm{S}}(z) \tag{5-72}$$

式中,$H_{\mathrm{S}}(z)$ 和 $H_{\mathrm{L}}(z)$ 分别为短时和长时后置滤波器,G 为后置滤波增益控制因子。当然,后置滤波中也可以不包括长时部分,但加入长时后置滤波确实能够明显改善浊音段合成语音质量。

短时相关后置滤波器传递函数一般表示为

$$H_{\mathrm{S}}(z) = \frac{A(z/\alpha_1)}{A(z/\alpha_2)}(1 - \mu z^{-1}) \tag{5-73}$$

参数 α_1 和 α_2 控制滤波器的频率响应,μ 为频谱斜率补偿因子,其作用是补偿由于后置滤波器扩展峰谷距离引起的频谱变化。μ 值可作为输入信号频谱的函数自适应调整,即

$$\mu = C \frac{r(1)}{r(0)} \tag{5-74}$$

式中,$r(1)/r(0)$ 为语音信号时延为 1 的归一化自相关函数,常数 C 用于限制 μ 的取值范围,典型值为 0.5。

长时相关后置滤波器的作用是增加浊音信号的周期性,其传递函数的一般表示式为

$$H_{\mathrm{L}}(z) = \frac{1 + \lambda_1 z^{-D}}{1 - \lambda_2 z^{-D}} \tag{5-75}$$

式中,λ_1、λ_2 为系统参数,D 为基音周期。常用的 $H_{\mathrm{L}}(z)$ 只含分子,即 $\lambda_2 = 0$,λ_1 为时延为 D 的归一化自相关系数,即

$$\lambda_1 = 0.5 \frac{r(D)}{r(0)} \tag{5-76}$$

此时长时相关后置滤波器呈现为全零点滤波器。之所以采用全零点而不是全极点滤波的原因是,全零点滤波器能够反映波形快速变化的特性,能再生具有高度周期性的重构信号。

式(5-72)中增益因子 G 的作用是保证经后置滤波处理后的信号的能量和输入信号相同。由于滤波器本身是时变的,因此增益因子也需自适应调整。最常用的方法是取

$$G = \sqrt{\frac{\sum_n y_1^2(n)}{\sum_n y_2^2(n)}} \tag{5-77}$$

式中,$y_1(n)$ 和 $y_2(n)$ 分别为后置滤波前和后置滤波后的语音信号。

后置滤波器可以根据接收到的短时和长时预测系数导出,也可以通过线性预测分析的方法从解码后的语音信号中导出。

CELP 是 ABS-LPC 中最重要的形式,至今仍然是声码器研究中的热点之一。十几年来,减少 CELP 复杂度、增强 CELP 性能的新技术不断出现。下面简要介绍其中几种重要的方法。

1) 矢量和激励线性预测(VSELP)编码

VSELP 与 CELP 的基本区别在于激励序列形成的方法。如图 5-23 所示,VSELP 有 3 个激励源。一个激励源来自于基音(长时)预测器的状态,即自适应码本。另外两个分别来自于具有 128 个码字的结构化随机码本。3 个激励源的输出分别乘以各自的增益,然后相加得到最终的激励序列。其中 LPC 合成滤波器由具有 10 个极点的滤波器构成,分析帧长

20ms。在合成端,通过内插,激励参数和 LPC 预测系数每 5ms 更新一次。

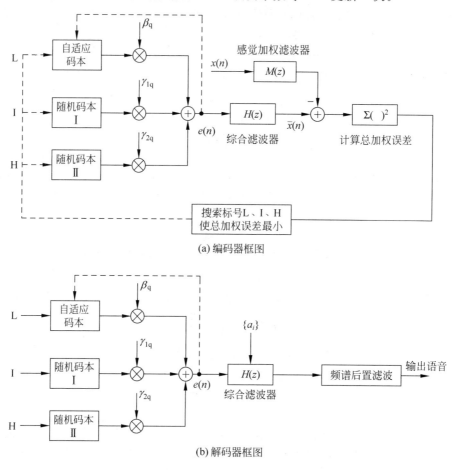

(a) 编码器框图

(b) 解码器框图

图 5-23 VSELP 编码器/解码器原理框图

VSELP 是一个比较理想的 CELP 改进形式,它保留了 CELP 高效编码的优点,同时又使运算量大大降低。两个随机码本可在保持一定的复杂度下提高语音质量。而结构化码本不仅减少了运算量,也增强了抗信道误码的能力。1989 年 8Kbps 的 VSELP 已被美国电子工业协会(EIA)下属的电信工业协会(TIA)选为北美 TDMA 数字蜂窝电话系统语音编码标准(IS-54),其语音质量与 32Kbps 的 CVSD 和 13Kbps 的 RPELPC 语音质量相当。一种 6.7Kbps 的 VSELP 也被日本采纳为 TDMA 数字蜂窝(JDC)系统全速率语音编码器标准。

2) 短时延 CELP(LD-CELP)编码

16Kbps 的 LD-CELP 编码算法已标准化为 ITU-T 建议的 G.728 标准。前面所述几种声码器都是利用前馈自适应预测去除语音信号的相关性,它们都需要足够的编码时延和存储空间,典型的编码时延在 40~60ms 之间。而 LD-CELP 在 CELP 算法基础上,采用带有增益参数的后馈自适应预测和 5 维激励矢量来达到高音质和低时延的效果。它的算法时延是 0.625ms,一路编码时延小于 2ms。LD-CELP 编码器/解码器原理如图 5-24 所示。

在编码端,5 个连续的语音样点形成一个 5 维语音矢量。激励码本中共有 1024 个 5 维矢量。对于每个输入语音矢量,编码器利用合成分析法从码本中搜索出最佳矢量,然后将

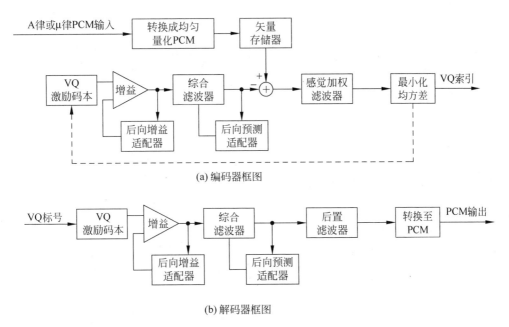

(a) 编码器框图

(b) 解码器框图

图 5-24　LD-CELP 编码器/解码器原理框图

10 比特的 VQ 标号送出去。激励的增益和线性预测系数都是用先前量化过的语音信号来提取和更新的。每 4 个相邻的输入矢量(共 20 个采样点)构成一个子帧,每个子帧更新一次线性预测系数。

3) 共轭结构代数码激励线性预测(CS-ACELP)编码

ITU-T 的编码建议的 G.729 标准就是采用这种语音编码方案。其编码原理如图 5-25 所示。

CS-ACELP 的思想是基于 CELP 的编码模式,编码器对增益的矢量量化过程中,采用了共轭结构(conjugate structure)。CS-ACELP 的码本搜索过程也可分为固定码本的搜索过程和自适应码本的搜索过程两部分,其中固定码本采用了代数(algebraic)结构。代数码本的特点是:算法简单,码本不需要存储,其码矢量为 40 维,其中有 4 个非零脉冲,它们的幅度为 +1 或 −1,位置也在限定的范围内。在解码端,只要从编码中获得非零脉冲的幅度和位置信息,就可直接得到对应的输出矢量。

在发送端要进行线谱对 LSP 参数的量化、基音分析、固定码本的搜索和增益的量化 4 个步骤。编码器首先对输入的信号(8kHz 采样 16 比特 PCM 信号)进行预处理,然后对每帧(10ms)语音进行线性预测分析,得到 LPC 系数,并将其转换为 LSP 参数,接着对 LSP 参数进行二级矢量量化。基音分析采用开环基音分析和自适应码本搜索相结合,每一帧搜索到最佳基音时延 T 的一个候选 T_{op},然后依据 T_{op} 在每一个子帧内搜索出各自的最佳基音时延。固定码本的搜索主要是找到 4 个非零脉冲的位置和幅度。最后还需对自适应码本增益和固定码本增益进行量化。除 LSP 参数每帧更新外,其他编码参数每子帧更新一次。

在解码器端,通过对接收到的各种参数标志进行解释得到编码器参数,依次进行激励生成、语音合成和后处理工作。在参数中,对 LSP 参数进行内插,以使其每子帧更新一次,再将其转换成线性预测滤波器系数。

实际上,前文的 LPC 声码器可以看成是只有两类激励矢量的开环 CELP 语音编码器。

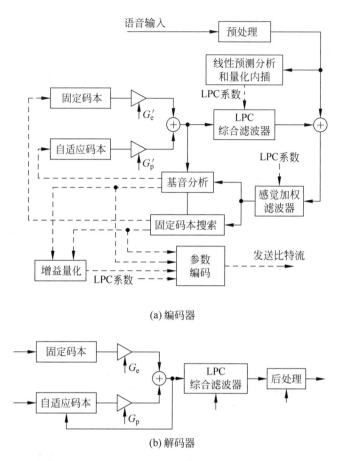

(a) 编码器

(b) 解码器

图 5-25   CS-ACELP 编码器/解码器原理框图

基于 CELP 编码的变化形式还有很多,例如基音同步刷新码激励线性预测(PSI-CELP)编码、变速率码激励线性预测(QCELP)编码等。1996 年 ITU-T 制定的 G.723.1 编码算法,在网络多媒体通信领域获得了广泛的应用,它提供两种编码速率 6.3Kbps 和 5.3bps。在 5.3bps 编码速率下,编码器采用的是 ACELP 编码算法,而在 6.3Kbps 的速率下,采用的是多脉冲激励线性预测编码算法。

5.2.3   基于正弦模型的混合编码

前文所介绍的 MPLPC、REPLPC 及 CELP 都是基于全极点声道模型,采用线性预测分析方法实现的语音编码算法。这些编码算法通过采用矢量量化技术、合成分析的方法以及感觉加权误差最小判决准则等,在 4.8～16Kbps 速率范围内获得了巨大的成功。然而当速率进一步降低时,合成语音质量迅速下降。由于全极点声道模型完全是基于人的发音物理机制而提炼出来的,因此上述线性预测编码器在分析和合成非语音声音和数据时(例如语音段中包含很强的噪声),语音的质量就难以满足要求。这里介绍的正弦模型编码所采用的是从语音信号的频谱分解角度出发而建立的正弦分析合成模型。这种模型的主要优点就是,对于一般声音的表示和重建也能给出很好的效果,例如海洋动物的声音、乐音、有音乐背景的语音、多人同时讲话的语音等。基于正弦模型的编码算法同样容易与人耳的听觉模型相结合,改善合成语音的主观音质。

正弦模型的思想是 R. J. Mcaulay 等人在 20 世纪 80 年代提出的,它是相位声码器的进一步发展。语音信号 $x(t)$ 可以表示为线性时变声道滤波器受声门激励信号 $e(t)$ 激励而产生的输出,即

$$x(t) = \int_0^t h(t-\tau,t)e(\tau)\mathrm{d}\tau \tag{5-78}$$

式中,$h(\tau,t)$ 是线性时变声道滤波器的单位冲激响应,设其频率响应为 $H(\omega,t)$。并有

$$H(\omega,t) = M(\omega,t)\exp[\mathrm{j}\Phi(\omega,t)] \tag{5-79}$$

式中,$M(\omega,t)$ 和 $\Phi(\omega,t)$ 分别为 $H(\omega,t)$ 的幅值分量和相位分量。同时可以用一组时变的正弦波来描述激励信号:

$$e(t) = \sum_{k=1}^{N(t)} a_k(t)\sin(V_k(t) + \phi_k) \tag{5-80}$$

其中

$$V_k(t) = \int_{t_1}^t \omega_l(\sigma)\mathrm{d}\sigma \tag{5-81}$$

t_1 是第 k 个正弦波的开始时间。适当地选择幅值 $a_k(t)$、频率 $\omega_l(t)$、相位 ϕ_k 可以形成浊音、清音或过渡音所需的声门激励信号 $e(t)$。将式(5-80)代入式(5-78)并经推导 $x(t)$ 可以化简为如下形式(详细推导过程请参见文献[6]):

$$x(t) = \sum_{k=1}^{N(t)} A_k(t)\sin[V_k(t) + \phi_k + \Phi(\omega_k(t),t)] \tag{5-82}$$

式中,$A_k(t)$ 为

$$A_k(t) = a_k(t) \cdot M[\omega_k(t),t] \tag{5-83}$$

式(5-82)就是语音信号的正弦模型,即可以将语音信号表示成基音信号及其各次谐波的叠加,这样短时语音信号就可以用基音频率、谐波振幅及其相位参数来表示。其中的振幅和频率是缓慢时变的,可以用帧间峰值匹配算法来估计,而相位常用一种具有去卷绕能力的内插方法来实现其平滑变化。$N(t)$ 的变化说明语音信号的正弦分量的生灭现象,语音的过渡段主要靠正弦分量的生灭来实现语音特征的急剧过渡,而对于较平稳的浊音段,因可视为准周期性信号,所以也可以用正弦模型很好地描述。数学上已证明,正弦模型可以描述各种准周期性信号。

采用正弦模型对语音信号进行分析与合成具有诸多优点,许多基于这种思想的编码方法,在低速率范围内表现出良好的性能。典型的基于正弦模型的语音编码有正弦变换编码和多带激励编码等。这类编码器都是在分析端通过提取和量化某些参数来表示语音的短时谱,特别注重在浊音语音中的基音谐波;在合成端用一组正弦波相加来合成浊音语音,并通过仔细修正每帧正弦波的频率和相位来跟踪浊音语音的短时谱特性。从这一点来说,基于正弦模型的语音编码与波形编码有相似之处。

1. 正弦变换编码

正弦变换编码(sine transform coding,STC)是通过对语音进行傅里叶分析,提取最能表示语音信号的几个频率成分,并用这几个频率的正弦波合成语音。

正弦变换编码的原理如图 5-26 所示。在编码端分析语音帧的基音及谐波成分(谱峰),并对这些谱峰和相位的信息进行编码和传输。这样,在接收端通过这些参数控制一组正弦

波的幅度和相位来重构语音信号,使合成语音具有与原始语音相似的时变谱结构。

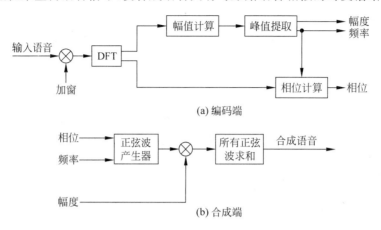

(a) 编码端

(b) 合成端

图 5-26　正弦变换编码原理图

STC 编码与波形编码相结合可以产生另一类称之为波形内插(WI)的编码方法。

2. 多带激励(MBE)编码

语音信号短时段中往往既含有周期性分量,又含有非周期性分量,这种特性在频谱上的表现就是在某些频段上语音谱呈现周期谱的特征,而在某些频段上呈现噪声谱的特征。

美国 MIT 林肯实验室于 1984 年提出了多带激励语音编码方案(multi-band excitation, MBE)。它将语音谱按各基音谐波频率分成若干个带,对各带信号分别判断是浊音(V),还是清音(U)。然后根据各带是清音还是浊音,采用不同的激励信号产生其合成信号;最后将各带信号相加,形成全带合成语音。分析过程采用类似于 ABS 的方法,提高了语音参数提取的准确度。MBE 在 2.4～4.8Kbps 速率上能够合成出比传统声码器好得多的语音,并且具有较好的自然度和抗噪性能。

这种算法提出了一种由正弦模型引出的频域模型—多带激励模型,其模型结构如图 5-27 所示。在 MBE 模型中,加窗后的短时语音信号可以表示为

$$X_w(\omega) = H_w(\omega)E_w(\omega) \tag{5-84}$$

即将语音信号的频谱看作系统函数的频谱 $H_w(\omega)$ 与激励信号的频谱 $E_w(\omega)$ 的乘积。而重构语音信号可以表示为

$$\overline{X}_w(\omega) = \overline{H}_w(\omega)\overline{E}_w(\omega) \tag{5-85}$$

式中,$\overline{H}_w(\omega)$ 和 $\overline{E}_w(\omega)$ 分别是 $H_w(\omega)$ 和 $E_w(\omega)$ 的估计,根据原始信号计算得到。

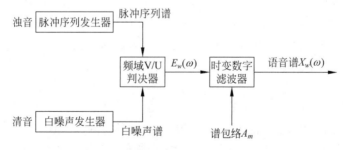

图 5-27　MBE 语音信号产生模型

在 LPC 声码器中，$\overline{H}_w(\omega)$ 用全极点函数来逼近。而激励信号 $\overline{E}_w(\omega)$ 采用二元激励形式。而在 MBE 模型中，首先按基音的各谐波频率，将一帧语音的频谱分成若干个谐波带，然后以若干个谐波带为一组进行分带，例如以 3 个相邻的谐波带为一组进行分带。分别对各带进行清浊(V/U)判决，对于浊音带，用以基音周期为周期的脉冲序列谱作为激励信号谱；对于清音带，则使用白噪声谱作为激励信号谱。总的激励信号由各带激励信号相加构成。系统函数 $\overline{H}_w(\omega)$ 的作用是确定各频带的相对幅度和相位，起到将这种混合的激励信号谱映射成语音谱的作用。这种模型使得合成语音谱同原始语音谱在细致结构上能够拟合得很好，更符合实际语音的特性。同时在每一谐波带内可以认为 $\overline{H}_w(\omega)$ 保持不变，用一个常数 A_m 来表示，它描述了各谐波带内的谱包络情况。

MBE 编码器就是通过调整 A_m 和 $\overline{E}_w(\omega)$，使得原始语音谱模值 $|X_w(\omega)|$ 与合成语音谱模值 $|\overline{X}_w(\omega)|$ 之差的加权积分达到最小，即令下式为最小

$$\varepsilon = \frac{1}{2\pi}\int_{-\pi}^{\pi} M(\omega)(\,|\,X_w(\omega)\,|-|\,\overline{X}_w(\omega)\,|)^2\mathrm{d}\omega \tag{5-86}$$

式中，$M(\omega)$ 为感觉加权频率函数。

由图 5-27 可知，对于每一帧语音，必须已知如下参数才能完成对 MBE 模型的分析：基音频率 ω_0、清浊音判决和谱包络参数 A_m（实际是谐波处的谱抽样）。基音频率和谱包络参数的估计是同时进行的。估计时采用搜索算法和最小均方误差准则，依次假设基音频率 ω_0 为各种可能出现的值。对每一个 ω_0，按谐波带宽将 $\omega=-\pi\sim\pi$ 分成 M 个谐波带。各频带频率的上、下限分别为 $b_m=(m+1/2)\omega_0$ 和 $a_m=(m-1/2)\omega_0$，$m=-M\sim M$，则式(5-86)可以写成如下形式：

$$\varepsilon = \sum_{m=-M}^{M}\left[\frac{1}{2\pi}\int_{a_m}^{b_m} M(\omega)(\,|\,X_w(\omega)\,|-|\,A_m\,\|\,\overline{E}_w(\omega)\,|)^2\mathrm{d}\omega\right] \tag{5-87}$$

可以证明，当

$$|\,A_m\,| = \frac{\displaystyle\int_{a_m}^{b_m} M(\omega)\,|\,X_w(\omega)\,\|\,\overline{E}_w(\omega)\,|\,\mathrm{d}\omega}{\displaystyle\int_{a_m}^{b_m} M(\omega)\,|\,\overline{E}_w(\omega)\,|^2\mathrm{d}\omega} \tag{5-88}$$

时，式(5-87)取最小值。在未做清浊音判定之前，所有频带均假设为浊音。

基音频率搜索和估计由以下方法实现。

为减少运算的复杂性，先在时域内进行粗估。将式(5-87)转化为时域形式，并加入修正项，得到无偏估计式：

$$\varepsilon_{\mu b} \approx \frac{\displaystyle\sum_{n=-N}^{N} w^2(n)x^2(n) - D\sum_{k=-L}^{L}\phi(kD)}{\left[1-D\displaystyle\sum_{n=-N}^{N} w^4(n)\right]\left[\displaystyle\sum_{n=-N}^{N} w^2(n)x^2(n)\right]} \tag{5-89}$$

式中，$x(n)$ 和 $w(n)$ 分别是原始语音信号和窗函数，且有 $\displaystyle\sum_{n=-\infty}^{\infty}|\,w(n)\,|^2=1$。$D$ 为假定的基音周期，$\phi(m)=\displaystyle\sum_{n=-\infty}^{\infty} w^2(n)x(n)w^2(n-m)x(n-m)$，它实际上是 $w^2(n)x(n)$ 的自相关函数。做估计时，设窗长为 $(2N+1)$，并绕原点对称，同时假设在窗长范围内有 L 个假设的基

音周期,即

$$L = \left\lfloor \frac{2N+1}{D} \right\rfloor \tag{5-90}$$

符号 $\lfloor x \rfloor$ 表示取小于或等于 x 的最大整数。通过搜索,可以得到一个基音周期的初次估计值 D_1。为保证估计的精确度,还要在频域内根据式(5-87)进一步搜索初次估计 D_1 附近的值。当最终确定了 ω_0 后,可由式(5-88)直接计算对应的 $|A_m|$。

对每个频带都要进行 V/U 判决,首先计算下式

$$\xi_m = \frac{\varepsilon_m}{\frac{1}{2\pi}\int_{a_m}^{b_m} |X_w(\omega)|^2 \mathrm{d}\omega} \tag{5-91}$$

由于在估计谱时假设语音为浊音,因此浊音带误差 ξ_m 较小,而清音带误差较大。所以可以将 ξ_m 与一预先设定的门限值 η_m 比较,从而做出 V/U 判决。确定 V/U 后,可以对各谐波的幅度做最后的确定。对于浊音带有 $a_m = |A_m|$;对于清音带,其幅度值就是原始语音该谐波带的平均幅度值。

MBE 合成算法是以 MBE 模型为依据,利用分析算法得到的参数来合成语音。清浊音分别进行合成操作,然后将两者相加得到最终的合成语音。

1) 清音语音合成

清音合成是在频域进行的。设 U_w 是一单位方差白噪声信号的加窗谱。用 V/U 判决结果来修正 U_w,使白噪声信号在频率分布和能量上与原始语音的清音相吻合。用于在谐波带的浊音区,令 $U_w(\omega) = 0$,所以修正的效果相当于用一组带通滤波器滤除了浊音带的信号。修正后的 U_w 再做傅里叶反变换就得到了合成的清音语音序列。为保证前后帧语音的连续性,此序列还要经过前后帧的线性插值,最后得到当前帧语音的清音部分 $\bar{x}_{wu}(t)$。

2) 浊音语音合成

浊音可以用一组以基频 ω_0 及其谐波为振荡频率的正弦波在时域直接合成。即

$$\bar{x}_{wv}(t) = \sum_m a_m(t)\sin(\theta_m(t)) \tag{5-92}$$

式中,$a_m(t)$ 为第 m 次谐波带的幅度;而

$$\theta_m(t) = \int_0^t \omega_m(\xi)\mathrm{d}\xi + \phi_0 \tag{5-93}$$

是相位函数,ϕ_0 是初始相位,$\omega_m(t)$ 是经前后帧线性插值的频率轨迹。最后合成语音为

$$\bar{x}_w(t) = \bar{x}_{wv}(t) + \bar{x}_{wu}(t) \tag{5-94}$$

MBE 编码在速率降至 2.4Kbps 时,仍能保持相当的可懂度和自然度。由于 MBE 不需要码本,其复杂度也较低,所以基于 MBE 的编码器在多项语音编码标准评选中均显示了强有力的竞争力。一种改进的 MBE 编码器(IMBE)在 1990 年被 INMARSAT 和 AUSAT 采纳,作为其移动卫星通信的语音编码标准,编码速率为 6.4Kbps,EIA/TIA 也选择了 MBE 编码器作为北美陆地移动通信系统(Project25)的语音编码标准,编码速率为 7.2Kbps。

5.3 极低速率语音编码技术

前面介绍的各种编码算法,主要是针对中低速率语音编码应用的。通常将数码率低于 1.2Kbps 以下的语音编码器称为极低速率语音编码器,这类编码器在算法上有着不同的特

点,本节专门进行讨论。

现代通信一方面扩展信道,实现"宽带通信",另一方面仍然追求更加有效、经济实用的信道。其中最重要一项就是要压缩信源频带或编码速率。在语音的通信信道中,有的信道难以扩展,且质量很差,例如短波信道;有的信道正在广泛使用,短期内难以更新,如市话和载波信道;有的信道通信环境比较复杂,例如在强的"人为干扰"或环境噪声下的军用通信、数字语音保密通信、因特网语音通信;还有的信道十分昂贵,例如卫星、宇宙通信等。在这些条件下,极低速率语音编码颇具吸引力。

5.3.1 400bps~1.2Kbps 的声码器

400bps~1.2Kbps 的语音编码算法一般是在 2.4Kbps 的 LPC 声码器的基础上,利用矢量量化技术和帧间相关性做进一步的数据压缩。

1. 帧填充技术

在 2.4Kbps 声码器的码序列中,相邻帧之间仍存在相关性,尤其在较平稳的语音段,如浊音段,帧与帧之间变化并不大。因此,编码时可以每隔一帧做一次编码传输,并通过边信息通知合成端如何填充空白帧,填充时可以使用前邻帧,也可以使用后邻帧。这样处理大概可以再压缩一半的编码速率。在这种构想的基础上,还可以再做一些更加细致的考虑,比如,使填充帧的基频、能量按既定的规则生成,而不是完全复制相邻帧。采用帧填充技术后,可以在数码率降低一半后,保证合成语音的音质基本保持不变。

2. 矢量量化技术

利用矢量量化技术可以进一步减少帧间编码参数的相关性。在码激励线性预测编码器中,利用矢量量化技术对激励信号进行编码,实现了对编码的压缩,实际上,还可以利用矢量量化技术对声道滤波器系数等参数进行编码,进一步降低编码速率。其基本思路是:把一帧或多帧需要传输的某些参数划分在一起,组成一个矢量。根据感觉误差最小准则,在一个已训练好的码本中搜索该矢量对应的最佳码字,在传输时只传送该码字在码本中的序号,这样就可以进一步降低编码速率,而不过多地影响音质。

在极低速率声码器中,利用矢量量化技术来压缩编码速率的一个典型的例子是 VQ-LPC 声码器。它在 LPC 声码器的基础上,结合 VQ 技术进一步降低了编码速率,而语音质量并没有明显下降。从 5.2.1 节可以看出,LPC 声码器 LPC-10 的参数量化比特分配的情况为:基音 6 比特、清浊标志 1 比特、增益 5 比特,这些参数已没有进一步压缩的余地。然而 p 个 LP 参数仍然还具有较大的压缩余地,它们本身就是一种典型的矢量信号。每组 LP 参数代表一种与能量大小无关的谱形,它反映声道的一种形态。对于这样的矢量,已经找到了与主观感觉有较好对应关系的失真测度方法。既然它是声道形态的表征,那么它在 p 维空间中的分布必然是比较集中的,而人类听觉系统对于语音信号的谱形的分辨能力有限,允许一定程度的量化失真,因此用 VQ 技术进行量化编码时,码本不必很大。一般情况下,码本中码字的数量为 $256(2^8)$,最多为 $1024(2^{10})$。这样用 VQ 技术对 LP 参数进行编码,可以提高其数据压缩比,以 $p=10$ 为例,在量化编码前,若每个参数用 4 个字节的浮点数表示,则一帧数据总共需要 40 个字节。若用码本大小为 256 的矢量量化器编码,一帧数据仅用 1 个字节,压缩了 40 倍,就是与前述 LPC-10 中每个参数孤立地进行编码(即标量量化)时相比,其压缩比也要高。

采用 VQ 技术对 LPC 参数编码,不必考虑每个参数的量化特性,只要考虑这种参数矢量在多维空间中的失真测度。例如:增益归一化似然比失真测度就是一种用于 VQ 的良好失真测度,然而计算这种测度所用的参数(被测信号的增益归一化自相关数和参考信号线性预测系数的自相关数)的量化特性都不大好。当然,合成滤波器参数的插值特性仍然是重要的。可以用两类不同的参数存储两个相对应的码本,一个用于 VQ 编码,一个用于合成和参数内插。

VQ 用于数据压缩的所有优势在 LP 参数的编码中都能得到充分的体现。A. Buzo 等人在首次提出 VQ 技术的应用时,就是用 VQ-LPC 声码器作为例证来证明 VQ 压缩数据的强大威力的。这一例证对于新型语音编码器和低速率声码器的发展更是起了重要的推动作用。

5.3.2 识别合成型声码器

从信息论的观点来看,语音所含信息量的信息率下界是 50bps 左右(对英语而言)。但是,已有的大量研究表明:要将数码率压缩至 400bps 以下,目前的各种基于分析合成的算法都不能满足要求,所提供的语音质量无法达到公众能接受的程度。其根本原因在于这种分析合成型声码器的编码单元是一帧或几帧语音信号,每帧约为 10~30ms 的一段,其特性变化无穷,用一个太小的有限符号集来编码,意味着恢复的语音信号难免产生不可容忍的失真。要接近这个下界,只有采用语音识别与合成技术,以语音基元为编码单位进行编码。这一思想早在 20 世纪 50 年代就已提出,20 世纪 80 年代还曾有多个研究机构申请过发明专利,但由于面临语音识别和语音合成两大难题,一直没能进行实用化研究。近十几年来,非特定人、连续语音识别和按规则语音合成已取得突破性进展,因此,现在开发这种声码器应该说已经具备了较好的基础。

识别合成型声码器就是采用语音识别与合成技术,以语音单位(或称语音基元)为编码单元对语音信号进行编码。语音基元可以是音素、音节或词,任何一种语言的音素或音节都是一个有限数目的集合,用它们作为基元进行编码可以实现无限词汇的语音编码。这种声码器的结构如图 5-28 所示,在发送部分采用语音识别技术进行语音基元识别和编码,接收部分根据收到的语音基元代码串和某些附加的韵律信息重新合成语音。因此这种声码器需要在信道中传输的参数很少,可以以极低的编码速率传输或存储语音参数,而且能恢复出高质量的语音。

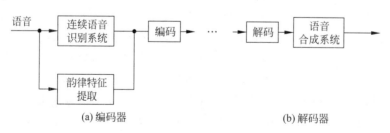

图 5-28 识别合成声码器示意图

这种独特的语音编码技术,至少对于汉语来讲应该是现实可行的,且很有发展前景。这主要是因为汉语语音有其独特的语言结构,其音节基本上是以声母、韵母和声调巧妙地结合而成的。汉语音节总数只有一千多种,它们在语音流中具有一定的独立性和稳定性,比较容易基于音节基元自动识别,也容易以音节为基元合成无限的词汇。

识别合成型语音编码的基础是语音识别和语音合成技术。目前,汉语的非特定人连续语音识别技术和高清晰度、高自然度的语音合成技术已取得重大的进展,因而发展这种识别合成型编码技术的时机已经到来。但是在基于语音识别与合成技术构成的识别合成声码器中,还存在一些在通常的识别合成研究中不曾遇到的问题:

1) 如何从语音信号中提取韵律特征参数并对它们进行压缩编码

所谓韵律就是语句中各音节的声学特征,如音长、音强、基音轮廓线、共振峰轨迹等的变化规律;在接收端利用这些韵律参数可以获得较高质量的输出语音。汉语语音音节虽然在语句中有一定的稳定性和独立性,但音节之间的相互影响也是十分明显,特别是同一词内相邻的音节之间存在着明显的协同发音的情况,它们的基音轮廓线和共振峰走向等特征之间的相互影响有时十分显著。因此,合成语句时若不对所有的音节进行适当的韵律修改,合成语音不仅自然度差,可懂度也很低。

2) 如何在语音识别中保证获得较高的音节识别正确率

例如使用特定人语音识别技术。虽然汉语非特定人连续语音识别技术已经取得了重大的进展,但是大量的文献表明,非特定人语音识别系统的性能仍然无法和特定人语音识别的性能相比拟。然而在特定人系统中,对于大词汇量语音识别系统而言,由于有大量的参数需要训练,需要使用者录入大量的训练数据,这是一件非常烦琐的工作,而且在很多情况下也是不可能的。一种可行的方法是采用说话人自适应技术,研究表明在语音识别系统中,应用各种快速说话人自适应算法是提高系统性能的一种有效途径。另外,大量研究也表明,适当的语言模型对提高系统的识别率也可发挥重要的作用。而在识别合成声码器中的语言模型又与一般语音识别系统的语言模型有所不同,它可以在保证音节发音正确的情况下,不必区分音节所对应的不同汉字的情况。而且在模型中,韵律信息也可以有效地加以利用,以得到更高的识别率性能。因而研究适用于识别合成型声码器的语言模型也是该编码算法的一项重要任务。

5.4　语音编码器的性能指标和质量评测方法

一般总是通过衡量比较各种语音编码器或语音编码算法的性能指标来评价它们的好坏,这些指标包括编码速率、语音质量、顽健性、时延、计算复杂性和算法的扩展性等。从前面的分析知道,对同一种编码算法而言,这些性能指标之间往往存在矛盾,必须根据实际情况进行取舍和折中。

5.4.1　编码速率

降低编码速率往往是语音编码的首要目标,它直接关系到传输资源的有效利用和网络容量的提高。根据编码速率和输入语音的关系可将编码器分成两类:固定速率编码器和可变速率编码器。

现有大部分编码标准都是固定速率编码,其范围为 $0.8 \sim 64 \mathrm{Kbps}$。其中,保密电话的编码速率最低,为 $0.8 \sim 4.8 \mathrm{Kbps}$,其原因是它的通信信道带宽限定在 $4.8 \mathrm{Kbps}$ 以下。数字蜂窝移动电话和卫星电话编码器的编码速率为 $3.3 \sim 13 \mathrm{Kbps}$,它使数字蜂窝系统的容量可以达到模拟系统的 $3 \sim 5$ 倍。需要注意的是,蜂窝系统中常伴有信道编码,使总的编码速率达到 20~30Kbps。普通电话网的编码速率为 16~64Kbps。其中有一类特别的编码器称为宽带(wideband)编码器,其编码速率为 48/56/64Kbps 用于传送 50Hz~7kHz 的高质量音频信号,主要应用于会议电视系统。在固定速率的编码器中,有些编码器采用了一些特殊的技术来提高信道利用率,例如语音插空技术,它利用语音信号之间的自然停顿传送另一路语音或数据。

可变速率编码是近年来出现的新技术。根据统计,两方通话大约只有 40% 的时间是真正有声音的,因此一个自然的想法是采用通、断二状态编码。通状态对应有声期,采用固定编码速率;断状态对应无声期,传送极低编码速率信息(如背景噪声特征等),甚至不传送任何信息。更复杂的多状态编码还可以根据网络负荷、剩余存储容量等外部因素调整其编码速率。可变速率编码主要包括两个算法。一是有声检测(voice activity detection,VAD),主要用于确定输入信号是语音还是背景噪声,其难点在于正确识别语音段的起始点,确保语音的可懂度。二是舒适噪声生成(comfortable noise generation,CNG),主要用于接收端重建背景噪声,其设计必须保证发送端和接收端的同步。可变速率编码的典型应用是数字电路倍增设备、非实时的语音存储和 CDMA 移动通信系统。

5.4.2　顽健性

编码器的顽健性(robustness)是通过取多种不同来源的语音信号进行编码解码,并对输出语音质量进行比较测试得到的一种指标。例如,取不同发音人的语音、各种背景噪声下的语音、用各种麦克风或不同频响的放大器录制的语音、非语音声音等。在应用于通信系统时,编码器要适应各种各样的情况。

多级编码解码(tandem encoding)情况下的输出语音质量,也是衡量编码器顽健性的一项重要指标。在逐步发展起来的数字通信网中,既有数字电话又有模拟电话,从端到端的路由中,语音信号会在模拟信号和数字化压缩编码之间多次进行转换,即出现一种异步级联多级编解码的情况。在这样的情况下,有些编码算法的语音质量就会明显下降,例如 ADPCM 编码器级联,其音质就大为降低。就是在全数字化网络中,也存在从"64Kbps PCM—数字化压缩编码"这样的多级级联编解码的情况。这种同步多级级联编码形式对于一些复杂的编码算法,例如 ATC 等的影响非常大。64Kbps 的 μ 律 PCM 对以上两种类型的多级级联编码、解码的情况都具有很好的顽健性。

此外,在存在部分数据丢失的情况下,语音编码器顽健性的研究也有重要的意义。特别是在异步传输方式(asynchronous transfer mode,ATM)下,通信数据基元丢失是很难避免的。如果不采取一定的措施,即使是 64Kbps 的 μ 律 PCM 的语音质量也会因部分数据丢失而明显降低。解决这一问题的方法有 3 种,即替代法、插值法和嵌入式编码方案。采用此类方法,可以有效地提高数据丢失时编码器的顽健性。

5.4.3　时延

编码器时延由以下 4 部分组成。

1. 算法时延

编码和解码操作通常是以帧为单位进行的,有些算法中还需要知道下一帧的部分数据,称为"前视(lookhead)"。因此,算法时延就等于帧长和前视长度之和,其值完全取决于算法,与具体的实现无关。PCM 编码的算法时延为 $125\mu s$。对于低速率编码来说,其典型值为 $20\sim 30\mathrm{ms}$。

2. 计算时延

即编码器分析时间和解码器的重建时间,其值取决于硬件速度。通常可认为计算时延等于或略小于帧长,以确保下一帧数据到齐后,当前帧已处理完毕。算法时延和计算时延之和称为单向编解码器时延。

3. 复用时延

即装配时延。编码器发送之前和解码器解码之前,必须将整个数据块的所有比特装配好。

4. 传输时延

其值离散性很大,取决于是采用专用线还是共享信道。对于共享信道而言,常假设传输时延和复用时延之和约为 1 个帧长。

上述 4 部分时延之和称为单向系统时延,粗略估计至少为 3 个帧长。语音通信对于时延有较高的要求。对于交互式通信来说,单向时延大于 150ms 就可感受到通话连续性受到影响,最大可容忍时延为 $400\sim 500\mathrm{ms}$,超过此值只能进行半双工通信。对于具有回声的情况,单向时延不能超过 25ms,否则就需要装备回声抑制功能。

需要指出的是,单向系统时延不单决定于语音编码,它还与网络环境等多种外部条件有关。对于不同的系统,即使采用相同的编码器,其系统时延也会有很大的差异。

5.4.4　计算复杂度和算法的可扩展性

计算复杂度主要影响硬件实现的成本。能否推广应用,设备成本当然是一个不容忽视的因素。对于一些复杂的编码算法,如混合编码算法,一般采用处理每一秒钟信号所需的 DSP(数字信号处理器)指令条数来衡量其计算复杂度。

所谓算法的可扩展性是指一种编码算法不仅能解决当前的实际应用,而且可以兼顾将来的发展,随着运算器件性能的增强,算法稍加修改就可获得更高的语音质量。这就是要求算法具有可扩展性。

5.4.5　语音质量及其评价方法

编解码后的语音质量受到很多条件的制约,例如编码器速率的高低、环境噪声的情况、传输信道误码的影响、多重编解码的影响、不同发音者(如高音和低音)的影响、不同语言的影响等。在这些制约关系中,数码率等是非常定量的概念,而音质则易受主观因素的影响,然而在对编码器进行性能评价的时候,的确需要一种可重复的、意义明确的、可靠的方法对输出语音质量进行量化。实际上,不只是语音编码领域需要对语音质量定量分析,在语音合成和语音增强等领域同样需要进行音质的评价。

目前用于评价输出语音质量的方法可分为主观和客观两种。主观评价是基于一个或一组评听者对原始语音和失真语音(即经编解码后的重构语音)进行对比试听的基础上,根据某种预先约定的尺度对失真语音来划分质量等级,它反映了听者对语音质量好坏程度的一种主观印象。语音主观评价方法种类很多,其中又可分为音质(quality)评价和可懂度(intelligibility)评价两类。音质直接反映评听人对输出语音质量好坏的综合意见,包括自然度和可辨识说话人能力等方面;而可懂度则反映了评听人对输出语音内容的识别程度。音质高,一般意味着可懂度也高,但反过来却不一定。

1. 可懂度评价方法

可懂度评价方法有以下几种。

1) 判断韵字测试(diagnostic rhyme test,DRT)

DRT 是衡量通信系统可懂度的 ANSI 标准之一。它主要用于低速率语音编码的质量测试。这种测试方法使用若干对(通常是 96 对)同韵母单字或单音节词进行测试,例如中文的"为"和"费",英文的"veal"和"feel"等。测试中让评听人每次听一对韵字中的某个音,然后让他判断所听到的音是哪一个字,全体评听人判断正确的百分比就是 DRT 得分。通常认为 DRT 为 95% 以上时其清晰度为优,85%~94% 为良,75%~84% 为中,65%~75% 为差,而 65% 以下为不可接受。在实际通信中,清晰度为 50% 时,整句可懂度大约为 80%,这是因为整句中具有较高的冗余度,即使个别字听不清楚,人们仍然能理解整句话的意思。当清晰度为 90% 时,整句话的可懂度已接近 100%。

2) 改进的韵字测试(modified rhyme test,MRT)

MRT 也是评测通信系统语音可懂度的 ANSI 标准之一。测试材料由 6 组,每组 50 个同韵母的字或词组成,例如汉语中"干、汉、烂、但、半、乱",英语中的"pin、sin、tin、fin、din、win",主要用于区分起始辅音或末尾辅音。评听人针对所听内容选择出 6 个词中哪个与之相符。

其他还有拼写字母测试(spelling alphabet test,SpAT)以及语音平衡字表法(phonetically balance word list,PB)等。

2. 音质的评价方法

音质评价方法有以下几种。

1) 平均意见得分(mean opinion score,MOS)

MOS 法从绝对等级评价法(absolute category rating,ACR)发展而来,用于对语音整体满意度或语音通信系统质量的评价。ACR 是用于针对电话通信的总体质量评价。MOS 与 ACR 一样采用 5 级评分标准,如表 5-1 所示,参加测试的评听人在听完受测语音后,从这 5 个等级中选择其中某一级作为他对所测语音质量的评价。全体试验者的平均分就是所测语音质量的 MOS 的得分。MOS 是目前应用最为广泛的测试方法。由 20~60 个非专职测试者参加评听,当 MOS≥4.0 时认为测试语音是高质量的语音,达到长途电话网的质量要求,接近于透明信道编码,也常称之为网络质量或长途质量。MOS 在 3.5 左右称作通信质量,这时感到重建语音质量下降,但不妨碍正常通话,可以满足话音系统的使用要求。MOS 在 3.0 以下称为合成语音质量,系指一些声码器合成的语音所能达到的质量,它一般具有足够的可懂度,但在自然度及讲话人确认等方面不够好。

表 5-1　MOS 判分五级标准

MOS 得分	质 量 级 别	MOS 得分	质 量 级 别
5	Excellent(优)	2	Poor(差)
4	Good(良)	1	Bad(不可接受)
3	Fair(中)		

2) 判断满意度测量(diagnostic acceptability measure,DAM)

DAM 的方法是由 Dynasta 公司推出的一种评价语音通信系统和通信连接的主观语音质量和满意度的评测方法。它具有一些独特的优点。首先,它将直接途径和间接途径结合在一起进行主观质量评价。这里所谓的直接途径是指要求评听人针对语音样本给出个人主观感觉,而不是依赖于人为评价等级的划分;间接途径则是指评听人根据已有的评测标准,脱离开评听人的主观喜好来评分。这样评听人既有机会表达个人主观喜好,又能依标准对每项指标进行评测。例如,在背景噪声下两名评听人或许对语音样本的整体满意度意见相左,但他们很有可能会对语音样本中掺入噪声的多少这一指标达成共识。其次,DMA 方法要求评听人可将评价过程划分为总共 21 个等级,其中 10 级是考虑信号的感觉质量,8 级考虑背景情况,另外 3 级是可懂度、清晰度和总体满意度。总之,DAM 是对语音质量的综合评价,是在多种条件下对话音质量可接受程度的一种度量。它采用百分比评分。

语音主观评价当然是最准确,也是最容易理解的一类方法,但同时也是十分消耗时间、人力和费用的,并且经常受到人的反应的内在不可重复性的影响。针对这些不足,许多基于客观测度的语音质量的客观评价方法相继被提出来,它们都是建立在原始语音信号和失真语音信号的数学对比基础上的。大多数客观评价方法是用数值距离,或者描述听觉系统如何感知质量的模型来量化语音质量。可以说,无法找到一个绝对完善的测度和十分理想的测试方法。一般地,客观评价都要借鉴主观评价的那种高度智能和人性化的过程,其优劣也往往取决于与主观评价结果在统计意义上的相关程度。目前所用的客观测度方法可以分为时域测度、频域测度和其他测度 3 类方法。时域客观测度定义为被测系统的输入语音与输出语音在时域波形比较上的失真度。主要有信噪比(SNR)和分段信噪比(SNR_{seg})等几种方法。其信噪比取值越大,语音质量越好。频域客观测度采用的是谱失真测度的方法,并模仿人耳的一些听觉特性,使测度结果尽量与主观感觉相吻合。具体测度方法有:对数谱距离测度、LPC 倒谱距离测度、Bark 谱测度、Mel 谱测度等。在频域测度中,一般计算结果取值越小,说明失真语音与原始语音越接近,即语音质量越好。除时域客观测度和频域客观测度外,还有在此两者的基础上发展起来的其他测度方法,例如相关函数法、转移概率距离测度以及组合距离测度等。

5.5 语音编码国际标准

由于各种运算、存储器件的迅速发展,以及语音通信和存储领域对高质量语音编码需求的日益增加,语音编码技术在近十几年得到了突破性的发展,出现了许多实用的高质量的语音编码算法。针对不同的应用,国际电联 ITU 和一些地区标准协会已制订了一系列的语音编码标准。这些标准的制订为应用在通信网络中的各种语音编码器的兼容性提供了有力的保证。

关于波形编码的国际标准主要由 ITU-T 制订,为 G 系列标准,如表 5-2 所示。其中 G.726 为 G.721 与 G.723 的合成,G.726 推出后,G.723 和 G.721 就删除了。

表 5-2   波形编码国际标准

标　　准	制订年份	编码速率(kbit/s)	编码算法	话音质量
G.711	1972	64	μ/A 律 PCM	长途
G.726 (G.721,G.723)	1988 (1984,1986)	40/32/24/16	ADPCM	长途
G.727	1990	40/32/24/16	ADPCM	长途
G.722	1988	64/56/48	SB+ADPCM	长途

有影响的混合编码国际标准和地区性标准主要由 ITU-T 与数字蜂窝标准组织制订,如表 5-3 所示。

表 5-3   混合编码国际和地区性标准

标　　准	制订机构	制订年份	编码速率(kbit/s)	编码算法	话音质量
G.728	ITU-T	1994	16	LD-CELP	长途
G.729	ITU-T	1996	8	CS-ACELP	长途
G.729A	ITU-T	1996	8	CS-ACELP	长途
G.723.1	ITU-T	1995	6.3/5.3	多脉冲 CELP	长途
GSM 全速率	ETSI(欧)	1987	13	RPE-LTP	长途
GSM 半速率	ETSI(欧)	1994	5.6	VSELP	长途
IS54	TLA(美)	1989	7.95	VSELP	=RPE-LTP
IS96	TLA(美)	1993	8.5/4/2/0.8	QCELP	<IS54
JDC 全速率	RCR(日)	1990	6.7	VSELP	<IS54
JDC 半速率	RCR(日)	1993	3.45	PSI-CELP	同全速率

注：ETSI——欧洲电信标准学会；TLA——电信工业协会；RCR——无线电系统研发中心。

5.6   感知音频编码

前面介绍的是针对语音信号的编码原理和编码方法。然而现实世界中存在大量非语音的其他音频信号,如音乐、音效等,这些音频信号的带宽比语音信号要宽,其产生机理也与语音有很大的差异,所以语音编码算法并不能很好地适用于这些音频信号。近十几年来,出现了不少针对一般音频信号的压缩编码技术,例如 MPEG-1 Layer3、MPEG-2 AAC、Dolby 实验室的 AC-3、微软的 WMA、Xiph 公司的 Ogg Vorbis、Lucent 科技的 EPAC 和索尼的 ATRAC-3 等。这些编码在时频域分析环节所采用的技术各不相同,如 MPEG-1 Layer3 采用了 5.1.7 节中所述的子带编码方法,而 Dolby 的 AC-3 则采用了 5.1.8 节所述的变换域编码方法。

虽然采用的是不同的时频域分析方法,但这些音频信号的编码技术也有一些共性的特点,它们都在编码的量化环节充分利用了人耳的感知机理,保留人耳能听到的音频信号,而对感知灵敏度小或接近不可感知的音频信号进行大幅度的压缩,从而在保证主观听觉效果的前提下,达到最好的压缩效果,即用最少的比特数来代表原始信号。由于这类编码技术充分利用了人耳的感知机理,因而常被统称为感知编码。本节将对感知编码技术进行概要介绍。

5.6.1　感知编码的一般框架

对一个典型的感知音频编码器,它先将时域的声音信号转换成频域的信号,再借由听觉感官模型在频域上计算出人耳听觉可允许的量化误差,然后利用此量化误差值对音频进行编码,使编码后的误差人耳感觉不出来或者在可以忍受的范围内。在音频感知编码中使用的听觉感官模型又常被称为心理声学模型。

一般的感知音频编码器的主要架构如图 5-29 所示,包含了心理声学模型的分析、信号的时频域转换分析、量化及比特分配和无损熵编码等基本部分。

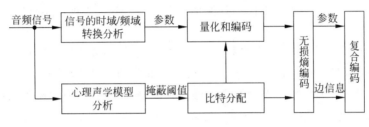

图 5-29　感知编码的一般框架

对音频信号首先进行时频域分析,提取时频域参数,然后对时频域参数进行量化编码。对大多数音频感知编码方法而言,一般在频域上计算编码参数,如 MPEG-1 Layer3 将子带编码和 MDCT 变换编码相结合来得到频域编码参数。

在量化编码过程中,一个重要的问题就是如何在比特分配过程中,将有限的比特数合理地分配给各个子带或变换系数。感知编码的一个重要特征,就是基于心理声学模型的分析结果来分配比特数。音频信号的接受方是人耳,虽然声音是客观存在的,但是人的主观感觉和客观实际并不完全一致,人类的听觉系统对声音的音高、音强和动态频谱等具有分析感知能力。这些听觉特性在心理声学模型分析时需要加以考虑。目前,音频感知编码的心理声学模型主要利用的是听觉掩蔽效应,通过采用一种近似的数学模型,对掩蔽效应进行定量分析,计算出掩蔽阈值曲线,从而在比特分配过程中确保所引入的量化噪声尽可能处于掩蔽阈值曲线下方,这样就可保证在量化时即使引入了量化噪声也无法被人耳听见。

上述量化和编码过程显然是一种有损压缩,在感知编码中通常会在有损编码的基础上引入一个无损熵编码环节,对有损压缩的结果进一步的压缩。霍夫曼(huffman)编码是最常采用的技术,它合理利用信源的统计特性,采用非等长编码,对概率大的信源符号赋予长度较小的码字,对概率小的信源符号赋予长度较大的码字,使平均码长尽可能小。霍夫曼码的译码具有唯一性。

5.6.2　心理声学模型

心理声学模型是感知编码算法的核心,它是否能真实地反映人耳的主观感知特性决定了整个编码器编码质量的优劣。心理声学模型的基本思想就是不依据音频波形本身的相关性和人的发音机理,而利用人的听觉系统的特性来达到压缩音频数据的目的,同时使失真尽可能不被觉察出来。在 MPEG-1 Layer3 和 AAC 标准及 AC-3 标准中都采用了心理声学模型。这些模型将听阈、临界频带、时域掩蔽和频率掩蔽等概念紧密相连,用客观的参数指标反映主观的听觉效果,以使量化、编码过程中产生的量化噪声不易被感知,达到高效率、高保真编码的目的。

在 MPEG 音频标准中给出了两种心理声学模型,心理声学模型 Ⅰ 和心理声学模型 Ⅱ。前者结构较为简单,计算复杂度较小,适用于对压缩比要求不高的场合,主要应用在 MPEG-1 Layer1 和 Layer2 中。后者计算复杂度大,但能够提供更为精确的声学参数,已被 MPEG-1 Layer3、MPEG-2 AAC 以及 MPEG-4 AAC 所采用。两个心理声学模型都通过计算信号的信掩比(signal-to-mask ratios,SMR)来为编码器服务,基于 SMR 值对每个频带进行比特分配,SMR 值越大给予的比特数越多,反之则越少。在比特率一定的条件下,编码质量的优劣取决于对每个频带中比特分配是否得当。本节以心理声学模型 Ⅱ 的计算过程为例来介绍其算法思想。

心理声学模型 Ⅱ 采用 FFT 滤波器组对输入信号进行频域分析,这一变换过程与编码器的频域分析是相互独立的,如在 MPEG-1 Layer3 和 MPEG-2 AAC 中,编码器采用改进的离散余弦变换(MDCT)分析滤波器组来获得频域参数,而其心理声学模型则基于 FFT 进行频谱分析。

首先对音频信号 $x(i)$ 进行加窗处理,然后对其进行 FFT 变换,使用极坐标表示,得到其频谱幅值 $r(\omega)$ 和相位 $f(\omega)$。由于编码器需要有效平衡音频编码的频域分辨率和时域分辨率,所以其 MDCT 变换可以采取两种不同的块变换类型(长块和短块)。对应地,在心理声学模型计算中,也需要对同一帧音频信号分别计算出两套频域表示,如计算一组 2048 点的 FFT 和八组 256 点的 FFT。

然后根据频谱系数得到各临界频带内的信号能量和不可预测性测度(unpredictability measurement)。先根据前两帧的 $r(\omega)$ 和 $f(\omega)$ 来得到当前帧的预测频谱 $r\_pred(\omega)$ 和 $f\_pred(\omega)$,有

$$r\_pred(\omega) = 2.0 \times r_{t-1}(\omega) - r_{t-2}(\omega) \tag{5-95}$$

$$f\_pred(\omega) = 2.0 \times f_{t-1}(\omega) - f_{t-2}(\omega) \tag{5-96}$$

$r_{t-1}(\omega)$ 和 $f_{t-1}(\omega)$ 为当前帧前面第一帧的频谱幅值和相位,$r_{t-2}(\omega)$ 和 $f_{t-2}(\omega)$ 为当前帧前面第二帧的频谱幅值和相位。接着,根据频谱幅值和相位的预测值,以及频谱幅值和相位的实际值进行信号不可预测性 $c(\omega)$ 的计算:

$$
\begin{aligned}
c(\omega) = &[(r(\omega)\cos(r(\omega)) - r\_pred(\omega)\cos(r\_pred(\omega)))^2 \\
&+ (f(\omega)\cos(f(\omega)) - f\_pred(\omega)\cos(f\_pred(\omega)))^2]^{\frac{1}{2}} / (r(\omega) + abs(r\_pred(\omega)))
\end{aligned}
\tag{5-97}
$$

预测值与实际值间的差距越大,则不可预测性也越大。在心理声学模型 Ⅱ 中,不可预测性 $c(\omega)$ 表现为频率的函数。在每个临界频带上计算该频带的不可预测性 $c(b)$ 和能量 $e(b)$,计算方法如下。

$$c(b) = \sum_{\omega=b\_low}^{b\_high} c(\omega)r(\omega)^2 \tag{5-98}$$

$$e(b) = \sum_{\omega=b\_low}^{b\_high} r(\omega)^2 \tag{5-99}$$

式中,b是特定临界频带的序号,b_low 和 b_high 分别为该临界频带的频率下界和上界。在实际计算中,还需要将这两项分别与扩展函数进行卷积运算,得到新的不可预测性和能量,从而考虑了其他临界频带对本临界频带的掩蔽影响。

音频信号中的音调(纯音)成分和非音调(噪声)成分具有不同的掩蔽性,这会影响到附近的掩蔽阈值,因此为了计算一个临界频带的总掩蔽阈值,必须对音调成分和非音调成分加以区分。可以根据频带的不可预测性做出该频带是否是音调成分的判断。MPEG 的心理声学模型 II 没有直接区分音调成分和非音调成分,而是将音调指标表达成一个音调索引函数。该函数反映该频段是音调成分的概率大小,避免了直接区分判决而引入的判决误差。临界频带 b 的音调索引函数 $tb(b)$ 计算如下:

$$tb(b) = -0.299 - 0.43\log_e(c(b)) \tag{5-100}$$

$c(b)$ 为临界频带的不可预测性。$tb(b)$ 的取值在 $0\sim1$ 之间,越趋向 1 表明信号更接近音调,反之则接近非音调。

根据音调索引函数,可以进一步计算每个临界频带中的信噪比 $SNR(b)$。

$$SNR(b) = tb(b) \times TMN(b) + (1 - tb(b)) \times NMT(b) \tag{5-101}$$

式中,$TMN(b)$ 为临界频带 b 的音调对噪声的掩蔽(tone masking noise),$NMT(b)$ 为临界频带 b 的噪声对音调的掩蔽(noise masking tone)。一般所有临界频带上的 $NMT(b)$ 设为 6dB,$TMN(b)$ 设为 18dB。

根据信噪比 $SNR(b)$ 和能量 $e(b)$,可以如下计算临界频带的掩蔽阈值 $nb(b)$:

$$nb(b) = e(b) \times 10^{-SNR(b)/10} \tag{5-102}$$

式中,$10^{-SNR(b)/10}$ 的部分为功率比,所以 $nb(b)$ 给出了此临界频带的噪声阈值。在实际计算中还要引入听阈对 $nb(b)$ 进行修正。听阈又被称为绝对听觉门限,是指一个人在没有噪声的环境下,就声音的某一个频率点(纯音),信号能产生听觉感知的最低能量幅度。即若纯音信号幅度小于该频率的听阈,人就无法感知了。显见我们计算得到的临界频带的掩蔽阈值若小于其听阈是没有意义的,此时应将掩蔽阈值设为听阈。听阈是根据大量心理声学实验得出的,对心理声学模型而言是预制的。MPEG 标准根据输入 PCM 信号的采样率的不同制定了"频率、临界频带比率和听阈"表,从表中可以查出频谱的听阈的值。

通过上述计算,我们得到了各临界频带的掩蔽阈值,然而编码器频域分析所采用的是 MDCT 滤波器组,其对频带的划分与临界频带的划分方法并不相同,因而还需要将在临界频带上得到的参数转换到 MDCT 所得到的各子带上去,这些子带被称为缩放因子频带(scalefactor band)。基于缩放因子频带上的掩蔽阈值进而可以得到信掩比 SMR,它表示为 FFT 频谱能量和噪声的比值。

在心理声学模型 II 中还需要计算感知熵(perceptual entropy)。感知熵是 1988 年 Johnson 等利用心理声学模型的掩蔽现象和信号的量化原理定义的,用来测量音频信号中感知相关的信息。感知熵一般以位(bit)作为单位,实际上表示音频信号压缩的理论极限。感知熵 PE 可以由各临界频带的能量 $e(b)$ 和掩蔽阈值 $nb(b)$ 来求得

$$PE = -\sum_b (b\_high - b\_low)\log_{10}(nb(b)/(e(b)+1)) \tag{5-103}$$

式(5-103)对所有的临界频带求和,b_low 和 b_high 分别为临界频带 b 的频率下界和上界。

首先通过感知熵信息可以为编码器 MDCT 变换选择块变换类型,判断使用长块还是短

块。将感知熵与一个切换阈值相比较,并参考前一帧的块类型情况决定当前的块类型。此外,感知熵信息也可以在无损熵编码环节用于确定所需要的比特数。

5.6.3 常用的感知编码标准

1. MPEG-1 Layer3

通常被简称为 MP3,是 MPEG-1 的衍生编码方案(ISO/IEC11172—3,1992)。MP3 是 1993 年由德国 Fraunhofer IIS 研究院和汤姆生公司合作研制的,是目前最为普及的音频压缩格式。它采用了子带分解、分析滤波器组、变换域编码、熵编码、动态比特分配、非同一量化编码和心理声学分析等技术,支持 32kHz、44.1kHz 和 48kHz 采样频率下对 16 比特 PCM 信号进行编码,同时,提供单声道、立体声道、两个独立双声道和联合立体声等四种音频声道模式。

随着网络的普及,这种开放式的音频编码格式,受到了数以亿计的用户的欢迎,各种与 MP3 相关的软件产品层出不穷,而且更多的硬件产品也开始支持 MP3,我们能够买到的 VCD/DVD 播放机有很多都能够支持 MP3,还出现了许多便携的 MP3 播放器等。

MP3 编码流程见图 5-30 所示。PCM 信号分两路进入编码器,一路进入多相滤波器组中分解为 32 个等带宽的关键采样的子带,然后再经过 MDCT 变换得到频域内的频谱系数;另一路 PCM 输入数据进行 FFT 变换,进行心理声学分析,得到每个子带的信掩比 SMR 等参数送入其他模块。把心理声学模型分析模块输出的心理声学参数送到量化编码模块,计算出编码所需的比特数,然后在信掩比和所需比特数的指导下,对经滤波器组输出的频谱系数进行非线性量化和霍夫曼无损编码。最后由比特率、采样率和量化编码后的频谱等共同形成最终的比特流。

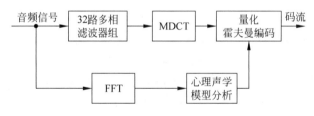

图 5-30　MP3 编码的简略框图

2. AC-3

Dolby AC-3 是美国 Dolby 实验室于 1990 年提出的,到了 1997 年初,Dolby 实验室正式将其改为"Dolby 数码环绕声"(dolby surround digital),常称为 Dolby Digital。它是适用于宽频带数字音频信号的变换编码算法,也是数字音频信号压缩的典型应用。该算法可以满足单声道到 5.1 声道数字音频的编码要求,采用时域混叠抵消技术,并运用人耳掩蔽效应,从而对 PCM 信源进行高效压缩,恢复质量与原音相差无几。

AC-3 编码采用的 5.1 声道环绕立体声系统,所有的 5 个全带宽声道和低频效果声道实行统一编码,使之成为复合数据流,其比特流所允许的采样频率可以为 48kHz、44.1kHz 或 32kHz 中的任何一种,声音样本精度为 20 比特,并且所支持的码率从 32Kbps 到 640Kbps 不等。目前,数字音频压缩 AC-3 算法已在很多领域得到广泛应用,如 DVD、激光视盘、HDTV、多媒体等,它是发展家庭影院的关键技术之一。

图 5-31 显示的是 AC-3 的编码流程。PCM 音频信号在进入 MDCT 滤波器组进行时频域变换之前,需要先经过暂态检测器判断音频信号的突变性,若信号变化比较平缓,则在进行 MDCT 变换时使用长窗,即对每个音频块进行 512 点 MDCT 变换;若信号变化剧烈,则将音频块划分成 2 个 256 点 MDCT 变换。得到的频域系数按照指数形式分解为指数和尾数两个部分,其中尾数为规整化后的大于 0 小于 1 的数,指数为 0～24 之间的整数。然后,这些指数和尾数分别送到指数编码器和尾数量化器中进行编码,而在进行尾数的量化时,必须将 MDCT 变换后的频谱包络送到感知模型中,通过频谱包络计算出掩蔽阈值,再通过比特分配模块计算出量化比特数。最后,经过编码后的尾数和指数信息,感知模型参数及某些比特信息参数组合成 AC-3 码流,即完成 AC-3 编码过程。

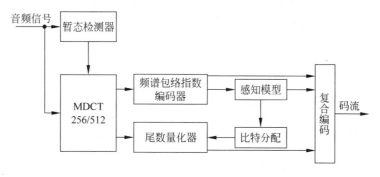

图 5-31　AC-3 编码的简略框图

3. AAC

AAC 是 1997 年制定的 MPEG-2 advanced audio coding 的缩写,它是由 MP3 专利的拥有者 Fraunhofer IIS 联合 Dolby、AT&T、索尼、苹果等产业巨头共同开发出的一种数字音频压缩方式。它增加了诸如对立体声的完美再现、比特流效果音扫描、多媒体控制、版权保护、降噪等 MP3 没有的特性,在音频压缩后仍能完美地再现 CD 的音质。它对大部分立体声信号在 128Kbps 码率下具有感知透明的特性,在 96Kbps 码率的表现超过了 128Kbps 的 MP3 格式,但是对早期的标准不具有后向兼容性。

相对 MP3 等以往的音乐格式,AAC 具备了不少优点,如: 压缩率高,可以有更小的文件尺寸(音频压缩比可达到 15∶1～20∶1)获得更高的音质;支持多声道,最多可达 48 个全音域声道;更高的解析度,可支持 8～96kHz 的采样频率;提升的解码效率,解码播放所占的资源更少;允许对多媒体信息进行编解码等。

AAC 的算法复杂度比 MP3 高很多,也具有多声道、高采样率和低码率下的高音质等特点,非常适合未来的 DVD 应用。AAC 也得到了诺基亚、苹果、松下等多家移动娱乐产品巨头的鼎力支持,另外,出现了一些编码软件,如 FAAC,Nero AAC,苹果公司的 QuickTime/iTunes 等。AAC 在移动通信、网络电话、在线广播等领域,被认为是立体声与多声道音频信号编码的下一代通用标准。

后续发展的 MPEG-4 音频标准,MPEG-4 AAC,是在 MPEG-2 AAC 的基础上,增加了一些新的编码特性,从而进一步降低音频码率、提高编码效率。

参考文献

[1] 杨行峻,迟惠生等.语音信号数字处理[M].北京:电子工业出版社,1995.

[2] 易克初,田斌,付强.语音信号处理[M].合肥:国防工业出版社,2000.

[3] 王炳锡.语音编码[M].西安:西安电子科技大学出版社,2002.

[4] 糜正琨.IP网络电话技术[M].北京:人民邮电出版社,2000.

[5] 胡航.语音信号处理[M].哈尔滨:哈尔滨工业大学出版社,2000.

[6] 蔡莲红,黄得智,蔡锐.现代语音技术基础与应用[M].北京:清华大学出版社,2003.

[7] 李琳.音频感知编码及关键技术研究[D].合肥:中国科学技术大学,2008.

[8] McAulay R J,Quatieri T F. Speech analysis-synthesis based on a sinusoidal representation[J]. IEEE Trans Acoustic Speech Signal Process,1986,744-754.

第6章

CHAPTER 6

语 音 识 别

6.1 概述

语音识别(speech recognition)是机器通过识别和理解过程把人类的语音信号转变为相应的文本或命令的技术。其根本目的是研究出一种具有听觉功能的机器,能直接接受人的语音,理解人的意图,并做出相应的反应。从技术上看,它属于多维模式识别和智能接口的范畴。语音识别技术是一项集声学、语音学、计算机、信息处理、人工智能等于一身的综合技术。可广泛应用在信息处理、通信与电子系统、自动控制等领域。

让机器听懂人类语言,一直是人类追求的目标。要达到这一目标面临着诸多的困难。这些困难具体表现在:①语音信号的声学特征随与之前后相连的语音不同而产生很大的变化,且连续语音流中各语音单位之间不存在明显的边界;②语音特征随发音人的不同、发音人生理或心理状态的变化而产生很大的差异;③环境噪声和传输设备的差异也将直接影响语音特征的提取;④一个语句所表达的意思与上下文内容,说话时的环境条件及文化背景等因素有关,而语句的语法结构又是多变的,并且语境信息几乎是计算机语音识别无法利用的,所有这些都给语意的理解带来很大的困难。

由于出发点不同,识别又分为说话人识别(speaker recognition)和语音识别。就说话人识别来看,可分为与文本有关(text-dependent)和与文本无关(text-independent)的两类。从用途上看,可分为说话人辨认(speaker identification)和说话人确认(speaker verification)。前者判定某一待识别的声音是多个话者中的哪一个,是多选一的问题,属于闭集辨识范畴。后者判定一个待识别的声音"是或不是"某一特定话者的语音,其输出只有两种结果,为肯定或否定的问题。有关说话人识别的详细内容,将在第7章中进行介绍。

就语音识别而言,也存在着以下几种不同的分类方法。

1. 按词汇量大小分

每个语音识别系统都有一个词汇表,系统只能识别词汇表中所包含的词条。通常按词汇量可分为小词汇量、中词汇量和大词汇量。一般小词汇量包括10～100个词,而中词汇量大约包括100～500个词条,相应的大词汇量至少包含500个以上的词条。一般情况下,语音识别的识别率会随着词汇量大小的增加而下降,因此,语音识别的研究难度是随着词汇量的增加而逐渐增加的。

2. 按发音方式分

语音识别可以分为孤立词(isolated word)识别、连接词(connected word)识别、连续语音(continuous speech)识别以及关键词检出(keyword spotting)等。在孤立词识别中,机器只是识别一个个孤立的音节、词或短语等,并给出具体识别结果;连续语音识别中,机器识别连续自然的书面朗读形式的语音;而连接词识别中,发音方式介于孤立词和连续语音之间,它表面上看象连续语音发音,但能明显地感觉到音与音之间有停顿。这时通常可以采用孤立词识别的技术进行串接来实现;对关键词检出,通常是用于说话人以类似自由交谈的方式发音,称为自发(spontaneous)发音方式时;在这种发音方式下,存在着各种各样影响发音不流畅的因素,如犹豫、停顿、更正等,并且说话人发音中存在着大量的不是识别词表中的词,判断理解说话人的意思,只从其中一些关键的部分就可做出决定,因此只需进行其中的关键词的识别。

3. 按说话人分

可分为特定说话人(speaker-dependent)和非特定说话人(speaker-independent)两种。前者只能识别固定某个人的声音。其他人要想使用这样的系统,必须事先输入大量的语音数据,对系统进行训练;而对后者,机器能识别任意人的发音。由于语音信号的可变性很大,这种系统要能从大量的不同人(通常 30~40 人)的发音样本中学习到非特定人的发音速度、语音强度、发音方式等基本特征,并归纳出其相似性作为识别的标准。使用者无论是否参加过训练都可以共用一套参考模板进行语音识别。从难度上看,特定说话人的语音识别比较简单,能得到较高的识别率,并且目前已经有商品化的产品;而非特定人识别系统,通用性好、应用面广,但难度也较大,不容易获得较高的识别率。

4. 从语音识别的方法分

有模板匹配法、随机模型法和概率语法分析法。这些方法都属于统计模式识别方法。其识别过程大致如下:首先提取语音信号的特征构建参考模板,然后用一个可以衡量未知模式和参考模板之间似然度的测度函数,选用一种最佳准则和专家知识做出识别决策,给出识别结果。其中模板匹配法是将测试语音与参考模板的参数一一进行比较与匹配,判决的依据是失真测度最小准则。随机模型法是一种使用隐马尔可夫模型(HMM)来对似然函数进行估计与判决,从而得到相应的识别结果的方法。由于隐马尔可夫模型具有状态函数,所以这个方法可以利用语音频谱的内在变化(如说话速度、不同说话人特性等)和它们的相关性。概率语法分析法适用于大范围的连续语音识别,它可以利用连续语音中的语法约束知识来对似然函数进行估计和判决。其中,语法可以用参数形式来表示,也可以用非参数形式来表示。

语音识别中,最简单的是特定人、小词汇量、孤立词的语音识别,最复杂最难解决的是非特定人、大词汇量、连续语音识别。无论是哪一种语音识别,当今采用的主流算法仍然是隐马尔可夫模型方法。

语音识别系统本质上是一种模式识别系统。它的基本框图如图 6-1 所示,与常规的模式识别系统一样,包含有特征提取、模式匹配和参考模式库等三个基本单元。但是由于语音识别系统所处理的信息是结构非常复杂、内容极其丰富的人类语言信息,因此它的系统结构比通常的模式识别系统要复杂得多。

图 6-1 中的后处理单元,可能涉及句法分析、语音理解、语意网络以及语言模型等。它往往不是一个孤立的单元,而是与匹配计算单元、参考模式库融合在一起,构成一个逻辑关系复杂的系统整体。

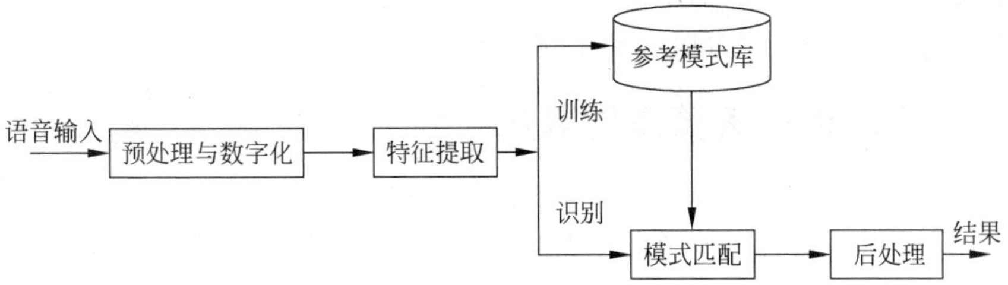

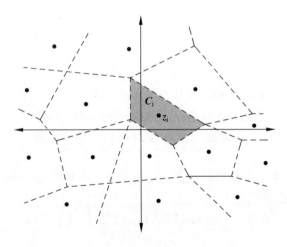

图 6-1 语音识别的原理框图

6.2 基于矢量量化的识别技术

矢量量化(vector quantization)是 20 世纪 70 年代末才发展起来的。它广泛应用于语音编码、语音识别与合成、图像压缩等领域。在语音信号处理中占有十分重要的地位。

量化可以分为两大类：一类是标量量化，另一类是矢量量化。标量量化是将采样后的信号值逐个进行量化，这时将一维的零到无穷大值之间设置若干个量化阶梯，当某个输入信号的幅度值落在某相邻的两个量化阶梯之间时，就被量化为与其最近的一个阶梯的值。而矢量量化是将若干个采样信号分成一组，即构成一个矢量，然后对此矢量一次进行量化。它是将 d 维无限空间划分为 K 个区域边界，每个区域称为一个包腔，然后将输入信号的矢量与这些包腔的边界进行比较，并被量化为"距离"最小的包腔的中心矢量值，如图 6-2 所示。当然，矢量量化同时会带来信息的损失。这里包腔的中心称为码字，而码字的组合称之为码书。

图 6-2 具有 16 个包腔的二维平面的划分

在矢量量化中主要有两个问题：①如何划分 K 个区域的边界。这需要用大量的输入信号矢量，经过统计实验才能确定。这个过程称为"训练"或建立码本，一般采用 K-means 算法或者 LBG 算法。②如何确定两个矢量在进行比较时的测度，可以采用欧氏距离(均方差距离)或 Itakura-Satio 距离，以及似然比失真等。输入矢量被量化后，得到在码本中与该矢量具有最小失真的某个码字的角标作为存储、传输和匹配的参数。可以看出,量化器本身存在一定的区分能力,因而可以用在语音识别中。

6.2.1　K-means 矢量量化算法

为了设计包含 K 个码字的码书,可以将原始的 d 维空间分成 K 个包腔,每一个包腔用一个中心矢量z_i 表示。设计的原则是使整体的均方误差达到最小,其目标函数如下:

$$D = E[d(\boldsymbol{x},\boldsymbol{z})] = \sum_{i=1}^{K} p(\boldsymbol{x} \in C_i) E[d(\boldsymbol{x},\boldsymbol{z}_i) \mid \boldsymbol{x} \in C_i]$$

$$= \sum_{i=1}^{K} p(\boldsymbol{x} \in C_i) \int_{\boldsymbol{x} \in C_i} d(\boldsymbol{x},\boldsymbol{z}_i) p(\boldsymbol{x} \mid \boldsymbol{x} \in C_i) \mathrm{d}\boldsymbol{x} = \sum_{i=1}^{M} D_i \qquad (6\text{-}1)$$

这里 D_i 是第 i 个包腔的平均误差。而z_i 为包腔 i 的质心。其中 $d(\boldsymbol{x},\boldsymbol{z})$ 表示距离函数或者误差函数,其有多种表示形式,如式(6-2)中的欧式距离或者式(6-3)中的马氏距离。

$$d(\boldsymbol{x},\boldsymbol{z}) = (\boldsymbol{x}-\boldsymbol{z})^t(\boldsymbol{x}-\boldsymbol{z}) = \sum_{i=1}^{d} (x_i - z_i)^2 \qquad (6\text{-}2)$$

$$d(\boldsymbol{x},\boldsymbol{z}) = (\boldsymbol{x}-\boldsymbol{z})^t \Sigma^{-1}(\boldsymbol{x}-\boldsymbol{z}) \qquad (6\text{-}3)$$

如果在式(6-1)中 $d(\boldsymbol{x},\boldsymbol{z})$ 用欧式距离表示,则z_i 的求解问题可以转化为求使每个包腔的误差 D_i 达到最小值的点,具体如下。

$$\nabla_{z_i} D_i = \nabla_{z_i} \frac{1}{N_i} \sum_{\boldsymbol{x} \in C_i} (\boldsymbol{x}-\boldsymbol{z}_i)^t(\boldsymbol{x}-\boldsymbol{z}_i)$$

$$= \frac{1}{N_i} \sum_{\boldsymbol{x} \in C_i} \nabla_{z_i} (\boldsymbol{x}-\boldsymbol{z}_i)^t(\boldsymbol{x}-\boldsymbol{z}_i)$$

$$= \frac{-2}{N_i} \sum_{\boldsymbol{x} \in C_i} (\boldsymbol{x}-\boldsymbol{z}_i) = 0 \qquad (6\text{-}4)$$

即

$$\boldsymbol{z}_i = \frac{1}{N_i} \sum_{\boldsymbol{x} \in C_i} \boldsymbol{x} \qquad (6\text{-}5)$$

其中,N_i 为第 i 个包腔的样本数量。具体的 K-means 算法过程如下:

(1) 初始化:选择合适的方法设置 K 个初始的码本中心z_i,$1 \leqslant i \leqslant K$。

(2) 最近邻分类:将训练数据矢量x_t 按照最近邻原则分配到最近的码本z_i 中,$x_t \in C_i$,$d(\boldsymbol{x}_t,\boldsymbol{z}_i) \leqslant d(\boldsymbol{x}_t,\boldsymbol{z}_j)$,$j \neq i$。

(3) 码本更新:将所有的训练数据分配到离其最近的码本后,按照式(6-5)生成新的包腔内对应的质心,即新的码本。

(4) 重复步骤(2)和步骤(3),直到相邻迭代的误差 D 满足式(6-6)的阈值要求。其中上标为迭代次数。

$$\frac{D^{(n-1)} - D^{(n)}}{D^{(n)}} \leqslant \varepsilon \qquad (6\text{-}6)$$

6.2.2　LBG 算法

K-means 算法是在码书大小已知的情况下对样本聚类的方法,但在很多应用中,事先聚类中心的个数未知,即码书大小未知,这时可以采用 LBG 算法。这个算法是依据 Linde、

Buzo、Gray 三个人来命名,算法的核心思想是先生成一个聚类中心的码本,然后逐层分裂,直到聚类误差达到要求,算法具体如下。

（1）初始化：$K=1$,按照式(6-5)得到初始的码本中心 z_i。

（2）分裂：将所有的样本按照最近邻原则划分到 K 个包腔中,在 z_i 相对应的包腔的样本中选择距离最远的两个点,作为新的聚类中心,这样将 K 个包腔分裂成 $2K$ 个包腔。

（3）K-means：按照 $2K$ 个包腔,执行 K-means 方法达到收敛,得到 $2K$ 个聚类中心。

（4）结束：重复步骤(2)和步骤(3),直到达到要求的聚类中心个数,或者误差达到要求。

6.3　动态时间归正的识别技术

在语音识别中,简单地将输入模板与相应的参考模板直接做比较存在很大的缺点。因为语音信号具有相当大的随机性,即使是同一个人在不同时刻发的同一个语音,也不可能具有完全相同的时间长度,因此时间归正处理是必不可少的。动态时间弯折(dynamic time warping,DTW)是把时间归正和距离测度计算结合起来的一种非线性归正技术。它也是语音识别中一种很成功的匹配算法。

6.3.1　DTW 基本原理

动态时间弯折是采用动态规划技术(dynamic programming,DP),将一个复杂的全局最优化问题转化为许多局部最优化问题,一步一步地进行决策。假设参考模板的特征矢量序列为 $X=\{x_1,x_2,\cdots,x_I\}$,输入语音特征矢量序列为 $Y=\{y_1,y_2,\cdots,y_J\}$,$I\neq J$。DTW 算法就是要寻找一个最佳的时间归正函数,使待测语音的时间轴 j 非线性地映射到参考模板的时间轴 i 上,使总的累计失真量最小,如图 6-3 所示。

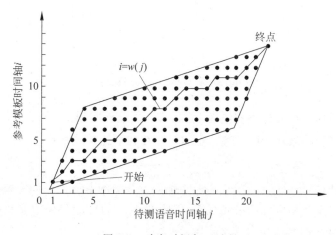

图 6-3　动态时间归正过程

设时间归正函数为

$$C = \{c(1),c(2),\cdots,c(N)\} \tag{6-7}$$

式中,N 为路径长度 $c(n)=(i(n),j(n))$ 表示第 n 个匹配点对是由参考模板的第 $i(n)$ 个特征矢量与待测模板的第 $j(n)$ 个特征矢量构成的匹配点对。两者之间的距离(或失真值)

$d(\boldsymbol{x}_{i(n)}, \boldsymbol{y}_{j(n)})$称为局部匹配距离。DTW算法就是通过局部优化的方法实现加权距离总和最小，即

$$D = \min_{C} \frac{\sum_{n=1}^{N}[d(\boldsymbol{x}_{i(n)}, \boldsymbol{y}_{j(n)}) \cdot W_n]}{\sum_{n=1}^{N} W_n} \tag{6-8}$$

式中，加权函数W_n的选取应考虑两个因素：一是根据第n对匹配点前一步局部路径的走向来选取，惩罚45°方向的局部路径，以便适应$I \neq J$的情况；二是考虑语音各部分给予不同权值，以加强某些区别特征。在式(6-8)所表达的优化过程中，可以对时间归正函数C做某些限制，以保证匹配路径不违背语音信号各部分特征的时间顺序。一般要求归正函数满足如下约束。

(1) 单调性：$i(n) \geqslant i(n-1)$，$j(n) \geqslant j(n-1)$。

(2) 起点和终点约束：一般要求$i(1) = j(1) = 1$；$i(N) = I$，$j(N) = J$。

(3) 连续性：一般规定不允许跳过任何一点，即$i(n) - i(n-1) \leqslant 1$和$j(n) - j(n-1) \leqslant 1$。

(4) 最大归正量不超过某一极限，最简单的情形为$|i(n) - j(n)| < M$，其中称M为窗宽。通常还对归正函数所处的区域做某些规定，例如位于平行四边形内，为了实现以上约束条件，需要设计局部路径的约束，它用于限制当第n步为$(i(n), j(n))$时，前几步存在几种可能的局部路径。

图6-4给出了3种典型的局部路径约束，图6-4(a)、图6-4(b)、图6-4(c)分别给出了路径受前面一步、二步和三步约束的情况。

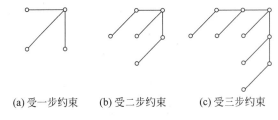

(a) 受一步约束   (b) 受二步约束   (c) 受三步约束

图6-4　3种典型的局部路径约束

下面再定义一种最小累计失真函数$g(i,j)$，它表示到匹配点对(i,j)为止的前面所有可能的路径中最佳路径的累计匹配距离。$g(i,j)$存在如下递推关系：

$$g(i,j) = \min_{(i',j') \to (i,j)} \{g(i',j') + d(x_i, y_j)W_n\} \tag{6-9}$$

其中，(i',j')表示局部路径$(i',j') \to (i,j)$的起点，权W_n的取值是与局部路径有关的。

基于上述的定义及相应的约束和规则，以图6-4(a)的局部路径约束和平行四边形区域约束为例，DTW算法的具体步骤如下：

(1) 初始化：令$i(1) = j(1) = 1$，$g(1,1) = 2d(\boldsymbol{x}_1, \boldsymbol{y}_1)$

$$g(i,j) = \begin{cases} 0, & \text{当}(i,j) \in \text{Reg} \\ \text{huge}, & \text{当}(i,j) \notin \text{Reg} \end{cases} \tag{6-10}$$

式中，约束区域Reg可以假定是这样一个平行四边形，它有两个位于$(1,1)$和(I,J)的顶点，相邻两条边的斜率分别为2和1/2。

（2）递推求累计距离：

$$g(i,j) = \min\{g(i-1,j) + d(\boldsymbol{x}_i,\boldsymbol{y}_j) \cdot W_n(1); g(i-1,j-1) + d(\boldsymbol{x}_i,\boldsymbol{y}_j) \cdot W_n(2);$$
$$g(i,j-1) + d(\boldsymbol{x}_i,\boldsymbol{y}_j) \cdot W_n(3)\}$$
$$i = 2,3,\cdots,I; \quad j = 2,3,\cdots,J; \quad (i,j) \in \text{Reg} \tag{6-11}$$

对于图 6-4(a)所示的局部路径，一般取距离加权值为 $W_n(1)=W_n(3)=1, W_n(2)=2$，归正函数的点数不是固定不变的，而是随 I 和 J 的值而变，这可以用 $\sum W_n$ 作为分母来补偿，如式(6-8)所示。

（3）回溯求出所有的匹配点对：根据每步的上一步最佳局部路径，由匹配点对 (I,J) 向前回溯一直到 $(1,1)$。这个回溯过程对于求平均模板或聚类中心来讲是必不可少的，但在识别过程往往不必进行。

6.3.2 模板训练算法

前面介绍的内容是关于 DTW 算法中的模式匹配过程，在这个过程中，模板建立的好坏将直接影响到匹配结果。一般 DTW 算法中的模板训练方法，有偶然训练法、顽健模板训练法以及通过聚类得到相应模板的方法。

1. 偶然模板训练法

当待识别词表不太大，且系统为特定人设计时，可以采用一种简单的多模板训练方法。即将每个词的每一遍语音形成一个模板。在识别时，待识别矢量序列用 DTW 算法分别求得与每个模板的累计失真后，判别它是属于哪一类。但是由于语音的偶然性很大，且训练时语音可能存在错误，比如不正确的音联，故用这种方法形成的模板的顽健性不好，这也是这种方法被称为偶然训练方法的原因。

2. 顽健模板训练方法

这种方法将每个词重复说多遍，直到得到一对一致性较好的特征矢量序列。最终得到的模板是在一致性较好的特征矢量序列对上沿 DTW 的路径求平均。其训练过程如下：

假定只考虑某个特定词。令 $\boldsymbol{X}_1 = \{\boldsymbol{x}_{11},\boldsymbol{x}_{12},\cdots,\boldsymbol{x}_{1T_1}\}$ 为第一遍的特征矢量序列，$\boldsymbol{X}_2 = \{\boldsymbol{x}_{21},\boldsymbol{x}_{22},\cdots,\boldsymbol{x}_{2T_2}\}$ 为另一遍的特征矢量序列。通过 DTW 算法计算这两个模板的失真得分 $d(\boldsymbol{X}_1,\boldsymbol{X}_2)$，如果这个值小于某个门限，则认为这两遍的特征矢量序列一致性较好，便可求 $\boldsymbol{X}_1$ 和 $\boldsymbol{X}_2$ 的时间弯折平均而得到一个新的模板 $\boldsymbol{Y} = \{\boldsymbol{y}_1,\boldsymbol{y}_2,\cdots,\boldsymbol{y}_{T_y}\}$。具体的求法如下：

令 T_y 为 DTW 算法的最优路径长度，则最优路径序列为

$$(i(1),j(1)),(i(2),j(2)),\cdots,(i_{T_y}(T_y),j_{T_y}(T_y))$$

新的模板 $\boldsymbol{Y}$ 可以通过下面公式得到

$$\boldsymbol{y}_k = \frac{1}{2}(\boldsymbol{x}_{1i(k)} + \boldsymbol{x}_{2j(k)}), \quad k = 1,2,\cdots,T_y \tag{6-12}$$

这样得到的模板显然比偶然训练法可靠，但如果每个词的模板由这样的一个模板表示，往往还显得不够充分。当识别任务是针对非特定人时，这种问题更为突出。

3. 非特定人识别的模板训练算法—聚类方法

对于非特定人语音识别，要想获得较高的识别率，就必须用多组数据进行训练，以获得可靠的模板参数。最初的孤立词识别采用人工干预的聚类方法，这些方法尽管有效，但由于人工干预的烦琐工作阻碍了其应用。为了解决这个问题，人们提出了一系列的聚类算法。

这些聚类算法与常规的模式聚类方法的主要不同点是:语音识别模板的聚类,针对的是有时序关系的谱特征序列,而不是维数固定的模式。下面介绍其中的一种常用的聚类方法。

令 Ω 为 L 个训练序列的集合,$\Omega = \{\boldsymbol{X}_1, \boldsymbol{X}_2, \cdots, \boldsymbol{X}_L\}$,其中,每个元素 $\boldsymbol{X}_l$ 为某特定语音的一次实现,即一次发音。对每两次发音的特征矢量序列进行匹配计算,得到的匹配距离 $\delta(\boldsymbol{X}_i, \boldsymbol{X}_j)$,则可构成一个 $L \times L$ 的距离矩阵。聚类的目的是将训练集 Ω 聚成 N 个不同的类 $\{\omega_i; i=1,2,\cdots,N\}$,使 $\Omega = \bigcup\limits_{i=1}^{N} \omega_i$ 在同一类中的语音模式比较相近。类的总数 N 可以事先确定,也可以在聚类时根据某种准则自动确定。每一类可以用一个典型的语音序列来代表,也可以不是 ω_i 的一个元素。

用 $\omega_{j,i}^k$ 表示 j 个类别中的第 i 类,$i=1,2,\cdots,j$;其迭代次数为 $k,k=1,2,\cdots,k_{max},k_{max}$ 为允许的最大迭代次数。用 $y(\omega)$ 代表新的中心,$y(\omega)$ 可以是形心,也可以是 ω 的一个代表性的值。该算法依次递增地发现 j 个类,即 j 从 1 逐渐增加到 j_{max},j_{max} 为预先设定的最大类数。聚类算法步骤如下:

(1) 计算每两个发音特征矢量序列的距离,获得距离矩阵。同时记录各发音间的匹配路径。

(2) 令 $j=1,k=1,i=1,\omega_{1,1}^1=\Omega$,计算整个训练集 Ω 的聚类中心。

(3) 最小距离分类:对每个训练模式 $\boldsymbol{X}_l,l=1,2,\cdots,L$,根据最小距离准则为其标上索引 i,使 $\boldsymbol{X}_l \in \omega_{j,i}^k$,当且仅当

$$\delta(\boldsymbol{X}_l, \boldsymbol{y}(\omega_{j,i}^k)) = \min_{1 \leqslant n \leqslant j} \delta(\boldsymbol{X}_l, \boldsymbol{y}(\omega_{j,n}^k)) \tag{6-13}$$

计算每一类 $\omega_{j,i}^k$ 的类内距离和,即

$$\Delta_i^k = \sum \delta(\boldsymbol{X}_l, \boldsymbol{y}(\omega_{j,i}^k)) \tag{6-14}$$

(4) 调整聚类及聚类中心:根据上一步对各个 $\boldsymbol{X}_l$ 的索引标志得出新的分类 $\omega_{j,i}^{k+1}$ 及 $\omega_{j,i}^{k+1}$ 的聚类中心,式中 $i=1,2,\cdots,j$。

(5) 收敛性检验:满足下面 3 个条件之一,则执行步骤(6),否则转向步骤(3),3 个条件是:

① 对所有 $i=1,2,\cdots,j$,有

$$\omega_{j,i}^{k+1} = \omega_{j,i}^k \tag{6-15}$$

② $k=k_{max}$。

③ 总的类内距离变化小于一个预设的门限值 Δ_{th},即 $\left(\sum\limits_{i=1}^{j} \Delta_i^k - \sum\limits_{i=1}^{j} \Delta_i^{k-1} \right) \Big/ \sum\limits_{i=1}^{j} \Delta_i^{k-1} < \Delta_{th}$。

(6) 记录 j 个聚类结果:如果收敛,则得到 j 类 $\omega_{j,i}^{k+1}$ 及其聚类中心 $y(\omega_{j,i}^k)$。

(7) 类分裂:将具有最大类内距离的类分成两类。最大类内距离可有两种选择:总的类内距离和平均类内距离。分裂方法为找到类内的两个元素 $\boldsymbol{X}_{l1}$ 和 $\boldsymbol{X}_{l2}$,使得

$$\delta(\boldsymbol{X}_{l1}, \boldsymbol{X}_{l2}) \geqslant \delta(\boldsymbol{X}_{l3}, \boldsymbol{X}_{l4})$$

式中,$\boldsymbol{X}_{l3}$ 和 $\boldsymbol{X}_{l4}$ 是类内任意两元素。这样 $\boldsymbol{X}_{l1}$ 和 $\boldsymbol{X}_{l2}$ 作为两个新的聚类中心取代原聚类中心。j 变为 $j+1$,重新设 $k=1$,重复步骤(3)~步骤(6)。

(8) 当满足所需的类别数后,在每个类内用 $\boldsymbol{X}_l$ 作为一个典型模式 $\boldsymbol{Y}$,用 DTW 算法将类内其他各模式映射到该模式上,均得到一个最优路径。

（9）对凡是最优路径中弯折到 Y 中的第 n 帧的元素 y_n 的所有帧求形心，作为聚类中心第 n 帧的中心。

（10）对 $n=1$ 到 T_Y（总帧数）做一遍上述过程，即可得到一个平均的聚类中心。对所有类别都重复这样的步骤，就可获得各个类别的代表模式。

DTW 算法作为一种有效的时间归正和语音测度计算方法，广泛应用在孤立词识别中。尽管如此，它也存在着下列问题：首先，由于要找到最佳匹配点，因此要考虑多种可能的情况，运算量相对大些；其次，语音识别性能过分依赖于端点检测，端点检测的精度随着不同的语音而有所不同，有些语音的端点检测精度较低，由此影响识别率的提高。最后，这种算法没有充分利用语音信号的时序动态信息。

6.4　隐马尔可夫模型技术

隐马尔可夫模型（hidden markov models，HMM）作为语音信号的一种统计模型，在语音处理各个领域中获得了广泛的应用。它的理论基础是在 1970 年前后由 Baum 等人建立起来的，随后由 CMU 的 Baker 和 IBM 的 Jelinek 等人将其应用到语音识别之中。由于 Bell 实验室 Rabiner 等人在 20 世纪 80 年代中期对 HMM 的深入浅出的介绍，才逐渐使 HMM 为世界各国从事语音处理的研究人员所了解和熟悉，进而成为公认的有效的语音识别方法。

本节介绍 HMM 的基本理论和基本思想，将从介绍马尔可夫链的基本概念入手，通过分析典型的 HMM 实例，从而引出 HMM 的定义，并介绍 HMM 的参数；然后介绍将 HMM 应用到语音处理中经常会面临的 3 大基本问题的解决方案，即给出 3 个基本算法：前向-后向算法、Viterbi 算法和 Baum-Welch 算法。此外，还将介绍实现这些算法应注意的问题，例如，初始模型的选取，用多个观察值序列训练模型参数的问题，为解决计算中的下溢问题而对算法加入比例因子的处理过程，以及马尔可夫链的形状选取问题。最后，还将介绍当训练数据不充分时的应对措施，以及如何克服说话人的影响和对经典训练算法加以改进的方法。

6.4.1　HMM 基本思想

1. 马尔可夫链

马尔可夫链是马尔可夫随机过程的特殊情况，它是状态和时间参数都离散的马尔可夫过程，从数学上可以给出如下定义。

随机序列 X_t，在任一时刻 t，它可以处在状态 $\theta_1,\cdots,\theta_N$，且它在 $t+k$ 时刻所处的状态为 q_{t+k} 的概率，只与它在 t 时刻的状态 q_t 有关，而与 t 时刻以前它所处的状态无关，即有

$$P(X_{t+k}=q_{t+k}\mid X_t=q_t,X_{t-1}=q_{t-1},\cdots,X_1=q_1)=P(X_{t+k}=q_{t+k}\mid X_t=q_t) \quad (6\text{-}16)$$

式中

$$q_1,q_2,\cdots,q_m,q_{m+k}\in(\theta_1,\theta_2,\cdots,\theta_N) \quad (6\text{-}17)$$

则称 X_t 为马尔可夫链，并且称 P_{ij} 为 k 步转移概率，表示如下：

$$P_{ij}(t,t+k)=P(q_{t+k}=\theta_j\mid q_t=\theta_i) \quad (6\text{-}18)$$

式中，i 和 j 是介于 1 和 N 之间的正整数，t 是正整数。当 $P_{ij}(t,t+k)$ 与 t 无关时，称这个马尔可夫链为齐次马尔可夫链，此时

$$P_{ij}(t,t+k) = P_{ij}(k) \tag{6-19}$$

以后若无特别声明,马尔可夫链就是指齐次马尔可夫链。当 $k=1$ 时,$P_{ij}(1)$ 称为一步转移概率,简称为转移概率,记为 a_{ij},所有转移概率 a_{ij},$1\leqslant i,j\leqslant N$,可以构成一个转移概率矩阵,即

$$\mathbf{A} = \begin{bmatrix} a_{11} & \cdots & a_{1N} \\ \vdots & & \vdots \\ a_{N1} & \cdots & a_{NN} \end{bmatrix} \tag{6-20}$$

且有

$$0 \leqslant a_{ij} \leqslant 1 \tag{6-21}$$

$$\sum_{j=1}^{N} a_{ij} = 1 \tag{6-22}$$

由于 k 步转移概率 $P_{ij}(k)$ 可由转移概率 a_{ij} 得到,因此描述马尔可夫链的最重要的参数就是转移概率矩阵 $\mathbf{A}$。但 $\mathbf{A}$ 矩阵还决定不了初始分布,即由 $\mathbf{A}$ 求不出 $q_1=\theta_i$ 的概率,这样,完全描述马尔可夫链,除 $\mathbf{A}$ 矩阵之外,还必须引进初始概率 $\pi=(\pi_1,\cdots,\pi_N)$,其中

$$\pi_i = P(q_1 = \theta_i), \quad 1 \leqslant i \leqslant N \tag{6-23}$$

显然有

$$0 \leqslant \pi_i \leqslant 1 \tag{6-24}$$

$$\sum_i \pi_i = 1 \tag{6-25}$$

实际中,马尔可夫链的每一状态可以对应于一个可观测到的物理事件。比如天气预测中的雨、晴、雪等,这时可称之为天气预报的马尔可夫链模型。根据这个模型,可以计算出各种天气(状态)在某一时刻出现的概率。

2. HMM 的基本思想

HMM 是在马尔可夫链的基础之上发展起来的。由于实际问题比马尔可夫链模型所描述的更为复杂,观察到的事件并不是与状态一一对应,而是通过一组概率分布相联系,这样的模型就称为 HMM。它是一个双重随机过程,其中之一就是马尔可夫链,这是基本随机过程,它描述状态的转移。另一个随机过程描述状态和观察值之间的统计对应关系。这样站在观察者的角度,只能看到观察值,不像马尔可夫链模型中的观察值和状态一一对应,因此,不能直接看到状态,而是通过一个随机过程去感知状态的存在及其特性。因而称之为"隐"马尔可夫模型。现在来看一个著名的说明 HMM 概念的球和缸(ball and urn)实验,如图 6-5 所示。

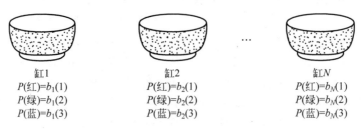

图 6-5 说明 HMM 概念的球和缸的例子

设有 N 个缸,每个缸中装有很多彩色的球,球的颜色由一组概率分布描述。实验是这样进行的,根据某个初始概率分布,随机地选择 N 个缸中的一个,例如第 i 个缸,随机地选择一个球,记下球的颜色,记为 o_1,再把球放回缸中,又根据描述缸之间的转移概率分布,随机选择下一个缸,例如第 j 个缸,再从缸中随机选一个球,记下球的颜色,记为 o_2,一直进行下去。可以得到一个描述球的颜色的序列 $o_1,o_2,\cdots$,由于这是观察到的事件,因而称之为观察值序列。但缸之间的转移及每次所选取的缸被隐藏起来,并不能直接观察到。而且从每个缸中选取球的颜色并不是与缸一一对应,而是由该缸中彩球颜色概率分布随机决定的。此外,每次选取哪个缸则由一组转移概率决定。

这样,每次会观测到什么样的观测值,不仅仅由每个缸中彩色球的颜色分布决定,还与决定每次选择哪一个缸的转移概率矩阵有关。而每次选择的是哪一个缸,观测者并不能事先知道,这样就存在着缸的一个隐含序列和彩色球的一个显性的观测序列。

3. HMM 定义

有了前面讨论的马尔可夫链以及对 HMM 思想的理解,现在可以给出 HMM 的定义。一个 HMM 可以由下列参数描述:

(1) N:模型中马尔可夫链状态数目。记 N 个状态为 $\theta_1,\cdots,\theta_N$,记 t 时刻马尔可夫链所处状态为 q_t,显然,$q_t\in(\theta_1,\cdots,\theta_N)$。在球与缸实验中的缸就相当于状态。

(2) M:每个状态对应的可能的观察值数目。记 M 个观察值为 $V_1,\cdots,V_M$,记 t 时刻观察到的观察值为 o_t,其中,$o_t\in(V_1,\cdots,V_M)$。在球与缸实验中所选择彩球的颜色,就是观察值。

(3) π:初始状态概率,$\pi=(\pi_1,\cdots,\pi_N)$,式中

$$\pi_i = P(q_1=\theta_i), \quad 1\leqslant i\leqslant N \tag{6-26}$$

在球与缸实验中指开始时选取某个缸的概率。

(4) $\boldsymbol{A}$:状态转移概率矩阵,$(a_{ij})_{N\times N}$,其中

$$a_{ij} = P(q_{t+1}=\theta_j\mid q_t=\theta_i), \quad 1\leqslant i,j\leqslant N \tag{6-27}$$

在球与缸实验中,描述在当前缸的条件下选取下个缸的概率。

(5) $\boldsymbol{B}$:观察值概率矩阵,$(b_{jk})_{N\times N}$,其中

$$b_{jk} = P(o_t=V_k\mid q_t=\theta_j), \quad 1\leqslant j\leqslant N,1\leqslant k\leqslant M \tag{6-28}$$

在球与缸的实验中,b_{jk} 就是第 j 个缸中球的颜色 k 出现的概率。这样就可以记一个 HMM 为

$$\lambda = (N,M,\pi,\boldsymbol{A},\boldsymbol{B}) \tag{6-29}$$

或简写为

$$\lambda = (\pi,\boldsymbol{A},\boldsymbol{B}) \tag{6-30}$$

更形象地说,HMM 可分为两部分,一个是马尔可夫链,由 π、$\boldsymbol{A}$ 描述,产生的输出为状态序列,另一个是一个随机过程,由 $\boldsymbol{B}$ 描述,产生的输出为观察值序列。如图 6-6 所示,其中 T 为观察值时间长度。

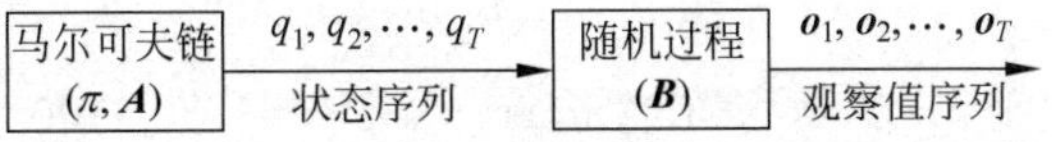

图 6-6 HMM 组成示意图

6.4.2 HMM 基本算法

1. 前向-后向算法

这个算法用来计算给定一个观察值序列 $\boldsymbol{O}=\boldsymbol{o}_1,\boldsymbol{o}_2,\cdots,\boldsymbol{o}_T$ 以及一个模型 $\lambda=(\pi,\boldsymbol{A},\boldsymbol{B})$ 时,由模型 λ 产生出 $\boldsymbol{O}$ 的概率 $P(\boldsymbol{O}|\lambda)$。

根据图 6-6 所示 HMM 的组成,$P(\boldsymbol{O}|\lambda)$ 最直接的求取方法如下: 对一个固定的状态序列 $Q=q_1,q_2,\cdots,q_T$,有

$$P(\boldsymbol{O}\mid Q,\lambda)=\prod_{t=1}^{T}P(\boldsymbol{o}_t\mid q_t,\lambda)=b_{q_1}(\boldsymbol{o}_1)b_{q_2}(\boldsymbol{o}_2)\cdots b_{q_T}(\boldsymbol{o}_T) \tag{6-31}$$

其中

$$b_{q_t}(\boldsymbol{o}_t)=b_{jk}\mid_{q_t=\theta_j,\boldsymbol{o}_t=V_k},\quad 1\leqslant t\leqslant T \tag{6-32}$$

而对给定 λ,产生 Q 的概率为

$$P(Q\mid\lambda)=\pi_{q_1}a_{q_1q_2}\cdots a_{q_{T-1}q_T} \tag{6-33}$$

因此,所求概率为

$$P(\boldsymbol{O}\mid\lambda)=\sum_{\text{所有}Q}P(\boldsymbol{O}\mid Q,\lambda)P(Q\mid\lambda)$$

$$=\sum_{q_1,q_2,\cdots,q_T}\pi_{q_1}b_{q_1}(\boldsymbol{o}_1)a_{q_1q_2}b_{q_2}(\boldsymbol{o}_2)\cdots a_{q_{T-1}q_T}b_{q_T}(\boldsymbol{o}_T) \tag{6-34}$$

显而易见,上式的计算量是十分惊人的,大约为 $2TN^T$ 数量级,当 $N=5,T=100$ 时,计算量达 10^{72},这是完全不能接受的。在此情况下,要想求出 $P(\boldsymbol{O}|\lambda)$,就必须寻求更为有效的算法,前向-后向算法是解决这一问题的一种有效算法。

在后面的算法中为方便表示,对状态 θ_i 的形式简记为 i。

1) 前向算法

定义前向变量为

$$\alpha_t(i)=P(\boldsymbol{o}_1\boldsymbol{o}_2\cdots\boldsymbol{o}_t,q_t=i\mid\lambda) \tag{6-35}$$

那么,有

(1) 初始化: 对 $1\leqslant i\leqslant N$,有

$$\alpha_1(i)=\pi_ib_i(\boldsymbol{o}_1) \tag{6-36}$$

(2) 递推: 对 $1\leqslant t\leqslant T-1,1\leqslant j\leqslant N$,有

$$\alpha_{t+1}(j)=\left[\sum_{i=1}^{N}\alpha_t(i)a_{ij}\right]b_j(\boldsymbol{o}_{t+1}) \tag{6-37}$$

(3) 终止:

$$P(\boldsymbol{O}\mid\lambda)=\sum_{i=1}^{N}\alpha_T(i) \tag{6-38}$$

式(6-37)中

$$b_j(\boldsymbol{o}_{t+1})=b_{jk}\mid_{\boldsymbol{o}_{t+1}=V_k} \tag{6-39}$$

这种算法计算量大为减少,只需要 N^2T 次运算。对 $N=5,T=100$ 时,只需大约 3000 次乘法计算。它是一种典型的格形结构,图 6-7 给出前向算法示意图。

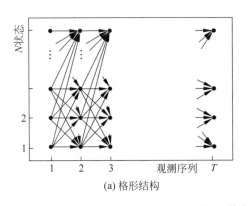 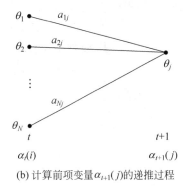

(a) 格形结构　　　　　　　　　　　(b) 计算前项变量 $\alpha_{t+1}(j)$ 的递推过程

图 6-7　HMM 前向算法示意图

2) 后向算法

与前向算法类似，定义后向变量为

$$\beta_t(i) = P(\boldsymbol{o}_{t+1}\,\boldsymbol{o}_{t+2}\cdots\boldsymbol{o}_T \mid q_t = i, \lambda) \tag{6-40}$$

类似前向算法，有

(1) 初始化：对 $1 \leqslant i \leqslant N$，有

$$\beta_T(i) = 1 \tag{6-41}$$

(2) 递推：对 $t = T-1, T-2, \cdots, 1, 1 \leqslant i \leqslant N$，有

$$\beta_t(i) = \sum_{j=1}^{N} a_{ij} b_j(\boldsymbol{o}_{t+1}) \beta_{t+1}(j) \tag{6-42}$$

(3) 终止：

$$P(\boldsymbol{O} \mid \lambda) = \pi_i b_i(\boldsymbol{o}_1) \beta_1(i) \tag{6-43}$$

后向算法的计算量大约也在 $N^2 T$ 数量级，它也是一种格形结构，后向变量的递推过程如图 6-8 所示。

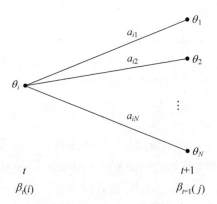

图 6-8　HMM 后向算法中计算后项变量 $\beta_t(i)$ 的递推过程

2. Viterbi 算法

这个算法解决对给定一个观察值序列 $\boldsymbol{O} = \boldsymbol{o}_1\,\boldsymbol{o}_2\cdots\boldsymbol{o}_T$ 和一个模型 $\lambda = (\pi, \boldsymbol{A}, \boldsymbol{B})$，如何确定一个最佳状态序列 $\boldsymbol{Q}^* = q_1^*, q_2^*, \cdots, q_T^*$ 的问题。

"最佳"的意义有很多种，由不同的定义可得到不同的结论。这里讨论的最佳意义上的

状态序列 Q^* 是指使 $P(Q,O|\lambda)$ 最大时确定的状态序列 Q^*。这可用 Viterbi 算法来实现,其描述如下:

定义 $\delta_t(i)$ 为时刻 t 时沿一条路径 $q_1,q_2,\cdots,q_t$,且 $q_t=i$,产生出 $o_1\ o_2\cdots o_t$ 的最大概率,即有

$$\delta_t(i) = \max_{q_1,q_2,\cdots,q_{t-1}} P(q_1 q_2 \cdots q_t, q_t = i, o_1\ o_2\cdots o_t \mid \lambda) \tag{6-44}$$

那么,求取最佳状态序列 Q^* 的过程为

(1) 初始化:对 $1 \leqslant i \leqslant N$,有

$$\delta_1(i) = \pi_i b_i(o_1) \tag{6-45}$$

$$\varphi_1(i) = 0 \tag{6-46}$$

(2) 递推:对 $2 \leqslant t \leqslant T, 1 \leqslant j \leqslant N$,有

$$\delta_t(j) = \max_{1 \leqslant i \leqslant N}[\delta_{t-1}(i)a_{ij}]b_j(o_t) \tag{6-47}$$

$$\varphi_t(j) = \underset{1 \leqslant i \leqslant N}{\operatorname{argmax}}[\delta_{t-1}(i)a_{ij}] \tag{6-48}$$

(3) 终止:

$$P^* = \max_{1 \leqslant i \leqslant N}[\delta_T(i)] \tag{6-49}$$

$$q_T^* = \underset{1 \leqslant i \leqslant N}{\operatorname{argmax}}[\delta_T(i)] \tag{6-50}$$

(4) 路径回溯,确定最佳状态序列:

$$q_t^* = \varphi_{t+1}(q_{t+1}^*), t = T-1, T-2, \cdots, 1 \tag{6-51}$$

对语音处理应用而言,$P(Q,O|\lambda)$ 动态范围很大,或者说不同的 Q 使 $P(Q,O|\lambda)$ 的值差别很大,而 $\max_q P(Q,O|\lambda)$ 事实上是 $\sum_q P(Q,O|\lambda)$ 中举足轻重的唯一成分,因此常常等价地使用 $\max_q P(Q,O|\lambda)$ 近似 $\sum_q P(Q,O\mid\lambda)$,那么,Viterbi 算法也就能用来计算 $P(O|\lambda)$。

此外,上述的 Viterbi 算法也是一种格型结构,而且类似于前向算法。同样,由后向算法的思想出发,亦可推导出 Viterbi 算法的另一种实现方式。

3. Baum-Welch 算法

这个算法用于解决 HMM 训练问题,即 HMM 参数估计问题。可描述为:给定一个观察值序列 $O=o_1,o_2,\cdots,o_T$,确定一个 $\lambda=(\pi,A,B)$,使 $P(O|\lambda)$ 最大。

显然,由式(6-35)和式(6-40)定义的前向和后向变量,有

$$P(O \mid \lambda) = \sum_{i=1}^{N}\sum_{j=1}^{N} \alpha_t(i)a_{ij}b_j(o_{t+1})\beta_{t+1}(j), \quad 1 \leqslant t \leqslant T-1 \tag{6-52}$$

求取 λ 使 $P(O|\lambda)$ 最大是一个泛函极值问题。但由于给定的训练序列有限,因而不存在一个估计 λ 的最佳方法。在这种情况下,Baum-Welch 算法利用递归的思想,使 $P(O|\lambda)$ 局部极大,最后得到模型参数 $\lambda=(\pi,A,B)$。此外,用梯度方法也可以达到类似的目的。

定义 $\xi_t(i,j)$ 为给定训练序列 O 和模型 λ 时,HMM 模型在 t 时刻处于 i 状态,$t+1$ 时刻处于 j 状态的概率,即

$$\xi_t(i,j) = P(q_t = i, q_{t+1} = j \mid O,\lambda) \tag{6-53}$$

可以推导出

$$\xi_t(i,j) = [\alpha_t(i)a_{ij}b_j(o_{t+1})\beta_{t+1}(j)]/P(O \mid \lambda) \tag{6-54}$$

那么,HMM 模型在时刻 t 处于 i 状态的概率为

$$\gamma_t(i) = P(q_t = i \mid \boldsymbol{O}, \lambda) = \sum_{j=1}^{N} \xi_t(i,j) = \alpha_t(i)\beta_t(i)/P(\boldsymbol{O} \mid \lambda) \tag{6-55}$$

因此，$\sum\limits_{t=1}^{T-1}\gamma_t(i)$ 表示从 i 状态转移出去次数的期望值，而 $\sum\limits_{t=1}^{T-1}\xi_t(i,j)$ 表示从 i 状态转移到状态 j 次数的期望值。由此，导出了 Baum-Welch 算法中著名的重估（re-estimation）公式，即

$$\bar{\pi}_i = \gamma_1(i) \tag{6-56}$$

$$\bar{a}_{ij} = \sum_{t=1}^{T-1}\xi_t(i,j) \Big/ \sum_{t=1}^{T-1}\gamma_t(i) \tag{6-57}$$

$$\bar{b}_{jk} = \sum_{\substack{t=1 \\ o_k = V_k}}^{T}\gamma_t(i) \Big/ \sum_{t=1}^{T}\gamma_t(i) \tag{6-58}$$

那么，HMM 参数 $\lambda=(\pi,\boldsymbol{A},\boldsymbol{B})$ 的求取过程为，根据观察值序列 $\boldsymbol{O}$ 和选取的初始模型 $\lambda=(\pi,\boldsymbol{A},\boldsymbol{B})$，由重估式(6-56)、式(6-57)和式(6-58)求得一组新参数 $\bar{\pi},\bar{a}_{ij},\bar{b}_{jk}$，亦即得到了一个新的模型 $\bar{\lambda}=(\bar{\pi},\bar{\boldsymbol{A}},\bar{\boldsymbol{B}})$。由下面的证明可以看出，$P(\boldsymbol{O}\mid\bar{\lambda})>P(\boldsymbol{O}\mid\lambda)$，即由重估公式得到的 $\bar{\lambda}$ 比 λ 在表示观察值序列 $\boldsymbol{O}$ 方面要好，那么重复这个过程，逐步改进模型参数，直到 $P(\boldsymbol{O}\mid\bar{\lambda})$ 收敛，即不再明显增大，此时的 $\bar{\lambda}$ 即为所求的模型。

应当指出，HMM 训练，或称参数估计问题，是 HMM 在语音处理中应用的关键问题，与前面讨论的两个问题相比，这也是最困难的问题。Baum-Welch 算法只是得到广泛应用的解决这一问题的经典方法，但并不是唯一的，也远不是最完善的方法。

4. 重估算法证明

Baum-Welch 算法一般的证明方式是构造 Q 函数作为辅助函数，这和 EM 算法中的 Q 函数构造是一样的。这里简要介绍 EM 算法，这样在介绍 Q 函数构造原则的同时，也将证明 Baum-Welch 算法的有效性。

EM 算法是一种从"不完全数据"中求解模型分布参数的最大似然估计方法。所谓"不完全数据"一般指两种情况：一种情况是由于观测过程本身的限制或者错误造成观测数据成为有错漏的"不完全"数据；另一种情况是对参数的似然函数直接优化十分困难，而引入额外的参数（隐含的或丢失的）后优化就比较容易。于是定义原始观测数据加上额外参数组成"完全数据"，原始观测数据自然就成为"不完全数据"。在模式识别及相关领域，后一种情况更常见。由于所要优化的似然函数是一个随机变量，直接对其求最大化不好计算，但它的期望却是一个确定性的函数，优化起来相对容易。这就是 EM 算法的基本思路。该算法中包含两个主要方面：一是求期望（expectation），用 E 来表示，一是最大化（maximization），用 M 来表示；这也是这种方法名字的由来。EM 算法在矢量量化和 HMM 模型的参数估计中有着很重要的作用。下面以 HMM 模型训练为例介绍 EM 算法。

在 HMM 模型中，数据是由两部分组成，一部分是可以观测到的数据，如观测特征序列 $\boldsymbol{O}$，称为可观测数据；另一部分数据无法观测到，如状态序列 Q，称为隐含序列。由这两部分数据可以共同构成一个完全数据集 $(\boldsymbol{O},Q)$。EM 算法的目的是通过迭代地将完全数据集的对数似然度期望最大化，来实现对可观测数据的对数似然度的最大化。

根据 Bayes 公式，完全数据集的似然度和可观测数据集的似然度之间存在以下关系：

$$P(\boldsymbol{O},Q \mid \lambda) = P(Q \mid \boldsymbol{O},\lambda)P(\boldsymbol{O} \mid \lambda) \tag{6-59}$$

那么,观测数据的对数似然度可以表示为

$$\log P(\boldsymbol{O} \mid \lambda) = \log P(\boldsymbol{O}, Q \mid \lambda) - \log P(Q \mid \boldsymbol{O}, \lambda) \tag{6-60}$$

对于两个参数集 λ 和 $\bar{\lambda}$,在已知 $\boldsymbol{O}$ 和 λ 的情况下,对公式(6-60)在完全数据集上求期望,则

$$E[\log P(\boldsymbol{O} \mid \bar{\lambda}) \mid \boldsymbol{O}, \lambda] = E[\log P(\boldsymbol{O}, Q \mid \bar{\lambda}) \mid \boldsymbol{O}, \lambda] - E[\log P(Q \mid \boldsymbol{O}, \bar{\lambda}) \mid \boldsymbol{O}, \lambda] \tag{6-61}$$

其中式(6-61)的左半部分为

$$E[\log P(\boldsymbol{O} \mid \bar{\lambda}) \mid \boldsymbol{O}, \lambda] = \int \log P(\boldsymbol{O} \mid \bar{\lambda}) P(Q \mid \boldsymbol{O}, \lambda) \mathrm{d}Q$$
$$= \log P(\boldsymbol{O} \mid \bar{\lambda})$$
$$= L(\boldsymbol{O}, \bar{\lambda}) \tag{6-62}$$

令

$$Q(\lambda, \bar{\lambda}) = E[\log P(\boldsymbol{O}, Q \mid \bar{\lambda}) \mid \boldsymbol{O}, \lambda] = \int \log P(\boldsymbol{O}, Q \mid \bar{\lambda}) P(Q \mid \boldsymbol{O}, \lambda) \mathrm{d}Q \tag{6-63}$$

而

$$H(\lambda, \bar{\lambda}) = E[\log P(Q \mid \boldsymbol{O}, \bar{\lambda}) \mid \boldsymbol{O}, \lambda] = \int \log P(Q \mid \boldsymbol{O}, \bar{\lambda}) P(Q \mid \boldsymbol{O}, \lambda) \mathrm{d}Q$$

则式(6-62)变为

$$L(\boldsymbol{O}, \bar{\lambda}) = Q(\lambda, \bar{\lambda}) - H(\lambda, \bar{\lambda}) \tag{6-64}$$

由 Jensen 不等式可以知道, $H(\lambda, \bar{\lambda}) \leqslant H(\lambda, \lambda)$。EM 算法的基本原理在于,如果可以保证 $Q(\lambda, \bar{\lambda}) \geqslant Q(\lambda, \lambda)$ 不等式成立,那么不等式 $L(\boldsymbol{O}, \bar{\lambda}) \geqslant L(\boldsymbol{O}, \lambda)$ 一定成立。从上面分析可以看出, $Q()$ 函数实质上就是完全数据的对数似然度的期望,这样,通过将 $Q()$ 函数最大化就可以实现观测数据的对数似然度的最大化。

当隐藏数据为离散时, $Q()$ 函数一般表示为

$$Q(\lambda, \bar{\lambda}) = \sum_{\text{所有} Q} \frac{P(\boldsymbol{O}, Q \mid \lambda)}{P(\boldsymbol{O} \mid \lambda)} \log P(\boldsymbol{O}, Q \mid \bar{\lambda}) \tag{6-65}$$

EM 算法一般描述——给定一个当前的参数集 λ,可以通过如下方式获得新的参数集 $\bar{\lambda}$:

(1) 选择初始参数 λ;

(2) 求期望,即在给定的参数集 λ 上求 $Q()$ 函数;

(3) 最大化,选择 $\lambda = \arg\max_{\bar{\lambda}} Q(\lambda, \bar{\lambda})$。

6.4.3 HMM 算法实现中的问题

1. 初始模型选取

根据 Baum-Welch 算法由训练数据得到 HMM 参数时,一个重要问题就是初始模型的选取。不同的初始模型将产生不同的训练结果。因为算法是使 $P(\boldsymbol{O}|\lambda)$ 局部极大时得到的模型参数,因此,选取好的初始模型,使最后求出的局部极大与全局最大接近是非常重要的。

但是,至今这个问题仍没有完美的答案。实际处理时都是采用一些经验方法。一般认为, π 和 $\boldsymbol{A}$ 参数初值选取对结果影响不大,可以随机选取或均匀取值,只要满足式(6-21)、式(6-22)、式(6-24)和式(6-25)要求的约束条件即可。但 $\boldsymbol{B}$ 的初值对训练出的 HMM 影响

较大,一般倾向采取较为复杂的初值选取方法。基于这种考虑,典型的 HMM 参数估计过程如图 6-9 所示。这里,初始模型 λ 可以任意选取。但因为有 $P(\boldsymbol{O}|\tilde{\lambda})>P(\boldsymbol{O}|\lambda)$,所以 $\tilde{\lambda}$ 是 λ 改进后的模型。再将 $\tilde{\lambda}$ 作为初值用重估公式得到 $\bar{\lambda}$,这样就避免了初值的选择不当。将经典的 $\lambda \rightarrow \bar{\lambda}$ 变为 $\lambda \rightarrow \tilde{\lambda} \rightarrow \bar{\lambda}$。当然,沿图中虚线不用重估公式,$\tilde{\lambda}$ 也可近似作为模型参数。

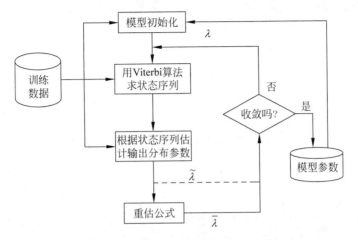

图 6-9　一种 HMM 参数估计方法流程图

从以后的讨论中会看到,HMM 有很多种类型。因此,针对不同形式的 HMM,也可采取不同的初值选取方法。

2. 多个观察值序列训练

实际使用中,训练一个 HMM 经常是用到不止一个观察序列,那么,用 L 个观察序列训练 HMM 时,要对 Baum-Welch 算法的重估公式加以修正。设 L 个观察序列为$\boldsymbol{O}^{(l)}$,$l=1,\cdots,L$,其中$\boldsymbol{O}^{(l)}=\boldsymbol{o}_1^{(l)},\boldsymbol{o}_2^{(l)},\cdots,\boldsymbol{o}_{T_l}^{(l)}$,假定各个观察序列独立,此时有

$$P(\boldsymbol{O} \mid \lambda) = \prod_{l=1}^{L} P(\boldsymbol{O}^{(l)} \mid \lambda) \tag{6-66}$$

由于重估公式是以不同事件的出现频率为基础的,因此,对 L 个训练序列,重估公式修正为

$$\bar{\pi}_i = \sum_{l=1}^{L} \alpha_1^{(l)}(i)\beta_1^{(l)}(i)/P(\boldsymbol{O}^{(l)} \mid \lambda), \quad 1 \leqslant i \leqslant N \tag{6-67}$$

$$\bar{a}_{ij} = \frac{\displaystyle\sum_{l=1}^{L}\sum_{t=1}^{T_l-1} \alpha_t^{(l)}(i)a_{ij}b_j(\boldsymbol{o}_{t+1}^{(l)})\beta_{t+1}^{(l)}(j)/P(\boldsymbol{O}^{(l)} \mid \lambda)}{\displaystyle\sum_{l=1}^{L}\sum_{t=1}^{T_l-1} \alpha_t^{(l)}(i)\beta_t^{(l)}(j)/P(\boldsymbol{O}^{(l)} \mid \lambda)}, \quad 1 \leqslant i \leqslant N \tag{6-68}$$

$$\bar{b}_{jk} = \frac{\displaystyle\sum_{l=1}^{L}\sum_{\substack{t=1 \text{且} \\ \boldsymbol{o}_t = V_k}}^{T_l} \alpha_t^{(l)}(i)\beta_t^{(l)}(j)/P(\boldsymbol{O}^{(l)} \mid \lambda)}{\displaystyle\sum_{l=1}^{L}\sum_{t=1}^{T_l} \alpha_t^{(l)}(i)\beta_t^{(l)}(j)/P(\boldsymbol{O}^{(l)} \mid \lambda)}, \quad 1 \leqslant i \leqslant N, 1 \leqslant k \leqslant M \tag{6-69}$$

3. 数据下溢问题

在前向—后向算法和 Baum-Welch 算法中,都有 $\alpha_t(i)$ 和 $\beta_t(i)$ 的递推计算,由于所有量

都小于 1,因此,随着 t 的增加,$\alpha_t(i)$ 将迅速趋向于零,$\beta_t(i)$ 将随着 t 的减少也将趋向于零。为了解决这种数据下溢问题,通常可以采取增加比例因子(scaling)的方法,对有关算法加以修正,处理过程如下。

1) 对 $\alpha_t(i)$ 的处理

$$\alpha_1(i) = \pi_i b_i(\boldsymbol{o}_1), \quad 1 \leqslant i \leqslant N \tag{6-70}$$

$$\alpha_1^*(i) = \frac{\alpha_1(i)}{\sum\limits_{i=1}^{N} \alpha_1(i)} = \frac{\alpha_1(i)}{\Phi_1}, \quad 1 \leqslant i \leqslant N \tag{6-71}$$

$$\widetilde{\alpha}_{t+1}(j) = \left[\sum_{i=1}^{N} \alpha_t^*(i) a_{ij}\right] b_j(\boldsymbol{o}_{t+1}), \quad 1 \leqslant j \leqslant N, t = 1, 2, \cdots, T-1 \tag{6-72}$$

$$\alpha_{t+1}^*(j) = \widetilde{\alpha}_{t+1}(j) / \sum_{j=1}^{N} \widetilde{\alpha}_{t+1}(j) = \widetilde{\alpha}_{t+1}(j) / \Phi_{t+1}, 1 \leqslant j \leqslant N, t = 1, 2, \cdots, T-1 \tag{6-73}$$

其中,$\Phi_{t+1} = \sum\limits_{j=1}^{N} \widetilde{\alpha}_{t+1}(j)$。

2) 对 $\beta_t(i)$ 的处理

$$\beta_T(i) = 1, \quad 1 \leqslant i \leqslant N \tag{6-74}$$

$$\beta_T^*(i) = 1, \quad 1 \leqslant i \leqslant N \tag{6-75}$$

$$\widetilde{\beta}_t(i) = \sum_{j=1}^{N} a_{ij} b_j(\boldsymbol{o}_{t+1}) \beta_{t+1}^*(j), \quad 1 \leqslant i \leqslant N, t = T-1, \cdots, 1 \tag{6-76}$$

$$\beta_t^*(i) = \widetilde{\beta}_t(i) / \Phi_{t+1}, \quad 1 \leqslant i \leqslant N, t = T-1, \cdots, 1 \tag{6-77}$$

在对 $\beta_t(i)$ 进行调整的时候,所用的比例因子与对 $\alpha_t(i)$ 进行调整时相同。主要考虑的是,$\beta_t(i)$ 和 $\alpha_t(i)$ 取值范围是可比的,可以通过相同的比例因子将 $\beta_t(i)$ 的值调整到合适的范围。

3) 常用计算公式的处理

对 $\alpha_t(i)$ 和 $\beta_t(i)$ 做上述处理之后,为保持原有公式计算结果不变,必须在常用计算公式中做相应处理,以消去比例因子的影响。

(1) 概率 $P(\boldsymbol{O}|\lambda)$ 的计算公式。

由 α 的处理过程易推出

$$\alpha_t^*(i) = \alpha_t(i) / \Phi_1 \Phi_2 \cdots \Phi_t \tag{6-78}$$

而

$$\Phi_t = \sum_{j=1}^{N} \widetilde{\alpha}_t(j) = \sum_{j=1}^{N} \left[\sum_{i=1}^{N} \alpha_{t-1}^*(i) a_{ij}\right] b_j(\boldsymbol{o}_t)$$

$$= \sum_{j=1}^{N} \alpha_t(j) / \Phi_1 \Phi_2 \cdots \Phi_{t-1} \tag{6-79}$$

因此

$$\sum_{j=1}^{N} \alpha_t(j) = \Phi_1 \Phi_2 \cdots \Phi_t \tag{6-80}$$

即

$$P(\boldsymbol{O} \mid \lambda) = \sum_{j=1}^{N} \alpha_T(j) = \Phi_1 \Phi_2 \cdots \Phi_T \tag{6-81}$$

或

$$\log P(\boldsymbol{O} \mid \lambda) = \sum_{t=1}^{T} \log \Phi_t \qquad (6\text{-}82)$$

（2）重估公式。

由 β 的处理易知

$$\beta_t^*(i) = \frac{\beta_t(i)}{\Phi_{t+1}\Phi_{t+2}\cdots\Phi_T} \qquad (6\text{-}83)$$

因此,重估公式(多个训练序列)变为

$$\bar{\pi}_i = \sum_{l=1}^{L} \alpha_1^{*(l)}(i)\beta_1^{*(l)}(i), \quad 1 \leqslant i \leqslant N \qquad (6\text{-}84)$$

$$\bar{a}_{ij} = \frac{\displaystyle\sum_{l=1}^{L}\sum_{t=1}^{T_l-1}\alpha_t^{*(l)}(i)a_{ij}b_j(\boldsymbol{o}_{t+1}^{(l)})\beta_{t+1}^{*(l)}(j)}{\displaystyle\sum_{l=1}^{L}\sum_{t=1}^{T_l-1}\alpha_t^{*(l)}(i)\beta_t^{*(l)}(i)}, \quad 1 \leqslant i,j \leqslant N \qquad (6\text{-}85)$$

$$\bar{b}_{jk} = \frac{\displaystyle\sum_{l=1}^{L}\sum_{\substack{t=1\text{且}\\ \boldsymbol{o}_t=V_k}}^{T_l}\alpha_t^{*(l)}(j)\beta_t^{*(l)}(j)}{\displaystyle\sum_{l=1}^{L}\sum_{t=1}^{T_l}\alpha_t^{*(l)}(j)\beta_t^{*(l)}(j)}, \quad 1 \leqslant j \leqslant N, 1 \leqslant k \leqslant M \qquad (6\text{-}86)$$

4）Viterbi 算法的处理

对 Viterbi 算法,为防止数据下溢可采用对数化处理。定义 $\delta_t(i)$ 为

$$\delta_t(i) = \max_{q_1,q_2,\cdots,q_{t-1}} \log P(q_1,q_2,\cdots,q_t,q_t=i,\boldsymbol{o}_1\,\boldsymbol{o}_2\cdots\boldsymbol{o}_t \mid \lambda) \qquad (6\text{-}87)$$

那么 Viterbi 算法中的初始化公式变为

$$\delta_1(i) = \log \pi_i + \log b_i(\boldsymbol{o}_1), \quad 1 \leqslant i \leqslant N \qquad (6\text{-}88)$$

递推公式变为

$$\delta_t(j) = \max_{1 \leqslant i \leqslant N}[\delta_{t-1}(i) + \log a_{ij}] + \log[b_j(\boldsymbol{o}_t)] \qquad (6\text{-}89)$$

终止:

$$\log P^* = \max_{1 \leqslant i \leqslant N}[\delta_T(i)] \qquad (6\text{-}90)$$

这样得到的是 P^* 的对数值,而不是 P^*。应该指出,实际上为了避免计算出的概率值 $P(\boldsymbol{O}|\lambda)$ 太小,而总是采用 $\log P(\boldsymbol{O}|\lambda)$。事实上,语音识别中通常是比较多个概率值之间的相对大小,并由此作出决策。因此取对数运算后,既可以防止概率值的下溢,又不会影响多个概率值间的大小关系。

4. 马尔可夫链的形状以及 HMM 类型

如图 6-6 所示,HMM 由两部分组成,即马尔可夫链和随机过程。随机过程在 6.4.1 节中已做过介绍。马尔可夫链由 π、$\boldsymbol{A}$ 描述,显然,不同的 π、$\boldsymbol{A}$ 决定了马尔可夫链不同的形状。几种典型的马尔可夫链如图 6-10 所示。它们各具特色。图 6-10(a)、图 6-10(b)是两种特殊的马尔可夫链,其特点为:一定从状态 1 出发,沿状态序号增加的方向转移,最终停止在状态 5。由这种马尔可夫链构成的 HMM,一般称之为左—右模型(left-to-right model)。这种模型在实际语音处理应用中被广泛采用,尤其是在孤立词识别中。图 6-10(c)表示马尔可夫链从任意状态出发,在下一时刻可到达任意状态,对应的 $\boldsymbol{A}$ 矩阵没有零值。

HMM 的类型主要有连续 HMM 和离散 HMM 两大类，其区别在于参数 $\boldsymbol{B}$ 的形式。在离散 HMM 中，参数 $\boldsymbol{B}$ 是一个概率矩阵；而在连续 HMM 中，所有状态上的观察概率密度函数共同形成了参数 $\boldsymbol{B}$。一般情况下每个状态的分布是混合高斯分布，具有如下的分布形式：

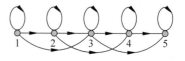

(a) 无跨越从左向右模型

$$b_j(\boldsymbol{o}_t) = \sum_{k=1}^{K} c_{jk} N(\boldsymbol{o}_t, \boldsymbol{u}_{jk}, \Sigma_{jk}) \qquad (6\text{-}91)$$

式中混合系数 c_{jk} 满足

$$\sum_{k=1}^{K} c_{jk} = 1 \qquad (6\text{-}92)$$

(b) 有跨越从左向右模型

这时

$$
\begin{aligned}
P(\boldsymbol{O}, Q \mid \lambda) &= \prod_{t=1}^{T} a_{q_{t-1}q_t} b_{q_t}(\boldsymbol{o}_t) \\
&= \sum_{k_1=1}^{K} \sum_{k_2=1}^{K} \cdots \sum_{k_T=1}^{K} \left[\prod_{t=1}^{T} a_{q_{t-1}q_t} b_{q_t k_t}(\boldsymbol{o}_t) \right] c_{q_1 k_1} \cdots c_{q_T k_T}
\end{aligned}
$$
$$(6\text{-}93)$$

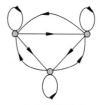

(c) 全连接模型

图 6-10 语音识别中几种常用 HMM 结构

式(6-93)中的加数部分可以表示为

$$P(\boldsymbol{O}, Q, K \mid \lambda) = \prod_{t=1}^{T} a_{q_{t-1}q_t} b_{q_t k_t}(\boldsymbol{o}_t) c_{q_t k_t} \qquad (6\text{-}94)$$

于是

$$P(\boldsymbol{O} \mid \lambda) = \sum_{\text{所有}Q} \sum_{K \in \Omega^T} P(\boldsymbol{O}, Q, K \mid \lambda) \qquad (6\text{-}95)$$

这时的 $Q()$ 函数可以定义为

$$Q(\lambda, \bar{\lambda}) = \sum_{\text{所有}Q} \sum_{K \in \Omega^T} \frac{P(\boldsymbol{O}, Q, K \mid \lambda)}{P(\boldsymbol{O} \mid \lambda)} \log P(\boldsymbol{O}, Q, K \mid \bar{\lambda}) \qquad (6\text{-}96)$$

根据式(6-94)可以得到如下公式：

$$
\begin{aligned}
\log P(\boldsymbol{O}, Q, K \mid \bar{\lambda}) &= \sum_{t=1}^{T} \log \bar{a}_{q_{t-1}q_t} + \sum_{t=1}^{T} \log \bar{b}_{q_t k_t}(\boldsymbol{o}_t) + \sum_{t=1}^{T} \log \bar{c}_{q_t k_t} \\
&= \log \bar{\pi}_{q_1} + \sum_{t=1}^{T-1} \log \bar{a}_{q_t q_{t+1}} + \sum_{t=1}^{T} \log \bar{b}_{q_t k_t}(\boldsymbol{o}_t) + \sum_{t=1}^{T} \log \bar{c}_{q_t k_t}
\end{aligned}
$$
$$(6\text{-}97)$$

这样重估公式中似然度的最大化可以通过将式(6-97)中单独的每一部分参数最大化来实现。$Q()$ 函数可以重新表示为各个独立项的形式，即

$$
\begin{aligned}
Q(\lambda, \bar{\lambda}) &= \sum_{Q} \sum_{K} \frac{P(\boldsymbol{O}, Q, K \mid \lambda)}{P(\boldsymbol{O} \mid \lambda)} \log P(\boldsymbol{O}, Q, K \mid \bar{\lambda}) \\
&= \sum_{Q} \sum_{K} \frac{P(\boldsymbol{O}, Q, K \mid \lambda)}{P(\boldsymbol{O} \mid \lambda)} \left[\log \bar{\pi}_{q_1} + \sum_{t=1}^{T-1} \log \bar{a}_{q_t q_{t+1}} + \sum_{t=1}^{T} \log \bar{b}_{q_t k_t}(\boldsymbol{o}_t) + \sum_{t=1}^{T} \log \bar{c}_{q_t k_t} \right] \\
&= Q_\pi(\lambda, \bar{\pi}) + \sum_i Q_{a_i}(\lambda, \bar{a}_{ij}) + \sum_j \sum_{k=1}^{K} Q_{b_j}(\lambda, \bar{b}_{jk}) + \sum_j Q_{c_j}(\lambda, \bar{c}_{jk})
\end{aligned}
$$
$$(6\text{-}98)$$

式中

$$Q_\pi(\lambda,\bar\pi) = \sum_i \sum_M P(q_1 = i,K \mid \boldsymbol{O},\lambda)\log\bar\pi_i \tag{6-99}$$

$$Q_{a_i}(\lambda,\bar a_{ij}) = \sum_j \sum_{t=1}^{T-1} \sum_K P(q_t = i,q_{t+1} = j,K \mid \boldsymbol{O},\lambda)\log\bar a_{ij} \tag{6-100}$$

$$Q_{b_j}(\lambda,\bar b_{jk}) = \sum_{t=1}^{T} P(q_t = j,k_t = k \mid \boldsymbol{O},\lambda)\log\bar b_{jk}(\boldsymbol{o}_t) \tag{6-101}$$

$$Q_{c_j}(\lambda,\bar c_{jk}) = \sum_{k=1}^{K} \sum_{t=1}^{T} P(q_t = j,k_t = k \mid \boldsymbol{O},\lambda)\log\bar c_{jk} \tag{6-102}$$

分别将式(6-99)和式(6-100)最大化,可以得到如式(6-56)和式(6-57)的结果,而将式(6-101)和式(6-102)最大化可以得到如下的公式:

$$\bar c_{jk} = \frac{\displaystyle\sum_{t=1}^{T} \upsilon_t(j,k)}{\displaystyle\sum_{t=1}^{T} \gamma_t(j)} \tag{6-103}$$

$$\bar{\boldsymbol{u}}_{jk} = \frac{\displaystyle\sum_{t=1}^{T} \upsilon_t(j,k)\,\boldsymbol{o}_t}{\displaystyle\sum_{t=1}^{T} \upsilon_t(j,k)} \tag{6-104}$$

$$\bar\Sigma_{jk} = \frac{\displaystyle\sum_{t=1}^{T} \upsilon_t(j,k)(\boldsymbol{o}_t - \bar{\boldsymbol{u}}_{jk})(\boldsymbol{o}_t - \bar{\boldsymbol{u}}_{jk})^t}{\displaystyle\sum_{t=1}^{T} \upsilon_t(j,k)} \tag{6-105}$$

这时,在 t 时刻从状态 i 转移出去的概率 $\gamma_t(i)$ 和 t 时刻从状态 i 转移到状态 j 的概率 $\xi_t(i,j)$,以及在 t 时刻处于 HMM 状态 j 的第 k 个高斯分布发射出的概率 $\upsilon_t(j,k)$ 定义如下:

$$\xi_t(i,j) = \frac{\alpha_t(i)a_{ij}\left[\displaystyle\sum_{k=1}^{K} c_{jk}b_{jk}(\boldsymbol{o}_{t+1})\right]\beta_{t+1}(j)}{P(\boldsymbol{O} \mid \lambda)}, \quad 1 \leqslant i,j \leqslant N, t = 1,2,\cdots,T-1 \tag{6-106}$$

$$\gamma_t(i) = \frac{\alpha_t(i)\beta_t(i)}{P(\boldsymbol{O} \mid \lambda)}, \quad 1 \leqslant i \leqslant N, t = 1,2,\cdots,T-1 \tag{6-107}$$

$$\upsilon_t(j,k) = \frac{\displaystyle\sum_{i=1}^{N} \alpha_{t-1}(i)a_{ij}c_{jk}b_{jk}(\boldsymbol{o}_t)\beta_t(j)}{P(\boldsymbol{O} \mid \lambda)} \tag{6-108}$$

6.4.4 关于 HMM 训练的几点考虑

1. 克服训练数据的不足

根据 HMM 的定义,一方面,一个 HMM 的模型 $\lambda = (\pi,\boldsymbol{A},\boldsymbol{B})$ 含有很多待估计的参数,因此为了得到满意的模型,必须要有很多训练数据,这在实际中很难办到。另一方面,选择规模较小的模型,即减少模型中的状态数和每个状态上的混合高斯分量数,也有实际的困难。在训练数据少的情况下,一些出现次数很少的观察值没有包含在整个训练数据中,这样训练出的 HMM 参数中就会有不少为零的概率值。而事实上,在实际语音识别测试时,这些观察值又可能出现,因而需要对训练好的模型进行相应的处理。一种常用的方法是将一个训练较充分,但细节较差的模型与一个训练虽不充分,但细节较好的模型进行混合。前一个模型可以在 HMM 模型结构中将有些状态转移概率及观察输出概率相近的进行"捆绑",即一些转移概率或观察输出概率共享相同的值,从而可以减少模型参数。这样使用相同的训练数据就可以对这种"捆绑"后的模型进行较充分的训练。

合并两个 HMM 的问题可以表示为

$$\lambda = w\lambda_1 + (1-w)\lambda_2 \tag{6-109}$$

式中,$\lambda = (\pi, \boldsymbol{A}, \boldsymbol{B})$ 为结果模型,$\lambda_1 = (\pi_1, \boldsymbol{A}_1, \boldsymbol{B}_1)$ 和 $\lambda_2 = (\pi_2, \boldsymbol{A}_2, \boldsymbol{B}_2)$ 为待合并的两个模型,分别代表前面提到的两种类型的模型。$0 \leqslant w \leqslant 1$ 为合并比例系数。因此,问题的关键就是合并权值 w 的估计。

一种方法是人工选择权值 w,这种方法的局限性很明显,即过分依赖人的经验判断,而且工作量也很大。另一种估计 w 的方法就是著名的删插(deleted interpolation)平滑法。这种方法最早是由 Jelinek 提出,随后被广泛应用在基于 HMM 的语音识别系统中,它的基本方法如下:

设 b_{jk}^1 和 b_{jk}^2 为 λ_1 和 λ_2 模型中状态 j 对应的观察值概率,b_{jk} 为 λ 中状态 j 对应的观察值概率,那么有

$$b_{jk} = wb_{jk}^1 + (1-w)b_{jk}^2 \tag{6-110}$$

图 6-11(a)给出了状态 j 的转移结构,图 6-11(b)给出了根据上式进行合并的情况。可以理解为,λ 模型中的状态 j 被 3 个状态 j^*、j_1 和 j_2 所取代,其中状态 j^* 没有输出观察值概率,状态 j_1 和 j_2 的输出观察值概率分别为 b_{jk}^1 和 b_{jk}^2,从状态 j^* 转移到状态 j_1 和 j_2 的概率分别为 w 和 $1-w$,但不占用时间(这种转移称为空转移)。于是估计权值 w 的问题就转化为一个典型的 HMM 问题,因此用 HMM 训练算法就可以直接估计出权值 w。

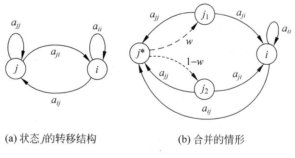

(a) 状态 j 的转移结构　　　　(b) 合并的情形

图 6-11　删插平滑法示意图

一个合理的处理方法是:将所有的训练数据分成几部分,一部分数据用来估计 w,其余的数据用来训练 λ_1 和 λ_2。由于这种方法对总的训练数据的划分有很多种方式,由此得到了很多 w 值。对这些 w 值,再用一个循环递归处理,可以求出所需的权值 w。

对于合并模型,统一使用一个权值并不是最好的选择。更好的合并方式是对模型中每个状态都选定一个权值。

从 Baum-Welch 算法的重估公式,可以推导出一种 HMM 相对可靠程度的方法,这样,

就可以得到待合并的两个或多个模型各自的相对可靠程度,由此确定合并时的权值。这种估计权值的方法可以描述如下:

根据重估公式,考虑用 L 个观察值序列来训练模型 $\lambda=(\pi,\boldsymbol{A},\boldsymbol{B})$,于是有

$$\bar{a}_{ij}=\frac{\sum\limits_{l=1}^{L}\text{第}\,l\,\text{个训练序列从状态}\,i\,\text{到}\,j\,\text{的转移次数}}{\sum\limits_{l=1}^{L}\text{第}\,l\,\text{个训练序列位于状态}\,i\,\text{的状态数目}}=\frac{\sum\limits_{l=1}^{L}\text{trans}(i,j,l)}{\sum\limits_{l=1}^{L}\text{states}(i,l)} \tag{6-111}$$

$$\bar{b}_{jk}=\frac{\sum\limits_{l=1}^{L}\text{第}\,l\,\text{个训练序列位于状态}\,j\,\text{输出矢量}\,k\,\text{的个数}}{\sum\limits_{l=1}^{L}\text{第}\,l\,\text{个训练序列位于状态}\,j\,\text{的状态数目}}=\frac{\sum\limits_{l=1}^{L}\text{vects}(k,j,l)}{\sum\limits_{l=1}^{L}\text{states}(j,l)}$$
$$\tag{6-112}$$

可以看出,上面两个公式分母有一定的关系,令

$$R_{jl}=\frac{\text{states}(j,l)}{\sum\limits_{l'=1}^{L}\text{states}(j,l')} \tag{6-113}$$

则对转移概率和观察输出概率的估计公式可以重写为

$$\bar{a}_{ij}=\sum_{l=1}^{L}R_{il}\frac{\text{trans}(i,j,l)}{\text{states}(i,l)}=\sum_{l=1}^{L}R_{il}\,\bar{a}_{ijl} \tag{6-114}$$

$$\bar{b}_{jk}=\sum_{l=1}^{L}R_{jl}\frac{\text{vects}(k,j,l)}{\text{states}(j,l)}=\sum_{l=1}^{L}R_{jl}\,\bar{b}_{jkl} \tag{6-115}$$

分析式(6-114)、式(6-115)可以知道,当用 L 个训练序列获取 HMM 参数时,每次迭代可以分别用每个训练序列获取相应的 HMM 参数,再加以合并,而且合并的权值取决于各个状态上当前训练序列的数目占全部训练序列数目的比例。因此可以认为,状态数目描述了 HMM 的相对可靠程度。这样当需要合并 L 个 HMM 时,对任一状态 j,合并的权值可以由式(6-113)求出。

由于这种估计方法是从 Baum-Welch 算法的重估公式导出,因而在最大似然意义上是最佳的,而且对于每个状态都选取一个合并的权值,而不是对整个待合并的 HMM 选取权值,这样可使合并的结果模型更好。显然,使用这种方法估计权值,在训练各个 HMM 时,除了保存模型参数之外,还应保存相应的状态数目,因此需要占用较多的存储空间。

2. 处理说话人的影响

由于语音的动态范围很大,不同说话人的语音,甚至同一说话人在不同时间和场合的语音都有很大的不同,因此训练 HMM 时,充分考虑说话人的影响,对于较好地估计 HMM 参数是十分重要的。这个问题可以表述为:设训练数据集 D_A 所训练出的模型为 $\lambda=(\pi,\boldsymbol{A},\boldsymbol{B})$。从训练过程可知,$\lambda$ 反映了 D_A 的特性。如果又增加了一个训练数据集 D_B,希望经过一个处理过程,D_B 的特性也能反映在结果模型之中。D_B 相对于 D_A 来说,可以是不同说话人的语音,也可以是同一说话人在不同时间所发出的语音。因此,这个问题对语音识别,尤其是非特定人语音识别是很有意义的。

根据 Baum-Welch 算法,一个直接的处理方法就是一起使用 D_A 和 D_B 重新训练一个模型。但这样做,一方面不经济,没有利用已经训练好的模型 λ 的信息,另一方面,实现起来也

有困难,因为在很多实际场合中并没有保留训练数据集 D_A,而只保存了反映其特性的占用很少存储空间的模型 λ。另一个既简单又容易想到的方法为:以 λ 为初始模型,用数据 D_B 通过重估公式进行若干次迭代,得到新模型 λ^*。但是很显然,这个 λ^* 只能较好地反映数据集 D_B 的特性,而不可能同时很好地反映出 D_A 的特性。

针对这个问题,经过分析 Baum-Welch 算法,可以给出一种处理说话人影响的方法,它在小词汇量语音识别和大词汇量语音识别中都有成功的应用。

由重估公式可知:在迭代过程中,L 个训练序列的信息是由 L 个训练序列分别计算出的转移次数、矢量数、状态数目,通过分子分母分别相加来反映在迭代后的新模型参数中。那么,将 L 个训练序列分成两个训练数据集,不妨也记为 D_A 和 D_B,其中所含的训练序列分别为 L_1 和 L_2,显然 $L_1 + L_2 = L$,那么重估公式可以改写为

$$\bar{a}_{ij} = \frac{\sum_{l_1=1}^{L_1} \text{trans}^{(A)}(i,j,l_1) + \sum_{l_2=1}^{L_2} \text{trans}^{(B)}(i,j,l_2)}{\sum_{l_1=1}^{L_1} \text{states}^{(A)}(i,l_1) + \sum_{l_2=1}^{L_2} \text{states}^{(B)}(i,l_2)} = \frac{\text{trans}^{(A)} + \text{trans}^{(B)}}{\text{states}^{(A)} + \text{states}^{(B)}} \quad (6\text{-}116)$$

$$\bar{b}_{ij} = \frac{\sum_{l_1=1}^{L_1} \text{vects}^{(A)}(i,j,l_1) + \sum_{l_2=1}^{L_2} \text{vects}^{(B)}(i,j,l_2)}{\sum_{l_1=1}^{L_1} \text{states}^{(A)}(i,l_1) + \sum_{l_2=1}^{L_2} \text{states}^{(B)}(i,l_2)} = \frac{\text{vects}^{(A)} + \text{vects}^{(B)}}{\text{states}^{(A)} + \text{states}^{(B)}} \quad (6\text{-}117)$$

这样,在得到训练数据集 D_A 和训练产生模型 λ 时,不仅保存 $\lambda = (\pi, \boldsymbol{A}, \boldsymbol{B})$ 的参数,还保存相应的转移次数、矢量数和状态数目,即 $\text{trans}^{(A)}$、$\text{vects}^{(A)}$ 和 $\text{states}^{(A)}$。在得到新的训练数据集 D_B 时,以 λ 为初始模型,得到新的模型 λ_B 以及新的转移次数、矢量数和状态数目,即 $\text{trans}^{(B)}$、$\text{vects}^{(B)}$ 和 $\text{states}^{(B)}$,按照上面修改后的转移概率和观察输出概率的重估公式所求得的模型 λ^* 的参数,就可以既反映数据集 D_A 的特性,又反映数据集 D_B 的特性。这样,就能使 HMM 参数估计的过程具有很好的自适应性和很强的自学能力。只要增加新的训练数据,通过这种方式最后产生的模型就能反映这些新增数据的信息。

3. 基于最大互信息的 HMM

经典的 Baum-Welch 算法,实际上是 HMM 的最大似然参数估计方法,即给定训练序列 $\boldsymbol{O}$,使 $P(\boldsymbol{O}|\lambda)$ 最大时求出 λ。最大似然估计并不是唯一的准则,也不是在所有情况下都适用的准则。为此,人们提出了很多改进的途径,其中最具有代表性的就是基于最大互信息(maximum mutual information)准则的估计方法。研究表明:当事先假定的模型不正确时,最大互信息估计器优于最大似然估计器。

对训练序列 $\boldsymbol{O}$ 和模型 λ,互信息的定义为

$$\begin{aligned} I(\lambda, \boldsymbol{O}) &= \log \frac{P(\boldsymbol{O}, \lambda)}{P(\boldsymbol{O})P(\lambda)} = \log \frac{P(\boldsymbol{O}|\lambda)}{P(\boldsymbol{O})} \\ &= \log P(\boldsymbol{O}|\lambda) - \log P(\boldsymbol{O}) \\ &= \log P(\boldsymbol{O}|\lambda) - \log \sum_{\lambda'} P(\boldsymbol{O}|\lambda')P(\lambda') \end{aligned} \quad (6\text{-}118)$$

所谓最大互信息准则就是使 $I(\lambda, \boldsymbol{O})$ 最大,从而求出 λ。

但目前对最大互信息估计还没有找到类似于最大似然估计中的前向-后向算法那样有

效的方法,因此,使 $I(\lambda, \boldsymbol{O})$ 最大一般采用经典的最大梯度法。

4. 考虑状态驻留时间的 HMM

经典 HMM 中的马尔可夫链是由 π、$\boldsymbol{A}$ 来表征,因此,在状态 i 上相继产生 d 个观察值的概率为

$$p_i(d) = (a_{ii})^d (1 - a_{ii}) \tag{6-119}$$

这个概率值 $p_i(d)$ 描述了状态 i 的驻留时间(state duration)。显然,这是一个指数分布,且其最大值出现在 $d=0$ 处。这与语音的物理事实不相符合,因为在 HMM 应用于语音处理中时,状态一般总与一定的语音单位相对应,而这些语音单位都具有相对稳定的分布。针对经典 HMM 的这个缺陷,自 20 世纪 80 年代中期以来,很多研究人员提出了相应的改进措施,基本思想都是在马尔可夫链中考虑驻留时间的非指数分布 $p_i(d)$。或者说,对描述马尔可夫链的参数集 π、$\boldsymbol{A}$ 进行修正,增加一项描述状态驻留时间的概率值 $p_i(d)$。

一种最直接的方法就是所谓非参数方法,即在马尔可夫链参数中,令 $a_{ii}=0$,同时,增加状态驻留时间概率分布 $p_i(d), d=1, \cdots, D$,其中 D 为所有状态可能停留的最长时间值,那么,这种 HMM 产生的输出观察值序列的过程为:由 π_i 选择初始状态 q_1,根据 $p_{q_1}(d)$ 确定状态驻留时间 d_1,产生 d_1 个观察值 $\boldsymbol{o}_1 \boldsymbol{o}_2 \cdots \boldsymbol{o}_{d_1}$,其概率为 $\prod_{t=1}^{d_1} b_{q_1}(\boldsymbol{o}_t)$,再根据 $a_{q_1 q_2}$ 选择下一个状态 q_2。重复这个过程,直到产生整个观察值序列 $\boldsymbol{O} = \boldsymbol{o}_1 \boldsymbol{o}_2 \cdots \boldsymbol{o}_T$。

参数 $p_i(d)$ 可以与 HMM 其他参数一起估计,这时前向变量定义为

$$\alpha_t(i) = P(\boldsymbol{o}_1 \boldsymbol{o}_2 \cdots \boldsymbol{o}_t, t \text{ 时刻结束于状态 } i \mid \lambda) \tag{6-120}$$

那么,$\alpha_t(j)$ 的递推公式变为

$$\alpha_t(j) = \sum_{i=1}^{N} \sum_{d=1}^{D} \alpha_{t-d}(i) a_{ij} p_j(d) \prod_{s=t-d+1}^{t} b_j(\boldsymbol{o}_s) \tag{6-121}$$

这里,从状态 i 到状态 j 的转移不仅与转移概率有关,而且与在状态 j 的持续时间有关。与经典 HMM 一样,有

$$P(\boldsymbol{O} \mid \lambda) = \sum_{i=1}^{N} \alpha_T(i) \tag{6-122}$$

为了训练这种修正 HMM,导出估计其参数的重估公式,还必须定义另外 3 个前向、后向变量:

$$\hat{\alpha}_t(i) = P(\boldsymbol{o}_1 \boldsymbol{o}_2 \cdots \boldsymbol{o}_t, \text{状态 } i \text{ 始于 } t+1 \mid \lambda) \tag{6-123}$$

$$\beta_t(i) = P(\boldsymbol{o}_{t+1} \cdots \boldsymbol{o}_T \mid \text{状态 } i \text{ 止于 } t, \lambda) \tag{6-124}$$

$$\hat{\beta}_t(i) = P(\boldsymbol{o}_{t+1} \cdots \boldsymbol{o}_T \mid \text{状态 } i \text{ 始于 } t+1, \lambda) \tag{6-125}$$

显然,α_t 和 $\hat{\alpha}_t$,β_t 和 $\hat{\beta}_t$ 的关系为

$$\hat{\alpha}_t(j) = \sum_{i=1}^{N} \alpha_t(i) a_{ij} \tag{6-126}$$

$$\alpha_t(i) = \sum_{d=1}^{D} \hat{\alpha}_{t-d}(i) p_i(d) \prod_{s=t-d+1}^{t} b_i(\boldsymbol{o}_s) \tag{6-127}$$

$$\beta_t(i) = \sum_{j=1}^{N} a_{ij} \hat{\beta}_t(j) \tag{6-128}$$

$$\hat{\beta}_t(i) = \sum_{d=1}^{D} \beta_{t+d}(i) p_i(d) \prod_{s=t+1}^{t+d} b_i(\boldsymbol{o}_s) \qquad (6\text{-}129)$$

由此导出的重估公式为

$$\bar{\pi}_i = \frac{\pi_i \hat{\beta}_0(i)}{P(\boldsymbol{O} \mid \lambda)} \qquad (6\text{-}130)$$

$$\bar{a}_{ij} = \frac{\displaystyle\sum_{t=1}^{T} \alpha_t(i) a_{ij} \hat{\beta}_t(j)}{\displaystyle\sum_{j=1}^{N} \sum_{t=1}^{T} \alpha_t(i) a_{ij} \hat{\beta}_t(j)} \qquad (6\text{-}131)$$

$$\bar{b}_{jk} = \frac{\displaystyle\sum_{\substack{t=1 \\ o_t=V_k}}^{T} \left[\sum_{\tau<t} \hat{\alpha}_\tau(j) \hat{\beta}_t(j) - \sum_{\tau<t} \alpha_\tau(j) \beta_\tau(j) \right]}{\displaystyle\sum_{k=1}^{K} \sum_{\substack{t=1 \\ o_t=V_k}}^{T} \left[\sum_{\tau<t} \hat{\alpha}_\tau(j) \hat{\beta}_t(j) - \sum_{\tau<t} \alpha_\tau(j) \beta_\tau(j) \right]} \qquad (6\text{-}132)$$

$$\bar{p}_i(d) = \frac{\displaystyle\sum_{t=1}^{T} \hat{\alpha}_t(i) p_i(d) \beta_{t+d}(i) \prod_{s=t+1}^{t+d} b_i(\boldsymbol{o}_s)}{\displaystyle\sum_{d=1}^{D} \sum_{t=1}^{T} \hat{\alpha}_t(i) p_i(d) \beta_{t+d}(i) \prod_{s=t+1}^{t+d} b_i(\boldsymbol{o}_s)} \qquad (6\text{-}133)$$

增加 $p_i(d)$ 参数的 HMM 比经典的 HMM 有更好的性能,但这是以计算量和存储空间为代价的。特别是要估计出可靠的参数 $p_i(d)$,需要很多的训练数据量才能做得到。

6.5 连接词语音识别技术

在讨论连接词语音识别之前,先回顾一下前面提到的孤立词识别问题。孤立词识别是语音识别中最基本的问题,对该问题的研究开展得最早,也是目前最成熟的技术。孤立词识别可以采用矢量量化方法、DTW 方法及 HMM 方法等。基于 HMM 的孤立词识别系统的基本思想为:在训练阶段,用 HMM 训练算法为系统词汇表中每个词 W_i 建立对应的 HMM,记为 λ_i;在识别阶段,用前向-后向算法或 Viterbi 算法求出各个概率 $P(\boldsymbol{O}|\lambda_i)$ 值,其中,$\boldsymbol{O}$ 为待识别词的观察值序列;在后处理阶段,选取最大的 $P(\boldsymbol{O}|\lambda_i)$ 值所对应的词 W_i 为 $\boldsymbol{O}$ 的识别结果。需要注意的是,对于不同类型的 HMM,送入 HMM 处理的观察值序列 $\boldsymbol{O}$ 有所不同。例如,对于离散 HMM,一般求出语音特征参数之后,还必须做矢量量化,这样观测序列就是由 VQ 码字序号组成的序列。对于连续型 HMM,语音信号经过预处理、特征提取之后的特征参数序列就是相应的观察值序列。对孤立词识别,它要求将词表中的每个词或短语单独发音,之后将该发音作为一个整体使用识别算法来判断出结果。建模和识别过程中,词表中的每个词都作为一个整体处理。这种系统结构简单,主要用于命令和控制系统。

对于词表比较大,又希望能灵活地组成各种各样的短语和句子的场合,孤立词识别的系统结构就显得力不从心。一方面它不便于结合句法规则提高识别率,另一方面,对一个数字序列或词序列,以孤立词方式发音是非常不自然的,且发音不流利,表达的效率低。因此,将孤立词做技术扩展,进行流利语音的识别具有重要的意义。从语音识别算法的角度看,有两类流利语音,第一类为由中小词表组成的字串,包括数字串、拼写的字母串等。这类问题中基本的语音识别单元,可以像孤立词识别一样使用词或短语;第二类由中到大词表组成的连续语音识别,对于这样的问题,由于复杂性的限制,基本的语音识别单元不能使用词,需要使用比词小的子词作为基本的识别单元。本节主要讨论前一种以词为基本单位的连接词识别技术。对第二种情况将在下一节中讨论。

所谓连接词识别,就是指系统存储的 HMM 是针对孤立词的,但是识别的语音却是由这些词构成的词串。它是根据给定的发音序列,找到与其最优匹配的参考模板词的一个连接序列。为此,必须解决如下的问题:首先,尽管有些时候知道序列中词长度的大致范围,但序列中词的具体数量 L 未知;其次,除了整个序列首末端点外,并不知道序列中每个词的边界位置。由于连音的影响,很难指定具体的词边界,因此,词的边界常常是模糊的或不是唯一的;V 个词在词串长度为 L 的情况下,将有 V^L 种可能的匹配串组合,除非在 V 和 L 均很小的情况下,否则对这种指数量级的匹配用穷举的方法很难进行。

6.5.1 连接词识别问题的一般描述

设给定测试发音的特征矢量序列为 $O=\{o(1),o(2),\cdots,o(M)\}$,词表中 V 个词的模板分别为 $R_1,R_2,\cdots,R_V$。某一个参考模板 R_i 具有如下的形式

$$R_i = \{r_i(1),r_2(2),\cdots,r_i(N_i)\}, \qquad 1 \leqslant i \leqslant V \tag{6-134}$$

式中,N_i 是第 i 个词参考模板的帧数。

连接词识别的问题变为,寻找与 O 序列最优匹配的参考模板序列 R^*。不妨设 R^* 中有 L 个词,考虑 L 从最小可能值到最大可能值的变化。这样在优化词序列的同时,也将优化 L 值。因此,R^* 是 L 个参考模板的连接,即

$$R^* = \{R_{q*(1)} \oplus R_{q*(2)} \oplus R_{q*(3)} \oplus \cdots \oplus R_{q*(L)}\} \tag{6-135}$$

式中,每个 $q^*(l)$ 可能是 $[1,V]$ 中任意一个模板。

确定 R^* 就是要确定 $q^*(l)$ 序列,$1 \leqslant l \leqslant L$,考虑构建一个超模板 R^s

$$R^s = R_{q(1)} \oplus R_{q(2)} \oplus R_{q(3)} \oplus \cdots \oplus R_{q(L)} = \{r^s(n)\}_{n=1}^{N^s} \tag{6-136}$$

式中,N^s 是 R^s 的帧长。R^s 与 O 间的距离可通过 DTW 完成,如图 6-12 所示。

上述距离为

$$D(R^s,O) = \min_{w(m)}\sum_{m=1}^{M}d(o(m),r^s(W(m))) \tag{6-137}$$

式中,$d(\cdot,\cdot)$ 为局部特征匹配距离,$W(\cdot)$ 是时间弯折函数,通过图 6-12 中合适的路径回溯,可以决定输入字串与对应的各个词边界帧的位置,因此第一个参考词模板的终止帧 $r_{q(1)}(N_{q(1)})$ 对应测试模式的第 e_1 帧,第二个参考词模板的终止帧 $r_{q(2)}(N_{q(2)})$ 对应测试模式的第 e_2 帧,依此类推。

为了确定全局的最优匹配 R^*,对所有可能的局部参考模式 $q(1),q(2),\cdots,q(L)$,以及全部可能的 $L(L_{\min} \leqslant L \leqslant L_{\max})$ 按式(6-137)进行优化,得

$$D^* = \min_{R^s}D(R^s,O) = \min_{\substack{L_{\min} \leqslant L \leqslant L_{\max}}} \min_{\substack{q(1),q(2),\cdots,q(L) \\ 1 \leqslant q(i) \leqslant V}} \min_{W(m)}\sum_{m=1}^{M}d(o(m),r^s(W(m)))$$

$$\tag{6-138}$$

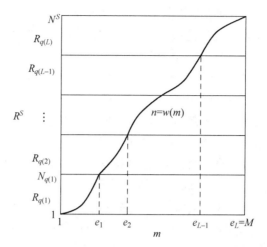

图 6-12   超模板与测试发音之间的最优对齐路径示意图

$$R^* = \underset{R^s}{\arg\min} D(R^s, \boldsymbol{O}) \tag{6-139}$$

对式(6-138)直接计算运算量太大。为此,研究者提出了很多解决方法。本节将讨论两种有效方法,分别是二阶动态规划算法和分层构筑算法。

6.5.2   二阶动态规划算法

这个方法的基本思想是将式(6-138)的计算分成两个阶段完成,也称为两个层来完成。第一层进行词内匹配,利用前面的 DTW 算法,找出测试发音中每个可能构成词的一段,并与词表中的所有词具有最佳匹配的一个发音,将其距离值作为最好打分,并记住对应的词标号。第二层用动态规划算法进行词间的匹配,找出前一个词结束点时的总体累计距离与从这一结束点开始到下一个词的结束位置的累计距离和,求出累计距离最小的一个作为新的结束点的累计距离,逐层计算,最后从测试发音的结束位置进行回溯。

对第一层,设第 l 个词可能的起始点为 b,结束点为 e,可以求得对应测试发音中 b 到 e 段与所有词表中的词进行匹配时距离最小的一个:

$$\widetilde{D}(b,e) = \min_{1 \leqslant v < V} \left[\hat{D}(v,b,e)\right] \tag{6-140}$$

$$\widetilde{N}(b,e) = \underset{1 \leqslant v < V}{\arg\min} \left[\hat{D}(v,b,e)\right] \tag{6-141}$$

式中,$\hat{D}(v,b,e)$ 表示起始点为 b,结束点为 e 的语音段与模板 R_v 之间的距离;$\widetilde{D}(b,e)$ 对应进行模板匹配时的最佳距离值;而 $\widetilde{N}(b,e)$ 对应具有最佳距离值的模板标号。

知道 $\widetilde{D}(b,e)$ 后,在第二层将单独的参考模板进行拼接,以获得对测试语音序列整体的累计距离最小的结果。这可以通过以下动态算法实现。图 6-13 给出结束于 e 的若干条路径的情况。第 l 个模板结束于 e 的最优路径可以递归定义为

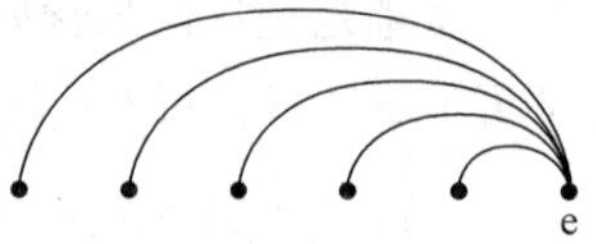

$$\overline{D}_l(e) = \min_{1 \leqslant b < e} \left[\widetilde{D}(b,e) + \overline{D}_{l-1}(b-1)\right] \tag{6-142}$$

上式表明,最佳路径上第 l 个参考模板结束于 e 帧时的累计距

图 6-13   结束于 e 的若干条路径的情况

离,是所有可能的起始点 b 到结束点 e 的距离与相应的 b 的前接第 $l-1$ 个模板结束于 $b-1$ 点累计距离和中最小的一个。这反映了前面动态规划方法中递归的基本思想,其中递归中的"局部"距离就是第一层动态规划时获得的词距离 $\widetilde{D}(b,e)$。

基于式(6-142)可以给出如下算法:

(1) 初始化

$$\overline{D}_0(0) = 0, \quad \overline{D}_l(0) = \infty, \quad 1 \leqslant l \leqslant L_{\max}$$

(2) 对 $l=1$

$$\overline{D}_1(e) = \widetilde{D}(1,e), \qquad 2 \leqslant e \leqslant M$$

(3) 递推,对 e 从 $l=2$ 到 $L_{\max}$ 进行循环

$$\overline{D}_2(e) = \min_{1 \leqslant b < e} [\widetilde{D}(b,e) + \overline{D}_1(b-1)], \quad 3 \leqslant e \leqslant M$$

$$\overline{D}_3(e) = \min_{1 \leqslant b < e} [\widetilde{D}(b,e) + \overline{D}_2(b-1)], \quad 4 \leqslant e \leqslant M$$

$$\overline{D}_l(e) = \min_{1 \leqslant b < e} [\widetilde{D}(b,e) + \overline{D}_{l-1}(b-1)], \quad l+1 \leqslant e \leqslant M$$

(4) 最优解

$$D^* = \min_{1 \leqslant l \leqslant L_{\max}} [\overline{D}_l(M)]$$

(5) 回溯

利用 D^* 所对应的 $\widetilde{D}(b,e)$,可以找到其对应标号 $\widetilde{N}(b,e)$,以及最优路径上第 l 个模板的起始位置 b,而 $b-1$ 即为第 $l-1$ 个模板的结束位置 e。通过 $\overline{D}_{l-1}(e)$ 可以找到第 $l-1$ 个模板的起始位置,以及它的前一个模板的结束位置,依此类推,就可以逐步找出所有的最优模板。

6.5.3　分层构筑方法

分层构筑(level-building,LB)算法最早由 Bahl 和 Jelinek 提出,并用于解码中。后来 Myers 和 Rabiner 将其与 DTW 结合,Rabiner 与 Levinson 将其与 HMM 结合分别用于连接词语音识别,获得了非常好的结果。采用这种方法在识别数字串时,可以大幅度减少可能的路径数目。LB 算法实际上是 Viterbi 算法的二次递归应用,它将待识语音序列按模板可能的时长范围划分为若干段,每段称为一层,可能对应一个词。算法首先在各个层内用待识语音片断与各个模板逐点进行匹配,争取在当前层中找到最佳匹配路径,接着进行逐层匹配求出整个过程中的最优路径。这种算法在进行匹配时,不用将每个模板都进行考察,看其是否是新模板的开始,而仅考察各层边界附近的点即可。

下面将讨论 LB 算法分别与 DTW 和 HMM 结合的情况。

1. LB 算法与 DTW 的结合

定义 $D_l^v(m)$ 为在第 l 层,使用参考模板 R_v 与待识语音匹配到第 m 帧时的最小累计距离。其中,$1 \leqslant l \leqslant L_{\max}$,$1 \leqslant v \leqslant V$,$1 \leqslant m \leqslant M$。第一层的实现如图 6-14 所示。

第一个参考模板 R_1 与待识语音从第 1 帧开始使用 DTW 算法进行匹配对准,与 R_1 的最后一帧(如 N_1)相对应的待识语音可能处在一定的范围内,如图中 $m_{11}(1) \leqslant m \leqslant m_{12}(1)$,对每个匹配路径上的结束点,存储其累计距离 $\overline{D}_1^1(m)$。类似地,第二个参考模板 R_2 的帧长

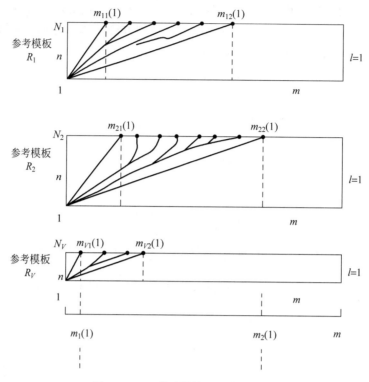

图 6-14 LB算法的第一层实现过程

为 N_2，它仍与待识语音从第 1 帧开始进行匹配，在 $m_{21}(1) \leqslant m \leqslant m_{22}(1)$ 的范围内获得最优匹配，也存储其累计距离 $\overline{D}_1^2(m)$。一般 N_1 和 N_2 不相等，所以 $m_{21} \neq m_{11}$，$m_{22} \neq m_{12}$。在第一层对所有的 V 个参考模板重复上述过程，则有

$$
\begin{cases}
\overline{D}_1^1(m), m_{11}(1) \leqslant m \leqslant m_{12}(1) \\
\overline{D}_1^2(m), m_{21}(1) \leqslant m \leqslant m_{22}(1) \\
\qquad \vdots \\
\overline{D}_1^V(m), m_{V1}(1) \leqslant m \leqslant m_{V2}(1)
\end{cases}
\tag{6-143}
$$

指定第一层的端点范围 $m_1(1) \leqslant m \leqslant m_2(1)$ 为所有 $\overline{D}_1^v(m)$ 覆盖的范围，则

$$
m_1(1) = \min_{1 \leqslant v \leqslant V} [m_{v1}(1)]
\tag{6-144}
$$

$$
m_2(1) = \max_{1 \leqslant v \leqslant V} [m_{v2}(1)]
\tag{6-145}
$$

在相关的端点范围 $m_1(l) \leqslant m \leqslant m_2(l)$，对每个 m 需要存储如下的参数，即

$$
\overline{D}_l^B(m) = \min_{1 \leqslant v \leqslant V} [\overline{D}_l^v(m)]
\tag{6-146}
$$

$$
\overline{N}_l^B(m) = \arg \min_{1 \leqslant v \leqslant V} [\overline{D}_l^v(m)]
\tag{6-147}
$$

$$
\overline{F}_l^B(m) = \overline{F}_l^{\overline{N}_l^B(m)}(m)
\tag{6-148}
$$

它们依次分别为第 l 层到达第 m 帧的最佳距离、第 l 层到达第 m 帧时该层所对应的参考模板号，以及标记到达 $\overline{D}_l^B(m)$ 的路径的前一层的回溯点。

由于第 0 层结束点为 0，所以对所有的 m 帧 $\overline{F}_1^B(m) = 0$。通过仅存储 $\overline{D}_l^B$、$\overline{N}_l^B(m)$、$\overline{F}_l^B(m)$，可以明显减少每一层的存储量，同时仍保存最优路径所需要的信息。

第一层全部计算完后,才开始第二层的计算,图 6-15 给出了第二层计算的情况。对每个参考模板 R_v,第一层中每个结束点都可能是第二层的起始点,因此对起始范围内的每个帧 m,在计算这层路径上的累计匹配距离时,要同时考虑前一层的累计距离以及每个参考模板与测试语音匹配的距离。类似于第一层,每个参考模板的帧长可能不同,因此对参考模板 R_1,结束点的范围为 $m_{11}(2) \leqslant m \leqslant m_{12}(2)$;对参考模板 R_2,结束点的范围为 $m_{21}(2) \leqslant m \leqslant m_{22}(2)$ 等。对第二层,仍然可以获得结束点的范围,即

$$m_1(2) = \min_{1 \leqslant v \leqslant V} \left[m_{v1}(2) \right] \tag{6-149}$$

$$m_2(2) = \max_{1 \leqslant v \leqslant V} \left[m_{v2}(2) \right] \tag{6-150}$$

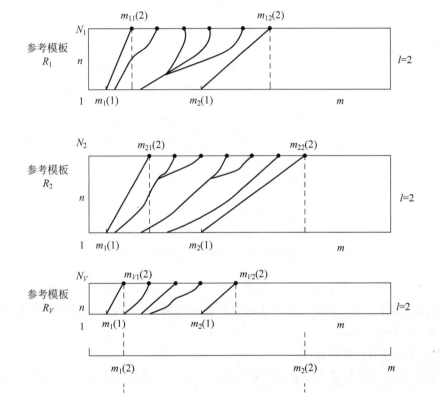

图 6-15 LB算法的第二层实现过程

对 $m_1(2) \leqslant m \leqslant m_2(2)$ 内的每一帧,确定最佳距离 $\overline{D}_2^B(m)$,最佳距离所对应的参考模板 $\overline{N}_2^B(m)$ 和回溯点 $\overline{F}_2^B(m)$。

重复上述过程直到 $L_{\max}$,最优解为

$$D^* = \min_{1 \leqslant l \leqslant L_{\max}} \left[\overline{D}_l^B(M) \right] \tag{6-151}$$

为了更好地理解 LB 算法的基本过程,下面给出一个简单的例子。如图 6-16 所示,假设词表中有两个词 A、B,两个参考模板分别为 R_A 和 R_B,它们具有相等的帧长,假设只有 $l=4$ 层,图中给出了可能路径情况。由于两个模板是等长的,因此每层中两个词的结束范围是确定的。在每层结束范围内,选取每帧与两个参考模板匹配时具有最小距离的模板作为匹配结果,记下其模板号、累计距离和回溯点。在这个例子中,第一层有 6 个结束点,前 2 帧最佳路径对

应 R_A,后 4 帧对应 R_B。第二层有 10 个结束点,第三层有 6 个结束点,最终在第四层对应测试发音 M 只有一个结束点。通过反向跟踪在 $m=M$ 结束的路径,可以获得最佳路径,即

$$R^* = R_B \oplus R_A \oplus R_A \oplus R_B \qquad (6\text{-}152)$$

它给出了与测试发音结束帧 e_1,e_2,e_3 和 $e_4=M$ 对应的 4 个词的序列。

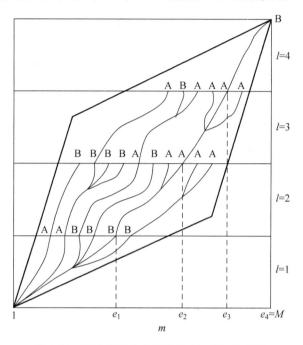

图 6-16　两种等长参考模板的 LB 算法的例子

　　通过这种分层构筑方法减少了二阶动态规划算法中的运算量,但其相应的计算不是时间同步的,而是层同步的,即在很多层上进行匹配计算时,可能要回到前面可能处理过的测试帧,这样很难用硬件实时实现。

2. LB 算法与 HMM 的结合

　　LB 算法也可以与 HMM 结合。它跟与 DTW 结合方法的区别在于进行每一层的匹配时采用的方法不同。

　　假设 HMM 为 N 状态的具有 K 个高斯密度混合的模型,测试语音的特征矢量序列的帧标号为 m,$1\leqslant m\leqslant M$,第 m 帧测试语音的特征矢量为 $\boldsymbol{o}_m$,则其对参考模板 R^v 的第 j 个状态的对数似然为

$$b_j^v(\boldsymbol{o}_m) = \log\left[\sum_{k=1}^{K} c_k \prod_{d=1}^{D} e^{-(\boldsymbol{o}_m(d)-\boldsymbol{\mu}_{jk}(d))^2/2\Sigma_{jk}(d)}\right] \qquad (6\text{-}153)$$

　　分层构筑的算法就是要计算对参考模板 R^v,沿着最优路径在第 l 层的第 m 帧的累计对数似然 $P_l^v(m)$,其中 $1\leqslant m\leqslant M$,$1\leqslant v\leqslant V$,$1\leqslant l\leqslant L_{max}$;以及该层上的最佳匹配模型和最佳回溯位置等。在每一层的结尾计算层的最佳打分。

$$P_l^B(m) = \max_{1\leqslant v\leqslant V} P_l^v(m), \quad 1\leqslant m\leqslant M \qquad (6\text{-}154)$$

$$N_l^B(m) = \arg\max_{1\leqslant v\leqslant V} P_l^v(m), \quad 1\leqslant m\leqslant M \qquad (6\text{-}155)$$

$$F_l^B(m) = F_l^{N_l^B(m)}(m), \quad 1 \leqslant m \leqslant M \tag{6-156}$$

最优解为

$$P^* = \max_{1 \leqslant l \leqslant L_{\max}} [P_l^B(M)] \tag{6-157}$$

6.6　大词表连续语音识别中的声学模型和语言学模型

语音识别研究中意义最重大、应用成果最丰富,同时最具有挑战性的研究课题是大词汇量、非特定人连续语音识别。一般连续语音识别系统的词误识率大致等于孤立词识别系统词误识率的3～5倍,而非特定人识别系统的词误识率大致是特定人识别系统的3～5倍。此外,当词汇量大于1000词时,易混淆的相似词数量将大大增加。这样粗略算来,大词汇量非特定人的连续语音识别系统的词误识率大体为小词汇量、特定人的孤立词识别系统词误识率的50倍左右。

此外,在连续语音识别系统中,下面两个重要问题是孤立词识别中没有的。

(1) 切分:对整个短语进行识别显然是不可能的,因为语言中短语的数量太大,必须把输入的语流切分为更小的组成部分,人类感知语音也是这样做的。因为连续语音中间没有间歇,所以在识别前必须先把各字分开,这要求系统必须能够识别单词之间的边界。但这是非常困难的,因为确定单词间的边界位置还没有现成的方法。尽管有时可以采用能量最低点作为边界,但通常还要根据发音信息再加以验证。

(2) 发音变化:连续语音的发音比孤立词发音更随便,受协同发音的影响也更为严重。另外,连续语音识别系统中的很多问题都与语言学知识有关,特别是大词汇量识别系统要更多地强调语言学知识的运用。

虽然进行大词汇量连续语音识别面临各种困难,但在20世纪90年代初期已经取得了若干突破性的进展。这一进展依赖于在识别系统中采用HMM算法的统一框架,以及非常细致的将声学、语音学和语言学的知识引入到这一框架。现在统一的做法是将整个识别系统分为3层:声学—语音层、词层和句法层。声学—语音层是识别系统的底层,它接受输入语音,并以一种"子词(subword)"单位作为其识别输出,每个子词单位对应一套HMM结构和参数。词层规定词汇表中每个词是由什么音素—音子串接而成的。最后的句法层中规定词按照什么规则组合成句子。最近的很多研究都采用概率式句法结构,它的优点是可以采用HMM框架,从而与其他层次构成一个统一的结构。

图6-17显示了用HMM作为统一框架的识别系统。在最高层即句法层中,每个句子由若干词条组成,每一个词条都选自词汇表。句中的一个要选择的词条以一定的概率出现,而选择第二个词条的概率与前一个词条有关,依此类推,直到句子的结束。在此框架的第二层—词层,每一个词条由若干音子串接而成,例如词条 A1 由 a、b、$\cdots$、f 组成,为此需要一部字典来描述每一个词条是如何用音子串接而成的。在第三层声学—语音层,每一个音子用一个 HMM 模型及一套参数来表示。每一个 HMM 模型中最基本的构成单位是状态及状态之间的转移弧。这样,从状态出发逐层扩大到音子、词、句子。每一个句子是包含许多状态的复杂的状态图,该句子就是用由所有状态形成的结构、状态之间的转移概率,以及每个转移弧产生某个特征输出的概率来描述的。对于特定的词表和句法,所有可能出现的句子构成了一个更大的状态图。在完成识别任务时,要根据一个输入语音特征矢量序列来确定

一个最可能的句子。这就需要在这个大的状态图中搜索一条路经,该路径上产生上述特征矢量的概率最大,由路径可以进一步确定句子中的每一个词。

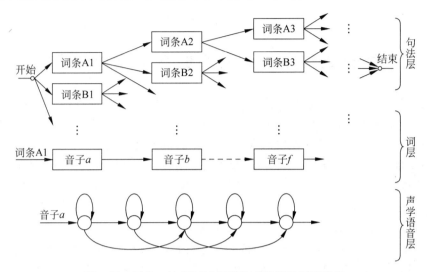

图 6-17 用统一的 HMM 框架构成的语音识别系统

大词量连续语音识别总体框架可以用图 6-18 来描述。语音信号先经过分析后形成特征矢量,并按字典要求和子词模型集合串接成的词模型进行识别,然后根据语言模型的句法限制在句子级进行输入语音与参考模板间的匹配,最后识别出相应的句子。下面分别从声学模型、语言学模型方面叙述大词汇量连续语音识别的内容。

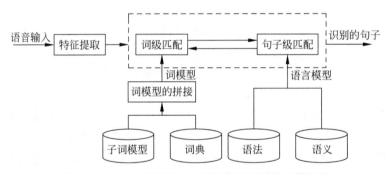

图 6-18 基于子词单元的连续语音识别系统总体框图

6.6.1 声学模型

语音识别系统的底层,即声学—语音学层是系统的瓶颈。这一部分需要细致地设计相应的 HMM 子词单元模型,充分吸取有关声学和语音学的知识,并建立一套有效的训练算法,下面分别讨论这些问题。

1. 基本声学单元的选择

基本声学单元(简称基元)的选择是声学模型建模中一个基本而重要的问题。在汉语连续语音识别中,可以选择的基元包括词(word)、音节(syllable)、半音节(semi-syllable)、声韵母(initial/final)和音素(phone)等。识别基元的选择一般基于语音学知识,也可以基于数据驱动方式产生。使用数据驱动方式确定的基元,可能在语音学上没有什么明确的意义,但是可以达到很好的性能。

在前面讨论的孤立词语音识别和连接词语音识别时,把词或短语作为一个基本的语音单元,由于连续语音中词与词之间的相互影响比起词内音素或音节的相互影响还是要小得多,以词作为基本单元建立模型,对于简化识别系统的结构和训练过程是很有效的。但对大词汇量连续语音识别系统来说,采用词作为基本单元建模就不合理了。在连续语音识别中,以词为基本单元,各种音联关系可能得不到充分的训练;并且以词为基本单元构成的系统,需要的存储量很大,计算复杂度很高;由于词内的各音素重复出现,造成大量不必要的冗余存储和计算。因此在大词汇量连续语音识别中,一般采用比词小的子词识别基元,如音节、半音节等。一般来说,声学单元越小,其数量也就越少,训练模型的工作量也就越小;但是另一方面,单元越小,对上下文的敏感性越大,越容易受到前后相邻的影响而产生变异,因此其类型设计和训练样本的采集更困难。

对于音节,在汉语中有无调音节约 400 个,如果考虑声调有 1300 多个。在进行上下文无关的声学建模时,使用有调音节或无调音节都可以取得很好的性能。尽管以音节作为识别基元能很好地刻画音节内部的变化,但在连续语音识别中,音节间的协同发音现象比较严重,因此需要采用适当的方式来描述这种现象。

一般在声学建模中,考虑上下文相关信息,这样识别基元就会变成上下文相关的基元。当考虑上下文信息时,基元的数目会变得非常庞大,这将导致声学模型的规模变得无法接受。同时,由于基元数目过大,也会引起训练数据稀疏的问题,从而很难准确地估计出模型的参数。因此在进行上下文相关建模时,不适宜采用音节模型。

基于音素的基元在英语连续语音识别系统中得到了广泛的应用。音素在汉语中有 30 多个,但它并没有反映出汉语语音的特点,且相对于声韵母,音素显得更加不稳定。此外,对音素基元而言,它难以进行声学描述,也很难进行手工标注。

对于半音节和声韵母而言,它们在形式上非常接近。半音节是将音节分成两个部分,而声韵母的划分更加依赖于汉语语音学的知识。声韵母基元是适合汉语特点的一种识别基元,其具有以下优点:

(1) 汉语中的汉字是单音节,而汉语中的音节是声韵结构,这种独特而规则的结构,使对音节及词条的表示变得比较规则和统一。

(2) 使用声韵母作为识别基元,上下文相关信息将比较确定。例如,与声母相连接的只能是韵母或者静音,而与韵母连接的只能是声母或静音。这样的规则会大大减少上下文相关的声韵母基元数目。

(3) 声韵母结构是汉语音节特有的一种结构,很多关于声韵母的语言学方面的知识可以利用,以优化上下文相关的声学模型。

2. 基元的扩展

这里主要对音素基元形式的上下文相关扩展加以说明,单纯的声母、韵母的音素,称为上下文无关(context-independent)的音素,简称单音素(monophone)。所谓上下文相关音素,就是考虑一个音素与其左或右相邻音素的相关情况后选取的基元。这样对 N 个基元,就可能存在 N^2 个左或右上下文相关基元,称为双音素(diphone),可能存在 N^3 个左和右上下文相关的音素,称为三音素(triphone)。

三音素又可分为两种,逻辑三音素和物理三音素。前者指语言上可能的音素组合,即在语言中可能出现的音素组合,一般情况下可以分为声母＋韵母(句首)、声母－韵母(句尾)、声母－韵母＋声母、韵母－声母＋韵母几种;后者指训练语音数据中出现的音素组合。对汉语来说,逻辑三音素的个数约为 50 160 个,考虑到一些不可能的声韵组合,实际情况要少一些。声韵组合有两种形式,前声后韵和前韵后声。按照 22 个声母和 38 个韵母计算,每种组合都有 814 种组合情况。前声后韵的组合表现为一个音节字,实际上只有 400 多个;而前韵后声的组合,主要表现在音节字间的组合。

在训练语音模型时,一般应该保证每个三音素在训练数据中出现的次数不少于 10 次。如果出现次数过少,则不能保证模型的准确性,这称为训练数据稀疏。最直接解决这种问题的方法是,根据一些准则对上下文相关的音素进行聚类,并根据聚类进行状态共享,以此来解决数据稀疏的问题。常见的状态共享策略有基于数据驱动和基于决策树的两种。

1) 基于数据驱动的状态共享策略

HTK(HMM tool kit)提供了一种基于最小类合并的数据驱动的聚类方法,如图 6-19 所示,它在初始时将所有状态都作为一个类,每次合并两个最小的类,直到最大类的大小达到一个阈值或者类的数目达到聚类的要求。

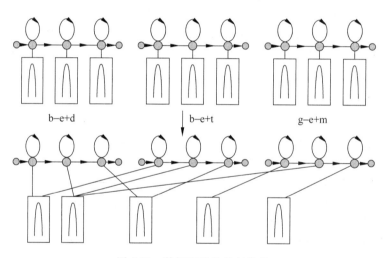

图 6-19　数据驱动的状态约束

然而,这种数据驱动的聚类方法受可用数据的限制,即它不能处理语音数据中没有样本的三音素。尽管在构筑一个词内的三音素模型时,通常可以通过仔细设计训练数据库来克服这个问题。但在构建一个大词汇量的词间三音素模型时,这个问题将无法避免。基于决策树的聚类方法,可以获得与数据驱动聚类方法类似的聚类效果,同时还能处理训练数据中没有出现的三音素。

2) 基于决策树的状态共享策略

假设上下文相关的基元可表示为"l-c＋r/env",其中,c 表示中心基元,l 为左相关信息,r 为右相关信息,env 则表示该基元所在位置的一些环境特征。可能的环境特征包括前接音节声调、当前音节声调、后续音节声调、当前音节到前一自然停顿的字数、当前音节到后一自然停顿处的字数、前接词的词性、当前词的词性、后续词的词性、当前音节在当前词中的位置、当前词的音节数、音节所在句子的长度等。

在这种情况下,决策树的分裂依赖于问题集的设计。为了定义问题集,应先来确认划分特征,它包含两大类,发音相似性和基元的上下文相关信息。

发音相似性的特征包括韵母划分特征、声母划分特征,分别如表 6-1 和表 6-2 所示。

表 6-1 韵母划分特征

划 分 特 征	描 述	基 元 列 表
Single yun	单韵母	a,i,u,e,o,v,ic,ih
Com yun	复合韵母	an,ai,ang,…,vn
Type A	含有 a 的韵母	a,ia,an,ang,ai,ua,ao
Type E	含有 e 的韵母	e,ie,ve,ei,uei
Type I	含有 i 的韵母	i,ai,ei,uei,ia,ian,iang,iao,ie,in,ing,iong,iou
Type O	含有 o 的韵母	o,ao,uo,ou,ong,iou
Type U	含有 u 的韵母	u,ua,uen,ueng,uo,iou
Type V	含有 v 的韵母	v,vn,ve

表 6-2 声母划分特征

划 分 特 征	描 述	基 元 列 表
Stop	塞音	b,d,g,p,t,k
Aspirated Stop	塞送气音	b,d,g
Unaspirated Stop	非塞送气音	p,t,k
Affricate	塞擦音	z,zh,j,c,ch,q
Aspirated affricate	塞擦送气音	z,zh,j
Unaspirated affricate	非塞擦送气音	c,ch,q
Fricative	擦音	f,s,sh,x,h,r
Fricative2	擦音 2	f,s,sh,x,h,r,k
Voiceless fricative	清擦音	f,s,sh,x,h
Voice fricative	浊擦音	r,k
Nasal	鼻音	m,n
Nasal2	鼻音 2	m,n,l
Labial	唇音	b,p,m
Labial2	唇音 2	b,p,m,f
Apical	顶音	z,c,s,d,t,n,l,zh,ch,sh,r
Apical front	顶前音	z,c,s
Apical1	顶音 1	d,t,n,l
Apical2	顶音 2	d,t
Apical3	顶音 3	n,l
Apical end	顶后音	zh,ch,sh,r
Apical end2	顶后音 2	zh,ch,sh
Tongue top	舌前音	j,q,x
Tongue root	舌根音	g,k,h
Zero	零声母	_A,_E,_I,_O,_U,_V
XFuyin	全部声母(包含零声母)	略
Fuyin	全部声母(不包含零声母)	略

为使决策树的分裂更加细致,可以将每个声(韵)母作为一个划分特征,这就是单基元划分特征。最后再加上句首(尾)静音、句中由逗号和顿号造成的停顿,以及其他的短停顿。

对基元的上下文相关信息,可以从句子中选用如表 6-3 的信息作为划分特征。

表 6-3　上下文相关信息划分特征

基元所在音节的前接音节的声调	基元所在词的前接词的词性
基元所在音节的声调	基元所在词的词性
基元所在音节的后续音节的声调	基元所在词的后续词的词性
基元所在音节在韵律短语中的位置(正向)	基元在其所在词中的位置
基元所在音节在韵律短语中的位置(反向)	基元所在词的音节数

在确定了划分特征后,根据划分特征来定义决策树的问题集。对于发音相似的特征,每个特征会对应三个问题:左问题、中心问题和右问题。其中对于单基元划分特征和声母的划分特征,其对应问题的答案是对称的,例如:塞音(stop)对应的三个问题为

(1) QS 'L_stop' {b- * ,d- * ,g- * ,p- * ,t- * ,k- * }

(2) QS 'R_stop' { * +b/ * , * +d/ * , * +g/ * , * +p/ * , * +t/ * , * +k/ * }

(3) QS 'C_stop' { * -b+ * , * -d+ * , * -g+ * , * -p+ * , * -t+ * , * -k+ * }

其中,单引号中的部分为问题的标识;大括号内的部分为问题的答案。 * 和? 为通配符,如"b- * "代表所有以"b-"开头的上下文相关基元。

对于部分韵母的划分特征,其问题的答案是非对称的,例如:

QS'L_Type_A' {a? - * ,ia? - * ,ua? - * ,_A- * }

QS'R_Type_A' { * +a? / * , * +ai? / * , * +ang? / * , * +ao? / * , * +_A/ * }

对于上下文相关信息的划分特征,问题的设计方式为:首先对每个单独的划分特征建立各自的问题,然后对关系密切的划分特征建立联合的问题。例如,QS 'C_tone1' { * /A:? _1_? /B * }代表了所有当前音节为一声的基元;而 QS 'CR_tone3_3' { * /A:? _3_3/B * }则代表当前音节为三声而后续音节也为三声的基元。这样设计的好处在于:可以把汉语中一些变调的规则加入问题集中,经过训练,上下文相关的基元中可以包含变调的声音。

建立问题集后,就可以构建决策树。考虑到基元的拓扑结构中,第一个状态和最后一个状态分别为起始状态和结束状态,它们只是在模型中起辅助作用;而其余状态可以驻留或者转移到下一个状态。因此,真正起作用的是中间的几个状态。在构造决策树时,一般只考虑中间的几个状态。

决策树的构造有两种方法。

方法 I:对每个中心基元的每个状态分别构造决策树。该方法假设当基元的中心音素不同时,基元之间相互独立,因此首先根据中心音素对所有的基元进行分类,然后再利用决策树来进行状态共享。图 6-20 给出了中心基元为 a 的所有基元的状态 4 组成的决策树示意图。

方法 II:对所有基元的同一状态构造决策树。该方法假设当中心音素不同时,基元之间仍然有一定重叠。即使基元的中心音素不同,它们之间的状态仍然有可能共享。基元之

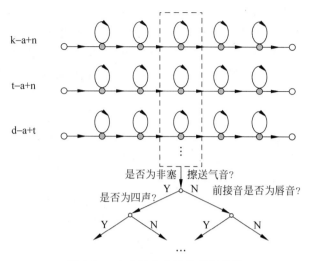

图 6-20　由方法 I 构造决策树示例

间的状态共享情况依赖于决策树的分类策略。如图 6-21 给出所有基元的状态 4 组成的决策树示意图。

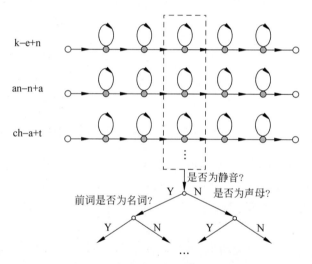

图 6-21　由方法 II 构造决策树示例

对于方法 I，共需要构建"基元总数×有效状态数"颗不同的决策树，这样，只有相同基元的状态才会被共享。而对于方法 II，决策树的数量与基元的有效状态数相同，在这里，所有基元的状态进行共享，不同基元中一些发音相似的状态也被共享捆绑到一起，这样有助于减小最终模型的规模，并可以在一定程度上提高对训练集中未出现基元的顽健性。

决策树由自顶而下的顺序生成。首先，将所有的状态放入根结点中，然后进行结点分裂。结点分裂依赖于评估函数。决策树评估函数用来估计决策树的结点上的样本相似性。可以选择对数似然概率作为结点分裂的评估函数。在每个结点进行分裂时，可以从问题集中选择一个问题，然后根据此问题把结点分成两个子结点，并且计算评估函数的增量。可以选择具有最大增量的问题，并且据此问题把结点划分成两部分。当所有问题的增量都低于某个阈值的时候,结点上的分裂过程将停止。最终,同一个叶子结点中的状态将被共享捆绑到一起。可以看出,阈值的大小会影响最终共享的结果。阈值越大,最终每个叶子结点中的状态越多,共享的程度就越高。这样最终模型的大小也就越小,但某些发音越有可能出现混淆。而阈值越小,最终叶子结点上的状态也会越少,共享程度就越低。所以最终模型也会变大,出现音混淆的概率也会降低。

3. 字典的组织

在声学—语音学层之间有一个词层,在词层中应有一部字典来规定词表中每一个词是用哪些子词单元以何种方式构筑而成的。最简单实用的方案是每个词用若干子词单元串接而成。但是,每个词的发音可能有多种变化方式,因而串接也有相应的困难。发音的变化方式有两个方面:第一方面称为替换,即词中的某个音子可能被用其他相似而略有差异的子词单元所替换,这种替换具有一定的随机性;第二方面称为插入和删除错误,即词中有时增加了一个不是本词成分的子词单元,有时又将本词成分中的某个子词删除了,何时插入以及何时删除也是随机的。针对这些问题有以下几种方案。第一种方案是在词典中为每一个词建立多套子词单元串接规则来代替单一的规则,这样可以表现同一个词的不同发音变异。这种方案使词典容量扩充很大,但对识别效果收效甚微,因此不是一种优选方案。第二种方案将子词单元构成词的规则用一个网络图来描述,其中包含替代和插入、删除等各种变化,如图 6-22 所示。

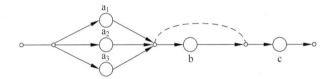

图 6-22　包含替代和插入、删除规则的词网络图

图 6-22 中每个大圆圈是一个子词单元,其中 a_1、a_2、a_3 是 3 个可以相互替换的子词单元,当经过虚线的路径时表示删除 b,反之表示保留 b。这种可能随时被删除或替换的子词单元称为可选择的。c 是一个既不能替换也不能删除的子词单元,称为强制的。

4. 声调处理

汉语是有调语言,汉语中大约有 30% 的词汇同音不同调,因此在汉语的语音识别和理解中,合理利用声调信息具有重要的意义。对于声调的处理有三种方法:第一种方法是把规一化基音频率及其差分作为参数加入到声母和韵母模型中。考虑到语音中清音的基频不存在,为了使处理中特征矢量的维数相等,必须对基频进行一些低通滤波平滑插值处理,使基频中不包含零分量,或在声母和韵母模型的跳转过程中进行特殊处理,以保证在跳转过程中不会因为特征矢量维数不同而发生跳转错误。第二种方法是建立一个独立的声调 HMM 模型,把规一化的前后帧声调的基频及其差分和能量作为模型的识别参数。由于语音声调受前后发音声调的影响较大,因此细化声调模型应该考虑声调前后的上下文关系。可以通过决策树方法、聚类方法,以及对基频变化分析使模型个数减少 20 个左右。第三种方法是采用带有声调的声学单元。由于声调主要体现在韵母上,因此可以按照声调将韵母细化,即采用韵母作为声学单元,从而回避声调识别的问题。表 6-4 给出带调的韵母。

表 6-4　带调及不带调的音节首尾

类　　　型	声　　　母
音节首	b,c,ch,d,f,g,ga,ge,ger,go,h,j,k,l,m,n,p,q,r,s,sh,t,w,x,y,z,zh
音节尾	a,ai,an,ang,ao,e,ei,en,eng,er,i,ia,ib,ian,iang,iao,ie,if,in,ing,iong,iu,o,ong,ou, u,ua,uai,uan,uang,ui,un,uo,v,van,ve,vn
带声调的音节尾	a(1-5),ai(1-4),an(1-4),ao(1-4),e(1-5),ei(1-4),en(1-4),eng(1-4),er(2-4),i(1-5), ia(1-4),ib(1-4),ian(1-5),iang(1-4),iao(1-4),ie(1-4),if(1-4),in(1-4),ing(1-4),iong (1-3),iu(1-5),o(1-5),ong(1-4),ou(1-5),u(1-5),ua(1-4),uai(1-4),uan(1-4),uang (1-4),ui(1-4),un(1-4),uo(1-5),v(1-4),van(1-4),ve(1-4),vn(1-4)

5. 基于子词单元的 HMM 训练

子词单元的 HMM 一般采用从左到右的结构,状态数固定为 2~4 个。关于子词单元的训练,粗看起来似乎特别困难,因为没有一种简单的方法能够产生这样短,而又不是精确定义的语音段。所幸的是实际上并非如此,因为在一个足够大的训练集内,每个子词单元可以出现很多次,而每个连续语音段中包含有很多个子词单元。因此可以用一种很粗糙的方法进行初始分段(如等长分段),形成初始模型,然后采用前向-后向算法或分段 K 均值算法进行多次迭代,最终它会自动收敛于一个最佳模型估计,同时达到合理的子词分段。下面简单说明分段 K 均值算法。

首先假定每一个训练语句经过特征提取,且每个句子对应的词是已知的,那么根据字典或其他工具,就可以知道每个句子最终所对应的子词单元序列,这样分段 K 均值算法可以描述如下。

(1) 初始化:将每个训练语句线性分割成子词单元,将每个子词单元线性分割成状态,即假定在一个语句中,子词单元及其内部的状态驻留时间是均匀的。

(2) 聚类:对每个给定子词单元的每一个状态,其在所有训练语句段中特征矢量用 K 均值算法聚类。

(3) 参数估计:根据聚类的结果计算均值、各维方差和混合权值系数。

(4) 分段:根据上一步得到的新的子词单元模型,通过 Viterbi 算法对所有训练语句再分成子词单元和状态,重新迭代聚类和参数估计,直到收敛。

详细的训练过程见 6.12 节的 HTK 应用中。

6.6.2　统计语言学模型

1. N 元文法语言学模型

众所周知,从一个词表中任意选择若干词所构成的序列不一定能构成自然语言中的句子,只有合乎句法者才能算是句子。人在识别和理解语句时充分利用了这种约束,在语音识别中可以利用语言模型实现这种约束。语言模型分为基于文法的语言模型和基于统计的语言模型。基于文法的语言模型是总结出语法规则乃至语义规则,然后用这些规则排除声学识别中不合语法或语义规则的结果。基于文法的语言模型在特定任务系统中获得很好的应用,可以较大幅度地提高系统的识别率。在大词汇量的语音识别系统中,统计语言模型由于可以克服文法规则方法难以处理真实文本的局限性,因而获得了越来越广泛的应用。

统计语言模型的基本原理是,采用大量的文本资料,统计各个词的出现概率及其相互关联的条件概率,并将这些知识与声学模型匹配相结合进行结果判决,以减小由于声学模型不够合理而产生的误识。

设 $W = w_1, w_2, \cdots, w_Q$,则其概率可以表示为

$$
\begin{aligned}
P(W) &= P(w_1, w_2, \cdots, w_Q) \\
&= P(w_1)P(w_2 \mid w_1)P(w_3 \mid w_1 w_2) \cdots P(w_Q \mid w_1 w_2 \cdots w_{Q-1}) \\
&= \prod_{i=1}^{Q} P(w_i \mid w_1 w_2 \cdots w_{i-1}) \\
&= \prod_{i=1}^{Q} P(w_i \mid w_1^{i-1})
\end{aligned} \tag{6-158}
$$

然而,要可靠地估计出一种语言所有词在所有序列长度下的条件概率几乎是不可能的事,因而也就出现了几种常用的简化模型。

即对式(6-158)中的条件概率假定只考虑与前 $N-1$ 个词相关,即为 N 元文法模型:

$$
P_N(W) = \prod_{i=1}^{Q} P(w_i \mid w_{i-N+1} \cdots w_{i-2} w_{i-1}) \tag{6-159}
$$

实际上,一般的 N 元文法是难以估计的,通常系统中采用的也只有二元文法 $P(w_i \mid w_{i-1})$ 和三元文法 $P(w_i \mid w_{i-2} w_{i-1})$。

在二元文法中,假设词 w_i 的概率仅仅取决于其前面相邻的词。为了使 $P(w_i \mid w_{i-1})$ 在 $i=1$ 时有意义,一般会在整个句子前面加上一个特殊标识<s>,这样可以假设 $w_0 = $<s>。为了使字符串整体的概率为1,在整个句子的结尾也需要加上特殊标识</s>。例如,计算 $P(\text{Mary loves that person})$,则

$P(\text{Mary loves that person})$

$= P(\text{Mary} \mid <s>)P(\text{loves} \mid \text{Mary})P(\text{that} \mid \text{loves})P(\text{person} \mid \text{that})P(</s> \mid \text{person})$

计算 $P(w_i \mid w_{i-1})$,即词 w_i 在词 w_{i-1} 之后发生的概率,可以简化为计算$(w_{i-1} w_i)$ 在语料库中发生的次数除以 w_{i-1} 发生的次数,即相对频率计数得到。扩充到 N 元文法统计语言模型,即

$$
\hat{P}(w_i \mid w_{i-N+1} w_{i-N+2} \cdots w_{i-1}) = \frac{c(w_{i-N+1} w_{i-N+2} \cdots w_i)}{c(w_{i-N+1} w_{i-N+2} \cdots w_{i-1})} \tag{6-160}
$$

式中,$c(W)$ 是指词串 W 在训练数据中出现的次数。

然而,即使在 N 比较小的情况下,要统计的条件概率也是一个非常庞大的数字,因而常常会出现 $c(W)=0$ 或接近于零的情况,这样得到的结果将不可靠,解决这种训练数据稀疏的方法是采用一些平滑技术。

2. 基于类的 N 元文法语言学模型

对一些具有同样语义的字词,可以归并到一类,这是在语言学模型中处理数据稀疏的一个有效方法。基于类的语言学模型,在同等的性能上需要更少的训练数据以及内存空间。

对一个给定的词 w_i,其与类别 c_i 之间是一种多对多的映射关系,即词 w_i 可能属于多个类别,同时一个类别 c_i 也可能包含多个词。为简化起见,这里假设一个词 w_i 只能唯一地映射到一个类别 c_i,则基于类的 N 元文法模型可以通过其前 $n-1$ 个类得到

$$
P(w_i \mid c_{i-N-1} \cdots c_{i-1}) = P(w_i \mid c_i)P(c_i \mid c_{i-N+1} \cdots c_{i-1}) \tag{6-161}
$$

式中，$P(w_i|c_i)$ 表示已知 c_i 的情况下产生 w_i 的概率；$P(c_i|c_{i-N+1}\cdots c_{i-1})$ 表示在已知前面类别的前提下，产生类别 c_i 的概率。

基于类的三元文法模型可以表示为

$$P(W) = \sum_{c_1 \cdots c_N} \prod_i P(w_i \mid c_i) P(c_i \mid c_{i-2} c_{i-1}) \tag{6-162}$$

如果类别之间没有重叠，即一个词只属于一个类别，则上式可以表示为

$$P(W) = \prod_i P(w_i \mid c_i) P(c_i \mid c_{i-2} c_{i-1}) \tag{6-163}$$

这样在定义了词—类别的映射函数后，可以很容易通过上式计算出基于类的 N 元文法模型。可以通过统计的方法得到每个词出现的频率 $C(w_i)$ 和每个类别出现的频率 $C(c_i)$，同样对属于一个类别的词紧跟着属于另一个类别的其他词的频率 $C(c_{i-1} c_i)$ 也可以计算出来，则在二元文法中，$P(w_i|w_{i-1})$ 可以近似如下：

$$P(w_i \mid w_{i-1}) \approx P(w_i \mid c_{i-1}) = P(w_i \mid c_i) P(c_i \mid c_{i-1}) = \frac{C(w_i) C(c_{i-1} c_i)}{C(c_i) C(c_{i-1})} \tag{6-164}$$

对于一般的如大词表听写机应用，基于类的 N 元文法模型对识别性能的提高并不明显。这种模型一般作为平滑策略中的一个回退（backoff）模型。对于限定领域的语音识别应用而言，当类别定义的合理，且可以真正涵盖语义信息时，基于类的 N 元文法模型可以对关键词检出和语音理解等任务有切实的帮助。

对于词如何聚类，可以有多种方法。总体而言，可以划分为基于规则聚类和数据驱动聚类两种方法。

1）规则聚类

这类方法多从句法—语义的角度考虑聚类。如果有限定领域的知识，则在聚类中可以有效利用这部分信息将具有相同语义信息的词聚为一类。例如要建立一个关于航空旅行的对话系统，则各种不同的航空公司的名称，可以聚为一个类别。对于不同机场的名称，同样可以聚为一个类别。这样当训练数据较少时，可以有效统计各个类别之间的关系。并且当有新的机场名称加入时，类别之间的关系只需做细微调整。

2）数据驱动聚类

对于一般的识别系统，很难像上述基于规则的方法将一些具有同样功能的词划分到同一个类中。这时可以采用数据驱动聚类方法，在这种方法中，一个重要的概念是词的相似度，基于该相似度来定义目标函数。然后通过优化该目标函数将不同的词聚到不同的类别中，这里可以采用最大似然估计准则保证最后得到的聚类结果的困惑度（perplexity）最小。

6.6.3 统计语言学模型平滑技术

自统计语言模型在语言处理方面应用以来，平滑技术就得到了相应发展。其基本思想是将模型中可见事件的概率值进行折扣（discounting），并将该折扣值重新分布给不可见事件的元素序列，所以它可以保证模型中任何概率均不为零，且可以使模型参数概率分布趋向更加均匀。因此，平滑方法由概率值折扣的策略和折扣值的分布方法所决定。

1. 加法平滑技术

这类方法是采取对所有（包括在模型出现和未出现的）事件的频率值加上一个固定的值

来避免零概率事件,主要有两种方法。

一种方法是最简单的 add-δ 平滑,它在 N 元文法模型中每个事件的出现次数加上一个数 δ,即

$$P_{\mathrm{add}}(w_i \mid w_{i-N+1}^{i-1}) = \frac{c(w_{i-N+1}^i) + \delta}{\sum\limits_{w_i} c(w_{i-N+1}^i) + \delta \mid V \mid} \tag{6-165}$$

式中,$0 < \delta \leqslant 1$,$|V|$ 表示一元模型中元素的个数。一般情况下 $\delta = 1$,所以该方法又称为"加 1 法"。这种平滑技术原理简单、易实现,但一般来说性能很差。

另一种是 one-count 平滑技术。这时公式(6-165)变成

$$P_{\mathrm{one}}(w_i \mid w_{i-N+1}^{i-1}) = \frac{c(w_{i-N+1}^i) + \alpha P_{\mathrm{one}}(w_i \mid w_{i-N+2}^{i-1})}{\sum\limits_{w_i} c(w_{i-N+1}^i) + \alpha} \tag{6-166}$$

式中,α 是常数。

这种方法是依据低阶模型的概率,按照比例增加 N 元文法模型中每个事件的出现次数。

2. Good-Turing 估计

Good-Turing 估计对 N 元文法中出现 r 次的事件,假设它的出现次数为 r^* 次,即

$$r^* = (r+1)\frac{n_{r+1}}{n_r} \tag{6-167}$$

式中,n_r 是 N 元文法训练集中实际出现 r 次的事件的个数;N 元文法中出现次数为 r 的事件的条件概率为

$$p_{\mathrm{GT}}(\alpha) = \frac{r^*}{N} \tag{6-168}$$

式中,N 为 N 元文法中所有 N 元对的总数。由于 Good-Turing 估计不包含低阶模型对高阶模型的插值,通常不能单独作为一个 N 元文法的平滑算法,而作为其他平滑算法的一个计算工具。

3. Katz 平滑技术

该平滑算法是当一个 N 元对出现的次数 $c(w_{i-N+1}^i)$ 足够大时,通过最大似然估计得到的 $P_{\mathrm{ML}}(w_{i-N+1}^i)$ 是可靠的概率估计。而当 $c(w_{i-N+1}^i)$ 不够大时,采用 Good-Turing 估计对其进行折扣,并将折扣值赋给未出现的 N 元对,且补偿值与其低阶模型相关。当 $c(w_{i-N+1}^i) = 0$ 时,按着低阶模型 $P(w_i|w_{i-N+2}^{i-1})$ 比例来分配给未出现的 N 元对的概率。

这样,如果词串出现了 r 次,则平滑后其次数为 $d_r r$(其中 d_r 为不大于 1 的参数)。如果词串没有出现,则分配给这个词串一个与此词串低阶模型相关的值,具体折扣后的次数为

$$c_{\mathrm{katz}}(w_{i-N+1}^i) = \begin{cases} d_r c(w_{i-N+1}^i), & c(w_{i-N+1}^i) > 0 \\ \alpha(w_{i-N+2}^i) c_{\mathrm{katz}}(w_{i-N+2}^i), & c(w_{i-N+1}^i) = 0 \end{cases} \tag{6-169}$$

经 Katz 平滑后的概率值为

$$P_{\mathrm{katz}}(w_i \mid w_{i-N+1}^{i-1}) = \begin{cases} d_r P(w_i \mid w_{i-N+1}^i), & c(w_{i-N+1}^i) > 0 \\ \alpha(w_{i-N+1}^{i-1}) P_{\mathrm{katz}}(w_i \mid w_{i-N+2}^{i-1}), & c(w_{i-N+1}^i) = 0 \end{cases} \tag{6-170}$$

式中，$\alpha(w_{i-N+1}^{i-1})$的取值应该使事件分布的总数$\sum_{w_i}c_{\text{katz}}(w_{i-N+1}^i)$保持不变，即

$$\sum_{w_i}c_{\text{katz}}(w_{i-N+1}^i)=\sum_{w_i}c(w_{i-N+1}^i) \tag{6-171}$$

其值为

$$\alpha(w_{i-N+1}^{i-1})=\frac{1-\sum_{w_i:c(w_{i-N+1}^i)>0}P_{\text{katz}}(w_i\mid w_{i-N+1}^{i-1})}{1-\sum_{w_i:c(w_{i-N+1}^i)>0}P_{\text{katz}}(w_i\mid w_{i-N+2}^{i-1})} \tag{6-172}$$

在d_r的计算中，数目大的次数被认为是可靠的，因而不需折扣，只需对次数较小的进行折扣计算。实践表明，取参数$k=5$是一个很好的选择，对于所有的$r>k$，折扣系数$d_r=1$。对于$r\leqslant k$的次数，折扣率从应用于全局的N元文法分布的 Good-Turing 估计导出。即从所有出现非0次的N元文法中折扣出去的总次数，等于赋给出现0次的所有N元文法的总次数：

$$\sum_{w_1^N:c(w_1^N)>0}(P(w_1^N)-P_{\text{katz}}(w_1^N))=\sum_{0<r\leqslant k}n_r(1-d_r)\frac{r}{N}=\frac{n_1}{N} \tag{6-173}$$

同时要保证d_r得到的折扣同 Good-Turing 估计预测的折扣成一定比例关系，这个约束对应于式(6-174)，其中μ为常数。

$$1-d_r=\mu\left(1-\frac{r^*}{r}\right) \tag{6-174}$$

从式(6-173)和式(6-174)可获得唯一解：

$$d_r=\frac{\frac{r^*}{r}-\frac{(k+1)n_{k+1}}{n_1}}{1-\frac{(k+1)n_{k+1}}{n_1}}=\frac{\frac{(r+1)n_{r+1}}{rn_r}-\frac{(k+1)n_{k+1}}{n_1}}{1-\frac{(k+1)n_{k+1}}{n_1}} \tag{6-175}$$

由此可计算出每一个次数r平滑后的值。显然，与线性插值平滑算法相比，回退式数据平滑算法的参数较少，而且可以直接确定，无须通过某种迭代重估算法反复训练，因此它的实现更为方便。实验表明，在小训练集上的二元文法模型上，Katz 平滑具有较大的优势。

4. 插值平滑技术

这类平滑方法直接利用模型中能提供的所有信息，通过归一化方法获得平滑后的概率值，此类平滑技术有线性插值平滑和非线性插值平滑两种。

1) 线性插值平滑

线性插值平滑(linear interpolation smoothing)方法通常也称作 Jelinek-Mercer 平滑。它主要利用低阶模型对高阶N元文法模型进行线性插值。Jelinek 和 Mercer 在 1980 年首先提出了这种数据平滑算法的思想，Brown 在 1992 年给出了线性插值的平滑公式：

$$P_{\text{interp}}(w_i\mid w_{i-N+1}^{i-1})=\lambda_{w_{i-N+1}^{i-1}}P_{\text{ML}}(w_i\mid w_{i-N+1}^{i-1})+(1-\lambda_{w_{i-N+1}^{i-1}})P_{\text{interp}}(w_i\mid w_{i-N+2}^{i-1})$$

$$\tag{6-176}$$

式中，$\lambda_{w_{i-N+1}^{i-1}}$为插值系数。这里$N$元文法模型可以递归地定义为由最大似然估计原则得到的N元文法模型和$(N-1)$元文法模型的线性插值。当递归到一元文法时，可以令一元文法模型为最大似然估计模型，或令其为一个均匀分布模型$P(w_i)=|V|^{-1}$。

对于插值系数$\lambda_{w_{i-N+1}^{i-1}}$的估计，一般可以采用 Baum-Welch 算法估计出来。其基本思

想：使用经过数据平滑的模型概率参数，计算一个测试集 T 的对数似然概率 $\log P(T)$。当 $\log P(T)$ 为极大值时，对应的 $\lambda_{w_{i-N+1}^{i-1}}$ 为最优值。因此可以求解 $\log P(T)$ 对应于每个 $\lambda_{w_{i-N+1}^{i-1}}$ 的偏导数，令 $\dfrac{\partial \log P(T)}{\partial \lambda_{w_{i-N+1}^{i-1}}}=0$，通过对该方程求解，可以得到 $\lambda_{w_{i-N+1}^{i-1}}$ 的迭代计算公式：

$$\widehat{\lambda}_{w_{i-N+1}^{i-1}} = \frac{1}{c(w_{i-N+i}^{i-1})} \times \sum_{w_i} c(w_{i-N+1}^{i-1})$$

$$\times \frac{\lambda_{w_{i-N+1}^{i-1}} P_{\mathrm{ML}}(w_i \mid w_{i-N+1}^{i-1})}{\lambda_{w_{i-N+1}^{i-1}} P_{\mathrm{ML}}(w_i \mid w_{i-N+1}^{i-1}) + (1-\lambda_{w_{i-N+1}^{i-1}}) P_{\mathrm{interp}}(w_i \mid w_{i-N+2}^{i-1})} \quad (6\text{-}177)$$

式中，$c(w_i)$ 是词串 w_i 在测试集中出现的次数。$\widehat{\lambda}_{w_{i-N+1}^{i-1}}$ 是本次迭代新的插值系数。

另一种方法是保留一部分数据来计算 $\lambda_{w_{i-N+1}^{i-1}}$，Jelinek-Mercer 描述了用数据的不同部分循环来分别计算 P_{ML} 和 $\lambda_{w_{i-N+1}^{i-1}}$。但无论哪种方法，都不能彻底解决数据量不足对估计 $\lambda_{w_{i-N+1}^{i-1}}$ 带来的影响，桶式分类策略可以在一定程度上缓解数据量不足带来的问题。把 $\lambda_{w_{i-N+1}^{i-1}}$ 分在不同的桶内，在同一个桶的 $\lambda_{w_{i-N+1}^{i-1}}$ 具有相同的值，并且在同一个桶内使用 Good-Turing 估计。在将 $\lambda_{w_{i-N+1}^{i-1}}$ 分在哪一个桶内的问题上，Bahl 建议应根据在高阶模型下计数的值来分，因为在高阶模型下有更高值，表明最大似然估计就越精确，$\lambda_{w_{i-N+1}^{i-1}}$ 的值就应该越大。

由于此类平滑技术的系数计算极其复杂，因此也就衍生出很多改进的平滑方法，如 Witten-Bell 平滑和 average-count 平滑。

Witten-Bell 平滑算法是 Jelinek-Mercer 线性插值平滑算法的一个特例，它与一般的线性插值平滑算法唯一的不同之处在于插值系数 $\lambda_{w_{i-N+1}^{i-1}}$ 的设置方式。一般的线性插值平滑算法采用 Baum-Welch 重估算法训练 $\lambda_{w_{i-N+1}^{i-1}}$，而 Witten-Bell 平滑算法采用如下的公式计算 $\lambda_{w_{i-N+1}^{i-1}}$：

$$1-\lambda_{w_{i-N+1}^{i-1}} = \frac{N_{1+}(w_{i-N+1}^{i-1} \bullet)}{N_{1+}(w_{i-N+1}^{i-1} \bullet) + \sum_{w_i} c(w_{i-N+1}^{i-1})} \quad (6\text{-}178)$$

式中，"•" 是位置符号，代表在训练语料库中出现在词串 w_{i-N+1}^{i-1} 之后的任意一个词。$N_{1+}()$ 表示括号里的处于位置 "•"，且出现次数大于零的词的个数。则 $N_{1+}(w_{i-N+1}^{i-1} \bullet)$ 的定义如下：

$$N_{1+}(w_{i-N+1}^{i-1} \bullet) = | \{w_i \mid c(w_{i-N+1}^{i-1}) > 0\} | \quad (6\text{-}179)$$

average-count 平滑也是 Jelinek-Mercer 平滑的特例。Bahl 建议根据 $c(w_{i-N+1}^{i-1})$ 把 $\lambda_{w_{i-N+1}^{i-1}}$ 进行桶式分类，而 Stanley F. chen 发现，根据每个出现次数不为 0 的 N 元组的次数的平均值 $\dfrac{\sum_w c(w_{i-N+1}^{i-1})}{| w_i : c(w_{i-N+1}^{i-1}) > 0 |}$ 进行 $\lambda_{w_{i-N+1}^{i-1}}$ 的划分效果更好。

直观上，估计 $P(w_i | w_{i-N+1}^{i-1})$ 的训练数据越稀疏，$\lambda_{w_{i-N+1}^{i-1}}$ 应该越大。当分布中出现的次数总和越大，数据越稀疏，这种标准忽略了词之间次数的分配。例如，在 10 个词中出现 10 次的分布比一个词出现 10 次更稀疏。每个词出现次数的平均值似乎更能表达数据稀疏的概念。

对 N 元文法中出现次数为 0 的 N 元组，$P_{\mathrm{ML}}(w_i | w_{i-N+1}^{i-1})$ 可以由下式得到

$$P_{\mathrm{ML}}(w_i \mid w_{i-N+1}^{i-1}) = (1-\lambda_{w_{i-N+1}^{i-1}}) P_{\mathrm{interp}}(w_i \mid w_{i-N+2}^{i-1}) \quad (6\text{-}180)$$

这时满足下述关系：

$$1 - \lambda_{w_{i-N+1}^{i-1}} \propto \frac{n_1}{N}$$

桶式分类策略的目的是把具有相似 λ 值的 N 元组归为一桶。因此，对 N 元组 w_{i-n+1}^{i-1} 划分时，应该根据下面原则

$$\frac{n_1}{N} = \frac{|\ w_i : c(w_{i-N+1}^{i-1}) = 1\ |}{\sum\limits_{w_i} c(w_{i-N+1}^{i-1})} \tag{6-181}$$

这与用来进行分桶的值 $\dfrac{\sum\limits_{w_i} c(w_{i-N+1}^{i-1})}{|\ w_i : c(w_{i-N+1}^{i-1}) = 1\ |}$ 的倒数很相似。实验表明，此方法在三元文法上性能最优，在二元文法上性能一般。

2）非线性插值平滑

非线性插值平滑（nonlinear interpolation smoothing）又称 Kneser-Ney 平滑（简称 K-N 平滑）。其基本思想：当使用低阶模型对高阶模型进行插值平滑时，低阶模型在混合模型中的影响较大，因此必须进行特殊处理。

Kneser 和 Ney 改进了低阶分布对高阶模型的影响因子。例如，假设 $w_a w_b$ 是一个比较常用的词组，这样 w_b 出现的概率就不会太少；但几乎所有的 w_b 在训练语料中都出现在 w_a 的后面，从直观上说，w_b 在一元文法中不应该有比较大的概率。所以，一元文法的概率不应该完全根据单词出现的次数按比例分配概率，而应该根据单词出现在多少个不同的词的后面来分配概率。

为叙述方便，用 (X, Y) 表示 X 后续连接 Y，且定义

$$N_{1+}(\bullet, w_{i-N+2}^{i}) = |\ \{w_{i-N+1} : c(w_{i-N+1} w_{i-N+2}^{i}) > 0\}\ | \tag{6-182}$$

式中，N_{1+} 表示单元至少出现 1 个，而 $\bullet$ 表示所有可能的情况，因此上式表示 w_{i-N+2}^{i} 在训练语料中跟随在多少个不同的单词之后出现。

定义

$$N_{1+}(\bullet, w_{i-N+2}^{i-1}, \bullet) = \sum_{w_i} N_{1+}(\bullet, w_{i-N+2}^{i-1}, w_i) = \sum_{w_i} N_{1+}(\bullet, w_{i-N+2}^{i}) \tag{6-183}$$

则 K-N 平滑的低阶概率采用

$$P_{kn}(w_i \mid w_{i-N+2}^{i-1}) = \frac{N_{1+}(\bullet, w_{i-N+2}^{i})}{N_{1+}(\bullet, w_{i-N+2}^{i-1}, \bullet)} \tag{6-184}$$

且整个模型概率采用

$$P_{kn}(w_i \mid w_{i-N+1}^{i-1}) = \frac{c(w_{i-N+1}^{i}) - D}{\sum\limits_{w_i} c(w_{i-N+1}^{i})} + \gamma(w_{i-N+1}^{i-1}) P_{kn}(w_i \mid w_{i-N+2}^{i-1}) \tag{6-185}$$

式中，D 是一个绝对折扣次数，$\gamma(w_{i-N+1}^{i-1})$ 用于保证概率总和为 1。

Stanley F. Chen 对 K-N 平滑又作了一定的改进，对出现次数较少的这些词进行分类处理，即针对出现次数为 1、2、3 的单元用几个绝对折扣值 D_1、D_2、D_3 代替单个折扣值 D：

$$\begin{cases} Y = \dfrac{n_1}{n_1 + 2n_2} \\[2mm] D_1 = 1 - 2Y\dfrac{n_2}{n_1} \\[2mm] D_2 = 1 - 3Y\dfrac{n_3}{n_2} \\[2mm] D_3 = 1 - 4Y\dfrac{n_4}{n_3} \end{cases} \tag{6-186}$$

式中,n_1 就是在模型中出现了一次的 N 元词对组合的个数;n_2 是在模型中出现了二次的 N 元对的个数。

实际上,当前平滑算法的主流形式都是高阶和低阶相结合的形式,如 Katz 方法,在 N 阶的对应单元为 0 时,试图回退到 $N-1$ 阶,依靠 $N-1$ 阶单元尽可能估计 N 阶单元的概率。

从文献的评价结果来看,目前性能最好的平滑算法当属 Katz 和 K-N 方法。K-N 算法由于回退时使用的模型并非是低阶 K-N 模型本身,即考虑的不是低阶单元的次数,而是和低阶单元连接的不同单词的个数。这样,实际上额外增加了模型的计算和存储,显然对模型压缩不利。因此,考虑模型的综合性能,Katz 平滑仍然是最具竞争力的平滑算法。

6.6.4 语言学模型自适应技术

在一些自由对话应用中,交谈的主题会随时发生变化,这时需要对语言学模型的一些参数,如 N 元文法的概率、词表的大小、词表内的词进行适当的调整。这里简要介绍几种语言学模型的自适应方法。

1. 基于缓存的语言学模型

可以采用动态缓存(cache)语言学模型根据当前的话题来调整词频。这种方法的假设是:在文本中刚刚出现过的一些词在后边的句子中再次出现的可能性往往较大,一般会大于正常 N 元文法中预测的概率。这样,对真正语言学模型,可以通过线性插值求得

$$\hat{P}(w_i \mid w_{i-N+1}\cdots w_{i-1}) = \lambda_c P(w_i \mid w_{i-N+1}\cdots w_{i-1})$$
$$+ (1-\lambda_c)P_{\text{cache}}(w_i \mid w_{i-2}w_{i-1}) \tag{6-187}$$

由于缓存的空间一般比较小,因此基于缓存的语言学模型 P_{cache} 不会超过三元文法。假设缓存中保留前 K 个词,每个词在缓存中的概率用其在缓存中出现的相对频率计算得到

$$P_{\text{cache}}(w_i \mid w_{i-2}w_{i-1}) = \frac{1}{K}\sum_{j=i-K}^{i-1} I_{\{w_j = w_i\}} \tag{6-188}$$

式中,I_ε 为指示器函数,如果 ε 表示的情况出现,则 $I_\varepsilon = 1$,否则 $I_\varepsilon = 0$。

这种方法的缺陷是在缓存中的词,无论和当前词的距离远近,其重要程度是一样的。Clarkson 等人在 1997 年的研究表明,缓存中每个词对当前词的影响应该随着与当前词距离的增大而呈现指数级衰减,因此式(6-188)可重写为

$$P_{\text{cache}}(w_i \mid w_{i-2}w_{i-1}) = \beta\sum_{j=i-K}^{i-1} I_{\{w_j = w_i\}} \mathrm{e}^{-\alpha(i-j)} \tag{6-189}$$

式中,α 为衰减率,β 为归一化常数,其取值的原则是使式(6-189)对整体词表的和为 1。

2. 主题自适应模型

由于大规模训练语料本身是异源的,来自不同领域的语料无论在主题方面还是在风格

方面,都存在一定的差异。为减少主题差异对语言学模型的影响,可以将语言学模型划分成 n 个子模型 $M_1,\cdots,M_n$,整个语言学模型的概率可以通过如下插值公式计算:

$$\hat{P}(w_i \mid w_{i-N+1}\cdots w_{i-1}) = \sum_{j=1}^{n} \lambda_j P_{M_j}(w_i \mid w_{i-N+1}\cdots w_{i-1}) \qquad (6\text{-}190)$$

式中,$0 \leqslant \lambda_j \leqslant 1$,$\sum_{j=1}^{n} \lambda_j = 1$。$\lambda$ 值可以通过 EM 算法获得。

整体的过程可以分成以下几步完成:

(1) 对训练语料按照来源、主题或类型等聚类;

(2) 确定适当的训练语料子集,并利用这些语料建立特定的语言学模型;

(3) 确定自适应语料的主题或主题的集合;

(4) 利用各子集训练的特定语言学模型和上面的线性插值公式,获得整个语言学模型。

在确定自适应语料的主题或主题集合时,可以借助于信息检索中的方法。利用词频和反文档频率(term frequency and inverse document frequency,TFIDF)来计算文档之间以及文档和主题之间的相似度。

6.7 大词表连续语音识别中的解码技术

对大词汇量连续语音识别,最终目的是从各种可能的子词序列形成的一个网络中,找出一个或多个最优的子词序列。这在本质上属于搜索算法或解码算法的范畴。

根据语音识别系统对不同先验知识源的利用方式,可以把搜索策略分为一遍搜索和多遍搜索两种。

一遍搜索策略倾向于将所有可能的知识源全部集成在一起,只对输入的语音序列进行一次处理,完成所有的搜索步骤,并直接给出最优的搜索结果。由于使用的知识源越多,搜索的计算代价就越大,因此,一遍搜索比较适合构建实时系统,但很难应用到比较复杂的声学和语言学模型中。

多遍搜索的基本思想是,将各种知识源,包括声学模型和语言学模型,由简单到复杂逐渐加入到搜索过程中,每一遍搜索只使用一部分知识,并为随后的搜索构建缩小的搜索子空间,使后面的搜索过程在前一级产生的子空间上进行。多遍搜索策略的优势在于,可以方便地导入各种复杂的声学模型和语言学模型,以及采用多种识别算法和后期处理算法,但多遍搜索中需要精确地控制前一级为下一级提供的搜索子空间,防止正确的结果在前一阶段被错误删除。此外,多遍搜索必须要等待语音输入完成后才能开始,不适应实时系统的要求。

根据搜索过程中路径的扩展方式,可以分为基于词和基于时间的两种方法。在基于词的搜索算法中,搜索路径的扩展取决于前面已经识别出的词,而且词边界已经在前面的搜索过程中确定了。在基于时间的搜索算法中,搜索路径的扩展取决于前一个词结束的时间,即词边界在搜索回溯过程中才能确定。

根据搜索时考虑的语音信号范围,可以将搜索算法分为时间同步和时间异步两种策略。时间同步策略按照从左到右的时间拓扑结构进行搜索路径概率得分的更新;时间异步的方法则优先处理得分较高的搜索路径,完全打乱了时间的次序。一般 Viterbi 算法需要采用时间同步的方式实现,A^* 算法则需要采用时间异步的方式实现。

6.7.1　图的基本搜索算法

图的搜索就是一种在图中寻找路径的方法,一般从图的初始结点开始,到目标结点结束。对其一般的搜索过程,N. J. Nilsson 提出了一个著名的图的搜索过程,它是一个表达能力很强的搜索框架,可以囊括常见的深度优先搜索和广度优先搜索。在这个过程中需要用到 OPEN 表和 CLOSE 表。其中 OPEN 表是一个"有进有出"的动态数据结构,用于存放刚生成的结点,它们将作为以后待考察的对象。结点进入 OPEN 表的排列顺序(也是出表的顺序)由搜索策略决定。CLOSE 表是一个"有进无出"的动态数据结构,用于存放将要扩展或已经扩展的结点,这些结点记录着求解中的信息。对 CLOSE 表,当前结点进入到它的最后。图 6-23 给出了 OPEN 表和 CLOSE 表的结构。

OPEN 表

结点	父结点

CLOSE 表

编号	结点	父结点

图 6-23　OPEN 表和 CLOSE 表的结构

图的搜索算法如图 6-24 所示。

(1) 初始化:将初始结点 S 放入到 OPEN 列表中,并将 CLOSE 列表初始化为空列表。
(2) 如果 OPEN 列表为空,失败,并退出。
(3) 将 OPEN 列表中第一个结点移出,加入到 CLOSE 列表后面,标记此结点为结点 N(在 CLOSE 表的编号栏标记)。
(4) 如果结点 N 是目标结点,则成功退出,并通过回溯找到从 N 到 S 的指针序列。
(5) 通过对结点 N 扩展操作,生成不是 N 的祖先的那些后继结点集合 M。
(6) 对于 $\forall v \in M$,执行
　　(6a) (可选)如果 $v \in$ OPEN,并且新路径的累积距离小于 OPEN 列表中的任意一个,则将结点 v 的回溯指针改为 N,并调整 v 的累积距离,转到第 7 步。
　　(6b) (可选)如果 $v \in$ CLOSE,并且新路径的累积距离小于 CLOSE 列表中以 v 为结束点的局部路径,则将结点 v 的回溯指针改为 N,并调整包含 v 的所有路径的累积距离,转到第 7 步。
　　(6c) 产生一个指针指向结点 N,并将其放入 OPEN 列表。
(7) 对 OPEN 列表中的所有结点按照一定原则排序,或者根据代价值进行排序。
(8) 回到第(2)步。

图 6-24　图的基本搜索算法

对于深度优先搜索,假定初始状态是图中所有顶点未曾被访问过,则该搜索是从图中某个顶点 v 开始出发,访问此顶点,然后依次从 v 的未被访问的邻接点出发,深度优先遍历图,直到图中所有和 v 有路径相通的顶点都被访问到。若此时图中尚有顶点未被访问,则选择图中一个未被访问的顶点作为起始点,重复上述过程,直到图中所有顶点都被访问到为止,即在图 6-24 中第 7 步将 OPEN 列表按照深度降序原则排序。

对于广度优先搜索,假设从图中顶点 v 开始出发,在访问 v 之后依次访问 v 的各个未曾访问过的邻接点,然后分别从这些邻接点出发访问它们的邻接点,并使"先被访问的顶点邻接点"先于"后被访问的顶点邻接点"被访问,直至图中所有已被访问过的顶点的邻接点都被访问到为止。即在图 6-24 中第 7 步将 OPEN 列表按照深度升序原则排序。

在图的基本搜索算法的第 7 步中,对 OPEN 列表的不同排序规则是深度搜索与广度搜索的最大区别。这两种搜索算法都是在一个给定的状态空间中穷举。因此,它们的缺点在于,当状态空间十分大,且不预测的情况下搜索效率很低。这时可以加入启发式搜索。

启发式搜索就是在状态空间中搜索时,对每一个搜索的位置进行评估,通过设计估价函数来控制搜索方向。这样可以省略大量无谓的搜索路径,提高了效率。估价函数的任务就是估计 OPEN 表中各结点的重要程度,决定它们在 OPEN 表中的次序,使得搜索沿着那些被认为是最有希望的区域扩展。

一般而言,估价函数综合考虑两个方面的因素——已经付出的代价及将要付出的代价,一般形式如下:

$$f(N) = g(N) + h(N) \tag{6-191}$$

式中,$f(N)$ 是结点 N 的估价函数,$g(N)$ 是在搜索空间中从初始结点到 N 结点的实际代价,$h(N)$ 是从 N 到目标结点最佳路径的估计代价。这里主要是 $h(N)$ 体现了搜索的启发信息,因为 $g(N)$ 是已知的。如果说详细点,$g(N)$ 代表了搜索的广度的优先趋势。但是当 $h(N) \gg g(N)$ 时,可以省略 $g(N)$,而提高效率。

对基本图搜索算法中的第 7 步,启发式搜索就是根据其启发值来进行排序。具有最小代价的结点最先被搜索。在一些启发策略中,对一些没有希望的局部路径可以依据一定的原则进行剪枝。这里估价函数 $f(N)$ 的选取原则对最后的结果影响很大。

常见的启发式搜索算法有两种,一个是 A* 搜索,也称为 Best-First 搜索;另一个是 Beam Search。这两种方法广泛用于语音识别系统中。

1. A* 搜索

一旦有了一个合理的启发函数,就可以估计 OPEN 列表中的所有结点的代价,并且由于通过最小代价的结点最有可能找到最佳路径,因此对于这样的结点可以优先搜索。对图 6-24 算法的第 7 步,需要对 OPEN 列表中结点排序,A* 搜索的排序原则是将最好的结点,即最小代价的结点排在前面等待搜索,具体算法如图 6-25 所示。

---

(1) 初始化: 将 S 放入到 OPEN 列表中,并将 CLOSE 列表初始化为空列表。

(2) 如果 OPEN 列表为空,失败,并退出。

(3) 将 OPEN 列表中第一个结点 N 移出,加入到 CLOSE 列表。

(4) 如果结点 N 是目标结点,则成功退出,并通过回溯找到从 N 到 S 的指针序列。

(5) 通过对结点 N 扩展操作,生成不包含结点 N 的祖先的后继集合 M。

(6) 对于 $\forall v \in M$,执行

　(6a) (可选) 如果 $v \in$ OPEN,并且新路径的累积距离小于 OPEN 列表中的任意一个,则将结点 v 的回溯指针改为 N,并调整 v 的累积距离;对结点 v 给出其代价 $f(v)$,转到第 (7) 步。

　(6b) (可选) 如果 $v \in$ CLOSE,并且新路径的累积距离小于 CLOSE 列表中以 v 为结束点的局部路径,则将结点 v 的回溯指针改为 N,并调整包含 v 的所有路径的累积距离和代价 f,转到第 (7) 步。

　(6c) 产生一个指针指向结点 N,并将其放入 OPEN 列表。

(7) 对 OPEN 列表中的所有结点按照代价值进行递增排序。

(8) 回到第 (2) 步。

图 6-25　A* 搜索算法

2. Beam 搜索

Beam 搜索是一个广度优先并结合深度考虑的算法。与传统的广度优先算法相比,它在每个层次上只是对那些可能有后继的结点进行扩展。

一般来说,Beam 搜索在每个阶段(层次)只保留 w 个最好的路径,其余路径被忽略,w 一般指 Beam 广度。如果将 Beam 广度和平均分枝因子 b 相结合,则对任意深度,它的搜索结点数不超过 $w \times b$,而不会像广度优先那样让搜索结点呈现指数扩展。Beam 搜索算法可以在广度优先搜索算法上进行稍微改进,如图 6-26 所示。

---

(1) 初始化:将 S 放入到 OPEN 列表中,并将 CLOSE 列表初始化为空列表。

(2) 如果 OPEN 列表为空,失败,并退出。

(3) 对于 $\forall N \in$ OPEN

   (3a) 从 OPEN 列表中弹出结点 N,将其从 OPEN 列表中删除,并将其放入 CLOSE 列表。

   (3b) 如果 N 结点是目标结点,成功退出,并回溯从 N 到 S 结点的路径。

   (3c) 通过后继操作扩展结点,生成不包括结点 N 的祖先的后继结点集合 M。

   (3d) $\forall v \in M$,产生一个指向结点 N 的指针,并将其放入 Beam 候选列表中。

(4) 对 Beam 候选列表依照启发函数 $f(N)$ 排序确保最好的 w 个结点可以压入到 OPEN 列表中,并将 Beam 候选列表中其余结点剪枝掉。

(5) 回到第(2)步。

图 6-26 Beam 搜索算法

在图 6-26 中的第(4)步中显然需要排序,如果 $w \times b$ 的数值很大,则这部分需要耗费很多时间。在实际应用中,经常采用一种灵活的方式,将与同一层次的最优结点的启发函数 $f(N)$ 相差在一定阈值范围内的结点均进行扩展。这样就只需要寻找最优结点和确定阈值即可。虽然这样 Beam 的尺寸不好控制,但却可以避免对 Beam 候选列表排序所耗费的时间。实际上通过调节阈值,可以很好地控制扩展的结点数量,也便于管理。

6.7.2 面向语音识别的搜索算法

识别网络可以理解成一棵树,树的根结点与每个可能作为句子开始词的结点相连,每个词又与它可能相连的词相连。可以看出,若如此扩展下去,网络结构将会十分复杂。通过词典将每个词替换成音素模型,多种发音时列出不同的音素模型,最后根据上下文合并相同的音素模型,形成一个大的网络。而语音识别或者搜索算法,就是在这个网络中寻找最有可能的路径。

搜索空间可以将声学模型和语言学模型有效结合,图 6-27 给出在一元文法语言学模型下的语法网络的构建。

对每个词的 HMM 模型的结束状态,通过一个概率为 1 的空弧连接到一个称为汇集状态(collector state)的状态上,该状态同样以概率 1 连接到起始状态(starting state)上。类似地,起始状态以不同的概率连接到各个 HMM 模型的第一个状态,这个概率即为一元文法的概率 $P(w_i)$。

对于二元文法的语言学模型,其包含语言学模型的文法构建如图 6-28 所示。

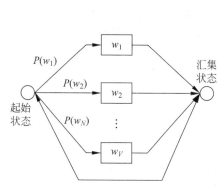

图 6-27 一元文法扩展的搜索空间模型

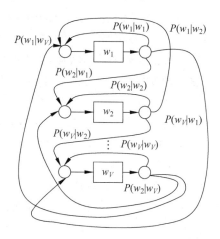

图 6-28 二元文法扩展的搜索空间模型

由于二元文法的搜索空间仍然是在可控的范围内,因此它能达到在搜索的有效性和语言学模型的有效性上的最好折中。

当词表大小 V 很大时,对二元文法,V^2 的扩展空间难于计算。并且很多的二元组合可能在训练语料中未出现,如果对于未出现的二元文法采用 Katz 方法回退,则未出现的二元组合 $P(w_j|w_i)$ 表示为

$$P(w_j \mid w_i) = \alpha(w_i)P(w_j) \qquad (6\text{-}192)$$

式中,$\alpha(w_i)$ 为词 w_i 的回退权重。

如果采用回退(backoff)机制表示未出现的二元组合,二元文法的扩展可以大大减少。这时不用进行完全二元扩展,只对出现的二元组合直接用相应的二元文法概率进行词之间转移;而对于回退的二元组合,词 w_i 的最后一个状态和一个中心的回退结点相连,这时的连接弧的转移概率是回退权重 $\alpha(w_i)$,然后回退结点和每个词 w_j 的起始结点以对应的一元文法的概率 $P(w_j)$ 为转移概率的弧连接,如图 6-29 所示。

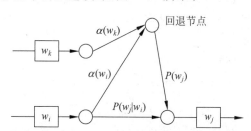

图 6-29 带回退模型的二元文法扩展的搜索空间模型

从图 6-29 中可以看出,对于一个二元组合 $P(w_j|w_i)$ 有两条路径,一条是直接连接的路径,一条是经过回退结点的路径 $\alpha(w_i)P(w_j)$。对于存在对应二元组合的词对,经过回退结点的路径可以忽略不计,因为一般情况下 $\alpha(w_i)P(w_j)$ 远小于 $P(w_j|w_i)$。假设在训练语料中有 N_b 个不同的二元组合,则该方法需要 N_b+2N 个词的转移,而不是 N^2,因此采用回退结点可以有效地减小搜索空间。对于三元文法,搜索空间更为复杂。

在如上所述的搜索空间中,假设观察矢量序列为 $\boldsymbol{O}=\boldsymbol{o}_1\,\boldsymbol{o}_2\cdots\boldsymbol{o}_T$,由于连续语流中没有合

适的算法检测各个子词及音节、单词的准确始末点,路径的搜索应从每个可能成为句子开始的子词单元开始。假定路径起始点单元有 Q 个,即 $t=1$ 时有 Q 个起始路径,则在观察矢量与模型进行匹配时,随着 t 的增加,考虑的路径应当包括当前模型的最小帧数和最大帧数间的每一时刻,即要保持该条路径往下匹配,同时该路径可能向各种可能的单元转移。假定某时刻有 N 个可能转移的路径,则该路径在该帧分叉为 $N+1$ 条路径。而每条路径(包括分叉出的路径)都要如此考虑,因而路径数会急剧增加,全搜索几乎是不可能的。因此常采用基于一定裁剪路径的算法。下面介绍的 Viterbi Beam 算法、令牌传递模型、基于前后向搜索的 N-best 算法就是这方面典型的算法。

1. Viterbi Beam 搜索算法

标准的 Viterbi 算法是在状态空间中的全局搜索,不存在搜索的误差,因此搜索结果是全局最优的。识别的结果也只与模型的精确度有关,在孤立词识别系统中,得到了普遍的应用。但在连续语音识别系统中,由于搜索的空间比较大,全局搜索将导致性能的下降。而且在搜索过程中,对一些可能性很小的路径进行搜索的效率是很低的。为了解决这些问题,需要采取剪枝策略,放弃可能性小的路径,只在可能性大的路径上进行搜索,这就是 Viterbi Beam 的基本思想。

Viterbi Beam 搜索算法是一个广度优先的帧同步算法,它在不丢失全局最优解的条件下,在搜索中同时解决连续语音识别中 HMM 模型状态序列和声学观测序列的非线性时间对准、词边界检测和词识别等问题。由于 Viterbi 算法中的路径扩展具有时间同步性,同一时刻的各条路径扩展对应于完全相同的观测序列,因此其似然度得分具有可比性。Viterbi Beam 搜索算法在每一时刻有效地剪裁低得分路径,大大提高了搜索效率。当设置一个比较保守的门限值时,基本上不会影响识别的准确率,因此,Viterbi Beam 搜索算法在连续语音识别中得到了广泛的应用。

Viterbi Beam 搜索算法中有 $D(t; s_t; w)$ 和 $h(t; s_t; w)$ 两个基本参数。

$D(t; s_t; w)$:表示第 t 帧到达词 w 的状态 s_t 的最优路径得分。

$h(t; s_t; w)$:表示第 t 帧到达词 w 的状态 s_t 的回溯指针。

在连续语音识别中,每一帧在搜索过程中可以产生两种类型的跳转,即词内跳转和词间跳转。

词内跳转满足以下的规则:

$$D(t; s_t; w) = \min_{s_{t-1}}\{d(\boldsymbol{o}_t, s_t \mid s_{t-1}; w) + D(t-1; s_{t-1}; w)\} \tag{6-193}$$

$$H(t; s_t; w) = H(t-1; b_{\min}(t; s_t; w); w) \tag{6-194}$$

式中,$d(\boldsymbol{o}_t, s_t \mid s_{t-1}; w)$ 表示从状态 s_{t-1} 转移到状态 s_t 产生观测矢量 $\boldsymbol{o}_t$ 的代价;$b_{\min}(t; s_t; w)$ 是 $D(t; s_t; w)$ 的最优前驱状态。具体可以进一步表示为

$$d(\boldsymbol{o}_t, s_t \mid s_{t-1}; w) = -\log P(s_t \mid s_{t-1}; w) - \log P(\boldsymbol{o}_t \mid s_t; w) \tag{6-195}$$

$$b_{\min}(t; s_t; w) = \underset{s_{t-1}}{\operatorname{argmin}}\{d(\boldsymbol{o}_t, s_t \mid s_{t-1}; w) + D(t-1; s_{t-1}; w)\} \tag{6-196}$$

依据动态规划原理,这里只保留最优前驱路径得分及历史路径。

当转移发生在词间时,不产生任何的观测矢量,所以时间索引保持不变。

$$D(t; \eta; w) = \min_{v}\{\log(P(w \mid v) + D(t; F(v); v)\} \tag{6-197}$$

$$H(t; \eta; w) = <v_{\min}, t> :: H(t; F(v_{\min}); v_{\min}) \tag{6-198}$$

式中,$F(v)$ 表示词 v 的终止状态;η 表示伪起始状态;$P(w|w')$ 表示语言模型中的二元文法概率;:: 表示增加一个链接的操作,其中

$$v_{\min} = \underset{v}{\mathrm{argmin}}\{\log P(w \mid v) + D(t; F(v); v)\} \tag{6-199}$$

假定搜索宽度为 θ,那么在完成一帧的扩展后,从所有的路径中找出最优的那条路径得分

$$Q_{\max}(t) = \max_{s \in w}\{Q(t; s_t; w)\} \tag{6-200}$$

然后对所有路径进行剪枝,删除不满足下列不等式的路径:

$$D(t; s_t; w) < Q_{\max}(t) - \theta \tag{6-201}$$

按照以上的过程完成所有帧的搜索,然后从 T 时刻的活跃结点中选取路径得分最高的结点,并从其回溯表开始回溯,即可得到最优的搜索路径。应注意的是,在个别情况下,如剪枝的门限设置不当,可能出现绝大多数的搜索路径都被保留,那么搜索空间可能会随着搜索的扩展而产生指数级增长。这样不仅浪费大量的计算,也需要消耗系统大量的存储空间来记录搜索路径,此时的剪枝将不能达到预期的目的。为了使系统的搜索空间控制在一定的范围内,可以通过减少门限值的方法。

Viterbi Beam 搜索算法的形式化描述如图 6-30 所示。其中 $I(w)$ 表示词 w 的起始状态。

```
(1) 初始化:对于所有可能是句子开始的语法词的状态 w 做以下操作
            D(0; I(w); w) = 0       H(0; I(w); w) = null
(2) 循环:
        对于帧 t=1 到 T 循环
            对于所有活动结点
                在词内转移执行公式(6-195)和式(6-196)
                D(t; s_t; w) = min_{s_{t-1}}{d(o_t, s_t|s_{t-1}; w) + D(t-1; s_{t-1}; w)}

                H(t; s_t; w) = H(t-1; b_min(t; s_t; w); w)

                对于所有活动的词的终止状态,执行词间转移
                D(t; η; w) = min_v{log(P)(w|v) + D(t; F(v); v)}

                H(t; η; w) = <v_min, t> :: H(t; F(v_min); v_min)

                if D(t; η; w) < D(t; I(w); w)

                    D(t; I(w); w) = D(t; η; w); H(t; I(w); w) = H(t; η; w)

            剪枝:找到最好路径并设置阈值
                    剪掉没有意义的路径
(3) 终止:在时刻 T 选出所有可能终止状态中最好的路径,并且对 H(t; η; w) 回溯。
```

图 6-30 帧同步的 Viterbi Beam 搜索算法

2. 令牌传递模型

Viterbi Beam 算法在搜索过程中不断寻找可能的最优状态序列,记录回溯信息,直到最后时刻找出得分最高的那条路径作为识别的结果。在这个过程中,要保留大量的回溯信息,因此如何设计一个好的结构使其存储空间尽可能小是面临的一大难题。S. J. Yong 等人提出一个简单的概念模型来表示搜索过程的信息存储与提取,即令牌传递模型(token passing)。

令牌传递模型是一种时间同步的搜索算法,其核心思想是用令牌的形式标记搜索路径,每输入一个语音帧,对处于激活状态的所有令牌进行处理,通过令牌的产生、复制及传递等操作实现搜索路径的扩展,直到搜索完成。由于声学模型采用的是 HMM 模型,因此令牌的操作主要是在 HMM 模型的状态中进行。考虑到输出的识别结果只是词条,所以不需要

在 HMM 状态级别上进行回溯,只需要在词级别上进行回溯。

令牌作为模型中的最基本单位,用符号 Token(t,s,w) 表示,其中 t 为帧的时间序号,s 为搜索扩展到此状态时的路径得分,w 为当前对已输入的语音帧的识别结果。令牌传递模型可以看成是 Viterbi Beam 算法的一种实现,在处理每一帧时,Viterbi Beam 在 HMM 模型的活跃状态上进行扩展传播,这些活跃状态都持有一张令牌 Token(t,s,w)。随着活跃状态的向后扩展,令牌在状态间进行复制、传递,其过程如下:

(1) 在初始时刻,对于每个状态 i,令其为活跃结点,并创建一个路径得分为零、前继词条为空的 Token。

(2) 对每个活跃的状态 i,将它的令牌复制传递给与它相连的后续状态 j,并将令牌的路径得分 s 加上状态转移概率和观察概率,即

$$\text{Token}_j(t+1,s,w) = \text{Token}_i(t,s,w) + \log(a_{ij}) + \log(b(\boldsymbol{o}_{t+1})) \qquad (6\text{-}202)$$

(3) 对每个被传播扩展后的后续状态 j,可能同时接收到多个 Token,但它只保留路径得分最高的那个。

(4) 在完成了 $t+1$ 时刻的复制传播后,从 $t+1$ 时刻找出路径得分在剪枝门限容许范围内的令牌,作为下一时刻的活跃令牌,然后继续第(2)步的循环,直到所有的语音帧都处理完毕。

令牌在 HMM 模型状态层上进行复制传递,令牌在词与词间传递则需要记录路径信息。图 6-31 给出了令牌传递的简单的识别结构。

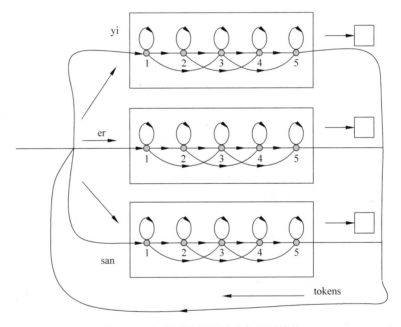

图 6-31 令牌环识别的简单的识别结构

在连续语音识别中,还要考虑词边界信息和历史路径。为了记录搜索路径,令牌应该做相应的扩展,设立一个词连接记录(word link record,WLR)的指针 link。WLR 是一种单向链表的数据结构。当搜索从一个词模型的引出状态向另一个词模型的引入状态传递时,生成一个 WLR,这个 WLR 记录了前一个词的标志和令牌的 link,然后让令牌中的 link 重新

指向到这个 WLR,其过程如图 6-32 所示。

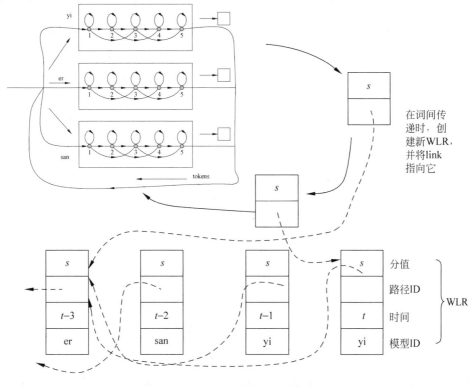

图 6-32　WLR 的生成及结构图

从图 6-32 可以看出,在词内传递令牌时,令牌的 link 不需要扩展,如图中实线所示,只需要保存得分值 s;在词间传递令牌时,令牌的 link 需要扩展,如图中的虚线所示。被扩展成的 WLR 除记录得分值信息外,还记录模型 ID、路径 ID 以及时间信息。当产生词间转移时,就会生成一个 WLR 加入到链表结构中。这样搜索结束时,根据最优路径令牌的 link 所指向的 WLR 进行回溯,就可以得到最佳词条,这个词条就是识别结果。

3. 基于前向搜索后向回溯的 N-best 算法

Beam 搜索算法尽管减少了计算量,但它只是一个次优算法,而且只能得到一条最优的路径。下面介绍一种两步搜索算法,它能保证全局最优,而且能依次得到全局得分最高的 N 条候选路径。该算法第一部分是从初始帧到最末帧的帧同步前向各点搜索,另一部分是从最末帧到初始帧异步后向树搜索。从初始帧开始,采用 Viterbi 算法记录所有局部路径的得分值。接着用改进的 A^* 算法来进行帧异步后向搜索,以便扩展局部路径,所有被扩展的路径都是依据存放在堆栈中的全局路径的得分值进行排序的,而这些全局路径得分值是由两部分相加计算得到的。一部分是回溯到目前结点为止的局部路径分值,另一部分是相应的前向搜索时,即将扩展到该局部结点的路径的最高得分,这些得分值存放在栈顶,所对应的最优局部路径首先被最优结点扩展。

N-Best 算法的框图如图 6-33 所示,首先输入连续语音的特征矢量序列,然后用各基元模型的各个状态概率密度函数计算输出概率,即似然度映像图。接着进行帧同步结点搜索,产生路径映像图所有局部路径(截止到任一语法结点),结点内是用传统 Viterbi 算法进行计算的。后一部分采用 A* 算法进行帧异步树搜索。这种匹配方法是每次只能得到一条当前最优路径,最优 N 个候选路径假设是顺次输入到高层处理模块,最后整个系统的识别结果是 N 个候选路径假设。

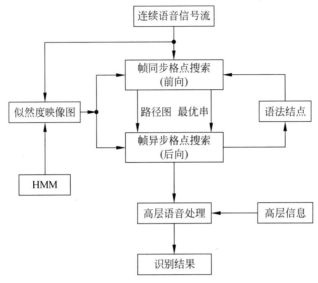

图 6-33　N-Best 搜索算法框图

6.8　大词表连续语音识别后处理技术

6.8.1　语音识别中间结果的表示形式

语音识别系统的功能是实现从语音到文本的转换,识别结果的三种结构形式分别是 One-best、N-best 和 Lattice。One-best 结果是指测试数据通过识别器后最终只得到一个在相应准则下的最优解。N-best 是指在所有的识别结果中,选取前 N 个在相应的准则下相对比较准确的识别结果。Lattice 是一种包含大量混杂候选的网格结构,它是语音识别过程中经过一次解码产生的结果,而 One-best 和 N-best 是经过 Lattice 二次解码后的结果。下面以新闻联播语料中"公告还规定"为例来对比这三种识别结果。

1. One-best 结果

One-best 是基于 Lattice 二次解码产生的识别结果,它是在最大后验概率准则下,从 Lattice 结果中选出的后验概率最大的路径,将它们连成词串就是 One-best 结果。如图 6-34 所示 HTK 工具产生的 One-best 结果。

One-best 结果的优点比较直观,易于与标准结果进行对比。对 One-best 结果进行分词、去停用词等处理就可以直接将它应用于分类以及检索系统中。虽然它是最大后验概率准则下的最优结果,但不一定是测试数据的最佳识别结果,这是它的缺点。由于目前语音识别系统的误

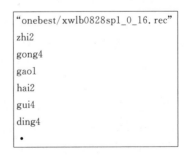

```
"onebest/xwlb0828sp1_0_16.rec"
zhi2
gong4
gao1
hai2
gui4
ding4
·
```

图 6-34　HTK 工具产生的 One-best 结果

识率较高,因此 One-best 在后续应用中受到一定的限制。

2. N-best 结果

N-best 与 One-best 结果同样都是基于最大后验概率准则下的识别结果,不同的是 N-best 提供了比 One-best 结果更多的候选,这些候选按照它们后验概率的大小进行排序。

图 6-35 给出了"公告还规定"使用 HTK 工具产生的 N-best 结果,其中 N 为 20。尽管 N-best 比 One-best 结果多出了许多候选,但是它的候选毕竟有限,所以目前很多系统都是采用 Lattice 的结果形式。

"f:/NBEST/sp1/xwlb0828sp1_0_16.rec"						
gong1	bao1	hai2	gui1	ding4	pa4	−1378.902273
gong1	bao1	hai3	gui1	ding4	pa4	−1380.858195
gong1	mao4	hai2	gui1	ding4	pa4	−1382.092784
gong4	mao4	hai2	gui1	ding4	pa4	−1382.346792
gong1	bao1	hai2	gui1	ding4	gua4	−1378.119802
gong4	mao1	hai2	gui1	ding4	pa4	−1383.281484
gong4	bao1	hai2	gui1	ding4	pa4	−1383.923615
gong1	bao1	hai3	gui1	ding4	gua4	−1380.075724
gong1	bao1	hai2	gui1	ding4	kua4	−1378.293528
gong1	mao4	hai2	gui1	ding4	gua4	−1381.310313
gong3	mao4	hai2	gui1	ding4	pa4	−1385.821543
gong4	bao1	hai3	gui1	ding4	pa4	−1385.879517
gong3	bao1	hai2	gui1	ding4	pa4	−1385.972422
gong4	mao4	hai2	gui1	ding4	gua4	−1381.564321
gong1	mao1	hai2	gui1	ding4	pa4	−1386.560842
gong3	mao1	hai2	gui1	ding4	pa4	−1386.756236
gong1	bao1	hai2	gui1	ding4	kua4	−1380.249451
gong4	mao1	hai2	gui1	ding4	gua4	−1382.499013
gong4	bao1	hai2	gui1	ding4	gua4	−1383.141144
gong3	bao1	hai3	gui1	ding4	pa4	−1387.928324

图 6-35　"公告还规定"使用 HTK 工具产生的 N-best 结果

3. Lattice 结果

"公告还规定"的 HTK 工具给出的 Lattice 结构如图 6-36 和图 6-37 所示。

```
VERSION=1.0
UTTERANCE=f:/sp1/xwlb0828sp1_0_16.wav
lmname=LM/bgall.net
lmscale=10.00 wdpenalty=0.00
acscale=1.00
vocab=full.dct
N=136    L=483
I=0      t=0.00
I=1      t=0.02
I=2      t=0.05
I=3      t=0.06
  ⋮
I=134    t=1.29
I=135    t=1.29
```

图 6-36　"公告还规定"的 HTK 工具给出 Lattice 结果头文件与结点信息

J=0	S=0	E=1	W=\<s\>		v=1	a=−110.87	l=0.000
J=1	S=0	E=2	W=\<s\>		v=1	a=−278.01	l=0.000
J=2	S=0	E=3	W=\<s\>		v=1	a=−343.28	l=0.000
J=3	S=1	E=4	W=gu3		v=1	a=−549.71	l=−7.020
J=4	S=1	E=5	W=hen3		v=1	a=−484.57	l=−6.750
J=5	S=1	E=6	W=ke3		v=1	a=−527.73	l=−5.340
J=6	S=1	E=7	W=hen3		v=1	a=−489.11	l=−6.750
J=7	S=1	E=8	W=zhi2		v=1	a=−488.31	l=−6.290
⋮							
J=481	S=132	E=135	W=\</s\>		v=1	a=−1035.01	l=−3.440
J=482	S=133	E=135	W=\</s\>		v=1	a=−1035.01	l=−2.430

图 6-37 "公告还规定"Lattice 结果结点与弧信息

图 6-36 所示为"公告还规定"Lattice 结果中头信息和结点的信息,它包含 7 行头信息和 136 行结点信息,其中头信息包括原始的语音文件路径和名称、语言学模型文件路径和名称、语言学模型与声学模型的比例、词典信息以及整个 Lattice 结点个数、弧的个数等。结点信息包括结点的编号,以及每个结点对应的时间信息。

图 6-37 所示是 Lattice 的弧信息,包括它的弧编号、开始结点、结束结点、这条弧上的词串,以及这条弧的声学得分和语言学得分。由上面两个图可知,Lattice 结果包含了大量的候选信息,很方便下一步进行处理,目前越来越受到研究者的重视。

6.8.2 错误处理

语音识别的最终目标是把输入的语音序列转换为正确的汉字或音节序列。在大词汇量连续语音识别中,由于各种因素的影响,解码输出的识别假设中经常存在错误,所以分析解码输出中的错误,在解码之后加入错误处理模块,能够有效提高语音识别的正确率,改进识别系统的性能。

1. 错误原因分析

通常在大词汇量连续语音识别中,采用最大后验概率准则进行解码:

$$\hat{W} = \underset{W}{\operatorname{argmax}} P(W)P(\boldsymbol{O} \mid W) \tag{6-203}$$

在给定观测序列 $\boldsymbol{O}$ 的情况下,解码器选择语言学模型概率 $P(W)$ 和声学模型概率 $P(\boldsymbol{O}|W)$ 的联合得分最高的句子假设作为 One-best 输出。因此可以认为解码的错误是由于输出语音与声学模型不相似,或者与语言学模型不匹配。

影响声学模型的匹配,从而造成识别错误的原因有很多,例如声音的清晰度、发音的变换、语气、不同年龄或性别的说话人、噪声等。而在语言学领域,Kukich 认为基于文本的错误有 5 个层次,包括字典/结构、句法、语义、话语和语用。

这样按照最大后验概率准则得到的识别结果是具有整体最大后验概率的句子,显然这样的识别结果的句子错误率最小。但由于存在各种干扰,因此目前的识别系统不能以句子的准确率来统计系统性能。在普通话语音识别中,通常使用词错误率或者字错误率来评价识别结果。这就造成了评价体系和解码准则不匹配的问题。

2. 最小贝叶斯风险决策规则

贝叶斯决策论是语音识别解码理论的基础。上面的最大后验概率解码准则就是一种最小化风险的贝叶斯决策规则。可以将最小贝叶斯风险决策规则应用于语音识别中,以解决上述面临的矛盾。

定义风险函数如下:

$$R(W \mid \boldsymbol{O}) = \sum_{W^*} \lambda(W \mid W^*) P(W^* \mid \boldsymbol{O}) \tag{6-204}$$

式中,W 和 W^* 是对应的识别输出假设空间中的两个识别结果的假设,损失函数 $\lambda(W \mid W^*)$ 表示 W^* 被判断成 W 带来的损失。

语音识别解码器就是寻求使条件风险函数 $R(W \mid \boldsymbol{O})$ 最小化的句子假设 $\hat{W}$,即

$$\hat{W} = \underset{W}{\mathrm{argmin}} R(W \mid \boldsymbol{O}) = \underset{W}{\mathrm{argmin}} \sum_{W^*} \lambda(W \mid W^*) P(W^* \mid \boldsymbol{O}) \tag{6-205}$$

如果

$$\lambda(W \mid W^*) = \begin{cases} 0, & W = W^* \\ 1, & 其他 \end{cases} \tag{6-206}$$

则最小风险决策准则就变成最大后验概率准则,即

$$R(W \mid \boldsymbol{O}) = \sum_{W \neq W^*} P(W^* \mid \boldsymbol{O}) = 1 - P(W \mid \boldsymbol{O}) \tag{6-207}$$

$$\hat{W} = \underset{W}{\mathrm{argmin}} R(W \mid \boldsymbol{O}) = \underset{W}{\mathrm{argmax}} P(W \mid \boldsymbol{O}) \tag{6-208}$$

这样得到的最大后验概率准则只是使句子的错误率达到最小,为了使字错误率(word error rate,WER)达到最小,应该定义合适的损失函数。一般采用编辑距离(levenshtein distance)作为损失函数,以达到最小化字错误率的目的。

这时的损失函数可以表示为

$$\lambda(W \mid W^*) = L(W \mid W^*) = \sum_{i=1}^{n} l(W_i \mid W_i^*) \tag{6-209}$$

式中,W_i 和 W_i^* 分别为句子 W 和 W^* 对齐后的第 i 个字,n 是对齐后字的数目,$l(W_i \mid W_i^*)$ 表示如下:

$$l(W_i \mid W_i^*) = \begin{cases} 0, & W_i = W_i^* \\ 1, & 其他 \end{cases} \tag{6-210}$$

这样就得到了新的决策规则

$$\hat{W} = \underset{W}{\mathrm{argmin}} R(W \mid \boldsymbol{O}) = \underset{W}{\mathrm{argmin}} \sum_{W^*} L(W \mid W^*) P(W^* \mid \boldsymbol{O}) \tag{6-211}$$

6.8.3 最小字错误率解码方法

根据式(6-211)得到的解码结果具有最小的字错误率,但如果直接计算,将是一个两层迭代的过程:对所有的字串假设计算总和,以及求最小的字串假设。因此计算量很大。同时,在上述过程中还需要对齐 W 和 W^*,这也是一个耗时的过程。如何在大词汇量连续语音识别中获得具有最小字错误率的识别结果,有很多研究人员提出各种解决方法。下面介绍两种主要的方法:基于 N-best 的方法和基于 Lattice 的方法。

1. 基于 N-best 方法

假定识别结果的表示是 N-best 形式,W 和 $\hat{W}$ 是其中的字串假设。在基于 N-best 方法

中,其核心思想是求 N 个结果的中心矢量,以该矢量作为 N 个结果中的最佳候选。

$$W_c = \underset{i=1,\cdots,N}{\mathrm{argmin}} \sum_{k=1}^{N} L(\hat{W}^{(k)}, W^{(i)}) P(\hat{W}^{(k)} \mid \boldsymbol{O}) \qquad (6\text{-}212)$$

根据上式,对识别输出的 N-best 的每一个字串假设,计算它与 N-best 中其他所有候选假设的编辑距离乘上其后验概率的累计和,选择其中累计和最小的字串假设作为最终的识别结果。这个结果 W_c 称为中心假设。相对于识别器的整个搜索空间,该方法在一个较小的集合中选择最终的识别结果。

2. 基于 Lattice 的方法

由于 N-best 方法的假设搜索空间有限,而 Lattice 是一种识别假设的组合表示形式,它比 N-best 有更多的假设空间。因此,许多语音识别系统,如 HTK,对输入的语音除了产生具有最大后验概率的句子假设之外,还提供 Lattice 输出形式。

在最小贝叶斯风险解码框架下,为实现最小词错误率的解码,Mangu 提出了多个词同时对齐的方法,用来代替传统的整个句子的对齐。混淆网络即是 Lattice 中所有词全局对齐后生成的结果。如图 6-38 给出了"人民法院"对应的 Lattice 和混淆网络(confusion network,CN)。

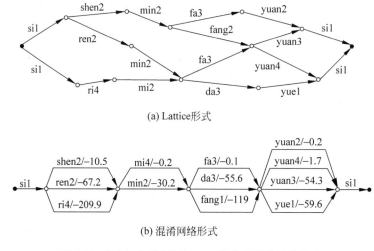

(a) Lattice形式

(b) 混淆网络形式

图 6-38 "人民法院"的 Lattice 形式和混淆网络形式

由图 6-38 可知,网格型结构的 Lattice 结果,经过聚类算法强制对齐后变成了紧密压缩的混淆网络结构,图 6-38(b)中两个结点中间的候选集合称为混淆集。混淆集中每个候选的后验概率可以通过前向-后向算法来求得。混淆网络与最小词错率准则对应,在每个混淆集中选择后验概率最大的候选,将它们连成词串就得到了词错率最小的识别结果。

1) 混淆网络生成方法

当前最优的混淆网络生成算法为 Mangu 提出的聚类算法(clustering algorithm)。它在保持原 Lattice 中偏序关系的前提下,进行有限次的对齐合并生成混淆网络。该算法的优点是能完整地保留原 Lattice 的信息,且保持偏序关系一致;缺点是计算的时间复杂度较高为 $O(N^3)$(N 是 Lattice 结构中转移弧的数目)。下面就以该算法为例介绍混淆网络的生成方法。

（1）初始化。在初始化过程中，实际上是对起始时间 st、结束时间 et 以及弧上的词串 W 全都相同的弧建立等价类。在 Lattice 中对所有的弧遍历一次就可以将满足上述条件的弧全部合并。图 6-39 为"公告还规定"经过初始化后生成的文本文件，其中不同混淆类之间用空行分开。

st=0.05	et=0.24	J=190	S=2	E=62	W=gong4	v=1	a=−1291.48	l=−7.290
st=0.18	et=0.24	J=191	S=35	E=62	W=gong4	v=1	a=−480.78	l=−5.220
st=0.18	et=0.24	J=192	S=38	E=62	W=gong4	v=1	a=−470.60	l=−5.110
st=0.18	et=0.24	J=193	S=42	E=62	W=gong4	v=1	a=−467.35	l=−4.690
st=0.05	et=0.24	J=194	S=2	E=63	W=gong1	v=1	a=−1304.29	l=−5.760
⋮								

图 6-39　Lattice 经过初始化后的文本文件

在对弧进行合并前，要利用前向-后向算法计算每个弧的后验概率，图 6-39 中最后一列的数据即为对应弧的后验概率。初始化过程要将弧的后验概率都保留下来，以便在下一步聚类中能对后验概率求和。

（2）相同词聚类。初始化并没有使所有含相同词的弧合并到一个集合，因此本步骤将那些弧上的词串相同，且有时间重叠的弧（即不存在偏序关系）都合并到一起。其中，弧之间的合并顺序是采用弧之间的相似性来确定。式(6-213)给出了两个弧的集合之间相似性的计算方法。

$$SIM(E_1, E_2) = \max_{\substack{e_1 \in E_1 \\ e_2 \in E_2}} overlap(e_1, e_2) \cdot p(e_1) \cdot p(e_2) \tag{6-213}$$

式中，e_1 和 e_2 表示两个弧，$overlap(e_1, e_2)$ 表示用这两段弧的时间长度的和归一化后的两个弧之间的时间重叠值。式(6-213)中计算的是两个弧的后验概率以及它们之间时间交叠的积，遍历所有弧的集合取最大值。由此看来，后验概率越大且时间交叠越多的两个弧最先被合并，每合并一次都要遍历所有的弧，再次说明聚类算法时间复杂度较高。

图 6-40 为"公告还规定"在进行相同词聚类后的结果。Lattice 中包含相同词的弧全部被合并到一个集合中。在此步骤需要注意两个细节问题，一是两个集合合并后时间结点的选取，这里取起始时间中较大的及结束时间中较小的结点作为新集合的时间结点。经过实验证明，虽然采用缩短原则可能会使一些本该属于该集合的词串，合并到其他集合中，但在总体上的效果是最优的。二是集合的后验概率问题，图 6-40 中第 3 列与第 4 列的信息分别是合并到一起的弧的个数，以及这些弧的后验概率的和。采用如下的方式进行后验概率的求和：

$$\ln(x+y) = \ln(x) + \ln(y/x + 1) \tag{6-214}$$

0.000000	0.050000	1	0.000000	<s>
0.050000	0.210000	2	−6.916986	guan1
0.050000	0.210000	1	−5.779752	guang3
0.050000	0.220000	2	−0.024082	gong1
⋮				

图 6-40　相同词聚类后的文件

（3）不同词聚类。

这一步骤是将所有词集合中不存在偏序关系（即有时间交叠）的集合作为合并的候选，按照语音相似性的高低来确定合并顺序，直到所有集合都满足偏序关系。集合之间语音的相似性按如下方式计算：

$$\mathrm{SIM}(F_1,F_2) = \operatorname*{avg}_{\substack{w_1 \in \mathrm{Words}(F_1) \\ w_2 \in \mathrm{Words}(F_2)}} \mathrm{sim}(w_1,w_2) \cdot p_{F_1}(w_1) \cdot p_{F_2}(w_2) \qquad (6\text{-}215)$$

式中，avg 表示计算平均值。由式(6-215)可知，其计算的是两个混淆集合中各个弧相似性的均值，其中，$p_F(w) = p(\{e \in F: \mathrm{Word}(e) = w\})$ 表示集合中某个词串在整个集合中所占的比例，$\mathrm{sim}(\cdot,\cdot)$ 表示两个词串之间的语音似然性，它等于 1 减去编辑距离除以两词串长度和。

每一个混淆集中，所有弧的后验概率的和应严格等于 1，如果在聚类中产生概率和不为 1 的情况，则会加入一个"空弧"使概率和为 1。"空弧"是为了弥补混淆集中缺失的概率，它的概率值为 1 减去其他所有弧的概率之和。

如图 6-41 给出了"公告还规定"最终生成的混淆网络文本表示形式。可以看出，Lattice 中所有的弧已经被合并为 5 个混淆集，并且每个候选词后面都列出了相应的后验概率，可以将此文本表示形式转化为图形，如图 6-42 所示。

0.000000	0.050000	0	\<s\>	0.000000	0
0.050000	0.210000	0	gong1	-0.024082	1
0.050000	0.210000	0	gong4	-3.929123	1
0.050000	0.210000	0	guan1	-6.916986	1
0.050000	0.210000	0	guang3	-5.779752	1
0.240000	0.420000	0	bao3	-5.250282	2
0.240000	0.420000	0	bao4	-0.451944	2
0.240000	0.420000	0	gao4	-2.339334	2
0.240000	0.420000	0	gao1	-1.345838	2
0.460000	0.600000	0	hai3	-5.373127	3
0.460000	0.600000	0	hai2	-0.005343	3
0.610000	0.750000	0	gui1	-0.000135	4
0.750000	1.000000	0	ding4	-0.000138	5
1.090000	1.100000	0	\</s\>	-3.343400	6

图 6-41 "公告还规定"最终生成的混淆网络文本表示形式

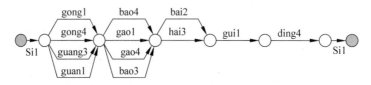

图 6-42 "公告还规定"的混淆网络图形表示

由图 6-42 可以看出,包含大量混杂候选的 Lattice 经过聚类算法转化为仅有 5 个混淆集的混淆网络,并且可以方便地从每个混淆集合中选出后验概率最大的候选。在这个混淆网络中,"gong1""bao4""hai2""gui1"和"ding4"这 5 个候选在它们各自的混淆集中后验概率最大,其中"bao4"是错误的识别结果。这就需要对混淆网络进行后处理,对识别结果进行纠错。

利用聚类算法生成的混淆网络保持了 Lattice 中原有的偏序,能够正确地表示对应的数据。

2) 混淆网络评价

混淆网络质量的评价包括两方面内容:一是影响混淆网络质量的因素,主要的指标有 Lattice 剪枝阈值,以及计算后验概率时语言学模型和声学模型之间的比例因子;二是混淆网络质量的评价,一般采用的三个指标是识别率、复杂度和失真度来评价。

(1) 影响混淆网络质量的参数。

① Lattice 剪枝阈值。在典型的 Lattice 结构中,包含一些后验概率值非常低的弧,它们是正确识别结果的可能性很低,并且这些弧可能会导致混淆网络偏序的混乱,把本不应属于一个混淆集内的候选通过这样一些弧错误地合并为一个混淆集合,这样就形成了插入错误和删除错误。

为了减少上述的偏序混乱和错误,在初始化过程中对 Lattice 进行剪枝处理。首先,定义一个阈值,把原始 Lattice 中所有后验概率低于该阈值的弧剪掉,再对剩下的弧进行相应的聚类。这样的处理将大大提高聚类算法的效率。一般情况下剪枝阈值是以一个权值乘 Lattice 中所有弧的后验概率的平均值给出的,权值可以通过实验调节。合理地选定一个剪枝阈值,不仅能够提高混淆网络的质量,而且能提高程序运行效率。

② 语言学模型与声学模型比例因子。语言学模型和声学模型比例因子的选取决定后验概率值的量级,所以它对后验概率的计算精度会产生很大影响,一般这一比例因子应依据经验值来选取。

(2) 混淆网络的识别率。混淆网络的识别率是判断混淆网络质量最重要的指标,这里的识别率有两种,一个是 Consensus 识别率,另一个是 Oracle 识别率。前者是指选取每个混淆集中后验概率最大的候选,将这些候选连成一个句子,并将它与标准标注文件相对比得到的识别率;后者是指在混淆网络中,选取与实际结果最为相近的候选,该候选与标注文件对比后得到的识别率。Oracle 识别率是 Consensus 识别率能达到的最大值。通常将 Consensus 识别率与 One-best 识别率对比,判断混淆网络的质量。

(3) 混淆网络的复杂度。混淆网络的复杂度是指该混淆网络混淆集中弧的平均个数,它与初始化过程中剪枝的阈值密切相关,反映了混淆网络能够以较少的弧数来完整地表示原始 Lattice 中全部信息的能力,计算如下:

$$C_{\mathrm{CN}} = \frac{\sum_{n=1}^{N-1} |S_n^{CN}|}{N-1} \tag{6-216}$$

式中,C_{CN} 为混淆网络中弧的平均数,S_n^{CN} 表示第 n 个混淆集,则 $|S_n^{CN}|$ 表示这个混淆集中的弧数,N 为混淆网络中结点的个数,$N-1$ 为混淆集的个数。

混淆网络的复杂度在一定程度上反映了混淆网络的紧凑程度,其值越小表明 Lattice 被压缩的程度越高,这样每个混淆集中竞争的候选越少,越容易得到正确的结果。

(4) 混淆网络的全局对齐失真。

全局对齐失真反映一个混淆集中所有竞争候选间语音相似性的平均值,它能比较客观地说明混淆集内各候选间的相似程度。定义全局对齐失真,首先要定义一个混淆集中的平均相似性:

$$D(S_n^{cn}) = \begin{cases} \dfrac{1}{|S_n^{cn}|(|S_n^{cn}|-1)} \displaystyle\sum_{\forall e_i,e_j \in S_n^{cn}, i \neq j} \text{sim}(w_{e_i}, w_{e_j}), & |S_n^{cn}| > 1 \\ 1, & |S_n^{cn}| = 1 \end{cases} \tag{6-217}$$

式中,$|S_n^{cn}|$ 等的定义与前面定义相同,$\text{sim}(w_{e_i}, w_{e_j}) \in [0,1]$ 为弧 e_i 上的词串 w_{e_i} 和弧 e_j 上的词串 w_{e_j} 之间的语音相似性,用编辑距离来度量语音的相似性。在计算平均相似性时要将每个集合中的空弧计算在内,空弧与任何弧之间的相似性定义为1,表示为 $\text{sim}(w_{e_i}, w_{e_j}) = 1$。

现在来定义混淆网络的全局对齐失真:

$$D^{cn} = \sum_{n=1}^{N-1}(1 - D(S_n^{cn})) \tag{6-218}$$

对于一个混淆网络,全局对齐失真越小,说明它越接近于实际情况,那么这个混淆网络的质量也就越好。

在上述几项影响因素和评价指标中,它们之间的关系往往是相互制约的,所以要通过大量实验来验证,找到一个性能最优的平衡点。

6.9 基于 HMM 的自适应技术

一个语音识别系统的最终目的是具有很好的系统识别性能,而能否具有这样性能的一个关键问题,就是识别模型是否很好地刻画语音特征。理论上,如果有充足的数据来训练模型参数,则最终的模型可以很好地描述训练数据的特征。但是一般系统在使用时,训练数据和测试数据之间会存在一定的不匹配,这将导致系统识别性能的下降。

由于训练好的 HMM 参数可以在一定程度上表示训练环境的情况,而实际使用时的测试数据可以反映测试环境的某些特征。因此,要使训练环境和测试环境达到匹配,可以有两种方法:一种是通过修改当前测试环境下的特征序列,使其与已经训练好的 HMM 模型参数匹配,即基于特征的自适应方法;另一种是通过少量测试环境的自适应数据修改 HMM 模型的参数,即基于模型的自适应方法。

基于特征的自适应方法和基于模型的自适应方法,虽然都可以使训练环境与测试环境匹配,但前一种方法对每帧语音特征都要使用相同的方法进行修改,效率较低。而在模型自适应方法中,将模型参数做一次改变,就可以对当前环境所有的特征序列有效,因此效率要相对高些。

由于 HMM 技术是语音识别系统中的主流方法之一,因此,这里着重考虑基于 HMM 模型参数的自适应方法。基于 HMM 模型参数自适应的方法大致可以分为两大类:一是 Bayesian 理论框架下的自适应算法;二是基于变换的自适应算法。

6.9.1 基于 Bayesian 理论的自适应方法

在基于 Bayesian 方法中,一般采用最大后验(maximum a posteriori,MAP)估计准则。假定待估计的参数是一个随机变量,它服从某种先验分布。如果 O 表示自适应数据,u 表示待估计的参数,$p(u)$ 为该参数的先验分布,则使用 MAP 准则,有

$$u_{\text{MAP}} = \underset{u}{\arg\max} p(u \mid O) \propto \underset{u}{\arg\max} p(O \mid u) p(u) \qquad (6\text{-}219)$$

可以看出,MAP 自适应方法的实质是将先验知识 $p(u)$ 和从自适应数据中得到的知识 $p(O|u)$ 结合起来。在 HMM 框架中,假设每个状态的观察输出概率是服从高斯分布的,并对均值做相应的自适应操作,则待估参数为状态 i 上的均值 u_i,它的先验分布为 $p(u_i)$。一般情况下,这个先验分布可以假设为

$$p(u_i) \propto \exp\left(-\frac{\tau_i}{2}(u_i - m_i)^t \sum_i^{-1} (u_i - m_i)\right) \qquad (6\text{-}220)$$

式中,m_i 和 τ_i 分别是先验分布的均值和一个调整参数,而 u_i 和 $\sum_i$ 为自适应前模型的均值和方差。

这样就可以使用 EM 算法进行参数估计,其中的 $Q()$ 函数定义如下:

$$Q(\lambda, \hat{\lambda}) = 常量 + \sum_{\theta \in \Theta} P(O, Q \mid \lambda) \log(P(O, Q \mid \hat{\lambda}) p(u_i)) \qquad (6\text{-}221)$$

式中,Θ 为所有可能的状态序列的集合,λ 为 HMM 的模型参数,其中包含了待估计的参数 μ_i,$P(O, Q|\lambda)$ 为给定 λ 时,状态系列 Q 输出语音特征矢量序列 O 的概率。

上述方程和正常 $Q()$ 函数的不同点在于引入了 u_i 的先验知识。将该 Q 函数对 u_i 求偏导,并令其为零,可以得到关于 u_i 的估计公式。对一遍自适应数据的情况,u_i 的估计为

$$\hat{\mu}_i = \frac{\sum_{t=1}^{T} \gamma_i(t) o(t) + \tau_i m_i}{\sum_{t=1}^{T} \gamma_i(t) + \tau_i} = \frac{\bar{o}_i(t) + \dfrac{\tau_i m_i}{\sum_{t=1}^{T} \gamma_i(t)}}{1 + \dfrac{\tau_i}{\sum_{t=1}^{T} \gamma_i(t)}} = \beta \bar{o}_i(t) + (1 - \beta) m_i \qquad (6\text{-}222)$$

式中,$o(t)$ 是 O 在 t 时刻($1 \leqslant t \leqslant T$)的特征矢量,$\gamma_i(t)$ 是在 t 时刻处于状态 i 的后验概率,

$$\bar{o}_i(t) = \frac{\sum_{t=1}^{T} \gamma_i(t) o(t)}{\sum_{t=1}^{T} \gamma_i(t)}, \beta = \frac{1}{1 + \dfrac{\tau_i}{\sum_{t=1}^{T} \gamma_i(t)}}。$$

从上式可以看出,自适应后的均值矢量实质是在初始值和自适应数据的均值之间的线性插值。自适应数据量越大,β 值越大,自适应后的均值越接近自适应数据样本均值;相反,如果自适应数据量越少,自适应后的均值越依赖于初始均值。如果自适应数据无限多,则这时的 MAP 估计等价于最大似然估计;而在没有自适应数据的情况下,上式的结果等于初始值,相当于没有任何自适应操作。这也是 MAP 方法的最大的缺点。

针对 MAP 方法的上述缺点,Zavaliagkos 提出扩展 MAP 方法(EMAP),将均值做相应捆绑,把所有高斯分布的均值构造一个大的均值矩阵,在这个均值矩阵的基础上应用 MAP

方法,对整个均值矩阵做类似的插值自适应。这种方法假设每个高斯分布的均值之间存在一定的相关性,这样在某个均值没有自适应数据的前提下,利用这种相关性也可以进行一定的自适应操作。Rozzi 和 Stern 用 LMS 算法来实现 EMAP 方法,提高了 EMAP 方法的计算效率。另外,Shinoda 和 Lee 提出 Structured MAP 方法,这种方法用一个树形的结构估计参数,上一层的结点作为下一层结点的先验知识,最后将各层次的参数值加权结合,并且权值可以随着自适应数据的变化而变化。Ahadi 和 Woodland 提出一种基于回归的模型预测方法(RMP),这种方法假设不同语音模型系数之间的关系可以用线性函数表示,对于没有自适应数据的语音模型,用自适应后的结果及线性关系预测该模型的自适应结果。

6.9.2 基于变换的自适应方法

基于变换的自适应方法,不是直接对 HMM 的某个参数进行估计,而是假设自适应后的参数与没有自适应前的参数之间存在某种函数关系,利用自适应数据可以将该函数的参数估计出来,并根据前述的这种变换关系得到自适应后的参数值。在这种方法中,一般采用最大似然准则,假设未知参数固定,而不是一个随机变量。与 MAP 准则相比,在最大似然准则中因为未知参数是固定的,所以没有先验的分布知识。它的目标是使自适应数据的似然度最大,可表示为

$$u_{\mathrm{ML}} = \underset{u}{\arg\max}\, p(\boldsymbol{O} \mid \boldsymbol{u}) \tag{6-223}$$

在基于变换的自适应方法中,可以将待估计参数做相应的捆绑,这样在没有自适应数据的前提下,也可以根据捆绑信息对参数做一定的修改,这也是这类方法的最大优点。

最典型的基于变换的自适应方法是 Leggetter 提出的最大似然线性回归(maximum likelihood linear regression,MLLR)方法。它是在 Cox 提出的线性回归模型思想基础上得到的。在 MLLR 方法中,假定自适应前的均值矢量和自适应后的均值矢量之间存在一定的线性关系:

$$\hat{\boldsymbol{\mu}} = \boldsymbol{A}\boldsymbol{\mu} + \boldsymbol{b} = \boldsymbol{W}\boldsymbol{\xi} \tag{6-224}$$

式中,$\boldsymbol{W}$ 为 $[\boldsymbol{b}\ \boldsymbol{A}]$,$\boldsymbol{\xi}$ 为 $[1,\ \boldsymbol{\mu}']'$。

利用一定的自适应数据,可以在最大似然准则的基础上估计出变换矩阵 $\boldsymbol{W}$。为了减少估计参数的数量,相应地扩大自适应数据的数量,在 MLLR 方法中引入了回归类的概念。笼统地说,一个回归类就是使用相同变换矩阵的一组均值矢量。这样在估计变换矩阵 $\boldsymbol{W}$ 时,可以利用所有属于这个回归类的自适应数据来估计。变换矩阵估计出来后,在具体自适应时,如果某个均值矢量没有相应的自适应数据,只要找到它所属的回归类,使用该回归类的变换矩阵就可以对这个均值矢量做自适应变换。一般回归类可以静态地采用某种距离测度来确定,也可以通过动态构造回归树的方法确定回归类的数目。对于一个小规模的 HMM 系统,回归树中叶子结点表示一个单独的分量,高一层表示分量之间基于距离测度的相似的一组分量,根结点包含所有的混合分量。当 HMM 具有多个混合分量时,用单独的一个分量作为叶子结点不合适,这时的叶子结点是基于初始聚类的基本类,每一个基本类包含一组距离测度相近的分量。对变换矩阵 $\boldsymbol{W}$ 估计的方法和 HMM 重估算法有些类似,其中

的 Q 函数形式一样,即

$$Q(\lambda,\bar{\lambda}) = 常量 + \sum_{\theta\in\Theta} P(\boldsymbol{O},\boldsymbol{Q}\mid\lambda)\log(P(\boldsymbol{Q},\boldsymbol{O}\mid\bar{\lambda}))$$

$$= 常量 + P(\boldsymbol{O}\mid\lambda)\sum_{j=1}^{N}\sum_{t=1}^{T}\gamma_j(t)\log b_j(\boldsymbol{o}_t) \tag{6-225}$$

在观察输出概率的具体表达形式中,均值带入 $\hat{\boldsymbol{\mu}}=\boldsymbol{W}\boldsymbol{\xi}$ 将变换矩阵引入到 $Q()$ 函数中,通过 $Q()$ 函数对变换矩阵求导,并令其为零可得到方程组为

$$\frac{\mathrm{d}}{\mathrm{d}\boldsymbol{W}_j}Q(\lambda,\bar{\lambda}) = P(\boldsymbol{O}\mid\lambda)\sum_{t=1}^{T}\gamma_j(t)\sum_{j}^{-1}(\boldsymbol{o}_t-\boldsymbol{W}_j\boldsymbol{\xi}_j)\,\boldsymbol{\xi}_j^T = 0 \tag{6-226}$$

$$\sum_{t=1}^{T}\gamma_j(t)\sum_{j}^{-1}\boldsymbol{o}_t\boldsymbol{\xi}_j^T = \sum_{t=1}^{T}\gamma_j(t)\sum_{j}^{-1}\boldsymbol{W}\boldsymbol{\xi}_j\boldsymbol{\xi}_j^T \tag{6-227}$$

对这个方程组使用高斯消元法可求出对变换矩阵的估计值。

　　Gales 和 Woodland 在 MLLR 框架下实现了对均值和方差都做自适应的方法,也获得了较好的效果,但对方差的变换参数估计时的计算代价巨大。无论是对均值做自适应变换,还是对均值和方差都做相应的自适应变换,实验结果都证实了这种方法对少量自适应数据情况下的效果较好。

　　在基于变换的自适应方法中,除了采用式(6-224)的变换形式外,还有一些其他的变换形式。如在随机匹配(stochastic match)算法中,采用一种平移变换,这是式(6-224)中 A 矩阵为单位阵时的特殊情况。由于实际语音空间的非线性关系,人们也采用相应的非线性变换来刻画这种关系。目前的非线性变换算法主要采用分段线性变换方法和人工神经网络等方法。但由于非线性变换在数学处理上的难度,其性能目前还不是十分理想。

　　总体而言,基于变换方法及其改进方法是一种非常有效的自适应方法,其最大的优点是利用了参数之间的关系,使得没有自适应数据的模型参数也可以得到一定程度的自适应。在少量自适应数据前提下可以实现快速的自适应,但基于变换的方法缺少严格的理论依据。

　　基于 Bayesian 框架的自适应方法的优点是利用了参数的一些先验知识,并且当自适应数据足够大时,其模型收敛于从新环境收集到的数据重新训练的模型,这种方法具有较好的一致性和渐近性。但当数据量过少,或者当原始模型和新模型相差较大时,这种方法对系统的性能改善不大,甚至会下降。有研究者试图将这两种方法的优点结合起来,或采用其他的方法来处理模型参数自适应问题。例如,Ohkura 提出一种矢量场平滑方法来克服训练数据不充分的情况。这种方法假设均值矢量的训练轨迹是一个平滑的矢量场。由于自适应数据较少,有些均值矢量无法进行正常的自适应操作,这时可以用该矢量周围已经做了自适应的均值矢量和它的初始值之间插值来作为该矢量的估计值,并在此基础上进一步平滑得到最后估计结果。这种方法假设各模型参数之间的关系是一种线性回归的关系,并利用已有的特定模型参数(模拟目标参数)和初始模型参数(原参数)估计出线性回归系数。这种方法的缺点是需要已知一些模拟目标参数,而这些模拟目标参数与真正的目标参数之间会有一定的偏差,因此会带来额外的附加误差;虽然在该方法中用附加方差来表示这部分误差,但也会影响识别效果,并且这些模拟目标参数在一些应用环境中也不宜

获得。

从前面介绍的这些方法可以看出,未来语音识别中自适应技术研究的重点内容包括:①快速自适应算法的研究,这要求在极少自适应数据前提下快速调整模型参数实现自适应,需要考虑在训练数据不充分的情况下,如何在估计参数数量和刻画映射关系粗细上找到最佳的平衡点,这方面的研究对口语对话系统等应用非常重要;②将上述两类方法在统一的理论框架中结合,虽然目前有一些方法试图将这两类技术的优点结合起来,但效果不是很令人满意,并且缺乏坚实的理论基础;③在基于变换的自适应方法中,非线性变换方法仍有很大的发展空间。如何选择非线性变换的形式,以及采用什么算法进行参数估计都会对最终结果产生重要影响。

6.10　基于深度学习的语音识别技术

多年来,基于 GMM-HMM 的语音识别技术一直在本领域占据着主导地位。尽管在 20世纪 80 年代,研究者也曾尝试着在语音识别研究中引入人工神经网络(artificial neural network, ANN)的方法,用于声学建模,并使用反向传播(back propagation,BP)算法来进行训练,但由于当时机器运算能力的限制及多层网络训练的复杂性,其效果并不理想。直到2010 年,在学术界和工业界的紧密合作下,深度学习和深度神经网络(deep neural network,DNN)技术开始对语音识别领域产生重要的影响,其识别错误率才显著下降。基于 DNN 的语音识别技术是深度学习方法在工业界的第一个成功应用,具有里程碑式的意义。

深度学习是机器学习的子领域,它是对多层表示和抽象的学习,通过多层表示来对数据之间的复杂关系进行建模。它比传统的浅层模型拥有更多层的非线性变换,使得其在表达和建模能力上更加强大,因而在语音这种复杂信号的处理上更具优势。目前,基于深度学习的语音识别技术已经得到了学术界和工业界的高度重视,并不断取得突破性进展。其发展历程可大体分为三个阶段:①基于 DNN-HMM 的语音识别技术;②基于循环神经网络(Recurrent Neural Networks,RNN)的语音识别技术;③端到端(End to End)的语音识别技术。下面分别来介绍这些典型的技术。

6.10.1　基于 DNN-HMM 的语音识别技术

基于 DNN-HMM 的语音识别声学模型结构如图 6-43 所示。与传统的基于 GMM-HMM 的声学模型相比,唯一的不同点在于用 DNN 替换了 GMM 来对输入语音信号的观察概率进行建模。DNN 与 GMM 相比具有如下的优点:① DNN 不需要对声学特征所服从的分布进行假设;② DNN 的输入可以采用连续的拼接帧,因而可以更好地利用上下文的信息;③ DNN 的训练过程可以采用随机优化算法来实现,而不是采用传统的批优化算法,因此当训练数据规模较大时也能进行非常高效的训练,显然,训练数据规模越大,所得到的声学模型就越精确,也就越有利于提高语音识别的性能;④在发音模式分类上,DNN 这种区分式模型也要比 GMM 这种产生式模型更加合适。

DNN 的输入是传统的语音波形经过加窗、分帧,然后提取出来的频谱特征,如 MFCC、

PLP 或更底层的滤波器组(filter bank,FBK)声学特征等。FBK 特征多利用 Mel 滤波器组在功率谱上进行滤波并计算对数能量,然后采用其规整值来表示。目前,FBK 特征获得了广泛的成功,证明了原始语音频谱对基于 DNN 的语音识别技术的重要性。与传统的 GMM 采用单帧特征作为输入不同,DNN 将相邻的若干帧进行拼接来得到一个包含更多信息的输入向量。研究表明,采用拼接帧作为输入是 DNN 相比 GMM 能获得明显性能提升的关键因素之一。

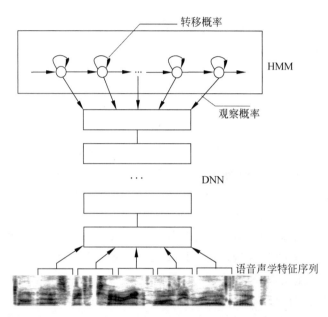

图 6-43　基于 DNN-HMM 的语音识别声学模型结构

DNN 输出向量的维度对应 HMM 中状态的个数,通常每一维输出对应一个绑定的 triphone 状态。训练时,为了得到每一帧语音在 DNN 上的目标输出值(标注值),需要通过事先训练好的 GMM-HMM 识别系统在训练语料上进行强制对齐(Force alignment)。即要训练一个 DNN-HMM 声学模型,首先需要训练一个 GMM-HMM 声学模型,并通过基于 Viterbi 算法的强制对齐方法给每个语音帧打上一个 HMM 状态标签,然后依此状态标签,训练一个基于 DNN 训练算法的 DNN 模型。最后用 DNN 模型替换 HMM 模型中计算观察概率的 GMM 部分,但保留转移概率和初始概率等其他部分。

早期的 DNN 一般采用前馈神经网络结构,其本质上是一个包含多个隐层的多层感知机。它采用层级的结构,分为输入层、隐层和输出层。相邻层的神经元结点采用全连接的方式,而在同一层的结点之间则不存在连接。隐层神经元结点的输出(激活值)是前一层输出向量和当前层网络权重的线性加权和,再通过非线性激活函数得到。对于包含 L 个隐层的 DNN,假设其输入为 $\boldsymbol{h}^0 = \boldsymbol{o}_t$,则各隐层的输出向量 $\boldsymbol{h}^l$ 可如下计算

$$\boldsymbol{a}^l = \boldsymbol{W}^l \boldsymbol{h}^{l-1} + \boldsymbol{b}^l, \quad 1 \leqslant l \leqslant L+1 \tag{6-228}$$

$$\boldsymbol{h}^l = f(\boldsymbol{a}^l), \quad 1 \leqslant l \leqslant L \tag{6-229}$$

其中 $\boldsymbol{W}^l$ 和 $\boldsymbol{b}^l$ 分别表示网络第 l 层的权重和偏置向量。$f(\cdot)$ 表示隐层结点的非线性激活函数。传统的 DNN 普遍采用 Sigmoid() 激活函数,其函数表达式如下

$$f(a) = \frac{1}{1+e^{-a}} \tag{6-230}$$

DNN 的输出层通常采用 Softmax() 函数对输入观察样本的后验概率分布进行建模,其第 i 维输出为

$$y_i = P(i \mid \boldsymbol{o}_t) = h_i^{L+1} = \frac{e^{-a_i^{L+1}}}{\sum_j e^{-a_j^{L+1}}} \tag{6-231}$$

DNN 的优化目标函数常采用最小交叉熵(cross-entropy,CE)准则和最小均方误差(mean square error,MSE)准则等。在语音识别中采用 CE 准则更加普遍,它可以表示为如下的优化问题

$$\theta^* = \underset{\theta}{\operatorname{argmin}}\left[-\sum_t \log y_{s(t)}\right] \tag{6-232}$$

其中,$\boldsymbol{\theta} = \{\boldsymbol{W}^l, \boldsymbol{b}^l \mid l=1,2,\cdots,L+1\}$,表示 DNN 中所有参数的集合,$s(t)$ 是声学特征向量 $\boldsymbol{o}_t$ 所对应的 HMM 状态标签。该优化问题是高维且非凸的,通常采用基于随机梯度下降的 BP 算法来进行优化。BP 算法的核心思想是通过链式求导法则,计算出相对于目标函数的每层输出的反向传播误差信号,然后进一步得到网络参数的梯度。

研究发现,对上述神经网络采用 BP 算法直接进行训练往往效果不佳,这也导致了早期基于 ANN 的混合声学模型未能得到成功应用。究其原因在于:①多层神经网络参数优化是一个高维非凸优化问题,常收敛到较差的局部解,尤其是在使用随机初始化的权重参数作为学习起点的情况下,这种现象表现得更加突出;②梯度消失问题。BP 算法计算出的误差会从输出层开始向下呈指数衰减,这样计算出的各层梯度也会随着深度的变化而显著下降,导致靠近输出层的隐层能够训练得比较好,而靠近输入层的隐层则几乎不能得到有效训练。为此,研究者们提出了若干无监督的逐层预训练算法来进行网络参数的初始化,这相当于在权重参数空间寻找一个相对合理的点来作为学习过程的起点,以此来减少算法陷入局部最优的可能性。预训练步骤完成后,可以用其权重参数来对一个标准前馈 DNN 进行初始化,之后就可以用 BP 算法对 DNN 网络的权重参数进行精细调整。这样的预训练方法包括基于深度置信网(deep belief network,DBN)的方法和基于深度自编码器(auto-encoder,AE)神经网的方法等。下面我们来介绍一下这两种方法。

1. 基于 DBN 的预训练方法

DBN 由多个受限玻尔兹曼机(restricted boltzmann machines,RBM)层层堆叠而成,其主要成分是 RBM。RBM 是一种具有特殊结构的马尔科夫随机场(markov random field,MRF),图 6-44 给出了一个 RBM 的示意图。它是一个包含两层结构的神经网络,分别称为显层(可见层)和隐层,也是对结构进行了一定限制的玻尔兹曼机。不同于玻尔兹曼机中所有结点两两之间存在着对称连接的网络结构,受限玻尔兹曼机的对称连接只存在于显层结点与隐层结点之间,而在显层结点和隐层结点内部没有任何形式的连接。可以认为层间是全连接的,层内是无连接的。记 RBM 的显层结点向量为 $\boldsymbol{v}=[v_1,v_2,\cdots,v_V]$,隐层结点向量为 $\boldsymbol{h}=[h_1,h_2,\cdots,h_H]$,其中,$V$ 和 H 分别表示显层和隐层结点的数目。显层的神经元结点的状态由输入数据决定,隐层的状态则可以自由定义,其数目的多少决定了 RBM 模型的复杂程度。隐层结点根据抓取的输入向量中的高阶统计相关性来解释和发现其所包含的潜在规律。因此,RBM 的训练可以被视为一个无监督的学习过程,使用隐变量来描述输入数据

的分布,而在这一过程中并没有涉及数据的标签信息。

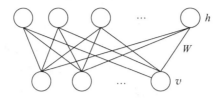

图 6-44 受限玻尔兹曼机结构示意图

RBM 作为一种条件随机场,每个神经元结点描述了一个随机变量的分布情况,可以采用高斯分布和伯努利分布两种形式,对语音这种连续变量而言前者更加适合。借鉴分子热力学中的能量理论,可以根据各状态的情况为 RBM 定义出相应的能量函数。

对伯努利分布,RBM 的能量函数定义为

$$E(\boldsymbol{v},\boldsymbol{h};\boldsymbol{\theta}) = -\boldsymbol{v}^{\mathrm{T}}\boldsymbol{W}\boldsymbol{h} - \boldsymbol{a}^{\mathrm{T}}\boldsymbol{v} - \boldsymbol{b}^{\mathrm{T}}\boldsymbol{h}$$

$$= -\sum_{i=1}^{V} v_i a_i - \sum_{j=1}^{H} h_j b_j - \sum_{i=1}^{V}\sum_{j=1}^{H} v_i w_{ij} h_j \qquad (6\text{-}233)$$

对高斯分布,RBM 的能量函数定义为

$$E(\boldsymbol{v},\boldsymbol{h};\boldsymbol{\theta}) = (\boldsymbol{v}-\boldsymbol{a})^{\mathrm{T}}(\boldsymbol{v}-\boldsymbol{a}) - \boldsymbol{v}^{\mathrm{T}}\boldsymbol{W}\boldsymbol{h} - \boldsymbol{b}^{\mathrm{T}}\boldsymbol{h}$$

$$= \sum_{i=1}^{V}(v_i - a_i)^2 - \sum_{j=1}^{H} h_j b_j - \sum_{i=1}^{V}\sum_{j=1}^{H} v_i w_{ij} h_j \qquad (6\text{-}234)$$

其中,RBM 模型参数为 $\boldsymbol{\theta} = \{\boldsymbol{W},\boldsymbol{a},\boldsymbol{b}\}$,$w_{ij}$ 表示显层第 i 个结点和隐层第 j 个结点之间的权重,a_i 和 b_j 分别代表显层结点 i 和隐层结点 j 的偏置大小。根据吉布斯分布,可以得出 RBM 选择处于当前状态$(\boldsymbol{v},\boldsymbol{h})$时的概率为

$$P(\boldsymbol{v},\boldsymbol{h};\boldsymbol{\theta}) = \frac{1}{Z}\exp(-E(\boldsymbol{v},\boldsymbol{h};\boldsymbol{\theta})) \qquad (6\text{-}235)$$

$$Z = \sum_{v}\sum_{h}\exp(-E(\boldsymbol{v},\boldsymbol{h};\boldsymbol{\theta})) \qquad (6\text{-}236)$$

这个概率可以认为是显层状态和隐层状态的联合概率分布,由当前状态的 RBM 的能量被所有可能状态下 RBM 的能量按指数规则进行规整得到,其中 $Z(\ )$是配分函数,它是将所有状态下 RBM 的能量都考虑进来的一个规整项。因此,从上述联合分布可以导出显层状态向量的边缘分布:

$$P(\boldsymbol{v};\boldsymbol{\theta}) = \frac{1}{Z}\sum_{h}\exp(-E(\boldsymbol{v},\boldsymbol{h};\boldsymbol{\theta})) \qquad (6\text{-}237)$$

进而可以推导出采用伯努利分布时的条件概率为

$$P(h_j = 1 \mid \boldsymbol{v};\boldsymbol{\theta}) = f\Big(\sum_{i=1}^{V} w_{ij} v_i + b_j\Big) \qquad (6\text{-}238)$$

$$P(v_i = 1 \mid \boldsymbol{h};\boldsymbol{\theta}) = f\Big(\sum_{j=1}^{H} w_{ij} h_j + a_i\Big) \qquad (6\text{-}239)$$

和采用高斯分布时的条件概率为

$$P(h_j = 1 \mid \boldsymbol{v};\boldsymbol{\theta}) = f\Big(\sum_{i=1}^{V} w_{ij} v_i + b_j\Big) \qquad (6\text{-}240)$$

$$P(v_i \mid \boldsymbol{h};\boldsymbol{\theta}) = N\left(\sum_{j=1}^{H} w_{ij}h_j + a_i, 1\right) \tag{6-241}$$

其中 $f(\cdot)$ 是 Sigmoid 函数，$N(\cdot)$ 是高斯函数。

RBM 模型参数可以使用最大似然准则来进行学习。学习的目标是使得 RBM 显层状态的边缘分布尽可能地接近真实的数据分布，即训练过程中需要优化的目标函数是输入数据的似然值。优化问题的解为使得数据似然值最大的参数，即

$$\boldsymbol{\theta}^* = \underset{\theta}{\mathrm{argmin}}\log P(\boldsymbol{v};\boldsymbol{\theta}) \tag{6-242}$$

然而，上述似然函数中存在着配分函数项 Z，它是一个无穷项的求和，是 $\boldsymbol{\theta}$ 的复杂的非线性函数，无法简单的通过解析表达式来表示，这也是 RBM 的训练过程异常复杂的原因所在。

在 RBM 的训练过程中，采用梯度下降的方法进行迭代优化时，由于配分函数项的存在，导致无法准确地估计出当前参数下的梯度值，因此需要对梯度进行近似。可以推导式(6-242)的参数梯度公式为

$$\Delta w_{ij} = E_{\mathrm{data}}(v_i h_j) - E_{\mathrm{model}}(v_i h_j) \tag{6-243}$$

$$\Delta a_i = E_{\mathrm{data}}(v_i) - E_{\mathrm{model}}(v_i) \tag{6-244}$$

$$\Delta b_j = E_{\mathrm{data}}(h_j) - E_{\mathrm{model}}(h_j) \tag{6-245}$$

其中，$E_{\mathrm{data}}(\cdot)$ 是训练集中观测数据的期望，它是可以计算的项。而 $E_{\mathrm{model}}(\cdot)$ 则是在模型所确定的分布上的期望，由于模型的分布无法得知，因此它只能近似的估计。通常采用 Hinton 提出的基于对比散度(contrastive divergence, CD)的快速算法来近似的计算。CD 是一种有效近似期望值的方法，本质上是一种基于马尔可夫链蒙特卡洛(markov chain monte carlo, MCMC)随机采样理论的吉布斯采样方法，用由训练数据初始化的吉布斯采样器来代替 $E_{\mathrm{model}}(\cdot)$。经常被采用的 CD-1 算法的计算步骤如下：

(1) 使用训练数据初始化 $\boldsymbol{v}_0$；

(2) 采样 $\boldsymbol{h}_0 \sim P(\boldsymbol{h} \mid \boldsymbol{v}_0;\boldsymbol{\theta})$；

(3) 采样 $\boldsymbol{v}_1 \sim P(\boldsymbol{v} \mid \boldsymbol{h}_0;\boldsymbol{\theta})$；

(4) 采样 $\boldsymbol{h}_1 \sim P(\boldsymbol{h} \mid \boldsymbol{v}_1;\boldsymbol{\theta})$

而 $(\boldsymbol{v}_1, \boldsymbol{h}_1)$ 就被认为是从模型中采样得到，它是对 $E_{\mathrm{model}}(\cdot)$ 的一个粗略估计。

DBN 是采用贪心的逐层训练过程堆叠 RBM 得到的。在按照上述方法训练完一个 RBM 后，把学习得到的权重固定住，将该 RBM 的隐层状态作为另一个 RBM 的输入数据，从而可以训练得到一个新的隐层。这个过程重复多次，就可堆叠成一个多层的产生式 DBN 模型。构成 DBN 后，在最上一层的后面增加一个 Softmax 输出层，就能构成一个自下而上的前馈深层，且具有区分性的 DNN 网络。同时其连接权重已经由 RBM 预训练过程得到。

2. 基于深度自编码器神经网的预训练方法

深度自编码器神经网也是一种无监督模型，其输出向量与输入向量同维，训练的目标是使其目标值等于输入值，即尝试逼近一个恒等函数。这样就可以将其隐层激活值看作为对原始数据的压缩表示或有效编码。通常也采用逐层贪婪训练法来训练深度自编码器神经网。每次采用基于随机梯度下降的 BP 算法来训练仅一个隐层的自编码器神经网，然后将其堆叠在一起构成深度网络。这样的深度自编码器网络也被称为栈式自编码器神经网络。其训练过程如下：先利用原始输入数据训练一个单隐层自编码器网络，学习其权重参数，从而得到第一个隐层。然后将其隐层神经元激活值组成的向量作为输入，继续训练一个新的

单隐层自编码器网络,从而得到第二个隐层及其权重参数,以此类推。同样,最后增加一个 Softmax 层作为输出。这样也能构成一个自下而上的前馈深层且具有区分性的 DNN,并能得到其网络参数的一个有效初值,可以对其进行进一步的基于 BP 算法的有监督的精调训练。

对 DNN 首先进行无监督的预训练,然后进行有监督的调整是 DNN-HMM 声学模型能够成功应用于语音识别任务,并在性能上超越 GMM-HMM 的主要原因之一。无监督预训练避免了有监督训练时常常过拟合于泛化能力很差的局部极值点的问题,而逐层的贪婪训练弥补了梯度消失问题带来的影响。然而深度学习技术发展迅猛,从近年的研究进展看,预训练的重要性日益降低,原因大致有以下几点:①使用海量数据进行训练能有效避免过拟合问题,Dropout 等随机优化算法的出现,也极大提高了 DNN 模型的泛化能力;②采用整流线性单元(rectified linear units,ReLU)作为激活函数,以及采用卷积神经网络(convolutional neural networks,CNN),这种深度网络结构也成功地减小了梯度消失问题的影响。下面将简要介绍一下 ReLU 和 CNN。

1) ReLU

相关的研究表明,采用基于 ReLU()激活函数的 DNN 与采用基于 Sigmoid()激活函数的 DNN 相比,不仅可以获得更好的性能,而且不需要进行预训练,可以直接采用随机初始化。其函数表达式如下:

$$f(a) = \max(0, a) \tag{6-246}$$

2) CNN

近年的研究显示,基于 CNN 的语音声学模型与传统 DNN 的模型相比,可以获得更好的性能,究其原因在于:①CNN 具有局部连接和权重共享的特点,以及很好的平移不变性。因而将卷积神经网络的思想应用到语音识别的声学建模中,就可以利用卷积的不变性来克服语音信号本身的多样性,如说话人的多样性(说话人自身及说话人间)、环境的多样性等,从而增强声学模型的顽健性。②CNN 也是一个更适合对大数据进行建模的深度网络结构,尤其是近几年来,以 ResNet 和 Highway 网络为代表的深度 CNN 的研究工作,对语音识别的研究起到了很好的促进作用。

CNN 是一种经典的前馈神经网络,是受生物学上感受野机制启发而来。它本质上是一种基于有监督学习的数学模型,由多个卷积层和池化层交替出现构成整个网络的前端,用于特征提取和表示,在后端由多个全连接层用于对提取到的局部特征进行全局上的整合与变换。网络的最终输出会根据任务的不同而动态调整。与传统的 DNN 网络结构相比,CNN 能够从大量的训练数据中提取有效且泛化能力强的特征,因而非常适合于分类任务。

一个典型的 CNN 网络结构如图 6-45 所示,其中卷积层是整个网络最为核心的部分,它通过卷积核对输入进行卷积操作以获取输出。这里可以将卷积操作理解为线性加权运算,卷积层的输出称之为特征图。一般会采用多个卷积核来学习不同层次的特征,这样便会得到多个特征图。不同于全连接网络,卷积层的卷积核只会与输入中的某些局部区域相连接,这样不仅能有效降低网络的连接数量,而且也可以获取丰富的局部结构化特征。此外,同一层之间相同的卷积核会共享参数,这进一步降低了需要训练的网络参数的规模。在卷积层,特征图也要通过激活函数进行非线性处理,在 CNN 中一般也采用 ReLU 作为激活函数。

池化层又称为下采样层,它主要对上一层得到的特征图进行压缩。在实际应用中以最

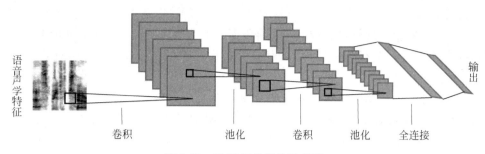

卷积　　　　　池化　　　卷积　　池化　　全连接

图 6-45　CNN 网络结构示意图

大池化(max-pooling)和均匀池化(average-pooling)最为常见。最大池化会对池化域内的特征点取最大值,而均匀池化则对池化域内的特征点取平均值。池化操作不仅能显著压缩数据规模,减少训练参数,更重要的是它能使网络获得某种不变性,以增强自身的顽健性。就语音识别而言,它能够使识别系统对因噪声带来的频率偏移,以及不同说话方式带来的平移有一定的容错能力。

全连接层就是普通的前馈网。CNN 在完成卷积或者池化后一般需要接入全连接层,但在此之前需要完成光栅化操作。所谓光栅化是指将最后输出的特征图依次展开,重新构造成一个特征向量。全连接层能够将卷积和池化操作后提取到的局部特征在更高的维度上进行全局的信息整合。

CNN 也是一种前馈神经网络,它的训练算法也是基于链式法则求梯度,然后用随机梯度下降方法求优。计算梯度的过程与传统的 BP 算法十分类似,即首先前向计算误差项,然后再进行误差的反向传播。只不过由于池化层通过下采样操作对输入数据进行了压缩,因此需要在误差的反向传播过程中,采用上采样函数将误差矩阵还原至压缩之前,并重新对误差进行分配。

6.10.2　基于 RNN 的语音识别技术

语音信号是一种非平稳的时序信号,对其长时时序动态相关性进行有效的建模至关重要。对基于 DNN-HMM 的语音识别系统而言,其声学模型是 DNN 和 HMM 的混合,DNN 仅能静态的计算各语音帧声学特征的观察概率,因而仍旧需要依赖 HMM 中的转移概率矩阵,来对语音信号中的动态时序信息进行评价和估计。只有将这两种由不同训练方法得到的模型结合在一起,才能完成语音识别任务。因此,对语音识别任务而言,能对上述两方面信息直接建模的方法极具吸引力。RNN 就是一种能够满足这种需求的深度网络模型,如图 6-46 所示。

RNN 在隐层上增加了一个反馈连接,也就是说,RNN 隐层神经元当前时刻的输入有一部分是该隐层的前一时刻的输出向量,使得 RNN 可以通过这些循环反馈连接"看"到前面所有时刻的信息,这就赋予了 RNN 记忆的功能。RNN 的这些特点,使其非常适合于对时序信号进行建模。在 RNN 中,隐层的第 i 个神经元在 t 时刻的输出 h_i^t 可以依照如下公式计算:

$$a_i^t = \sum_{j=1}^{J} w_{ji} x_j^t + \sum_{k=1}^{K} \bar{w}_{ki} h_k^{t-1} \tag{6-247}$$

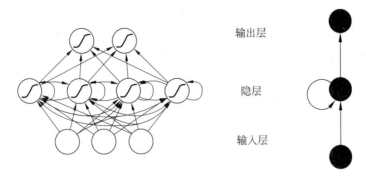

图 6-46　RNN 网络结构示意图

$$h_i^t = f(a_i^t) \tag{6-248}$$

式中，x_j^t 为 t 时刻输入向量的第 j 维，可以是语音特征向量，也可以来自网络前一层的输出，即 RNN 的隐层之前可以是其他网络层，如 DNN、CNN 或 RNN 的网络层等。w_{ji} 为隐层第 i 个神经元与输入层（前层）第 j 个神经元间的连接权重，而 $\overline{w}_{ki}$ 是隐层第 i 个神经元与前一时刻本层第 k 个神经元间的连接权重。K 是隐层神经元的数量，J 是输入层（前层）神经元的数量。在 RNN 中，激活函数常采用 tanh 函数。

RNN 训练采用的是延时间展开的反向传播算法（back propagation through time，BPTT），其中仅误差项反向传播的递推公式与 BP 算法有差异，具体表示如下：

$$\delta_i^t = f'(a_i^t)\left(\sum_{n=1}^{N} \delta_n^t w_{in} + \sum_{j=1}^{J} \delta_j^{t+1} \overline{w}_{ij} \right) \tag{6-249}$$

N 是输出层（后层）神经元的数量。

基于 RNN 的声学模型可以有多个隐层，也可以包含 CNN 层或全连接层。网络输入同样采用拼接帧的声学特征，网络输出也多采用与 triphone 状态一一对应的输出向量的形式。即 RNN 在考虑上下文信息的条件下，计算当前帧属于各 triphone 状态的后验概率得分。在这一框架下，尽管已经不依赖 HMM 模型中的任何参数来参与计算，但仍然需要 Viterbi 解码算法和语言模型等来完成语音识别任务。这样，在实现基于 RNN 的语音识别系统时，可以直接利用基于 GMM-HMM 或 DNN-HMM 的语音识别系统中的许多模块。因此，这种语音识别技术有时也被称之为 RNN-HMM 识别技术。训练时同样依赖于 GMM-HMM 声学模型上的强制对齐来获得标注信息。

BPTT 算法的代码易于编写，相对 BP 算法仅有较小的改动。然而从式（6-249）可以看出，误差的反向传播不仅随网络深度从后向前展开，而且也沿时间尺度从后向前展开。如果输入的时间序列比较长，则难免存在梯度消失现象，即 RNN 不能非常好的对长时信息进行建模。因而在语音识别研究中，普遍采用的是其改进模型，即长短时记忆单元（long-short term memory，LSTM）神经网络。它将传统的 RNN 网络中的隐层神经元替换为图 6-47 所示的 LSTM 记忆块（Block），这样就得到了 LSTM 神经网络。此时，LSTM 网络的隐层神经元的输出，不再是由输入信号的加权求和再使用激活函数计算得到，而是使用 LSTM 记忆块来代替这一部分功能。记忆块中包含记忆细胞（cell）、忘记门（forget gate）、输入门（input gate）和输出门（output gate）四部分。其中记忆细胞用来保存神经元曾经得到的有用的历史信息，它是 LSTM 记忆块的核心内容，前一时刻的记忆细胞的输出和前一时刻的隐层输出一起影响下一时刻记忆块的记忆和输出。忘记门用来去除在记忆细胞中保留的无用信息,输入门用来决定哪些新的信息可以在记忆细胞中保存,这两个控制装置控制了记忆沿时间向后传递的情况。输出门控制如何根据当前的细胞状态进行记忆块的输出。

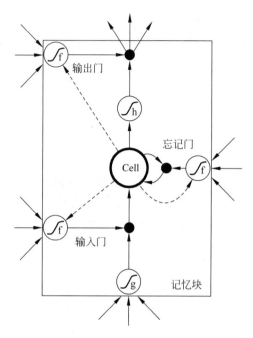

图 6-47　LSTM 记忆块结构示意图

隐层中第 i 个 LSTM 记忆块的输入门的输出为

$$\hat{a}_i^t = \sum_{j=1}^J w_{ji} x_j^t + \sum_{k=1}^K \bar{w}_{ki} h_k^{t-1} + \hat{w}_{ii} s_i^{t-1} \tag{6-250}$$

$$\hat{b}_i^t = f(\hat{a}_i^t) \tag{6-251}$$

隐层中第 i 个 LSTM 记忆块的忘记门的输出为

$$\breve{a}_i^t = \sum_{j=1}^J w_{ji} x_j^t + \sum_{k=1}^K \bar{w}_{ki} h_k^{t-1} + \hat{w}_{ii} s_i^{t-1} \tag{6-252}$$

$$\breve{b}_i^t = f(\breve{a}_i^t) \tag{6-253}$$

即这两个门的输出都由当前的输入 x_j^t、前一时刻各记忆块输出 h_k^{t-1} 和前一时刻本记忆块的记忆细胞输出 s_i^{t-1} 决定。激活函数常采用 Sigmoid() 函数。

记忆单元的输出计算如下

$$s_i^t = \hat{b}_i^t g(a_i^t) + \breve{b}_i^t s_i^{t-1} \tag{6-254}$$

$g(\cdot)$ 一般采用 tanh() 函数,其中输入 a_i^t 为

$$a_i^t = \sum_{j=1}^J w_{ji} x_j^t + \sum_{k=1}^K \bar{w}_{ki} h_k^{t-1} \tag{6-255}$$

而记忆块输出门的输出为

$$\bar{a}_i^t = \sum_{j=1}^J w_{ji} x_j^t + \sum_{k=1}^K \bar{w}_{ki} h_k^{t-1} + \hat{w}_{ii} s_i^t \tag{6-256}$$

$$\tilde{b}_i^t = f(\tilde{a}_i^t) \tag{6-257}$$

最后,由输出门控制记忆细胞的输出以产生整个 LSTM 记忆体的输出值

$$h_i^t = \tilde{b}_i^t h(s_i^t) \tag{6-258}$$

$h(\cdot)$一般也采用 tanh() 函数。

LSTM 是单向的,只能利用历史信息对当前时刻进行建模,而不能将未来信息引入进来。为了解决这一问题,研究者也提出了双向 LSTM(bidirectional long short term memory,BLSTM)。BLSTM 的记忆细胞结构与 LSTM 完全相同,但在同一层内使用两套连接权重矩阵分别来对正向和反向信息进行建模。研究表明,基于双向 LSTM 声学模型的语音识别系统与基于 DNN 的系统相比,相对性能能获得超过 20% 的提升。然而,采用双向 LSTM 声学模型也有一定的限制,它必须要等到语音结束后才能应用过去和未来的信息来进行识别解码,这无疑会带来一定的时间延迟,因而对要求实时响应的在线语音识别任务并不适用。它更适合处理离线任务。研究者们也结合 CNN、DNN 和 LSTM 各自的优点,提出了 CLDNN(convolutional, LSTM, deep neural network)结构用于语音的声学建模,例如一个简单常用的 CLDNN 网络结构是由 2 层 CNN,加上 1 层 LSTM,再加上 2 层全连接层构成。

6.10.3 端到端的语音识别技术

本书前面已介绍的语音识别系统均由多个模块组成,一般包括声学模型(可以是 GMM-HMM、DNN-HMM、CNN-HMM、LSTM-HMM 和 CLDNN 等)、发音词典、语言模型和解码模块等。其中声学模型和语言模型需要分别独立训练得到,它们各自有不同的目标函数。

近年来,研究者正在探索端到端的语音识别技术,它试图用一个神经网络来承担原来所有模块的功能。这样,系统中将不再有多个独立的模块,而仅通过神经网络来实现从输入端(语音波形或特征序列)到输出端(单词、音素或字符的序列)的直接映射。端到端的识别技术能有效减少人工预处理和后续处理,避免了分阶段学习问题,能给模型提供更多的基于数据驱动的自动调节空间,从而有助于提高模型的整体契合度。

端到端的语音识别技术有基于连接主义时间分类器(connectionist temporal classification,CTC)的方法和基于编码器和解码器(encoder-decoder)模型以及注意(attention)模型的方法等。下面简要介绍一下基于 CTC 的端到端语音识别技术。

CTC 基于 RNN 实现,是一种改进的 RNN 模型。从上面的介绍可知,RNN 模型可以用来对两个序列之间的映射关系进行建模。在传统的 RNN 中,标注序列和输入序列必须是一一对应的。然而,语音识别研究中的序列建模问题并非如此。事先知道各语音段的字符序列或者音素序列,但它们与输入特征序列间的对齐关系并不确定。而且,一般字符序列或者音素序列的长度要远小于输入的帧序列的长度。因此对语音识别而言,如果不通过强制对齐方法来额外的估计两者间的对应关系,就不能用 RNN 来建模。CTC 提出了解决此问题的另一种思路,可以自动且端到端的同时优化模型参数和对齐切分边界。CTC 在标注符号集中加了一个空白符号(blank),它意味着此帧没有预测值输出。因而在基于 CTC 的 RNN 模型的预测输出中,可能包含许多空白符号。如图 6-48 所示,传统的逐帧(framewise)训练需要进行语音和音素发音的对齐,例如音素"s"对应的一整段语音的标注

都是 s;而 CTC 引入了空白符号后,"s"对应的一整段语音中只有一个尖峰被识别器确认为 s,其他的都被识别为空白。对于一段语音,CTC 最后的输出是一种尖峰的序列,它并不关心每一个音素对应的时间长度。

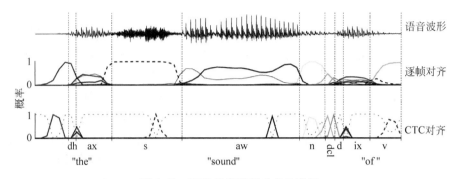

图 6-48　CTC 音素符号对齐示意图

识别时,在 RNN 的概率最大的输出中把空白符号和连续出现的重复符号消除,就能得到最终的预测符号序列。例如,如果 RNN 的输出为"--a-bb",其对应的最终预测序列应为"ab"。

训练时,对给定的标注序列,首先需要在各个字符间插入空白符号或进行符号重复以在长度上对齐输入的帧序列。经过这样变形后的序列有很多,所以需要引入前向后向算法(forward-backward algorithm),利用动态规划思想将所有可能的变形序列都穷举出来进行概率求和。最后用其对数似然进行最大似然估计。

6.11　关键词检出技术

前面涉及的语音识别技术往往是指说话人只讲词表以内的词,即所说的词都是系统已知的。如果话语中还包括许多其他词,以及各种非话语的咳嗽声、呼吸声、关门声、音乐声、多人共语声,则采用语音识别技术把需要的词从包含它的连续语句中提取出来,这种技术就称为关键词检出(keyword spotting)或词检出技术。这种非受限语音信号处理系统允许用户采用自然的说话方式,而不必拘泥于严格的语法规定。

关键词检出技术近年来受到了广泛的重视,很多应用领域需要这种技术。

(1)电话接听:在一些信用卡认证、代替接线员转接等类型的任务中,机器只要根据少量的关键词,就可以判断出要执行的任务。

(2)监听:从两个人或多个人的交谈中检出一些关键词,这些词一般会在谈话中多次出现,军事上这类录音资料往往很多,用机器完成关键词检出很有必要。

(3)口语识别系统:一般的语音录入系统要求说话人用朗读的方式发音,一旦说话人没有手稿的情况下,就不由自主地采用较自然的方式,中间会夹杂一些词表中未包含的词,或说的含混不清的词,谈话过程中不可避免地会出现一些停顿、支吾、思考语、省略等口语现象。这时可以将词表中的词作为关键词,而将额外的词和不能辨认的词作为多余语音进行拒识。

用传统的语音识别器处理口语语音有很多难点,首先为了能处理口语特征的语音,要有一个非常庞大的词表,其次是不能对语言模型加太多的约束,以便能处理自然化的口语中不合语法的特殊现象。近年的研究表明,采用关键词检出技术是一种很好的选择。与传统的识别系统相比,关键词检出系统并不要求给出语音句子中所有词的精确的识别结果,只识别出一个语句中与语义解释关系最密切的那些单词即可。在句子中,与语义关系最密切的所有单词的集合可以预先定义好,它们构成了关键词识别系统的"词表"。在关键词检出系统的框架下,语音识别器只抽取有语义意义的信息段,而忽略其他不重要的语音段,不要求输入语句的详细细节,语义内容就可以由会话系统处理。

（4）信息查询系统:就一个信息查询系统而言,系统的性能主要由两方面的因素决定,一是灵活的会话策略,二是语音识别器的性能。这两个因素其实是一对矛盾关系:一方面,如果一个非常灵活的会话策略能接受用户的自然语言口语语句、允许很大的词表、允许复杂的语法结构等,则其语音识别器的搜索空间将加大、识别时间将变长、识别的精度也将下降,整个识别的难度也会随之增大;另一方面,采用系统驱动（system-driven）的会话策略能保证足够的语音识别性能,但是人机通信的自然性会大大下降,完成一个简单的人机会话任务可能需要许多交互过程。因此在信息查询任务稍微复杂的情况下,后者并不是很合适的解决办法。

6.11.1　问题描述

关键词检出问题就是要在非受限语音信号中,检索和识别出词表中包含的"关键词",拒绝词表外的"非关键词",对语音内容加以理解。设已知一观察值序列 $O=o_1,o_2,\cdots,o_T$,判断其是否存在一关键词 M,其 HMM 模型所包含的状态为 $\{q_1,\cdots,q_N\}$,可采用如下方法来计算在语音中存在关键词 M 的评分 $S(M|O)$

$$S(M \mid O) \approx \min_{\forall Q \in M} \frac{-1}{e^*-b^*+1}\log P(Q \mid O_{b^*}^{e^*})$$
$$= \frac{-1}{e^*-b^*+1}\log P(Q^* \mid O_{b^*}^{e^*}) \tag{6-259}$$

式中,b^* 为关键词在语音中的最佳起始点,e^* 为最佳结束点,Q^* 为与之相对应的关键词 M 的最佳状态序列。即在判断是否存在关键词 M 时,首先在语音中找到与该关键词最匹配的语音段,然后用该关键词在该语音段上经长度归正后的后验概率值作为评分来判断关键词存在与否。b^*、e^* 和 Q^* 可按下式求得

$$\{Q^*,b^*,e^*\} = \operatorname*{argmin}_{\langle Q,b,e \rangle}\left(\frac{-1}{e-b+1}\log P(Q \mid O_b^e)\right) \tag{6-260}$$

根据前面的知识,我们知道,若起始点 b^* 和结束点 e^* 已知,可以用 Viterbi 算法求出最佳状态链 $Q^*=\{q_b,\cdots,q_e\}$。因此,若穷举所有可能的起始点 b 和结束点 e,并根据式（6-259）和式（6-260）必然可以求出 $S(M|O)$,根据 $S(M|O)$ 的值来判断是否存在关键词 M。

当然,用穷举的方法来求取起始点 b 和结束点 e 计算量非常大,在实际使用时根本无法实现。因此往往采用在一次搜索过程同时确定 b^*、e^* 和 Q^* 的方法,即在观察序列 O 上通过引入垃圾状态 q_G 定义关键词的扩充模型 $\bar{M}$。它所包含的状态为 $\{q_G,q_1,\cdots,q_N,q_G\}$,用垃圾状态 q_G 表示非关键词语音。使用扩充模型在整个观察序列上用 Viterbi 算法进行搜索,可以得到对应 O 的最佳状态序列:

$$\overline{Q} = \{\overbrace{q_G,\cdots,q_G}^{b-1},q_b,\cdots,q_e,\overbrace{q_G,\cdots,q_G}^{n-e}\}$$

根据这一状态序列就可以同时确定 b^*、e^* 和 Q^*。显而易见,进行这样搜索的关键是如何表示垃圾状态 q_G,即确定如下内容:

(1) 使用多少个垃圾状态;

(2) 如何确定 $P(q_G|\boldsymbol{o}_t)$;

(3) 如何确定 $P(q_b|q_G)$ 和 $P(q_G|q_e)$;

(4) 在有多个垃圾状态时,垃圾状态间的转移概率。

从整个词表的角度而言,关键词检出系统必须要有一种能处理词表外词(out-of-vocabulary,OOV)的机制。即不仅要为词表内词建立对应的声学模型,对词表外的词也需要建立处理它们的声学模型。目前,用 HMM 对无限制语音进行关键词检出的研究已经获得了很大的进步,在词表外词的处理上,大部分研究者采用的是垃圾(garbage)模型方法。通过引入垃圾模型来表示词表外词和背景语音,以增强系统对词表内词和词表外词、背景语音间的区分能力。所谓背景语音主要指静音或传输噪声等。根据具体的应用环境,系统中的垃圾模型可以是一个或多个,也可以采用在线垃圾模型方法,在线地计算每个时刻的垃圾评分。垃圾模型可以使用大量的词表外词和背景语音,基于最大似然方法训练得到,也可以由关键词的一部分或关键词状态的加权分布来构建。在识别时,L 个关键词模型和 V 个垃圾模型就组成 $L+V$ 个词汇的语音识别系统,可以采用一般的语音识别技术进行关键词识别。将待检语音标注为由关键词和非关键词组成的词串,根据每个关键词的评分 $S(M|O)$ 来判断关键词是否存在。此外,还可以在关键词检出系统中引入反关键词(anti-keyword)模型,训练时为每一个关键词都建立一个反关键词模型,它可以用系统词表中除关键词外的所有词,基于最大似然方法训练得到。通过引入反关键词模型增加了关键词间的区分能力。

关键词检出系统中的错误可能有以下三种情况:①将不含有关键词的语音段判定为含有某个关键词;②将一个关键词误判为另一个关键词;③没能检测出语句中的关键词。这3种错误分别对应传统语音识别中的"插入""替代"及"删除"错误。关键词检出系统错误一般分为两类,插入和替代错误称之为"虚警"(false alarms,FA),而删除错误则称之为"错拒"(false rejections,FR)。衡量关键词检出系统的性能指标一般是用识别率和每小时每个关键词的虚警次数(FA/Kw/hr)来表示的。

关键词检出系统的另一个问题是对假设产生的关键词,它的可信度到底有多高,这是许多研究者重点研究的内容。由此产生了一个重要的研究方向:对假设的关键词,需要估计它的置信度(confidence measure,CM),用置信度来决定是否接受每个关键词,如果置信度过低,则可认为属于虚警而去掉。

6.11.2 关键词检出系统的组成

关键词检出系统可以看作由两个重要的部分组成,第一个是语音识别器,它的输入是语音句子,输出是由关键词和非关键词组成的一个序列,或者它们组成的网格;这个输出结果作为第二个组成部分"关键词确认"模块的输入,由它进行关键词确认,最终的输出就是关键词序列。

图 6-49 中,语音识别模块的作用是对输入的语音进行第一级识别,在基于 HMM 的系

统中,需要对词表中的每个关键词训练一个模型,称为关键词模型,用 K 表示。一般关键词模型的建立和通常的孤立词 HMM 模型的建立没有什么区别。同时,对非关键词也需要建立 HMM 模型—垃圾模型,用 G 表示。语音识别器的输出是一个由关键词和非关键词模型组成的词串或词网格,在这个输出中的每一个关键词都称为一个"假设命中",因为它还不是实际上最终的结果,有待进一步确认。图中的其他知识源表示在语音识别器端利用可能的知识来提高识别器的性能。

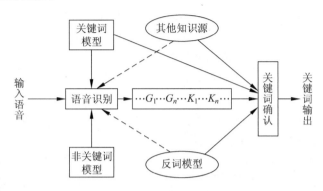

图 6-49 关键词检出系统的组成

对关键词检出系统来说,由于输入语流中可能存在着大量的词表外词。因此,解码器的性能及识别率不仅与关键词模型密切相关,而且与非关键词模型(垃圾模型)的选取有关。

6.11.3 垃圾模型建模方法

垃圾模型基本上可以分为两类:离线式(off-line)和在线式(on-line)垃圾模型。

1. 离线式垃圾模型

离线式垃圾模型是在系统建立过程中,预先对词表外词建立显式的声学模型,包括前面提到的垃圾模型和反关键词模型等,识别的时候把它们和关键词并列,识别结果是关键词和非关键词连接的串。通常用最大似然估计训练得到离线垃圾模型,根据使用环境的不同,它可以是单一的模型,也可以是多个分类模型。还可以由关键词的一部分或关键词状态的加权分布来构建。

1) 单一垃圾模型

采用单一垃圾模型的关键词检出系统,根据实际使用需求的不同,可以使用单状态的模型或多状态的模型。单状态的模型如图 6-50 所示,为一个状态的自环模型。

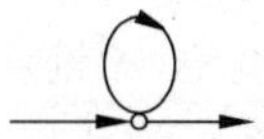

在很多关键词检出系统中要建立背景模型,为语音中的无声段和传输噪声等背景语音建立声学模型。背景模型一般采用

图 6-50 单状态模型结构

单状态结构,通过无声段语料,基于最大似然准则训练得到。也有的关键词检出系统使用单状态垃圾模型,同时对背景音和词表外词进行建模,此时模型一般采用维数比较高的混合概率密度函数形式。

很多关键词检出系统使用一个多状态的垃圾模型对所有的词表外词进行建模。此时垃圾模型往往采用与关键词模型相同的结构,如果关键词模型采用 10 状态 9 维混合概率密度函数无跳转从左至右的 HMM 结构,那么垃圾模型也应该采用同样的结构。在训练时,使用标注好的大量垃圾语料对同一个垃圾模型进行训练,得到一个多状态的垃圾模型。

2) 多个垃圾模型

单一垃圾模型往往应用于词表外数据比较有限、出现频次比较低的场合,例如命令系统等。对大部分对话系统和监听系统而言,由于词表外数据几乎是无限的,因此往往采用多个垃圾模型对其建模。

有很多方法可以实现多个垃圾模型的建模,这里只简要介绍三种方法:

(1) 手工标注每个词表外词,为每个词表外词建立一个垃圾模型;

(2) 关键词采用子词模型(音素模型)时,可以将全部音素模型都作为垃圾模型。例如用 CD(context-dependent)音素模型表示关键词,用全部 CI(context-independent)音素模型作为垃圾模型;

(3) 将 CI 音素聚类成若干类,比如说 7 类,将每个音素类作为垃圾模板。

3) 由关键词模型构建的垃圾模型

有的关键词检出系统的垃圾模型,不是使用垃圾语料训练得到的,而是使用关键词模型

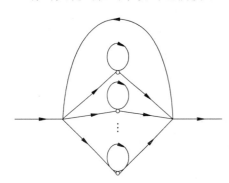

图 6-51 由关键词模型构建的多状态垃圾模型

直接构建而成。这样的垃圾模型也有单状态和多状态之分。在单状态垃圾模型中,一般用所有关键词模型的各个状态的概率密度函数经过加权组合,得到垃圾模型状态的混合概率密度函数。多状态垃圾模型一般采用网络结构,如图 6-51 所示,其中每一个状态都与关键词模型中的一个状态相对应。

4) 反关键词模型

在关键词检出系统中引入反关键词模型,可以提高关键词间的区分能力。反关键词模型也是离线训练得到的。对每个关键词都要建立与之相对应的反关键词模型,它不是用垃圾语料而是用词表内其他关键词的语料训练得到的。采用反关键词模型方法的基本思想为,在 Viterbi 解码阶段,提供一个在整个声学空间上与关键词模型互补的一个声学模型。假设整个声学空间为 Ω,而关键词 k 的声学空间为 Λ_k,则其反模型所对应的声学空间为 $\overline{\Lambda}_k = \Omega - \Lambda_k$。

在建立反关键词模型的时候有一点需要考虑,如果为系统中的每一个关键词都建立一个反词模型,关键词越多,所需要的反关键词模型的数目也越大。反关键词模型过多,会增加识别系统的负担,影响识别速度。为了解决这个问题,可以采用关键词聚类的做法,将 K 个关键词分为 R 类,R 是一个适当大小的数。为每一类的关键词建立一个反词模型,从而限制反词模型数量。假设属于同一类关键词的 HMM 模型的参数在参数空间上距离比较接近,那么这个聚类过程可以用最近邻准则下的聚类算法得到。反关键词模型还可应用于关键词确认。

在词表外语音的数据量较小时,离线垃圾模型能够比较精细地刻画词表外词的特性,但是由于大部分应用场合下系统词表外词都相当广泛,这时要想得到比较好的结果,离线垃圾模型必须经过非常精心的设计和训练,难度非常大。并且离线建模也使得垃圾模型的设计

和训练依赖于词表的内容,当关键词发生变化时,离线垃圾模型需要重新训练。此外确认每个识别结果都要用离线垃圾模型去计算似然得分,确认的时间也相应地增大。

2. 在线垃圾模型

对于在线式垃圾模型,关键词模型一般使用 CI 或 CD 音素模型来描述。系统不再离线地训练垃圾模型,而是在识别过程中在线地为每一个语音帧计算一个局部垃圾评分。计算方法是取构成关键词的 CI 或 CD 音素中,在本帧上得分最高的 N 个评分的平均值作为垃圾评分。实际上,这种计算垃圾评分的方法与用垃圾语料训练离线垃圾模型一样是一种平滑技术,离线垃圾模型方法是在训练样本上全局地去做,而在线垃圾评分方法是在线地、局部地去做。在这种评分方法下,垃圾评分永远都不会是最高的得分,而且只有在所有音素上的得分都很低时,才会被识别成垃圾。此外这种算法也有一定的抗噪性,在噪声环境下,关键词得分发生变化,垃圾得分也跟随同方向的变化,在一定程度上起到凸显关键词语音的作用。

6.11.4 语音解码器的设计

如前所述,图 6-49 中语音识别模块的作用是根据关键词模型和非关键词模型,采用一定的连续语音识别策略,对输入的语音流进行解码。它的输出由关键词和非关键词组成,其输出形式可以取 N-best 或者词格(word lattice)的形式。输出的每个关键词或非关键词中都包括了足够的信息,如词号、在输入语流中起始位置、终止位置,以及搜索过程中的打分等必要的信息。这些信息在后级的关键词确认/置信度计算上是必须的。

为了能利用已有的语音识别的搜索算法,大多数关键词检出系统都采用无限制的语法网络。假设有 M 个关键词模型,N 个垃圾模型/填充模型,其相应的声学模型为 $K_1 \sim K_M$ 及 $G_1 \sim G_N$。其语法网络结构如图 6-52 所示。

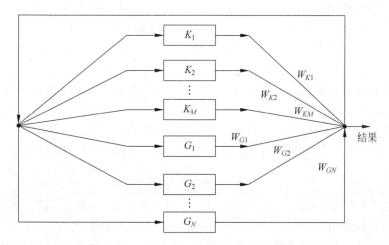

图 6-52 关键词检出系统的语法网络结构

显然,这样是一个无语法约束的网络,它允许任意的关键词和任意的非关键词构成合法的词串。把关键词模型与非关键词模型的具体结构代入这个网络,可以得到一个有限状态网,这就是连续语音识别时的状态搜索空间,图中的 W_{ki} 与 W_{Gj} 表示词的转移权。

在关键词检出中,语音解码过程一般采用连续语音识别算法。其任务就是在上述语法网络结构的状态搜索空间中，找出一条从起点开始到最后整个发音结束时，最佳的状态序列路径上所经过的关键词与非关键词。

设词表中参与搜索的词共有 M 个，其中第 m 个词的状态数为 $J(m)$。给定的模型结构为从左到右无跳转的基本结构，整个连续语句的搜索算法，可以按照如 Onc-Pass 等算法进行。其基本思想是，对输入语流进行单遍搜索，从第一个输入矢量开始，运用 Viterbi 解码方法计算下一个时刻的路径及打分。在状态转移过程中，可能有两类转移发生，第一类是在一个模型内部的转移，这种词内转移的规则遵从一般的解码规则；第二类是发生在词与词之间的状态转移，这种转移的规则需要考虑语言模型，如二元文法或者三元文法。此外，词长信息等其他的知识在这一步也可以引入，比如限定发生词间转移的时候，前一个词的帧长必须大于某一个数值才可能发生。经过这样的一个迭代过程，可以记录最优的路径，以及最优路径上的得分等相关信息。最后当所有的输入矢量都扫描完成以后，可以得到一个最佳的路径打分，根据搜索过程中记录的回溯指针，可以很方便地得到一个最优路径，这个路径上所有的模型就构成了解码器的最终输出结果。这些信息将在确认过程中起重要的作用。

6.11.5 关键词确认过程

输入语音经过第一级的语音解码器后，产生的是关键词和垃圾模型组成的词网络，最简单的情况是一个词串。在这个输出中，每个关键词都包括最基本的信息，如起始位置、终止位置及似然评分。这些输出串中可能包含某个关键词，但是否真正存在这个关键词，一般还需要在关键词确认过程中进一步给出明确的结论。即关键词检出要经过识别和确认两个阶段。系统在识别阶段为了保证最终结果有比较高的正识率，常常给出尽可能多的候选，以便把正确的候选包含进来，所以在确认阶段必须使用有效的方法，去掉(拒识)那些错误的候选，以降低系统的误警率。传统的拒识方法一般是基于统计假设检验的。在统计学中，统计假设检验是应用比较广泛的判别准则之一。由于前面的语音识别阶段，采用的是建立在随机过程基础上的 HMM 模型，因此在关键词确认阶段，可以用统计假设检验方法进行语音确认。

统计假设检验的基本原理就是比较零假设 H_0 和备择假设 H_1 所得值的大小差异。在关键词确认中，H_0 表示语音识别器输出串中存在关键词，H_1 表示这个语音识别器输出串中不存在关键词，或把关键词错误地识别成其他的关键词。如果零假设和备择假设都已经明确得到，根据 Neyman-Pearson 定理，最佳的检验通常是概率比检验，即

$$\Delta_k = \frac{P_k(\boldsymbol{O} \mid H_0)}{P_k(\boldsymbol{O} \mid H_1)} \tag{6-261}$$

一般若 Δ_k 大于事先设定的阈值，则接受零假设；如果 Δ_k 小于事先设定的阈值，就接受备择假设。在实际应用中，对式(6-261)中的概率可以采用对数似然值。

一种比较简单的方法就是采用似然比检验，用关键词模型的似然评分和垃圾模型或反关键词模型上评分之间的差异，来作为是否接受关键词假设的依据，如果这个差异大于某一个阈值，则接受关键词的假设，否则拒绝关键词假设。

6.11.6 关键词检出系统性能优化

一般通过错误拒绝率和错误接收率来评价关键词检出系统的性能。而这一对指标是互

相矛盾的,一个指标的上升,会带来另一个指标的下降。在实际使用时,应该根据具体应用需求的不同,通过调节某些参数来作出折中的决定,实现系统的性能优化。可以调节如下参数来优化系统的性能:

(1) 识别阈值和确认阈值;

(2) 由于垃圾模型是通过大量的垃圾语料训练得到的,因此局部垃圾似然评分一般都比较低。增加关键词入口惩罚可以有效地降低误识率;

(3) 垃圾词的词间转移惩罚。

6.12　语音识别的应用技术

近年来,语音识别技术的应用范围越来越广泛,并出现了一些新的应用方向,如语音信息检索技术、发音学习校正技术等,本节介绍这方面的内容。

6.12.1　语音信息检索

随着多媒体技术和网络技术的迅速发展,数据量急剧增多。如何在海量数据中挑选出有用的信息,并进行相应的分类和检索,对合理地利用信息资源具有重要的意义。多媒体信息检索技术就是在这一背景下应运而生的。对多媒体信息检索的研究,目前多为基于文本的信息检索,并且已经相当成熟,出现了如 Google 等一些非常好的检索工具。相比之下,基于语音和图像内容的信息检索技术还很不完善,存在着大量的问题需要解决。

语音作为数字化信息的一个重要类型,正发挥着越来越重要的作用。在广播电视新闻节目、学术会议的录音报告等中包含着大量的语音信息,如何有效地对这些信息进行分类、检索,充分利用好这些信息是一个亟待解决的问题。随着语音处理技术的发展和逐步完善,语音识别技术已经能够对广播新闻节目中的标准连续语音进行识别,具有很高的识别率。由于语音具有直观、自然,方便人类使用的特点,所以利用现有成熟的语音识别技术对多媒体数据进行检索,将极大地提高人们对现有多媒体数据信息的利用率。目前,国际上正在制定多媒体音视频信息检索的国际标准,人们更期望直接用语音来检索存储体中相关的音频信息,而不是只用文本检索。由此看来,基于语音内容的信息检索是一个有着广阔发展前景的研究方向。

基于语音内容的信息检索技术近年来获得了广泛的重视,国外很多著名的研究单位和公司都开展了此方面的研究。美国卡耐基·梅隆大学的 Informedia 项目结合语音识别、视频分析和文本检索技术开展了视频广播的检索,美国南加州大学研究了基于音频处理的电视节目分类技术,美国一些理工大学也应用音频分析结果来对新闻、天气预报、篮球比赛、足球比赛和广告等视频场景进行分类。美国马里兰大学结合基于内容和基于说话人的查询,用来检索已知的说话人和词语,并设计了一种音频图示查询接口。美国麻省理工学院、康奈尔大学、南加州大学、澳大利亚卧龙岗大学、欧洲 Euromedia 和 Eurocom 的语音和音频处理小组等研究机构分别开展了用子词方法进行语音检索,通过哼唱查询相似的音乐、音频分类、结构化音频表示,以及基于说话人的分割和索引等方面的研究。此外,英国剑桥大学利用基于 Lattice 的词组发现技术检索视频邮件中的消息。日本东京科技大学还研究了基于概念搜索和口语人机对话的信息检索系统。相对来说,国内在此方面开展的工作还不是很多,对音频信息检索的研究较少。中国科学院自动化研究所国家模式识别重点实验室开展了关于广播节目音频变化分割的研究；哈尔滨工业大学研究了基于 HMM 模型的音频场景分析技术及电视广告自动监播技术；国防科技大学研究了基于内容的音频信息检索与分类方法。

有关音频信息分类和检索的研究大致可分成四类：

1) 直接对音频信息进行的分类

直接对音频信息进行分类的一个基本问题是如何分开语音和音乐这两类最重要的音频数据。Saunders 等只使用平均过零率和能量特征，以及一个简单的阈值来进行分类；Scheirer 和 Slaney 则使用了 13 个时域、频域和倒谱域的特征，以及比较复杂的分类方法来达到性能的顽健性。事实上，因为语音和音乐的频谱特征存在着不同，而且其随时间变化的方式也不同，所以要把两者区分开并不难。比较复杂的音频数据分类是要把除语音和音乐之外的其他音频数据也考虑进去。Wyse 和 Smoliar 把音频信号分类成语音、音乐和其他三类，首先根据频谱共振峰的规律性把音乐区分出来，然后利用基频检测把语音区分出来，这种方法后被用于对新闻报道的检索和分析。Kimber 和 Wilcox 使用倒谱系数特征，HMM 作分类器，把音频信号分成语音、沉默、笑声和其他声音，这种方法后被应用在对会议记录的分析和检索中。而 Pfeiffer 等人着眼于分析音频信号的幅值、频谱、基频等，并且更侧重于对人类听觉的模拟。

2) 基于内容的音频检索

一种特别的技术就是排队重复法，通过反复重复一个歌曲的曲调，可以将该曲调片段从一系列音频信号中检索出来。Ghias 等人利用这种技术设计了一个很有代表性的系统。Foote 利用 Mel 频率倒谱系数为特征，以及一个树形结构的分类器进行分类，实现了对音乐和声音的检索，但该系统对音乐和环境声音分类效果不够好。Smith 等人为研究在广播中快速检测某一特定信息，采用了过零率特征的直方图模型和动态的查找算法。Zhang 和 Kuo 研究了实时音视频数据的分割和检索，采用能量、平均过零率、短时基频和频谱共振峰轨迹进行研究，利用这些音频特征对一个电影进行分割。

3) 为视频分类而做的音频分析和检索

Liu 等人用音频分析的方法来区分五个视频场景：新闻节目、天气预报、篮球比赛、足球比赛和广告。在这个研究中采用基波能量等特征，利用多层神经网络和 HMM 作分类器。其他人的做法更侧重于视频数据，而只是以音频数据为辅。Patel 和 Sethi 在 MPEG 压缩数据中，利用音频信号特征把视频分成对话、非对话和沉默三种。他们利用的是能量、基频、频谱系数、暂停率等特征，用一系列的阈值来进行分类。

4) 视频检索

视频检索只是在视频检索的过程中加入音频作为辅助特征。Naphade 等人把一个视频片段的色彩直方图和该片段中的基波数据混合，组成一个"Multiject"，并用 HMM 来检索，这种方法对爆炸和瀑布的分类效果较好。

6.12.2 发音学习技术

当今社会越来越多的人希望学习和掌握其他非母语语言，以利于更方便地进行交流。因此，语言学习成为目前教育领域的一个热点。实践证明，采用传统的课堂教学对于学习一门非母语语言是远远不够的。自学是语言学习的一种有效途径,它具有不受时间地点限制、灵活方便等特点。随着计算机技术的迅速发展,一种称为计算机辅助语言学习(computer-aided language learning,CALL)的技术应运而生。传统的 CALL 系统,主要关注语言的文字应用能力(即读和写)和语音理解能力(即听力)的训练,相对而言,却很少关注语言的口头表达能力(即说的能力)的训练。语言的口头表达能力,主要表现在发音的可懂度和自然度上。近年来,随着语音识别技术的进步,人们开始研究利用语音识别技术进行辅助发音学习的 CALL 技术。

在发音学习中,有效的反馈是必不可少的一个重要环节。在课堂教学中,教师是一个有效的反馈源,然而课堂教学的时间毕竟是非常有限的。在发音自学中,要么是没有任何反馈,要么就是反馈最终还得依赖于学习者自身的能力,如利用复读机学习发音时,学习者只能依靠自己的感知能力去比较其发音与标准发音的差别,从而获得发音的修正。如果利用辅助发音学习的 CALL 系统,学习者就可以随时获得有效的反馈,包括分值或等级等简洁直观的形式、图谱或口形等具体形象的形式,以及直接的指导性建议。这些反馈信息集中了人类发音专家的知识,不会对学习者产生误导。

基于语音识别的发音学习研究是 20 世纪 90 年代左右开始进行的,美国斯坦福研究院,英国剑桥大学等是较早开展此工作的单位,目前日本在此方面相应的工作也开展得较多。香港理工大学、清华大学等也进行了相应的研究。语音识别是进行发音学习的关键,但语音识别的算法还不完全适合发音学习,需要做很多改进。这些工作主要集中在三个方面:

(1) 寻找反映发音质量的性能指标,主要是研究如何对声调、重音、语速和韵律等指标进行计算;

(2) 对词、短语和句子发音进行打分,检测和纠正给定的音素级发音错误;

(3) 与人工判断相比较,研究计算机辅助发音学习系统的性能评测手段。

从语言学习规律的角度来看,一个完整的计算机辅助发音学习系统应包括三大部分,如图 6-53 所示。第一部分为基本发音单元的发音辅助学习,这是发音学习的第一阶段。其主要学习内容为目标语言的基本发音单元,如汉语的声母和韵母,英语的音素等。第二部分为单词的发音辅助学习,主要的学习内容为单词发音,包括音素的组合发音,不同语言单词发音的特点,如汉语的声调,英语的重音等。第三部分为句子(包括短语)的发音辅助学习,内容包括句子中词与词之间的协同发音和超音段,句子的语调、语速和韵律等方面。其最终目标是产生可懂度和自然度较高的句子发音。这三部分之间,前者是后者的基础,后者是前者的进一步扩展。从技术上来讲,实现难度不断增加。

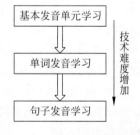

图 6-53　辅助发音学习系统的三个组成部分

图 6-54 所示给出了发音学习系统的基本原理。虚线框部分是系统使用前通过训练和发音专家知识预先训练好的。图中单元模型利用标准发音数据进行训练,主要是用来进行单元强制对齐和计算似然度打分。分级模型主要通过专家的分级统计数据来建立,作为计算机自动打分和分级的参照。专家知识库由专家关于发音的错误类型及相应的矫正方法等知识组成,主要用来对发音错误类型作出判断,并给出相应的指导性矫正建议。系

统首先对学习者的语音进行特征提取,然后以训练好的单元模型(一般为 HMM)作为模板,通过如 Viterbi 等算法强制对齐把语音分割为计算发音质量测度所需要的小单元,对于不同的质量测度,采用不同的方法去计算测度值。然后,依据专家主观的先验知识建立的分级打分模型,把测度值转换为直观衡量发音质量的分值或等级。还可以依据测度值和专家知识库,根据打分值或等级对发音错误进行定位,然后分类,并最后给出矫正的指导性建议。

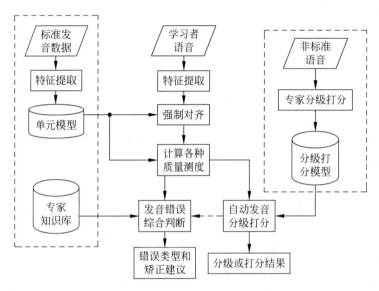

图 6-54　发音学习的基本原理框图

一般对于一个计算机辅助发音学习系统来说,有几个普遍问题和关键技术是必须要考虑和解决的,下面对这些问题和技术加以介绍。

1. 语料库的建立

发音学习系统的发音单元模型和分级模型都通过语料库训练得到。系统通常需要两类语料库:标准发音语料库和非标准发音语料库。一般来说,标准发音语料库主要用来训练发音单元模型。它的建立应充分考虑学习者的年龄和性别等对发音有影响的关键因素,使训练语料尽量与学习者的发音特点相一致。语料的内容应取决于将来系统采用的基本发音处理单元的形式,可以是音素、音节或者单词。非标准发音语料库主要是用于专家手工训练分级模型,并测试系统性能,应具有广泛的代表性,充分考虑学习者的口音、年龄和性别等特征。其语料的内容根据系统的功能有所不同,因为不同学习阶段的学习重点不同,进行分级评判的对象也不同。

2. 分级标准

发音学习系统反馈给学习者的一类重要信息,就是学习者发音水平的高低。衡量发音水平的高低有两种办法:一种办法就是以标准发音为参考,利用质量测度的打分值直接来衡量该发音与标准发音的差异,如相似度打分,后验概率打分等。但这种方法的缺点是打分比较绝对、不稳定,并且易受学习者个体差异的影响。此外,其表述也不直观,含义太抽象,往往与人的感知不一致。另一种办法就是以发音专家的判断力为参考,通过非线性等映射方法把计算出的发音质量测度打分值转换为专家的打分。专家打分是一种模糊分类,一般凭主观感觉把发音质量分为若干等级,如很好、好、一般、差、很差等。这种分级是相对的,含义比较明确,符合人类的感知习惯,并且具有一定的稳定性。此外,基于发音专家的知识,还可以用清晰度、自然度或流利程度等指标来直接衡量发音质量的某一方面。

3. 语音对齐

目前发音学习中的相似性判断都是采用先将发音单元对齐,之后再计算打分的方法。因此,对齐的准确性直接影响后续机器打分判断的准确性。通常发音的参考模板是由标准发音训练获得的,而学习者的发音一般都是非标准发音,要想基于参考模板计算发音质量,就必须使学习者语音中的基本打分单元与参考模板的尽量一致。在采用对齐算法时,应先对参考模板进行修正,使模板能更好地体现学习者个体的发音特点,从而提高对齐的精度。一般可以采用在说话人自适应技术中的模板修正方法,对齐算法一般采用 DTW 或 HMM 技术中的 Viterbi 算法进行强制对齐,并以音素为基本处理单位,这样可以扩展到与文本无关的情况。

4. 自动发音打分

衡量发音质量的方法有很多,比较通用的有:对数似然度打分、对数后验概率打分、段分类打分、段时长打分和流利程度打分等。所有这些打分都是以标准发音为参考模板,通过各种有效的相似性计算来获得。对机器打分有两个基本要求:一是较高的可靠性以及与专家打分的一致性;二是只反映学习者进行某种语言发音的能力,而不是追求与标准发音人个体之间的最佳相似。下面介绍几种常见的打分标准。

1) HMM 对数似然度打分

假设基本打分单元为音素,τ_i 为第 i 个音素的起始时间,则打分为

$$l_i = \sum_{t=\tau_i}^{\tau_{i+1}-1} \log[P(q_t \mid q_{t-1})P(\boldsymbol{o}_t \mid q_t)] \tag{6-262}$$

式中,$\boldsymbol{o}_t$ 和 q_t 分别为 t 时刻的观察矢量和 HMM 的状态,$p(q_t \mid q_{t-1})$ 是转移概率,$p(\boldsymbol{o}_t \mid q_t)$ 为状态 q_t 的输出概率分布。

将所有音素段打分加起来构成单词或者句子打分。为了消除单词或句子长度不同的影响,将上述打分值按长度加以归正,即

$$G = \frac{\sum\limits_{i=1}^{N} l_i}{\sum\limits_{i=1}^{N} d_i} \tag{6-263}$$

式中,N 为单词或句子中的总音素数,$d_i = \tau_{i+1} - \tau_i$ 为第 i 个音素持续的帧数。这种简单的归正处理,容易出现较长的音素淹没较短音素的现象。由于有些短音素可能具有较重要的感知特性,因此对打分值采用局部平均加以修正,即

$$\widetilde{G} = \frac{1}{N} \sum_{i=1}^{N} \frac{l_i}{d_i} \tag{6-264}$$

由于无法对不同学习者的发音进行归正,因此对数似然度打分的准确性受学习者变化的影响较大,与专家判断的一致性较差。

2) 对数后验概率打分

对于音素 r_i,给定与其相关的第 i 段语音的每一帧观察矢量 $\boldsymbol{o}_t$,计算其后验概率为

$$P(r_i \mid \boldsymbol{o}_t) = \frac{P(\boldsymbol{o}_t \mid r_i)P(r_i)}{\sum\limits_{j=1}^{M} P(\boldsymbol{o}_t \mid r_j)P(r_j)} \tag{6-265}$$

式中,$P(\boldsymbol{o}_t \mid r_j)$ 为给定音素 r_j 下观察矢量 $\boldsymbol{o}_t$ 的概率分布,$P(r_j)$ 为音素 r_j 的先验概率,M 为当前语料中与文本无关的音素总数。

音素 r_i 在第 i 段语音对每一帧下的后验概率取对数,然后累加,就可以得到音素 r_i 在第 i 段语音下的对数后验概率打分,即

$$P_i = \sum_{t=\tau_i}^{\tau_{i+1}-1} \log[P(r_i \mid \boldsymbol{o}_t)] \tag{6-266}$$

式中,τ_i 表示音素 r_i 所对应的第 i 段语音的起始时间。整个单词或句子的后验概率打分,定义为单词或句子中所有音素段的对数后验概率按音素长度归正后的平均值,即

$$P = \frac{1}{N} \sum_{i=1}^{N} \frac{P_i}{d_i} \tag{6-267}$$

式中,N 和 d_i 的含义与式(6-263)相同。

对数后验概率打分有很好的顽健性,不易随学习者的个体特征或声音通道变化而发生急剧变化,更好地反映了学习者的发音与标准发音之间的相似性,因此,是目前使用最普遍的一种发音质量测度方法。

3) 段分类打分

段分类打分是一种基于识别错误的发音质量测度方法。如果语音识别器是用标准发音训练的,则学习者的发音获得的识别率越高,说明其发音与标准发音越接近,发音质量越高。根据语音识别器的基本识别单元的不同,段分类打分通常可以分为两类方法。一类是利用词的识别错误率进行打分,包括词的误分、删除、插入等错误。但如果想要很方便地增加新的学习内容,则这类方法要求识别器有很大的词表。另一类是使用带有音素级语法的音素识别器。若用母语训练该识别器,则音素识别的错误率就可用于获得发音打分。这种方法的好处是比较灵活,可以很容易地更新学习内容。

就目前语音识别技术进展来看,语音识别器对非母语学习者的发音很难获得较高的识别率,尤其是没有采用自适应技术的时候。因此,段分类打分的稳定性是比较差的。

4) 段持续时间打分

段持续时间主要是指语音中音素段的时长。从心理学和语言学的角度看,发音时思考如何连音将妨碍语音的流畅性,进而引起发音的不自然。同时母语和目标语言发音方式的不同也会影响段持续时间的长短。此外,两种语言间的文字到发音转换规则的不同会产生音素的插入、删除和替代等错误,从而也会导致段持续时间的不同。因此,段持续时间的长短可以作为发音质量的一种测度,尤其是可用于反映发音的流利程度和自然度。

用标准发音统计出段持续时间的离散概率分布,学习者发音的段持续时间打分可定义为

$$D = \frac{1}{N} \sum_{i=1}^{N} \log[P(f(d_i) \mid r_i)] \tag{6-268}$$

式中，$f(d_i)$ 为段持续时间 d_i 的归一化函数，r_i 为对应于第 i 个语音段的音素，$P(f(d_i)|r_i)$ 为统计获得的持续时间 d_i 相对于音素 r_i 的先验概率分布，N 为整个单词或句子的音素段总数。段持续时间归一化函数是为了补偿不同学习者语速上的差异和音素强制对齐所产生的误差，通常定义为

$$f(d_i) = d_i \cdot v_s \tag{6-269}$$

式中，v_s 为学习者 s 的语速。

5. 发音矫正

发音学习系统的更高级形式就是能够根据发音专家的知识，判断发音错误的类型，并给出相应的矫正建议。以目前的技术，要实现一个足够智能的、能全面检测发音错误类型的发音学习系统是不可能的。因此，比较现实的做法是：首先依据发音专家的知识，对发音中容易出现的错误进行分类；然后针对不同的错误类型设计相应的检测算法；最后对待处理发音用各种错误检测算法分别检测，并根据检测结果对错误发音给出相应的矫正建议。例如，在日语中有些音素发音相同，只是在持续时间上有所不同，非母语学习者经常弄不清楚，很容易产生发音错误。在 Goh Kawai 等人设计的给非母语学习者学习日语单词发音的系统中，对这些音素通过其时长来判断该音素发音是否正确，如果发现错误，则给出错误提示和相应的矫正建议。显然，要实现发音矫正，除了专家关于发音错误的知识外，能否设计一个有效的错误检测算法也是非常关键的。

6. 性能评测

对发音学习系统，可用如下四个指标来评测其性能。

1）可用性

指系统是否易于使用，并达到预期的学习目标。如学习时间的长短、学习内容是否丰富、指导方法是否得当等。

2）有效性

指与传统的自学方法相比，系统最终是否可以帮助学习者明显提高其发音的能力，提高目标语言的使用水平。

3）准确性

主要指发音打分和分级、错误位置判定、错误类型判定、错误纠正等方面是否可靠，确保系统作出的判断是准确无误的。

4）权威性

主要指系统反馈给学习者的信息要绝对正确，不会对学习者产生任何发音的误导。这主要依赖于系统所采用的专家发音知识的权威性，以及应用这些知识进行判断算法的正确性。

可用性和有效性是对系统的整体评价，只能通过学习者的使用体验和结果来获得。准确性和权威性主要是对系统所采用的发音学习技术和策略的评价，也可以通过学习者的使用来获得。

由于学习者个体的差异，可能需要通过大量的实验才能获得比较有说服力的评价。这就需要采集足够的样本，花费大量的时间。从技术的角度看，一个比较好的方法就是定义一些技术指标，通过少量实验和计算来获得比较有说服力的性能评价。一般常用的评价准确性和权威性的指标包括以下三种。

（1）严格性：系统判断(指打分、分级或识错)阈值与专家严格性的关系。

（2）一致性：两种判断的一致性，包括专家判断之间、专家与系统之间，以及同一专家的不同判断之间的一致性。根据判断标准的不同，又可以把一致性分为句子级的和话者级的。句子级的一致性指对不同句子判断的一致性。话者级的一致性指对不同话者的语料进行判断的一致性。

（3）交叉相关性：系统判定的发音错误与专家判定的发音错误的对应性。

严格性和交叉相关性反映了系统的准确性，严格性和一致性既反映了系统的准确性，又反映了系统的权威性。

语言学习中，对某些人有些发音问题总是难以彻底解决，如口音问题、不自然的问题等。然而语言的接受者通常是人类，人类有很好的语言自适应能力，因此，针对不同的使用目的，对学习者应有不同的要求。比如对那些只要求日常会话的学习者来说，口音问题就可以认为只是一个小问题。不同的语言有不同的发音特点，学习时容易出现的错误也就不同。因此设计发音学习系统时，应根据目标语言的特点去加以定制。以目前的研究水平，开发针对某些典型发音问题的辅助学习系统是完全可能的。但辅助发音学习系统毕竟是一个多学科综合的产物，不仅涉及计算机技术，还涉及语音学、语言学和心理学等其他学科。要想开发一个通用的能够解决任何发音问题，给学习者专职家庭教师般帮助的系统目前还有相当的困难。但可以肯定，随着对这一课题的继续深入研究，实现这样系统的可能性会越来越大。

6.12.3　基于语音的情感处理

语言是人类创造并记载了文明史的基本手段，没有语言就没有今天的人类文明。在人与人的交流中，除了言语信息外，非言语信息也起着非常重要的作用。传统的语音处理系统仅仅着眼于语音词汇传达的准确性，而完全忽视了包含在语音信号中的情感因素，所以它只是反映了信息的一个方面。近年来，许多研究者开始研究情感对语音的影响，以及尝试对语音处理算法的适应技术。

在日常生活中，可以通过人脸的表情、语音和手势、心跳、体温，以及血压等来识别情感状态，其中语音起着非常重要的作用。有许多关于语音和情感之间相互联系的研究，如Williams发现情感对语音的基音轮廓有很大的影响。Murray认为与情感关系最大的声道参数是基音、音长、强度和声音质量，并且也提到基本情感与声音的连带关系是与不同文化有关的。

1. 情感类型的划分

究竟人类的情感类型有哪些？是一个既有意思，又难回答的问题。实际上，对情感类型缺乏有效的定义是妨碍进行语音情感研究的障碍之一。情感类型划分困难的原因之一在于情感属于人类经验的一个基本方面，它在人类使用文字符号前就早已存在。因此，妨碍了人类从符号中获取情感的尝试。另一个原因是研究者很少花大力气来寻找合适的描述方法。

通常情感一词在语义上讲是不确切的。在日常使用中，它的意思要根据上下文而变化，这使得它具有非常灵活的方式，一旦脱离了上下文用于描述一个具体的领域时，自然会产生问题。情感一词的第一种意义是代表实体，即有明确边界的自然单位。如害怕、生气这两种情感。心理学和生理学上所研究的情感强调的就是这种意思,它在全部可能的感觉中寻找应该被称为情感的离散状态,并对这些状态及表述出的范围进行命名;情感的第二种意义是代表一定状态的某种属性,如当我们说某人的声音受到情感影响时。如何有效地划分情感类型一直是一个颇有争论的问题,但在情感研究中必须进行一定的情感类型分类是研究者们的一个普遍共识。

为了研究方便,人们提出了基本情感的想法,它是将获得的一系列基本情感作为研究的起点,之后研究每一情感在语音中是如何反映出来的,这种想法在进行情感研究时发挥了较大的作用。然而情感之间是相互渗透的,很少有哪些情感状态具有其他情感没有的纯正和基本的特征。另外,一些情感是通过将基本情感状态加以混合而产生出来的,因而也就不可避免地带有基本情感的色彩。尽管有各种各样的划分和描述情感的方法,但一般认为有六大类基本情感:恐惧(fear)、生气(anger)、高兴(happiness)、悲伤(sadness)、吃惊(surprise)和厌恶(disgust),对其进行扩展的通常方法是区分暴怒(hot anger)和生气(cold anger)。

2. 情感语音数据的获取

为了更好地对情感处理技术进行研究,选取和获得情感语音数据就显得非常重要。情感语音数据的采集是一项很困难的工作,因为带有情感的语音数据不能像正常情况下话者的语音数据那样可以随时获得。如何能保证实验者产生的是有真实情感的数据,是一项难度非常大的工作。目前普遍的做法是:选取善于表演的演员来作为实验者,然后分别采集他们在各种模拟情感状态下的语音数据作为语料。为使产生的情感更真实,在一些研究中,通过让实验者观看事先准备的规划好情感情节的电影,使他们更能有真情实感地产生相应的语音,再对其进行录制。为了获得某种情感下程度不同的语音样本,一些研究中通过设置两个话者间的对话场景,通过一方的话语引起另一方情绪的变化,再录制相应的情感数据,如日本东京大学为获得生气时不同程度下的语音数据,设计了两个人的对话内容,话者 B 重复相同的内容,而话者 A 不顾话者 B 的意愿不断地提出新要求,从而激怒了话者 B。随着对话的进行,B 的态度由平静,到生气,再到愤怒,B 的样本作为将来分析用的数据,其具体情节如表 6-5 所示。其他的情感程度也可以设计成类似的对话情景。

表 6-5　用于控制生气程度情感语音的对话内容

A:从火车站我怎么能到达?
B:我到火车站接你(正常,Level 0)。
A:不,谢谢。告诉我去的路就行。
B:我到火车站接你(有点不高兴,Level 1)。
A:只要告诉我去的路,我自己能去。
B:我到火车站接你(有点急躁,Level 2)。
A:我自己去。
B:我到火车站接你(生气,Level 3)。
A:你真要来接我呀?
B:我到火车站接你(愤怒,Level 4)。

如何评测实验用情感数据的真实性,目前还没有统一的标准。一般大都采用主观评测方法:让录制情感数据以外的若干人作为实验者,通过随机播放所搜集到的带有各种情感的语句,让实验者主观评价出所播放语音的情感类型,并且经过反复听取比较,保留情感特征明显的数据,对其中情感特征不明显的句子进行删除和重新制作。

由于大多数情感语音都是先由演员来模拟产生的,然后再由听众进行主观打分评测。因此毫无疑问存在这样的问题:演员模拟的情感语音是否真就反映了普通人在某种情感时的信息? 由于存在着文化背景的不同,有些人会将本是情感的状态极力地进行掩饰,而有些人会将本不是某种情感的状态进行夸张,极力装出是情感状态。因此,由演员来录制模拟情感语音有可能错误地表达语音中情感的特点。尽管这样,目前所能采取的方法也仅能如此。

3. 相应的支撑技术

基于语音的情感识别过程如图 6-55 所示。语音信号经数字化和预处理之后,进行端点检测,然后计算特征,这一部分与通常的语音处理过程相似。在上述的过程之后,根据训练和识别的不同,分别进行不同的处理:训练时产生表征不同情感的模板;识别时,包含待识情感的语音与情感模板库中的各个模板进行比较,从而确定相应的情感类型。

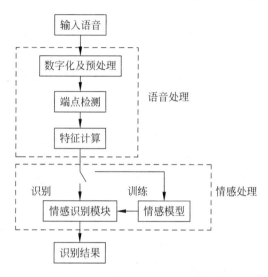

图 6-55　基于语音的情感识别过程

1) 数字化和特征计算

数字化过程与其他语音信号处理过程相似,之后特征也是按帧计算的。通常特征分为两类,一为语音特征,一为韵律特征。一般来说,语音中的情感特征往往通过语音韵律的变化表现出来。例如,当一个人发怒的时候,讲话的速率会变快,音量会变大,声调会变高等,这些都是人们直接可以感觉到的。因此在情感识别中,韵律特征起着非常重要的作用。同时语音学特征也很重要,因为发音过程中韵律特征和语音特征紧密相连,仅仅通过控制韵律特征并不可能表达出情感来,因此一般是将两种特征结合起来考虑。另外,由于语音信号中的情感信息或多或少受到语句词汇内容的影响,所以为了使分析结果消除这方面的影响,一般都是通过分析情感语音与不带感情的平静语音的相对关系,找出这种相对特征的构造、特点和分布规律,用来处理和识别不同的情感语音信号。通常和情感相关的语音特征包括:信号的振幅、共振峰频率、基音频率、信号的持续时间等。

2) 模式匹配技术

许多模式识别中的匹配技术都可以应用到情感识别中,如采用最大似然贝叶斯估计、K近邻方法、HMM方法,以及人工神经网络的方法等。

4. 情感分析

研究表明:对生气、恐惧、悲伤、焦虑、高兴等类型的情感,语速、时长和发音的清晰程度对判定话者的情感状态非常重要。例如,当话者悲伤时语速明显变慢,而恐惧时语速要快于其他情况,焦虑时发音的段长要低于平均值。基音反映了超音段的信息,它也是最常用的判定情感的语音特征之一。一些研究中,分析了心理紧张(stress)在语音特征上产生的影响。还有的工作中,采用了多通道信息来进行情感研究。例如,MIT采用将音频和视频信息相结合来表达情感信息,他们开发了一个"谈话头(talking head)"来分析音频、视频在情感表达中的作用。试验表明,在对声音线索的敏感性上,个体间存在较大的差异,对一个实验者,其音频判断能力的可靠性仅为视频的一半;而对另一个实验者,其音频判断能力明显可靠。对韵律和音质之间关系的研究发现,生气和高兴时的发音在喘气和沙哑等方面是不同的。

5. 情感识别

对情感进行识别有很多困难,对于情感合成,只需要有一个好的参照实验者就行,而情感识别必须对话者风格的变化,以及一时兴致的变化等引起的情感变化具有顽健性。从目前的情况看,情感识别的识别率还不高。由于在语料库的大小和一致性等方面存在差异,以及所采用的特征不同,考虑的时间尺度及采用的分类方法等方面变化很大,因此所采用的方法也有很大的不同。研究表明:对正常和生气,当用一个演员来模拟这些情感时,可获得非常高的识别率,大约能到90%;而当用其他人时识别率降到75%。当使用真实的情感语音时,识别率下降到约65%。对高兴、悲伤、生气、害怕和正常等5种情感,其识别率为55%。

在进行情感识别时,长时特征优于短时特征。有实验研究对正常、高兴、生气、恐惧、吃惊和悲伤等6种情感进行识别。分别使用矢量量化、神经网络、高斯混合密度模型等3种分类方法,特征是按只使用短时特征、只使用长时特征,以及同时使用长、短时特征进行的。共有5个话者参加实验,每个话者的15个句子用作训练,5个句子用作测试。结果表明:同时使用长、短时特征的高斯混合密度模型方法性能最好,正确率为62%。实验显示,对6种情感,可分为3组:正常—悲伤、生气—恐惧、高兴—吃惊,它们之间具有明显的区分性,而在这些组内相互进行区分非常困难。

6. 情感合成

为了合成出模拟情感状态,一般至少需要给出对基音、时长和词句进行一些特殊控制的方式,这样才能获得期望的情感影响。通常合成情感的模型参数是从带有情感的韵律语音数据库中基于规则而导出的。目前,语音合成的自然度较差,通过对情感语音的研究,可以改进自然度。德国的研究者用共振峰合成的方法合成出了正常、生气、高兴、恐惧、悲伤、厌恶和厌倦等7种情感状态的德语;日本的研究者分别合成了男女性日语表达的高兴、生气和悲伤情感的语音。实验表明,通过合成不同的情感语音,合成语音的质量得到了很大提高,因此,情感语音合成也可能成为提高合成语音自然度的一个突破口。

从总体上看,情感语音处理这一研究领域还处于探索阶段,有很多问题尚待解决。未来本领域的研究重点包括:情感语音语料的有效获取方法、情感分类与建模、评价方法等。

6.12.4 网络环境下的语音识别

随着网络技术的日益成熟,通过Internet网络来传递声音的IP电话技术发展迅猛,已成为人们日常交流的重要手段之一。随着 IP 电话的发展,有关如何在 IP 电话中进行语音识别的研究引起了研究者们的注意,已成为本领域的热点问题之一。

IP 电话由于其工作方式的特点,在传输中存在一些额外的信息损失,例如网络中传输语音都是使用各种声码器,考虑到带宽的限制,对所传输的语音数据要进行压缩编码,这样在编解码过程中存在着信息的损失。同时,在网络传输过程中,语音信号经过编码压缩后打包在网络中传输,一般的传输协议中语音包是基于不可靠的 RTP 层传输的,这样会存在丢包的情况,因而会导致接收方获得到的语音信号的音质受损。此外,数据包在传输过程中,由于网络的拥挤,还会存在包延迟到达的情况。这是传统语音识别方法中所没有涉及的问题。

通常,包的延迟并不影响语音波形的变化,语音识别系统可以在允许的时间内等待延迟到达的数据包,然后再进行识别,这样不会对识别性能造成太大影响。因此,IP 电话语音识别中主要考虑的是语音压缩和丢包造成的影响,以及如何克服这些影响的方法。通过模拟 IP 电话数据进行识别实验的研究表明,由于语音编码造成的性能下降在 $15\% \sim 30\%$,而对于丢包率小于 5% 的情况,其所造成的性能下降小于 10%。对于 ITU 规定的几种标准编码方式,G.729D、G.726、G.729E 和 G.729 编码而言,与通常的语音相比,G.729D 编码和 G.726 编码方式会引起识别率的较大下降。相对而言,G.729E 编码方式引起的误识率最小,而 G.729 编码方式引起的误识率介于中间。一般而言,低比特率的编码方式带来的编码损失较大,因而引起的误识率也就较大。当丢包率大于 10% 时后,随着丢包率的增加,系统的识别性能明显下降。但在实际中,丢包率一般都小于 5%,因此,由于语音编码所引起的语音识别性能的下降要大于丢包时的情况。

1. 声码器损失的克服

一般来说,对网络上的语音识别,其后端的模型训练和模式匹配方法,同传统语音识别中的方法没有什么区别。两者不同的地方在于前端特征提取方法的不同。通常的语音识别系统,其特征参数是从采样、分帧后的语音波形数据中经过短时特征分析后获得的;而网络环境下的语音特征,需要从经过声码器编解码之后的压缩数据中获得。

声码器是由编码器和解码器两部分组成,它们分别处于发送端和接收端。编码器主要是对连续模拟的语音信号进行压缩,以适合在有限带宽的条件下进行语音的传输。解码器在接收端将压缩的语音解码还原成语音信号用于播放。因此,对网络中的语音进行识别,一种最容易想到的方法是:先对压缩后语音信号进行解码,然后按传统的特征提取方法重新对语音信号进行加窗、计算静态特征和动态特征等。不同的语音声码器有不同的设计方法,它们在带宽、计算复杂性、质量等方面区别较大。基于国际语音编码标准 G.726 的声码器是比较常用的一种,它的性能较好,解码后的语音信号听觉效果良好。采用这种方法进行语音识别的原理如图 6-56 下部的虚线框所示。由于对语音识别来说,它并不关心解码后是否能恢复为时域上的语音信号,更关心的是所获得的特征参数能否与语音识别模型的参数相匹配。一些研究表明:经过声码器后语音信号明显发生了畸变,从而导致了识别性能的下降。因而这种方法不是较好的选择。

另一种方法是在接收端直接从压缩后的语音中获得特征参数。例如,对 G.726 编码器,由于它是基于码激励线性预测 CELP 的方法,因此可以从接收端获得的量化的 LP 频谱中,进一步推导出所需要的用于语音识别的特征参数。其中所得到的频谱包络和从原始语音中获得的相同,唯一不同的是频谱包络是被量化表示的。但有研究表明,这种量化畸变不会对语音识别性能产生严重影响。图 6-56 上部的虚线框中给出了这种方法的原理。采用这样的方法,避免了第一种方法中先还原语音信号,再重新计算特征时产生的较大误差;同时它还节省了解码还原语音信号所需的时间。

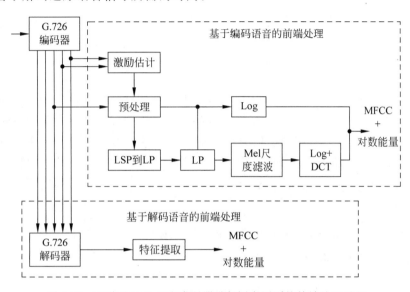

图 6-56　两种基于 G.726 声码器进行语音识别的前端处理过程

在网络中进行语音识别,特征除了可以采用 MFCC 等外,也可以根据具体声码器的编码方式,采用编码中利用到的中间特征,如 LSP 特征、LPC 特征或其他衍生出来的特征,如 PARCOR 系数、声道截面系数,以及倒谱系数等。

2. 丢包损失的克服

对于丢包现象,在真实的网络环境中很难控制其丢失的多少。因此,为方便研究,通常是用一个模型来模拟可控制的丢包现象。如用 Gilbert 或 Elliott 模型来近似模拟。图 6-57 给出了一个描述丢包现象的 Gilbert 模型,它是一个两状态的马尔可夫模型。这个模型包含两个状态,第一个状态是与低丢包率相关的 P_1 状态,第二个状态 P_2 对应的丢包率很高,即 $P_1 \ll P_2$。从第一个状态转移到第二个状态的转移概率用 P_s 表示,而从第二个状态到第一个状态的转移概率

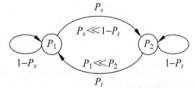

图 6-57　模拟包丢失的模型

用 P_t 表示,则 $P_s \ll 1-P_t$。这样,从比较好的 P_1 状态转移到状态 P_2 的可能性较小。但一旦模型处于第二个状态,就不太容易转出第二个状态,这时就会产生大量的丢帧现象。

为处理丢包的问题,通常在识别前端加入对丢失帧进行检测和估计的方法,其结构如图 6-58 所示。它包括两个阶段,第一个阶段利用包检测机制确定有没有丢包现象发生,如果存在丢包现象,则在第二阶段利用特征帧的一些特性来估计被丢失的语音帧。对丢失帧

的检测主要是通过在特征矢量中加入一个反映帧序号的计数值,通过监测这个帧序号可以确定丢失帧的位置。此外,采用帧序号的方法还有利于对经过网络中传输后乱序的数据包重新进行排序。

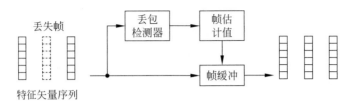

图 6-58 网络语音识别处理中的前端处理阶段

当丢包现象发生时,最简单的方法是用丢包前的一帧数据替代丢包帧的数据。复杂些的解决方法是应用一些插值算法,根据语音特征的轨迹来估计丢包语音帧的数据。图 6-59 为通常使用的用于估计丢失帧的插值方法。将特征矢量序列 $\{\boldsymbol{X}_0, \boldsymbol{X}_1, \cdots, \boldsymbol{X}_N\}$ 输入到插值器组,特征矢量的每一维单独使用一个插值器,例如第 m 维使用 $I_0(m)$。这样根据特征矢量轨迹信息可以估计出丢失的矢量 $\boldsymbol{X}_n$,其第 m 维的估计 $\hat{x}_n(m)$ 可估计如下

$$\hat{x}_n(m) = I_m(x_{n-B}(m) \cdots x_{n+F}(m)) \tag{6-270}$$

式(6-270)在估计丢失数据时,使用了其前 B 个特征和后 F 个特征信息。需要注意的是,对实时性的操作,F 要尽可能地小。

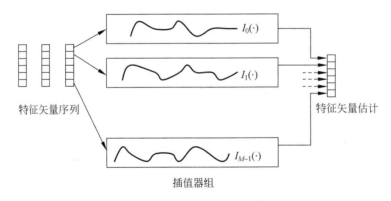

图 6-59 丢失特征帧的插值

多项式插值的方法有很多,一般使用拉格朗日插值,对 $N+1$ 个特征矢量中的第 m 维,其插值形式为

$$P_N(t) = L_0(t)x_0(m) + L_1(t)x_1(m) + \cdots + L_N(t)x_N(m) \tag{6-271}$$

式中,拉格朗日系数 $L_n(t)$ 是 N 阶多项式。

一般为简化计算取一阶拉格朗日多项式,这样有

$$\hat{x}_n(m) = \frac{t_n - t_q}{t_p - t_q}x_p(m) + \frac{t_n - t_p}{t_q - t_p}x_q(m) \tag{6-272}$$

式中,$\hat{x}_n(m)$ 是丢失的第 n 个特征矢量的第 m 维参数的估计,$p < n < q$;$x_p(m)$ 和 $x_q(m)$ 分别是 n 前后两个特征矢量的第 m 维参数。图 6-60 给出了这种插值的情况。

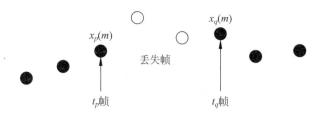

图 6-60　丢失特征帧的多项式插值示意图

6.12.5　嵌入式语音识别技术

随着计算机软硬件技术、通信技术和网络技术等的飞速发展,人类进入了后 PC 时代。这个时代一个典型的特征就是,各种新型的智能化的设备日益广泛走进人们的工作和生活,而人与这些智能终端之间的自然、快捷、稳定可靠的交互方式有助于提高人机交互的效率,增强人对智能化设备的控制。作为人机交互最自然的方式,语音技术的研究近年来取得了长足的进展,其中语音识别由于其重要性和研究的难度更成为研究的热点。

嵌入式语音识别技术是指应用各种先进的微处理器在板级或是芯片级用软件或硬件实现语音识别技术。语音识别系统的嵌入式实现要求算法在保证识别效果的前提下尽可能优化,以适应嵌入式平台存储资源少,实时性要求高的特点。实验室中高性能的大词汇量连续语音识别系统代表当今语音识别技术的先进水平。但由于嵌入式平台资源和速度方面的限制,其嵌入式实现尚不成熟。而中小词汇量的命令词语音识别系统由于算法相对简单,对资源的需求较小,且系统识别率和顽健性较高,能满足大多数应用的要求,因而成为嵌入式应用的主要选择。嵌入式系统的硬件通常是用性能比较高的数字信号处理器(Digital Signal Processor,DSP)来实现,如采用 TMS320 系列的 DSP。

目前,在嵌入式平台实现的主要是对系统的运算资源和存储资源要求比较低的特定人孤立词语音识别系统。而在现实中,更多的语音识别应用要求系统具有非特定人的特点。相对而言,特定人语音识别系统可以对整词进行声学建模,识别则采用简单的 DTW 等匹配算法,这对小词汇量识别系统的实现效果比较理想。其缺点是,如果词表更换,就要求采集大量数据,重新训练模型,且训练好的模型又具有特定人的局限性。目前在嵌入式语音识别研究中,非特定人识别系统的研究是热点。

由于嵌入式语音识别系统通常是应用于某一特定的领域,因此可以将识别的词表限定在一定的范围内,这样可减少数据存储空间、搜索空间及运算量。降低采样率也可以减少数据量。实验表明,对中小词汇量,采样率从 16kHz 降到 8kHz 所造成的识别率下降不超过 1%,但可以节省语音识别前端 50% 的动态存储空间,减少运行时识别前端 25% 的计算量。对于声学特征参数,研究表明:使用"能量＋MFCC＋一阶差分"共 26 维特征可以取得很好的识别性能,它比使用通常 39 维特征时,节省了 1/3 的特征缓冲区空间。

对嵌入式语音识别系统,声学处理单元都选用比较小的子词单元,例如对汉语语音,选用考虑上下文的声母、韵母单元。识别方法可以采用 DTW 方法或离散 HMM 方法。对系统的训练可采用基于最小分类的判别学习方法。由于训练算法都是离线实现的,因此可在不增加在线识别时系统代价的同时,较大幅度地提高系统性能。嵌入式系统经常会应用到噪声比较强的场合,因此,有效的端点检测及噪声处理方法是非常必要的。同时,在这种系统中拒识算法必不可少,比如在手机应用中,不应该让语音识别系统将识别错的电话号码拨出,以免造成用户无谓的损失。在实际应用中,拒绝一个错误识别或集外词,并提醒用户重新输入,比输出错误结果更能让人接受。对识别算法,一般采用简化的 Viterbi Beam 搜索算法。

嵌入式语音识别系统可广泛用于语音导航、语音拨号、智能家电和玩具的语音控制。目前国外已有了相应的产品问世,国内市场上也出现了具备语音识别功能的手机。

6.13　HTK 工具介绍

由于语音识别过程中涉及的算法比较复杂,为了让研究者能够迅速搭建一套语音识别系统,许多机构着力于开发集成语音信号预处理,特征参数提取,模型训练和识别解码等一系列功能的工具。其中最为著名、应用最为广泛的是 HTK。

HTK 最早由剑桥大学开发,用于建立基于 HMM 的大规模语音识别系统。1993 年,Entropic Research Laboratory 获得了 HTK 销售权,并于 1995 年获得开发权。1999 年,微软买下了 Entropic 及其所属的 HTK 产品。后来微软把 HTK 的授权返还给剑桥大学工程系(CUED),这样 CUED 可以重新发布 HTK,并且提供开发的支持。目前该软件集为开放源代码,可以在 UNIX/Linux 和 Windows 操作系统上使用。HTK 提供一系列命令函数用于语音识别,使用者可以通过需要进行选择,并建立起语音识别系统。

HTK 包括一系列的运行库和工具,使用基于 ASNIC 模块化设计,可以实现语音录制、分析、标示、HMM 的训练、测试和结果分析。HTK 以源代码的方式发布,开发者在其官方网站上下载到最新版本的代码之后,即可在自己的操作系统上编译获得可执行工具。同时,HTK 还有相应的使用手册 HTKBOOK,根据 HTKBOOK 中的说明,即可配置各项命令参数,实现搭建语音识别系统中所必需的各项功能。

HTK 中各个模块的功能如表 6-6 所示。

表 6-6　HTK 中的各模块功能

模 块 名 称	功　　能
HShell	负责用户的输入、输出和操作系统的接口
HMem	负责内存的管理
HMath	提供数学函数的支持
HSigP	提供语音分析所需的处理操作
HLabel	提供标签文件的接口
HLM	为语音模型文件的建立提供接口
HNet	负责创建语法网络文件
HDict	负责建立词汇的发音词典
HVQ	主管矢量量化 VQ 码本的建立
HModel	负责 HMM 的定义与建立
Hwave	可以将所有的输入、输出语音文件固定在波形级别,为了保持接口的一致性,HTK 还提供其他许多种文件格式

续表

模 块 名 称	功 能
Haudio	模块提供了直接音频输入的支持
HUtil	负责提供多个关于 HMM 模型的应用例程
HGraf	提供简单的图形交互
HAdapt	负责为多种 HTK 自适应提供支持
Hrec	负责对语音识别处理函数模块提供支持
Htrain HFB	负责提供对各种 HTK 训练工具的支持

整个 HTK 的工作过程包括数据准备、模型训练和识别过程。其中数据准备和模型训练过程如图 6-61 所示。

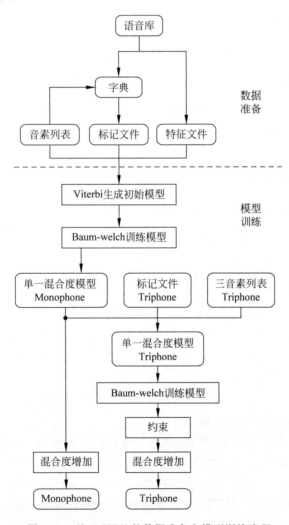

图 6-61 基于 HTK 的数据准备和模型训练流程

在所有命令中,有一些选项是用大写字母表示,对所有的命令都适用。这些选项如表 6-7 所示。

表 6-7　通用的命令选项

标　准　选　项	含　　义
-B	将 HMM 宏定义的文件用二进制存放
-C cf	表示配置文件是 cf
-D	显示配置变量
-E dir [ext]	在目录 dir 中搜索宏定义的父变换
-F fmt	设置源数据文件的格式为 fmt 形式
-G fmt	设置源标注文件的格式为 fmt 形式
-H mmf	装入 HMM 的宏定义文件 mmf
-I mlf	装入主标注文件 mlf
-J dir [ext]	在目录 dir 中搜索变换宏定义文件
-K dir [ext]	将变换后的模型存放在 dir 目录中
-L dir	在 dir 目录中寻找标注文件
-M dir	将输出的 HMM 宏定义存放在目录 dir 中
-O fmt	将输出数据文件的格式设定为 fmt
-P fmt	将输出的标注文件的格式设定为 fmt
-S scp	表示使用命令行脚本文件 scp
-T N	设置跟踪的级别为 N
-V	显示版本信息
-X ext	将标注文件的扩展文件名称为 ext

6.13.1　数据准备阶段

数据准备是搭建语音识别最基础的工作,用来进行数据准备的工具有以下几种。

HBuild:转换各种不同格式的代表语言学模型的文件,并且输出标准 HTK 网格格式。

HCopy:数据文件格式的转换。

HDMan:利用各种数据源来生成发音词典。

HLEd:编辑标注文件。

HList:显示 HTK 支持的各种格式存放的数据源中的内容。

HLStats:从一组 HTK 格式的标注文件中进行各种统计,生成简单的语言学模型。

HParse:根据由扩展的 Backus-Naur 形式(EBNF)定义的一组可重写的规则描述文件,生成词一级的网格文件。

HSGen:根据以标准 HTK 网格格式定义的词网络自动随机产生一组句子。

HSLab:对语音标注文件进行标注的编辑器。

语音识别系统的数据通常称为语料,语料又分为声音语料和文本语料。声音语料主要用来进行声学模型的训练,文本语料主要用来进行语言学模型的训练。

语料的来源有三种,一种是向相关科研机构购买,另一种是参加国内外的语音系统的比赛,获得赠送部分语料,最后一种是自己人工录制,并进行标注和整理。下面详细介绍利用 HTK 工具进行语料录制的具体方式。

1. 定义任务语法

在开始录制语料之前,首先需要确定任务语法。当需要为某一个特定任务搭建一套语音识别系统时,需要用规范化的语言来描述这个任务。这里以创建一个语音拨号系统为例,其任务语法表示为如图 6-62 所示。

```
$ digit = ONE | TWO | THREE | FOUR | FIVE |
SIX | SEVEN | EIGHT | NINE | OH | ZERO;
$ name = [SUE]LAW |
[JULIAN]TYLER |
[DAVE]WOOD |
[PHIL]LEE |
[STEVE]YOUNG;
( SENT - START ( DIAL < $ digit > | (PHONE|CALL) $ name) SENT - END)
```

图 6-62   语音拨号任务语法

上图规范了打电话的语法格式,其中 SENT-START 和 SENT-END 只是句子的开始和结束标志。用户打电话时可以直接说 DIAL 后面跟数字形式的电话号码或者 CALL(PHONE)某个人名字的方式来实现语音拨号的功能。图 6-62 为语法的高层表示,可以通过 HTK 的 HParse 来解析成 HTK 可用的底层表示。假设图 6-62 的任务语法存在于文件 gram 中,需要将底层表示写到文件 wdnet 中,则 HTK 命令为

```
HParse gram wdnet
```

生成的 wdnet 文件内容形式如图 6-63 所示。

其对应的图形表示如图 6-64 所示。

```
VERSION = 1.0
N = 31 L = 62
I = 0 W = SENT - END
I = 1 W = YOUNG
...
J = 0 S = 2 E = 0
...
J = 61 S = 0 E = 29
```

图 6-63   语法网络的文本表示

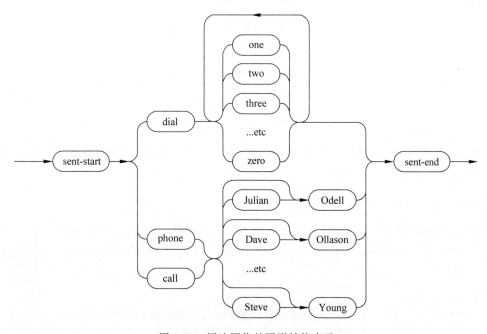

图 6-64   语法网络的图形结构表示

从图 6-64 可以更加清晰地了解整个语法结构。然而对大词汇量连续语音识别系统,花费大量的精力去规范一个语法网络是很不科学的,也会降低系统的可扩展性,所以我们通过

语言学模型来构建语法网络,即在词表中一个词后面有可能是词表中的任何词。

2. 构造字典

字典应包含识别任务中所有可能出现的词的集合,同时也明确了每个词的发音结构。执行 HTK 命令 HDMan 可以生成与任务相关的发音字典。

```
HDMan - m - w wlist - n monophones1 - l  dlog dict1  beep names
```

其中,beep 文件是可以下载到的发音字典,记录了大部分单词的发音,names 文件是手工制作的专有人名的发音,wlist 文件是包含训练语音数据中的所有词的文件。-m 选项表示可以对多个字典的发音进行合并;-w 表示其后面接的就是 wlist 文件。monophones1 是用到的音素的列表文件,-l 表示后面写入的 dlog 文件是程序运行过程中产生的日志文件。最后生成的字典文件 dict1 如图 6-65 所示。

```
CALL k ao l sp
DAVE d ey v sp
DIAL d ay ax l sp
EIGHT ey t sp
FIVE f ay v sp
FOUR f ao sp
FOUR f ao r sp
JULIAN jh uw l ia n sp
JULIAN jh uw l y ax n sp
LAW l ao sp
SENT-END sil
SENT-START sil
SEVEN s eh v n sp
SIX s ih k s sp
STEVE s t iy v sp
SUE s uw sp
SUE s y uw sp
THREE th r iy sp
```

图 6-65 HTK 字典文件

3. 录制语音文件

完成上面的工作后,就可以进行录制语料工作了,HTK 中的 HSGen 可以用来生成符合语法规范的例句:

```
HSGen - l - n 140 wdnet dict1 > trainprompts
```

其中,-n 后面的参数 140 表示需要生成的例句的数量,dict1 就是上面步骤所产生的字典文件,最后生成的例句保存在 trainprompts 文件中。生成的文件如图 6-66 所示。

```
1. PHONE YOUNG
2. DIAL OH SIX SEVEN SEVEN OH ZERO
3. DIAL SEVEN NINE OH OH EIGHT SEVEN NINE NINE
4. DIAL SIX NINE SIX TWO NINE FOUR ZERO NINE EIGHT
5. CALL JULIAN ODELL
    …
```

图 6-66 符合任务语法的例句

很明显,图 6-66 的例句都是符合前面所定义的任务语法的,接下来可以按照上面的例句,调用 HSLab 命令录制声音语料。

HSLab .\data\Train\speech\S0001

这条命令运行之后,在 Windows 下会自动弹出一个录音窗口,与普通的录音程序类似,这里不做详细介绍。最后录音文件被保存在.\data\Train\speech 目录下,文件名为 S0001。

4. 数据标注

上一步中录制的原始声音语料,不能直接用于声音模型的训练或者测试。一个重要的工作是对声音语料进行标注,即按照 HTK 能解析的格式标注声音语料所对应的真实语义信息。直接进行人工标注是一件很烦琐的事情,现在很多语音机构都有专门的数据标注人员。HTK 提供了一个脚本对上一录音步骤中产生的例句进行自动标注的脚本。其实现方式如下:

perl .\scripts\prompts2mlf .\labels\trainwords.mlf .\labels\trainprompts

其中,.\scripts\prompts2mlf 是位于.\scripts 目录下的名称为 prompts2mlf 的脚本,.\labels\trainprompts 是需要解析的源文件,即上一步骤中 HSGen 所产生的文件。最后生成的标注文件为 trainwords.mlf,在 label 目录下。trainwords.mlf 文件格式如图 6-67 所示。

标注文件的第一行是注释,表明这是一个 mlf 文件(标注文件),HTK 中的标注文件都是以 mlf 为扩展名。接下来是每句的句子标注,其具体形式为声音语料所在路径,声音语料对应的内容。句子与句子之间以半角句号为分隔符。

5. 特征提取

常用的特征有 MFCC(mel frequency cepstral coefficients)、PLP(感知线性预测系数)等,同时还会用到这些系数的一阶和二阶 delta 系数。

HTK 提供 HCopy 命令来实现特征参数的提取功能。在提取特征时,需要定义一个符合 HTK 格式的配置文件,HCopy 按照配置文件中设定的参数来提取相应的特征参数。一个典型的配置文件如图 6-68 所示。

```
#!MLF!#
"*/S0001.lab"
ONE
VALIDATED
ACTS
OF
SCHOOL
DISTRICTS
.
"*/S0002.lab"
TWO
OTHER
CASES
ALSO
WERE
UNDER
ADVISEMENT
.
"*/S0003.lab"
BOTH
FIGURES
(etc.)
```

图 6-67 声音语料的标注文件

下面简要介绍图 6-68 中几项参数的含义,配置文件的前半段为输入文件信息:SOURCEKIND 表示语音文件的种类,本例中采用的是波形文件;SOURCE-FORMAT 表示语音文件的格式,本例中采用的是 wav 格式。配置文件后半段为特征项提取信息,TARGETKIND 表示提取的特征参数为 MFCC 矢量;TARGETRATE 表示输出特征矢量的周期,本例中选取 100 000,相当于单位是 10ms;WINDOWSIZE 表示加窗宽度,加窗可以减小帧边界不连续所造成的误差,本例中选取窗长 25ms;USEHAMMING 表示窗的类型是汉明窗;PREEMCOEF 表示预加重系数,本例中设置为 0.97。

```
# [MODULE]PARAMETER    = VALUE
    SOURCEKIND     = WAVEFORM
    SOURCEFORMAT       = WAV
    ZMEANSOURCE    = F      #
    TARGETKIND     = MFCC_E_D_A_Z
    TARGETRATE     = 100000.0      # frame period = 10msec
    SAVECOMPRESSSED    = T
    SAVEWITHCRC    = T
    WINDOWSIZE     = 250000.0      # window size = 25msec
    USEHAMMING     = T
    PREEMCOEF      = 0.97    # 1st order preemphasis,coefficient = 0.97
    NUMCHANS    = 26     # num. of filterbank channel = 26
    CEPLIFTER      = 22     # num. of cepstra = 22
    NUMCEPS     = 12     # num. of MFCC coefficient = 12
    ENORMALIZE     = T      # energy normalization (live: F,otherwise: T)
    ALLOWXWRDEXP       = T      # Needed for cross word systems
    FORCECXTEXP    = T      # Needed for cross word systems
```

图 6-68　配置文件内容

提取特征矢量的命令为

HCopy － T 1 － C config － S codetr.scp

其中,config 文件即为图 6-68 所示的配置文件。另一文本文件 codetr.scp 指定训练及输入和输出文件列表。执行 HCopy 后,会将 codetr.scp 文件左侧的语音数据按 config 的配置提取特征,并存入 codetr.scp 文件右侧特征文件中。

6. 文本语料获取

文本语料的获取过程相对简单很多,只需要收集跟任务语法相关的文本信息就可以。在当前成熟的互联网环境下,依靠强大的搜索引擎,这是很容易办到的。但需要将原始文本语料的词与词之间加上空格,这样才能直接给 HTK 语言学模型的训练工具进行处理。

6.13.2　模型训练阶段

用来进行模型训练和优化的工具有以下几种。

HCompV:用来统计训练数据中的全局均值与方差。

HERest:利用 Baum-Welch 算法对 HMM 模型进行一次嵌入式训练(Embedded Training)。

HEAdapt:利用 MLLR 或/和 MAP 方法来对 HMM 模型进行自适应。

HHEd:直接对 HMM 模型进行各种编辑和优化操作,例如改变模型类型、上下文相关建模、构造决策树、增加混合数目等。

HInit:根据一组观察矢量序列对单个 HMM 模型进行初始参数估计。

HQuant:构造 HTK 格式的 VQ 码表。

HRest:根据一组观察矢量序列对单个 HMM 模型进行 Baum-Welch 参数重估。

HSmooth:对一组上下文相关共享混合或离散 HMM 模型进行删除插入平滑。

1. 声学模型训练

声音语料准备好后,就可以进行声学模型的训练,即 HMM 模型的训练。声学模型的训练是语音识别中非常重要的一环,其训练过程比较复杂,下面介绍其详细步骤。

1)创建单音素 HMM 模型

这里需要定义一个初始 HMM 模型,这个初始模型的参数并不重要,它的目的只定义 HMM 的初始结构。对于基于音素的系统,比较常用的 HMM 初始结构为含有 5 个状态,状态转移为从左到右,并且没有跨状态之间的转移。其中在第一个起始状态和最后一个结束状态时不产生观察值。每个状态是通过一个高斯模型来定义(更高级的,可以定义一个状态为混合高斯模型),最后的 HMM 的文本结构如图 6-69 所示。

```
~o <VecSize> 39 <MFCC_0_D_A>
~h "proto"
<BeginHMM>
<NumStates> 5
<State> 2
<Mean> 39
0.0 (x39)
<Variance> 39
1.0 (x39)
<State> 3
<Mean> 39
0.0 (x39)
<Variance> 39
1.0 (x39)
<State> 4
<Mean> 39
0.0 (x39)
<Variance> 39
1.0 (x39)
<TransP> 5
0.0 1.0 0.0 0.0 0.0
0.0 0.6 0.4 0.0 0.0
0.0 0.0 0.6 0.4 0.0
0.0 0.0 0.0 0.7 0.3
0.0 0.0 0.0 0.0 0.0
<EndHMM>
```

图 6-69　初始 HMM 模型

由图 6-69 中可以看出,每个特征矢量的维数是 39,即初始的 13 维的 MFCC 加上它的一阶和二阶差分系数。定义了 HMM 的初始结构后,就需要对其高斯参数进行初始化。HTK 利用 HCompV 进行初始化:

```
HCompV -C config -f 0.01 -m -S train.scp -M .\hmms\hmm0 proto
```

其中,config 为配置文件,train.scp 为提取的特征矢量文件列表,HCompV 会浏览 train.scp 中的所有文件,并计算其均值和方差,同时将原始 HMM 文件 proto 中高斯参数的均值和方差设置成这一平均值。这条命令将会在 hmms\hmm0 目录下生成两个文件,一个是更新后的 proto,另一个是截止宏,这个截止宏是全局平均方差的 0.01 倍,后续的训练过程中所有的方差值将不能小于这个数。其中-f 选项表示将方差下限设置成全局方差的 0.01 倍。

如果完成后续训练,还需要两个文件。一个是主宏文件 MMF(Master Macro File),文件名为 hmmdefs,该文件可以通过手动为每个音素复制 proto 中的 HMM 定义来完成,如图 6-69 所示。另一个是全局宏文件,其文件形式如图 6-70 所示。

```
~o
<VECSIZE> 39 <MFCC_0_D_A>
~v varFloor1
<Variance> 39
4.492153e-001 2.800227e-001 …
```

图 6-70 全局宏文件

接下来需要利用 HERest 命令对 HMM 参数进行重估。通常有两种方法:一种是直接利用 HERest 进行嵌入式训练;另一种是首先根据基元的标注信息,利用 HInit 和 HRest 训练出初始模型,然后再利用 HERest 做进一步的 Baum-Welch 参数重估。

(1) 利用 HERest 进行嵌入式训练。

```
HERest -C config -I phones0.mlf -t 250.0 150.0 1000.0 -S train.scp -H .\hmms\hmm1\
macros -H .\hmms\hmm1\hmmdefs -M .\hmms\hmm2 .\lists\monophones0
```

上述命令中 phones0.mlf 是音素级别的标注文件,-t 后面的参数都是训练时的剪枝参数,进行剪枝的好处是可以过滤掉概率低的路径来减少计算量。最后生成新的 HMM 模型 hmmdefs 和全局宏文件 macros。这里训练数据文件的路径存放在 train.scp 文件中。

这一训练步骤进行两次到三次即可,此时可认为模型基本收敛。

(2) 利用标注的训练。利用标注数据进行训练的过程稍微复杂一些,图 6-71 表示出训练过程的流程。图 6-72 为上下文相关模型训练流程。

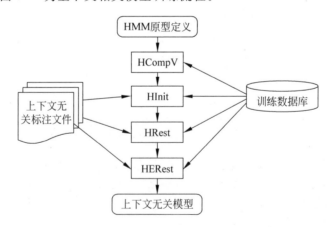

图 6-71 上下文无关模型的利用标注文件训练流程

2) 创建三音素模型

单音素模型损失了语料中的上下文关联信息,解决这一问题的办法是创建三音素模型。

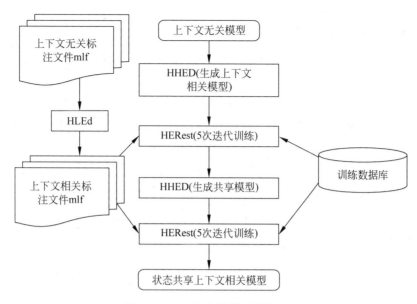

图 6-72　上下文相关模型训练流程

其方法是通过简单的复制单音素模型，并进行重估训练来完成。在调用 HERest 进行重估之前，需要将单音素级别的标注文件转换成三音素级别的标注文件。这项操作可以通过调用 HLEd 命令来完成。

```
HLEd - n triphones - l* - i wintri.mlf aligned.mlf
```

其中，aligned. mlf 是原始单音素标注文件，wintri. mlf 是最后生成的三音素文件，其形式如图 6-73 所示。-n 选项表示后面接的 triphones 是生成的三音素列表，其形式如图 6-74 所示。-l 表示输出标注文件的路径信息，一般默认情况下为当前路径。当其后接 * 时，如果文件名为 XXX，表示在输出的主标注文件（MLF）中文件的路径信息为. * /XXX。

```
＃!MLF!＃
"*/S0001.lab"
sil
d + ay
d - ay + ax
ay - ax + l
ax - l
sp
ey + t
ey - t
sp
f + ay
f - ay + v
ay - v
sp
sil.
```

图 6-73　三音素形式的标注文件

```
sil
d + ay
d - ay + ax
ay - ax + l
ax - l
sp
ey + t
ey - t
f + ay
f - ay + v
ay - v
z + ia
z - ia + r
ia - r + ow
r - ow
s + ih
```

图 6-74　三音素列表

然后需要用 HMM 编辑命令 HHEd 来编辑:

HHEd - H .\hmms\hmm9\macros - H .\hmms\hmm9\hmmdefs - M .\hmms\hmm10 mktri.hed .\lists\
monophones1

上面命令完成对 HMM 模型的调整,将原先在 .\hmms\hmm9\ 下的 HMM 定义文件根据 mktri.hed 定义的规则,调整成新的 HMM 定义文件存放在 .\hmms\hmm10 下。其中 mktri.hed 定义了如何生成三音素的 HMM 模型,其内容如图 6-75 所示。

```
CL triphones
TI T_ah {(*-ah+*,ah+*,*-ah).transP}
TI T_ax {(*-ax+*,ax+*,*-ax).transP}
TI T_ey {(*-ey+*,ey+*,*-ey).transP}
TI T_b {(*-b+*,b+*,*-b).transP}
TI T_ay {(*-ay+*,ay+*,*-ay).transP}
```

图 6-75 mktri.hed 内容

图 6-75 的 CL 命令表示复制三音素列表 triphones 中的音素,TI 命令规定了具体哪些音素的绑定转移概率矩阵可以绑定。

最后调用 HERest 命令来进行参数重估,其方法同上,只是标注文件和音素文件都替换成三音素的。

至此已经初步建立了三音素的 HMM 模型。要想使三音素的 HMM 模型可以实用,还需要继续进行 HMM 参数的优化。

在训练过程中,由于三音素模型数量比单音素模型大得多,在语料有限的前提下,很多三音素 HMM 模型得不到充分训练,会产生大部分模型方差只能用上面提到的截止方差来替代。一般可以通过绑定 HMM 的状态进行数据共享来解决这一问题。HTK 提供了两种方法来绑定 HMM 中的状态,这里采用决策树的方式来对状态进行聚类,通过调用 HHED 命令来实现状态的聚类。

HHEd - H macros - H hmmdefs tree.hed triphones

上述命令中 tree.hed 是决策树的具体内容,它规定了状态聚类的具体原则。其内容如图 6-76 所示。

```
RO 100.0 stats
TR 0
QS "L_Class-Stop" {p-*,b-*,t-*,d-*,k-*,g-*}
QS "R_Class-Stop" {*+p,*+b,*+t,*+d,*+k,*+g}
QS "L_Nasal" {m-*,n-*,ng-*}
...
TR 2
TB 350.0 "aa_s2" {(aa,*-aa,*-aa+*,aa+*).state[2]}
TB 350.0 "ae_s2" {(ae,*-ae,*-ae+*,ae+*).state[2]}
...
TR 1
AU "fulllist"
CO "tiedlist"
ST "trees"
```

图 6-76 状态聚类的决策树

图 6-76 中 RO 命令设定了一个阈值来防止那些与一般状态差异很大的状态聚成一个单独的类。TR 命令用来设定日志级别。每个 QS 命令设定了一个问题,例如第一个 QS 命令的意思是这个音素的左音素是否为 p、b、t、d、k、g 中的一个。TB 命令用来实现聚类,第一条 TB 命令实现所有以 aa 音素为中心音素的三音素(或二音素)的第二个状态的聚合。AU 命令的参数 fulllist 是所有在训练和识别过程中可能出现的三音素的集合。CO 命令找到所有聚类之后相同的三音素,并形成一个列表 tiedlist。ST 命令可以合并那些从未出现过的三音素。

2. 语言学模型训练

语言学模型是词与词之间的概率统计信息,在声学模型训练较差的情况下,语言学模型可以修正声学模型所带来的错误。下面详细介绍语言学模型的训练方法。

1)数据准备

训练语言学模型所用的数据为文本语料。其获取方式较为简单,可以从互联网通过关键词搜索获取大量的相关信息。由于所要建立的是以关键词的音节为基本单位的识别系统,因此需要将汉字转化为对应的有调音节。接下来需要根据关键词词表对文本语料进行分词。分词之后的文本语料格式如图 6-77 所示。

```
yuan2jun1 dao4da2 chang2zhou1 yi3hou4 zhe4ge5 hong2 ji4 he2
chai2 ke4 hong2 a1 shi4 jin3mi4pei4he2 da4bai4 wu2yue4 bing1
bing4qie3 yin1wei4 zhe4ge5 qing2kuang4 jin3ji2 ta1 jiu4yi4 fan3
nan2 tang2 jiao3qiang1 bu4 sha1 de5 fu2lu3zheng4ce4
ta1 ba3 fu2lu3 de5 ji3shi2 ge4 wu2yue4 jiang4ling3 a1 quan2bu4
ka1 ca1le5 sui1ran2 zhe4ge5 sha1 fu2 de5 xing2wei2 rang4 zhe4ge5 li2
jing3 hen3 bu4gao1xing4 dan4shi4 ne5 zai4dang1 shi2 zhe4ge5 ju3dong4
ne5 ye3 que4shi2 qi3dao4 le5 zhen4she4 di2ren2 de5 zuo4 yong5 yi3zhi4
ci3hou4 de5 er4shi2nian2 wu2yue4 dou1 bu5 gan3 dui4 nan2 tang2 dong4shou3dong4jiao3
suo2yi3 hong2 ji4de5 zhe4hui2 sheng4 zhe4ci4 sheng4li4 a5 ta1 dui4yu2 lian2 chi1bai4zhang4
```

图 6-77 分词之后的文本语料

获取文本语料的另一种方式是将声音语料对应的标注文件转化成 HTK 的语言学模型训练可处理的格式。在进行转换前,需要利用编辑器将标注文件中带有路径信息的所有行都去掉。HTK 提供了脚本 LCond 来实现转换操作:

LCond inputfile > outputfile

其中,inputfile 是标注文件,outputfile 是输出的如图 6-77 所示的文本语料。

2)模型训练

HTK 训练语言学模型时,通过一张映射表来统计词信息,每个词都对应唯一的一个 id。这个策略让 HTK 训练语言学模型时具有很好的扩展性。当有新的文本语料需要训练时,不需要重新构建这张映射表,词的统计信息会进行累加,新词也会分配到新的 id。因此,在开始训练前需要一张空的映射图。LNewMap 命令可以实现这一功能:

LNewMap – f WFC Holmes empty.wmap

其中,-f WFC 表示加入每个字出现的次数的统计,Holmes 是映射表的名字,它是自定义的,empty.wmap 是空表的文件名。

接下来需要统计文本语料中的词频信息，用 LGPrep 命令完成。

LGPrep－T 1 －a 100000 －b 200000 －d holmes.0 －n 4 －s "Sherlock Holmes" empty.wmap train/*.txt

其中，-a 100000 设定训练文本中出现的新字的上限，-b 200000 设定内部缓存器的大小，每次缓存器满，就输出一个文法文件，-d holmes.0 指定输出的文法文件的存放目录，-n 4 表示输出四元文法(连续 4 个关键词组成的词串)，-s "Sherlock Holmes" 只是添加文件来源描述，可以自定义。train/*.txt 为训练文本，如果文本数量过多，可以采用-S train.scp 的形式，这时 train.scp 是文本文件路径信息列表。

命令执行成功之后，会在 holmes.0 目录下生成 gram.0、gram.1 形式的统计信息文件，以及更新后的映射表 wmap，gram 文件需要通过 LGLis 命令查看其内容：

LGList holmes.0/wmap holmes.0/gram.*

可以观察到的文件形式如图 6-78 所示。

qing3ta1	fu4	qin3	gei3ta1	: 1
qing3ta1	gei3wo3	men5	jie4shao4	: 4
qing3ta1	jiang2	jiang3	zi4ji3	: 1
qing3ta1	men5	gan3kuai4	pai4	: 1
qing3ta1	men5	lai2ren2	ne5	: 1
qing3ta1	wei4	wo3men5	jie4shao4	: 2
qing3wen4	meng4	lv4shi1	neng2bu5neng2	: 1
qing3wen4	you3mei2you3	bu2rang4	dou4fu5	: 1
qing3wen4	zen3me5	zuo4	cai2neng2	: 1
qing3wen4	zhe4ge5	lu2shui3	dian3	: 1

图 6-78　词串统计信息

图 6-78 中冒号前半部分是词串信息，冒号后的数字表示这个词串在文本语料中出现的次数。新生成的映射表 wmap 如图 6-79 所示。图 6-79 中每个关键词后面跟的前一个数字表示唯一的 id，后一个数字是此关键词的出现次数。

```
Name = Holmes
SeqNo = 1
Entries = 51265
EscMode = RAW
Fields = ID,WFC
\Words\
<s>65536      89347
na4me5   65537      3234
zhe4ge5      65538      12043
zi4xiao3     65539      4
sheng1zhang3      65540      42
zai4 65541      14048
huang2gong1      65542      46
er2qie3      65543      1053
zui4zhong1      65544      97
ye3 65545    4661
deng1shang4      65546      50
le5 65547    22321
huang2wei4      65548      74
```

图 6-79　映射表结构

接下来调用 LGCopy 命令,将前面生成的统计文件进行精细处理,在内部进行排序并去除重复的词串:

```
LGCopy -T 1 -b 200000 -d holmes.1 holmes.0/wmap holmes.0/ gram.*
```

其中,-b 200000 是设置内部缓冲区大小,-d holmes.1 表示输出文件的路径。

由于语言学模型最后要为语音识别服务,而文本语料中的词汇一般很大,一般都会超过语音识别所用的字典,所以需要过滤掉字典中不存在的词。HTK 通过 LGCopy 来实现:

```
LGCopy -T 1 -o -m lm_5k/5k.wmap -b 200000 -d lm_5k -w 5k.wlist holmes.0/wmap holmes.1/
data.*
```

其中,-o 选项表示只生成映射文件,-m lm_5k/5k. wmap 表示生成新的映射表,-w 5k. wlist 表示从 5k. wlist 读入词表文件。上述命令中,holmes. 1/data. * 是上一步骤所生成的统计信息文件,最后生成新的映射表和统计信息文件,都放在 lm_5k 目录下。与原有数据的区别是,所有在词表 5k. wlist 中没有出现的词都用符号"!! UNK"来代替。

接下来就可以用 LBuild 命令来生成语言学模型。

```
LBuild -T 1 -n 1 lm_5k/5k.wmap lm_5k/ug
```

其中,-n 1 表示生成一元文法文件。生成的一元文法语言学模型为 ug,其内容如图 6-80 所示。图中 ngram 1=51266 表示共有 51 266 个独立的关键词,后面接着的是每个词在文本语料中出现的概率(以 10 为底的对数形式)。

```
\data\
ngram 1 = 51266

\1 - grams:
- 6.2909  !!UNK
- 1.3398 </s>
- 99.9900 <s>
- 3.2559  a1
- 4.5127  a1ba4
- 6.2909  a1er3ba1ni2ya4
- 5.0356  a1er3bei1si1
- 5.4458  a1er3ji2li4ya4
- 4.2227  a1fu4han4
- 6.2909  a1fu4han4yu3
- 4.8437  a1ge1
- 5.5127  a1gen1ting2
- 5.8138  a1ha1
```

图 6-80　一元文法语言学模型

接下来可以在一元语言学模型的基础上生成二元和三元的语言学模型。命令如下:

```
LBuild -T 1 -c 2 1 -n 2 -l lm_5k/ug lm_5k/5k.wmap lm_5k/ bg1 holmes.1/data.* lm_5k/data.*
```

其中,-c 2 1 表示在二元文法中的回退数为 1,-n 2 表示生成二元文法语言学模型,-l

lm_5k/ug 表示在 ug 模型上进行更新。类似的三元文法生成如下命令：

```
LBuild - T 1 - c 2 1 - n 3 - l lm_5k/bg1 lm_5k/5k.wmap lm_5k/tg1_1 holmes.1/ data.* lm_5k/
data.*
```

上述两条命令中通过-n选项就可以指定生成语言学模型的具体结构，最后生成的二元和三元语言学模型结构如图 6-81 和图 6-82 所示。

```
BIGRAM: method Katz, cutoff 1
    coef[7]: 0.000000 0.487842 0.641418 0.710891 0.757700 0.829802 0.797428

\data\
ngram 1 = 51266
ngram 2 = 144636

\1 - grams:
- 6.2909  !!UNK
- 1.3398  </s> - 0.2906
...

\2 - grams:
- 0.3117  </s> <s>
- 3.3713  <s> a1
- 3.5361  <s> a1ba4...
```

图 6-81　二元语言学模型

```
TRIGRAM: method Katz, cutoff 1
    coef[7]: 0.000000 0.353645 0.565698 0.653611 0.696207 0.875728 0.755436

\data\
ngram 1 = 51266
ngram 2 = 144636
ngram 3 = 95257

\1 - grams:
- 6.2909  !!UNK
- 1.3398  </s> - 0.2906
- 99.9900  <s> - 0.7665
...
\2 - grams:
- 0.3117  </s> <s> + 0.0297
- 3.3713  <s> a1 - 0.5421
...
\3 - grams:
- 3.3713  </s> <s> a1
- 3.5361  </s> <s> a1ba4
- 5.1015  </s> <s> a1er3ji2li2li4ya4...
```

图 6-82　三元语言学模型

上述语言学模型还不能直接被 HTK 的识别命令 HVite 所使用,更进一步,可以通过 HBuild 命令将图 6-81 形式的二元语言学模型转换成图的结构。

```
HBuild − n bg1 − s < s > < /s > 5k.wlist bigram.net
```

上述命令中,bg1 是如图 6-81 所示的二元语言学模型,bigram.net 是生成的图结构的二元语言学模型,其形式如图 6-83 所示。这种形式的语言学模型可以直接作为 HVite 命令的参数。图 6-83 中第二行信息表示共有 51 267 个结点,247 165 条弧。接下来第一部分信息是结点信息,包括结点号和结点所对应的候选词。第二部分是弧的信息,包括弧所对应的编号以及弧的起始结点号、结束结点号和对应的语言学概率值(以 10 为底的对数)。

```
VERSION = 1.0
N = 51267 L = 247165
I = 0       W = ! NULL
I = 1       W = !!UNK
I = 2       W = </s>
I = 3       W = < s >
I = 4       W = a1
I = 5       W = a1ba4
...
J = 94045 S = 22355 E = 9172 l = − 10.04
J = 94046 S = 23378 E = 9172 l = − 0.97
J = 94047 S = 40414 E = 9172 l = − 2.27
J = 94048 S = 46759 E = 9172 l = − 9.57
J = 94049 S = 49081 E = 9172 l = − 4.70
...
```

图 6-83　语言学模型的图形数据结构

至此为止,通过普通的文本语料训练好了语言学模型,接下来就是结合前面的声学模型,将其应用到识别过程中。

6.13.3　识别阶段

用来进行识别及性能评估的工具有以下两种。

HResult:HTK 模型性能分析工具。

HVite:基于 Viterbi 算法的词识别器。

1. 识别解码

在进行了前面的准备后,识别就显得相对简单些。虽然识别算法非常复杂,但对 HTK 只需要一条命令就可以完成。

```
HVite − T 1 − H mllr/macros − H mllr/hmmdefs − s 10.0 − S sp1.scp − i results10/sp1.mlf − w LM/
bigram.net − C configs/tr_wav.cfg − t 250.0 − n 4 20 − q Atal − z lat key.dct lists/
tiedtri.pho
```

上述命令中,-H 选项会载入识别所需要的声学模型,-s 选项确定语言学模型的权重因子,-S 选项会载入所需要识别的语音,-i 选项确定输出结果的存放位置和文件名,-w 选项会载入语言学模型,-C 选项会载入配置文件,其内容与提取特征参数时的配置类似,-t 选项后面跟的参数是剪枝参数,加入剪枝参数的目的是在不明显降低准确率的情况下减小计算空间,从而加快识别速度,-z 选项表明除了输出 One-best 结果外,还需要输出中间计算结果 Lattice,-q 选项确定 Lattice 的具体格式。最后的 key. dct 是所用的发音字典,tiedtri. pho 是绑定状态之后的三音素列表。

2. 性能评测

语音识别系统的性能评测涉及两个方面：识别速度和准确率。对于识别速度,可以通过简单的记录时间点的方法来确定,若需要精确的时间,则需要编写程序来实现。对于准确率,HTK 提供了命令 HResults 来进行准确率评测。

```
HResults - I ref.mlf tiedlist res.mlf > result.txt
```

上述命令中,ref. mlf 为标注文件,tiedlist 为三音素列表,res. mlf 为 HVite 的识别结果,result. txt 是评测的结果文件,其结果如图 6-84 所示。

```
==================== HTK Results Analysis ====================
Date: Tue Oct 31 10: 06: 53 2010
Ref: .ref.mlf
Rec: .res.mlf
------------------------ Overall Results ------------------------
SENT: % Correct = 93.33 [H = 14, S = 1, N = 15]
WORD: % Corr = 100.00, Acc = 98.53 [H = 68, D = 0, S = 0, I = 1, N = 68]
================================================================
```

图 6-84 HTK 评测结果

图 6-84 上半部分是对比的文件名称,下面部分是准确率统计。在准确率统计部分,第一行是句子准确率,在本例中为 93.33%,第二行是字准确率,在本例中为 100%。关于 HTK 具体细节的部分,请参考 HTKBOOK。

6.14 Kaldi 工具介绍

6.14.1 Kaldi 工具简介

近年来,深度学习技术在语音识别中获得了广泛的应用。为了让研究者能够迅速搭建一套基于深度学习的语音识别系统,许多研究机构开发完成了可实现深度学习的平台框架,其中最著名且应用最为广泛的就是 Kaldi 工具。

Kaldi 工具是用发现咖啡树的埃塞俄比亚牧羊人的名字而命名的,其前身来自于 2009年由约翰霍普金斯大学的研究者们所研发的,针对新语言和新领域应用的高质量且低消耗的语音识别模型。它能实现子空间高斯混合模型(subspace gaussian mixture model, SGMM)和词汇学习。在此基础上,2010 年上述研究者对模型进行了进一步的完善,给出了一个更为通用的语音识别模型。此后,在他们的不懈努力下,于 2011 年 3 月发布了基于深度学习的语音识别工具 Kaldi。在 2012 年之前,Kaldi 的维护和扩展工作主要由微软研究院负责,后来又由约翰霍普金斯大学负责。在 Kaldi 的发展过程中,一直有不同的研究者贡献一己之力。

Kaldi 是一个基于 C++ 语言的语音识别工具,可以在 Windows 和 Linux 平台上进行编译,其主要模块关系图如图 6-85 所示。从图中可以看出,Kaldi 工具的主要函数库分别基于两个底层外部库:OpenFst 和 ATLAS/CLAPACK 标准线性代数库。函数库在图中用竖线分隔为两部分,函数库之间通过 Decodable 接口进行桥接。在函数库之上,为进一步降低使用者的操作难度,设计了一系列可操控并能实现简单功能的可执行函数库,以方便使用者通过最前端的 shell 脚本进行调用,最终实现搭建语音识别模型的目的。

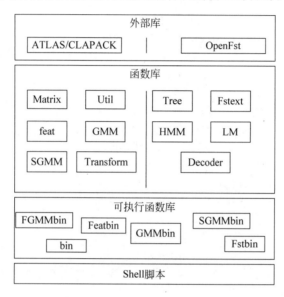

图 6-85 Kaldi 工具主要模块关系图

Kaldi 工具的部分函数库的简介如表 6-8 所示。其特点主要包括以下几点。

(1) 集成 FST 库。

(2) 支持线性代数计算。通过集成标准 BLAS 和 LAPACK 引入矩阵库。

(3) 支持最大似然训练。

(4) 包含声道长度归一化(vocal tract length normalization,VTLN)、说话人自适应(speaker adapted transform,SAT)等脚本。

Kaldi 工具与前面介绍的 HTK 工具相比,其区别体现在如下几个方面。

(1) 编写语言。HTK 是用基于面向过程的 C 语言开发,而 Kaldi 是用基于面向对象的 C++ 语言开发。由于编写语言的不同,这两种模型也分别继承了 C 语言和 C++ 语言的部分优点和缺点:基于 C 语言的 HTK 的优点是简单高效,而缺点是需要自己定制内存管理模块、数据结构等;基于 C++ 语言的 Kaldi 的优点是代码面向过程,易于修改与扩展,缺点是可能导致过度封装等。

(2) 代码理解。HTK 的部分经典算法的代码较为陈旧,理解起来存在一定难度,并且它的开发文档主要介绍算法和工具的使用。Kaldi 则是采用较新的开发工具,代码阅读难度有所降低,并有详细的类图和接口函数的说明文档等。

表 6-8　Kaldi 主要函数简介

外部库名称	函数名称	简　　　介
ATLAS/ CAPLACK	Matrix	① 提供 BLAS 和 CLAPACK 线性代数库的 C++接口; ② 支持一般及特殊形式的矩阵; ③ 提供经典的线性代数功能(如奇异值分解等)和快速傅里叶变换; ④ 该函数与 Kaldi 的其他代码互相独立,易于重新利用
	Util	① 实现基于 C++流的 I/O 功能; ② 支持二值和文本格式数据
	GMM	① 可以表示一个单独的 GMM 模型,也可以表示多个 GMM 模型的混合; ② 与 HMM 函数间独立
	feat	① 支持 MFCC 和 PLP 特征的提取; ② 支持一定程度上的自定义,如更改梅尔频带个数等参数; ③ 只支持 wav 格式音频文件; ④ 一般将提取的特征写入一个文件中
	Transform	包含多个线性变换方法,如线性判别分析、异方差线性判别分析、基于特征空间极大似然线性回归、最大似然线性变换等
OpenFst	Tree	① 易于以多种方式建立树结构; ② 支持不同规模大小的语义处理
	Fstext	① 包含 OpenFst 库的多种扩展功能; ② 支持对有限状态转换器的改进
	HMM	① 与 GMM 函数间独立; ② 可以对每一个音素进行单独定义
	Decoder	① 目前完全使用扩展的 FST 库; ② 该函数并不可以直接解码 GMM 或者 HMM,只可以通过 FST 进行调用; ③ 包含三种解码器:简单解码器(可用于学习和练习目的);快速解码器(高度优化);精准解码器(速度很慢,但精度较高)

6.14.2　Kaldi 工具安装

这里介绍 Kaldi 5.2.146 以及 Ubuntu 16.04.2 LTS 系统的安装方式,Kaldi 这一版本的安装包可以从 Github 网站使用 git 工具进行下载。下载后,安装包中包含有 INSTALL 文件,其中写明了安装 Kaldi 的步骤。具体安装和配置的步骤如下。

(1) 安装 SVN:

```
sudo apt – get install subversion
svn update
```

(2) 下载 Kaldi:

```
git clone https://github.com/Kaldi-asr/Kaldi.git Kaldi
cd Kaldi – master/
```

(3) 安装相关工具:

```
cd tools/
```

首先,要检查所安装的 Kaldi 的依赖库是否都已经安装完整,检查方式如下:

```
extras/check_dependencies.sh
```

如果所有的依赖库都已经安装完毕,则会显示如下的信息:

```
extras/check_dependencies.sh: all OK.
```

如果还存在没有安装的依赖库,则需根据提示安装完毕后,再进行后续操作。

其次,安装 Kaldi 必要的外部依赖库,如 sph2pipe、OpenFst 和 ATLAS,其安装方法如下:在当前目录下输入

```
make
```

若用户的机器上有多个 CPU,则可以用以下命令代替上述指令,以加快安装速度:

```
make - j N
```

其中,N 为 CPU 的个数。

(4) 配置 Kaldi:

```
cd../src/
```

配置方法如下:

```
./configure - shared
make depend
make
```

类似地,如果有多个 CPU,可以用以下指令代替上述指令以加快配置速度:

```
make depend - j N
make - j N
```

其中,N 为 CPU 的个数。

至此,Kaldi 的安装与配置工作已经全部完成。

Kaldi 中封装了很多样例数据集和与数据集对应的识别模型,用以测试 Kaldi 工具安装的正确性、完整性,以及便于用户快速地了解该框架。以 yesno 数据为例,测试该工具安装正确性的脚本命令如下:

```
cd../egs/yesno/s5/
./run.sh
```

运行 run.sh 文件并观察模型输出信息,如果 Kaldi 安装正确,则运行结束后将显示如下信息:

```
% WER 0.00 [ 0/232, 0ins, 0del, 0sub ] exp/mono0a/decode_timit_yesno/wer_10_0.0
```

6.14.3 数据准备

语料是语音识别中的基础数据资源。在众多的语料库中,timit 语料是应用最为广泛的一种。它是由美国德州仪器公司、麻省理工学院和斯坦福研究院合作构建的声学-音素连续

语音语料库。其采样频率为16kHz,发音人分别来自美国八个主要方言地区的630个人,每人说出给定的10个句子,共包含6300个句子。所有句子都在音素级别上进行了手工分割和标注。其中462个说话人的3696个语句作为训练数据,总时长3.14小时,168个说话人的1344个语句作为测试数据,总时长0.81小时。timit语料库的原始数据是基于60个音素的,但由于在实际处理时过于复杂,因此在训练时往往被压缩至48个音素,且有研究者在使用39个音素时取得更好的效果。下面我们以timit语料库为例,介绍数据的准备以及模型的训练与识别内容。

数据准备前的工作主要包括如下步骤。

(1) 获取说话人列表。

获取脚本命令为:

```
ls - d " $ * "/train/dr * / *  | sed - e "s:^. * /::" > $ tmpdir/train_spk
```

其中,$tmpdir为临时创建的文件夹,它在数据处理结束后即被删除。在该语句中用正则表达式来获取文件流中的特定字符,这一正则表达式只适合于timit数据集的命名格式,如果用户需要使用其他数据集,那么正则表达式也需一并更改。

(2) 获取wav格式训练数据的文件列表。

获取脚本命令为:

```
find $ * / $ train_dir - not \( - iname 'SA * '\) - iname ' * .WAV'\| grep - f $ tmpdir/train_
spk > train_sp - h.flist
```

该文件的内容如图6-86所示。

```
/~/timit/TRAIN/DR3/FNTB0/SI573.WAV
/~/timit/TRAIN/DR3/FNTB0/SI679.WAV
/~/timit/TRAIN/DR3/FNTB0/SX213.WAV
/~/timit/TRAIN/DR3/FNTB0/SX303.WAV
/~/timit/TRAIN/DR3/FNTB0/SX393.WAV
…
```

图 6-86   train_sph.flist 文件

(3) 获取wav格式训练数据的发音编号。

获取脚本命令为:

```
sed - e 's:. * /\(. * \)/\(. * \).WAV $ :\1_\2:i' train_sph.flist \> $ tmpdir/train_sph.uttids
paste $ tmpdir/train_sph.uttids train_sph.flist \| sort - k1,1 > train_sph.scp
cat train_sph.scp | awk '{print $ 1}'> train.uttids
```

首先对文件列表进行正则表达式筛选,选出文件列表名称中的人名、句子名关键词,并共同组成utt-id(人名-句子名)存储在临时文件夹$tmpdir的路径下;再将train_sph.flist和uttids文件进行拼接,并按照字母顺序排序来获得train_sph.scp文件,内容如图6-87(a)所示;最后将train_sph.scp文件的第一列提取出来,即发音编号文件train.uttids,文件内容如图6-87(b)所示。

```
FAEMO_SI1392
/~/timit/TRAIN/DR2/FAEMO/SI1392.WAV
FAEMO_SI2022
/~/timit/TRAIN/DR2/FAEMO/SI2022.WAV
FAEMO_SI762
/~/timit/TRAIN/DR2/FAEMO/SI762.WAV
…
```

（a）train_sph.scp 文件

```
FAEMO_SI1392
FAEMO_SI2022
FAEMO_SI762
FAEMO_SX132
FAEMO_SX222
FAEMO_SX312
…
```

（b）train.uttids 文件

图 6-87　train_sph.scp 文件与 train.uttids 文件

在数据准备过程中,对训练数据和测试数据的准备方式几乎相同,因此这里以处理 timit 数据集中训练数据为例,详细介绍准备语音语料和语言语料的具体方式。需额外说明的是,下文介绍中所有文件路径的根目录均为~/kaldi-master/egs/timit/s5/。

1. 语音语料准备

为反映语料原始音频的相关信息,需要用一系列的文件来对其进行详细描述。主要的文件存储在 data/local/data 文件目录中,包括如下几部分。

1）train.text

它的主要功能是实现发音编号与该音频发音标注的一一对应,文件内容如图 6-88 所示,图中左侧字符串由说话人名称和音频文件名称组成,即发音编号;右侧字符串为对应文件的音素级别的发音内容,即发音标注。生成该文件需经过以下几个步骤。

```
FAEMO_SI1392 sil ax s uw m f ao r ix vcl z ae m cl p uh l ax s ix cl ch uw ey sh en w eh er f aa r m
hh eh z ax cl p ae cl k iy ng sh eh vcl d sil ae n vcl d f iy l vcl s sil
FAEMO_SI2022 sil w ah dx aw f ix cl d uh sh iy vcl d r ay v f ao sil
FAEMO_SX132 sil p ax vcl b l ih s ix dx iy eh n ow dx er r ay ix dx iy vcl g ow hh ae n vcl d ix n
hh ae n vcl d sil
…
```

图 6-88　发音编号与发音音素对应的 train.text 文件

（1）生成未规整的发音编号与发音音素对应文件。

首先,需生成与"PHN"格式的训练数据相关的音素列表文件 train_phn.flist,该文件中原始的发音编号与发音音素间一一对应;其次,需提取出该文件中的说话人名和音频文件名,生成文件 train_phn.uttids;再次,将"PHN"格式文件转换为 Kaldi 格式音素列表文件 train_phn.trans;最后,将 train_phn.uttids 文件和 train_phn.trans 文件整合在一起,组成发音编号与未规整发音音素间的对应文件。脚本命令如下:

```
find $ */{ $ train_dir, $ timit_dir} - not \( - iname 'SA * ' \) - iname ' * .PHN' | grep - f
$ tmpdir/train_spk > $ tmpdir/train_phn.flist
sed - e 's:. * /\(. * \)/\(. * \).PHN $ :\1_\2:i' $ tmpdir/ $ {x}_phn.flist \> $ tmpdir/ $ {x}_
phn.uttids
while read line; do
    [ - f $ line] || error_exit "Cannot find transcription file ' $ line'";
    cut - f3 - d' '" $ line" | tr '\n' ' ' | sed - e 's: * $ :\n:'
```

```
done < $ tmpdir/train_phn.flist > $ tmpdir/train_phn.trans
paste $ tmpdir/train_phn.uttids $ tmpdir/train_phn.trans \| sort - k1,1 > train.trans
```

（2）规整音素生成 text 文件。

调用 local/timit_norm_trans.pl 脚本文件实现对 train.trans 文件规整的功能，参数选项"-m"的值 conf/phones.60-48-39.map -to 48 实现将音素进行"压缩"，即将原始的 60 音素映射到 48 个。最终输出发音编号与发音标注一一对应的文件 train.text，脚本命令如下：

```
cat train.trans | local/timit_norm_trans.pl - i - - m conf/phones.60 - 48 - 39.map - to 48 |
sort > train.text || exit 1;
```

2）train_wav.scp

它的主要功能是通过调用 Kaldi 内的 sph2pipe 工具来实现发音编号与音频文件存储信息的一一对应，文件内容如图 6-89 所示，图中左侧为发音编号，右侧为与该发音编号相对应的音频文件存储的位置信息。

```
FAEM0_SI1392 /~/Kaldi - master/egs/timit/s5/../../../tools/sph2pipe_v2.5/sph2pipe - f wav
/~/timit/TRAIN/DR2/FAEM0/SI1392.WAV |
FAEM0_SI2022 /~/Kaldi - master/egs/timit/s5/../../../tools/sph2pipe_v2.5/sph2pipe - f wav
/~/timit/TRAIN/DR2/FAEM0/SI2022.WAV |
FAEM0_SI762 /~/Kaldi - master/egs/timit/s5/../../../tools/sph2pipe_v2.5/sph2pipe - f wav /
~/timit/TRAIN/DR2/FAEM0/SI762.WAV |
FAEM0_SX132 /~/Kaldi - master/egs/timit/s5/../../../tools/sph2pipe_v2.5/sph2pipe - f wav /
~/timit/TRAIN/DR2/FAEM0/SX132.WAV |
FAEM0_SX222 /~/Kaldi - master/egs/timit/s5/../../../tools/sph2pipe_v2.5/sph2pipe - f wav /
~/timit/TRAIN/DR2/FAEM0/SX222.WAV |
…
```

图 6-89　train_wav.scp 文件

生成该文件的脚本命令为：

```
awk '{printf("% s '$ sph2pipe' - f wav % s |\n", $ 1, $ 2);}' < train_sph.scp > train_wav.scp
```

其中，$ sph2pipe 是 sph2pipe 可执行文件所在目录。

3）train.utt2spk 和 train.spk2utt

它的主要功能是实现发音编号与说话人编号信息的一一对应，train.utt2spk 的文件内容如图 6-90 所示，图中左侧为发音编号；对于说话人信息，若已知说话人编号，则右侧将包含具体的说话人编号。在 timit 例子中，由于发音编号中已包含说话人信息，因此这一步的处理相对简单，可从脚本命令中印证；如果不知道或不关注具体的说话人信息，则说话人信息可由发音编号或"global"代替。生成该文件的脚本命令为：

```
cut - f1 - d'_'train.uttids | paste - d' ' train.uttids - > train.utt2spk
```

与 train.utt2spk 文件相对应的还有 train.spk2utt 文件，它与 train.utt2spk 文件的内容相同但顺序不同。它的说话人信息在前，发音编号在后，其文件内容如图 6-91 所示。图中第一个字符串为说话人信息，后接该说话人所有音频的发音编号。该文件可从 train

. utt2spk 文件中生成,脚本命令为:

cat train. utt2spk | utils/utt2spk_to_spk2utt. pl > train. spk2utt || exit 1

其中 train. utt2spk 文件作为输入,通过 utils/utt2spk_to_spk2utt. pl 脚本文件生成 train. spk2utt 文件。

```
FAEM0_SI1392    FAEM0
FBAS0_SX217     FBAS0
FBCG1_SI1612    FBCG1
FBLV0_SX158     FBLV0
FCAG0_SI1503    FCAG0
MCLM0_SI2086    MCLM0
MDLR1_SX399     MDLR1
...
```

图 6-90 train. utt2spk 文件

4) train. spk2gender

它的主要功能是实现说话人编号信息与说话人性别的对应,其内容如图 6-92 所示。图中左侧为说话人编号,右侧对应着说话人性别,其中"f"代表女性,"m"代表男性。进一步可以观察到,说话人编号的首字母即为说话人性别。生成该文件的脚本命令为:

cat train. spk2utt | awk '{print $1}' | perl − ane 'chop; m:^.:; $g = lc($&); print " $_ $g \n";' > train. spk2gender

此外,还存在着其他语音语料文件,如 segments、train_dur. ark、train. stm 等。其中 segments 文件用来反映每条语料的发音分段信息,通常在一条语料包含多个发音时需要这样的信息;train_dur. ark 文件将发音编号与音频总时长信息对齐;train. stm 文件则同时包含发音编号、声道信息、持续时长、说话人性别和发音音素等全部信息。

```
FAEM0    FAEM0_SI1392 FAEM0_SI2022 FAEM0_SI762
         FAEM0_SX132 FAEM0_SX222 FAEM0_SX312
         FAEM0_SX402 FAEM0_SX42
FAJW0    FAJW0_SI1263 FAJW0_SI1893 FAJW0_SI633
         FAJW0_SX183 FAJW0_SX273 FAJW0_SX3
         FAJW0_SX363 FAJW0_SX93
FALK0    FALK0_SI1086 FALK0_SI456 FALK0_SI658
         FALK0_SX186 FALK0_SX276 FALK0_SX366
         FALK0_SX6 FALK0_SX96
...
```

图 6-91 train. spk2utt 文件

```
FTMG0    f
FVFB0    f
FVKB0    f
FVMH0    f
FCJF0    f
MABC0    m
MADC0    m
MADD0    m
MFRM0    m
...
```

图 6-92 train. spk2gender 文件

以上所有文件可通过运行如下的脚本命令生成:

/local/timit_data_prep.sh $ timit

其中,$ timit 为 timit 数据所在目录。

需要说明的是,train/local/train 文件夹下的文件,在实际使用时会被复制到 data/train 目录下。类似地,也可获得 data/timit 和 data/dev 目录下的文件。

2. 语言语料准备

为反映与所关注的语音相对应的语言信息,需要一系列文件对语言信息进行详细的描述。与语音语料相比,语言语料的数量更多且存储在多个文件目录下。下面对之进行详细的介绍。

1) data/local/dict 文件夹中的语言语料

主要的语言语料文件可大致分为两个部分。

(1) 音素文件。这类文件主要包括:nonsilence_phone.txt、silence_phone.txt 和 optional_silence.txt。生成以上三个文件的脚本命令分别为:

```
echo sil > $ dir/silence_phones.txt
echo sil > $ dir/optional_silence.txt
cut - d' ' - f2 - $ srcdir/train.text | tr ' ' '\n' | sort - u > $ dir/phones.txt
grep - v - F - f $ dir/silence_phones.txt $ dir/phones.txt > $ dir/nonsilence_phones.txt
```

其中,$ srcdir 为 data/local/data 目录;$ dir 为当前目录,即 data/local/dict。

根据上述脚本,在 silence_phones.txt 和 optional_phones.txt 文件中只包含写入的"sil"静音音素;进一步可通过语音语料准备过程中产生的 train.text 文件来生成包含所有音素的 phones.txt 文件;最后,在全部音素中去除静音音素得到 nonsilence_phones.txt 非静音音素文件。

(2) 字典文件。它包含识别任务中所有可能出现的词的集合,同时也明确给出了每个词所对应的音素。在 Kaldi 中,字典文件主要包含:lexicon.txt 和 lexiconp.txt。前者的文件内容如图 6-93(a)所示;后者引入了音素出现的概率,但在本示例中认为所有出现的概率均为 1,其文件内容如图 6-93(b)所示。生成字典文件的脚本命令为:

```
paste $ dir/phones.txt $ dir/phones.txt > $ dir/lexicon.txt || exit 1
```

从这一脚本命令中可以看出,lexicon.txt 文件为 phones.txt 文件复制了两遍得到的结果,且 lexiconp.txt 为 lexicon.txt 文件中插入了一列全为 1 的数据。

aa	aa
ae	ae
ah	ah
ao	ao
aw	aw
ax	ax
ay	ay
b	b
ch	ch
...	

aa	1.0	aa
ae	1.0	ae
ah	1.0	ah
ao	1.0	ao
aw	1.0	aw
ax	1.0	ax
ay	1.0	ay
b	1.0	b
ch	1.0	ch
...		

(a) lexicon.txt 文件 　　　　　　　　(b) lexiconp.txt 文件

图 6-93　lexicon.txt 文件与 lexiconp.txt 文件

此外,还需要文件来说明一些集外的音素集合、描述决策树可以同享参数的集合,这些信息在 timit 示例中是存储在 extra_questions.txt 文件中。

2）data/local/lang 和 data/lang 文件夹中的语言语料

（1）data/local/lang_tmp 中的语言语料。类似于 data/local/dict 文件夹，也可以将 data/local/lang_tmp 文件夹中的文件分为两类：

①音素文件。音素文件主要包括 phones 和 phone_map. txt 文件，其中 phones 文件是将语音语料文件夹 data/local/data 中的 nonsilence_phones. txt 和 silence. txt 文件整合得到的，获取脚本命令为：

```
cat $ srcdir/silence_phones.txt $ srcdir/nonsilence_phones.txt | \ awk '{for(n = 1;n < = NF;
n++) print $ n; }'> $ tmpdir/phones
```

phone_map. txt 文件由 phones 文件复制两遍生成，脚本命令为：

```
paste – d' ' $ tmpdir/phones $ tmpdir/phones > $ tmpdir/phone_map.txt
```

② 字典文件。字典文件包括 lexiconp. txt、lex_ndisambig、align_lexicon. txt 和 lexiconp _disambig. txt。其中，lexiconp. txt 文件是由 data/local/dict 文件夹中的 lexiconp. txt 复制而来；lex_ndisambig 文件用以表示消除歧义符号的个数，一般至少要有一个消除歧义符号；align _lexicon. txt 文件除包含所有音素外，还包含静音音素；lexiconp_disambig. txt 文件包含所有不是歧义符号音素的列表。

（2）data/lang 中的语言语料。上述的音素文件和字典文件并不能直接被 Kaldi 识别，需要根据 OpenFst 标准来对其进行转换。转换后的文件存储在 data/lang 和 data/lang_ timit_tg 文件夹下，其中后者是从前者复制而来的，且加入了 G. fst 文件。类似地，data/ lang 目录下的语言语料文件也可以按照功能进行同样的划分：

① 音素文件。反映音素信息的文件主要包括：phones. txt、words. txt、oov. txt、oov. int 和 phone 文件夹下的文件。其中 phones. txt 和 words. txt 文件内容如图 6-94(a)和图 6-94(b) 所示，二者均用于表示音素符号的文本形式与数字形式之间的对应关系；oov. txt 代表所有发音字典外的词，在 timit 示例中该文件只包含"sil"字符串，但因其本身没有任何意义，故可将其替换为任意的其他字符串；oov. int 文件包含与 oov. txt 中字符串对应的数字形式。

<eps>	0
sil	1
aa	2
ae	3
ah	4
ao	5
aw	6
...	

(a) phones. txt 文件

<eps>	0
aa	1
ae	2
ah	3
ao	4
aw	5
ax	6
...	

(b) words. txt 文件

图 6-94　phones. txt 文件与 words. txt 文件

在文件夹 phone 中，同一个文件最多存在三种文件格式，分别为 csl、int 和 txt 格式，虽然它们的存储格式不同，但都表示相同文件的内容。一般用户更倾向于关注 txt 格式的文件。文件 align_lexicon.txt 包含 49 个音素,即 48 个发音音素和 1 个静音音素,可用于解码时将词和音素进行相互转换;context_indep.txt 文件包含所有非真实发音音素的内容,一般可包含静音(SIL)、语音噪音(SPN)、非语音噪音(NSN)和笑声(LAU)等。若进一步考虑到词位信息,则需考虑非发音音素在发音字典中的位置,一般以 B 代表出现在开头位置、I 代表在词内、E 代表在词尾。在 timit 示例中,该文件只包含静音(SIL),且不考虑词位信息;silence.txt 和 nonsilence.txt 文件分别包含静音和非静音音素列表,这两个文件的并集应该覆盖所有音素集合,且它们之间互斥。此外,silence 文件内容应与 context_indep.txt 相同。在本示例中,silence.txt 包含 SIL 音素,而 nonsilence.txt 包含 Y 和 N 音素;disambig.txt 包含为消除歧义所引入的符号,本示例中为 ♯0 和 ♯1;option_silence.txt 包含一个音素,该音素可在需要时出现在词之间,一般可以在非发音音素中选择;set.txt 包含所有音素,但会根据一定规则将许多音素进行分组,并将属于同一组的音素写在同一行,如将出现在不同词位上的静音都认为是一个音素,在本示例中并不涉及分组问题;extra_questions.txt 文件包含自动生成音素集合外的一些音素组合;root.txt 文件中包含建立音素上下文决策树的相关信息;wdisambig.txt 文件包含消除歧义符号的文本格式内容,本示例中设置为"♯0";根据 phones.txt 将 wdisambig.txt 文件映射到 wdisambig_phone.txt 中。类似地,根据 words.txt 将 wdisambig.txt 文件映射到 wdisambig_words.txt 中。

根据生成的 txt 文件,可进一步利用 utils/sym2int.pl 脚本生成对应的 int 与 csl 格式文件。

② 字典文件。反映字典信息的文件主要包括:L.fst 和 L_disambig.fst。其中 L.fst 文件为字典文件,其生成脚本命令为:

```
utils/make_lexicon_fst.pl -- pron-probs $ tmpdir/lexiconp.txt $ sil_prob $ silphone |
fstcompile -- isym-bols = $ dir/phones.txt -- osymbols = $ dir/words.txt -- keep_isymbols
= false -- keep_osymbols = false | fstarcsort -- sort_type = olabel > $ dir/L.fst || exit 1;
```

其中,pron-probs 参数代表使用 lexiconp.txt 格式的字典文件;$ sil_prob 代表静音音素的概率,这里设置为 0;$ silphone 代表从 data/local/dict 中读取的静音音素;fstcompile 为 Kaldi/src/bin 目录下的可执行文件,主要功能是根据输入的音素文件 phone.txt 和输出文件 words.txt 编译成符合 OpenFst 格式的字典文件;fstarcsort 为 Kaldi/src/bin 目录下的可执行文件,主要功能是对 Fst 格式文件进行排序,这里指定参数"--sort_type"的值 olabel 为按照输出的标签来进行排序。

L_disambig.fst 文件为包含消除歧义符号的字典文件,其生成脚本命令为:

```
utils/make_lexicon_fst.pl -- pron-probs $ tmpdir/lexiconp_disambig.txt $ sil_prob
$ silphone '♯' $ ndis-ambig| fstcompile -- isymbols = $ dir/phones.txt -- osymbols = $ dir/
words.txt -- keep_isymbols = false -- keep_osymbols = false | fstaddselfloops $ dir/phones/
wdisambig_phones.int $ dir/phones/wdisambig_words.int | fstarcsort -- sort_type = olabel >
$ dir/L_disambig.fst || exit 1;
```

其中,fstaddselfloops 用来添加消除歧义的符号。data/local/lang_tmp 和 data/lang 文件夹中介绍的文件均可以通过运行如下代码进行生成:

```
utils/prepare_lang.sh -- sil-prob 0.0 -- position-dependent-phones false -- num-sil-
states 3 \data/local/dict "sil" data/local/lang_tmp data/lang
```

其中,sil-prob 参数代表静音音素出现的概率,默认值为 0.5,这里设置成 0;position-dependent-phones 参数代表是否考虑词位信息,这里设置为 false,表示不关心音素出现的位置;num-sil-states 参数代表静音模型中状态的个数。

3. 验证

在验证上述文件之前,需将 data/lang 下所有文件都复制到新创建的文件夹 data/lang_timit_tg 中,需要注意的是,在文件夹 data/lang_timit_tg 中,需要根据 data/local/nist_lm 文件夹下的二元语言模型生成 G.fst 文件,生成脚本命令为:

```
gunzip − c $ lmdir/lm_phone_ $ {lm_suffix}. arpa. gz |arpa2fst −− disambig − symbol = ♯0 −−
read − symbol − table = $ timi − t/words. txt −  $ timit/G. fst
```

其中,gunzip 用以解压二元语言模型 data/local/nist_lm/lm_phone_bg. arpa. gz;arp2fst 用来将 arp 格式文件转化为 fst 格式,并设置消除歧义符合"♯0"和词列表 words. txt 文件,最终生成 G. fst 模型文件。

进一步用 fstisstochastic 指令将 G. fst 文件设置成随机模型,以便于在图中进行搜索与使用。为了实现验证的目的,需调用 utils/validate_lang. pl 脚本文件测试 lang_timit_bg 文件夹下的所有文件。

上述介绍的所有语音语料和语言语料均可以通过直接运行 local/timit_format_data. sh 脚本文件来实现。

6.14.4　特征提取

Kaldi 工具提供了脚本程序以实现特征参数的提取功能,以提取 MFCC 特征为例,在 timit 示例中的特征提取过程可以大致归纳为三步:

1. 提取 MFCC 特征

一般 Kaldi 默认提取的是帧长 25ms、帧移 10ms 的 39 维 MFCC 特征,实现其特征提取的脚本命令为:

```
steps/make_mfcc. sh −− cmd " $ train_cmd" −− nj $ feats_nj data/train exp/make_mfcc/
train $ mfccdir
```

其中,cmd 参数代表执行的脚本文件,一般在本机运行时, $ train_cmd 为 run. pl,如果在集群上运行,则为 queue. pl;nj 参数的参数值 $ feats_nj 代表可以并行计算的数目;exp/make_mfcc/train 是日志输出文件; $ mfccdir 是提取 MFCC 后的存储位置。

进一步,可以通过 data/train_yesno/feats. scp 文件找到提取后的 MFCC 特征,该文件内容如图 6-95 所示。它反映了发音编号与 MFCC 特征存储信息之间的对应关系,图中左侧为发音编号,右侧指向 Kaldi 格式的 MFCC 特征矩阵,其中冒号之前为矩阵存储位置与名称,冒号之后的数据指向矩阵读取的开始字符数目。

2. 提取说话人特征

为了表征说话人的相关信息,Kaldi 提供了脚本文件来实现计算每一个说话人的均值和方差统计量的功能,实现的脚本命令为:

```
steps/compute_cmvn_stats. sh data/train exp/make_mfcc/train $ mfccdir
```

```
FAEM0_SI1392    /～/Kaldi－master/egs/timit/s5/mfcc/raw_mfcc_train.1.ark:13
FAEM0_SI2022    /～/Kaldi－master/egs/timit/s5/mfcc/raw_mfcc_train.1.ark:6313
FAEM0_SI762     /～/Kaldi－master/egs/timit/s5/mfcc/raw_mfcc_train.1.ark:9349
FAEM0_SX132     /～/Kaldi－master/egs/timit/s5/mfcc/raw_mfcc_train.1.ark:13048
FAEM0_SX222     /～/Kaldi－master/egs/timit/s5/mfcc/raw_mfcc_train.1.ark:16916
FAEM0_SX312     /～/Kaldi－master/egs/timit/s5/mfcc/raw_mfcc_train.1.ark:20537
FAEM0_SX402     /～/Kaldi－master/egs/timit/s5/mfcc/raw_mfcc_train.1.ark:25549
FAEM0_SX42      /～/Kaldi－master/egs/timit/s5/mfcc/raw_mfcc_train.1.ark:29767
FAJW0_SI1263    /～/Kaldi－master/egs/timit/s5/mfcc/raw_mfcc_train.1.ark:32804
    …
```

图 6-95 MFCC 特征索引文件

其中,提取的 cmvn 特征与上一步提取的 MFCC 特征存放在同一个文件夹下,可以根据用户的需求进行更改。

通过 cmvn.scp 文件可以看到提取出的说话人特征如图 6-96 所示。该文件表示说话人编号与所包含统计量特征之间的关系,与上述文件都以发音编号索引不同,该文件的左侧为说话人编号,右侧信息可参照上述介绍的 feat.scp 文件进行理解。

```
FAEM0 /～/Kaldi－master/egs/timit/s5/mfcc/cmvn_train.ark:6
FAJW0 /～/Kaldi－master/egs/timit/s5/mfcc/cmvn_train.ark:251
FALK0 /～/Kaldi－master/egs/timit/s5/mfcc/cmvn_train.ark:496
FALR0 /～/Kaldi－master/egs/timit/s5/mfcc/cmvn_train.ark:741
FAPB0 /～/Kaldi－master/egs/timit/s5/mfcc/cmvn_train.ark:986
FBAS0 /～/Kaldi－master/egs/timit/s5/mfcc/cmvn_train.ark:1231
FBCG1 /～/Kaldi－master/egs/timit/s5/mfcc/cmvn_train.ark:1476
FBCH0 /～/Kaldi－master/egs/timit/s5/mfcc/cmvn_train.ark:1721
FBJL0 /～/Kaldi－master/egs/timit/s5/mfcc/cmvn_train.ark:1966
    …
```

图 6-96 说话人特征索引文件

3. 特征校验

在上述两个步骤完成后,一般会用 utils/fix_data_dir.sh 脚本对提取出的特征进行校验,校验脚本命令为:

```
utils/fix_data_dir.sh data/train
```

至此,我们就获得了训练数据的语音语料、语言语料和声学特征。类似地,可以获得测试数据的语音语料、语言语料和声学特征。

6.14.5 模型训练

1. 声学模型训练

语音语料和语言语料准备好后,就可以进行声学模型的训练,这是语音识别中非常重要的环节,其训练过程比较复杂,下面介绍其详细步骤。

1) 单音素 GMM-HMM 模型

（1）创建单音素 GMM-HMM 模型。首先，需要定义一个初始的 HMM 模型，该模型的参数并不重要，其主要目的只是定义 HMM 的初始结构。对于基于音素的系统，常用 5 状态的 HMM 初始结构，状态转移为从左至右，并且没有跨状态之间的转移，其中第一个起始状态和最后一个结束状态不产生观察值。每个产生观察值的状态由一个或多个高斯模型来定义。在 timit 示例中，HMM 的拓扑结构存储在～/data/lang/topo 中，该文件的内容如图 6-97 所示。生成该文件的脚本命令为：

```
utils/gen_topo.pl $ num_nonsil_states $ num_sil_states $ nonsilphonelist $ silphonelist \
$ dir/topo
```

其中，$ num-nonsil-states 代表非静音音素的状态个数；$ num-sil-states 代表静音音素的状态个数；$ nonsilphonelist 代表非静音音素状态列表，如：2；3；4；5；……；48；$ silphonelist 代表静音音素状态列表，如：1。

```
< Topology >
< TopologyEntry >
< ForPhones >
2 3 4 5 6 7 8 9 10 11 12 13 14 15 16 17 18 19 20 21 22 23 24 25 26 27 28 29 30 31 32 33 34 35 36 37
38 39 40 41 42 43 44 45 46 47 48
</ForPhones >
< State > 0 < PdfClass > 0 < Transition > 0 0.75 < Transition > 1 0.25 </State >
< State > 1 < PdfClass > 1 < Transition > 1 0.75 < Transition > 2 0.25 </State >
< State > 2 < PdfClass > 2 < Transition > 2 0.75 < Transition > 3 0.25 </State >
< State > 3 </State >
</TopologyEntry >
< TopologyEntry >
< ForPhones >
1
</ForPhones >
< State > 0 < PdfClass > 0 < Transition > 0 0.5 < Transition > 1 0.5 </State >
< State > 1 < PdfClass > 1 < Transition > 1 0.5 < Transition > 2 0.5 </State >
< State > 2 < PdfClass > 2 < Transition > 2 0.75 < Transition > 3 0.25 </State >
< State > 3 </State >
</TopologyEntry >
</Topology >
```

图 6-97 HMM 拓扑结构

生成初始 HMM 拓扑结构后，在后续处理时可以对该文件进行重写。需要注意的是，在 topo 文件中要求包含所有音素，为此，可通过运行 utils/validate_lang.pl 脚本文件中 topo 文件的相关部分来进行验证。

接着需要对 HMM 参数进行重估训练，一般在单音素模型中常用 GMM 模型对 HMM 的观察概率进行估计，并认为经过多次循环训练后，可以得到音频帧与单音素之间较为准确的对应关系。在 Kaldi 工具中，训练脚本命令为：

```
steps/train_mono.sh -- nj " $ train_nj" -- cmd " $ train_cmd" data/train data/lang exp/mono
```

其中，data/train 和 data/lang 均为输入目录，exp/mono0a 是输出目录。运行该脚本后，将生成两个比较重要的文件,分别为 exp/mono0/final.mdl 和 exp/mono0/tree 文件。下面将简要介绍这两个文件。

① exp/mono0/tree 文件。该文件保存模型的树形结构,文件部分内容如图 6-98 所示。查看该文件的脚本命令为:

```
copy - tree -- binary = false tree - 2 >/dev/null| head - 5
```

其中,head 后的常数值代表在屏幕上打印 tree 文件的行数。决策树文件中存储的是多态类型对象 EventMap,TE 代表树的各个根结点,CE 代表树的叶子结点,SE 代表数的分支。"TE 0 49"代表从音素"0"开始向下分裂成树,且 0 指向 NULL,即为"sil"音素;"49"代表一共有 49 个非静音音素,且均指向"TE -1 3 (CE 0 CE 1 CE 2)"。"TE -1 3 (CE 0 CE 1 CE 2)"代表每一个音素都是从 HMM 状态"-1"开始分裂,状态"3"结束,中间的"0、1、2"状态代表 HMM 中的转移状态,且分别指向叶子结点"CE 0 CE 1 CE 2"。

```
ContextDependency 1 0 ToPdf TE 0 49 ( NULL TE - 1 3 ( CE 0 CE 1 CE 2 )
TE - 1 3 ( CE 3 CE 4 CE 5 )
TE - 1 3 ( CE 6 CE 7 CE 8 )
TE - 1 3 ( CE 9 CE 10 CE 11 )
TE - 1 3 ( CE 12 CE 13 CE 14 )
...
```

图 6-98　tree 部分文件内容

② exp/mono0/final.mdl 文件。该文件主要包含两部分,一是转移模型,包含 HMM 的 topo 结构、转移概率等信息;二是 GMM 模型。由于转移模型的部分信息在初始定义时已经有详细的介绍,这里仅给出 GMM 模型的部分内容。如图 6-99 所示,其主要包含 144 个对角 GMM 模型的参数,查看该文件的脚本命令为:

```
gmm - copy -- binary = false final.mdl final.txt
```

其中,final.txt 是 final.mdl 文件可读格式中的一种,可根据读者需要进行其他更改。

(2) 单音素模型的解码。Kaldi 中的解码是通过解码图实现的,因此首要的任务就是先生成一个完全扩展的解码图,也就是 exp/mono/graph/HCLG.fst。该文件包含语言模型、发音字典、上下文相关性和 HMM 结构等信息。生成 HCLG.fst 的脚本命令为:

```
utils/mkgraph.sh data/lang_timit_bg exp/mono exp/mono/graph
```

在 mkgraph.sh 脚本中,首先,通过发音字典 L_disambig.fst 和语言模型 G.fst 生成 LG.fst 模型;其次,根据上下文信息和 LG.fst 模型生成 CLG.fst 模型;再次,根据 HMM 拓扑结构和决策树构建不带自转移的声学模型 Ha.fst;最后,结合 CLG.fst 和 Ha.fst 模型生成不带自转移的模型 HCLGa.fst;进一步增加自转移信息生成最终的 HCLG.fst 文件。根据生成的解码图文件,可以进一步调用 steps/decode.sh 文件进行解码,脚本命令如下:

```
steps/decode.sh -- nj " $ decode_nj" -- cmd " $ decode_cmd" exp/mono/graph \ data/dev exp/
mono/decode_dev
```

其中,exp/mono/graph 为输入的解码图目录;data/de 是用以解码的开发集数据,也是训练数据集中的一部分；exp/mono/decode_dev 为解码开发集结果和日志的输出目录。类似地，也可以将开发集数据替换为测试数据进行解码。

```
...
</TransitionModel>
< DIMENSION > 39 < NUMPDFS > 144 < DiagGMM >
< GCONSTS > [ − 91.60204 − 81.65857 − 89.35192 − 81.53947 − 75.36418 − 90.01138 − 90.86282
 − 89.79909 − 82.51559 − 73.24487 − 101.5293 − 91.13091 ]cd
< WEIGHTS > [ 0.1003769 0.08054997 0.09269902 0.08678109 0.09298573 0.09166642 0.06755771
0.06919957 0.1094914 0.08801753 0.05640997 0.06426467 ]
< MEANS_INVVARS > [
  − 0.4470055 − 0.04787009 0.1284737 0.0371685 0.105809 0.05884718 0.07618926 0.1199033
0.0103622 − 0.0005685317 0.009013088 − 0.02347971 0.01015939 − 1.29069 − 0.6631401 − 0.3902128
 − 0.2670568 − 0.05756468 0.08006055 0.03786627 0.04445076 0.09142894 0.1030269 − 0.01520463
 − 0.001454035 0.04848696 1.678594 0.06550489 − 0.4792977 − 0.5947874 − 0.8097691 − 0.6136009
 − 0.5818868 − 0.5122716 − 0.1678487 − 0.165791 − 0.081095 0.09395044 0.004859101
  − 0.9229062 − 0.6611181 0.1872805 − 0.06724361 0.2727962 0.1542772 0.1292061 0.1267939
0.02307595 0.07421731 0.01841745 0.04855838 0.07051554 − 0.05666023 − 0.08118143 − 0.02830948
 − 0.02613045 − 0.02770772 0.0149969 − 0.00716656 − 0.01460394 − 0.01217005 − 0.007147735
0.01319301 0.00476161 − 1.479076e − 05 1.291558 0.1597204 − 0.2154122 − 0.1074798 − 0.2121167
 − 0.04482297 − 0.09575254 − 0.02013388 − 0.02941238 − 0.06164273 − 0.02597237 − 0.09137242
 − 0.1011263
  − 0.1638432 − 0.1521016 0.0266281 − 0.03371468 0.0811193 0.06913384 0.02334668 0.04644215
0.01229765 0.02598065 0.01935443 0.01965391 0.03802355 0.02715992 − 0.003678006 − 0.08827621
 − 0.03048695 − 0.0279208 0.0002078019 − 0.02716442 − 0.003458112 0.04507247 − 0.0006776031
 − 0.02848191 − 0.003405292 0.01362507 0.1286405 0.06644292 − 0.1997281 − 0.07044564 − 0.1611898
 − 0.06868728 − 0.01847635 − 0.004550648 0.02378909 − 0.05058976 − 0.1398546 − 0.1262793
 − 0.02614208
...
```

图 6-99 final.txt 部分文件内容

（3）单音素模型的数据对齐。单音素模型创建的最终目的是要将音频帧数据与对应的单音素音节进行对齐，以作为后续处理的指导。在 Kaldi 中，为实现对齐的目的，需运行如下脚本命令：

steps/align_si.sh − − boost − silence 1.25 − − nj " $ train_nj" − − cmd " $ train_cmd" \ data/
train data/lang exp/mono exp/mono_ali

其中，boost-silence 参数表示在对齐时对静音音素增强的倍数，输入包括训练数据 data/train、语言语料 data/lang 和单音素声学模型 exp/mono，最终对齐的数据存放在 exp/mono_ali 中。

2）三音素 GMM-HMM 模型

单音素模型损失了语料中的上下文关联信息，解决这一问题的办法是创建三音素模型。其方法是通过简单的复制单音素模型并进行重估训练来完成。然而在语料有限的前提下，很多三音素 HMM 模型并不能得到充分训练，为此，可采用绑定 HMM 模型状态进行数据共享的方法来解决。

（1）三音素 GMM-HMM 模型的创建。生成三音素模型的脚本命令如下：

steps/train_deltas.sh − − cmd " $ train_cmd" $ numLeavesTri1 $ numGaussTri1\ data/train data/

```
lang exp/mono_ali exp/tri1
```

其中，$numLeavesTri1 和 $numGaussTri1 分别代表树结构中叶结点的个数和高斯模型个数。

　　类似于单音素 GMM-HMM 模型，三音素模型的主要输出同样为树结构文件 tree 和 GMM 模型文件 exp/tri1/final.mdl，其文件内容分别如图 6-100 和图 6-101 所示。从图中可以发现，GMM 个数从单音素模型的 144 个增长到 1893 个，模型更加复杂，这在一定程度上能更好地估计三音素模型的参数。

```
ContextDependency 3 1 ToPdf TE 1 49 ( NULL SE −1 [ 0 1 ]
{ SE − 1 [ 0 ]
{ CE 0 CE 49 }
CE 48 }
SE − 1 [ 0 1 ]
{ SE − 1 [ 0 ]
{ SE 0 [ 4 7 14 15 16 17 19 24 25 26 29 30 31 32 34 36 41 42 45 46 ]
…
```

图 6-100　tree 部分文件内容

```
…
</TransitionModel>
< DIMENSION > 39 < NUMPDFS > 1893 < DiagGMM >
< GCONSTS > [ − 90.68062 − 84.72952 − 94.40297 − 83.50357 − 103.4105 − 113.9655 − 107.3496
− 95.02911 − 113.5357 − 74.04337 − 80.75091 − 98.6946 − 94.05913 − 92.12508 − 81.38591
− 80.97511 − 83.10806 − 72.52927 − 99.34336 − 111.6551 − 84.72238 − 86.41481 − 99.2084
− 88.38545 − 85.21912 ] < WEIGHTS > [ 0.03798382 0.0302722 0.0381362 0.05428898 0.03761717
0.05158569 0.04308271 0.02825154 0.03645323 0.05522542 0.05462512 0.04446131 0.04805437
0.03676421 0.03707749 0.04808819 0.03622128 0.05264683 0.02963866 0.03595513 0.04445494
0.03335595 0.02359947 0.03016214 0.03199793 ]< MEANS_INVVARS > [
− 0.7190591 − 0.1279041 − 0.05982235 − 0.1128282 0.08883762 0.05684559 − 0.01655243
0.03743284 0.1075613 0.08999646 − 0.06958484 − 0.04347435 0.04275401 − 1.281132 0.1510023
0.150824 − 0.2048638 0.2295833 0.06100511 0.1807265 − 0.02647892 0.01073012 0.05268145
0.006608759 − 0.06641962 − 0.04935033 1.072926 − 2.368611 0.451263 0.2710969 − 0.1925395
0.153689 0.29874 0.1515149 − 0.5653601 − 0.2428148 0.4016531 0.4393909 − 0.09350248 − 1.076387
− 0.2174098 − 0.02316529 − 0.1061667 0.16512 0.131945 − 0.02175652 − 0.01227975 0.06094271
0.1276765 − 0.03052556 − 0.02655589 0.04188745 − 2.703315 − 0.2509435 0.6222245 − 0.06001567
0.1719576 0.07141936 0.1452206 − 0.06887978 − 0.1765715 − 0.01815271 0.100091 0.01726345
− 0.1073216 2.591325 − 1.248914 − 0.8972168 − 0.7994549 − 1.239688 − 0.327329 0.725338
0.9745765 0.07921772 − 0.408874 − 0.2701923 − 0.09305334 0.01643774 − 0.483754 − 0.09505111
0.1126759 0.02763857 0.2018789 0.1364079 0.1000788 0.126734 0.02445919 0.01956219 0.003343794
− 0.03722953 0.007047751 − 1.367284 − 0.64971 − 0.2911931 − 0.2959252 − 0.1801731 0.02016735
0.02122593 0.02361905 0.09781739 0.1048977 0.01398179 0.01896009 0.05651038 1.740691 0.07125484
− 0.2817089 − 0.4756935 − 1.170851 − 1.034225 − 0.7986169 − 0.5931474 − 0.3404149 − 0.261616
0.006984916 0.2100157 0.04116554 − 0.4975867 − 0.249782 − 0.144656 − 0.04440945 0.09958171
0.05431331 0.005446343 0.07439277 0.1582079 0.02935216 − 0.1449329 − 0.0319521 0.1016101
− 1.886185 0.09931654 0.2180042 − 0.2841917 0.1417914 0.1139885 0.03122878 − 0.10214
− 0.01473761 0.07878553 − 0.02401225 − 0.07986382 − 0.04451859 − 0.05474982 − 0.4763857
0.9051164 0.01918584 − 0.2425111 − 0.2491944 − 0.05582526 − 0.2551061 − 0.5316036 0.1063587
0.9737646 0.3688607 − 0.2769489
…
```

图 6-101　final.txt 部分文件内容

（2）三音素模型的解码。生成三音素完全扩展解码图 HCLG.fst 文件的脚本命令为：

```
utils/mkgraph.sh data/lang_timit_bg exp/tri1 exp/tri1/graph
```

类似于单音素模型的解码脚本命令，只需更改输入的模型目录。根据生成的解码图文件，可以进一步调用 steps/decode.sh 文件进行解码，脚本命令如下：

```
steps/decode.sh -- nj " $ decode_nj" -- cmd " $ decode_cmd" exp/tri1/graph \ data/dev exp/
tri1/decode_dev
```

（3）三音素模型的数据对齐。创建三音素模型的最终目的是将音频帧数据与对应的三音素音节进行对齐，以作为后续处理的指导。在 Kaldi 中，为实现对齐的目的，需运行如下脚本命令：

```
steps/align_si.sh -- nj " $ train_nj" -- cmd " $ train_cmd" \ data/train data/lang exp/tri1
exp/tri1_ali
```

其中，输入包括训练数据 data/train、语言语料 data/lang 和单音素声学模型 exp/tri1，最终对齐的数据存放在 exp/tri1_ali 中。

在 Kaldi 工具中，在原始 MFCC 声学特征基础上可以进行高层处理，如 LDA、MLLT 和 SAT，并训练相应的三音素模型。其中，用 LDA 和 MLLT 处理后的特征进行三音素训练的脚本文件为 steps/train_lda_mllt.sh，训练模型和对齐文件分别存放于 exp/tri2 和 exp/tri2_ali 文件目录中；进一步，可调用脚本文件 steps/train_sat.sh 在前一步的基础上进行说话人自适应的三音素模型的训练；训练模型和对齐文件分别存放在 exp/tri3 和 exp/tri3_ali 文件目录中。下面的介绍均基于 LDA、MLLT、SAT 三种处理方法后的三音素模型。

3）DNN-HMM 模型的训练

最早应用到语音识别系统中的深度学习方法为深度置信网络（Deep Belief Network，DBN）模型。下面就来介绍训练该语音识别模型的主要步骤。

（1）获取 fMLLR 特征。在 local/nnet/run_dnn.sh 脚本文件中，输入特征是经 SAT 训练后的 MFCC 特征，即 fMLLR 的特征，因此在训练 DBN 网络之前需利用如下脚本命令获取 fMLLR 特征：

```
steps/nnet/make_fmllr_feats.sh -- nj 10 -- cmd " $ train_cmd" -- transform - dir $ {gmmdir}_
ali \ $ dir/train data/train $ gmmdir $ dir/log $ dir/data
```

其中，transform-dir 参数是包含 fMLLR 特征的文件夹，这里 $ {gmmdir}_ali 指向 exp/tri3_ali； $ dir/train 是包含所有 DNN 所需特征文件的目标文件夹，这里 $ dir 指 data-fmllr-tri3/train；data/train 是训练数据文件夹； $ gmmdir 是包含三音素 GMM-HMM 模型的文件夹，这里 $ gmmdir 为 exp/tri3； $ dir/log 是日志输出文件； $ dir/data 是特征输出文件。

类似地，可按照上述方法获取测试集和开发集的 fMLLR 特征。此外，为进行交叉验证，将训练数据按照 9：1 的比例分成两份，分割脚本命令为：

```
utils/subset_data_dir_tr_cv.sh $ dir $ {dir}_tr90 $ {dir}_cv10
```

（2）DBN 网络的预训练。由多个 RBM 堆叠而成的 DBN 模型是一种有效的深度学习算法,RBM 即为组成 DBN 网络的基本组成单元。在训练 DBN 网络时,为更好的学习 DBN 网络,通常用预训练后的 RBM 网络参数作为 DBN 网络的参数初始值。在 Kaldi 工具中,预训练 DBN 网络的脚本命令为:

```
$ cuda_cmd $ dir/log/pretrain_dbn.log steps/nnet/pretrain_dbn.sh -- hid - dim 1024 -- rbm -
iter 20 $ data_fmllr/train $ dir
```

其中,$cuda_cmd 在根目录 cmd.sh 配置,这里设置为 run.pl;$dir 指向预训练输出文件夹,这里设置为 exp/dnn4_pretrain-dbn;hid-dim 参数代表每层神经元个数;rbm-iter 参数代表预训练 epoch 的个数;$data_fmllr/train 指向 data-fmllr-tri3/train。

DBN 网络预训练用到的参数包括:在 steps/nnet/pretrain_dbn.sh 脚本文件中指定隐层个数为 6;每个隐层结点个数为 1024;第一个 RBM 网络结构为 Gaussian-Bernoulli 形式,其余 RBM 为 Bernuolli-Bernuolli 形式;RBM 训练算法为对比散度算法(Contrastive Divergence,CD);超参数基准是在 100 小时的 Switchboard subset 数据集上调参得到的。

第一个 RBM 的输入为包含前后 5 帧共 11 帧在内的 fMLLR 特征,经过 6 个 RBM 的训练传递,最后一个 RBM 的输出保存在 exp/dnn4_pretrain_dbn/final.feature_transform 文件中,作为下一步微调时的输入数据,每一个 RBM 的网络结构保存在 exp/dnn4_pretrain_dbn 文件夹中。

(3) DBN 网络的微调。在 timit 示例中,以交叉熵(Cross-Entropy,CE)准则对 DBN 网络进行微调,微调的脚本命令为:

```
$ cuda_cmd $ dir/log/train_nnet.log steps/nnet/train.sh -- feature - transform $ feature_
transform -- dbn $ dbn -- hid - layers 0 -- learn - rate 0.008 $ data_fmllr/train_tr90 $ data
_fmllr/train_cv10 data/lang $ ali $ ali $ dir
```

其中,$dir 指向微调输出文件夹,这里设置为 exp/dnn4_pretrain-dbn_dnn;feature-transform 参数指向预训练过程中最后一个 RBM 的输出;dbn 参数指定用预训练的 6 个 RBM 网络堆叠组成的 DBN 网络作为初始网络,这里 $dbn 为 exp/dnn4_pretrain-dbn/6.dbn;hid-layers 参数代表在指定初始 DBN 网络的基础上是否加入新的隐藏层;learn-rate 参数设置学习率为 0.008;$data_fmllr/train_tr90 和 $data_fmllr/train_cv10 分别为训练集和验证集数据;$ali 为声学模型文件目录,这里设置为 ${gmmdir}_ali,即 exp/tri3_ali。

微调后生成 DNN 模型文件 exp/dnn4_pretrain-dbn_dnn/final.mdl 和决策树文件 exp/dnn4_pretrain-dbn_dnn/tree。

(4) DBN 网络的解码。在解码时,类似于上面叙述,使用以下脚本文件进行解码,使用的解码图文件为 exp/tri3 文件夹内的 HCLG.fst 文件。解码的脚本命令为:

```
steps/nnet/decode.sh -- nj 20 -- cmd " $ decode_cmd" -- acwt 0.2 $ gmmdir/grap $ data_fmllr/
timit $ dir/decode_timit
```

其中,acwt 参数为剪枝系数。

2. 语言模型训练

语言模型是词与词之间的概率统计信息,在声学模型训练较差的情况下,语言模型可以修正声学模型所带来的错误。下面介绍语言模型训练的详细步骤。

语言模型信息均存储在 data/local/nist_lm 文件夹中,主要利用 IRSTLM 工具实现的音素二元语言模型包含在压缩文件 lm_phone_bg. arpa. gz 中。为建立语言模型,需进行数据准备的生成脚本命令为:

```
cut – d' ' – f2 – $ srcdir/train.text | sed – e 's:^:<s> :' – e 's: $ : </s>:' $ srcdir/lm_
train.text
build – lm. sh – i $ srcdir/lm_train.text – n 2 – o $ tmpdir/lm_phone_bg. ilm.gz
compile – lm $ tmpdir/lm_phone_bg. ilm.gz – t = yes /dev/stdout | grep – v unk | gzip – c >
$ lmdir/lm_phone_bg. arpa.gz
```

上述脚本命令的主要内容包括:在 train. text 文件中每行句首加入符号"<s>",句尾加入符号"</s>";调用 irstlm/bin/build-lm. sh 脚本文件生成音素的语言模型,并保存在临时文件夹 $ tmpdir 中;最后,调用 irstlm/bin/compile-lm 对上一步产生的语言模型进行编译处理,并保存在 data/local/nist-lm 文件夹中,为解码做准备。

通过 gunzip 指令对生成的语言模型解压后,可以进一步查看生成的二元语言模型文件,其中一元文法语言学模型和二元文法语言学模型分别如图 6-102 和图 6-103 所示。

```
\1 – grams:
– 4.8574      <s>      – 3.26717
– 1.24019     sil      – 2.27704
– 1.56815     ax       – 2.02608
– 1.36765     s        – 2.20238
– 1.86773     uw       – 1.68672
– 1.60613     m        – 1.95497
– 1.81286     f        – 1.82051
– 1.88752     ao       – 1.73469
– 1.488       r        – 2.07197
– 1.2909      ix       – 2.24669
– 1.2999      vcl      – 2.24815
– 1.59223     z        – 2.01401
– 1.79803     ae       – 1.88874
– 1.06086     cl       – 2.49686
– 1.7453      p        – 1.86266
– 2.45859     uh       – 1.32222
– 1.51242     l        – 2.03713
...
```

图 6-102　一元文法语言学模型

```
\2 – grams:
– 3.26717      <s> <s>
– 0.000456483  <s> sil
– 3.37261      sil sil
– 1.83346      sil ax
– 1.62848      sil s
– 3.71728      sil uw
– 1.71342      sil m
– 2.02464      sil f
– 2.12412      sil ao
– 1.88135      sil r
– 1.69195      sil ix
– 2.73848      sil vcl
– 3.06769      sil z
– 1.93059      sil ae
– 3.02702      sil cl
– 1.95298      sil p
– 2.22718      sil l
...
```

图 6-103　二元文法语言学模型

6.14.6　性能评测

Kaldi 提供了脚本 utils/best_wer. sh 来评价词错误率,在 timit 示例中的识别结果如图 6-104 所示。图中的识别结果可分为五个部分。

(1) 单音素模型,图中标记为 monophone,本例中该模型在开发集和测试集上的词错误率分别为 31.7% 和 32.7%。

```
# monophone, deltas.
------------------------------ Dev Set ------------------------------
% WER 31.7 | 400 15057 | 71.8 19.5 8.7 3.5 31.7 100.0 | − 0.457 | exp/mono/decode_dev/score_5/ctm_
39phn.filt.sys
------------------------------ Test Set ------------------------------
% WER 32.7 | 192 7215 | 70.5 19.8 9.6 3.2 32.7 100.0 | − 0.482 | exp/mono/decode_timit/score_5/ctm_
39phn.filt.sys
```

```
# tri1 : first triphone system (delta + delta − delta features)
------------------------------ Dev Set ------------------------------
% WER 25.1 | 400 15057 | 78.9 15.9 5.2 4.0 25.1 99.8 | − 0.178 | exp/tri1/decode_dev/score_10/ctm_
39phn.filt.sys
------------------------------ Test Set ------------------------------
% WER 25.6 | 192 7215 | 78.3 15.9 5.8 3.9 25.6 100.0 | − 0.129 | exp/tri1/decode_timit/score_10/ctm_
39phn.fi − lt.sys
```

```
# tri2 : an LDA + MLLT system
------------------------------ Dev Set ------------------------------
% WER 23.0 | 400 15057 | 80.7 14.6 4.7 3.7 23.0 99.5 | − 0.230 | exp/tri2/decode_dev/score_10/ctm_
39phn.filt.sys
------------------------------ Test Set ------------------------------
% WER 23.7 | 192 7215 | 80.0 14.8 5.2 3.7 23.7 99.5 | − 0.284 | exp/tri2/decode_timit/score_10/ctm_
39phn.filt.sys
```

```
# tri3 : Speaker Adaptive Training (SAT) system
------------------------------ Dev Set ------------------------------
% WER 20.3 | 400 15057 | 82.7 12.8 4.5 3.1 20.3 99.8 | − 0.556 | exp/tri3/decode_dev/score_10/ctm_
39phn.filt.sys
------------------------------ Test Set ------------------------------
% WER 21.6 | 192 7215 | 81.6 13.6 4.9 3.2 21.6 99.5 | − 0.560 | exp/tri3/decode_timit/score_10/ctm_
39phn.filt.sys
```

```
# Hybrid System (Karel's DNN)
------------------------------ Dev Set ------------------------------
% WER 17.5 | 400 15057 | 84.6 10.5 4.8 2.2 17.5 98.5 | − 0.471 | exp/dnn4_pretrain − dbn_dnn/decode_dev/
score_6/ctm_39phn.filt.sys
------------------------------ Test Set ------------------------------
% WER 18.5 | 192 7215 | 84.2 11.0 4.8 2.7 18.5 100.0 | − 1.151 | exp/dnn4_pretrain − dbn_dnn/decode_
timit/score_4/ctm_39phn.filt.sys
```

图 6-104　Kaldi 评测结果

　　(2) 基础三音素模型,图中标记为 tri1,本例中该模型在开发集和测试集上的词错误率
分别为 25.1% 和 25.6%。在单音素模型的基础上,词错误率分别降低了 6.6% 和 7.1%。
可以看出,三音素模型在表征语音信息方面的能力更强,建立三音素模型是十分必要的。

　　(3) 基于 LDA 和 MLLT 的三音素模型,图中标记为 tri2,本例中该模型在开发集和测
试集上的词错误率分别为 23.0% 和 23.7%。在基础三音素模型基础上,词错误率进一步降
低了 2.1% 和 1.9%。

　　(4) 基于 LDA、MLLT 和 SAT 的三音素模型,在图中标记为 tri3,本例中该模型在开发
集和测试集上的词错误率分别为 20.3% 和 21.6%。综合观察(3)、(4)的实验结果不难发

现,加入 LDA、MLLT 和 SAT 技术在语音识别问题中可以进一步提高性能。

(5) 基于 DNN 模型的实验性能,图中标记为 Hybrid System,本例中该模型在开发集和测试集上的词错误率分别为 17.5% 和 18.5%。在这五个实验模型中,基于 DNN 的实验性能达到最好。但就目前的研究进展看,在 timit 数据集上语音识别的词错误率已远远低于此实验中给出的结果。

参考文献

[1]　Gray R M. Vector Quantization[J]. IEEE ASSP Mag. ,1984,1(2):4-29.

[2]　Linde Y,Buzo A,Gray R M. An Algorithm for Vector Quantizer Design[J]. IEEE Trans. Communication,1980,28:84-95.

[3]　Itakura F,Saito S. Minimum Prediction Residual Principle Applied to Speech Recognition[J]. IEEE Trans. Acoustic,Speech,and Signal Processing,1976,23:67-72.

[4]　Rabiner L R,Levinson S. Isolated and Connected Word Recognition-Theory and Selected Applications [J]. IEEE Trans. communication,1981,29(5):621-659.

[5]　Viterbi A J. Error Bounds for Convolutional Codes and An Asymptotically Optimum Decoding Algorithm[J],IEEE Trans. Information Theory,1967,13:260-269.

[6]　Poritz A B. Hidden Markov Models:a Guide Tour[C]. In:Monderer B. ICASSP 88. New York, USA:IEEE Press,1988. 7-13.

[7]　Baum L E. An Inequality and Associated Maximization Technique in Statistical Estimation of Probabilistic Function of Markov Processes[J]. Inequalities,1972,3:1-8.

[8]　Chow Y L,Dunham M D,Kimball O A,et al. BYBLOS:The BBN Continuous Speech Recognition System[C]. In:Odell P. ICASSP 87. Dallas,USA:IEEE Press,1987. 89-92.

[9]　Baum LE,Petrie T,Soules G,et al. A Maximization Technique Occurring in the Statistical Analysis of Probabilistic Functions of Markov Chains[J]. Ann. Math. Stat. ,1970,41:164-171.

[10]　Rabiner LR. A Tutorial on Hidden Markov Models and Selected Applications in Speech Recognition [J]. Proc of the IEEE,1989,77(2):257-285.

[11]　Juang B H and Rabiner LR. Mixture Autoregressive Hidden Markov Model for Speech Signals[J]. IEEE Trans on ASSP,1985,33(6):1404-1413.

[12]　Lee K F,Hon H W. Speaker-independent Phone Recognition Using Hidden Markov Models[J]. IEEE Trans on ASSP,1989,37(11):1641-1648.

[13]　Lee K F. Automatic Speech Recognition:the Development of the SPHINX System[J]. Kluwer Academic Publishers,1989.

[14]　谢锦辉,高雨青. 关于 HMM 相对可靠性量度[J]. 自动化学报,1993,19(5):637-640.

[15]　高雨青,陈永彬,吴伯修等. 语音识别的 Robust 性及隐 Markov 模型的自适应学习[C]. 见:第七届全国模式识别与机器智能学术会议论文集. 武汉:1989,4,34-35.

[16]　Brown P F. Acoustic-phonetic Modeling Problem in Automatic Speech Recognition[D]. Pittsburgh:Carnegie Mellon Univ,1987.

[17]　Bahl L R,Brown P F,De Souza P V,et al. Maximum Mutual Information Estimation of Hidden Markov Model Parameters for Speech Recognition[C]. In:ICASSP 86. IEEE Press,1986,49-52.

[18]　Ephraim Y,Rabiner L R. On the Relations Between Modeling Approaches for Information Source [C]. In:Monderer B. ICASSP 88. New York,USA:IEEE Press,1988,24-27.

[19]　Juang B H,Rabiner L R. Mixture Autoregressive Hidden Markov Models for Speech Signals[J]. IEEE Trans on ASSP,1985,33(6):1404-1413.

［20］ Rabiner L R,Wilpon J G,Soong F K. High Performance Connected Digit Recognition Using Hidden Markov Models[J]. IEEE Trans on ASSP,1989,37(8)：1214-1225.

［21］ Huang X D,Ariki Y,Jack M A. Hidden Markov Models for Speech Recognition[M]. Edinburgh University Press,1990.

［22］ 谢锦辉. 隐 Markov 模型(HMM)及其在语音处理中的应用[M]. 武汉：华中理工大学出版社,1995.

［23］ Sakoe H. Two-level DP Matching-a Dynamic Programming-based Pattern Matching Algorithm for Connected Word Recognition[J]. IEEE Trans on ASSP,1979,27(6)：588-595.

［24］ Sakoe H. A generalized Two-level DP-matching Algorithm for Continuous Speech Recognition[J]. Trans. of the IEEE of Japan,1982,65(11)：649-656.

［25］ Myers C S,Rabiner L R. A Level Building Dynamic Time Warping Algorithm for Connected Word Recognition[J]. IEEE Trans on ASSP,1981,29(2)：284-297.

［26］ Myers C S,Rabiner L R. Connected Digit Recognition Using a Level-building DTW Algorithm[J]. IEEE Trans on ASSP,1981,29(3)：351-363.

［27］ Lowerre B T. The HAPPY Speech Recognition System[D]. Carnegie Mellon Univ,Pittsburgh,1976.

［28］ Ney H,Mergel D,Noll A,et al. A Data-driven Organization of the Dynamic Programming Beam Search for Continuous Speech Recognition[C]. In：Odell P. ICASSP 87. Dallas,USA：IEEE Press,1987,833-836.

［29］ Bahl L R,Jelinek F,Mercer R. A Maximum Likelihood Approach to Continuous Speech Recognition[J]. IEEE Trans. on Pattern Analysis and Machine Intelligence,1983,5(2)：179-190.

［30］ 刘俊,朱小燕. 基于动态垃圾评价的语音确认方法[J]. 计算机学报,2001,24(5)：480-486.

［31］ Rohlicek J,Russel W,Roukos S,et al. Continuous Hidden Markov Modeling for Speaker Independent Word Spotting[C]. In：Sandham B. ICASSP 89. Glasgow,Scotland：IEEE Press,1989,627-630.

［32］ Wilpon J,Rabiner L R,Lee C H,et al. Automatic Recognition of Keywords in Unconstrained Speech Using Hidden Markov Models[J]. IEEE Trans on ASSP,1992,38(11)：1870-1990.

［33］ Bourlard H,D'hoore B,Boite J M. Optimizing Recognition and Rejection Performance in Word Spotting Systems[C]. In：Lever K. ICASSP 94. Adelaide,South Australia：IEEE Press,1994,Vol 1,373-376.

［34］ Mazin G,Rahim M G,Lee C H,et al. Discriminative Utterance Verification for Connected Digits Recognition[J]. IEEE Trans. Speech and Audio Processing,1997,5(3)：266-277.

［35］ Gauvain J L,Lee C H. Bayesian Learning of Gaussian Mixture Densities for Hidden Markov Models[C]. In：Proc. of the DARPA Speech and Natural Language Workshop. Palo Alto,1991,272-277.

［36］ Ahadi-Sarkani S M. Bayesian and Predictive Techniques for Speaker Adaptation[D]. Cambridge University,1996.

［37］ Zavaliagkos G. Maximum a Posteriori Adaptation Techniques for Speech Recognition[D]. Northeastern Univ. ,Boston,1995.

［38］ Rozzi W A M. Speaker Adaptation in Continuous Speech Recognition Via Estimation of Correlated Mean Vectors[D]. Carnegie Mellon Univ,Pittsburgh,1991.

［39］ Shinoda K,Lee C H. A Structural Bayes Approach to Speaker Adaptation[J]. IEEE Trans. on Speech and Audio Processing,2001,9(3)：276-287.

［40］ Ahadi S M,Woodland P C. Rapid Speaker Adaptation Using Model Prediction[C]. In：Drago D. ICASSP 95. Michigan,USA：IEEE Press,1995,1,684-687.

［41］ Leggetter C J. Improved Acoustic Modeling for HMMs Using Linear Transformations[D]. Cambridge University,1995.

[42] Cox S. Speaker Adaptation in Speech Recognition Using Linear Regression Techniques[J]. Electronics Letters,1992,28(22): 2093-2094.

[43] Gales M J F, Pye D, Woodland P C. Variance Compensation Within the MLLR Framework for Robust Speech Recognition and Speaker Adaptation[C]. In: Bunnell H T. ICSLP 96. Philadelphia, USA: IEEE Press,1996, 3: 1832-1835.

[44] Sankar A, Lee C H. Maximum Likelihood Approach to Stochastic Matching for Robust Speech Recognition[J]. IEEE Trans. on Speech and Audio Processing,1996,4(1): 190-192.

[45] Surendan A C, Lee C H, Rahim, M. Nonlinear Compensation for Stochastic Matching[J]. IEEE Trans. on Speech and Audio Processing,1999,7(6): 643-655.

[46] Ohkura K, Sugiyama M, Sagayama S. Speaker Adaptation Based on Transfer Vector Field Smoothing with Continuous Mixture Density HMMs[C]. In: Ohala J J. ICSLP 92. Banff, Canada: IEEE Press,1992,1: 369-372.

[47] Takahashi J, Sagayama S. Vector Filed Smoothed Bayesian Learning for Fast and Incremental Speaker/Telephone Channel Adaptation[J]. Computer Speech and Language,1997,11(2): 127-146.

[48] Chesta C, Siohan O, Lee C H. Maximum a Posterior Linear Regression for Hidden Markov Model Adaptation[J]. Eurospeech,1999, 1: 211-214.

[49] Williams WE, Sterens KN. Emotion and Speech: Some Acoustical Correlates[J]. Journal of the Acoustical Society of American,1972,52(4): 1238-1250.

[50] Murray I R, Arnott J L. Toward a Simulation of Emotion in Synthetic Speech: A review of the Literature on Human Vocal Emotion[J]. Journal of the Acoustical Society of American,1993,93: 1097-1108.

[51] Cowie R. Describing the Emotional States Expressed in Speech[C]. In: Proceedings of the ISCA Workshop on Speech and Emotion. Belfast, Northern Ireland,2000,11-18.

[52] Hirose K, Minematsu N, Kawanami H. Analytical and Perceptual Study on the Role of Accoustic Features in Realizing Emotional Speech[C]. In: Yuan BZ, Huang TY, Tang XF. The Proceedings of the 6th International Conference on Spoken Language Processing ICSLP2000. Vol 2. Beijing, China: China Military Friendship Publish,2000,369-372.

[53] Kienast M, Paeschke A, Sendlmeier W. Articulatory Reduction in Emotional Speech[C]. In: Proceedings of the 6th European Conference on Speech Communication and Technology 1999. Budapest, Hungary,1999,117-120.

[54] Zhou G, Hansen JHL, Kaiser JF. Linear and Nonlinear Speech Feature Analysis for Stress Classification[C]. In: Proceedings of the 5th International Conference on Spoken Language Processing ICSLP 98. Vol 3. Sydney, Australia,1998,883-886.

[55] Massaro D. Multimodal Emotion Perception: Analogous to Speech Process[C]. In: Proceedings of the ISCA Workshop on Speech and Emotion. Newcastle, Northern Ireland,2000,114-121.

[56] Batliner A, Fischer K, Huber R. Desperately Seeking Emotions or Actors, Wizards, and Human Beings[C]. In: Proceedings of ISCA Workshop on Speech and Emotion. Northern, Ireland,2000, 195-200.

[57] Li Y, Zhao Y. Recognizing Emotions in Speech Using Short-term and Long Term Features[C]. In: Proceedings of the 5th International Conference on Spoken Language Processing ICSLP 98. Vol 3. Sydney, Australia,1998,2255-2258.

[58] Burkhardt F, Sendlmeier W. Verification of Acoustical Correlates of Emotional Speech Using Formant Synthesis[C]. In: Proceedings of ISCA Workshop (ITRW) on Speech and Emotion. Newcastle, Northern Ireland,2000,151-156.

[59] Iida A, Campbell N, Higuchi F, Yasumura M. A Corpus-based Speech Synthesis System with Emotion[J]. Speech Communication,2003,40: 161-187.

[60] Saunders J. Real-time Discrimination of Broadcast Speech/Music[C]. In: Gvijay K. ICASSP'96. Atlanta,USA: IEEE Press,1996,993-996.

[61] Scheirer E, Slaney M. Construction and Evaluation of a Robust Multifeature Speech/Music Discriminator[C]. In: Verner B. ICASSP 97. Munich,Germany: IEEE Press. 1997,1331-1334.

[62] Wyse L, Smoliar S. Toward Content-based Audio Indexing and Retrieval and a New Speaker Discrimination Technique[J/OL]. Inst. Syst. Sci. , Nat. Univ. Singapore, http://www. iss. nus. sg/People/ lwyse/ lwyse. html,Dec. 1995.

[63] Kimber D, Wilcox L. Acoustic Segmentation for Audio Browsers[C]. Proc. Interface Conf. , Sydney,Australia,July 1996.

[64] Pfeiffer S, Fischer S, Effelsberg W. Automatic Audio Content Analysis[J/OL]. Praktische Informatik Ⅳ, Univ. Mannheim, Mannheim, Germany, http://www. informatik. uni-mannheim. de/pfeiffer/publications/,Apr. 1996.

[65] Ghias A, Logan J, Chamberlin D. Query by Humming-musical Information Retrieval in an Audio Database[J]. Proc. ACM Multimedia. Conf. 1995,231-236.

[66] Foote. J. Content-based Retrieval of Music and Audio[J]. Multimedia Storage and Archiving Systems II,Proceedings of SPIE,1997,138-147.

[67] Smith G, Murase H, Kashino K. Quick Audio Retrieval Using Active Search[C]. In: Acero A. ICASSP 98. Seattle,Washington,USA: IEEE Press,1998,3777-3780.

[68] Zhang T, Jay Kuo, C. -C. Audio Content Analysis for Online Audiovisual Data Segmentation and Classification[J]. IEEE Transactions on Speech and Audio Processing,2001,9(4): 441-457.

[69] Liu Z, Huang J, Wang Y. Classification of TV Programs Based on Audio Information Using Hidden Markov Model[J]. Proc. IEEE 2nd Workshop Multimedia Signal Processing,Redondo Beach,CA, Dec. 1998,27-32.

[70] Patel N, Sethi I. Audio Characterization for Video Indexing[J]. Proc. SPIE Conf. Storage Retrieval for Still Image Video Databases,San Jose,CA,1996,2670,373-384.

[71] Naphade M R,Kristjansson T,Frey B et al. Probabilistic Multimedia Objects (MULTI-JECTS): A Novel Approach to Video Indexing and Retrieval in Multimedia Systems[C]. Proc. IEEE Conf. Image Processing Chicago,IL,Oct. 1998.

[72] Witt S M,Young S J. Phone-level Pronunciation Scoring and Assessment for Interactive Language Learning[J]. Speech Communication,2000,30(2/3): 95-108.

[73] Kawai G, Hirose K. Teaching the Pronunciation of Japanese Double-mora Phonemes Using Speech Recognition Technology[J]. Speech Communication,2000,30(2/3): 131-143.

[74] Franco H, Neumeyer L, Digalakis V. Combination of Machine Scores for Automatic Grading of Pronunciation Quality[J]. Speech Communication,2000,30(2/3): 121-130.

[75] Cucchiarini C, Strik H, Boves L. Different Aspects of Expert Pronunciation Quality Ratings and Their Relation to Scores Produced by Speech Recognition Algorithms[J]. Speech Communication, 2000,30(2/3): 83-93.

[76] Pelaez-Moreno C, Gallardo-Antolin A, Diaz-de-Maria F. Recognizing Voice Over IP: A Robust Front-End for Speech Recognition on the World Wide Web[J]. IEEE Transactions on Multimedia, 2001,3(2): 209-218.

[77] Miner B. Robust Voice Recognition over IP and Mobile Networks[J]. Proceedings of the Alliance

Engineering Symposium,2000:1197-1200.

[78] Miner B. ,Semnani S. Robust Speech Recognition over IP Networks[C]. In Akansu A N. ICASSP 2000,Istanbul,Turkey:IEEE Press,1791-1794.

[79] 丁国宏,李成荣,徐波. 非特定人孤立词语音识别系统在定点 DSP 上的应用[C]. 见:徐明星. 第六届全国人机语音通讯学术会议. 深圳,2001,371-374.

[80] 方敏,浦剑涛,李成荣,台宪青. 嵌入式语音识别系统的研究和实现[C]. 见:第七届全国人机语音通讯学术会议. 厦门,2003,109-112.

[81] 何强. 基于定点 DSP 的低成本嵌入式语音对话系统[C]. 见:第七届全国人机语音通讯学术会议. 厦门,2003,95-98.

[82] F. Jelinek,R. L. Mercer. Interpolated Estimation of Markov Source Parameters from Sparse Data [C]. Proceedings of the Workshop on Pattern Recognition in Practice. North Holland,Amsterdam. 1980,381-397.

[83] Lalit R. Bahl,Peter F. Brown,Peter V de SouZa,Robert L. Mercer. A tree-based Statistical Language Model for Natural Language Speech Recognition[J]. IEEE Transaction on Acoustics, Speech and Signal Processing. 1989,37,1001-1008.

[84] Stanley F. Chen,Joshua Goodman. An Empirical Study of Smoothing Techniques for Language Modeling[D]. Harvard University,1998.

[85] I. H. Witten,T. C. Bell. The Zero-Frequency Problem. Estimating the Probabilities of Novel Events in Adaptive Text Compression[J]. IEEE Transactions on Information Theory. 1991, 1085-1094.

[86] Jian Wu,Fang Zheng. On Enhancing Katz-smoothing Based Back-off Language Model International Conference on Spoken Language Processing. Oct. 16-20,2000,198-201.

[87] 徐望. 王炳锡. N-gram 语言模型的插值平滑技术研究[J]. 信息工程大学学报. 2002,12(3):13-15.

[88] Xuedong Huang,Alex Acero,Hsiao-Wuen Hon. Spoken Language Processing:A Guide to Theory, Algorithm and System Development[M]. Prentice Hall,2001.

[89] 刘盈. 大词表连续语音识别系统的研究与实现[D]. 北京:清华大学,2005.

[90] 李海洋. 基于词片和 Lattice 的汉语语音检索技术研究[D]. 哈尔滨:哈尔滨工业大学,2007.

[91] 彭获. 语音识别系统的声学建模研究[D]. 北京:北京邮电大学,2007.

[92] 徐思昊. 基于 HMM 的中文语音合成研究[D]. 北京:北京邮电大学,2007.

[93] 杜嘉,HMM 在基于参数的语音合成系统中的应用[D]. 上海:上海交通大学,2008.

[94] Hinton G E, Osindero S, Teh Y W. A fast learning algorithm for deep belief nets[J]. Neural Computation, 2006, 18(7):1527-1554.

[95] Mohamed A,Dahl G,Hinton G. Deep belief networks for phone recognition[C]. Nips Workshop on Deep Learning for Speech Recognition and Related Applications. Whistler,BC,Canada:MIT Press, 2009:39.

[96] Zeiler M D,Ranzato M,Monga R I, et al. On rectified linear units for speech processing[C], International Conference on Acoustics,Speech and Signal Processing. Vancouver,Canada:IEEE, 2013:3517-3521.

[97] Sainath T N,Mohamed A,Kingsbury B,et al. Deep convoiutional neural networks for LVCSR[C], International Conference on Acoustics,Speech and Signal Processing. Vancouver,Canada:IEEE, 2013:8614-8618.

[98] Graves A,Mohamed A,Hinton G. Speech recognition with deep recurrent neural networks[C], International Conference on Acoustics, Speech and Signal Processing. Vancouver, B C, Canada:

IEEE,2013：6645-6649.

[99] Sak H,Senior A W,Beaufays F. Long short-term memory recurrent neural network architectures for large scale acoustic modeling[C], Interspeech. Singapore：IEEE,2014：338-342.

[100] Sainath T N,Vinyals O, Senior A, et al. Convolutional, long short term memory, fully connected deep neural networks[C], International Conference on Acoustics, Speech and Signal Processing. South Brisbane,Queensland,Australia：IEEE,2015：4580-4584.

[101] 戴礼荣,张仕良,黄智颖.基于深度学习的语音识别技术现状与展望[J].数据采集与处理,2017, 32(2)：221-231.

[102] 张仕良.基于深度神经网络的语音识别模型研究[D].中国科学技术大学, 2017.

[103] 黄智颖.RNN_BLSTM声学模型的说话人自适应方法研究[D].中国科学技术大学, 2017.

[104] 李鹏飞.基于深度学习的维语语音识别研究[D].安徽大学,2016.

[105] Kaldi Document Page. http：//www.kaldi-asr.org/doc/.

[106] Garofolo J S, Lamel L F, Fisher W M, et al. DARPA TIMIT acoustic-phonetic continous speech corpus CD-ROM. NIST speech disc 1-1.1[J]. NASA STI/Recon technical report n, 1993, 93.

[107] Furui S. Speaker-independent isolated word recognition based on emphasized spectral dynamics[C]. IEEE International Conference on Acoustics, Speech, and Signal Processing, ICASSP'86. 1986, 11：1991-1994.

[108] Hermansky H. Perceptual linear predictive (PLP) analysis of speech. [J]. Journal of the Acoustical Society of America, 1990, 87(4)：1738-52.

[109] Kaldi 资料归纳和总结. http：//my.csdn.net/u010384318.

[110] 史秋莹.基于深度学习和迁移学习的环境声音识别[D].哈尔滨：哈尔滨工业大学,2016.

[111] Golub G H, Reinsch C. Singular value decomposition and least squares solutions [J]. Numerische mathematik, 1970, 14(5)：403-420.

[112] Cooley J W, Tukey J W. An algorithm for the machine calculation of complex Fourier series[J]. Mathematics of computation, 1965, 19(90)：297-301.

[113] BLAS Website. http：//www.netlib.org/blas/.

[114] ATLAS Website. http：//math-atlas.sourceforge.net/.

[115] CLAPACK Website. http：//www.netlib.org/clapack/.

[116] OpenFst website. http：//www.openfst.org/twiki/bin/view/FST/WebHome.

[117] Eide E, Gish H. A parametric approach to vocal tract length normalization[C]. 1996 IEEE International Conference on Acoustics, Speech, and Signal Processing, ICASSP96, 1996, 1：346-348.

[118] Fisher R A. The use of multiple measurements in taxonomic problems[J]. Annals of human genetics, 1936, 7(2)：179-188.

[119] Gales M J F. Maximum likelihood linear transformations for HMM-based speech recognition[J]. Computer speech & language, 1998, 12(2)：75-98.

[120] Kumar N, Andreou A G. Investigation of silicon auditory models and generalization of linear discriminant analysis for improved speech recognition [D]. Johns Hopkins University, 1997.

## 第 7 章

说话人识别

7.1 概述

　　说话人识别又称为话者识别或声纹识别,是指通过对说话人语音信号的分析处理,自动确认说话人是否在所记录的话者集合中,以及进一步确认说话人是谁的过程。说话人识别技术与第 6 章的语音识别技术在实现方法上有很多相似之处,都是在提取原始语音信号中某些特征参数的基础上,建立相应的参考模板或模型,然后按照一定的判决规则来进行识别。很多语音识别中使用的特征或建模方法也可以应用到说话人识别中。但是由于二者识别的目的不同,在处理策略上存在着实质性的差异。在语音识别中,特别是对非特定人的语音识别,为了提取语音信号中所包含的语义信息,应尽可能地规避不同人说话时的差异性;而说话人识别技术则恰恰相反,它力求通过将语音信号中的语义信息平均化,来挖掘出包含在语音信号中的说话人的个性因素,因而更强调不同人之间的特征差异。

　　每个人都有自己的发音器官,人与人间在发音器官上存在着差异,例如在声带和声管形状上的差异。不同人之间在讲话时也存在着发音习惯上的差异,包括方言、土语、抑扬顿挫、常用词汇及讲话上的怪僻语等。这些发音器官和发音习惯上的差异都以复杂的形式反映在说话人语音的波形中。这样就使得每个人的语音都带有强烈的个人色彩,这是能对说话人进行识别的客观保证。

　　说话人识别问题的解决涉及人的发音器官、发音习惯、声学原理、语言学知识、自然语言理解等多方面的内容。因此,说话人识别是交叉运用心理学、生理学、数字信号处理、模式识别、人工智能、机器学习等知识的一门综合性研究课题。

　　说话人识别技术按其识别任务可以分为两类:说话人辨认(speaker identification)和说话人确认(speaker verification)。前者用以判断某段语音是若干人中的哪一个人所说,是"多选一"问题,而后者用以确定某段语音是否是声言的某个人所说,是"一对一"的判别问题。其中,说话人辨认又可分为"闭集"和"开集"两种。开集假定待识别的说话人可以在集合外,而闭集假定待识别的说话人一定在集合内。如果话者集中注册的说话人的个数为 N,那么在识别时,说话人辨认需要进行 N 次比较和判决,即测试语音与话者集中的每个说话人的参考模型(模板)间都要进行一次匹配计算。如果是开集的情况,还要对这 N 个人以外的语音作出拒绝的判别。因此,说话人辨认系统的识别率一般会随话者集人数的增加而降低。而对于说话人确认系统,识别时只涉及一个特定的参考模型和测试语音之间的比较和判决,因此其性能基本接近一个常数,可以认为与话者集的规模无关。

根据识别对象的不同,还可以将说话人识别分为三类,即与文本有关(text-dependent)、与文本无关(text-independent)和文本提示型(text-prompted)。

与文本有关的说话人识别技术,要求说话人提供特定的关键词或关键句子的语音作为训练语料,而识别时也必须按相同的内容发音。

与文本无关的说话人识别技术,不论是在训练时还是在识别时都不规定说话的内容,即其识别对象是自由的语音信号。两者相比较而言,与文本无关的说话人识别的实现要困难得多,由于其使用环境无法控制,因而必须在自由的语音信号中找到能够表征说话人信息的特征和方法,所以建立其说话人模型的困难就比较大。当然与文本无关的说话人识别具有用户使用方便,可应用范围较宽等优点,例如在法庭鉴别、安全监控等领域,由于使用者的不配合,事先无法规定语音文本内容,只能采用与文本无关的识别方法。

在上述两种类型的说话人识别系统中,都存在这样的问题:如果事先设法用录音装置把说话人的讲话内容记录下来,然后用于识别,则往往会出现被识别系统误接受的情况。

采用文本提示型的说话人识别方法,可以避免这一问题。每一次识别时,识别系统在一个规模很大的文本集合中选择提示文本,要求说话人按提示文本的内容发音,而识别和判决是在说话人对文本内容正确发音的基础上进行的,这样就可以防止说话人的语音被盗用。

由于提示文本一经指定后,就可以利用其内容信息来进行比较和判决,因此,它比与文本无关的方法更容易实现。但文本提示的方法也有自身的难点,当文本集规模小时,其拒绝盗用语音的能力就会减弱,而当文本集规模大时,其训练又会十分困难,在实际使用时甚至根本无法实现。很多研究者采用对有限数量的声学基元进行训练,然后在识别时通过将基元模型连接组合形成提示文本模型的方法来解决这一问题。

说话人识别技术有着广阔的市场应用前景。通过说话人识别技术,可以实现利用语音信息进行身份鉴别,例如电话信道罪犯缉拿、法庭中电话录音信息的身份确认、电话语音跟踪、为用户提供防盗门开启功能等。在互联网应用及通信领域,说话人识别技术可以应用于诸如声音拨号、电话银行、电话购物、数据库访问、信息服务、语音 E-mail、安全控制、计算机远程登录等领域。在呼叫中心应用上,说话人识别技术同样可以提供更加个性化的人机交互界面,当顾客以电话方式对呼叫中心进行请求时,系统能够根据话音判断出来者身份,从而提供更具个性化、更贴心的服务。

说话人识别的基本原理如图 7-1 所示,主要包括两个阶段,即训练阶段和识别阶段。训练阶段,根据话者集中的每个说话人的训练语料,经特征提取后,建立各说话人的模板或模型。识别阶段,对待识人的语音同样经特征提取后,与系统训练时产生的模板或模型进行比较。在说话人辨认中,取与测试语音相似度最大的模型所对应的说话人作为识别结果;在说话人确认中,则通过判断测试音与所声称说话人的模型之间的相似度是否大于一定的判决阈值,作出确认与否的判断。由此可见,说话人辨认和说话人确认仅在判决策略上有所不同。

由图 7-1 可见,说话人识别系统的实现可以分解成如下几个基本问题:

(1) 语音信号的预处理和特征提取,即提取能够有效表征说话人特征的参数;

(2) 说话人模型的建立和模型参数的训练;

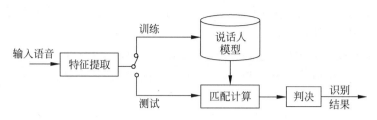

图 7-1　说话人识别系统原理图

（3）测试语音与说话人模型的匹配计算；

（4）识别与判决策略，即根据匹配计算的结果，采用某种判决准则判定说话人是否是所声称的说话人（说话人确认）或说话人到底是谁（说话人辨认）。

从语音信号中提取能反映说话人个性的特征参数是说话人识别的关键。在理想情况下，这些特征应该具有如下特点：

（1）具有很高的区别说话人的能力，能够充分体现说话人个体间的较大的差异，而在说话人本身的语音发生变化时保持相对稳定；

（2）在输入语音受到传输通道和噪声的影响时，能够具有较好的顽健性；

（3）易于提取、易于计算，并且在特征的各维参数之间应有良好的独立性，在保持高识别率的情况下，应有尽可能少的特征维数；

（4）不易被模仿。

然而目前还没有找出符合上述特点的有效的特征参数。语音信号是语音内容特征与说话人个性特征的混合体，且混合方式极其复杂，要从中提取出纯粹的说话人个性特征十分困难。目前，在说话人识别任务中常采用与语音识别相同的声学特征，包括基于声道的LPCC、基于临界带的 MFCC 及基于临界带和等响度曲线的 PLP、基音轮廓特征、考虑语音动态特性的一阶和二阶差分倒谱，以及其他基于听觉模型的特征等。

对与文本有关的说话人识别任务而言，由于文本内容是已知的，因此在识别时所提取的语音信号的声学特征中，所蕴含的语义信息可以被粗略地认为是已知量，这样就可以认为对应声学特征间的差异仅来自于说话人的影响。因而，即使用比较短的语料，也能从中提取出较稳定的说话人特征。所以与文本有关的说话人识别系统往往能获得比较令人满意的识别率。目前在很多应用领域，与文本有关的说话人识别技术已经达到了可以实用化的水平。同时，从算法实现的角度看，与文本有关的说话人识别方法与语音识别的方法十分相似，最常用的也是基于 DTW 的方法和基于 HMM 的方法等。

考虑到与语音识别的相似性，以及这两种方法的工作原理和实现细节在前文已经有详细的论述，这里仅以基于 HMM 的说话人识别系统为例来说明其实现过程。通常系统分为两个阶段，即训练阶段和识别阶段。在训练阶段，针对各用户对规定语句或关键词的发音进行特征分析，提取说话人语音特征矢量的时间序列。然后利用从左到右的 HMM 建立这些时间序列的声学模型。由于文本是固定的，因此特征矢量的时间构造是确定的，利用从左到右的 HMM 能较好地反映特征矢量的时间构造特性。在识别阶段，与训练阶段类似，先从输入语音信号中提取特征矢量的时间序列，然后利用 HMM 计算该输入序列的生成概率，并且根据一定的相似性准则来判定识别结果。对于说话人辨认系统，所得概率值最大的参考模型所对应的使用者，即被判定为发音的说话人。对于说话人确认系统，则把所得概率值与判决阈值相比较,其值大于或等于判决阈值的声音作为本人的声音被接受,小于判决阈值的作为他人的声音被拒绝。

在训练数据比较充分的情况下,HMM 可以有效地把频谱特征的统计变化模型化,因此可以得到比基于 DTW 方法更好的识别率。而基于 DTW 的系统性能比较稳定,即使在训练数据较少的情况下也能获得较好的识别效果。

相比较而言,与文本无关的说话人识别任务要困难得多,其声学特征中同时蕴含着语义信息和说话人信息,而由于事先不知道文本内容,因而此时的语义信息对识别系统而言也是未知量,这会严重干扰其对说话人信息的识别与决策。与文本无关的说话人识别研究受到了研究者的普遍关注,也提出了许多解决方案。本章后面各节将逐一介绍各种与文本无关的说话人识别技术。

7.2 基于 GMM 与 GMM-UBM 说话人识别

近年来,从高斯混合模型(Gaussian mixture model,GMM)方法派生出来的基于 GMM 和通用背景模型(uniform background model,UBM)的研究方法,因其简单有效且顽健性强等优点,迅速成为说话人识别中的主要技术,并由此将说话人识别技术带入了一个新的阶段。GMM-UBM 方法采用大量的背景说话人语音训练 UBM 模型,并利用少量的目标说话人语音,根据 UBM 模型自适应得到该说话人的识别模型,很好地解决了传统方法中因训练语料不充分,不能覆盖所有发音内容而带来的识别性能下降的问题。在美国国家标准与技术研究院(National Institute of Standards and Technology,NIST)所组织的说话人识别评测中,基于 GMM-UBM 的说话人识别系统及其改进系统取得了较好的性能。下面就具体介绍这种方法。

7.2.1 GMM 的说话人识别

基于 GMM 的说话人识别系统也分为训练和识别两个阶段。在训练阶段,为每个目标说话人语音建立一个 GMM 模型;在识别阶段,根据不同的应用(说话人辨认、说话人确认),进行不同的匹配处理来获取得分;在获取得分后,还需要通过与设置的阈值比较来得到最终的识别结果。下面针对以上两个阶段分别来进行介绍。

1. 训练阶段

GMM 本质上是一种多维概率密度函数,将其应用于说话人识别系统时,通常是为每个目标说话人的语音建立一个 GMM 模型。GMM 采用多个高斯函数的线性加权来拟合目标说话人语音特征矢量 o 的概率分布。设混合度为 C 的 GMM 的参数集为 λ,且用 λ 来表示该 GMM,则 o 在 λ 上的概率密度输出为 C 个高斯概率密度函数的线性加权和:

$$P(o|\lambda) = \sum_{c=1}^{C} P(o,c|\lambda) = \sum_{c=1}^{C} \pi_c P(o|c,\lambda) \tag{7-1}$$

其中,o 为 F 维的声学特征矢量,π_c 为第 c 个分量的混合权值,其值为对应的高斯分量的先验概率,因此有

$$\sum_{c=1}^{C} \pi_c = 1 \tag{7-2}$$

$P(o|c,\lambda)$①为 GMM 的第 c 个高斯分量,对应隐变量 $q=c$ 时的观察概率密度函数,一般采用 F 维单高斯分布函数,即

$$P(o|c,\lambda) = N(o \mid \boldsymbol{\mu}_c, \boldsymbol{\Sigma}_c) = \frac{1}{(2\pi)^{\frac{F}{2}} |\boldsymbol{\Sigma}_c|^{\frac{1}{2}}} \exp\left\{-\frac{(o-\boldsymbol{\mu}_c)^{\mathrm{T}} \boldsymbol{\Sigma}_c^{-1}(o-\boldsymbol{\mu}_c)}{2}\right\} \quad (7\text{-}3)$$

其中,$\boldsymbol{\mu}_c$ 为均值矢量,$\boldsymbol{\Sigma}_c$ 为协方差矩阵。

式(7-1)可以理解为,C 阶 GMM 是用 C 个单高斯分布的线性组合来描述的,即 GMM 参数集 λ 可由各均值矢量、协方差矩阵及混合分量的权值组成,表示成如下三元组的形式

$$\lambda = \{\pi_c, \boldsymbol{\mu}_c, \boldsymbol{\Sigma}_c, c = 1, \cdots, C\} \quad (7\text{-}4)$$

在式(7-4)中,协方差矩阵 $\boldsymbol{\Sigma}_c$ 可以取普通矩阵,也可以取对角阵。由于取对角阵时算法简单,并且性能也很好,所以常取对角阵

$$\boldsymbol{\Sigma}_c = \mathrm{diag}\{\sigma_{c1}^2, \sigma_{c2}^2, \cdots, \sigma_{cF}^2\} \quad (7\text{-}5)$$

其中,$\sigma_{cf}^2 (f=1,2,\cdots,F)$ 为 GMM 第 c 个分量所对应的特征矢量的第 f 维分量的方差。将式(7-5)代入式(7-3)可得

$$P(o|c,\lambda) = \prod_{f=1}^{F} \frac{1}{\sqrt{2\pi}\sigma_{cf}} \exp\left\{-\frac{(o_f - \mu_{cf})^2}{2\sigma_{cf}^2}\right\} \quad (7\text{-}6)$$

式中,o_f 和 μ_{cf} 分别为矢量 o 和矢量 $\boldsymbol{\mu}_c$ 的第 f 个分量。

将 GMM 应用于说话人识别的直观解释是:每个说话人的语音声学特征空间可以用一些声学特征类来表示,这些声学特征类(假定 C 类)代表了一些广义上的音素,如元音、清辅音、摩擦音等,并且能够反映说话人的声道形状。每个声学特征类的频谱可以用一个高斯密度函数来描述,即第 c 个声学特征类的频谱,可以用混合高斯密度函数的第 c 个高斯分量的均值和方差来表示。然而,由于对所有的训练语音和测试语音都很难事先标注出其所属的声学类,因此,我们既不知道第 c 个声学特征类能生成哪些特征矢量,也不知道提取的特征矢量分属于哪些声学特征类中。为此,采用了这些隐性的声学类所描述的特征矢量(假定特征矢量相互独立)的密度函数,即一个混合高斯密度函数来代表说话人的声学特征分布。

为说话人建立 GMM 模型,实际上即为通过对目标说话人数据的处理,估计出 GMM 模型参数的过程,常用的方法为最大似然估计(maximum likelihood estimate,MLE)。最大似然估计的目标是在给定训练矢量集的情况下,寻找合适的模型参数,使 GMM 模型的似然函数值最大。假设可用的训练矢量集为 $O = o_1, o_2, \cdots, o_T$,则高斯混合模型的似然函数可表示为

$$P(O|\lambda) = \prod_{t=1}^{T} P(o_t|\lambda) \quad (7\text{-}7)$$

由于似然函数 $P(O|\lambda)$ 和参数集 λ 间是复杂的非线性函数关系,不易用通常方法找到其极大值点,必须引入隐变量来参与计算,因此这也是一个对"不完全数据"进行最大似然估计的问题。根据第 6 章的知识,可以采用 EM 算法来估计高斯混合模型的参数 λ。关于 EM 算法的基本原理第 6 章已经有了详细的叙述,本节只介绍它如何应用于 GMM 模型的训练。

EM 算法的计算过程是从一个初始模型开始,每次迭代地估计出一组新的模型参数 $\bar{\lambda}$,使 $P(O|\lambda) \leqslant P(O|\bar{\lambda})$,然后再以 $\bar{\lambda}$ 作为模型的参数开始下一次的迭代,这样反复迭代,直到

---

① $P(o|c,\lambda)$ 为 $P(o|q=c,\lambda)$ 的简写形式,q 为指示隐变量。

满足收敛条件。可定义辅助函数为

$$Q(\lambda,\bar{\lambda}) = \sum_{t=1}^{T} Q_t(\lambda,\bar{\lambda})$$

$$= \sum_{t=1}^{T} \sum_{c=1}^{C} \frac{P(\boldsymbol{o}_t,c|\lambda)}{P(\boldsymbol{o}_t|\lambda)} \log P(\boldsymbol{o}_t,c|\bar{\lambda}) \tag{7-8}$$

已知 $P(\boldsymbol{o}_t,c|\lambda) = \pi_c P(\boldsymbol{o}_t|c,\lambda)$,将其代入式(7-8),得到

$$Q(\lambda,\bar{\lambda}) = \sum_{c=1}^{C} \sum_{t=1}^{T} \frac{\pi_c P(\boldsymbol{o}_t|c,\lambda)}{P(\boldsymbol{o}_t|\lambda)} \log \bar{\pi}_c + \sum_{c=1}^{C} \sum_{t=1}^{T} \frac{\pi_c P(\boldsymbol{o}_t|c,\lambda)}{P(\boldsymbol{o}_t|\lambda)} \log P(\boldsymbol{o}_t|c,\bar{\lambda}) \tag{7-9}$$

欲估计 $\bar{\pi}_c$,令 $\dfrac{\partial Q(\lambda,\bar{\lambda})}{\partial \bar{\pi}_c} = 0$,可求得

$$\bar{\pi}_c = \sum_{t=1}^{T} \frac{\pi_c P(\boldsymbol{o}_t|c,\lambda)}{P(\boldsymbol{o}_t|\lambda)} \bigg/ \left\{ \sum_{t=1}^{T} \frac{\sum_{c=1}^{C} \pi_c P(\boldsymbol{o}_t|c,\lambda)}{P(\boldsymbol{o}_t|\lambda)} \right\}$$

$$= \frac{1}{T} \sum_{t=1}^{T} \frac{\pi_c P(\boldsymbol{o}_t|c,\lambda)}{P(\boldsymbol{o}_t|\lambda)} \tag{7-10}$$

训练数据落在分量 c 的概率 $P(q_t = c|\boldsymbol{o}_t,\lambda)$ 可以表示为

$$P(q_t = c|\boldsymbol{o}_t,\lambda) = \frac{\pi_c P(\boldsymbol{o}_t|c,\lambda)}{P(\boldsymbol{o}_t|\lambda)} \tag{7-11}$$

因此,式(7-10)可以写成如下形式

$$\bar{\pi}_c = \frac{1}{T} \sum_{t=1}^{T} P(c|\boldsymbol{o}_t,\lambda) \tag{7-12}$$

同理,均值矢量和协方差矩阵可以由下面式子来进行估计

$$\bar{\boldsymbol{\mu}}_c = \frac{\sum_{t=1}^{T} P(c|\boldsymbol{o}_t,\lambda)\boldsymbol{o}_t}{\sum_{t=1}^{T} P(c|\boldsymbol{o}_t,\lambda)} \tag{7-13}$$

$$\bar{\sigma}_{cf}^2 = \frac{\sum_{t=1}^{T} P(c|\boldsymbol{o}_t,\lambda)(o_{tf} - \mu_{tf})^2}{\sum_{t=1}^{T} P(c|\boldsymbol{o}_t,\lambda)}, \quad f = 1,2,\cdots,F \tag{7-14}$$

用式(7-12)、式(7-13)、式(7-14)重估 GMM 模型的参数,可以保证似然函数是单调递增的。

在实际训练过程中,特别是训练数据不足或语音数据被噪声污染的情况下,常常会出现估计出来的个别协方差分量的值非常小的情况。过小的协方差分量会对整体的似然函数的计算造成非常大的影响。为了避免这种情况,必须对方差的范围进行限制,即

$$\bar{\sigma}_{cf}^2 = \begin{cases} \bar{\sigma}_{cf}^2, & \sigma_{cf}^2 > \sigma_{\min}^2 \\ \sigma_{\min}^2, & \sigma_{cf}^2 \leqslant \sigma_{\min}^2 \end{cases}, \quad f = 1,2,\cdots,F \tag{7-15}$$

其中,$\sigma_{\min}^2$ 为下限,同具体的系统有关,推荐值是在 $0.01\sim0.1$。

训练时,首先要对模型参数进行初始化,一种方法是从训练数据中任取 C 组数据与 C 个高斯分量相对应,每组 50 个矢量,求其均值和方差作为初始均值和方差,并让各分量具有

相同的混合权值；另一种方法是采用 K 均值聚类算法将训练数据聚成 C 类，然后令每一类对应一个高斯分量，以每类的均值和方差作为对应高斯分量的初始均值和方差，混合权值等于类内数据的数量与数据总量的比值。混合数 C 的选择与具体的应用有关，一般应由实验来确定。

综上所述，用 EM 算法估计 GMM 模型参数的流程图如图 7-2 所示。

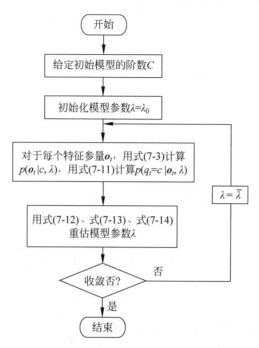

图 7-2　用 EM 算法估计 GMM 模型参数的流程图

2. 识别阶段

在识别阶段，根据说话人识别的不同应用（说话人辨认与说话人确认），将采用不同的匹配方案。假设有 N 个目标说话人，每个目标说话人用一个 GMM 模型来代表，记为 $\lambda_1, \lambda_2, \cdots, \lambda_N$，设待识语音的观测特征序列为 $O = o_1, o_2, \cdots, o_T$。

在说话人辨认系统中，需要辨认待识语音来源于哪个说话人，即计算 O 在每个 GMM 上的后验概率，并将最大后验概率所对应的说话人判定为该语音 O 所属的说话人。待识语音 O 在第 n 个 GMM 上的后验概率为

$$
\begin{aligned}
p(\lambda_n \mid O) &= \frac{p(O \mid \lambda_n) p(\lambda_n)}{p(O)} \\
&= \frac{p(O \mid \lambda_n) p(\lambda_n)}{\displaystyle\sum_{m=1}^{N} p(O \mid \lambda_m) p(\lambda_m)}
\end{aligned}
\tag{7-16}
$$

其中，$p(\lambda_n)$ 为第 n 个人说话的先验概率；$p(O)$ 为所有说话人条件下特征矢量集 O 的概率；$p(O|\lambda_n)$ 为第 n 个人产生特征矢量集 O 的条件概率。

识别结果由最大后验概率准则给出：

$$
n^* = \underset{1 \leqslant n \leqslant N}{\mathrm{argmax}} P(\lambda_n \mid O)
\tag{7-17}
$$

其中，n^* 表示识别判决结果。一般情况下，每个人说话的先验概率设为相等，即

$$P(\lambda_n) = \frac{1}{N}, \quad n = 1, 2, \cdots, N \tag{7-18}$$

此外,对于每个说话人,式(7-16)中的 $P(O)$ 都相等。这样,式(7-17)也可以写成

$$n^* = \underset{1 \leqslant n \leqslant N}{\operatorname{argmax}} P(O \mid \lambda_n) \tag{7-19}$$

这时,最大后验概率准则就转化成了最大似然准则。

通常为了简化计算,一般采用对数似然函数

$$L(O \mid \lambda_n) = \log P(O \mid \lambda_n), \quad n = 1, 2, \cdots, N \tag{7-20}$$

判决结果由下式给出:

$$n^* = \underset{1 \leqslant n \leqslant N}{\operatorname{argmax}} \log P(O \mid \lambda_n) = \underset{1 \leqslant n \leqslant N}{\operatorname{argmax}} \sum_{t=1}^{T} \log P(\boldsymbol{o}_t \mid \lambda_n) \tag{7-21}$$

在说话人确认系统中,与说话人辨认不同,测试目标变为确认某段测试语音是否来源于某个目标说话人,如果测试语音与目标语音来源于相同的说话人,则此次测试为目标测试(target test);反之,如果测试语音与目标语音来源于不同的说话人,则此次测试为非目标测试(non-target test)。将目标测试与非目标测试的后验概率之比作为得分,则

$$\text{score} = \frac{\Pr(H_0)}{\Pr(H_1)} = \frac{P(\lambda_n \mid O)}{P(\lambda_{\bar{n}} \mid O)} \tag{7-22}$$

其中,H_0 表示测试语音 O 为目标说话人的语音,即目标测试;H_1 表示测试语音 O 不是目标说话人的语音,即非目标测试。利用贝叶斯公式,并对上述得分取对数,最终可以转化为对数似然比的形式

$$\log \frac{P(\lambda_n \mid O)}{P(\lambda_{\bar{n}} \mid O)} = \log \frac{\dfrac{P(O \mid \lambda_n) P(\lambda_n)}{P(O)}}{\dfrac{P(O \mid \lambda_{\bar{n}}) P(\lambda_{\bar{n}})}{P(O)}}$$

$$= \log P(O \mid \lambda_n) - \log P(O \mid \lambda_{\bar{n}}) \tag{7-23}$$

其中,目标测试的对数似然值为

$$\log P(O \mid \lambda_n) = \frac{1}{T} \sum_{t=1}^{T} \log P(\boldsymbol{o}_t \mid \lambda_n) \tag{7-24}$$

非目标说话人也被称为背景说话人,它由一系列的背景说话人模型 $\lambda_1, \lambda_2, \cdots, \lambda_m, \cdots,$ $\lambda_N (m \neq n)$ 组成,这些模型中不包含目标说话人模型 λ_n,背景说话人的对数似然值为

$$\log P(O \mid \lambda_{\bar{n}}) = \log \left\{ \frac{1}{N-1} \sum_{m=1, m \neq n}^{N} P(O \mid \lambda_m) \right\} \tag{7-25}$$

其中,$P(O \mid \lambda_m)$ 可以通过公式(7-24)计算。将式(7-24)与式(7-25)代入式(7-23)即可求出测试语音的得分。

3. 阈值的选取

对于开集的说话人辨认系统,需要将待识语音的输出得分与特定的阈值进行比较,以作出是否是集外说话人的判决。对于说话人确认系统,需要基于测试语音的输出得分来进行判决,一般是将其与一个特定的阈值进行比较,若大于该阈值,则接受其为目标说话人;否则,判定其为冒认者。因而,阈值的选取对说话人识别系统的性能有着直接的影响,尤其是在实用的说话人识别系统研究中,阈值的选取问题更是受到了研究者们的广泛关注,并且提出了许多有效的阈值选取方法,其中比较常用的有等错误率(equal error rate,EER)阈值和

最小检测代价函数(detection cost function,DCF)阈值等。

说话人确认系统存在着两类错误:错误拒绝率(false rejection rate,FRR)与错误接受率(false acceptation rate,FAR)。前者为真实说话人被拒绝的错误率,后者为冒认者被接受的错误率。这两种错误率都随阈值的改变而改变,阈值设得越高,真实说话人就越可能被错误拒绝,而冒认者就越不可能被错误接受,因而FRR会随之增高,而FAR会随之降低;反之阈值设得越低,FRR会随之降低,而FAR会随之增高。因而阈值必须合理设置,以得到对说话人识别任务而言可接受的FAR和FRR值。阈值一般在训练时确定,可以根据集内说话人的训练语料,以及事先存储的与其易混的若干说话人的语料,进行预先的识别测试,分别得到说话人和冒认者的识别得分,统计两类得分的分布情况进而选取该说话人的确认阈值。但在实际使用中,一般说话人的训练语料不会很多,而易混者作为一个整体的语料总量却要比其多得多,两者数量上的不平衡会导致所选取的确认阈值过于粗糙,顽健性较差。因而在实际的说话人识别系统中,一般会放弃为每个说话人设定一个独立阈值的方法,而是采用所有集内说话人共享一个统一阈值的设定方法。即对所有集内说话人语料和集外说话人语料,选取一个公共阈值,这样可以充分利用所有集内说话人的训练语料来得到一个较顽健的阈值。

阈值选取时还需要确定一个选取准则,从而能根据FAR和FRR的变化来选取一个特定的阈值。很多文献都采用了EER阈值,EER为FAR和FRR相等时的错误率,而使FAR和FRR相等的阈值即为EER阈值。EER阈值的选取简单直观,而且对不同的说话人识别系统有可比较的意义,因而常被研究者采用。但是该方法没有考虑不同说话人识别任务的特殊要求,如有的说话人识别任务对FAR非常敏感,却可以忍受一定的FRR,有的却对FRR非常敏感;此外不同的说话人识别任务中,集内集外说话人的数量和规模也有很大的区别,这些因素都应该在阈值选取时加以考虑。

NIST提出了一种更一般化,也更合理的阈值确定方法,最小DCF阈值,检测代价函数DCF的计算为

$$\mathrm{DCF} = C_{\mathrm{FRR}} \cdot \mathrm{FRR} \cdot P_{\mathrm{T}} + C_{\mathrm{FAR}} \cdot \mathrm{FAR} \cdot P_{\mathrm{I}} \tag{7-26}$$

其中,C_{FRR}为错误拒绝一个真实说话人的代价,C_{FAR}为错误接受一个冒认者的代价,P_{T}为真实说话人出现的先验概率,P_{I}为冒认者出现的先验概率,FRR为错误拒绝率,FAR为错误接受率。DCF的计算考虑了两类错误发生的不同代价,也考虑了真实说话人和冒认者出现的先验概率,这些参数都是根据识别任务预先确定的。阈值选取时,有不同的FAR和FRR值就会得到不同的DCF值,选择使DCF取最小值的阈值作为说话人识别系统的确认阈值。

根据不同的识别任务需求,确定不同的代价和先验概率等参数,从而就可以使最小DCF阈值适用于各种类型的识别任务。在2008年的NIST说话人确认评测中,取$C_{\mathrm{FRR}}=10, C_{\mathrm{FAR}}=1, P_{\mathrm{T}}=0.01, P_{\mathrm{I}}=0.99$;在2010年的NIST评测中,取$C_{\mathrm{FRR}}=1, C_{\mathrm{FAR}}=1, P_{\mathrm{T}}=0.001, P_{\mathrm{I}}=0.999$。可见,识别系统要能够应付大量的冒认者,且对错误拒绝更敏感。EER阈值和最小DCF阈值如图7-3所示。

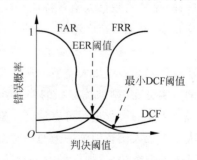

图7-3 EER阈值和最小DCF阈值

7.2.2 GMM-UBM 的说话人识别

在基于 GMM 的说话人辨认中,可以在 N 个训练好的说话人模型中,挑选出一个似然值最大的结果作为识别结果。但实际使用时,待识语音可能是由 N 个人之外的某个说话人所说,此时说话人识别面对的是一个开集问题,必须对集外说话人的语音进行拒绝。可以将后验概率 $P(\lambda|O)$ 与一个阈值比较,当其小于该阈值就认为是集外说话人的语音。然而,GMM 模型的输出概率为 $P(O|\lambda)$,无法直接计算 $P(\lambda|O)$。

拒绝集外说话人可以被看作一个假设检验问题,即选择测试语音是由目标说话人发出(H_0 假设),还是由集外说话人发出(H_1 假设)两个事件中的一个。记 λ 为目标说话人模型,它是集内说话人模型中似然分最大的一个;记 λ_{H_1} 为集外说话人模型。采用如下计算的对数似然比 $L(O)$ 作为集外拒识中与阈值比较的依据,即

$$L(O) = \log \frac{P(O|\lambda)}{P(O|\lambda_{H_1})}$$
$$= \log P(O|\lambda) - \log P(O|\lambda_{H_1}) \qquad (7\text{-}27)$$

为了减小发音长度对似然比的影响,常采用时间归一化的形式

$$L(O) = \frac{1}{T}\{\log P(O|\lambda) - \log P(O|\lambda_{H_1})\} \qquad (7\text{-}28)$$

其中,T 为测试语音的长度或帧数。

对数似然比是贝叶斯准则下最优评分的一种近似,它增加了不同说话人之间的可区分性,同时减少了输出评分分布的动态范围,从而降低了说话人识别系统对阈值的依赖性。此外,通过两个模型取差的形式可以在一定程度上削弱输入语音被噪声污染的影响。

在式(7-28)中,确定 λ_{H_1} 是一个关键问题。理想情况下,λ_{H_1} 必须可以模拟所有可能的集外说话人特征,显然这是很难做到的。有两种近似的方法可以得到 λ_{H_1}:通用背景模型(UBM)与竞争者模型(cohort models)。通用背景模型即取一个与说话人无关的模型作为集外说话人模型。竞争者模型则对每一个说话人,找出一组最可能与之误识的集外说话人模型组成竞争者模型。相比较而言,竞争者模型与特定的说话人相关,结构不灵活,且计算量和存储量都较大,因而近年来基于通用背景模型的集外说话人规正方法成为说话人识别研究的主流方法。

UBM 也是高斯混合模型,它用很多不同说话人在各种环境下的语音数据训练获得,故 UBM 是所有说话人语音特征共性的反映及环境通道的共性反映。因此,UBM 的训练数据集越多、覆盖面越广越好。其训练过程与 7.2.1 节中的 GMM 训练方法相同。

UBM 的另一个用途是,可以在只有少量集内说话人训练语料的条件下,依据 UBM 自适应得到集内说话人模型。从上文叙述可知,说话人训练语料集越大,越能反映说话人特征的真实分布,则训练得到的 GMM 就越能接近真实分布。而当训练语料较少时,就很难对说话人模型参数进行可靠估计。对此,Reynolds 提出了自适应目标模型的方法,首先利用大量说话人语音训练一个通用背景模型,这些语音数据被称作开发集数据,然后采用目标说话人的训练语音,根据最大后验准则(maximum a posteriori,MAP)由通用背景模型自适应得到目标说话人模型。

　　自适应的策略是根据目标说话人的训练集特征矢量与 UBM 的相似程度,将 UBM 的各个高斯分量按训练集特征矢量进行调整,从而形成目标说话人的 GMM 模型。对于目标说话人的训练数据 $O=\boldsymbol{o}_1,\boldsymbol{o}_2,\cdots,\boldsymbol{o}_T$,先计算 O 与 UBM 中每个高斯分量的匹配似然度和属于第 c 个高斯分量的帧数,可得

$$P(c\mid\boldsymbol{o}_t,\lambda)=\frac{\pi_c P(\boldsymbol{o}_t\mid c,\lambda)}{\sum\limits_{k=1}^{C}\pi_k P(\boldsymbol{o}_t\mid k,\lambda)} \tag{7-29}$$

$$n_c=\sum_{t=1}^{T}P(c\mid\boldsymbol{o}_t,\lambda) \tag{7-30}$$

其中,T 为训练语音总帧数,n_c 是以概率统计的形式计算的训练语音落到第 c 个高斯分量上帧数。再根据 EM 重估公式,计算修正模型的最优参数为

$$E_c(O)=\frac{1}{n_c}\sum_{t=1}^{T}P(c\mid\boldsymbol{o}_t,\lambda)\boldsymbol{o}_t \tag{7-31}$$

$$E_c(O^2)=\frac{1}{n_c}\mathrm{diag}\Big[\sum_{t=1}^{T}P(c\mid\boldsymbol{o}_t,\lambda)\boldsymbol{o}_t\boldsymbol{o}_t^{\mathrm{T}}\Big] \tag{7-32}$$

最后,通过修正因子修正该说话人 GMM 中各个高斯混合度的参数。

　　修正后的权重为

$$\hat{\pi}_c=\big[\alpha_c^w n_c/T+(1-\alpha_c^w)\pi_c\big]\gamma \tag{7-33}$$

修正后的均值为

$$\hat{\boldsymbol{\mu}}_c=\alpha_c^m E_c(O)+(1-\alpha_c^m)\boldsymbol{\mu}_c \tag{7-34}$$

修正后的方差为

$$\hat{\sigma}_{ci}^2=\alpha_c^v E(O^2)+(1-\alpha_c^v)(\sigma_{ci}^2+\mu_{ci}^2)-\hat{\mu}_{ci}^2,\quad 1\leqslant i\leqslant d \tag{7-35}$$

其中,初始的权重、均值与方差采用 UBM 中的对应参数,γ 为权重的规正因子,用来保证 $\hat{\pi}_c$ 的和为 1;μ_{ci}^2 为修正后均值矢量 $\hat{\boldsymbol{\mu}}_c$ 的第 i 维的元素;σ_{ci}^2 为修正后协方差矩阵 $\hat{\boldsymbol{\Sigma}}_c$ 对角线上第 i 维的元素;α_c^w、α_c^m、α_c^v 分别为对第 c 个高斯分量的权重、均值、方差的修正因子,用来在旧的模型参数与从训练语音得出的估计量之间寻找平衡,其值越大表示数据越充分,越相信估计量;反之,相信旧的模型参数。修正因子可由 n_c 导出,即

$$\alpha_c^w=\frac{n_c}{n_c+r^w} \tag{7-36}$$

$$\alpha_c^m=\frac{n_c}{n_c+r^m} \tag{7-37}$$

$$\alpha_c^v=\frac{n_c}{n_c+r^v} \tag{7-38}$$

其中,r^w、r^m、r^v 为常数,用来约束修正因子的变化尺度。

　　在由 UBM 自适应训练目标说话人的 GMM 时,既可以对目标说话人模型的权重、均值和方差都进行修正,也可以只对均值进行修正。大量的说话人识别实验已经证明,只修正均值时的系统性能最好。

　　经过自适应后就可以得到每个目标说话人的 GMM,因此,在识别阶段其方法与 7.2.1 节中所述的基于 GMM 的方法相同。

7.3 基于 SVM 的说话人识别

基于 GMM-UBM 的方法通过大量的训练数据集以及较高的混合度,利用概率密度估计的方法,尽可能精确地描述说话人的特征统计分布。但 GMM 模型本身不能有效刻画目标说话人和冒认者之间的区分性信息,因而在说话人确认或集外说话人拒识判决中,GMM 模型的区分性就略显不足。近年来,支持向量机(support vector machine,SVM)由于在分类问题上表现优异而引起关注,并被广泛应用于人脸、手写体等多种识别领域和生物信息序列分类等问题中。SVM 是一种区分性模型,也称作判别式模型(discriminative model),与以 GMM 为代表的生成式模型(generative model)相比,它只着眼于两类数据的边界描述,不注重某类数据内部的分布,因而具有更好的区分能力。目前 SVM 方法已被成功引入到说话人识别研究中。

7.3.1 SVM 说话人识别

当将 SVM 方法应用于说话人识别时,存在一些问题需要解决。首先为目标说话人建立 SVM 模型时,由于冒认者语音数量要远多于目标说话人的语音数量,因而出现了两类训练数据的样本数间极度不平衡的状况,这一问题需要选择合适的建模策略来加以解决。此外还需要从语音数据的分布特点出发,为 SVM 说话人模型选取适当的核函数。下面将针对以上问题分别展开讨论。

1. SVM 说话人模型的建模策略

SVM 作为一种区分性模型,其模型训练的目标函数是有区分性的,对模型训练需要正反两类数据,在说话人识别系统中分别是目标说话人和冒认者的训练语音数据。其模型训练的目标是通过相应的训练算法,构造出一个合适的分类面,能够很好地将目标说话人和所有冒认者有效地区分开来。

在具有 N 个说话人的识别系统中,对每个说话人来说,目标说话人只有 1 个,而冒认者至少有 $N-1$ 个。对开集的系统,冒认者的数量会更多。因此需要建立此说话人的 SVM 模型,从而将目标说话人与所有冒认者分开。为此,在训练模型时,可以有"一对一"和"一对多"两种策略。

在采用"一对一"策略时,需要为目标说话人和每个冒认者单独训练一个 SVM 模型。这样就需要至少为每个说话人训练 $N-1$ 个 SVM 模型,系统总共需要训练至少 $N\times(N-1)/2$ 个说话人模型。当系统中的说话人个数较少时,"一对一"策略具有很好的识别性能。但当 N 很大时,需要训练的说话人模型个数呈指数增长,并且对一条测试语音需要进行 $N-1$ 次模型匹配,这将带来巨大的模型存储需求和测试计算量。

在采用"一对多"策略时,对每个说话人只需训练一个 SVM 模型,即将目标说话人和所有冒认者的语音数据一起训练。这种模型训练策略简单,在冒认者较少时也有较好的识别性能。但当冒认者很多时,其训练数据远远多于目标说话人的训练数据,会造成两类训练数据的严重不平衡,从而影响 SVM 模型的训练效率和训练效果。

可以在"一对多"的建模策略上进行改进,如虽然每个说话人仅训练一个 SVM 模型,但对冒认者集合进行合理的选取,以减少数据不平衡对模型训练的影响。由于 SVM 说话人模型主要刻画了目标说话人和冒认者之间的区别,其分类面主要由两类样本中彼此距离比较近的少数样本所决定,而两类样本中彼此距离比较远的那些样本对分类面的影响不大。因此,若能从大量的训练数据中选择出距离实际分类面较近的样本参与训练,则既可以避免其他与分界面无关的样本对训练结果的影响,也能有效地减少模型训练的计算量,提高模型的训练效率。因而训练时应首先采取相应的方法为特定说话人选择其冒认者集合,这类集合选取的结果将直接影响说话人系统的性能和 SVM 模型的训练速度。

2. 核函数的选择

采用核函数的目的,就是将原始空间中的不可分数据转换为高维空间中的可分数据。目前,关于核函数的选择通常都是在训练前,根据参数特征来选定合适的核函数,包括核函数的类型以及相应的核函数的参数。对于不同的说话人,尽管每个说话人的训练数据的分布形式有很大的区别,但是不同的说话人模型却应该采用相同的核函数。

对于核函数在 SVM 说话人模型中的使用,目前主要存在两类方法。一种方法采用相对简单的常用核函数,如线性核函数、多项式核函数和径向基核函数 RBF 等。由于常用的声学参数存在特征矢量样本数量大、数据混叠严重等缺点,因此需要对声学参数进行特征变换,提取适合常用核函数的变换特征。在这些核函数中,线性核函数的分界面数学表达为一直线,适合线性可分、混叠较少的两类数据分类;而径向基核函数与 GMM 相似,通过把数据空间分为不同的区域,然后构造不同区域的多个分类面,更适用于混叠严重的两类数据分类,同时由于 RBF 核函数训练后的支持向量较多,所以适用于特征矢量样本数目不多的场合;多项式核函数介于以上两者之间,通过在数据空间构造一个非线性的分类面以区分两类数据。选择核函数的另一种方法是建立基于概率统计模型的核函数,如 Fisher 核函数及其改进、基于 KL 距离的核函数等。对说话人识别任务而言,具体选择哪一种核函数形式,应根据特征参数的分布特点来确定。

研究者试图利用 SVM 高效的区分能力来有效拒识冒认者,然而研究表明直接将 SVM 应用于说话人识别效果并不理想,这主要是由于高维、大样本、混叠严重的声学参数并不适合作为基于 SVM 的说话人识别系统的输入。声学参数不仅包含了说话人信息,还包含语义信息、语种信息等多种信息。对于文本无关的说话人识别系统而言,需要收集大量语音样本,即包含各种发音的语音样本,才能表征出说话人的个性特征。然而这样将导致属于不同说话人的特征混叠严重,从而使 SVM 的训练变得困难。研究者通常采用特征参数变换的方法来解决这一问题,即通过特征变换进一步提取说话人个性信息,并使特征样本数变少。下面将介绍两种采用 GMM 和 SVM 相结合的说话人识别方法:基于 GMM 均值超矢量的 SVM 说话人识别,基于 GMM 得分的 SVM 说话人识别。

7.3.2　基于 GMM 均值超矢量的 SVM 说话人识别

在基于 GMM 均值超矢量的 SVM 说话人识别方法中,由于其结合了 GMM 的描述能力,以及 SVM 的分类能力,因此获得了较好的性能。本节将从样本特征的选取、训练过程以及核函数的选取三个方面,介绍基于 GMM-SVM 的说话人识别方法。

1. GMM 均值超矢量

对 SVM 模型,训练参数的选择决定了训练效率、分类效果以及模型识别效率,其目标为在不影响分类性能的前提下,从大量的训练样本中选取出少量适当的样本,训练出具有较少支持向量、较少模型存储、较好泛化能力，以及较高模型识别效率的 SVM 模型。结合前面所述的 GMM 的性质，GMM-UBM 模型可用来进行特征变换和参数聚类，以此选择适合于 SVM 说话人识别的样本。

对于所给的目标说话人语音，GMM-UBM 方法一般是通过 MAP 准则，从 UBM 模型自适应得到目标说话人的 GMM 模型，通常只更新均值矢量 $\boldsymbol{\mu}_c$。将所有高斯分量的各均值矢量 $\boldsymbol{\mu}_c$ 按照固定的顺序排列起来，即得到 GMM 均值的超矢量（supervector）为

$$\boldsymbol{M} = \begin{bmatrix} \boldsymbol{\mu}_1 \\ \boldsymbol{\mu}_2 \\ \vdots \\ \boldsymbol{\mu}_c \end{bmatrix} \tag{7-39}$$

假设每个声学特征矢量为 F 维，则 $\boldsymbol{M}$ 为 $CF \times 1$ 的高维特征矢量。这种基于统计概率模型的超矢量中包含了目标说话人语音的信息，能够很好地体现目标说话人的特性，因此 GMM 均值超矢量适合作为 SVM 的输入特征。这一均值超矢量具有很高的维数，且经过这样一种变换后，输入特征不再以时序为线索刻画语音的说话人特性，因而更符合 SVM 的识别机理。

2. SVM 训练过程

SVM 的本质是寻找最优线性超平面，其基本思想主要有以下两点。

(1) 根据样本的情况分为线性可分和线性不可分两种情况进行讨论。SVM 可以直接求解线性可分问题；相应地，对于线性不可分的情况，SVM 可以将输入的低维矢量通过非线性映射转换成高维空间线性的矢量，以此转化成线性问题；

(2) SVM 建立在结构风险最小原理基础上，根据有限的样本信息在模型的复杂性和学习能力之间寻求最佳折中，以达到全局的最小化，降低期望风险。

对于线性可分的情况，设样本集为：$(\boldsymbol{x}_i, y_i)$，有 $i = 1, \cdots, I$，且 $\boldsymbol{x}_i \in R^d$，$y_i \in \{+1, -1\}$ 是类别标号。d 维空间中线性判别函数的一般形式为 $g(\boldsymbol{x}) = \boldsymbol{w} \cdot \boldsymbol{x} + b$，分类面方程为

$$\boldsymbol{w} \cdot \boldsymbol{x} + b = 0 \tag{7-40}$$

且有下式成立

$$\begin{cases} \boldsymbol{w} \cdot \boldsymbol{x}_i + b > 0, & y_i = 1 \\ \boldsymbol{w} \cdot \boldsymbol{x}_i + b < 0, & y_i = -1 \end{cases} \tag{7-41}$$

通过适当调整 $\boldsymbol{w}$ 和 b，可以将上式改写为

$$\begin{cases} \boldsymbol{w} \cdot \boldsymbol{x}_i + b \geqslant 1, & y_i = 1 \\ \boldsymbol{w} \cdot \boldsymbol{x}_i + b \leqslant -1, & y_i = -1 \end{cases} \tag{7-42}$$

或归一化表示为

$$y_i(\boldsymbol{x}_i \cdot \boldsymbol{w} + b) - 1 \geqslant 0, \quad i = 1, \cdots, I \tag{7-43}$$

由于 SVM 的学习目标是分类间隔最大，因此首先要解决求解最大分类间隔的问题。可以推导出此时分类间隔等于 $\dfrac{2}{\|\boldsymbol{w}\|}$，因此使分类间隔最大，就是使 $\|\boldsymbol{w}\|$ 或 $\dfrac{\|\boldsymbol{w}\|^2}{2}$ 最小。满足式(7-43)且使 $\dfrac{\|\boldsymbol{w}\|^2}{2}$ 最小的分类面就叫作最优分类面。

为了求 $\dfrac{\|\boldsymbol{w}\|^2}{2}$ 最小，可以定义如下拉格朗日函数，即

$$L(\boldsymbol{w},b) = \frac{\parallel \boldsymbol{w} \parallel^2}{2} - \sum_{i=1}^{I} \alpha_i \left\{ \frac{1}{2} y_i (\boldsymbol{x}_i \cdot \boldsymbol{w} + b) - 1 \right\} \tag{7-44}$$

其中,α_i 为拉格朗日乘子,对 $\boldsymbol{w}$ 和 b 求此拉格朗日函数的极小值。对式(7-44)求偏导并令它们等于0,就可以把上述最优分类面问题转为其对偶问题,即约束条件为

$$\sum_{i=1}^{I} y_i \alpha_i = 0, \quad \alpha_i \geqslant 0 \tag{7-45}$$

在满足式(7-45)约束条件下对 α_i 求解下列函数的最大值,则有

$$Q(\alpha) = \sum_{i=1}^{I} \alpha_i - \frac{1}{2} \sum_{i,j=1}^{I} \alpha_i \alpha_j y_i y_j \boldsymbol{x}_i \cdot \boldsymbol{x}_j \tag{7-46}$$

一个不等式约束条件下二次函数寻优的问题存在唯一解。解中将只有一部分(通常是很小一部分)α_i 不为零,对应的样本就是支持向量。注意式(7-46)中只需要计算输入矢量的内积,约束条件也很简单,因此该对偶优化问题比原问题简单得多,比较容易用标准的二次规划方法求解。

若 α_i^* 为最优解,则有

$$\boldsymbol{w}^* = \sum_{i=1}^{L} \alpha_i^* y_i \boldsymbol{x}_i \tag{7-47}$$

求解上述问题后得到的最优分类函数是

$$g(\boldsymbol{x}) = \mathrm{sgn}\{(\boldsymbol{w}^* \cdot \boldsymbol{x}) + b^*\} = \mathrm{sgn}\left\{ \sum_{i=1}^{L} \alpha_i^* y_i (\boldsymbol{x}_i \cdot \boldsymbol{x}) + b^* \right\} \tag{7-48}$$

其中,$(\boldsymbol{x}_i, y_i)$ 为支持向量,即式中的求和仅对支持向量进行,L 为支持向量的总数量。支持向量为满足式(7-43)中等号部分的样本点。b^* 是分类阈值,可以用任意支持向量求得,或者通过两类中任意一对支持向量取中值求得。$g(\boldsymbol{x})$ 依据支持向量对输入的 $\boldsymbol{x}$ 进行计算,而函数的输出即为 $\boldsymbol{x}$ 的分类结果。

在基于 GMM 均值超矢量的 SVM 说话人识别中,将 GMM 均值超矢量作为特征来训练 SVM。由于 GMM 均值超矢量通常维度很高,往往线性不可分。因此在实际应用中,对于线性不可分的样本分类问题,一种很自然的方法就是通过非线性变换方法,把原来的低维特征空间映射到高维空间,也被称作扩展空间(expansion space),使得在高维空间样本是可分的,因此可用线性判别函数实现分类。但这往往是以牺牲计算量为代价的,当映射后的空间维数很高时,在实际中是不可实现的。SVM 利用核函数巧妙地避免了高维空间中运算量大的问题,同时解决了在高维空间的线性判别问题。

最优分类函数式 $g(\boldsymbol{x}) = \mathrm{sgn}\left\{ \sum_{i=1}^{I} \alpha_i^* y_i (\boldsymbol{x}_i \cdot \boldsymbol{x}) + b^* \right\}$ 中只包含待分类样本与训练样本中的支持向量的内积运算 $\boldsymbol{x}_i \cdot \boldsymbol{x}$,同样,其对偶目标函数式(7-46)中也只涉及训练样本之间的内积运算。也就是说,要解决一个特征空间的广义最优线性分类问题,只需要知道这个空间中的内积运算即可。因此,当要解决高维特征空间的广义分类问题时,也只需知道高维空间的内积运算 $K(\boldsymbol{x}_i, \boldsymbol{x})$ 即可,根本不需要知道从低维空间映射到高维空间的具体变换形式。并且只要变换空间的内积运算可以用原空间中的变量直接计算,那么,即使变换空间的维数增加很多,在其中求解最优分类面的问题也不会增加多少计算复杂度。这样,只要定义变换

后的内积运算,而不必真的进行这种变换。因此,对于 GMM 均值超矢量这类线性不可分的特征,最优分类函数可以表示为

$$g(\boldsymbol{M}) = \text{sgn}\left\{ \sum_{i=1}^{I} \alpha_i^* y_i K(\boldsymbol{M}_i, \boldsymbol{M}) + b^* \right\} \tag{7-49}$$

3. 核函数的选取

统计学理论指出,根据 Hilbert-Schmidt 原理,只要一种运算满足 Mercer 条件,它就可以作为这里的内积使用。

Mercer 条件:对任意的对称函数 $K(\boldsymbol{x}, \boldsymbol{y})$,它成为某个高维特征空间中的内积运算的充分必要条件是,对于任意的 $\varphi(\boldsymbol{x}) \neq 0$,且 $\int \varphi^2(\boldsymbol{x}) \mathrm{d}\boldsymbol{x} < \infty$,有

$$\iint K(\boldsymbol{x}, \boldsymbol{x}') \varphi(\boldsymbol{x}) \varphi(\boldsymbol{x}') \mathrm{d}\boldsymbol{x} \mathrm{d}\boldsymbol{x}' > 0 \tag{7-50}$$

其中,$\boldsymbol{x}'$ 是 $\boldsymbol{x}$ 的转置。Mercer 条件对核函数的要求不难满足。目前常见的核函数有线性核函数、多项式核函数、径向基核函数(高斯核函数)等。

线性核函数

$$K(\boldsymbol{x}, \boldsymbol{y}) = \boldsymbol{x} \cdot \boldsymbol{y} \tag{7-51}$$

多项式核函数

$$K(\boldsymbol{x}, \boldsymbol{y}) = (\boldsymbol{x} \cdot \boldsymbol{y} + 1)^d \tag{7-52}$$

径向基核函数

$$K(\boldsymbol{x}, \boldsymbol{y}) = \exp(-\parallel \boldsymbol{x} - \boldsymbol{y} \parallel^2 / 2\sigma^2) \tag{7-53}$$

对基于 GMM 均值超矢量的说话人识别方法,可以通过计算两个 GMM 模型的距离,来表示两个模型的相似度,由于 GMM 模型为概率密度函数,因此可以通过 KL 散度来衡量它们之间的距离。对两个 GMM 模型 λ_a 和 λ_b,可以计算其概率密度函数 $P(O|\lambda_a)$ 和 $P(O|\lambda_b)$ 之间的 KL 散度

$$D(P(O|\lambda_a) \| P(O|\lambda_b)) = \int P(O|\lambda_a) \frac{P(O|\lambda_a)}{P(O|\lambda_b)} \mathrm{d}O \tag{7-54}$$

然而,由于 KL 散度是非对称的,不满足 Mercer 条件,很难将其当作核函数使用,因此考虑采用对数和不等式将其近似表示为

$$\int P(O|\lambda_a) \frac{P(O|\lambda_a)}{P(O|\lambda_b)} \mathrm{d}O = \int \left[\sum_{c=1}^{C} \pi_c^a N(O|\boldsymbol{\mu}_c^a, \boldsymbol{\Sigma}_c^a) \right] \log \frac{\sum_{c=1}^{C} \pi_c^a N(O|\boldsymbol{\mu}_c^a, \boldsymbol{\Sigma}_c^a)}{\sum_{c=1}^{C} \pi_c^b N(O|\boldsymbol{\mu}_c^b, \boldsymbol{\Sigma}_c^b)} \mathrm{d}O$$

$$\leqslant \int \sum_{c=1}^{C} \left[\pi_c^a N(O|\boldsymbol{\mu}_c^a, \boldsymbol{\Sigma}_c^a) \log \frac{\pi_c^a N(O|\boldsymbol{\mu}_c^a, \boldsymbol{\Sigma}_c^a)}{\pi_c^b N(O|\boldsymbol{\mu}_c^b, \boldsymbol{\Sigma}_c^b)} \right] \mathrm{d}O$$

$$= \sum_{c=1}^{C} \pi_c^a \log \frac{\pi_c^a}{\pi_c^b} + \sum_{c=1}^{C} \pi_c^a \int N(O|\boldsymbol{\mu}_c^a, \boldsymbol{\Sigma}_c^a) \log \frac{N(O|\boldsymbol{\mu}_c^a, \boldsymbol{\Sigma}_c^a)}{N(O|\boldsymbol{\mu}_c^b, \boldsymbol{\Sigma}_c^b)} \mathrm{d}O$$

$$= D(\pi^a \| \pi^b) + \sum_{c=1}^{C} \pi_c^a D(N(O|\boldsymbol{\mu}_c^a, \boldsymbol{\Sigma}_c^a) \| N(O|\boldsymbol{\mu}_c^b, \boldsymbol{\Sigma}_c^b)) \tag{7-55}$$

由于 λ_a 和 λ_b 是从同一 UBM 模型经过 MAP 计算得到的,除各高斯分量的均值外,其

协方差矩阵和各混合权值都相同,因此 $D(\pi^a||\pi^b)=0$,这样可以推导出 KL 散度具有如下上界:

$$D(P(O\mid\lambda_a)\mid\mid P(O\mid\lambda_b))\leqslant\sum_{c=1}^{C}\pi_c D(N(O\mid\boldsymbol{\mu}_c^a,\boldsymbol{\Sigma}_c)\mid\mid N(O\mid\boldsymbol{\mu}_c^b,\boldsymbol{\Sigma}_c)) \quad (7\text{-}56)$$

当协方差矩阵为对角阵时,式(7-56)可以转化成如下形式

$$D(P(O\mid\lambda_a)\mid\mid P(O\mid\lambda_b))\leqslant\frac{1}{2}\sum_{c=1}^{C}\pi_c(\boldsymbol{\mu}_c^a-\boldsymbol{\mu}_c^b)^{\mathrm{T}}\boldsymbol{\Sigma}_c^{-1}(\boldsymbol{\mu}_c^a-\boldsymbol{\mu}_c^b) \quad (7\text{-}57)$$

其中,$\boldsymbol{\mu}_c^a$ 和 $\boldsymbol{\mu}_c^b$ 分别为两个 GMM 第 c 个高斯分量的均值,$\boldsymbol{\Sigma}_c$ 为 UBM 模型第 c 个高斯分量的协方差矩阵; π_c 为 UBM 模型第 c 个高斯分量的权重。

可以据此设计 GMM 均值超矢量的核函数 $K(\boldsymbol{M}_a,\boldsymbol{M}_b)$,即

$$K(\boldsymbol{M}_a,\boldsymbol{M}_b)=\sum_{c=1}^{C}\pi_c\boldsymbol{\mu}_c^a\Sigma^{-1}\boldsymbol{\mu}_c^b$$

$$=\sum_{c=1}^{C}\left(\sqrt{\pi_c}\Sigma^{-\frac{1}{2}}\boldsymbol{\mu}_c^a\right)^{\mathrm{T}}\left(\sqrt{\pi_c}\Sigma^{-\frac{1}{2}}\boldsymbol{\mu}_c^b\right) \quad (7\text{-}58)$$

在进行 SVM 说话人识别时,首先采用此核函数完成 GMM 均值超矢量向高维空间的映射过程,然后再通过式(7-49)中的最优分类函数进行分类判决。

7.3.3 基于 GMM 得分的 SVM 说话人识别

基于 GMM 得分的 SVM 说话人识别系统结构如图 7-4 所示,它由 GMM 模型和 SVM 模型级联组成,前级采用 GMM 说话人模型进行识别,对每帧特征矢量计算一个说话人得分 L,这样 T 帧特征矢量就得到了一个 T 维的 GMM 得分矢量$\{L_1,L_2,\cdots,L_T\}$,将此得分矢量作为后级 SVM 模型的输入矢量。由目标说话人的 SVM 模型对 GMM 的识别结果进行确认,作出是否是目标说话人的判决。在这样一个级联结构中,GMM 模型起到了对输入语音特征数据进行数据压缩和特征变换的作用,从而为 SVM 提供了更合理的输入特征,达到借助 SVM 高效的区分能力来对 GMM 的识别结果进行有效确认的目的。

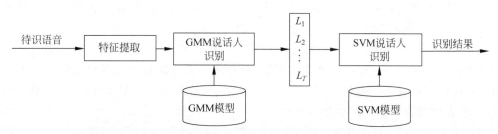

图 7-4 基于 GMM 得分的 SVM 说话人识别示意图

训练时,首先利用目标说话人的训练语音数据建立目标说话人的 GMM 模型。接着,利用得到的 GMM 目标说话人模型,分别对目标说话人和冒认者的训练语音数据进行有区分性的特征变换,即进行数据与模型的相似度匹配计算,显然,目标说话人的语音经目标说话人 GMM 后的概率输出较大,而冒认者语音经该模型的概率输出则比较小。最后,以两类语音数据经 GMM 的说话人得分作为 SVM 的输入矢量,进行 SVM 模型的训练,如图 7-5 所示。

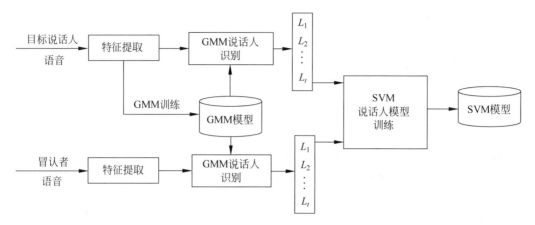

图 7-5　基于 GMM 得分的 SVM 说话人模型的训练过程示意图

7.4　复杂信道下的说话人识别

说话人识别最重要的应用途径是通过电话信道或者网络进行说话人的确认和辨认。在语音识别系统中,大多数情况下目标说话人是主动配合的,因此可以获得目标说话人的各种信道情况下的数据。与语音识别不同,一般说话人识别是用于监视侦查的目的,因此目标说话人的训练和测试语音数据一般都很短,而且很多情况下训练和测试语音的信道情况是不匹配的。所谓复杂信道情况或者信道不匹配的情况,是指在语音通信的过程中信道或通信工具导致的原始语音信号的畸变不同,主要分以下几种情况。

(1) 在语音转化为电信号的变化过程中,由于话筒的原理不同,形成的电信号不同。最常用的两种话筒是:动圈式和电容式话筒。一般而言,电容式话筒型号繁多,动圈式话筒相对简单一些。采用电容式话筒的说话人识别系统的性能下降比较多,采用动圈式话筒的识别系统的性能要好很多。另外,话筒的佩戴位置也多种多样,例如有普通电话机类型的话筒,有头戴式、耳塞式、别针式、麦克风立式话筒等,这些不同形式的话筒由于相对身体的位置不同,其对语音的影响也不同。

(2) 模拟传输信道的影响。模拟电话仍然是目前最常用的通话方式之一,固定电话的模拟语音信号需要到程控交换机才能实现数字化,从受话端到程控交换机之间由于地域的远近导致的线路质量不同,因此对模拟语音产生的畸变也不同。一般而言,城市中电话信噪比比较高,而农村地区通话质量相对差一些。

(3) 语音编解码。目前几乎所有的数字通信中都需要语音编码,模拟电话需要在程控交换机数字化(PCM 编码),移动通信需要在发送端(手机端)按照通信信道进行编码,如 GSM 按照长时预测规则码激励语音编码 RPE-LTP 协议进行编解码,而 CDMA 系统的语音编码主要有从线性预测编码技术发展而来的码激励线性预测编码 CELP 和增强型可变速率编码 EVRC;网络电话需要按照 G.728 或者 G.729 等进行编码。在编码或解码的过程中,语音信号总会出现损失,这种损失就相当于对原始的语音信号的一种调制,这种调制会严重影响说话人识别系统的性能。

(4) 更加复杂的情况。对于无绳电话,无绳电话子机到母机之间可以采用数字通信,也可以采用模拟的方式进行通信,如果采用数字通信方式,那么在母机中又需要把数字信号转换为模拟信号,通过普通电话线传输到程控交换机,因此无绳电话的这种模式可以说既有模拟又有移动通信的过程。另外,在 IP 电话传输中经常会出现丢失语音帧的现象,这种信道损失也会对说话人识别系统的性能造成影响。

(5) 环境噪声、人的健康状况的改变、语音时变特性的影响等,都可以被看作一种特殊的信道影响。例如,研究证明语音时变特性对说话人识别性能的影响符合如下规律:3 周以内基本上没变化,1 个月以后开始变化,到 3 个月确认率和辨认率分别下降了 10% 和 25% 左右,3 个月以后识别率的下降开始变缓,基本上没有太大的变化。显然在说话人识别时,这些因素的影响也必须加以考虑。

实际应用中信道的复杂性更高,涉及不同品牌的产品,不同应用场合,其复杂性远远超过我们的分析。信道问题是影响说话人识别实际应用的最大的障碍之一。目前在说话人识别研究中,针对上述的信道差异,通常从如下三个不同的层面来提出解决方案。

(1) 特征域:常用方法有倒谱均值减(cepstral mean subtraction,CMS)、短时高斯化、相关谱(relative spectra,RASTA)滤波、特征映射等,这类方法主要对特征参数中的信道差异进行消除或补偿。

(2) 模型域:常用方法有说话人模型合成(Speaker Model Synthesis,SMS),近年来提出的联合因子分析(joint factor analysis,JFA)和扰动属性投影方法(nuance attribute projection,NAP)都是在模型域对信道差异进行建模的方法。

(3) 得分域:常用方法将在 7.6 节中进行叙述,如 H-norm,Z-norm,T-norm 等,这类方法主要是通过估计冒认者语音的得分分布,对最终得分进行归一化处理,以减少信道差异对得分的影响。

下面将对特征映射、说话人模型合成、扰动属性投影和联合因子分析等方法进行简要的介绍。在这些方法中,针对 SVM 模型中的扰动属性投影方法,以及在 GMM-UBM 模型基础上提出的联合因子分析方法取得了很大成功,其中尤以联合因子分析应用最为广泛。

7.4.1 特征映射

特征映射是在前端特征参数域解决信道问题的一种方法,主要原理见图 7-6。语音特征参数中包含着与信道相关的信息,需要将其映射为一个信道无关的特征矢量,从而可以基于此特征对说话人进行建模和识别,这一特征映射过程可以概括为以下几步。

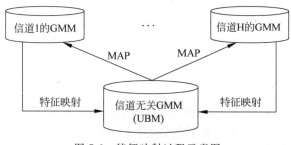

图 7-6 特征映射过程示意图

(1) 用大量的各种信道的数据训练一个与信道无关的 UBM 模型 λ^{CI},这个模型的训练按男、女性别单独训练,最后拼接成一个大的 UBM 模型,与普通的 UBM 模型训练没有区别。

(2) 每种信道分别选择几小时的数据,通过 MAP 的方法由信道无关的 UBM 模型映射得到每个信道的 GMM 模型。

(3) 对于输入的一段语音特征参数 O,在各信道的 GMM 模型上计算对数似然度,根据对数似然度大小判断该段语音所属信道类型。

(4) 对于每帧特征参数,在其所属的信道相关 GMM 模型 λ^{CD} 上,选择使其概率得分最大的高斯分量 c^*,即

$$c^* = \underset{1 \leqslant c \leqslant C}{\operatorname{argmax}} P(O \mid c, \lambda^{CD}) \tag{7-59}$$

其中,C 为高斯分量总个数。

(5) 对于信道相关的每帧特征矢量 $\boldsymbol{o}_t$,可以通过式(7-60)将原来含有信道信息的特征映射到与信道无关的特征矢量 $\boldsymbol{y}_t$,即

$$\boldsymbol{y}_t = (\boldsymbol{o}_t - \boldsymbol{\mu}_{c^*}^{CD}) + \boldsymbol{\mu}_{c^*}^{CI} \tag{7-60}$$

其中,$\boldsymbol{\mu}_{c^*}^{CD}$ 为信道相关 GMM 模型中第 c^* 个高斯分量的均值矢量;$\boldsymbol{\mu}_{c^*}^{CI}$ 为信道无关 GMM 模型中第 c^* 个高斯分量的均值矢量。通过式(7-60)去除信道对语音特征的影响。

7.4.2 说话人模型合成

说话人模型合成方法在思想上与特征映射类似,只不过不是对特征参数进行变换,而是在模型域进行处理,合成出目标说话人当前信道下的说话人模型,其实现过程可以概括为以下几步。

(1) 首先用大量的各种信道的数据训练一个与信道无关的 UBM 模型 λ^{CI}。

(2) 每种信道分别选择几小时的数据,通过 MAP 的方法由信道无关的 UBM 模型映射得到每个信道的 GMM 模型。

(3) 对于目标说话人的训练语音 O,在各信道的 GMM 模型上计算对数似然度,根据对数似然度大小判断该段语音所属信道类型,不妨设此信道标号为 h,其所对应的 GMM 模型为 $\lambda^{CD,h}$。

(4) 依据目标说话人的训练语音,采用 MAP 自适应方法,从模型 $\lambda^{CD,h}$ 自适应得到该说话人在此信道上的模型 $\lambda^{SP,h}$。

(5) 识别时,也需要通过步骤(3)判断待识语音的所属信道。若该信道是标号 h 的信道,则直接用模型 $\lambda^{SP,h}$ 计算目标说话人的概率得分;若不是标号 h 的信道,而是没有该说话人模型的标号为 h' 的信道,则需要通过模型 $\lambda^{SP,h}$、$\lambda^{CD,h}$、$\lambda^{CD,h'}$ 合成出此信道下的说话人模型 $\lambda^{SP,h'}$。合成方法如下

$$\boldsymbol{\mu}_c^{SP,h'} = \boldsymbol{\mu}_c^{SP,h} + (\boldsymbol{\mu}_c^{CD,h'} - \boldsymbol{\mu}_c^{CD,h}) \tag{7-61}$$

$$\boldsymbol{\Sigma}_c^{SP,h'} = \boldsymbol{\Sigma}_c^{SP,h} \tag{7-62}$$

$$\pi_c^{SP,h'} = \pi_c^{SP,h} \tag{7-63}$$

其中,$\boldsymbol{\mu}_c^{SP,h'}$、$\boldsymbol{\mu}_c^{SP,h}$、$\boldsymbol{\mu}_c^{CD,h'}$、$\boldsymbol{\mu}_c^{CD,h}$ 分别为 GMM 模型 $\lambda^{SP,h'}$、$\lambda^{SP,h}$、$\lambda^{CD,h'}$、$\lambda^{CD,h}$ 中第 c 个高斯分量的均值矢量,有 $1 \leqslant c \leqslant C$;$\boldsymbol{\Sigma}_c^{SP,h'}$、$\boldsymbol{\Sigma}_c^{SP,h}$ 分别为 GMM 模型 $\lambda^{SP,h'}$、$\lambda^{SP,h}$ 中第 c 个高斯分量的协方差矩阵;$\pi_c^{SP,h'}$、$\pi_c^{SP,h}$ 分别为 GMM 模型 $\lambda^{SP,h'}$、$\lambda^{SP,h}$ 中第 c 个高斯分量的权值。合成出当前信道的目标说话人的模型 $\lambda^{SP,h'}$,就可以用待识语音在 $\lambda^{SP,h'}$ 上计算说话人识别得分,进而作出

是否是目标说话人的判决。

从上面特征映射与说话人模型合成的方法过程可以看出,它们是等价的,并没有本质的区别,都是根据已有的标注信息去确定信道的类型,每一句话都对信道进行判决,不管是通过特征映射去除信道信息,还是把目标说话人模型转换到与待识语音相同的信道空间上,总的来说都是使说话人模型与测试语句的信道类型相匹配。

7.4.3 扰动属性投影

扰动属性投影(NAP)是一种在扩展空间中去除不相干属性的方法。其应用到基于 GMM 均值超矢量的 SVM 说话人识别系统时,通过去除均值超矢量在扩展空间映射矢量中的信道信息而保留说话人信息来降低信道特性对特征的影响,从而提高系统的识别性能。

设每段待识语音都可以表示为一个 GMM 均值超矢量 $\boldsymbol{M}$,均值超矢量在扩展空间中的映射矢量为 $\phi(\boldsymbol{M})$,其内积可以由式(7-58)求得。对于 $\phi(\boldsymbol{M})$ 所在空间,可以表示为说话人子空间与信道子空间的和,即

$$\begin{aligned}\phi(\boldsymbol{M}) &= \phi_s + \phi_c \\ &= \boldsymbol{P}\phi(\boldsymbol{M}) + (\boldsymbol{I}-\boldsymbol{P})\phi(\boldsymbol{M})\end{aligned} \tag{7-64}$$

其中,$\boldsymbol{P}$ 为投影矩阵,定义 $\boldsymbol{P}=\boldsymbol{I}-\boldsymbol{V}\boldsymbol{V}^{\mathrm{T}}$,$\boldsymbol{V}=[\boldsymbol{v}_1,\boldsymbol{v}_2,\cdots,\boldsymbol{v}_n]$ 为由正交向量组成的矩阵。通过 $\boldsymbol{P}$ 将 $\phi(\boldsymbol{M})$ 投影到一个子空间上,投影后的矢量为 $\phi_s=\boldsymbol{P}\phi(\boldsymbol{M})$,它在最大程度上削减了信道成分,充分表征了说话人的特性信息。

由于对 SVM 中的分类问题,只关注高维空间的内积运算,因此只需计算 $\boldsymbol{P}\phi(\boldsymbol{M})$ 的内积即可,则

$$\begin{aligned}K(\phi(\boldsymbol{M}_i),\phi(\boldsymbol{M}_j)) &= [\boldsymbol{P}\phi(\boldsymbol{M}_i)]^{\mathrm{T}}\boldsymbol{P}\phi(\boldsymbol{M}_j) \\ &= \phi(\boldsymbol{M}_i)^{\mathrm{T}}\boldsymbol{P}\phi(\boldsymbol{M}_j) \\ &= \phi(\boldsymbol{M}_i)^{\mathrm{T}}(\boldsymbol{I}-\boldsymbol{V}\boldsymbol{V}^{\mathrm{T}})\phi(\boldsymbol{M}_j)\end{aligned} \tag{7-65}$$

NAP 需要标注好信道类型的大量语音数据,通过削弱说话人特征空间中的信道子空间的分量来提高说话人之间的"距离",从而提高系统的识别性能。对于同一个说话人所说的多条语音,它们的信道类型可能是相同的,也可能是不同的。当这些语音的信道类型相同时,不需要提取信道差异信息。只有当它们的信道类型不同时,才需要提取信道之间的差异信息。因此,需定义信道权矩阵 $\boldsymbol{W}$,其中矩阵元素为

$$w_{ij} = \begin{cases} 1, & O_i \text{ 和 } O_j \text{ 是同一信道} \\ 0, & O_i \text{ 和 } O_j \text{ 不是同一信道} \end{cases} \tag{7-66}$$

为了削弱这种信道间的差异信息,定义灵敏值(figure of merit,FOM)

$$\delta(\boldsymbol{P}) = \sum_{ij} w_{ij} \| \boldsymbol{P}[\phi(\boldsymbol{M}_i)-\phi(\boldsymbol{M}_j)] \| \tag{7-67}$$

通过最小化灵敏值,求取合适的 $\boldsymbol{P}$,最终可以得到

$$\boldsymbol{A}\boldsymbol{Z}\boldsymbol{A}^{\mathrm{T}}\boldsymbol{V} = \boldsymbol{V}\boldsymbol{\Lambda} \tag{7-68}$$

其中,$\boldsymbol{A}=[\phi(\boldsymbol{M}_1),\phi(\boldsymbol{M}_2),\cdots,\phi(\boldsymbol{M}_N)]$;$\boldsymbol{Z}=\mathrm{diag}(\boldsymbol{W}\boldsymbol{1})-\boldsymbol{W}$,$\boldsymbol{1}$ 为 $n\times1$ 的全为 1 的列向量。式(7-68)等价于求广义特征值 $\boldsymbol{\Lambda}$ 和广义特征矢量 $\boldsymbol{V}$,一般只选取少数的几个或几十个最大特征值所对应的矢量,即可得到投影矩阵 $\boldsymbol{P}$,并代入式(7-65)求取相应的核函数即可。

7.4.4　联合因子分析

因子分析(factor analysis,FA)最初是一种应用在社会学和心理学领域的统计分析方法,目的是在许多变量中找出隐藏的具有代表性的因子。将相同本质的变量归入一个因子,从而可减少变量的数目。2004 年 Kenny 将因子分析方法引入到说话人识别中,最初因子分析仅被应用于简单的信道补偿算法中。此后,由于训练数据的增多以及任务复杂程度的增加,才出现了联合因子分析(joint factor analysis,JFA)方法,并逐渐成为说话人识别中的重要方法。JFA 与 NAP 很相似,它们都认为在说话人的语音中,包含了具有说话人信息的说话人因子,以及具有信道信息的信道因子,并通过统计的方法估计出说话人因子与信道因子所在的空间。对于每段待识语音,可以通过去除信道因子,保留说话人因子的方法,来达到提升说话人识别系统整体性能的目的。

JFA 假设 GMM 均值超矢量 $M \in R^{CF}$ 可以分解为两个超矢量的和,分别为说话人超矢量 s 与信道超矢量 c,即

$$M = s + c \tag{7-69}$$

其中,s 与 c 各自独立且服从高斯分布。s 描述了说话人的特性,c 描述了相同说话人的不同语音段(信道)的差异。通过式(7-69)可以发现,JFA 可以理解为 NAP 的特殊形式,当投影函数 $\phi(M) = M$ 时,NAP 即转换成为 JFA。

与 NAP 不同的是,基于 JFA 的说话人识别方法并没有采用 SVM 作为分类器,而是通过统计的方法,估计出说话人因子与信道因子。对于说话人超矢量 s,可以由说话人因子(隐变量)表示而成,即

$$s = m + Vy + Dz \tag{7-70}$$

其中,m 为用大量说话人在各种不同信道下训练的与说话人、信道均无关的超矢量,即 UBM 均值超矢量,维度为 $CF \times 1$;V 为说话人空间载荷矩阵(loading matrix),是 $CF \times R_y$ 维矩阵;y 为说话人因子,服从 $N(0, I)$ 分布的随机矢量,维度为 R_y,一般而言,$100 \leqslant R_y \leqslant 400$;$D$ 为残差空间矩阵,它是一个 $CF \times CF$ 维的方块对角矩阵,每个对角子块维度为 $F \times F$;z 为 $CF \times 1$ 维的高斯分布随机矢量。

对于信道超矢量 c,可以由信道因子表示而成,即

$$c = Ux \tag{7-71}$$

其中,U 为信道空间载荷矩阵,是 $CF \times R_x$ 维矩阵;x 为信道因子,服从 $N(0, I)$ 分布的随机矢量,维度为 R_x,一般而言,$10 \leqslant R_x \leqslant 200$。

结合式(7-69)、式(7-70)和式(7-71),说话人 GMM 均值超矢量可以写成如下形式:

$$M_{s,h} = m + Ux_{s,h} + Vy_s + Dz_s \tag{7-72}$$

其中,下标 s 代表说话人编号,下标 s,h 代表说话人 s 的第 h 段语音。有下标 s 说明该变量仅与说话人相关,有下标 s,h 说明该变量不仅与说话人相关,也与该语音对应的信道相关。

JFA 的方法包含训练和识别两个过程。在训练过程,依据大量的训练数据估计出说话人空间载荷矩阵 V 和信道空间载荷矩阵 U,这既需要很多说话人的数据,也需要每个说话人在各种信道下的数据。估计的方法有两种:一种是联合估计法,另一种是独立估计法。它们估计出的结果是一致的,但是后一种方法在时间和空间复杂度上要小一些。下面将以说话人确认为例,介绍基于独立估计法的 JFA 的实现过程。

1. Baum-Welch 统计量

给定说话人 s 的特征矢量序列为 $O = \boldsymbol{o}_1, \boldsymbol{o}_2, \cdots, \boldsymbol{o}_T$，对于每一时刻 t，特征矢量 $\boldsymbol{o}_t$ 相对每个高斯分量 c 的占有率（t 时刻 $\boldsymbol{o}_t$ 落入分量 c 的后验概率）可以表示为

$$\gamma_t(c) = \frac{\pi_c p_c(\boldsymbol{o}_t)}{\sum_{i=1}^{C} \pi_i p_i(\boldsymbol{o}_t)} \tag{7-73}$$

其中，π_c 为 UBM 第 c 个高斯分量的权值，对于 $p_c(\boldsymbol{o}_t)$ 的计算可参考式(7-3)。对于说话人 s 的每一个高斯分量 c，定义权值、均值以及协方差矩阵对应的 Baum-Welch 统计量如下

$$N_c(s) = \sum_{t=1}^{T} \gamma_t(c) \tag{7-74}$$

$$\boldsymbol{F}_c(s) = \sum_{t=1}^{T} \gamma_t(c) \boldsymbol{o}_t \tag{7-75}$$

$$\boldsymbol{S}_c(s) = \mathrm{diag}\left[\sum_{t=1}^{T} \gamma_t(c) \boldsymbol{o}_t \boldsymbol{o}_t^{\mathrm{T}} \right] \tag{7-76}$$

Baum-Welch 统计量与 7.2.2 节中的式(7-30)、式(7-31)和式(7-32)形式类似，均表示对特征进行分析、检验的变量，可以看作是估计 GMM 的中间统计量，与 GMM 的权重、均值和协方差矩阵有很大的关系，因此在后面计算 GMM 均值超矢量时，往往直接用 Baum-Welch 统计量表示。

定义 $\widetilde{\boldsymbol{F}}_c(s)$ 和 $\widetilde{\boldsymbol{S}}_c(s)$ 为一阶、二阶中心统计量，即

$$\widetilde{\boldsymbol{F}}_c(s) = \sum_{t=1}^{T} \gamma_t(c)(\boldsymbol{o}_t - \boldsymbol{\mu}_c) \tag{7-77}$$

$$\widetilde{\boldsymbol{S}}_c(s) = S_c(s) - \mathrm{diag}\left[\sum_{t=1}^{T} \gamma_t(c)(\boldsymbol{o}_t - \boldsymbol{\mu}_t)(\boldsymbol{o}_t - \boldsymbol{\mu}_t)^{\mathrm{T}} \right] \tag{7-78}$$

其中，$\boldsymbol{\mu}_c$ 为 UBM 第 c 个高斯分量的均值。将式(7-74)、式(7-75)和式(7-76)代入式(7-77)和式(7-78)，则

$$\widetilde{\boldsymbol{F}}_c(s) = \boldsymbol{F}_c(s) - N_c(s)\boldsymbol{\mu}_c \tag{7-79}$$

$$\widetilde{\boldsymbol{S}}_c(s) = S_c(s) - \mathrm{diag}\left[\boldsymbol{F}_c(s)\boldsymbol{\mu}_c^{\mathrm{T}} + \boldsymbol{\mu}_c \boldsymbol{F}_c(s)^{\mathrm{T}} - N_c(s)\boldsymbol{\mu}_c\boldsymbol{\mu}_c^{\mathrm{T}} \right] \tag{7-80}$$

设 $\boldsymbol{N}(s)$ 为 $CF \times CF$ 的对角阵，其对角块为 $N_c(s)\boldsymbol{I}$；令 $\widetilde{\boldsymbol{F}}(s)$ 为从 $\widetilde{\boldsymbol{F}}_c(s)$ 拼接而成的 $CF \times 1$ 维超矢量；令 $\widetilde{\boldsymbol{S}}(s)$ 为 $CF \times CF$ 对角阵，其对角块为 $\widetilde{\boldsymbol{S}}_c(s)$。

2. 估计说话人空间载荷矩阵

本节重点介绍说话人空间和信道空间的独立估计方法。假设说话人空间与信道空间是相互独立的，因此在估计说话人空间载荷矩阵 $\boldsymbol{V}$ 时，认为均值超矢量在产生的过程中只受说话人空间信息的影响，进而假设均值超矢量在说话人因子条件下的分布是服从高斯分布的，即 $\boldsymbol{M}_s | \boldsymbol{y}_s \sim N(\boldsymbol{m} + \boldsymbol{V}\boldsymbol{y}_s, \boldsymbol{\Sigma})$，其中 $\boldsymbol{\Sigma}$ 为以 UBM 协方差矩阵为对角块的协方差矩阵。在此基础上，首先应用公式(7-79)对每个说话人所有的语音段求统计量。然后采用 EM 算法，估计说话人空间载荷矩阵，一般迭代 10 次左右即可收敛。在 E 步，需要计算说话人因子 $\boldsymbol{y}_s$ 在第 s 个说话人的全部语音段对应的均值超矢量 $\boldsymbol{M}_s$ 上的后验均值 $E[\boldsymbol{y}_s | \boldsymbol{M}_s]$ 与后验相关矩阵 $E[\boldsymbol{y}_s \boldsymbol{y}_s^{\mathrm{T}} | \boldsymbol{M}_s]$，$\boldsymbol{y}_s$ 的后验分布可以表示为

$$P(\boldsymbol{y}_s | \boldsymbol{M}_s) \propto P(\boldsymbol{M}_s | \boldsymbol{y}_s) P(\boldsymbol{y}_s)$$

$$\propto \exp\left\{-\frac{1}{2}(\boldsymbol{M}_s - \boldsymbol{m} - \boldsymbol{V}\boldsymbol{y}_s)^{\mathrm{T}}\boldsymbol{\Sigma}^{-1}(\boldsymbol{M}_s - \boldsymbol{m} - \boldsymbol{V}\boldsymbol{y}_s) - \frac{1}{2}\boldsymbol{y}_s^{\mathrm{T}}\boldsymbol{y}_s\right\}$$

$$= \exp\left\{\boldsymbol{y}_s^{\mathrm{T}}\boldsymbol{V}^{\mathrm{T}}\boldsymbol{\Sigma}^{-1}\boldsymbol{F}(s) - \frac{1}{2}\boldsymbol{y}_s^{\mathrm{T}}(\boldsymbol{I} + \boldsymbol{V}^{\mathrm{T}}\boldsymbol{\Sigma}^{-1}\boldsymbol{N}(s)\boldsymbol{V})\boldsymbol{y}_s\right\} \tag{7-81}$$

考虑对于任意高斯分布 $N(\boldsymbol{y}|\boldsymbol{\mu}_y,\boldsymbol{C}_y)$(其中 $\boldsymbol{\mu}_y$ 为均值,$\boldsymbol{C}_y$ 为协方差矩阵)均可以写成以下形式:

$$N(\boldsymbol{y}\mid\boldsymbol{\mu}_y,\boldsymbol{C}_y)\propto \exp\left\{-\frac{1}{2}(\boldsymbol{y}-\boldsymbol{\mu}_y)^{\mathrm{T}}\boldsymbol{C}_y^{-1}(\boldsymbol{y}-\boldsymbol{\mu}_y)\right\}$$

$$\propto \exp\left\{\boldsymbol{y}^{\mathrm{T}}\boldsymbol{C}_y^{-1}\boldsymbol{\mu}_y - \frac{1}{2}\boldsymbol{y}^{\mathrm{T}}\boldsymbol{C}_y^{-1}\boldsymbol{y}\right\} \tag{7-82}$$

令 $\boldsymbol{L}_s^{-1}$ 为式(7-81)中高斯分布的协方差矩阵,对比式(7-81)与式(7-82),可以将式(7-81)中的协方差矩阵 $\boldsymbol{L}_s^{-1}$ 和均值 $E[\boldsymbol{y}_s|\boldsymbol{M}_s]$ 用以下形式表示

$$\boldsymbol{L}_s = \boldsymbol{I} + \boldsymbol{V}^{\mathrm{T}}\boldsymbol{\Sigma}^{-1}\boldsymbol{N}(s)\boldsymbol{V} \tag{7-83}$$

$$E[\boldsymbol{y}_s\mid\boldsymbol{M}_s] = \boldsymbol{L}_s^{-1}\boldsymbol{V}^{\mathrm{T}}\boldsymbol{\Sigma}^{-1}\boldsymbol{F}(s) \tag{7-84}$$

由于协方差具有 $\mathrm{cov}[\boldsymbol{x}] = E[\boldsymbol{x}\boldsymbol{x}^{\mathrm{T}}] - E[\boldsymbol{x}]E[\boldsymbol{x}^{\mathrm{T}}]$ 的性质,因此相关矩阵 $E[\boldsymbol{y}_s\boldsymbol{y}_s^{\mathrm{T}}|\boldsymbol{M}_s]$ 写成以下形式:

$$E[\boldsymbol{y}_s\boldsymbol{y}_s^{\mathrm{T}}\mid\boldsymbol{M}_s] = \boldsymbol{L}_s^{-1} + E[\boldsymbol{y}_s\mid\boldsymbol{M}_s]E[\boldsymbol{y}_s^{\mathrm{T}}\mid\boldsymbol{M}_s] \tag{7-85}$$

以上为 E 步的推导过程,下面介绍 M 步的推导。在 M 步,定义更新后的说话人空间载荷矩阵为 $\bar{\boldsymbol{V}}$,构造辅助函数 $Q(\bar{\boldsymbol{V}}|\boldsymbol{V})$,即

$$Q(\bar{\boldsymbol{V}}\mid\boldsymbol{V}) = E_y\{\log P(\boldsymbol{M},\boldsymbol{Y}\mid\bar{\boldsymbol{V}})\mid\boldsymbol{M},\boldsymbol{V}\}$$

$$= E_y\left\{\sum_s \log[P(\boldsymbol{M}_s\mid\boldsymbol{y}_s,\boldsymbol{V})P(\boldsymbol{y}_s)]\mid\boldsymbol{M},\boldsymbol{V}\right\}$$

$$= E_y\left\{\sum_s \log[N(\boldsymbol{M}_s\mid\boldsymbol{m}+\bar{\boldsymbol{V}}\boldsymbol{y}_s,\boldsymbol{\Sigma})N(\theta_s\mid\boldsymbol{0},\boldsymbol{I})]\mid\boldsymbol{M},\boldsymbol{V}\right\} \tag{7-86}$$

为了简便起见,将符号"—"省略,并去掉等式中的常数项,式(7-86)可以简化为

$$Q(\boldsymbol{V}) = -\sum_s E_y\left\{\frac{1}{2}\log|\Sigma| + \frac{1}{2}(\boldsymbol{M}_s - \boldsymbol{m} - \boldsymbol{V}\boldsymbol{y}_s)^{\mathrm{T}}\boldsymbol{\Sigma}^{-1}(\boldsymbol{M}_s - \boldsymbol{m} - \boldsymbol{V}\boldsymbol{y}_s)\right\}$$

$$= \sum_{s,h}\left[-\frac{1}{2}\log|\boldsymbol{\Sigma}| - \frac{1}{2}(\boldsymbol{M}_s - \boldsymbol{m})^{\mathrm{T}}\boldsymbol{\Sigma}^{-1}(\boldsymbol{M}_s - \boldsymbol{m})\right]$$

$$+ \sum_s (\boldsymbol{M}_s - \boldsymbol{m})^{\mathrm{T}}\boldsymbol{\Sigma}^{-1}E[\boldsymbol{y}_s\mid\boldsymbol{M}_s] - \frac{1}{2}\left\{\sum_s E[\boldsymbol{y}_s^{\mathrm{T}}\boldsymbol{T}^{\mathrm{T}}\boldsymbol{\Sigma}^{-1}\boldsymbol{T}\boldsymbol{y}_s\mid\boldsymbol{M}_s]\right\} \tag{7-87}$$

对参数 $\boldsymbol{T}$ 求偏导并令其等于 0,则有

$$\frac{\partial Q}{\partial \boldsymbol{T}} = \sum_s \boldsymbol{\Sigma}^{-1}(\boldsymbol{M}_s - \boldsymbol{m})E[\boldsymbol{y}_s^{\mathrm{T}}\mid\boldsymbol{M}_s] - \sum_s \boldsymbol{\Sigma}^{-1}\boldsymbol{T}E[\boldsymbol{y}_s\boldsymbol{y}_s^{\mathrm{T}}\mid\boldsymbol{M}_s] = 0 \tag{7-88}$$

对式(7-88)化简,并用 Baum-Welch 统计量表示 $\boldsymbol{M}_s$ 和 $\boldsymbol{m}$,对于每一个高斯分量 $c=1,2,\cdots,C$ 和特征参数的每一维 $f=1,2,\cdots,F$,令 $i=(c-1)\times F+f$,$\boldsymbol{T}_i$ 表示 $\boldsymbol{T}$ 的第 i 行,可以得到 $\boldsymbol{T}_i$ 的更新公式

$$\boldsymbol{T}_i = \boldsymbol{\Omega}_i\boldsymbol{\Phi}_c^{-1} \tag{7-89}$$

其中,$\boldsymbol{\Omega}_i$ 表示 $\boldsymbol{\Omega}$ 的第 i 行,$\boldsymbol{\Omega}$ 与 $\boldsymbol{\Phi}_c$ 分别为中间统计量,其表达式为

$$\boldsymbol{\Omega} = \sum_s \widetilde{F}(s)E[\boldsymbol{y}_s^{\mathrm{T}}\mid\boldsymbol{M}] \tag{7-90}$$

$$\boldsymbol{\Phi}_c = \sum_s N_c(s)E[\boldsymbol{y}_s\boldsymbol{y}_s^{\mathrm{T}}\mid\boldsymbol{M}_s] \tag{7-91}$$

3. 估计信道空间载荷矩阵

估计信道空间载荷矩阵的方法与上述方法类似,区别主要体现在:估计 $\boldsymbol{V}$ 时是对说话人 s 所有的语音段求统计量,而估计 $\boldsymbol{U}$ 时需要对说话人的每段语音求统计量。在 E 步,仍然需要计算隐变量的后验协方差矩阵、后验均值以及后验相关矩阵

$$\boldsymbol{L}_{s,h} = \boldsymbol{I} + \boldsymbol{U}^{\mathrm{T}}\boldsymbol{\Sigma}^{-1}\boldsymbol{N}_h(s)\boldsymbol{U} \tag{7-92}$$

$$E[\boldsymbol{x}_{s,h} \mid \boldsymbol{M}_{s,h}] = \boldsymbol{L}_{s,h}^{-1}\boldsymbol{U}^{\mathrm{T}}\boldsymbol{\Sigma}^{-1}\boldsymbol{F}_h(s) \tag{7-93}$$

$$E[\boldsymbol{x}_{s,h}\boldsymbol{x}_{s,h}^{\mathrm{T}} \mid \boldsymbol{M}_{s,h}] = \boldsymbol{L}_{s,h}^{-1} + E[\boldsymbol{x}_{s,h} \mid \boldsymbol{M}_{s,h}]E[\boldsymbol{x}_{s,h}^{\mathrm{T}} \mid \boldsymbol{M}_{s,h}] \tag{7-94}$$

在 M 步,计算开发集数据的如下统计量:

$$\boldsymbol{\Omega} = \sum_{s,h} \widetilde{\boldsymbol{F}}_h(s)E[\boldsymbol{x}_{s,h}^{\mathrm{T}} \mid \boldsymbol{M}_{s,h}] \tag{7-95}$$

$$\boldsymbol{\Phi}_c = \sum_{s,h} N_{c,h}(s)E[\boldsymbol{x}_{s,h}\boldsymbol{x}_{s,h}^{\mathrm{T}} \mid \boldsymbol{M}_{s,h}] \tag{7-96}$$

其中,$\sum_{s,h}$ 是对 $\sum_{s=1}^{S}\sum_{h=1}^{H_s}$ 的简写。对于每一个高斯分量 $c=1,2,\cdots,C$ 和特征参数的每一维 $f=1,2,\cdots,F$,令 $i=(c-1)\times F+f$,$\boldsymbol{T}_i$ 表示 $\boldsymbol{T}$ 的第 i 行,$\boldsymbol{\Omega}_i$ 表示 $\boldsymbol{\Omega}$ 的第 i 行,则说话人总变化空间矩阵 $\boldsymbol{T}$ 的更新公式如下

$$\boldsymbol{T}_i = \boldsymbol{\Omega}_i\boldsymbol{\Phi}_c^{-1} \tag{7-97}$$

残差矩阵的估计方法与上述方法类似,本节将不再重复介绍。

4. 说话人识别

以上内容为 JFA 模型的训练过程,下面以说话人确认为例介绍其识别过程。目标说话人的均值超矢量 $\boldsymbol{M}_{\mathrm{target}}$ 可以写成以下形式

$$\boldsymbol{M}_{\mathrm{target}} = \boldsymbol{s}_{\mathrm{target}} + \boldsymbol{U}\boldsymbol{x}_{\mathrm{target}} \tag{7-98}$$

其中,$\boldsymbol{s}_{\mathrm{target}}$ 为目标说话人超矢量,用来表示目标说话人的身份,$\boldsymbol{x}_{\mathrm{target}}$ 为目标说话人语音段中的信道因子,可以通过式(7-93)求取。

对于测试语音 $O_{\mathrm{test}} = \{\boldsymbol{o}_1,\boldsymbol{o}_2,\cdots,\boldsymbol{o}_t,\cdots,\boldsymbol{o}_T\}$,首先计算其统计量为

$$N_c(\mathrm{test}) = \sum_{t=1}^{T} 1 \tag{7-99}$$

$$\boldsymbol{F}_c(\mathrm{test}) = \sum_{t=1}^{T} \boldsymbol{o}_t \tag{7-100}$$

$$\boldsymbol{S}_c(\mathrm{test}) = \mathrm{diag}\left(\sum_{t=1}^{T} \boldsymbol{o}_t\boldsymbol{o}_t^{\mathrm{T}}\right) \tag{7-101}$$

其中,$N_c(\mathrm{test})$、$\boldsymbol{F}_c(\mathrm{test})$ 和 $\boldsymbol{S}_c(\mathrm{test})$ 与式(7-74)、式(7-75)和式(7-76)不同,没有计算 $\gamma_t(c)$。设 $\boldsymbol{N}(\mathrm{test})$ 为 $CF\times CF$ 对角阵,其对角块为 $N_c(\mathrm{test})\boldsymbol{I}$;令 $\boldsymbol{F}(\mathrm{test})$ 为从 $\boldsymbol{F}_c(\mathrm{test})$ 拼接而成的 $CF\times 1$ 维超矢量;令 $\boldsymbol{S}(\mathrm{test})$ 为 $CF\times CF$ 对角阵,其对角块为 $\boldsymbol{S}_c(\mathrm{test})$。

计算 O_{test} 在 $\boldsymbol{s}_{\mathrm{target}}$ 条件下的一阶、二阶中心统计量

$$\hat{\boldsymbol{F}}(\mathrm{test}) = \boldsymbol{F}(\mathrm{test}) - \boldsymbol{N}(\mathrm{test})\boldsymbol{s}_{\mathrm{target}} \tag{7-102}$$

$$\hat{\boldsymbol{S}}(\mathrm{test}) = \boldsymbol{S}(\mathrm{test}) - 2\mathrm{diag}[\boldsymbol{F}(\mathrm{test})\boldsymbol{s}_{\mathrm{target}}^{\mathrm{T}}] + \mathrm{diag}[\boldsymbol{N}(\mathrm{test})\boldsymbol{s}_{\mathrm{target}}\boldsymbol{s}_{\mathrm{target}}^{\mathrm{T}}] \tag{7-103}$$

并且令 $\boldsymbol{L}_{\mathrm{test}} = \boldsymbol{I} + \boldsymbol{U}^{\mathrm{T}}\boldsymbol{\Sigma}^{-1}\boldsymbol{N}(\mathrm{test})\boldsymbol{U}$,$\boldsymbol{L}_{\mathrm{test}} = \boldsymbol{L}_{\mathrm{test}}^{\frac{1}{2}}(\boldsymbol{L}_{\mathrm{test}}^{\frac{1}{2}})^{\mathrm{T}}$。最终通过计算得到其在目标说话人超矢量上的对数后验概率,将其作为最终得分,即

$$\mathrm{score} = \log p(O_{\mathrm{test}} \mid \boldsymbol{s}_{\mathrm{target}})$$

$$= \log \int P(O_{\text{test}} \mid s_{\text{target}}, x_{\text{target}}) N(x_{\text{target}} \mid \boldsymbol{0}, \boldsymbol{I}) \, dx$$

$$= \sum_{c=1}^{C} N_c(\text{test}) \log \frac{1}{(2\pi)^{\frac{F}{2}} |\boldsymbol{\Sigma}_c|^{\frac{1}{2}}} - \frac{1}{2} \text{tr}[\boldsymbol{\Sigma}^{-1} \hat{\boldsymbol{S}}(\text{test})]$$

$$- \frac{1}{2} \log |\boldsymbol{L}_{\text{test}}| + \frac{1}{2} \parallel \boldsymbol{L}_{\text{test}}^{-\frac{1}{2}} \boldsymbol{U}^{\text{T}} \boldsymbol{\Sigma}^{-1} \hat{\boldsymbol{F}}(\text{test}) \parallel^2 \qquad (7\text{-}104)$$

上述过程需要通过目标说话人的超矢量 s_{target} 来对测试语音做中心化处理,容易产生混淆。经过改进后,Glembek 给出了一种简化的线性得分公式,只需分别对目标语音和测试语音求相关的隐变量和统计量即可,则有

$$\text{score}_{\text{lin}} = (\boldsymbol{V} y_{\text{target}} + \boldsymbol{D} z_{\text{target}})^{\text{T}} \boldsymbol{\Sigma}^{-1} [\widetilde{F}(\text{test}) - \boldsymbol{N}(\text{test}) \boldsymbol{m} - \boldsymbol{N}(\text{test}) \boldsymbol{U} x_{\text{target}}] \qquad (7\text{-}105)$$

其中,y_{target} 和 z_{target} 为目标说话人的说话人因子和残差因子; $\widetilde{F}(\text{test})$ 和 $\boldsymbol{N}(\text{test})$ 为 7.4.4 节中介绍的统计量。

7.5 基于 i-vector 的说话人识别

近年来,基于 GMM-UBM 的说话人识别方法已成为本领域标准的基线方法。在前面介绍的 JFA 建模过程中,主要涉及两个不同的空间:由说话人空间载荷矩阵定义的说话人空间,以及由信道载荷矩阵定义的信道空间。由于使用 JFA 建模后,信道因子中不仅包含了信道信息,还难免夹杂着一些说话人信息。因此,独立处理说话人空间和信道空间并不十分合理。受 JFA 理论的启发,Dehak 等提出了基于因子分析的相应方法,其采用一个空间来代替上述两个空间,并定义这个新空间为总变化空间(total variability space,TVS)。它既包含了说话人之间的差异,也包含了信道之间的差异。进一步地,定义在总变化空间中的说话人因子为 i-vector,这里的 i 是身份(identity)的意思,相当于说话人的身份标识。由于 i-vector 框架在建模过程中,不严格区分说话人信息与信道信息对说话人身份的影响,因此在提取出 i-vector 特征后,还需要对 i-vector 进行信道补偿处理,以去除信道信息对 i-vector 的影响。

本节将介绍两种 i-vector 框架下的说话人识别方法,分别为基于 GMM-UBM 与基于 DNN(深度神经网络)的 i-vector 说话人识别。

7.5.1 基于 GMM-UBM 的 i-vector 说话人识别

在基于 GMM-UBM 的 i-vector 说话人识别中,对于每一段语音的 GMM 均值超矢量可以表示为如下形式

$$\boldsymbol{M} = \boldsymbol{m} + \boldsymbol{T} w \qquad (7\text{-}106)$$

其中,$\boldsymbol{M}$ 为式(7-39)中定义的 GMM 均值超矢量,服从高斯分布 $N(\boldsymbol{m}, \boldsymbol{T} \boldsymbol{T}^{\text{T}})$; $\boldsymbol{m}$ 为 UBM 均值超矢量; $\boldsymbol{T}$ 为低秩的总变化空间矩阵,其维度为 $CF \times R$; w 为 i-vector,它是一个 $R \times 1$($400 \leqslant R \leqslant 600$)维的矢量,服从高斯分布 $N(\boldsymbol{0}, \boldsymbol{I})$。尽管在因子分析方法中也存在着残差空间,但由于残差很小可将其忽略,因此它没有在式(7-106)中体现出来。

本节将针对基于 GMM-UBM 的 i-vector 说话人识别的训练与测试过程,分别从总变化空间估计、i-vector 提取及后续的信道补偿技术、说话人匹配等方面进行详细介绍。

1. 总变化空间估计

总变化空间矩阵 T 的估计过程与 7.4.4 节估计 JFA 模型中说话人空间矩阵的过程类似。不同点在于：在说话人空间矩阵的估计过程中，给定说话人的所有语音段都属于这个说话人，而在总变化空间矩阵的估计过程中，不需要知道每段语音属于哪个说话人。在总变化空间的估计过程中，仍然需要计算 Baum-Welch 统计量，然后采用 EM 算法估计总变化空间矩阵 T。由于因子分析方法的估计过程与 JFA 基本一致，因此本节只介绍因子分析方法中的关键步骤，详细推导过程参见 7.4.4 节。在 E 步，需要估计说话人因子(隐变量)w 的后验分布，与 JFA 中估计说话人空间的方法类似，语音段 s(不需要区分语音段 s 属于哪一个说话人)的 i-vector 的后验协方差矩阵、后验均值与后验相关矩阵可以写成期望的形式

$$L_s = I + T^{\mathrm{T}} \boldsymbol{\Sigma}^{-1} N(s) T \tag{7-107}$$

$$E[w_s \mid M_s] = L_s^{-1} T^{\mathrm{T}} \boldsymbol{\Sigma}^{-1} \widetilde{F}(s) \tag{7-108}$$

$$E[w_s w_s^{\mathrm{T}} \mid M_s] = E[w_s \mid M_s] E[w_s^{\mathrm{T}} \mid M_s] + L_s^{-1} \tag{7-109}$$

其中，L_s、$E[w_s \mid M_s]$ 和 $E[w_s w_s^{\mathrm{T}} \mid M_s]$ 分别为语音段 s 的后验协方差矩阵、后验均值和后验相关矩阵。

在 M 步，计算开发集数据的如下统计量：

$$\boldsymbol{\Omega} = \sum_s \widetilde{F}(s) E[w_s^{\mathrm{T}} \mid M_s] \tag{7-110}$$

$$\boldsymbol{\Phi}_c = \sum_s N_c(s) E[w_s w_s^{\mathrm{T}} \mid M_s] \tag{7-111}$$

同样地，对于每一个高斯分量 $c = 1, 2, \cdots, C$ 和特征参数的每一维 $f = 1, 2, \cdots, F$，令 $i = (c-1) \times F + f$，T_i 表示 T 的第 i 行，$\boldsymbol{\Omega}_i$ 表示 $\boldsymbol{\Omega}$ 的第 i 行，则说话人总变化空间矩阵 T 的更新公式如下：

$$T_i = \boldsymbol{\Omega}_i \boldsymbol{\Phi}_c^{-1} \tag{7-112}$$

2. i-vector 提取

在总变化空间矩阵 T 估计完毕后，就可以估计目标说话人与测试说话人的 i-vector，即式(7-108)中 w 的后验期望，其估计过程仍然需要首先计算 Baum-Welch 统计量，然后代入式(7-108)即可。

3. 信道补偿技术

在上述总变化空间估计以及 i-vector 提取的过程中，均同时包含了说话人信息与信道信息，因此需要对上述提取出的初始 i-vector 进行信道补偿。目前的信道补偿技术包括线性判别分析(linear discriminant analysis，LDA)、类内协方差规整(within-class covariance normalization，WCCN)以及扰动属性投影等，其中扰动属性投影已经在 7.4.3 节中进行过介绍，本节将重点介绍线性判别分析与类内协方差规整。

(1) 线性判别分析。线性判别分析是模式识别领域中一种常用的降维技术。它通过寻找最能区分各类数据的方向，来使得新的特征更具有区分性。当 LDA 应用于说话人识别时，同一说话人的所有语音段代表一类，通过找出一个新的方向，能够最小化由信道效应产生的方差，同时最大化说话人特征之间的方差，使得变换后的特征减少信道信息(共性特征)、增加说话人信息(特性特征)。这一新方向必须满足最大化类间方差(between-class variance)和最小化类内方差(within-class variance)，LDA 的分类准则为

$$J = \max\left(\frac{\boldsymbol{a}^\mathrm{T} \boldsymbol{S}_b \boldsymbol{a}}{\boldsymbol{a}^\mathrm{T} \boldsymbol{S}_w \boldsymbol{a}}\right) \qquad (7\text{-}113)$$

其中，$\boldsymbol{S}_b$ 和 $\boldsymbol{S}_w$ 分别为类间散度矩阵和类内散度矩阵。

式(7-113)通常称为在方向 $\boldsymbol{a}$ 上的 Rayleigh 系数。它反映了在方向 $\boldsymbol{a}$ 上 $\boldsymbol{S}_b$ 和 $\boldsymbol{S}_w$ 的信息比总和。$\boldsymbol{S}_b$ 和 $\boldsymbol{S}_w$ 形式分别如下

$$\boldsymbol{S}_b = \sum_{s=1}^{S} (\bar{\boldsymbol{w}}_s - \bar{\boldsymbol{w}})(\bar{\boldsymbol{w}}_s - \bar{\boldsymbol{w}})^\mathrm{T} \qquad (7\text{-}114)$$

$$\boldsymbol{S}_w = \sum_{s=1}^{S} \frac{1}{n_s} \sum_{h=1}^{n_s} (\boldsymbol{w}_{s,h} - \bar{\boldsymbol{w}}_s)(\boldsymbol{w}_{s,h} - \bar{\boldsymbol{w}}_s)^\mathrm{T} \qquad (7\text{-}115)$$

其中，S 是说话人的个数；$\bar{\boldsymbol{w}}_s$ 是说话人 s 的全部 i-vector 的均值；$\bar{\boldsymbol{w}}$ 是全部说话人 i-vector 的均值；n_s 是说话人 s 对应的语音段个数；$\boldsymbol{w}_{s,h}$ 是说话人 s 的第 h 段语音的 i-vector。

LDA 的目的是最大化 Rayleigh 系数，它可以转化为求一个投影矩阵 $\boldsymbol{A}$。这个矩阵由如下特征值(从大到小排列)所对应的特征向量 $\boldsymbol{a}$ 组成

$$\boldsymbol{S}_b \boldsymbol{a} = \lambda \boldsymbol{S}_w \boldsymbol{a} \qquad (7\text{-}116)$$

其中，λ 为特征值。

因此，经过 LDA 降维后得到的 i-vector 可以表示为

$$\phi(\boldsymbol{w}) = \boldsymbol{A}^\mathrm{T} \boldsymbol{w} \qquad (7\text{-}117)$$

(2) 类内协方差规整。类内协方差规整是一种应用于 SVM 核空间的特征规整方法。它首先从通用的核函数形式 $K(\boldsymbol{w}_1, \boldsymbol{w}_2) = \boldsymbol{w}_1^\mathrm{T} \boldsymbol{R} \boldsymbol{w}_2$ ($\boldsymbol{R}$ 为对称的半正定矩阵)中，构造一系列在给定得分阈值内的虚警率和漏检率的上限函数。理论和实验结果都验证了当 $\boldsymbol{R} = \boldsymbol{W}^{-1}$ 时，分类错误的上限达到最小值，其中 $\boldsymbol{W}$ 是由所有冒认者计算得到的类内协方差矩阵，表示为

$$\boldsymbol{W} = \frac{1}{S_o} \sum_{s=1}^{S_o} \frac{1}{n_s} \sum_{h=1}^{n_s} (\boldsymbol{w}_{s,h} - \bar{\boldsymbol{w}}_s)(\boldsymbol{w}_{s,h} - \bar{\boldsymbol{w}}_s)^\mathrm{T} \qquad (7\text{-}118)$$

其中，S_o 是集外说话人的个数；n_s 是集外说话人 s 对应的语音段个数；$\bar{\boldsymbol{w}}_s$ 是集外说话人 s 的全部 i-vector 的均值；$\boldsymbol{w}_{s,h}$ 是集外说话人 s 的第 h 段语音的 i-vector。

根据集外说话人的 i-vector 求出矩阵 $\boldsymbol{W}$ 后，SVM 线性核中的 $\boldsymbol{R}$ 可以通过在特征域进行特征映射变换来求取，特征映射函数定义为

$$\phi(\boldsymbol{w}) = \boldsymbol{B}^\mathrm{T} \boldsymbol{w} \qquad (7\text{-}119)$$

式(7-119)即为经过类内协方差规整后的 i-vector，其中 $\boldsymbol{B}$ 为 $\boldsymbol{W}^{-1}$ 的乔列斯基分解(Cholesky decomposition)，即 $\boldsymbol{W}^{-1} = \boldsymbol{B} \boldsymbol{B}^\mathrm{T}$。

在说话人识别系统中，可以单独采用上述两种信道补偿技术中的某一种来对信道进行补偿，也可以对初始 i-vector 先进行 LDA 降维，再对降维后的 i-vector 采用 WCCN 技术进一步处理。

4. 说话人匹配

本节将重点介绍说话人确认中的匹配方法。目前主要有两种方法：一种是基于余弦距离得分的方法，其优点是快速；另一种是基于概率线性判别分析(probabilistic linear discriminant analysis, PLDA)的方法，其优点是能够极大地提高 i-vector 代表说话人的能力。下面将介绍以上两种方法。

（1）基于余弦距离得分的说话人匹配。该类方法是在 i-vector 说话人确认的测试阶段，将目标说话人与测试说话人的 i-vector（该 i-vector 已经过信道补偿）的余弦距离作为得分。设目标说话人与测试说话人的 i-vector 分别为 ϕ_{target} 和 ϕ_{test}，则余弦距离得分的形式如下：

$$\text{score}(\phi_{\text{target}},\phi_{\text{test}}) = \frac{\langle \phi_{\text{target}},\phi_{\text{test}} \rangle}{\| \phi_{\text{target}} \| \ \| \phi_{\text{test}} \|} \tag{7-120}$$

（2）基于概率线性判别分析的说话人匹配。PLDA 作为 i-vector/PLDA 框架下的分类器，已被证明能够极大地提高 i-vector 代表说话人的能力。PLDA 不仅具有分类的功能，还能够在低维子空间上对说话人因子和信道因子分别进行描述，从而改进说话人确认系统的性能。一方面，PLDA 作为线性判别分析的概率版本，继承了 LDA 的区分性能力；另一方面，PLDA 作为产生式模型，对说话人变量定义了先验分布，能够在语音数据有限的条件下对说话人建模，这在数据不充足的情况下具有极大的优势。在跨信道说话人确认领域中，PLDA 已经成为表现最优异的方法之一。

设说话人 s 的 i-vector 集为 $\Phi_s = \{\phi_{s,h}; s=1,2,\cdots,S; h=1,2,\cdots,H_s\}$，其中 $\phi_{s,h}$ 为第 s 个说话人的第 h 个语音段所对应的 i-vector，将其作为输入数据，PLDA 模型可以表示为

$$\begin{aligned}
\phi_{s,h} &= \mu + Fh_s + Vy_{s,h} + \varepsilon_{s,h} \\
&= \mu + \begin{bmatrix} F & V \end{bmatrix} \begin{bmatrix} h_s \\ y_{s,h} \end{bmatrix} + \varepsilon_{s,h} \\
&= \mu + \Lambda\theta_s + \varepsilon_{s,h}
\end{aligned} \tag{7-121}$$

由式（7-121）可以看出，这个模型的形式与 JFA 类似，但模型的估计过程存在着一定的差异。它可以看作两个部分：第一行等号右边前两项 μ 和 Fh_s 只与说话人有关，而与说话人的具体某一条语音无关，它描述了说话人的类间差异，其中 μ 为所有 i-vector 的均值，F 为类间负荷矩阵，h_s 为说话人因子；后两项 $Vy_{s,h}$ 和 $\varepsilon_{s,h}$ 描述了同一说话人的不同语音段之间的差异，其中 V 为类内负荷矩阵，$y_{s,h}$ 为会话因子，$\varepsilon_{s,h}$ 为残差噪声。经过进一步的合并之后，可以表示为式（7-121）中第三个等式的形式。可以看出，对于说话人 s，无论其不同会话对应的 $\phi_{s,h}$ 如何取值，该说话人所对应的说话人因子 θ_s 均唯一，因此，通过以上形式来表示同一说话人的不同语音段的整体分布情况，其中 $\phi_{s,h},\mu,\varepsilon_{s,h} \in R^D$，$\Lambda \in R^{D \times N}$（在 PLDA 模型中，一般取 $D=N$），$\theta_s \in R^N$，与因子分析相同，仍假设 θ_s 服从高斯分布 $N(0,I)$，$\varepsilon_{s,h}$ 服从高斯分布 $N(0,\Sigma)$，定义参数集为 $\omega = \{\mu,\Lambda,\Sigma\}$。

PLDA 模型参数的估计方法与因子分析类似，仍然采用 EM 算法。不同点在于 PLDA 的模型估计中引入了说话人标签，通过同一说话人的不同语音段共同估计该说话人的后验分布情况。在 E 步，需要计算说话人因子 θ_s 在第 s 个说话人的全部 i-vector 集合 Φ_s 上的后验均值 $E[\theta_s|\Phi_s]$ 与后验相关矩阵 $E[\theta_s\theta_s^{\mathrm{T}}|\Phi_s]$，$\theta_s$ 的后验分布可以表示为

$$\begin{aligned}
P(\theta_s \mid \Phi_s,\omega) &= P(\theta_s \mid \phi_{s,1},\cdots,\phi_{s,H_s},\omega) \\
&\propto \prod_{h=1}^{H_s} P(\phi_{s,h} \mid \theta_s,\omega) P(\theta_s) \\
&\propto \exp\left\{ -\frac{1}{2} \sum_{h=1}^{H_s} (\phi_{s,h} - \mu - \Lambda\theta_s)^{\mathrm{T}} \Sigma^{-1} (\phi_{s,h} - \mu - \Lambda\theta_s) - \frac{1}{2} \theta_s^{\mathrm{T}} \theta_s \right\}
\end{aligned}$$

$$= \exp\left\{ \boldsymbol{\theta}_s^{\mathrm{T}} \boldsymbol{\Lambda}^{\mathrm{T}} \sum_{h=1}^{H_s} \boldsymbol{\Sigma}^{-1} (\boldsymbol{\phi}_{s,h} - \boldsymbol{\mu}) - \frac{1}{2} \boldsymbol{\theta}_s^{\mathrm{T}} \left(\boldsymbol{I} + \sum_{h=1}^{H_s} \boldsymbol{\Lambda}^{\mathrm{T}} \boldsymbol{\Sigma}^{-1} \boldsymbol{\Lambda} \right) \boldsymbol{\theta}_s \right\} \tag{7-122}$$

对于任意高斯分布 $N(\boldsymbol{\theta} \mid \boldsymbol{\mu}_\theta, \boldsymbol{\Sigma}_\theta)$(其中 $\boldsymbol{\mu}_\theta$ 为均值,$\boldsymbol{\Sigma}_\theta$ 为协方差矩阵),均可以写成以下形式:

$$N(\boldsymbol{\theta} \mid \boldsymbol{\mu}_\theta, \boldsymbol{\Sigma}_\theta) \propto \exp\left\{ -\frac{1}{2} (\boldsymbol{\theta} - \boldsymbol{\mu}_\theta)^{\mathrm{T}} \boldsymbol{\Sigma}_\theta^{-1} (\boldsymbol{\theta} - \boldsymbol{\mu}_\theta) \right\}$$

$$\propto \exp\left\{ \boldsymbol{\theta}^{\mathrm{T}} \boldsymbol{\Sigma}_\theta^{-1} \boldsymbol{\mu}_\theta - \frac{1}{2} \boldsymbol{\theta}^{\mathrm{T}} \boldsymbol{\Sigma}_\theta^{-1} \boldsymbol{\theta} \right\} \tag{7-123}$$

参考式(7-83)可以得出协方差矩阵 $\boldsymbol{L}_s^{-1}$、均值 $E[\boldsymbol{\theta}_s \mid \Phi_s]$ 以及相关矩阵 $E[\boldsymbol{\theta}_s \boldsymbol{\theta}_s^{\mathrm{T}} \mid \Phi_s]$ 的表达形式

$$\boldsymbol{L}_s = \boldsymbol{I} + \sum_{h=1}^{H_s} \boldsymbol{\Lambda}^{\mathrm{T}} \boldsymbol{\Sigma}^{-1} \boldsymbol{\Lambda} \tag{7-124}$$

$$E[\boldsymbol{\theta}_s \mid \Phi_s] = \boldsymbol{L}_s^{-1} \boldsymbol{\Lambda}^{\mathrm{T}} \sum_{h=1}^{H_s} \boldsymbol{\Sigma}^{-1} (\boldsymbol{\phi}_{s,h} - \boldsymbol{\mu}) \tag{7-125}$$

$$E[\boldsymbol{\theta} \boldsymbol{\theta}_s^{\mathrm{T}} \mid \Phi_s] = \boldsymbol{L}_s^{-1} + E[\boldsymbol{\theta}_s \mid \Phi_s] E[\boldsymbol{\theta}_s^{\mathrm{T}} \mid \Phi_s] \tag{7-126}$$

至此,E 步完成,下面进行 M 步的推导。在 M 步,定义更新后的参数集为 $\bar{\omega} = \{\bar{\boldsymbol{\mu}}, \bar{\boldsymbol{\Lambda}}, \bar{\boldsymbol{\Sigma}}\}$,定义辅助函数 $Q(\bar{\omega} \mid \omega)$ 为

$$Q(\bar{\omega} \mid \omega) = E_\theta \{ \log P(\Phi, \Theta \mid \bar{\omega}) \mid \Phi, \omega \}$$

$$= E_\theta \left\{ \sum_{s,h} \log [P(\boldsymbol{\phi}_{s,h} \mid \boldsymbol{\theta}_s, \bar{\omega}) P(\boldsymbol{\theta}_s)] \mid \Phi, \omega \right\}$$

$$= E_\theta \left\{ \sum_{s,h} \log [N(\boldsymbol{\phi}_{s,h} \mid \bar{\boldsymbol{\mu}} + \bar{\boldsymbol{\Lambda}} \boldsymbol{\theta}_s, \bar{\boldsymbol{\Sigma}}) N(\boldsymbol{\theta}_s \mid \boldsymbol{0}, \boldsymbol{I})] \mid \Phi, \omega \right\} \tag{7-127}$$

其中,Φ 为全部 i-vector 的集合;Θ 为全部说话人因子的集合。为了简便起见,将符号"—"省略,并去掉等式中的常数项,式(7-127)可以简化为

$$Q(\omega) = - \sum_{s,h} E_\theta \left\{ \frac{1}{2} \log |\boldsymbol{\Sigma}| + \frac{1}{2} (\boldsymbol{\phi}_{s,h} - \boldsymbol{\mu} - \boldsymbol{\Lambda} \boldsymbol{\theta}_s)^{\mathrm{T}} \boldsymbol{\Sigma}^{-1} (\boldsymbol{\phi}_{s,h} - \boldsymbol{\mu} - \boldsymbol{\Lambda} \boldsymbol{\theta}_s) \right\}$$

$$= \sum_{s,h} \left[-\frac{1}{2} \log |\boldsymbol{\Sigma}| - \frac{1}{2} (\boldsymbol{\phi}_{s,h} - \boldsymbol{\mu})^{\mathrm{T}} \boldsymbol{\Sigma}^{-1} (\boldsymbol{\phi}_{s,h} - \boldsymbol{\mu}) \right]$$

$$+ \sum_{s,h} (\boldsymbol{\phi}_{s,h} - \boldsymbol{\mu})^{\mathrm{T}} \boldsymbol{\Sigma}^{-1} E[\boldsymbol{\theta}_s \mid \Phi_s] - \frac{1}{2} \left\{ \sum_{s,h} E[\boldsymbol{\theta}_s^{\mathrm{T}} \boldsymbol{\Lambda}^{\mathrm{T}} \boldsymbol{\Sigma}^{-1} \boldsymbol{\Lambda} \boldsymbol{\theta}_s \mid \Phi_s] \right\} \tag{7-128}$$

分别对参数 $\boldsymbol{\Lambda}$、$\boldsymbol{\Sigma}^{-1}$ 和 $\boldsymbol{\mu}$ 求偏导并令其等于 0

$$\frac{\partial Q}{\partial \boldsymbol{\Lambda}} = \sum_{s,h} \boldsymbol{\Sigma}^{-1} (\boldsymbol{\phi}_{s,h} - \boldsymbol{\mu}) E[\boldsymbol{\theta}_s^{\mathrm{T}} \mid \Phi_s] - \sum_{s,h} \boldsymbol{\Sigma}^{-1} \boldsymbol{\Lambda} E[\boldsymbol{\theta} \boldsymbol{\theta}_s^{\mathrm{T}} \mid \Phi_s] = 0 \tag{7-129}$$

$$\frac{\partial Q}{\partial \boldsymbol{\Sigma}^{-1}} = \frac{1}{2} \sum_{s,h} [\boldsymbol{\Sigma} - (\boldsymbol{\phi}_{s,h} - \boldsymbol{\mu})(\boldsymbol{\phi}_{s,h} - \boldsymbol{\mu})^{\mathrm{T}}]$$

$$+ \sum_{s,h} (\boldsymbol{\phi}_{s,h} - \boldsymbol{\mu}) E[\boldsymbol{\theta}_s^{\mathrm{T}} \mid \Phi_s] \boldsymbol{\Lambda}^{\mathrm{T}} - \frac{1}{2} \sum_{s,h} \boldsymbol{\Lambda} E[\boldsymbol{\theta} \boldsymbol{\theta}_s^{\mathrm{T}} \mid \Phi_s] \boldsymbol{\Lambda}^{\mathrm{T}} = 0 \tag{7-130}$$

$$\frac{\partial Q}{\partial \boldsymbol{\mu}} = - \sum_{s,h} (\boldsymbol{\Sigma}^{-1} \boldsymbol{\mu} - \boldsymbol{\Sigma}^{-1} \boldsymbol{\phi}_{s,h}) + \sum_{s,h} \boldsymbol{\Lambda} E[\boldsymbol{\theta}_s \mid \Phi_s] = 0 \tag{7-131}$$

对上面式子化简,可以得到 $\boldsymbol{\Lambda}$、$\boldsymbol{\Sigma}$ 和 $\boldsymbol{\mu}$ 的更新公式为

$$\boldsymbol{\Lambda} = \left\{ \sum_{s,h} (\boldsymbol{\phi}_{s,h} - \boldsymbol{\mu}) E[\boldsymbol{\theta}_s^{\mathrm{T}} \mid \Phi_s] \right\} \left\{ \sum_{s,h} E[\boldsymbol{\theta}_s \boldsymbol{\theta}_s^{\mathrm{T}} \mid \Phi_s] \right\}^{-1} \tag{7-132}$$

$$\Sigma = \frac{1}{\sum_{s,h} 1} \sum_{s,h} \left\{ (\boldsymbol{\phi}_{s,h} - \boldsymbol{\mu})(\boldsymbol{\phi}_{s,h} - \boldsymbol{\mu})^{\mathrm{T}} - \boldsymbol{\Lambda} E[\boldsymbol{\theta}_s \mid \boldsymbol{\Phi}_s](\boldsymbol{\phi}_{s,h} - \boldsymbol{\mu})^{\mathrm{T}} \right\} \quad (7\text{-}133)$$

$$\boldsymbol{\mu} = \frac{\sum_{s=1}^{S} \sum_{h=1}^{H_s} \boldsymbol{\phi}_{s,h}}{\sum_{s=1}^{S} \sum_{h=1}^{H_s} 1} \quad (7\text{-}134)$$

综上所述,用 EM 算法估计 PLDA 模型参数的算法如图 7-7 所示。

输入:经信道补偿后的 i-vector:$\boldsymbol{\phi}_{s,h}$;说话人标签:s。
输出:模型参数为 $\boldsymbol{\omega} = \{\boldsymbol{\mu}, \boldsymbol{\Lambda}, \boldsymbol{\Sigma}\}$。
(1) 初始化参数 $\boldsymbol{\Lambda}$ 和 $\boldsymbol{\Sigma}$。
(2) 用式(7-134)计算均值 $\boldsymbol{\mu}$。
(3) 使用 EM 算法估计参数。
(4) E 步:用式(7-124)、式(7-125)和式(7-126)计算协方差矩阵 $\boldsymbol{L}_s^{-1}$、均值 $E[\boldsymbol{\theta}_s \mid \boldsymbol{\Phi}_s]$ 以及相关矩阵 $E[\boldsymbol{\theta}_s \boldsymbol{\theta}_s^{\mathrm{T}} \mid \boldsymbol{\Phi}_s]$。
(5) M 步:用式(7-132)和式(7-133)计算模型参数 $\boldsymbol{\Lambda}$ 和 $\boldsymbol{\Sigma}$。
(6) 若未收敛,返回步骤(3),否则结束。

图 7-7 PLDA 模型参数的估计算法

下面介绍如何应用 PLDA 模型进行说话人确认的匹配。设经过信道补偿的目标说话人与测试说话人的 i-vector 分别为 $\boldsymbol{\phi}_{\text{target}}$ 和 $\boldsymbol{\phi}_{\text{test}}$,与 7.2.1 节中介绍的匹配方法类似,将目标测试与非目标测试的后验概率之比作为得分,即

$$\begin{aligned}
\text{score} &= \frac{\Pr(H_0)}{\Pr(H_1)} = \frac{P(\boldsymbol{\phi}_{\text{target}}, \boldsymbol{\phi}_{\text{test}} \mid \text{same} - \text{speaker})}{P(\boldsymbol{\phi}_{\text{target}}, \boldsymbol{\phi}_{\text{test}} \mid \text{different} - \text{speaker})} \\
&= \frac{\int P(\boldsymbol{\phi}_{\text{target}}, \boldsymbol{\phi}_{\text{test}}, \boldsymbol{\theta} \mid \boldsymbol{\omega}) \mathrm{d}\boldsymbol{\theta}}{\int P(\boldsymbol{\phi}_{\text{target}}, \boldsymbol{\theta}_{\text{target}} \mid \boldsymbol{\omega}) \mathrm{d}\boldsymbol{\theta}_{\text{target}} \int P(\boldsymbol{\phi}_{\text{test}}, \boldsymbol{\theta}_{\text{test}} \mid \boldsymbol{\omega}) \mathrm{d}\boldsymbol{\theta}_{\text{test}}} \\
&= \frac{N([\boldsymbol{\phi}_{\text{target}}^{\mathrm{T}} \quad \boldsymbol{\phi}_{\text{test}}^{\mathrm{T}}]^{\mathrm{T}} \mid \hat{\boldsymbol{\mu}}, \hat{\boldsymbol{\Psi}})}{N([\boldsymbol{\phi}_{\text{target}}^{\mathrm{T}} \quad \boldsymbol{\phi}_{\text{test}}^{\mathrm{T}}]^{\mathrm{T}} \mid \text{diag}(\boldsymbol{\Psi}, \boldsymbol{\Psi}))}
\end{aligned} \quad (7\text{-}135)$$

其中,$\hat{\boldsymbol{\mu}} = [\boldsymbol{\mu}^{\mathrm{T}} \quad \boldsymbol{\mu}^{\mathrm{T}}]^{\mathrm{T}}$,$\hat{\boldsymbol{\Psi}} = \hat{\boldsymbol{\Lambda}}\hat{\boldsymbol{\Lambda}}^{\mathrm{T}} + \hat{\boldsymbol{\Sigma}}$,$\hat{\boldsymbol{\Lambda}} = [\boldsymbol{\Lambda}^{\mathrm{T}} \quad \boldsymbol{\Lambda}^{\mathrm{T}}]^{\mathrm{T}}$,$\hat{\boldsymbol{\Sigma}} = \text{diag}(\boldsymbol{\Sigma}, \boldsymbol{\Sigma})$,$\boldsymbol{\Psi} = \boldsymbol{\Lambda}\boldsymbol{\Lambda}^{\mathrm{T}} + \boldsymbol{\Sigma}$。

由于式(7-135)中的分子与分母均服从高斯分布,对其取 log 后可以化简为

$$\begin{aligned}
\text{score}_{\log} = &\log N\left(\begin{bmatrix} \boldsymbol{\phi}_{\text{target}} \\ \boldsymbol{\phi}_{\text{test}} \end{bmatrix} \middle| \begin{bmatrix} \boldsymbol{\mu} \\ \boldsymbol{\mu} \end{bmatrix}, \begin{bmatrix} \boldsymbol{\Sigma}_{tot} & \boldsymbol{\Sigma}_{ac} \\ \boldsymbol{\Sigma}_{ac} & \boldsymbol{\Sigma}_{tot} \end{bmatrix}\right) \\
&- \log N\left(\begin{bmatrix} \boldsymbol{\phi}_{\text{target}} \\ \boldsymbol{\phi}_{\text{test}} \end{bmatrix} \middle| \begin{bmatrix} \boldsymbol{\mu} \\ \boldsymbol{\mu} \end{bmatrix}, \begin{bmatrix} \boldsymbol{\Sigma}_{tot} & \boldsymbol{0} \\ \boldsymbol{0} & \boldsymbol{\Sigma}_{tot} \end{bmatrix}\right)
\end{aligned} \quad (7\text{-}136)$$

其中,$\boldsymbol{\Sigma}_{tot} = \boldsymbol{\Lambda}\boldsymbol{\Lambda}^{\mathrm{T}} + \boldsymbol{\Sigma}$,$\boldsymbol{\Sigma}_{ac} = \boldsymbol{\Lambda}\boldsymbol{\Lambda}^{\mathrm{T}}$。

由于 $\boldsymbol{\mu}$ 为均值,可以理解为全局的偏移,因此可以对全部 i-vector 进行去均值处理,从而令 $\boldsymbol{\mu} = \boldsymbol{0}$,进而式(7-136)可以化简为

$$\begin{aligned}
\text{score}_{\log} = &-\frac{1}{2} \begin{bmatrix} \boldsymbol{\phi}_{\text{target}} \\ \boldsymbol{\phi}_{\text{test}} \end{bmatrix}^{\mathrm{T}} \begin{bmatrix} \boldsymbol{\Sigma}_{tot} & \boldsymbol{\Sigma}_{ac} \\ \boldsymbol{\Sigma}_{ac} & \boldsymbol{\Sigma}_{tot} \end{bmatrix}^{-1} \begin{bmatrix} \boldsymbol{\phi}_{\text{target}} \\ \boldsymbol{\phi}_{\text{test}} \end{bmatrix} + \frac{1}{2} \begin{bmatrix} \boldsymbol{\phi}_{\text{target}} \\ \boldsymbol{\phi}_{\text{test}} \end{bmatrix}^{\mathrm{T}} \begin{bmatrix} \boldsymbol{\Sigma}_{tot} & \boldsymbol{0} \\ \boldsymbol{0} & \boldsymbol{\Sigma}_{tot} \end{bmatrix}^{-1} \begin{bmatrix} \boldsymbol{\phi}_{\text{target}} \\ \boldsymbol{\phi}_{\text{test}} \end{bmatrix} + \text{const} \\
= &-\frac{1}{2} \begin{bmatrix} \boldsymbol{\phi}_{\text{target}} \\ \boldsymbol{\phi}_{\text{test}} \end{bmatrix}^{\mathrm{T}} \begin{bmatrix} (\boldsymbol{\Sigma}_{tot} - \boldsymbol{\Sigma}_{ac}\boldsymbol{\Sigma}_{tot}^{-1}\boldsymbol{\Sigma}_{ac})^{-1} & -\boldsymbol{\Sigma}_{tot}^{-1}\boldsymbol{\Sigma}_{ac}(\boldsymbol{\Sigma}_{tot} - \boldsymbol{\Sigma}_{ac}\boldsymbol{\Sigma}_{tot}^{-1}\boldsymbol{\Sigma}_{ac})^{-1} \\ -(\boldsymbol{\Sigma}_{tot} - \boldsymbol{\Sigma}_{ac}\boldsymbol{\Sigma}_{tot}^{-1}\boldsymbol{\Sigma}_{ac})^{-1}\boldsymbol{\Sigma}_{ac}\boldsymbol{\Sigma}_{tot}^{-1} & (\boldsymbol{\Sigma}_{tot} - \boldsymbol{\Sigma}_{ac}\boldsymbol{\Sigma}_{tot}^{-1}\boldsymbol{\Sigma}_{ac})^{-1} \end{bmatrix} \begin{bmatrix} \boldsymbol{\phi}_{\text{target}} \\ \boldsymbol{\phi}_{\text{test}} \end{bmatrix}
\end{aligned}$$

$$+\frac{1}{2}\begin{bmatrix}\phi_{\text{target}}\\\phi_{\text{test}}\end{bmatrix}^{\text{T}}\begin{bmatrix}\boldsymbol{\Sigma}_{tot}^{-1}&\boldsymbol{0}\\\boldsymbol{0}&\boldsymbol{\Sigma}_{tot}^{-1}\end{bmatrix}\begin{bmatrix}\phi_{\text{target}}\\\phi_{\text{test}}\end{bmatrix}+\text{const}$$

$$=\frac{1}{2}\begin{bmatrix}\phi_{\text{target}}\\\phi_{\text{test}}\end{bmatrix}^{\text{T}}\begin{bmatrix}\boldsymbol{\Sigma}_{tot}^{-1}-(\boldsymbol{\Sigma}_{tot}-\boldsymbol{\Sigma}_{ac}\boldsymbol{\Sigma}_{tot}^{-1}\boldsymbol{\Sigma}_{ac})^{-1}&\boldsymbol{\Sigma}_{tot}^{-1}\boldsymbol{\Sigma}_{ac}(\boldsymbol{\Sigma}_{tot}-\boldsymbol{\Sigma}_{ac}\boldsymbol{\Sigma}_{tot}^{-1}\boldsymbol{\Sigma}_{ac})^{-1}\\\boldsymbol{\Sigma}_{tot}^{-1}\boldsymbol{\Sigma}_{ac}(\boldsymbol{\Sigma}_{tot}-\boldsymbol{\Sigma}_{ac}\boldsymbol{\Sigma}_{tot}^{-1}\boldsymbol{\Sigma}_{ac})^{-1}&\boldsymbol{\Sigma}_{tot}^{-1}-(\boldsymbol{\Sigma}_{tot}-\boldsymbol{\Sigma}_{ac}\boldsymbol{\Sigma}_{tot}^{-1}\boldsymbol{\Sigma}_{ac})^{-1}\end{bmatrix}\begin{bmatrix}\phi_{\text{target}}\\\phi_{\text{test}}\end{bmatrix}+\text{const}$$

$$=\frac{1}{2}\begin{bmatrix}\phi_{\text{target}}^{\text{T}}&\phi_{\text{test}}^{\text{T}}\end{bmatrix}\begin{bmatrix}\boldsymbol{Q}&\boldsymbol{P}\\\boldsymbol{P}&\boldsymbol{Q}\end{bmatrix}\begin{bmatrix}\phi_{\text{target}}\\\phi_{\text{test}}\end{bmatrix}+\text{const}$$

$$=\frac{1}{2}\begin{bmatrix}\phi_{\text{target}}^{\text{T}}\boldsymbol{Q}\phi_{\text{target}}+\phi_{\text{target}}^{\text{T}}\boldsymbol{P}\phi_{\text{test}}+\phi_{\text{test}}^{\text{T}}\boldsymbol{P}\phi_{\text{target}}+\phi_{\text{test}}^{\text{T}}\boldsymbol{Q}\phi_{\text{test}}\end{bmatrix}+\text{const}$$

$$=\frac{1}{2}\begin{bmatrix}\phi_{\text{target}}^{\text{T}}\boldsymbol{Q}\phi_{\text{target}}+2\phi_{\text{target}}^{\text{T}}\boldsymbol{P}\phi_{\text{test}}+\phi_{\text{test}}^{\text{T}}\boldsymbol{Q}\phi_{\text{test}}\end{bmatrix}+\text{const}\tag{7-137}$$

其中，$\boldsymbol{P}=\boldsymbol{\Sigma}_{tot}^{-1}\boldsymbol{\Sigma}_{ac}(\boldsymbol{\Sigma}_{tot}-\boldsymbol{\Sigma}_{ac}\boldsymbol{\Sigma}_{tot}^{-1}\boldsymbol{\Sigma}_{ac})^{-1}$，$\boldsymbol{Q}=\boldsymbol{\Sigma}_{tot}^{-1}-(\boldsymbol{\Sigma}_{tot}-\boldsymbol{\Sigma}_{ac}\boldsymbol{\Sigma}_{tot}^{-1}\boldsymbol{\Sigma}_{ac})^{-1}$。

7.5.2　基于 DNN 的 i-vector 说话人识别

不同于基于 GMM-UBM 的 i-vector 说话人识别，在基于 DNN 的 i-vector 说话人识别中，采用 DNN 代替 EM 算法来估计 UBM，即通过深度神经网络来学习每帧特征 $\boldsymbol{o}_t$ 的后验概率 $\gamma_t(c)$，则

$$\gamma_t(c)=P(S_c\mid\boldsymbol{o}_t)=\frac{\exp\alpha(S_c)}{\sum_{i=1}^{C}\exp\alpha(S_i)}\tag{7-138}$$

其中，$\gamma_t(c)$ 为 DNN 的输出；$\alpha(\ )$ 为 softmax 激活函数；$S_c(c=1,2,\cdots,C)$ 为三音素状态。其网络结构如图 7-8 所示。

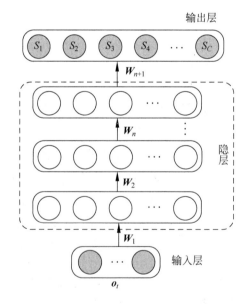

图 7-8　用于训练三音素状态的 DNN 网络结构

根据以上网络结构，可以推导出每个结点的后验概率 $\gamma_t(c)$，并用其替换式(7-73)。在此基础上，基于 DNN 的 UBM 均值与协方差矩阵可以表示为

$$\boldsymbol{\mu}_c = \frac{\sum_{t=1}^{T} \gamma_t(c) \boldsymbol{o}_t}{\sum_{i=1}^{T} \gamma_i(c)} \tag{7-139}$$

$$\boldsymbol{\Sigma}_c = \frac{\sum_{i=1}^{T} \gamma_i(c)(\boldsymbol{o}_t - \boldsymbol{\mu}_c)(\boldsymbol{o}_t - \boldsymbol{\mu}_c)^{\mathrm{T}}}{\sum_{i=1}^{T} \gamma_i(c)} \tag{7-140}$$

Baum-Welch 统计量可以通过将式(7-138)分别代入式(7-74)、式(7-75)和式(7-76)计算获得。在此基础上,总变化空间估计、i-vector 提取的推导过程与 7.5.1 节相同,仍然采用因子分析的方法,最终可以得到说话人 s 的 i-vector 的表达形式为

$$\boldsymbol{w}_s = (\boldsymbol{I} + \boldsymbol{T}^{\mathrm{T}} \boldsymbol{\Sigma}^{-1} \boldsymbol{N}(s) \boldsymbol{T})^{-1} \boldsymbol{T}^{\mathrm{T}} \boldsymbol{\Sigma}^{-1} \widetilde{\boldsymbol{F}}(s) \tag{7-141}$$

其中,$\boldsymbol{w}_s$ 为说话人 s 的 i-vector;$\boldsymbol{T}$ 为总变化空间矩阵;$\boldsymbol{\Sigma}$ 为以式(7-140)中的 $\boldsymbol{\Sigma}_c$ 为对角块的协方差矩阵;$\boldsymbol{N}(s)$ 和 $\widetilde{\boldsymbol{F}}(s)$ 为 Baum-Welch 统计量。

7.6 得分规整

在实际的说话人识别系统中,待识语音的输出得分往往并不稳定,为了更好地发挥确认阈值的效果,一般需要对输出得分进行有效的规整。得分规整的需求来自于以下两方面。

(1) 说话人识别系统一般设置一个公用的统一阈值,这一阈值是根据集内说话人和集外说话人的语料,测试得到真实说话人得分和冒认者得分的统计分布,进而确定的。一般应根据在所有说话人语料上的得分分布来设置阈值。然而就单一说话人而言,其真实得分和冒认得分不一定严格服从这一统计分布,也就是说在不同说话人间得分分布可能存在差异。因而在说话人识别算法中,采用统一的阈值并不能保证对所有的说话人都取得好的识别效果。为此,在与确认阈值进行比较前,应该对说话人的得分进行规整,使不同说话人的得分分布趋于一致。

(2) 同一说话人语音的识别得分每次也会有较大的差异,这一差异可能由很多因素导致,如语义内容、信道差异、环境噪声等。这种模型不匹配问题也需要通过得分规整来加以解决。

得分规整的目的是使不同说话人或不同信道下规整后的得分分布能够趋于一致,从而能采用统一的阈值来进行确认判决。通过实验研究发现,真实说话人得分和冒认者得分都近似服从高斯分布,因而可以将其规整为均值为 0、方差为 1 的同一分布形式。可以采用两种规整途径:一种是以真实说话人为中心进行规整,即将真实说话人得分依据其分布进行规整;另一种是以冒认者为中心进行规整。由于规整需要准确的得分分布,而对得分分布的准确估计又需要大量的训练语料,显然以真实说话人为中心的得分规整很难实现,因而研究者一般采用以冒认者为中心的得分规整方法。

以冒认者为中心的得分规整方法的实现也可以有两种不同的策略:利用冒认语音和利用冒认模型进行规整。这两类方法对应的代表有零规整方法和测试规整方法等。

7.6.1 零规整

零规整(zero normalization)通常简称为 Z-norm。它利用冒认语音对说话人的得分分

布进行线性规整。首先在训练时,对特定的说话人模型,利用大量的冒认者语音,计算它们在该模型上的冒认得分,然后统计这些冒认得分的均值 μ 和方差 σ。识别时就利用这个均值和方差对说话人得分 $L(\lambda \mid O)$ 进行规整,得到规整得分 $S(\lambda \mid O)$ 为

$$S(\lambda \mid O) = \frac{L(\lambda \mid O) - \mu}{\sigma} \tag{7-142}$$

Z-norm 分两阶段完成,训练阶段估计冒认得分的均值和方差,而识别阶段仅需要如式(7-142)所示计算规整得分即可,因而在识别阶段所增加的计算量非常小。Z-norm 的缺点在于,它的规整参数是通过若干冒认语音的冒认得分获得的,如果冒认语音和待识语音存在较严重的模型不匹配问题,例如它们是采用不同的采集信道录制的,那么它的规整效果将无法体现。Z-norm 的工作机理如图 7-9 所示。

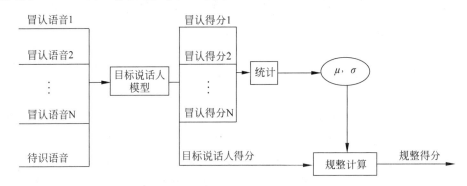

图 7-9 Z-norm 工作机理示意图

7.6.2 测试规整

测试规整(test normalization)简称为 T-norm,它采用若干冒认者的模型而不是冒认者的语音进行得分规整,其过程如图 7-10 所示。

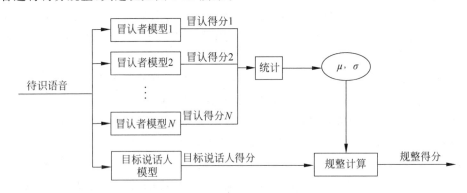

图 7-10 T-norm 工作机理示意图

如图 7-10 所示,除目标说话人模型外,T-norm 还需要若干冒认者模型。这些冒认者模型往往也是根据冒认者语音,从 UBM 模型自适应得到的。T-norm 规整仅在识别阶段在线完成,待识语音首先在各冒认者模型上计算冒认得分,通过这些冒认得分可以统计出它们的均值和方差。然后使用此均值和方差,以及待识语音在目标说话人模型上的得分按公式(7-142)进行规整。

T-norm 方法利用了若干冒认者模型实现,这与传统的竞争者模型规整方法相类似,但传统的竞争者模型方法仅采用各竞争得分的均值来规整目标模型上的得分,而 T-norm 不仅利用了冒认模型的均值信息,而且也利用了其方差信息,既解决了因模型不匹配而带来的得分变化问题,又将其线性变换到 $N(0,1)$ 分布,从而可以采用统一的阈值来对识别得分进行确认。另一方面,与 Z-norm 方法相比,T-norm 采用了冒认者模型,而不是冒认者语音进行规整,有效规避了语音间不匹配而带来的规整失效问题。

T-norm 的缺点在于,其冒认得分的计算,以及冒认得分均值和方差的估计都是在识别阶段在线进行的。也就是说,每段待识语音都需要一个估计统计参数的过程,因而 T-norm 规整比较耗时。

7.6.3 说话人自适应的测试规整

说话人自适应的测试规整经常简称为 AT-norm,它是 T-norm 方法的一种改进。在 T-norm 方法中,一般各目标说话人模型共用同一组冒认者模型,但当冒认者模型间差异性较大时,会导致冒认得分之间有很大差距,从而使估计得到的冒认得分的方差过大。这种情况下,T-norm 规整的效果就会变得很差。一个合理的解决方法是,不同说话人选择不同的冒认者集合,并保证该集合中所有的冒认者都与该说话人相接近,采用这种方法就能够保证 T-norm 规整的有效性和顽健性。AT-norm 就是遵循这种思想设计的得分规整方法。它借鉴了说话人自适应算法的工作机理,用测试语料中前面若干段语音来自适应调整说话人识别系统,这里主要是自适应确定其冒认者集合。对测试语料中后面的语音数据就采用此冒认者集合进行 T-norm 规整。AT-norm 的工作机理如图 7-11 所示。

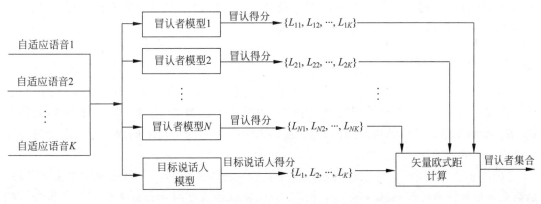

图 7-11 AT-norm 工作机理示意图

选择测试语料前面 K 段语音进行自适应操作,K 段语音在所有冒认者模型和目标说话人模型上都计算识别得分,对每个模型就得到了共 K 个识别得分,从而组成了一个 K 维的得分矢量。计算每个冒认者模型上的得分矢量与目标说话人模型的得分矢量间的距离,一般可采用欧式距离计算。可以认为,此距离越小,两个模型就越相似。因而选择距离最小的 M 个冒认者模型组成此说话人的冒认者集合。对整个测试语料,就可以采用这个冒认者集合对目标说话人得分进行 T-norm 规整。

7.6.4 TZ-norm

Z-norm 利用冒认者语音在目标说话人模型上的得分进行说话人得分规整,而 T-norm 则利用待识语音在各冒认者模型上的得分进行说话人得分规整,两者都在一定程度上达到得分规整的效果,而且两个方法本身并不相关,因而可以将这两种方法结合起来,充分利用二者的优点,这就是 TZ-norm 规整方法。

在 TZ-norm 规整方法中,首先利用一批冒认者模型对待识语音进行 T-norm 规整,然后再对 T-norm 规整后的得分利用另一组冒认语音作 Z-norm 规整。当然在 Z-norm 规整过程中,冒认语音在说话人模型上的冒认得分也应采用同样的办法先进行 T-norm 规整,然后再计算冒认得分的均值和方差等统计量。TZ-norm 的工作机理如图 7-12 所示。

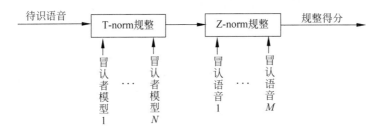

图 7-12   TZ-norm 工作机理示意图

与单独进行 Z-norm 或 T-norm 规整相比,TZ-norm 规整充分结合了两者的优点,既兼顾了对不同测试模型的规整,又考虑了对不同测试语音的规整,从而能有效提取不同语音在不同模型下评分的共性。在计算量上,虽然绝对计算量较大,但由于大部分的测试都可以离线完成,因而实际测试时的计算量和测试时间与 T-norm 相当。

7.6.5 H-norm

H-norm 是针对信道问题提出的一种得分规整方法,通过得分规整消除信道差异对说话人识别性能的影响。例如在固定电话信道下通常会有动圈式、电容式等几种采集话筒形式,每种话筒对语音的影响也不相同,因而说话人得分在不同信道下的分布也会各有特点,很难用统一的阈值加以确认判决。

H-norm 是 Z-norm 思想在信道差异条件下的一种特殊应用。它首先采用大量的各种话筒来采集冒认者语音,对每种信道,计算它们的冒认语音在目标说话人模型上的得分,并估计均值 $\mu(h)$ 和方差 $\sigma(h)$。$\mu(h)$ 和 $\sigma(h)$ 分别对应第 h 种信道的冒认得分的均值和方差。识别时,在进行得分规整之前,首先要判断待识语音来自于哪一种信道,一般采用基于 GMM-UBM 模型的判决方法。每个信道基于其训练语料,从 UBM 模型自适应训练得到一个 GMM 模型,识别时,采用一定长度的语音在不同的信道 GMM 上进行打分,选择得分最高的信道为当前语音的信道。设此信道为 h,则可以依据 Z-norm 思想如下规整说话人得分 $L(\lambda|O)$,即

$$S(\lambda \mid O) = \frac{L(\lambda \mid O) - \mu(h)}{\sigma(h)} \tag{7-143}$$

7.6.6　C-norm

C-norm 是针对 H-norm 的一种改进，也是解决信道问题的一种得分规整方法。在 H-norm 中需要人为规定信道的种类，并为不同类别的信道分别采集训练语料，但在实际中往往很难给信道进行明确的分类。C-norm 针对这一问题，采用了一种盲聚类方法将信道数据自动聚成几类，然后针对这几个信道类别，采用 H-norm 方法进行得分规整。

参考文献

[1]　杨行峻,迟惠生等. 语音信号数字处理[M]. 北京：电子工业出版社,1995.

[2]　易克初,田斌,付强. 语音信号处理[M]. 北京：国防工业出版社,2000.

[3]　郭武. 复杂信道下的说话人识别[D]. 合肥：中国科学技术大学,2007.

[4]　许东星. 基于 GMM 和高层信息特征的文本无关说话人识别研究[D]. 合肥：中国科学技术大学,2009.

[5]　刘明辉. 基于 GMM 和 SVM 的文本无关的说话人确认方法研究[D]. 合肥：中国科学技术大学,2007.

[6]　赵力,邹采荣,吴镇扬. HMM 在说话人识别中的应用[J].电路与系统学报. 2001,6(3)：51-57.

[7]　Reynolds D A,Rose C R. Robust Text-Indepent Speaker Identification Using Gaussian Mixture Speaker Models[C]. IEEE Trans on Speech and Audio Processing 1995 3(1)：72-83.

[8]　岳喜才,伍晓宇,郑崇勋. 用神经阵列网络进行文本无关的说话人识别[J]. 声学学报. 2000,25(3)：230-234.

[9]　Fakotakis N,Sirigos J. A High Performance Text Independent Speaker Recognition System Based on Vowel Sotting and Neural Nets. In：Madisetti V K, ed. Proceedings of 1996 IEEE International Conference on Acoustics,Speech,and Signal Processing[C]. Atalanta：IEEE Press. 1996：661-664.

[10]　Setlur A and Jacobs T. Results of a Speaker Verification Service Trial Using HMM Models[J]. Proc. Eurospeech. 1995,I：53-56.

[11]　Rosenberg A E,Lee C H,Gokcen S. Connected Word Talker Verification Using Whole Word Hidden Markov Models. In：Proceedings of 1991 IEEE International Conference on Acoustics,Speech,and Signal Processing[C]. Toronto,Canada：IEEE Press. 1991：381-384.

[12]　Matsui T,Furui S. Concatenated Phoneme Models for Text-variable Speaker Recognition. In：Barry J S, ed. Proceedings of 1993 IEEE International Conference on Acoustic,Speech,and Signal Processing[C]. Minnesota,USA：IEEE Press. 1993：391-394.

[13]　Matsui T,Furui S. Speaker Adaptation of Tied-Mixture Based Phoneme Model for Text-prompted Speaker Recognition. In：Lever K. Proceedings of 1994 IEEE International Conference on Acoustic,Speech,and Signal Processing[C]. Adelaide South Australia：IEEE Press. 1994：125-128.

[14]　Savic M,Gupta S K. Variable Parameter Speaker Verification System Based on Hidden Markov Modeling. In：Ludeman L, ed. Proceedings of 1990 IEEE International Conference on Acoustic,Speech,and Signal Processing[C]. Albuquerque：IEEE Press. 1990：281-284.

[15]　Mendoza S,Gillick L,Ito Y, et al. Speaker Verification through Large Vocabulary Continuous Speech Recognition. In：Madisetti V K,ed. Proceedings of 1996 IEEE International Conference on Acoustic,Speech,and Signal Processing[C]. Atalanta：IEEE Press. 1996：2419-2422.

[16]　Matsui T, Nishitani T Furui S. Robust Method of Updating Model and A Prior Threshold in Speaker Verification. In：Madisetti V K,ed. Proceedings of 1996 IEEE International Conference on Acoustics,Speech,and Signal Processing[C]. Atalanta：IEEE Press. 1996：97-100.

[17] Rose R C,Hofstetter E M. Integrated Models of Signal and Background with Application to Speaker Identification in Noise[C]. IEEE Transactions on Acoustics,Speech,and Signal Processing. 1994. 2(2):245-257.

[18] Barras C and Gauvain J L. Feature And Score Normalization for Speaker Verification of Cellular Data. In:Proceeding of 2003 IEEE International Conference on Acoustics, Speech, and Signal Processing[C]. Hong Kong:2003:49-52.

[19] Auckenthaler R. , Carey M, Thomas H L. Score Normalization for Text-independent Speaker Verification systems[J]. Digital Signal Processing. 2000,10:42-54.

[20] Rosenburg A E. The Use of Cohort Normalized Scores for Speaker Verification. In: International Conference on Spoken Language Processing[C]. 1992:821-824.

[21] Rosenburg A E,Parthasarathy S. Speaker Backgroud Models For Connected Digit Password Speaker Verification. In: Madisetti V K, ed. Proceedings of 1996 IEEE International Conference on Acoustics,Speech,and Signal Processing[C]. Atalanta:1996:81-84.

[22] Matsui T,Furui S. Speaker Recognition Using HMM Composition in Noisy Enviroments[J]. Journal of Computer Speech and Language. 1996,10:107-116.

[23] Furui S. Recent Advances in Speaker Recognition. In: Bigün J, ed. The First International Conference on Audio- and Video-Based Biometric Person Authentication[C]. Montana: Springer. 1997:237-252.

[24] Higgins A L,Bahler, L G. Text-independent Speaker Verification By Discriminator Counting. In: Proceedings of 1991 IEEE International Conference on Acoustics,Speech,and Signal Processing[C]. Toronto,Canada: IEEE Press. 1991:405-408.

[25] Doddington G,Przybocki M, Martin A,et al. The NIST Speaker Recognition Evaluation Overview, Methodology,Systems,Results,Perspective[J]. Speech Communication. 2000,31:225-254.

[26] Guangyu Zhou,Mikhael,W. B. Speaker Identification Based on Vector Quantization with Adaptive Discriminative Techniques[C]. 48th Midwest Symposium on Circuits and Systems. 2005, 2: 1851-1854.

[27] M. M. Hossain,B. Ahmed,M. Asrafi. A Real Time Speaker Identification Using Artificial Neural Network[C]. Proceedings of 10th International Conference on Computer and Information Technology. 2007:325-329.

[28] X. Zhang,Q. W. Zhao,Y. H. Yan. SVM Based Speaker Recognition Using Maximum A Posteriori Linear Regression[C]. 2009 International Conference on Electronic Computer Technology,2009: 438-442.

[29] W. M. Campbell, D. E. Sturim, D. A. Reynolds. Support Vector Machines Using GMM Supervectors for Speaker Verification[C]. IEEE Signal Processing Letters. 2006,13:309-311.

[30] D. A. Reynolds,T. F. Quatieri,et al. Speaker verification using adapted Gaussian mixture models [J]. Digital Signal Processing. 2000,10(1-3):19-41.

[31] J. Zibert,B. Vesnicer,F. Mihelic. A System for Speaker Detection and Tracking in Audio Broadcast News[J]. Journal of Informatica. 2008,32(1):51-61.

[32] NIST 2008 SRE Results Page. http://www. nist. gov/speech/tests/sre/2008/official _ results / index. html.

[33] J. A. Bilmes. A Gentle Tutorial of the EM Algorithm and Its Application to Parameter Estimation for Gaussian Mixture and Hidden Markov Models[C]. Technical Report ICSI-TR-97-021. 1997.

[34] P. Kenny,G. Boulianne,P. Ouellet,P. Dumouchel. Joint Factor Analysis Versus Eigenchannels in Speaker Recognition[C]. IEEE Transactions on Audio, Speech and Language Processing. 2007, 15(4):1435-1447.

[35] P. Kenny, G. Boulianne, P. Ouellet, P. Dumouchel. Speaker and Session Variability in GMM-based Speaker Verification[C]. IEEE Transactions on Audio, Speech and Language Processing. 2007, 15(4): 1448-1460.

[36] P. Kenny, P. Ouellet, N. Dehak, V. Gupta, P. Dumouchel. A Study of Inter-speaker Variability in Speaker Verification[C]. IEEE Transactions on Audio, Speech and Language Processing. 2008, 16(5): 980-988.

[37] Rose R C, Reynolds D A. Text independent speaker identification using automatic acoustic segmentation[C]. Acoustics, Speech, and Signal Processing, 1990. ICASSP, 1990 International Conference on. IEEE, 1990: 293-296.

[38] Reynolds D A, Rose R C, Smith M J T. A mixture modeling approach to text - independent speaker ID[J]. The Journal of the Acoustical Society of America, 1990, 87(S1): 109.

[39] Reynolds D A. Speaker identification and verification using Gaussian mixture speaker models[J]. Speech communication, 1995, 17(1): 91-108.

[40] Reynolds D A. Automatic speaker recognition using Gaussian mixture speaker models[C]. The Lincoln Laboratory Journal, 1995.

[41] Reynolds D A, Quatieri T F, Dunn R B. Speaker verification using adapted Gaussian mixture models[J]. Digital signal processing, 2000, 10(1-3): 19-41.

[42] Campbell W M. Generalized linear discriminant sequence kernels for speaker recognition [C]. Acoustics, Speech, and Signal Processing (ICASSP), 2002 IEEE International Conference on. IEEE, 2002, 1: I-161-I-164.

[43] Campbell W M, Sturim D E, Reynolds D A, et al. SVM based speaker verification using a GMM supervector kernel and NAP variability compensation[C]. Acoustics, Speech and Signal Processing, 2006. ICASSP 2006 Proceedings. 2006 IEEE International Conference on. IEEE, 2006, 1: 97-100.

[44] Solomonoff A, Campbell W M, Quillen C. Nuisance Attribute Projection [J]. Speech Communication, Elsevier Science BV, 1, 2007: 1007-1007.

[45] Kenny P, Dumouchel P. Experiments in speaker verification using factor analysis likelihood ratios [J]. Wireless Internet Technology, 2004.

[46] Kenny P, Dumouchel P. Experiments in speaker verification using factor analysis likelihood ratios [C]. ODYSSEY04-The Speaker and Language Recognition Workshop, 2004.

[47] Kenny P. Joint factor analysis of speaker and session variability: Theory and algorithms[J], 2005.

[48] 蒋晔. 基于短语音和信道变化的说话人识别研究[D]. 南京: 南京理工大学, 2012.

[49] Dehak N, Kenny P J, Dehak R, et al. Front-End Factor Analysis for Speaker Verification[J]. IEEE Transactions on Audio Speech & Language Processing, 2011, 19(4): 788-798.

[50] Glembek O, Burget L, Dehak N, et al. Comparison of scoring methods used in speaker recognition with Joint Factor Analysis[C]. IEEE International Conference on Acoustics, Speech and Signal Processing. IEEE, 2009: 4057-4060.

[51] Kenny P, Gupta V, Stafylakis T, et al. Deep neural networks for extracting Baum-Welch statistics for speaker recognition[J]. Odyssey, 2014: 293-298.

[52] Lei Y, Scheffer N, Ferrer L, et al. A novel scheme for speaker recognition using a phonetically-aware deep neural network[C]. IEEE International Conference on Acoustics, Speech and Signal Processing. IEEE, 2014: 1695-1699.

## 第 8 章

顽健语音识别技术

8.1　概述

通常在实验室相对安静环境下训练好的语音识别系统,当用在与训练环境不一样的实际环境时,性能明显下降。如果语音识别系统在这种不匹配情况下,识别性能的下降不明显,则称这样的系统为顽健的(robust)系统。

顽健语音识别的任务,就是研究一些实用的补偿技术以提高语音识别系统在变化环境下的系统性能。通常,由于训练和测试条件的不一样而导致的系统性能下降,可通过对每一个不同的使用环境进行重训练来加以补偿。尽管重训练提供了一种解决环境不一样的方法,但即使在重训练的情况下,当环境噪声级别较高时,语音信号中的一些信息将丢失,与没有噪声时的识别系统相比,仍然有明显的精度损失。而且在一些实际应用中,由现场采集大量的训练数据比较困难,因此,这种重训练的方法应用范围有限。为了改进语音识别系统在噪声等环境下的识别性能,很多研究者做了大量的工作。

本章将重点讨论顽健语音识别的方法,首先分析影响语音识别性能的环境因素,接着从语音增强、噪声抑制、模型补偿等方面介绍典型的顽健语音识别的方法。

8.2　影响语音识别性能的环境变化因素

一个顽健的语音识别系统,在实际使用中将受到各种变化条件的挑战(如图 8-1 所示)。一个良好的系统,应该在上述条件发生变化时仍能表现出顽健的性能。

这些变化的条件包括:

(1) 说话人变化:从特定说话人到非特定说话人;

(2) 说话方式的变化:从孤立词识别到连续语音识别;

(3) 词汇量的变化:从小词汇量任务到大词汇量任务;

(4) 领域的变化:从特定词汇到不特定词汇,从特定领域文法到不特定领域文法;

(5) 环境的变化:从特定环境到不特定环境;

(6) 发音变异:话者由于受到生理、心理、情感等影响而产生的发音变化。

上述每一个问题的研究都具有相当的难度,本章将研究最后两个问题,即语音识别系统

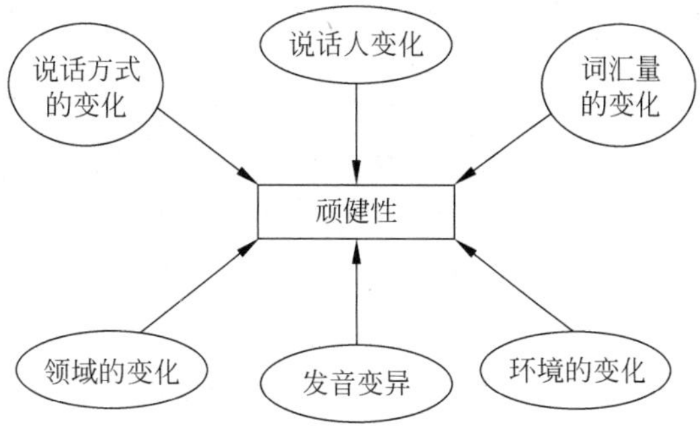

图 8-1 顽健的语音识别所受到的实际挑战

对环境变化和发音变化的顽健性(robustness)问题。

环境中的很多因素影响语音识别系统的性能,下面将逐一介绍这些因素。

1. 加性噪声

语音信号在实际环境中常受到背景噪声的干扰,背景噪声通常是加性的,即所采集的信号是真实的语音信号与背景噪声的和。背景噪声源很多,如:办公室中的打字机、打印机的工作声,以及计算机中磁盘驱动器、风扇等设备的工作声等。这些噪声的特点是不尽相同的,产生的噪声类型也是不完全一样的。

通常纯净语音的发音特征能够用一个线性预测全极点模型来反映,因为全极点模型的频谱特征能与语音信号频谱特征中的重要部分相匹配。而当语音信号被加性背景噪声污染后,频谱峰值将消失,或者不同于初始的纯净语音信号频谱特征,使用这时的全极点模型参数将不能正确地反映纯净语音的特征,因而引起识别系统性能的下降。

2. 通道畸变

除了背景噪声信号产生的干扰外,语音信号还受到一些诸如语音产生过程、记录过程,以及传输过程中产生的通道畸变的影响。例如:麦克风依赖于其类型与位置的不同能明显地影响语音的频谱,电话线网络的频率特性也对语音信号产生了频谱畸变的影响。这些由于传输通道而引入的频谱畸变将直接影响到语音信号的短时频谱分析结果,而目前所有的语音识别系统中的参数计算以及相似度测度,都直接或间接地依赖于语音信号的短时频谱分析结果,因而上述的通道畸变将直接影响语音识别系统的性能。

3. 其他因素

语音识别系统除了受到加性噪声和通道畸变的影响外,也受到了其他一些因素的影响。

1) 人为因素

人为因素主要是指话者在噪声环境下进行语音交流时的心理或生理变化的影响。这种由于环境影响而产生的人为的特征变化,就是所谓的 Lombard 效应(Lombard effect),它反映了在高噪声环境下人为产生的声学特征的变化。Lombard 效应明显地使频谱产生斜变,对多数元音和鼻音而言,其高段的谱斜变减少而低段增加,这些特征的变化将影响语音识别系统的性能。

在噪声环境下,就话者个人来说,由于受到背景声学环境变化的影响,话者有意或无意地改变了其发音质量、发音速度、基频,甚至连音方式。这些话者发音速度和心理特征的变化,将直接影响到诸如声学形式和韵律平稳等声学特征。发音生理上的变化也将影响到语音信号的产生。就话者间来说,由于发音器官在生理上存在着差异,也会引起话者间声学特征的变化。

发音变异涉及范围较广泛,包括连续语音中上下文不同产生的语音变化,不同人之间发音变化及同一个人在不同环境下发音变化等。在很多情况下,话者会由于一些情绪干扰而产生发音方式的变化,如在愤怒、悲伤、高兴、害怕时。此外,话者说话方式的快、慢等也会在一定程度上影响语音识别系统性能。当话者身体受到一些物理冲击时,发音也会产生一定程度的变异。

在大多数情况下,人类听觉系统能够在发音有变异情况下正确地分辨出语音信息内容,并且可以捕获到额外的反映心理紧张和情绪变化等方面的信息;通常语音识别算法并不能做到这一点,因而导致识别性能下降。背景噪声和通道畸变的影响,一般可以认为是均匀地作用在整个发音之上,而发音变异是在原有正常发音基础上,某些音素或音素的某些地方发生畸变。由于在一个发音中各个音素所受到的影响不相同,所以很难简单地用模型进行刻画。同时相同的外界影响因素对不同人的影响效果也是不尽相同的,这一切都增加了变异语音识别的难度。

2)瞬间噪声

语音识别系统在实际使用中,还常受到一些如关门声、电话铃声、在汽车应用领域或电话亭中经过的其他车辆产生的噪声、工厂中随时对机器的起停操作,以及其他的瞬间噪声源的影响。通常这种瞬间噪声不能用简单的白噪声的形式来表示。在有些情况下,瞬间噪声可能完全淹没语音信号,这种高强度的瞬间噪声给语音识别任务带来了巨大的困难。

3)来自其他话者的干扰

语音识别系统的性能也受到同时来自于其他话者谈话的影响。人类语音理解机制能够在对话环境中区分两三种声音,且具有集中精力对某种声音感兴趣,而排斥其他声音的能力,对机器来说要做到这点是很困难的。许多识别系统都使用线性预测来代表输入语音信号的特征,这种方法假设一个全极点滤波器经过一个脉冲源或白噪声的作用而产生语音信号。由于这种模型假设只存在单一的声音,因而当系统受到其他话者声音影响时,将引起识别性能的下降。类似地,还存在着其他的背景干扰,如音乐或收音机中的说话声等都是很不平稳的,且与语音信号频率相近,这种协同通道(co-channel)的问题,在信噪比较低的情况下将给精确的语音识别带来困难。

以上总结了影响语音识别系统性能的环境变化因素,目前顽健语音识别的研究工作主要集中在研究对加性噪声和通道畸变影响进行补偿的方法。近年来,也有少量的针对某些变异语音进行识别的工作。

8.3 噪声环境下的顽健语音识别技术

语音识别系统常应用于具有噪声及其他干扰因素的环境中,如操纵室、工业环境、战场等。本节讨论如何改善此类识别系统性能的问题,重点讨论消除加性噪声和通道畸变的若干方法。这些方法包括:借鉴语音增强技术将混噪语音先去除噪声后,再进行语音识别的方法;利用人类的听觉系统对声学环境变化的顽健性,提出的基于听觉感知的语音信号处理技术;以及基于模型的补偿方法。本章的最后还将介绍变异语音处理的相关技术。由于

Mel 倒谱系数是当前语音识别中常用的特征参数,因此后面介绍的很多处理方法都是在 Mel 倒谱上进行的。

8.3.1　基于语音增强的方法

1. 谱减的方法

谱减(spectral subtraction)技术是最简单的去除加性噪声的方法,其基本思想是由 Boll 提出的,并首先应用于语音增强中,然后才应用到顽健语音识别领域。在这种方法中,被保留信号的频谱值等于混噪语音信号与噪声信号两个频谱值的差,其中所有频谱值都是通过 DFT(discrete fourier transform)估计出来的,而其相位与混噪语音信号频谱的相位是相同的。因为从对语音可懂度(intelligibility)的角度来看,语音信号的短时频谱值比其相位更重要。通常的语音识别系统中并不使用相位信息,因此这里也不考虑相位问题。图 8-2 给出了谱减技术的方框图。

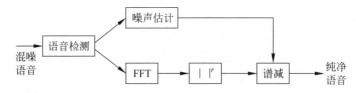

图 8-2　谱减技术的方框图(其中 $r=1$ 表示幅值减,$r=2$ 表示频谱减)

1) 线性与非线性谱减

下面给出谱减技术的基本思想。假设语音信号与噪声彼此互不相关,则混噪语音信号具有如下的形式:

$$y[n] = x[n] + v[n] \tag{8-1}$$

式中,$y[n]$、$x[n]$ 和 $v[n]$ 分别是混噪语音信号、纯净语音信号和噪声信号。相应地,设 $Y(\omega)$、$X(\omega)$、$V(\omega)$ 分别代表 $y[n]$、$x[n]$、$v[n]$ 的频谱。因此,对每一个频带 ω_k 有如下的关系成立:

$$Y(\omega_k) = X(\omega_k) + V(\omega_k) \tag{8-2}$$

对于某个特定帧,如果有混噪语音信号的频谱 $Y(\omega_k)$,以及从非语音段噪声样本估计出来的噪声频谱 $V(\omega_k)$,就可以利用两者的差来估计出纯净语音信号的频谱,即

$$X(\omega_k) = Y(\omega_k) - V(\omega_k) \tag{8-3}$$

这也是这种方法被命名为“谱减技术”的原因。从混噪语音频谱中减去噪声频谱估计值的这种操作,有可能产生负的频谱值。为避免出现负的频谱值,需要进行相应的处理,最简单的方法就是用零值来代替负的频谱值,或者是使用一个非常小的频谱下限值来代替负的频谱值,即

$$X(\omega_k) = \max\{Y(\omega_k) - V(\omega_k), \beta V(\omega_k)\} \tag{8-4}$$

式中,β 是一个频谱下限系数,它是为了防止产生负的频谱结果而采用的系数。

使用谱减技术即使可以消除宽带噪声,但其他种类的噪声有可能仍将存在。这是因为从混噪语音的瞬间频谱中减去一个平均噪声频谱估计值,有可能产生一种由于残留噪声频谱峰值而引入的新畸变——“音乐噪声”(musical noise)。针对上述的这一问题,Boll 提出了一种对谱减后残留噪声的随机性逐帧进行处理的噪声去除方法。该方法对每一给定的频

带,其残留噪声频谱值是用其邻近帧频谱值中最小的一个来代替。Berouti 提出了一种频谱过减(spectral over subtraction)的方法,并使用了频谱下限值。这种方法的依据在于语音的能量往往集中在某些频带,相对幅度较噪声高,因此可以通过减过量噪声频谱来提高降噪效果。上述这些变化使得谱减变成一种非线性操作,可将其称为非线性谱减(non-linear spectral subtraction),而原来的谱减方法可被称为线性谱减(linear spectral subtraction)。非线性谱减可用如下的公式来表示:

$$(X(\omega_k))^r = \begin{cases} (Y(\omega_k))^r - \alpha(V(\omega_k))^r, & \text{如果}(Y(\omega_k))^r > (\alpha+\beta)(V(\omega_k))^r \\ \beta(V(\omega_k))^r, & \text{其他} \end{cases} \quad (8\text{-}5)$$

式中,α 是一个过估计系数(overestimation factor),它是依赖于 SNR,并按先验知识进行定义的;β 是一个频谱下限系数;r 通常取 1 或 2,$r=1$ 对应为幅值减,$r=2$ 对应为频谱减。

还有的研究中,对非线性谱减使用一个改进的噪声模型$(V(\omega_k),\alpha(\omega_k))$,其中 $\alpha(\omega_k)$ 是一个噪声过估计幅值谱,它是利用语音间隙的噪声样本与噪声幅值谱一起被估计出来的,此时的非线性谱减过程如下:

$$X(\omega_k) = Y(\omega_k) - opt(\alpha(\omega_k))V(\omega_k) \quad (8\text{-}6)$$

式中,$opt(\alpha(\omega_k))$是一个在特定频带上按照 SNR 给出的加权系数($1 \leqslant opt(\alpha(\omega_k)) \leqslant 3$),它在高 SNR 区域采用最小值,而在低 SNR 区域采用最大值。

当谱减技术用于语音识别时,文献中报道了在训练和测试条件不一致的情况下,该方法具有对噪声的抑制作用,并且非线性谱减的性能要优于线性谱减。

2) 概率谱减的方法

前面介绍的线性和非线性谱减技术都是通过使用非语音段的噪声样本来估计噪声模板,然后从混噪语音信号中减去该噪声模板或其估计值来达到去除噪声的目的。这种方法并不能保证有效地去除噪声。对线性谱减,当混噪语音信号中的噪声大小不同于噪声模板时,这种通过减去固定噪声模板的方法并不能有效地估计出纯净的语音信号。尽管使用非线性谱减,可以通过对噪声模板大小进行比例调整来去除不同大小的噪声频谱,但这种方法也不适合噪声类型变化的场合。

下面介绍一种概率谱减(probability spectrum subtraction)的方法,它假设环境中有多种噪声类型,每一种类型都可用一个噪声频谱模板来代表,并且它们都是按照一个概率出现的。概率谱减的方法,是从混噪语音信号中根据所有可能出现的噪声序列的概率情况来分别减去其对应的噪声频谱。因此,对每一发音都存在着多个被估计出来的纯净语音序列,这些序列也是伴随着一个概率而发生的,这种伴随着概率发生的多个纯净语音序列被应用到后端的 HMM 分类器中。对后端的 HMM 分类器,它考虑了前端每一个被估计出来的纯净语音序列可能出现的概率,并且这种概率信息被加入到其似然度的计算中,这样对每一种可能出现的纯净语音序列,HMM 分类器都进行一次通常的似然度计算,然后将各个似然度按其概率加权求和作为整体似然度。因此,这种概率谱减技术能充分利用环境中不同类型的噪声特征。

一个包含多种噪声类型的模板集 SNT 可定义如下:

$$\text{SNT} = \{V_m^{\text{noise}}; m = 0,1,\cdots,M-1\}, \quad \sum_{m=0}^{M-1} P_N(V_m^{\text{noise}}) = 1 \quad (8\text{-}7)$$

式中,V_m^{noise} 是第 m 种类型噪声频谱矢量,它可利用环境中的噪声样本来估计,M 是可能的噪声类型个数，而 $P_N(\boldsymbol{V}_m^{\text{noise}})$ 是噪声模板 $\boldsymbol{V}_m^{\text{noise}}$ 出现的概率。

假设有一混噪语音频谱序列 $S_{\text{YS}}=(\boldsymbol{Y}_1,\boldsymbol{Y}_2,\cdots,\boldsymbol{Y}_T)$，其中 T 是该序列的帧长，而每个 $\boldsymbol{Y}_t(t=1,\cdots,T)$ 为

$$\boldsymbol{Y}_t = \begin{bmatrix} Y_t(\omega_1) \\ Y_t(\omega_2) \\ \vdots \\ Y_t(\omega_B) \end{bmatrix} \tag{8-8}$$

这里 B 是 Mel 频带的个数，而 ω_k 是第 k 个 Mel 频带的中心频率 $(k=1,2,\cdots,B)$。

由于线性和非线性谱减技术中使用的噪声模板是固定的，所以其估计出来的纯净语音频谱是唯一的。在概率谱减中，混噪语音信号中所包含的噪声频谱序列 S_{NS} 假设是伴随着概率发生的，即

$$S_{\text{NS}} = (\boldsymbol{V}_1,\boldsymbol{V}_2,\cdots,\boldsymbol{V}_t) \tag{8-9}$$

式中，$\boldsymbol{V}_t \in \text{SNT},(t=1,\cdots,T)$，而每个 $\boldsymbol{V}_t$ 为

$$\boldsymbol{V}_t = \begin{bmatrix} V_t(\omega_1) \\ V_t(\omega_2) \\ \vdots \\ V_t(\omega_B) \end{bmatrix} \tag{8-10}$$

在假设各帧噪声频谱之间是相互独立的条件下，S_{NS} 的概率为 $\prod_{t=1}^{T} P_N(\boldsymbol{V}_t)$。

对给定混噪语音频谱序列 S_{YS}，纯净语音的频谱序列 $S_{\text{XS}}=(\boldsymbol{X}_1,\boldsymbol{X}_2,\cdots,\boldsymbol{X}_T)$ 也是伴随着概率 $\prod_{t=1}^{T} P_N(\boldsymbol{V}_t)$ 被估计出来的。其中

$$\boldsymbol{X}_t = \begin{bmatrix} \hat{X}_t(\omega_1) \\ \hat{X}_t(\omega_2) \\ \vdots \\ \hat{X}_t(\omega_B) \end{bmatrix} \tag{8-11}$$

而每个 $\hat{X}_t(\omega_k)$ 是使用如式(8-5)的非线性谱减方法求出的。

对给定的 HMM 模型 λ，S_{XS} 的似然度为

$$P_\lambda(S_{\text{XS}} \mid \lambda) = \sum_{\text{所有}Q} \pi_{q_1} b_{q_1}(\boldsymbol{X}_1) \prod_{t=1}^{T-1} a_{q_t q_{t+1}} b_{q_{t+1}}(\boldsymbol{X}_{t+1}) \tag{8-12}$$

式中，$Q=(q_1,q_2,\cdots,q_T)$ 是可能的状态序列。

谱减后的结果先经过对数变换，然后通过离散余弦变换，可将估计出来的纯净语音信号的频谱序列 S_{XS} 转换为倒谱序列 $C_{\text{XS}}=(\boldsymbol{C}_1,\boldsymbol{C}_2,\cdots,\boldsymbol{C}_T)$，式中

$$\boldsymbol{C}_t = \begin{bmatrix} c_t(1) \\ c_t(2) \\ \vdots \\ c_t(d) \end{bmatrix} \tag{8-13}$$

而 $c_t(j)$ 为第 t 帧的第 j 个倒谱系数 $(j=1,2,\cdots,d)$，d 是倒谱矢量的维数。

因此,C_{XS}的似然度可通过其在所有可能的噪声序列 S_{NS} 下所对应的似然度 $P_\lambda(C_{XS}|\lambda)$ 的加权和来获得,其中的权值为

$$P_N(C_{XS}) = P_N(S_{XS}) = \prod_{t=1}^{T} P_N(\boldsymbol{V}_t) \tag{8-14}$$

这样 C_{XS} 的似然度的形式为

$$\sum_{\text{所有}S_{NS}} (P_\lambda(C_{XS} \mid \lambda) P_N(C_{XS}))$$

$$= \sum_{\text{所有}S_{NS}} \left\{ \sum_{\text{所有}Q} \pi_{q_1} b_{q_1}(\boldsymbol{X}_1) \prod_{t=1}^{T-1} a_{q_t q_{t+1}} b_{q_{t+1}}(\boldsymbol{X}_{t+1}) \right\} \prod_{t=1}^{T} P_N(\boldsymbol{V}_t)$$

$$= \sum_{\text{所有}Q} \sum_{\text{所有}S_{NS}} \left\{ \pi_{q_1} \prod_{t=1}^{T-1} a_{q_t q_{t+1}} \prod_{t=1}^{T} b_{q_t}(\boldsymbol{X}_t) P_N(\boldsymbol{V}_t) \right\}$$

$$= \sum_{\text{所有}Q} \left\{ \pi_{q_1} \prod_{t=1}^{T-1} a_{q_t q_{t+1}} \left[\sum_{\boldsymbol{V}_t} b_{q_t}(\boldsymbol{X}_t) P_N(\boldsymbol{V}_t) \right] \right\} \quad \boldsymbol{V}_t \in \text{SNT} \tag{8-15}$$

这样在似然度的计算中,就将噪声序列出现的概率信息考虑在其中。可以看出,在该似然度的计算中,只要对每一帧中可能的观察输出都乘以其对应的噪声频谱出现的概率,然后再将这些观察输出累加作为其观察输出,就可实现概率谱减的目的。因此,这种似然度的计算量是随着可能出现的噪声序列的种类数而成倍增加的。使用上述的似然度公式,利用 HMM 有关的算法就可以对后端的 HMM 分类器进行训练和测试。

概率谱减的方法充分考虑了环境中各种可能类型的噪声特征,并且依据各种噪声类型出现的概率来进行相应的谱减。因此,这种方法非常适合于环境中有多种加性噪声源同时干扰的场合。对环境中的多种噪声源,如果有它们的先验知识,则可以利用这些先验知识定义代表各个噪声源的噪声模板,以及这些模板所对应的出现概率。在大多数实际环境下,往往可能缺乏噪声源的先验知识,这时可以利用环境中的噪声样本数据,通过聚类分析的方法来获得各个噪声模板,而它们的出现概率可用其出现的频率来近似。

概率谱减的方法,在假设环境中只有单一加性噪声源时,即变成为一种非线性谱减的处理方法。需要指出的是:计算量比较大是概率谱减方法的缺点。

2. 维纳(Weiner)滤波

本节讨论将含噪语音信号经线性滤波后提高其信噪比,以得到降噪信号的方法。主要是依据维纳滤波来降噪。

在每帧信号上用维纳滤波器做滤波处理。设混噪语音信号为

$$y[n] = x[n] + v[n]$$

式中,$x[n]$ 和 $v[n]$ 分别为语音信号和噪声信号,则维纳滤波器的传输函数为

$$H(\omega) = \frac{\hat{X}_w(\omega)}{Y_{\ddot{v}}(\omega)} = \frac{P_x(\omega)}{P_x(\omega) + P_v(\omega)} \tag{8-16}$$

在短时平稳的假设下,$P_x(\omega) = E[|X_w(\omega)|^2]$,$P_v(\omega) = E[|V_w(\omega)|^2]$,而 $X_w(\omega)$ 和 $V_w(\omega)$ 分别为 $x[n]$ 和 $v[n]$ 在窗 w 内的频谱。$E[\cdot]$ 指对 $[\cdot]$ 内频谱的统计平均,$\hat{X}_w(\omega)$ 为 $X_w(\omega)$ 在噪声污染下的估计值。

一般假设对每帧信号而言噪声功率 $P_v(\omega)$ 已知,即由该帧前面的"静"时段可以估计出噪声功率谱。本节按下面的次序来讨论:一般结构维纳滤波降噪方法;一般结构维纳滤波

器的迭代型设计方法。

1) 一般结构维纳滤波降噪方法

维纳滤波器降噪的基本原理主要是根据式(8-16)设计降噪滤波器,让含噪信号通过这种滤波器以滤除噪声得到降噪后的语音信号。

式(8-16)中的 $P_v(\omega)$ 或 $E[|V_w(\omega)|^2]$ 可由已知的 $v[n]$ 的离散值的统计特性得到,或根据在静音段的数帧中算得的 $|V_w(\omega)|^2$ 做平均得到。而 $E[|X_w(\omega)|^2]$ 的估计有两种方法:

(1) 先将数个含噪语音帧 $Y_w(\omega)$ 平方的平均作为 $E[|Y_w(\omega)|^2]$ 的初估值,再将它减去上述的 $E[|V_w(\omega)|^2]$ 作为 $E[|X_w(\omega)|^2]$ 的估值;

(2) 先将在数帧中平滑的 $|Y_w(\omega)|^2$ 来估计 $E[|Y_w(\omega)|^2]$,而后减去 $E[|V_w(\omega)|^2]$ 作为 $E[|X_w(\omega)|^2]$ 的估值。

按上述得知 $H(\omega)$ 后,每帧语音信号的频谱即可按 $\hat{X}_w(\omega)=H(\omega)Y_w(\omega)$ 得到。其时间信号可由傅里叶反变换得到,相位部分设为 $Y_w(\omega)$ 的相位。

维纳滤波方法的扩充和推广:

$$H(\omega) = \left[\frac{P_x(\omega)}{P_x(\omega)+\alpha P_v(\omega)}\right]^\beta = \left[\frac{E[|X_w(\omega)|^2]}{E[|X_w(\omega)|^2]+\alpha E[|V_w(\omega)|^2]}\right]^\beta \quad (8\text{-}17)$$

当 α、β 值设置不同,$H(\omega)$ 呈现的特性也就不同。当 α、β 为 1 时,$H(\omega)$ 与式(8-16)所示相同。$\alpha=1$、$\beta=1/2$ 时,式(8-17)相当于功率谱滤波,即其特性使降噪信号的功率谱与语音信号的功率谱相近。

设 $P_x(\omega)$、$P_v(\omega)$ 已先按前述各法求得,则由式(8-17)求得 $H(\omega)$,也就可以按 $\hat{X}_w(\omega)=H(\omega)Y_w(\omega)$ 得到降噪的语音信号。

下面讨论一种变形 $\hat{X}_w(\omega)$ 的求法。设将 $P_x(\omega)$ 估计为

$$P_x(\omega) = |\hat{X}_w(\omega)|^2 \quad (8\text{-}18)$$

式中,$|\hat{X}_w(\omega)|^2$ 为所需的语音信号谱估计值,这里它为一个待求的量。于是有

$$\hat{X}_w(\omega) = H(\omega)Y_w(\omega)$$

又由式(8-17)有

$$\hat{X}_w(\omega) = \left[\frac{|\hat{X}_w(\omega)|^2}{|\hat{X}_w(\omega)|^2+\alpha E[|V_w(\omega)|^2]}\right]^\beta Y_w(\omega) \quad (8\text{-}19)$$

于是有

$$|\hat{X}_w(\omega)| = \left[\frac{|\hat{X}_w(\omega)|^2}{|\hat{X}_w(\omega)|^2+\alpha E[|V_w(\omega)|^2]}\right]^\beta |Y_w(\omega)| \quad (8\text{-}20)$$

式(8-20)可看成为以 $|\hat{X}_w(\omega)|$ 为变量的方程,因此可解得 $|\hat{X}_w(\omega)|$。当 $\beta=1/2$ 时,有

$$|\hat{X}_w(\omega)| = (|Y_w(\omega)|^2-\alpha E[|V_w(\omega)|^2])^{\frac{1}{2}} \quad (8\text{-}21)$$

当 $\beta=1$ 时,则有

$$|\hat{X}_w(\omega)| = \frac{1}{2}|Y_w(\omega)| + \frac{1}{2}(|Y_w(\omega)|^2-4\alpha E[|V_w(\omega)|^2])^{\frac{1}{2}} \quad (8\text{-}22)$$

由式(8-21)、式(8-22)可见,只需由给出的 $Y_w(\omega)$ 做简单运算即可求得 $|\hat{X}_w(\omega)|$。运算

的核心是减法,从这点可以看出这种方法与前面的谱减法有相似之处。

2) 一般结构维纳滤波器的迭代型设计方法

参见式(8-17),可将其变换成为一种迭代形式的求 $H(\omega)$ 的方法。设 $|\hat{X}_w(\omega)|$ 已用任意的方法初步估计出结果,将其记为 $|\hat{X}_w(\omega)|_1$,下标 1 指第一次迭代的估计。于是以 $|\hat{X}_w(\omega)|_1$ 作为式(8-17)中的 $P_x(\omega)$,可得到 $H(\omega)$ 的估计,将其记为 $H(\omega)_1$,设 $P_v(\omega)$ 已经估计得到。因此按 $H(\omega)$ 定义可得

$$\hat{X}_w(\omega)_2 = H(\omega)_1 Y_w(\omega) \tag{8-23}$$

$\hat{X}_w(\omega)_2$ 的下标 2 指第二次迭代的估计值。从而又可得到 $H(\omega)_2$,如此迭代直到 $X_w(\omega)_{i+1} \approx X_w(\omega)_i$ 为止,可事先指定一个阈值作为收敛的准则。这种方法较准确,但应该注意选用 $|\hat{X}_w(\omega)|$ 初值的方法,使上述过程易于收敛。

8.3.2　通道畸变的抑制方法

语音信号在携带有语言学信息的同时,也不可避免地受到其他信息源的干扰,这些非语言学信息源将直接影响到语音识别系统的性能。非语言学变化的情况之一是通信环境。众所周知,当一个语音识别系统被应用到与其训练环境不同的测试环境中时性能明显下降。尽管上述的这种下降,通常是由于受到环境中的加性噪声的影响,但通信环境的频率特征强烈地影响到语音信号的短时频谱。由于语音识别系统的许多相似度测度直接或间接地依赖于语音信号的短时频谱分析结果,所以语音识别系统也明显地受到这种通信环境频率特征的影响,使得其性能明显下降。例如,作为典型通信环境的电话线网络,其频率特征直接影响到电话语音识别的性能。J. Pedro 和 R. Stern 通过使用一个商用电话语音通道模拟器产生的电话语音来对 SPHINX 语音识别系统进行测试,发现 SPHINX 系统性能明显下降。S. Lerner 和 B. Mazor 也报道了对一个语音识别器,使用一个极点/零点滤波器来模拟一个长距离电话线的影响,然后受影响的语音信号又经过一个 15dB 的噪声源的干扰后,系统的误识率从 1.3% 迅速上升到 44.6%。由此看出,研究对通道畸变影响的抑制方法,对顽健语音识别具有重要的意义。

近年来,研究者广泛开展了基于通道畸变抑制的顽健语音识别方法的研究。下面介绍的倒谱平均减(cepstral mean subtraction,CMS)的方法,RASTA-PLP 的方法等就是其中较典型的方法。

1. 倒谱平均减 CMS 方法

CMS 的方法在有的文献中称其为倒谱平均归正(cepstral mean normalization,CMN),它是一种常用的通道畸变的去除方法,其过程如下:

给定一个信号 $y[n]$,通过按帧取信号进行短时分析计算其倒谱特征,从而获得 T 个倒谱的矢量集 $\boldsymbol{Y} = \{\boldsymbol{y}_1, \boldsymbol{y}_2, \cdots, \boldsymbol{y}_T\}$,这些矢量的平均 $\bar{\boldsymbol{y}}$ 为

$$\bar{\boldsymbol{y}} = \frac{1}{T} \sum_{t=1}^{T} \boldsymbol{y}_t \tag{8-24}$$

CMS 的方法是将每个 $\boldsymbol{y}_t$ 矢量都减去 $\bar{\boldsymbol{y}}$,从而获得归正后的倒谱矢量 $\hat{\boldsymbol{y}}_t$

$$\hat{\boldsymbol{y}}_t = \boldsymbol{y}_t - \bar{\boldsymbol{y}} \tag{8-25}$$

设信号 $y[n]$ 是一个信号 $x[n]$ 经过滤波器 $h[n]$ 后的输出。在倒谱域上用一个矢量 h 表示滤波器的影响,其每个元素 h_j 为

$$h_j = \sum_{k=1}^{B} \left(\cos\left[j(k-0.5) \times \frac{\pi}{B} \right] \times \ln \mid H(\omega_k) \mid^2 \right) \tag{8-26}$$

式中,B 为 Mel 频带的个数;$\mid H(\omega_k) \mid$ 是 $h[n]$ 的频率响应的第 k 个频带的幅值。

由于滤波器在时域上对信号是卷积的作用,变换到频域后卷积运算变为乘法运算,取对数后进一步变为加法运算,则

$$y_t = x_t + h \tag{8-27}$$

因此样本平均值 $\bar{y}$ 为

$$\bar{y} = \frac{1}{T} \sum_{t=1}^{T} y_t = \frac{1}{T} \sum_{t=1}^{T} (x_t + h) = \bar{x} + h \tag{8-28}$$

考虑式(8-25)、式(8-27)、式(8-28),其归正的倒谱为

$$\hat{y}_t = y_t - \bar{y} = x_t + h - (\bar{x} + h) = x_t - \bar{x} = \hat{x}_t \tag{8-29}$$

这样,经过 CMS 后 $\hat{y}_t$ 等于归正后的语音倒谱 $\hat{x}_t$,从而看出 CMS 抑制了通道畸变的影响。一般使用 CMS 时,对训练和测试中的每个发音都进行这一过程。对一个发音,当 $T \rightarrow \infty$ 时,可以认为在同一环境中发音的均值是相同的。另外,在倒谱矢量上使用 CMS 并不影响倒谱的一阶和二阶差分特征。

下面分析 CMS 对较短发音的影响。假设一个只含单音素 /s/ 的发音,由于 /s/ 较平稳,其均值 $\bar{x}$ 将与该音素所有的各个特征值相似,因此,经过 CMS 归正后,$\hat{x}_t = 0$。对摩擦音也有相似的情况。这意味着使用 CMS 不能正确判断这些极短的发音,错误率将非常高。对发音仍然很短,但包含一个以上音素的情况,这种问题还是能克服的,但音素间的混淆将比没有应用 CMS 时要高。一般的经验认为,在相同的声学环境下,发音长度如果大于 2~4 秒,CMS 并不会引起识别率的下降。已有研究证明,对电话环境,由于从每个通话方来的语音都可能经过不同频率响应的通道,因此使用 CMS 可以使错误率下降 30%。另外,当一个系统用一种麦克风训练,另一种麦克风识别时,CMS 将明显改进其顽健性。

在实际使用时还可以发现:一般在同一环境下并不存在通道情况的不匹配问题,但即使这样,当使用 CMS 时错误率仍将会有所下降。一种解释是,即使使用相同的麦克风和声学环境,不同话者在发音时,其嘴部与麦克风的距离也不尽相同,从而引入不同的通道影响,而使用 CMS 可以去除通道的影响。此外,倒谱平均不仅刻画了传输通道的特性,也反映了不同话者间平均的频率特性,通过去除这种长时话者平均,CMS 方法也可作为一类话者归正的方法。

CMS 方法的一个缺点是在计算发音均值时不能分辨出无声和有声,并且当通道畸变不能被模型化为线性特性时,该方法的有效性受到了限制。为了处理非线性通道畸变,人们提出了二级 CMS(two level cepstral mean subtraction)方法,它对非线性通道畸变采用了简单的分段线性处理的方法,即先将输入语音信号分为语音和背景两部分,并分别求出各部分倒谱特征的平均值,然后每一部分的倒谱特征再分别减去各自的平均值。

2. 二级 CMS 的方法

基于时不变线性通道畸变假设的 CMS 方法,广泛地用于进行通道畸变的抑制,并被认为是一种标准的通道畸变抑制方法。众所周知,电话线网络、麦克风等传输通道对语音信号

产生的是非线性畸变的影响,因而,使用基于线性通道畸变假设的 CMS 方法并不能获得满意的效果。

处理非线性通道畸变的影响,可以采用一种简单的分段线性模型的处理方法。它假设语音信号经过一个依赖于能量大小的线性滤波器的干扰,对输入信号的不同能量段,传输通道有不同的频率响应。因此,通过在不同的能量段上去除各自的倒谱平均值,可以抑制通道畸变的影响。二级 CMS 就是这样的一种处理方法,它将混噪语音信号按能量分为两段,每段分别采用前面的 CMS 方法来抑制通道畸变的影响。

通常假设语音信号受到加性噪声和通道畸变的影响,如果在加性噪声较小可被忽略的情况下,通道畸变对语音信号的影响在对数频谱域上将变为是加性的。由于离散余弦变换是一种线性变换,因此,将通道畸变污染后的语音信号从对数频谱域经离散余弦变换后,通道畸变对语音信号的影响在倒谱域上也变为加性的,采用 CMS 方法可以去掉通道畸变中时不变的部分。对于非线性通道畸变,只能在具有高信噪比的语音段中忽略噪声的影响,而对具有非常低信噪比的信号段上,可以忽略语音部分。因此,通过将语音信号分类为背景和语音两部分,然后分别对各部分使用 CMS 方法进行通道畸变抑制,可以更有效地处理通道畸变的影响。

对一个给定的语音信号倒谱序列,它的每一帧可分别将其分类为背景帧或语音帧。分类可使用序列中的最大能量值 E_{max} 作为一个参考来进行。如令 $E = E_1, E_2, \cdots, E_T$ 是该语音样本信号的能量序列,则可使用背景帧标志 $bck(t)$ 对信号进行分类:

$$bck(t) = \begin{cases} 1, & E_t < \alpha \cdot E_{max} \\ 0, & \text{其他} \end{cases}, \quad t = 1, \cdots, T \tag{8-30}$$

式中,常数 α 是一个经验值。

对分类后的背景帧和语音帧分别计算其倒谱矢量的平均值 $\bar{x}^b$ 和 $\bar{x}^s$,然后按下式计算每一帧补偿后的倒谱系数 $\hat{x}_t$ 为

$$\hat{x}_t = \begin{cases} x_t - \bar{x}^b, & bck(t) = 1 \\ x_t - \bar{x}^s, & \text{其他} \end{cases}, \quad t = 1, \cdots, T \tag{8-31}$$

这种二级 CMS 的方法在用于汽车环境下数字识别中的通道畸变抑制,以及说话人识别中的通道畸变抑制时,其性能优于 CMS 方法。尽管这种二级 CMS 方法,在解决非线性通道畸变的影响上比较有效,但它要求进行语音和背景的分类,且系统性能依赖于分类结果,而在噪声环境下进行语音和背景的分类,是一个比较困难的问题,因而这种方法也有其局限性。

3. RASTA-PLP 技术

RASTA(RelAtive SpecTrAl)技术是一种用于抑制传输通道对语音信号产生影响的方法,其依据在于感知试验的结果。感知试验指出,人类对语音的听觉感知性可以抑制平稳的非语言学背景,并增强变化的语言信息,因此,基于听觉感知特性的语音分析方法有利于顽健语音识别。通常,传输通道的变化相对于语音的变化来说是常量的或缓变的,RASTA-PLP 技术正是利用了这种传输通道的相对平稳性,在每个 PLP 频带对数频谱上,使用一个低端截止频率非常低的带通滤波器进行滤波处理来代替通常的短时频谱。经过这种处理后,每个频带上任何常量或变化缓慢的部分将被抑制。由于对数频域上频谱的常数部分反映的是

输入语音信号中卷积的影响,而这种卷积的影响刚好是传输通道的影响。RASTA-PLP 处理过程如图 8-3 所示。

下面给出 RASTA-PLP 的具体过程:

(1) 计算临界带频谱(同 PLP),并取其对数;

(2) 使用连续 5 点频谱回归来估计对数临界带频谱的导数;

(3) 做非线性处理(如应用阈值、中值滤波等);

(4) 用一个一阶的 IIR 系统对上面对数临界带暂变特征重积分,通过调整 IIR 系统的极点位置可设置有效的窗长,一般取 0.98;

(5) 按照通常的 PLP 处理,进行等响度预加重和强度—响度转换;

(6) 对相对的对数频谱取指数运算,产生一个相对的听觉频谱;

(7) 全极点模型求线性预测系数。

整个导数-重积分过程等价于每个频带经过一个 IIR 滤波器的滤波,其传递函数为

$$H(z) = 0.1 \times \frac{(2 + z^{-1} - z^{-3} - 2z^{-4})}{z^{-4}(1 - 0.98z^{-1})} \tag{8-32}$$

由传输通道或使用不同类型麦克风等产生的畸变,在对数频谱上是一个加性的常数。RASTA-PLP 滤波器的高通部分有利于抑制通道中卷积噪声的影响,低通部分有助于平滑短时频谱分析造成的帧间变化。RASTA-PLP 处理的结果通常依赖于分析的起始点。

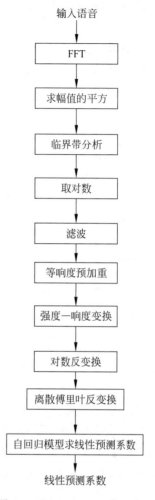

图 8-3 RASTA-PLP 处理过程

尽管经典的 RASTA 处理抑制了对数频谱上传输通道畸变等变化缓慢的部分,然而不相关的加性噪声等部分经对数运算后变为与信号相关的成分,并且这些成分在对数频域上不能经 RASTA 带通滤波有效地进行去除。一些研究表明:RASTA 处理并不适合对明显带有加性噪声的原始信号进行处理。

为解决上述问题,文献中又提出了改进的 RASTA 处理技术,如 LIN-LOG RASTA 处理,这种处理在噪声是加性类型时,相当于在功率谱上滤波,而在噪声是卷积类型时,相当于在对数谱上滤波,其形式为

$$y = \ln(1 + Jx) \tag{8-33}$$

式中,J 是一个与信号相关的正常数。当 $J \ll 1$ 时,y 是线性的,当 $J \gg 1$ 时,y 是对数的。J 可以通过估计噪声平均能量自适应地确定。

RASTA 处理除了可以用在对数频域上之外,一些研究中也将其应用到了倒谱域上,并收到了较好的效果。实际上,在 RASTA-PLP 处理中,通道畸变的抑制主要是依靠 RASTA 处理部分进行的,而 PLP 技术只是对人类听觉感知特性的一种工程模拟,前面已经看到它需要复杂的计算。Mel 频谱分析也是一种模拟人类听觉感知特性的方法,且其与 PLP 相比

计算简单,它不需要进行复杂的等响度预加重、强度—响度转换,以及重新进行频谱分析等处理。因此,完全可以将 RASTA 处理应用到 Mel 频率对数频谱上。

RASTA 处理中的主要部分是在每个频带的对数频谱上使用了低端截止频率非常低的带通滤波器,假设用 $H(z)$ 代表该带通滤波器,$y_k(z)$ 和 $\hat{y}_k(z)$ 分别代表 z 变换域上 RASTA 处理前和处理后的第 k 个 Mel 频带对数频谱,则有

$$\hat{y}_k(z) = H(z) \times y_k(z) \tag{8-34}$$

基于 Mel 频谱分析的倒谱系数 MFCC,是当前语音识别系统中广泛采用的特征参数,它是由 Mel 频率对数频谱经离散余弦变换 DCT 后而求得的,在 z 变换域上有

$$\hat{C}_j(z) = \sum_{k=1}^{B} \left(\cos\left[j(k-0.5) \times \frac{\pi}{B} \right] \times \hat{y}_k(z) \right), \quad j = 1, 2, \cdots, d \tag{8-35}$$

式中,$\hat{C}_j(z)$ 是 z 变换域上经 RASTA 处理后的第 j 个 MFCC;B 是 Mel 频带的个数;d 是 MFCC 的维数。

如果将式(8-34)代入式(8-35),则有

$$\begin{aligned}
\hat{C}_j(z) &= \sum_{k=1}^{B} \left(\cos\left[j(k-0.5) \times \frac{\pi}{B} \right] \times H(z) \times y_k(z) \right) \\
&= H(z) \times \sum_{k=1}^{B} \left(\cos\left[j(k-0.5) \times \frac{\pi}{B} \right] \times y_k(z) \right) \\
&= H(z) \times C_j(z)
\end{aligned} \tag{8-36}$$

式中,$C_j(z)$ 是 z 变换域上未经 RASTA 处理时的第 j 个 MFCC。

从式(8-36)可以看出,我们完全有理由将 RASTA 处理从对数频谱域扩展到 MFCC 上,即先求 MFCC,然后再做带通滤波处理。通常 B 大于 d(如一般的研究中 B 取 20 以上,d 取 12),因而,这种直接在 MFCC 上进行 RASTA 处理的方法能减少计算代价。

RASTA 的带通滤波器可表示为如下的形式:

$$H(z) = G \times \frac{z^{N-1} \sum_{n=0}^{N-1} \left(\frac{N-1}{2} - n \right) z^{-n}}{1 - \rho z^{-1}} \tag{8-37}$$

式中,分子部分代表一个时间暂变特征的线性回归估计,而分母部分代表了一个简单的泄漏积分器。

以往 RASTA 处理中,通常取 $N=5$。在 MFCC 上进行 RASTA 处理时,研究中发现,当 $N=3$ 时的系统性能不如 $N=5$ 时的情况,因而,在这种情况下也取 $N=5$,这时的滤波器形式为

$$H(z) = G \times \frac{z^4(2 + z^{-1} - z^{-3} - 2z^{-4})}{1 - \rho z^{-1}} \tag{8-38}$$

对上式这样的滤波器,需要决定其增益参数 G 和极点参数 ρ。倒谱系数 $c_t(j)$ 经过 $H(z)$ 后,它的输出 $\hat{c}_t(j)$ 可表示为

$$\hat{c}_t(j) = G \times \sum_{n=0}^{4} (n-2)c_{t+n}(j) + \rho \times \hat{c}_{t-1}(j) \tag{8-39}$$

式中,$t=1, 2, \cdots, T$ 是帧号。可以看出,这里也有一个积分初始值 $\hat{c}_{-1}(j)$ 需要确定。通常可使用语音信号开始前若干帧倒谱系数的平均值来作为积分初始值。

8.3.3 基于模型的补偿方法

这类方法主要是通过调整模型参数以适应新的测试环境,如下面将要介绍的通过使用多种可能环境中的数据进行训练的多重风格训练方法,通过将混噪语音的 HMM 模型分解为语音和噪声模型的 HMM 分解方法,将语音和噪声模型混合的 PMC 方法。

1. 多重风格训练

最简单、直观的模型补偿方法是多重风格训练的方法,它是用各种可能的测试环境的语音数据来训练识别模型。由于训练数据中包含了各种语音和环境的信息,因此能达到模型补偿的目的。但很明显,这种方法要求有各种环境下的语音数据,且训练时间较长。如果能事先确定可能的使用环境为有限的类型时,能取得较好的效果。但在实际应用时很难预先知道使用环境,并且获得各种环境下的训练数据也较为困难,因此这种方法有其局限性。一些文献中也指出,多重风格训练的方法对特定说话人具有较好的性能,而对非特定说话人系统,由于数据较分散,效果反而不好。

2. HMM 分解

HMM 分解(hidden markov model decomposition)提供了一种同时识别语音和噪声的方法。其基本思想是使用并行的 HMM 模型,将混合信号中各个组成成分划归到所属的成分类中。由于 HMM 能刻画动态变化的信号,因此这种技术可以处理时变的噪声,如背景谈话人的声音,门铃声等。

假设一个信号是由两个独立部分叠加而成,其中每个部分都可用通常的 HMM 来表示,这两部分混合后的信号可视为其混合输出的函数,因此用于评价同步 HMM 混合影响的观察概率为

$$\text{observation Probability} = P(\text{observation} \mid M1 \otimes M2) \tag{8-40}$$

式中,$M1$ 和 $M2$ 分别是同步混合信号中两个组成部分的 HMM;$\otimes$ 是任何的混合运算符,如加、乘、卷积等。识别时,通过扩展通常的 Viterbi 解码算法来实现在两个模型混合的状态空间上的搜索。

一般的 Viterbi 搜索过程是递归地评价如下最可能的状态序列:

$$P_t(i) = \max_u P_{t-1}(u) a_{u,i} b_i(O_t) \tag{8-41}$$

式中,$P_t(i)$ 是 t 时刻处在状态 i 的概率;$a_{u,i}$ 是从状态 u 到状态 i 的转移概率;$b_i(O_t)$ 为 O_t 处在状态 i 的观察概率。

在对两个混合信号进行分解的情况下,解码过程变为

$$P_t(i,j) = \max_{u,v}[P_{t-1}(u,v) a1_{u,i} a2_{v,j} b1_i \otimes b2_j(O_t)] \tag{8-42}$$

式中,$P_t(i,j)$ 是 t 时刻第一个成分处在状态 i,第二个成分处在状态 j 的概率;$a1_{u,i}$ 是第一个成分从状态 u 到状态 i 的转移概率;$a2_{v,j}$ 是第二个成分从状态 v 到状态 j 的转移概率;$b1_i \otimes b2_j(O_t)$ 为 O_t 的观察概率。其计算如下

$$b1_i \otimes b2_j(O_t) = \iint P(O1_t, O2_t \mid i,j) dO1_t dO2_t \tag{8-43}$$

式中积分是对所有的 $(O1_t, O2_t)$ 进行,因此有

$$O_t = O1_t \otimes O2_t \tag{8-44}$$

使用式(8-42)可找到同步模型中每个部分优化后的状态序列,因此识别过程是在图 8-4 所

示的一个三维状态空间网格中进行。

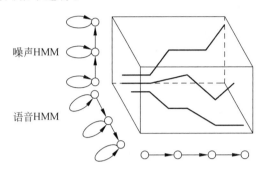

图 8-4　HMM 分解示意图

　　在混噪语音的情况下,要分解的两部分分别是所有词的语音模型和与之相伴的各种噪声的模型集。观察概率的计算是基于语音模型输出和噪声模型输出的混合来进行的。语音识别的过程是基于一组 HMM 进行,而噪声的判断是基于另一组 HMM 进行。

　　通常一个观察信号由不同的信号成分混合而成,它们通过一些操作运算的形式来进行混合。文献中 A. P. Varga 和 R. K. Moore 研究的观察信号是在语音形式的信号上叠加噪声,从而产生不同信噪比下的混噪语音信号,这样观察信号的对数能量为

$$O_t = \log(O'1_t + O'2_t) \tag{8-45}$$

式中,$O'1_t$ 和 $O'2_t$ 分别为语音、噪声两部分的能量,上面公式可进行如下近似

$$O_t = \log(O'1_t + O'2_t) \approx \max(O1_t, O2_t) \tag{8-46}$$

式中,$O1_t = \log(O'1_t)$,$O2_t = \log(O'2_t)$。这样可以对式(8-43)中积分形式加以近似,以评价观察概率,即

$$
\begin{aligned}
b1_i \otimes b2_j(O_t) &= P(\max(O1_t, O2_t) \mid i, j) \\
&= C(O1_t, \mu1_i, \sigma1_i^2) N(O2_t, \mu2_j, \sigma2_j^2) + C(O2_t, \mu2_j, \sigma2_j^2) N(O1_t, \mu1_i, \sigma1_i^2)
\end{aligned}
\tag{8-47}
$$

式中,$N(O_t, \mu, \sigma^2)$ 是均值为 μ、方差为 σ^2 的正态分布上观察 O_t 的概率;$C(O_t, \mu, \sigma^2)$ 是所有小于均值为 μ、方差为 σ^2 的正态分布上观察 O_t 的累积概率。

　　上述这种混合运算利用了噪声在特定频带上的影响是有限的这一实际情况。A. P. Varga 和 R. K. Moore 的研究表明:与不使用噪声补偿的方法相比,HMM 噪声分解的方法明显改进了混噪语音的识别性能。

3. 并行模型混合 PMC(parallel model combination)

　　PMC 方法也是一种基于模型的补偿技术,它通过将语音和噪声模型进行混合来构建混噪语音模型,并用混合后的模型进行混噪语音识别。PMC 方法中的模型使用一个标准的高斯输出概率分布的 HMM,因此,它不要求修改识别程序,允许应用标准的 HMM 重估公式。PMC 方法的基本假设是似然度为

$$L(O^c(t) \mid q_j(t), q_v(t), \lambda_s, \lambda_v) = \sum_{k=1}^{K} \hat{c}_k N(O^c(t); \hat{\mu}_k^c, \hat{\Sigma}_k^c) \tag{8-48}$$

式中,上角标 c 表示为倒谱域;λ_s 和 λ_v 分别表示纯净语音和噪声模型的参数集;而 $q_j(t)$ 和 $q_v(t)$ 分别表示 t 时刻纯净语音模型处于状态 j,噪声模型处在状态 v。有不同的近似方法来

估计权值 $\hat{c}_k$、均值 $\hat{\mu}_k$ 和方差 $\hat{\Sigma}_k$。另外,可以通过实验确定用多少个混合 M 来代表一个特定的语音和噪声状态对。M 的大小不一定与原始纯净语音时的相同。

模型的形式确定后,需要选择适当的方法来估计新的模型参数。PMC 方法要进行语音和噪声的混合,混合的最好方法是在纯净语音信号的波形上加入噪声,这样就产生了新的训练数据,它能与测试环境匹配,可用于模型的训练。但要进行有效的训练,需要满足下面的要求:

(1) 整体训练数据可在线利用;

(2) 要有足够的噪声样本能加到纯净语音数据上;

(3) 在背景噪声发生变化时,计算能力能够满足噪声的处理和模型参数的训练。

在给定这些条件下进行补偿是不现实的。然而,如果能假设纯净语音模型中包含训练数据充分的统计信息,则可用它来代替数据本身用于补偿中;同时也可用任何时候获得的噪声样本来产生一个噪声模型。这样问题就变为:找到一种方法来混合这两个模型以精确地估计混噪语音模型。

基本的 PMC 方法的原理如图 8-5 所示,输入的是各个纯净语音的模型和一个噪声模型。由于语音和噪声在线性频谱域或对数频谱域上进行混合表示起来较自然,因此这种方法的混合是在这些域上进行的。最简单的反映噪声对语音特征上的影响,是在上述域上用一个不匹配函数(mismatch function)来近似这种影响。如果原来的模型参数使用的是倒谱参数,这些模型参数必须先变换到合适的混合域(图 8-5 的对数域)后,再将纯净语音模型和噪声模型按不匹配函数进行混合,之后如果需要混噪语音模型的估计,可以再变换到倒谱域。

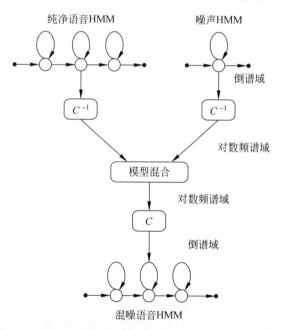

图 8-5　并行模型混合 PMC 方法的原理框图

1) 从倒谱到对数频谱的映射

像前面强调的那样,如果在语音和噪声模型中都使用倒谱参数,则必须先将这些模型参

数从倒谱域映射到对数频谱域,这个过程可用 DCT 反变换来实现。纯净语音静态的倒谱参数映射到对数频域,有

$$
\left.\begin{array}{l}
\boldsymbol{\mu}^l = C^{-1}\boldsymbol{\mu}^c \\
\boldsymbol{\Sigma}^l = C^{-1}\boldsymbol{\Sigma}^c (C^{-1})^{\mathrm{T}}
\end{array}\right\} \tag{8-49}
$$

式中,C 代表 DCT 变换矩阵。相似地,噪声参数 $\{\boldsymbol{\mu}_v^c, \boldsymbol{\Sigma}_v^c\}$ 可映射到 $\{\boldsymbol{\mu}_v^l, \boldsymbol{\Sigma}_v^l\}$。需要指出的是:尽管倒谱域协方差矩阵是对角的,但对数频谱域的协方差矩阵却是满的。

如果在特征矢量中加入动态参数,则它们也需要先变换到对数频谱域,这时均值特征矢量为

$$
\boldsymbol{\mu}^{\Delta l} = \left[(C^{-1}\boldsymbol{\mu}^c)^{\mathrm{T}} \ (C^{-1}\Delta\boldsymbol{\mu}^c)^{\mathrm{T}} \right]^{\mathrm{T}} \tag{8-50}
$$

式中,$\Delta\boldsymbol{\mu}^c$ 为倒谱域上的动态参数。协方差矩阵由于和静态、动态系数均有关系,其映射较为复杂,如倒谱域上协方差矩阵是满的,则

$$
\boldsymbol{\Sigma}^{\Delta l} = \begin{bmatrix} C^{-1}\boldsymbol{\Sigma}^c (C^{-1})^{\mathrm{T}} & C^{-1}\delta\boldsymbol{\Sigma}^c (C^{-1})^{\mathrm{T}} \\ C^{-1}(\delta\boldsymbol{\Sigma}^c)^{\mathrm{T}} (C^{-1})^{\mathrm{T}} & C^{-1}\Delta\boldsymbol{\Sigma}^c (C^{-1})^{\mathrm{T}} \end{bmatrix} \tag{8-51}
$$

式中,$\Delta\boldsymbol{\Sigma}^c$ 是一阶动态参数的协方差矩阵;$\delta\boldsymbol{\Sigma}^c$ 是代表静态和动态系数间校正的协方差矩阵。相似地,可将噪声参数从倒谱域 $\{\boldsymbol{\mu}_v^{\Delta c}, \boldsymbol{\Sigma}_v^{\Delta c}\}$ 映射到对数频谱域 $\{\boldsymbol{\mu}_v^{\Delta l}, \boldsymbol{\Sigma}_v^{\Delta l}\}$。如对语音、噪声都使用对角阵,静态和动态参数间的交叉校正项可忽略。

从对数频谱域变换到倒谱域只是简单的逆操作。

2) 不匹配函数

PMC 方法中需要定义相关的函数来描述噪声对每个语音参数的影响,为此,需要先进行如下的一些假设:

(1) 语音和噪声相互独立;

(2) 语音和噪声在时域上是加性的,在功率谱域上是可加的;

(3) 使用一个单高斯模型或具有多个分量的高斯混合模型包含了观察矢量在倒谱或对数频谱域上分布的充分信息;

(4) 从纯净语音数据产生的混噪语音模型,它们的帧/状态是对齐的,不受噪声加入的影响。

有了上述假设,加性噪声在每个特征矢量上的影响就可以写成表达式的形式。为了在补偿过程中使用这些表达式,需要已知所有变量的统计特性,以及充分地描述这些统计量间不同的校正信息。

下面讨论加性噪声下静态参数的不匹配函数。受噪声污染后语音观察在对数频谱域的静态参数为

$$
\begin{aligned}
O_i^l(t) &= F(X_i^l(t), V_i^l(t)) \\
&= \log(g \exp(X_i^l(t)) + \exp(V_i^l(t)))
\end{aligned} \tag{8-52}
$$

式中,$X_i^l(t)$ 是 t 时刻处于状态 i 上的纯净语音;$V_i^l(t)$ 是相应的噪声;g 是增益匹配项,反映纯净语音和混噪语音量级上的差别。

在有加性噪声和通道畸变的情况下,混噪语音表示为

$$
O_i(t) = H_i X_i(t) + V_i(t) \tag{8-53}
$$

式中,H 代表训练和测试通道的不同。卷积噪声假设是常数的,其大小与输入信号无关。

因此对诸如麦克风使用类型不同等造成的非线性增益畸变,在这种方法中没有进行补偿。如果忽略一个频段内噪声的变化,则有

$$
\begin{aligned}
O_i^l(t) &= F^H(X_i^l(t), V_i^l(t), H_i^l) \\
&= \log(\exp(X_i^l(t) + H_i^l) + \exp(V_i^l(t)))
\end{aligned}
\tag{8-54}
$$

对卷积噪声部分由于没有统计信息,因此需要在新的测试条件下进行估计。加性和卷积噪声下的不匹配函数可写成类似于加性噪声不匹配函数的形式

$$
F^H(X_i^l(t), V_i^l(t), H_i^l) = F(X_i^l(t) + H_i^l, V_i^l(t))
\tag{8-55}
$$

3) 不匹配函数上的变化

一般没有必要在功率谱上进行语音和噪声的混合,并在此基础上求静态参数。对MFCC参数等的实现方法,大都是将FFT的值在幅值谱上结合,而并不是在功率谱上结合。如果假设在每个Mel尺度频段上的变化较小,通过对这些参数进行适当的比例调整,还是可以产生功率谱及任何更高阶上的静态参数。这时静态参数的不匹配函数变为

$$
O_i^l(t) = \frac{1}{\gamma} \log(\exp(\gamma X_i^l(t)) + \alpha \exp(\gamma V_i^l(t)))
\tag{8-56}
$$

式中,有两个新增变量 α 和 γ,如果是在幅值谱上产生静态参数,则 $\gamma = 1$ 表示在线性谱域上相加,$\gamma = 2$ 表示在功率谱上相加。通过设置较大的 γ,也可以表示在较高谱域上的相加。通常 α 设为1,它也可以像谱减中经常使用的过估计系数一样进行变化。

4) HMM 的训练

前面介绍了噪声和语音模型混合的方法,以及噪声对语音特征参数的影响。下面讨论混噪语音的 HMM 模型训练问题。

这里主要介绍基于数据驱动的 PMC 的训练。该方法为每个纯净语音和噪声对产生一组混噪语音矢量,这些矢量可在对数频谱或倒谱域上产生,并将它们作为训练样本。一旦有了这些训练样本就可在最大似然准则基础上估计混噪语音模型的均值矢量和协方差。使用这种方法要考虑如下两个问题:

(1) 对大词汇量系统,尤其是使用动态参数时,计算代价较大时的问题。从这种方法的思想看,其计算代价主要依赖于合成数据时的代价,以及合成数据的多少。

(2) 需要考虑噪声模型的复杂程度。在标准的 PMC 中,每个语音和噪声分量都需独立地模型化。因此,对每个状态有 2 个分量的噪声模型和每个状态有 6 个分量的语音模型,在混噪语音模型中每个状态将有 12 个分量的实时运算要求。由于在每个语音和噪声状态对上将产生一组混噪语音矢量,训练问题就变为可根据需要选择分量多少,并基于最大似然估计准则的标准 HMM 训练问题。

基于数据驱动的 PMC 的训练过程,就是使用产生的混噪语音样本进行参数估计的过程。这样对倒谱域上 T 个训练数据,权值、均值矢量和协方差矩阵可按下式估计

$$
\hat{c}_k^{(n+1)} = \frac{1}{T} \sum_{t=1}^{T} \Re_k(t)
\tag{8-57}
$$

$$
\hat{\mu}_k^{(n+1)} = \frac{\sum_{t=1}^{T} \Re_k(t) O^c(t)}{\sum_{t=1}^{T} \Re_k(t)}
\tag{8-58}
$$

$$\hat{\Sigma}_k^{(n+1)} = \frac{\sum_{t=1}^T \Re_k(t) O^c(t) O^c(t)^T}{\sum_{t=1}^T \Re_k(t)} - \hat{\mu}_k^{(n+1)} (\hat{\mu}_k^{(n+1)})^T \tag{8-59}$$

其中

$$\Re_k(t) = \frac{c_k N(O^c(t); \hat{\mu}_k^{(n)}, \hat{\Sigma}_k^{(n)})}{\sum_{i=1}^K c_i N(O^c(t); \hat{\mu}_i^{(n)}, \hat{\Sigma}_i^{(n)})} \tag{8-60}$$

为了对估计过程初始化,需要给出一个状态分量的初始估计。如果分量个数等于噪声的分量乘以语音的分量,初始分量的估计将根据各个分量对产生混噪语音观察的知识来产生。这是零迭代的估计,等价于假设帧/分量位置不变。如果分量数减少,初始估计将通过对分量的混合来进行,或取最重要的分量集。

通常只能在一个状态上进行分量混合,因为在模型级上只有状态包含了短时信息。因此,不可能使用三状态的从左到右的模型来有效地对两状态从左到右的模型进行估计。

4. 矢量泰勒级数(vector taylor series)VTS 方法

同时考虑加性噪声和通道畸变影响,混噪语音与纯净语音间的关系是一个极其复杂的形式,不能直接求解。VTS 方法对上述复杂的表示形式采用有限阶数的泰勒展开形式进行简化,这样就可以直接方便地进行求解。

图 8-6 为一典型的环境影响语音的情形。

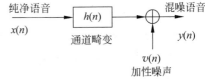

假设纯净语音特征矢量为 $x(n)$,受环境影响后混噪语音特征矢量为 $y(n)$,$v(n)$ 为背景加性噪声,而 $h(n)$ 表示通道畸变的影响,对图 8-6 噪声的影响在频域上可以用下式来表示:

图 8-6 语音识别中的环境模型

$$Y(\omega) = X(\omega) |H(\omega)|^2 + V(\omega) \tag{8-61}$$

式中,$Y(\omega)$ 和 $X(\omega)$ 分别为混噪语音和纯净语音的功率谱,而 $H(\omega)$ 是通道畸变滤波器的频率响应,$V(\omega)$ 是加性噪声的功率谱。上式在对数频域上可表示为

$$y = x + h + \lg(1 + e^{v-x-h}) \tag{8-62}$$

或表示为

$$y = x + f(x, h, v) \tag{8-63}$$

式中,$f(\cdot)$ 为环境函数,表示为

$$f(x, h, v) = h + 10\lg(I + 10^{\frac{v-x-h}{10}}) \tag{8-64}$$

这里 I 是一个单位矢量,所有矢量都是 d 维的。

在这种情况下,环境参数为如下矢量

$$h = \begin{bmatrix} h[1] \\ \vdots \\ h[d] \end{bmatrix} \quad v = \begin{bmatrix} v[1] \\ \vdots \\ v[d] \end{bmatrix} \tag{8-65}$$

式中,分量 $h[l]$ 是第 l 个 Mel 频带上,通道畸变滤波器频率响应幅值平方 $|H(\omega_l)|^2$ 的对数;$v[l]$ 是第 l 个 Mel 频带上噪声谱 $V(\omega_l)$ 的对数。

对于式(8-62)的非线性函数形式,无法直接求解 y 的分布,而 VTS 方法提供了解决这种问题的框架。

VTS方法将 $f(\boldsymbol{x},\boldsymbol{h},\boldsymbol{v})$ 用其泰勒级数展开来近似,因此有

$$\boldsymbol{y} = \boldsymbol{x} + f(\boldsymbol{x}_0,\boldsymbol{h},\boldsymbol{v}) + f'(\boldsymbol{x}_0,\boldsymbol{h},\boldsymbol{v})(\boldsymbol{x}-\boldsymbol{x}_0) + \frac{1}{2}f''(\boldsymbol{x}_0,\boldsymbol{h},\boldsymbol{v})(\boldsymbol{x}-\boldsymbol{x}_0)(\boldsymbol{x}-\boldsymbol{x}_0) + \cdots$$

(8-66)

式中,$f(\boldsymbol{x}_0,\boldsymbol{h},\boldsymbol{v})$ 可写成

$$f(\boldsymbol{x}_0,\boldsymbol{h},\boldsymbol{v}) = \boldsymbol{h} + 10\lg(\boldsymbol{I} + 10^{\frac{\boldsymbol{v}-\boldsymbol{x}_0-\boldsymbol{h}}{10}})$$

(8-67)

即对环境函数 $f(\cdot)$ 在点 $\boldsymbol{x}_0$ 处进行评价,$f'(\boldsymbol{x}_0,\boldsymbol{h},\boldsymbol{v})$ 是 $f(\cdot)$ 对 $\boldsymbol{x}$ 的导数在 $\boldsymbol{x}_0$ 点的值,即

$$f'(\boldsymbol{x}_0,\boldsymbol{h},\boldsymbol{v}) = -diag((1+10^{\frac{x_{0,i}+h_i-v_i}{10}})^{-1})$$

(8-68)

即为一个对角阵。同样可以求出更高阶的导数。

下面讨论一下混噪语音的均值矢量和协方差矩阵的求法。一般均值的表达式为

$$\boldsymbol{\mu}_y = E(\boldsymbol{y}) = E(\boldsymbol{x}+f(\boldsymbol{x},\boldsymbol{h},\boldsymbol{v})) = E(\boldsymbol{x}) + E(f(\boldsymbol{x},\boldsymbol{h},\boldsymbol{v}))$$

(8-69)

对 $f(\cdot)$ 用泰勒级数展开,有

$$\boldsymbol{\mu}_y = E(\boldsymbol{y}) = E(\boldsymbol{x}+f(\boldsymbol{x},\boldsymbol{h},\boldsymbol{v})) = E(\boldsymbol{x}) + f(\boldsymbol{x}_0,\boldsymbol{h},\boldsymbol{v}) + f'(\boldsymbol{x}_0,\boldsymbol{h},\boldsymbol{v})E(\boldsymbol{x}-\boldsymbol{x}_0)$$
$$+ \frac{1}{2}f''(\boldsymbol{x}_0,\boldsymbol{h},\boldsymbol{v})E((\boldsymbol{x}-\boldsymbol{x}_0)(\boldsymbol{x}-\boldsymbol{x}_0)) + \cdots$$

(8-70)

上式中的每一项都能很容易地计算。

对协方差矩阵,有

$$\boldsymbol{\Sigma}_y = E((\boldsymbol{y}\boldsymbol{y}^T)) - \boldsymbol{\mu}_y\boldsymbol{\mu}_y^T$$
$$= E(\boldsymbol{x}\boldsymbol{x}^T) + E(f(\boldsymbol{x},\boldsymbol{h},\boldsymbol{v})f(\boldsymbol{x},\boldsymbol{h},\boldsymbol{v})^T) + 2E(\boldsymbol{x}f(\boldsymbol{x},\boldsymbol{h},\boldsymbol{v})^T) - \boldsymbol{\mu}_y\boldsymbol{\mu}_y^T$$

(8-71)

将 $f(\cdot)$ 用泰勒级数展开,上式每一项都是可求解的。

为了简化表达式,将泰勒级数展开的阶次保持在某一水平,可以获得混噪语音对数频谱均值矢量和协方差矩阵的近似表达式。泰勒级数展开的阶次越高,近似得就越好,但求解过程越复杂。例如对零阶的泰勒展开,均值矢量和协方差矩阵可表示为

$$\boldsymbol{\mu}_y = E(\boldsymbol{y}) \cong E(\boldsymbol{x}+f(\boldsymbol{x}_0,\boldsymbol{h},\boldsymbol{v})) = \boldsymbol{\mu}_x + f(\boldsymbol{x}_0,\boldsymbol{h},\boldsymbol{v})$$

(8-72)

$$\boldsymbol{\Sigma}_y = E\{(\boldsymbol{y}-\boldsymbol{\mu}_y)(\boldsymbol{y}-\boldsymbol{\mu}_y)^T\} \cong E\{(\boldsymbol{x}+f(\boldsymbol{x}_0,\boldsymbol{h},\boldsymbol{v})-\boldsymbol{\mu}_x-f(\boldsymbol{x}_0,\boldsymbol{h},\boldsymbol{v}))$$
$$(\boldsymbol{x}+f(\boldsymbol{x}_0,\boldsymbol{h},\boldsymbol{v})-\boldsymbol{\mu}_x-f(\boldsymbol{x}_0,\boldsymbol{h},\boldsymbol{v}))^T\}$$
$$\cong E\{(\boldsymbol{x}-\boldsymbol{\mu}_x)(\boldsymbol{x}-\boldsymbol{\mu}_x)^T\} = \boldsymbol{\Sigma}_x$$

(8-73)

可以看出,按零阶泰勒级数展开,环境特征对纯净语音的影响表现为均值的偏移。对一阶泰勒级数展开,均值矢量和协方差矩阵的表达式为

$$\boldsymbol{\mu}_y = E(\boldsymbol{y}) \cong E(\boldsymbol{x}+f(\boldsymbol{x}_0,\boldsymbol{h},\boldsymbol{v})+f'(\boldsymbol{x}_0,\boldsymbol{h},\boldsymbol{v})(\boldsymbol{x}-\boldsymbol{x}_0))$$

(8-74)

$$\boldsymbol{\mu}_y \cong (\boldsymbol{I}+f'(\boldsymbol{x}_0,\boldsymbol{h},\boldsymbol{v}))\boldsymbol{\mu}_x + f(\boldsymbol{x}_0,\boldsymbol{h},\boldsymbol{v}) - f'(\boldsymbol{x}_0,\boldsymbol{h},\boldsymbol{v})\boldsymbol{x}_0$$

(8-75)

$$\boldsymbol{\Sigma}_y = E\{\boldsymbol{y}\boldsymbol{y}^T\} - \boldsymbol{\mu}_y\boldsymbol{\mu}_y^T$$

(8-76)

$$E\{\boldsymbol{y}\boldsymbol{y}^T\} \cong E\{(\boldsymbol{x}+f(\boldsymbol{x}_0,\boldsymbol{h},\boldsymbol{v})+f'(\boldsymbol{x}_0,\boldsymbol{h},\boldsymbol{v})(\boldsymbol{x}-\boldsymbol{x}_0))$$
$$(\boldsymbol{x}+f(\boldsymbol{x}_0,\boldsymbol{h},\boldsymbol{v})+f'(\boldsymbol{x}_0,\boldsymbol{h},\boldsymbol{v})(\boldsymbol{x}-\boldsymbol{x}_0))^T\}$$

(8-77)

$$\boldsymbol{\mu}_y\boldsymbol{\mu}_y^T = (\boldsymbol{x}+f(\boldsymbol{x}_0,\boldsymbol{h},\boldsymbol{v})+f'(\boldsymbol{x}_0,\boldsymbol{h},\boldsymbol{v})(\boldsymbol{x}-\boldsymbol{x}_0))$$
$$(\boldsymbol{x}+f(\boldsymbol{x}_0,\boldsymbol{h},\boldsymbol{v})+f'(\boldsymbol{x}_0,\boldsymbol{h},\boldsymbol{v})(\boldsymbol{x}-\boldsymbol{x}_0))^T$$

(8-78)

$$\boldsymbol{\Sigma}_y \cong (\boldsymbol{I} + f'(\boldsymbol{x}_0, \boldsymbol{h}, \boldsymbol{v})) \boldsymbol{\Sigma}_x (\boldsymbol{I} + f'(\boldsymbol{x}_0, \boldsymbol{h}, \boldsymbol{v}))^T \qquad (8\text{-}79)$$

式中

$$(\boldsymbol{I} + f'(\boldsymbol{x}_0, \boldsymbol{h}, \boldsymbol{v})) = diag\,(1 - (1 + 10^{\frac{x_{0,i}+h_i-v_i}{10}})^{-1}) = diag\,((1 + 10^{\frac{x_{0,i}+h_i-v_i}{10}})^{-1})$$
$$(8\text{-}80)$$

可以看出,一阶泰勒级数展开反映出环境对纯净语音均值的影响,表现为均值的偏移;而对协方差矩阵的影响,由于式(8-79)中与纯净语音协方差矩阵$\boldsymbol{\Sigma}_x$相乘的$(\boldsymbol{I} + f'(\boldsymbol{x}_0, \boldsymbol{h}, \boldsymbol{v}))$矩阵的每个元素都小于1,因此协方差矩阵被压缩。

下面介绍将 VTS 与最大似然估计准则相结合,从混噪语音中估计环境参数的迭代方法。该方法先估计环境参数,之后再估计混噪语音对数频谱的均值矢量和协方差矩阵。

先给定下面的假设:

(1) 混噪语音对数频谱矢量集为 $\boldsymbol{y} = \{y_1, y_2, \cdots, y_T\}$;

(2) 纯净语音对数频谱的分布为 $P(\boldsymbol{x}_t) = \sum_{k=1}^{K} c_k N_{r_t}(\boldsymbol{\mu}_{x,k}, \boldsymbol{\Sigma}_{x,k})$;

(3) 环境参数的初始值为 $\boldsymbol{v}_0 = \min\{\boldsymbol{y}\}, \boldsymbol{h}_0 = mean\{\boldsymbol{y}\} - \boldsymbol{\mu}_x, \boldsymbol{x}_0 = \boldsymbol{\mu}_x$。

这样按前面的 VTS 方法,在 $\boldsymbol{\mu}_x, \boldsymbol{v}_0, \boldsymbol{h}_0$ 处进行泰勒级数展开,有

$$\boldsymbol{y} = \boldsymbol{x} + f(\boldsymbol{x}, \boldsymbol{h}, \boldsymbol{v}) \cong \boldsymbol{x} + f(\boldsymbol{\mu}_x, \boldsymbol{h}_0, \boldsymbol{v}_0) + \frac{\partial}{\partial \boldsymbol{x}} f(\boldsymbol{\mu}_x, \boldsymbol{h}_0, \boldsymbol{v}_0)(\boldsymbol{x} - \boldsymbol{\mu}_x)$$
$$+ \frac{\partial}{\partial \boldsymbol{h}} f(\boldsymbol{\mu}_x, \boldsymbol{h}_0, \boldsymbol{v}_0)(\boldsymbol{h} - \boldsymbol{h}_0) + \frac{\partial}{\partial \boldsymbol{v}} f(\boldsymbol{\mu}_x, \boldsymbol{h}_0, \boldsymbol{v}_0)(\boldsymbol{v} - \boldsymbol{v}_0) + \cdots$$
$$(8\text{-}81)$$

设定泰勒级数展开的阶数,按前面的公式可以写出混噪语音对数频谱的均值矢量和协方差矩阵的形式。

对给定的混噪语音,可定义一个如下的似然函数:

$$L(\boldsymbol{y} = \{y_1, y_2, \cdots, y_T\}) = \sum_{t=1}^{T} \log(P(\boldsymbol{y}_t \mid \boldsymbol{h}, \boldsymbol{v})) \qquad (8\text{-}82)$$

式中,$\boldsymbol{h}$、$\boldsymbol{v}$ 为未知参数。为估计这些参数,可使用传统的 EM 迭代估计方法。

一旦获得 $\boldsymbol{h}$、$\boldsymbol{v}$ 的估计值,用 $\boldsymbol{h}$ 代替 $\boldsymbol{h}_0$,$\boldsymbol{v}$ 代替 $\boldsymbol{v}_0$,重新进行泰勒级数近似,并按新的近似,计算混噪语音对数频谱的均值矢量和协方差矩阵,以及相应的最大似然函数,重新进行迭代。当 $\boldsymbol{h}$、$\boldsymbol{v}$ 没有明显变化时,迭代终止。

有了 $\boldsymbol{h}$、$\boldsymbol{v}$ 的估计,就可以估计出纯净语音的特征参数,之后再进行相应的处理。

5. 基于最小分类错误准则的补偿

1) 最小分类错误准则

最大似然估计是目前广泛使用的参数估计方法。它通过训练过程求出使训练样本的似然度达到最大时的模型参数。该方法前提假设是有充分多的训练数据可用,然而,在实际中训练样本充分是不能满足的;同时,最大似然估计只是用每个类的类内训练样本数据来独立地学习模型参数,并没有考虑类与类之间的相互影响。因此,不同模型间相互区分性并不能得到优化。从分类的角度看,它并不是按分类错误最小来优化参数。为了减少分类错误数,增强判别能力,人们提出了在训练过程中最小化误分类错误的方法。这种方法在训练过程中同时考虑类外的信息,以增加类间的可区分性。这就是基于最小分类错误(minimum classification error,MCE)准则的学习方法。由于这种方法有利于减少分类错误数,因此,

在模式分类问题中受到了广泛的重视。

基于 Bayes 决策规则的方法是分类器设计问题中广泛使用的基本的统计方法,它将一个分类的任务与分布估计问题相互联系起来,这种基于统计的方法被应用于许多模式分类问题中,是过去几十年来统计模式识别的基础。

如果假定有基于参数集 λ 的后验概率 $P_\lambda(C_i|x)$ 的全部知识,则 Bayes 决策规则为

$$Class(x) = C_i,当 P_\lambda(C_i \mid x) = \max_j P_\lambda(C_j \mid x), \quad j = 1,2,\cdots,N \quad (8\text{-}83)$$

式中 Class(•)代表一个分类操作,上式可保证产生最小误分类概率的结果。

式(8-83)也可写成先验概率和条件概率的形式:

$$Class(x) = C_i,当 P_\lambda(x \mid C_i)P_\lambda(C_i) = \max_j [P_\lambda(x \mid C_j)P_\lambda(C_j)], \quad j = 1,2,\cdots,N$$

$$(8\text{-}84)$$

因为在实际情况下很少已知确切的概率值,所以最优分类器的设计问题变为,使用已知的样本集来估计基于参数集 λ 的先验概率和条件概率的问题。其基本假设是:作为参数集 λ 函数的分布形式是已知的,如果给定足够的设计样本,则存在着一个较好的方法能正确地估计出未知参数 λ。然而,在实际中训练数据并不能保证总是充分的。

Bayes 决策方法的一个变化形式是:使用判别函数来代替概率,通常是使用一个由参数 λ 定义的判别函数集 $g_i(x;\lambda)(i=1,2,\cdots,N)$ 来代替概率分布知识。这时最优分类器设计问题变为:为判别函数找出合适的参数集以使样本风险最小。这种风险通常是由对设计样本 Γ 进行误分类而产生的代价来反映。而代价通常使用与类标号对(i,j)有关的一个代价或损失函数 e_{ij} 来代表将一个 C_i 类样本分类为 C_j 类的惩罚,其中 i 和 j 分别是正确类和识别结果类的索引标号。

一个合适的判别函数,应该能很容易地用于一个待优化的目标函数中。对简单的风险,显然它是分类器参数 λ 的常数函数;最简单的情况是使用一个 0-1 函数作为误分类代价,即正确分类时代价为 0,错误分类时代价为 1,但这时的函数是不连续的,很不适合参数的优化。

传统的基于判别的分类器设计问题,通常是用一个优化问题来表示,其目标是使某些准则函数最小,这样做要比使用样本代价函数容易分析一些。一个识别器的性能,通常可以用它的期望误识率来代表,而最优识别器是使期望误识率最小的那个。

基于判别的方法可分为两步:首先定义判别函数,然后将判别函数变为一个标量准则的形式,这种判别函数可用收敛的梯度搜索算法来寻找一个优化解。它的不足在于:决策规则并没有以一个函数的形式出现在用于优化的总体准则函数中,而且选择的准则函数与期望的最小错误概率目标间存在着不一致性。

最小分类错误的判别学习方法与传统方法的不同在于:误识表达方法的不同,以及使误识达到最小的计算步骤的不同;其关键是找到了一个新的误识函数,将识别过程和识别性能嵌入到一个能直接用于评价和优化的函数形式中。

最小分类错误的判别方法,使用下面 3 个步骤来给出目标准则:同传统的判别方法相一致,先定义判别函数 $g_i(x;\lambda)$,则分类器对每个输入 x 选择对其判别值最大的一个来作为其决策。决策过程一般需要表示成一个函数的形式,这样才能方便地进行目标的优化,因此,在第二步中引入了一个误分类测度,允许将决策过程嵌入到一个整体最小分类错误准则

中。第三步将上述的误分类测度用到了一个代价函数中。下面详细介绍基于最小分类错误的判别学习方法。

2) 基于最小分类错误的判别学习方法

假设有一个观测样本集合 $\Gamma=\{x_1,x_2,\cdots,x_M\}$,其中每个 $x_m(m=1,2,\cdots,M)$ 是一个 d 维矢量,并且属于 N 个类 $C_i(i=1,2,\cdots,N)$ 中的某一类。对通常包含一个参数集和一个决策规则的分类器来说,最小分类错误分类器设计的任务就是:基于给定的样本集 Γ,找出分类器的参数集 λ 以及相关的决策规则,使误分类任何样本 $x_m(m=1,2,\cdots,M)$ 的概率最小;一般误分类的概率用误识率来近似。如果假设存在与误分类有关的惩罚或代价,则这种分类器设计的目标就变为,找出合适的分类器参数集 λ 和相关的决策规则,使期望的代价最小。

误分类测度的最简单形式是对两类问题进行分类的 Bayes 判别形式,其误分类测度可定义为

$$d(x) = P(C_2 \mid x) - P(C_1 \mid x) \tag{8-85}$$

这里 $P(C_i|x)(i=1,2)$ 是假设已知的后验概率。上式给出了将属于类型 1 的观测样本误分类为类型 2 的可能性,其最优决策边界是方程 $d(x)=0$ 的解。

对于未知分布的多类情况($N>2$),并不能像上面的这种两类 Bayes 判别那样定义一个误分类测度。通常定义的一种误分类测度为

$$d_k(x) = \sum_{i \in S_k} \frac{1}{m_k}[g_i(x;\lambda) - g_k(x;\lambda)] \tag{8-86}$$

其中,令 $S_k=\{i|g_i(x;\lambda)>g_k(x;\lambda)\}$ 是混淆类集,m_k 为 S_k 中的混淆个数。由于 S_k 是不固定的,它随着参数集 λ 以及样本 x 的变化而变化,所以上式对 λ 是不连续的,不能求导,故不适合梯度运算。

有很多方法可以定义连续的误分类测度,其中一种选择为

$$d_k(x) = -g_k(x;\lambda) + \left[\frac{1}{N-1}\sum_{j,j\neq k} g_j(x;\lambda)^\eta\right]^{\frac{1}{\eta}} \tag{8-87}$$

上式右边第二项是所有其他竞争类似然度的几何平均值。参数 η 可被看成为一个调整其他竞争类对整个判别函数贡献的权系数。在搜索分类器参数 λ 的过程中,通过变化 η 值可以找到许多潜在的分类,一个极端的情况是当 $\eta\to\infty$ 时,上式右边第二项中最大竞争类的判别函数将起主导作用,即

$$\eta \to \infty \text{ 时},\left[\frac{1}{N-1}\sum_{j,j\neq k} g_j(x;\lambda)^\eta\right]^{\frac{1}{\eta}} = \max_{j,j\neq k}g_j(x,\lambda) \tag{8-88}$$

误分类测度变为

$$d_k(x) = -g_k(x;\lambda) + g_i(x;\lambda) \tag{8-89}$$

式中,$g_i(x;\lambda)$ 表示除第 k 个类别外最具竞争类别的判别值,这是因为 $(N-1)^{1/\infty}\cong1$。显然,在上面这种情况下,$d_k(x)>0$ 隐含着为误分类,$d_k(x)\leq0$ 为正确分类,因此决策规则就变为一个标量值的判定问题。

为了完成目标准则的定义,将上面的误分类测度用到第三步的代价函数中,以利于实现最小分类错误的目标。常用的代价函数的形式为

$$l_k(x;\lambda) = l_k(d_k(x)) \tag{8-90}$$

可以看出，代价函数表达为一个误分类测度函数的形式。为使分类错误最小，代价函数可取指数形式和 Sigmoid 形式。

（1）指数形式：

$$l_k(d_k(x)) = \begin{cases} (d_k(x))^\zeta, & d_k(x) > 0 \\ 0, & d_k(x) \leqslant 0 \end{cases} \tag{8-91}$$

这里 $\zeta > 0$，且 $\zeta \to 0$。

（2）Sigmoid 形式：

$$l_k(d_k(x)) = \frac{1}{1 + e^{-\xi(d_k(x)+\alpha)}}, \quad \xi > 0 \tag{8-92}$$

式中，ξ 是一个正常数，它反映了接近决策边界 $d_k(x) + \alpha = 0$ 时 Sigmoid 函数的陡度。常数 α 反映了决策边界偏离原点（$\alpha = 0$）的情况。

上面两个函数都是平滑的 0～1 之间的代价函数，且适合梯度算法。显然，当 $d_k(x) > 0$ 隐含着误分类，有代价，而 $d_k(x) \leqslant 0$ 隐含着为正确分类，没有代价。一般都使用 Sigmoid 函数作为代价函数。

在 Sigmoid 函数中有两个参数 ξ 和 α，它们的选取影响到整个算法的收敛性能。为确定参数值，图 8-7 中给出了在设置 $\alpha = 0$ 后，$\xi = 0.1$、$\xi = 0.5$ 和 $\xi = 1.0$ 时的 Sigmoid 函数曲线。可以看出，ξ 的选择决定了对参数调整的接近于 $\alpha = 0$ 区域的大小。一个较小的 ξ（如 $\xi = 0.1$）给出的接近于 $\alpha = 0$ 的具有较大陡度的区域要比较大的 ξ（如 $\xi = 1.0$）所对应的区域宽。当使用一个较小的 ξ 值时，陡度值的变化不是很快，意味着收敛速度将很慢，因为这时梯度运算调整规则中的步长将较小。

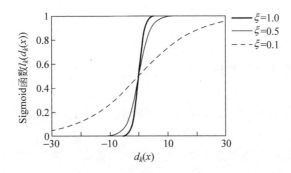

图 8-7 Sigmoid 函数在以 ξ 为变量时的曲线

图 8-8 给出了在设置 $\xi = 1.0$ 后，$\alpha = -5$，$\alpha = 0$，$\alpha = 5$ 时的 Sigmoid 函数曲线。可以看出，ξ 固定后各曲线的波形是相似的，α 的选择决定了对参数调整敏感区的位置。因此，α 的选择应该满足使大多数接近调整敏感区的易混淆训练样本都对参数调整具有贡献。

当使用 0～1 之间的代价函数或任何上述平滑的 0～1 函数时，$d_k(x) > 0$ 导致的惩罚将近似为一个误分类的计数值。这样对任何未知样本 x，分类器性能可按下式测得：

$$l(x; \lambda) = \sum_{k=1}^{N} l_k(x; \lambda) 1(x \in C_k) \tag{8-93}$$

式中，$1(\ell)$ 是一个逻辑值 ℓ 的 indicator 函数，且

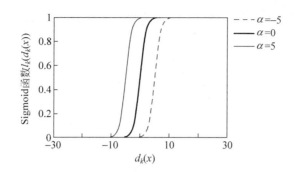

图 8-8　Sigmoid 函数在以 α 为变量时的曲线

$$1(\ell) = \begin{cases} 1, & \text{当} \ell \text{为真} \\ 0, & \text{其他} \end{cases} \qquad (8\text{-}94)$$

从上述的分析可以看出,最小分类错误的方法,通过使用 3 个步骤的定义过程对分类操作进行了评价,并用一个平滑函数的形式对分类错误数进行了近似。

有了上述的代价函数,就可以定义相应的目标函数,并使用梯度下降法对这一目标进行优化。

对一个给定的训练样本集 $\Gamma = \{x_1, x_2, \cdots, x_M\}$,有两种定义性能目标的方法:一为整体平均代价,另一为期望代价。尽管这两种代价优化的算法间差别较小,但对这两个不同目标的优化将导致不同收敛性能的梯度解。

(1) 整体平均代价和梯度下降算法:对上述给定的训练样本集 Γ,其整体平均代价定义为

$$L_0(\lambda) = \frac{1}{M} \sum_{m=1}^{M} \sum_{k=1}^{N} l_k(x_m; \lambda) 1(x_m \in C_k) \qquad (8\text{-}95)$$

这一代价函数能用梯度下降法进行最小化,即有

$$\lambda_{u+1} = \lambda_u - \varepsilon \, \nabla L_0(\lambda_u) \qquad (8\text{-}96)$$

式中,λ_u 代表第 u 次迭代时的参数集,ε 是反映收敛速度的常数,而 $\nabla L_0(\lambda_u)$ 代表 $L_0(\lambda_u)$ 的梯度。

(2) 期望代价和概率下降算法:对上述给定的训练样本集 Γ,其期望代价定义为

$$L(\lambda) = E\{l(x; \lambda)\} = \sum_k P(C_k) \int l_k(x; \lambda) P(x \mid C_k) \mathrm{d}x \qquad (8\text{-}97)$$

式中,$P(C_k)$ 和 $P(x \mid C_k)$ 分别代表先验概率和条件概率。显然,上式的期望运算指出了最小化真实期望误差的方法,而不仅仅是针对来自固定设计的样本集 Γ 的误差。

由于先验概率和条件概率都是未知的,所以期望代价并不能直接被最小化;但可以通过自适应调节 λ 来最小化 $L(\lambda)$,以产生每一时刻一个训练样本 x 的代价。λ 的调整过程为

$$\lambda_{u+1} = \lambda_u + \delta\lambda_u \qquad (8\text{-}98)$$

式中,$\delta\lambda_u$ 是输入样本 x,它的类标号 C_k 和现行的参数 λ_u 的函数,即 $\delta\lambda_u = \delta\lambda(x, C_k, \lambda_u)$。$\delta\lambda_u$ 的幅度比较小,因此可以进行一级近似,即

$$L(\lambda_{u+1}) \cong L(\lambda_u) + \delta\lambda_u \, \nabla L(\lambda) \mid_{\lambda=\lambda_u} \qquad (8\text{-}99)$$

这样可以直接利用等式 $E[L(\lambda_{u+1}) - L(\lambda_u)] = E[\delta L(\lambda_u)]$,而不是等式 $L(\lambda_{u+1}) - L(\lambda_u) =$

$\delta L(\lambda_u)$,因此有

$$E[\delta L(\lambda_u)] = E[\delta\lambda(x, C_k, \lambda_u)] \nabla L(\lambda_u) \tag{8-100}$$

这里的目标就是找到使 $E[\delta L(\lambda_u)] < 0$ 的 λ_u,这种 λ_u 至少能保证是局部最优解。这可用概率下降算法来实现,其过程为,对给定样本 $x \in C_k$,如果分类器参数调整量 $\delta\lambda(x, C_k, \lambda)$ 按如下给定:

$$\delta\lambda(x, C_k, \lambda) = -\varepsilon U \nabla l_k(x; \lambda) \tag{8-101}$$

式中,U 为一正定矩阵,ε 是一个小的正常数,则

$$E[\delta L(\lambda)] \leqslant 0 \tag{8-102}$$

如果是用一个无限随机观测序列 x_m 进行训练,则可以使用式(8-101)的调整规则,其中 ε_t 满足

$$\sum_{t=1}^{\infty} \varepsilon_t \to \infty \tag{8-103}$$

$$\sum_{t=1}^{\infty} \varepsilon_t^2 < \infty \tag{8-104}$$

按下式的参数序列 λ_u 有

$$\lambda_{u+1} = \lambda_u + \delta\lambda(x_m, C_k, \lambda_u) \tag{8-105}$$

将可以给出以概率 1 收敛到一个使 $L(\lambda)$ 局部最小的 λ^*,证明过程超过了本文的范围,有关详细内容可参考文献[26]。

这样我们就给出了基于最小分类错误判别学习方法的基本原理。很多研究者都尝试将基于 MCE 准则的判别学习方法应用到噪声环境下的顽健语音识别,并用实验比较在各个信噪比条件下采用 MCE 训练与采用最大似然估计方法训练时语音识别的识别率。结果表明:基于 MCE 准则的训练方法在带噪环境下明显优于基于最大似然估计准则的方法。

6. 基于最小分类错误的环境特征学习

1) 一个倒谱域上的环境模型

前面图 8-6 给出了一个纯净语音信号受加性噪声和通道畸变污染后的环境模型。如果用 $y[k]$、$x[k]$、$h[k]$ 和 $v[k]$ 分别表示观察到的混噪语音信号、纯净语音信号、通道畸变滤波器,以及加性噪声的 Mel 频带对数频谱,而 k 代表一个特定的 Mel 频带,则可以推导出

$$x[k] = y[k] - h[k] + \log(1 - \exp(v[k] - y[k])) \tag{8-106}$$

目前,大多数语音识别系统都用倒谱矢量作为其特征参数。当在倒谱域上观察环境的影响时,语音信号、加性噪声和通道畸变的倒谱矢量之间存在着一个比较复杂的非线性关系,即

$$X = Y - h + C\{\log(I - \exp(C^{-1}(v - Y)))\} \tag{8-107}$$

式中,X、Y、v 和 h 分别代表纯净语音信号、观测到的混噪语音信号、加性噪声和通道畸变的倒谱矢量;I 是一个单位矢量;C 和 C^{-1} 分别代表离散余弦变换矩阵和逆离散余弦变换矩阵。

环境中的噪声 v 是变化的,为简化问题假设它服从某种分布,观察到的混噪语音信号也是变化的,显然上式没有精确的形式解。

前面提到的 VTS 方法,将对数频谱域上的环境模型用有限项的泰勒级数展开来近似,这里可将其扩展应用到倒谱域上。

式(8-107)可以写成如下的形式:

$$X = Y + f(Y, v, h) \tag{8-108}$$

这里称 $f(\boldsymbol{Y}, \boldsymbol{v}, \boldsymbol{h})$ 为倒谱域上的环境函数,其形式为

$$f(\boldsymbol{Y}, \boldsymbol{v}, \boldsymbol{h}) = C\{\log(\boldsymbol{I} - \exp(\boldsymbol{C}^{-1}(\boldsymbol{v} - \boldsymbol{Y})))\} - \boldsymbol{h} \tag{8-109}$$

假定通道畸变 $\boldsymbol{h}$ 是由反映整体环境通道畸变的先验估计与当前发音的通道畸变混合而成,可用如下的删插平滑来实现:

$$\boldsymbol{h} = \alpha \cdot \boldsymbol{h}_{\mathrm{wh}} + (1 - \alpha) \cdot \boldsymbol{h}_{\mathrm{cu}} \tag{8-110}$$

式中,$\boldsymbol{h}_{\mathrm{wh}}$ 和 $\boldsymbol{h}_{\mathrm{cu}}$ 分别代表整体环境通道畸变的先验估计与当前发音的通道畸变,而 α 是一个反映对 $\boldsymbol{h}_{\mathrm{wh}}$ 和 $\boldsymbol{h}_{\mathrm{cu}}$ 作为通道畸变 $\boldsymbol{h}$ 的可信度的参数。如果 $\boldsymbol{h}_{\mathrm{cu}}$ 的可信度较高,则可以更多地使用 $\boldsymbol{h}_{\mathrm{cu}}$ 作为通道畸变,这时 α 取较小值,反之 α 取较大值。$\boldsymbol{h}_{\mathrm{cu}}$ 可以从当前发音中直接估计出来,这样 $f(\boldsymbol{Y}, \boldsymbol{v}, \boldsymbol{h})$ 的形式变为 $f(\boldsymbol{Y}, \boldsymbol{v}, \boldsymbol{h}_{\mathrm{wh}})$,即

$$f(\boldsymbol{Y}, \boldsymbol{v}, \boldsymbol{h}_{\mathrm{wh}}) = C\{\log(\boldsymbol{I} - \exp(\boldsymbol{C}^{-1}(\boldsymbol{v} - \boldsymbol{Y})))\} - (\alpha \boldsymbol{h}_{\mathrm{wh}} + (1 - \alpha)\boldsymbol{h}_{\mathrm{cu}}) \tag{8-111}$$

不妨假定噪声 $\boldsymbol{v}$ 服从高斯分布 $N_v(\boldsymbol{\mu}_v, \boldsymbol{\Sigma}_v)$,为简化计算,进一步假设 $\boldsymbol{\Sigma}_v$ 为对角阵。将 $f(\boldsymbol{Y}, \boldsymbol{v}, \boldsymbol{h}_{\mathrm{wh}})$ 在 $\boldsymbol{\mu}_v$ 点进行二阶泰勒级数展开,则有

$$\boldsymbol{X} \cong \boldsymbol{Y} + f(\boldsymbol{Y}, \boldsymbol{\mu}_v, \boldsymbol{h}_{\mathrm{wh}}) + \nabla_v f(\boldsymbol{Y}, \boldsymbol{\mu}_v, \boldsymbol{h}_{\mathrm{wh}})(\boldsymbol{v} - \boldsymbol{\mu}_v) + \frac{1}{2}\nabla_v^2 f(\boldsymbol{Y}, \boldsymbol{\mu}_v, \boldsymbol{h}_{\mathrm{wh}})(\boldsymbol{v} - \boldsymbol{\mu}_v)^2 \tag{8-112}$$

式中,$\nabla_v f(\boldsymbol{Y}, \boldsymbol{\mu}_v, \boldsymbol{h}_{\mathrm{wh}})$ 和 $\nabla_v^2 f(\boldsymbol{Y}, \boldsymbol{\mu}_v, \boldsymbol{h}_{\mathrm{wh}})$ 分别代表 $f(\boldsymbol{Y}, \boldsymbol{v}, \boldsymbol{h}_{\mathrm{wh}})$ 对 $\boldsymbol{v}$ 的一阶偏导数和二阶偏导数在 $\boldsymbol{\mu}_v$ 点的值。

注意到 $(\boldsymbol{v} - \boldsymbol{\mu}_v)^2$ 与 $\boldsymbol{\Sigma}_v$ 存在着某种内在的关系,因此不妨用 $\rho\boldsymbol{\Sigma}_v$ 来近似 $(\boldsymbol{v} - \boldsymbol{\mu}_v)^2$,其中 ρ 为一个可调整的比例系数,这样式(8-112)可进一步简化为

$$\boldsymbol{X} \cong \boldsymbol{Y} + f(\boldsymbol{Y}, \boldsymbol{\mu}_v, \boldsymbol{h}_{\mathrm{wh}}) + \nabla_v f(\boldsymbol{Y}, \boldsymbol{\mu}_v, \boldsymbol{h}_{\mathrm{wh}})(\boldsymbol{v} - \boldsymbol{\mu}_v) + \frac{1}{2}\nabla_v^2 f(\boldsymbol{Y}, \boldsymbol{\mu}_v, \boldsymbol{h}_{\mathrm{wh}})\rho\boldsymbol{\Sigma}_v \tag{8-113}$$

这样,就得到了一个倒谱域上简化的可计算的环境模型。如果用 Φ 来代表环境特征 $\boldsymbol{\mu}_v$、$\boldsymbol{\Sigma}_v$、ρ 和 $\boldsymbol{h}_{\mathrm{wh}}$,则利用估计到的 Φ 以及观察到的混噪信号 $\boldsymbol{Y}$,就可以估计出纯净的语音信号 $\boldsymbol{X}$。

2) 环境特征的判别学习

设有一个观察到的训练语音信号的倒谱序列集合 $\{\boldsymbol{Y}_1, \boldsymbol{Y}_2, \cdots, \boldsymbol{Y}_M\}$ 和一个类别集合 $\{C_1, C_2, \cdots, C_N\}$,假定所有属于类别 C_i 的纯净语音信号 $\boldsymbol{X}_m (m = 1, 2, \cdots, M)$ 可被等分为相等的几段,相同类别的每一段服从一个高斯分布 $N_{X_{m,a}}(\boldsymbol{\mu}_{i,a}, \boldsymbol{\Sigma}_{i,a})$(对 $\boldsymbol{X}_m$ 的第 a 段,$a = 1, 2, \cdots, A$)。将估计出来的纯净语音信号分布模型化为服从如下的概率密度函数的形式:

$$\begin{aligned} P(\boldsymbol{X}_m \mid C_i) &= \prod_{a=1}^{A} P(\boldsymbol{X}_{m,a} \mid C_i) \\ &= \prod_{a=1}^{A} \frac{1}{(2\pi)^{\frac{d}{2}} |\boldsymbol{\Sigma}_{i,a}|^{\frac{1}{2}}} \exp\left(-\frac{1}{2}(\boldsymbol{X}_{m,a} - \boldsymbol{\mu}_{i,a})^{\mathrm{T}} \boldsymbol{\Sigma}_{i,a}^{-1}(\boldsymbol{X}_{m,a} - \boldsymbol{\mu}_{i,a})\right) \end{aligned} \tag{8-114}$$

式中,d 是 $\boldsymbol{X}_{m,a}$ 的维数,而均值矢量 $\boldsymbol{\mu}_{i,a}$ 和协方差矩阵 $\boldsymbol{\Sigma}_{i,a}$ 分别定义为

$$\boldsymbol{\mu}_{i,a} = E_i(\boldsymbol{X}_{m,a}) \tag{8-115}$$

$$\boldsymbol{\Sigma}_{i,a} = E_i((\boldsymbol{X}_{m,a} - \boldsymbol{\mu}_{i,a})(\boldsymbol{X}_{m,a} - \boldsymbol{\mu}_{i,a})^{\mathrm{T}}) \tag{8-116}$$

式中,$E_i(\cdot)$ 代表数学期望。

判别学习的目标,就是通过使平均代价函数最小来减少误分类数,其步骤如下:

（1）定义判别函数：按照上面给出的模型，判别函数可定义为

$$g_i(\boldsymbol{X}_m, \boldsymbol{\Phi}) = \log P(\boldsymbol{X}_m \mid C_i)$$

$$= \log\left(\prod_{a=1}^{A} P(\boldsymbol{X}_{m,a} \mid C_i)\right) = \sum_{a=1}^{A}(\log P(\boldsymbol{X}_{m,a} \mid C_i))$$

$$= \sum_{a=1}^{A}\left(-\frac{d}{2}\log(2\pi) - \frac{1}{2}\log|\boldsymbol{\Sigma}_{i,a}| - \frac{1}{2}(\boldsymbol{X}_{m,a} - \boldsymbol{\mu}_{i,a})^{\mathrm{T}}\boldsymbol{\Sigma}_{i,a}^{-1}(\boldsymbol{X}_{m,a} - \boldsymbol{\mu}_{i,a})\right)$$

$$(8\text{-}117)$$

其隐含的分类规则为

$$\boldsymbol{X}_m \in C_i, \quad \text{当 } g_i(\boldsymbol{X}_m, \boldsymbol{\Phi}) = \max_j g_j(\boldsymbol{X}_m, \boldsymbol{\Phi}), \quad j = 1, 2, \cdots, N \tag{8-118}$$

（2）定义误分类测度：对上述给定的判别函数，其误分类测度定义为

$$d_i(\boldsymbol{X}_m, \boldsymbol{\Phi}) = -g_i(\boldsymbol{X}_m, \boldsymbol{\Phi}) + \max_{j \neq i} g_j(\boldsymbol{X}_m, \boldsymbol{\Phi})$$

$$= -g_i(\boldsymbol{X}_m, \boldsymbol{\Phi}) + g_\psi(\boldsymbol{X}_m, \boldsymbol{\Phi}) \tag{8-119}$$

式中，$g_\psi(\boldsymbol{X}_m, \boldsymbol{\Phi})$ 是最易混淆类别的判别函数。$d_i(\boldsymbol{X}_m, \boldsymbol{\Phi}) > 0$ 隐含着误分类，而 $d_i(\boldsymbol{X}_m, \boldsymbol{\Phi}) \leqslant 0$ 意味着正确的分类。

（3）定义代价函数：代价函数定义为 $d_i(\boldsymbol{X}_m, \boldsymbol{\Phi})$ 的 Sigmoid 函数，即

$$\zeta_i(\boldsymbol{X}_m, \boldsymbol{\Phi}) = \frac{1}{1 + \exp(-\xi d_i(\boldsymbol{X}_m, \boldsymbol{\Phi}))} \tag{8-120}$$

（4）平均代价函数：对所有的训练样本 $\boldsymbol{X}_m(m = 1, 2, \cdots, M)$，其平均代价函数为

$$L(\boldsymbol{\Phi}) = \frac{1}{M} \sum_{m=1}^{M} \sum_{i=1}^{N} \zeta_i(\boldsymbol{X}_m, \boldsymbol{\Phi}) 1(\boldsymbol{X}_m \in C_i) \tag{8-121}$$

式中，$1(\ell)$ 是一个逻辑值 ℓ 的 indicator 函数。

（5）平均代价函数的最小化：参数 $\boldsymbol{\Phi}$ 可通过最小化平均代价函数 $L(\boldsymbol{\Phi})$ 迭代地求得

$$\boldsymbol{\Phi}^u = \boldsymbol{\Phi}^{u-1} - \eta(u)\nabla L(\boldsymbol{\Phi}^{u-1}) \tag{8-122}$$

式中，$\boldsymbol{\Phi}^u$ 是第 u 次迭代时的环境特征参数；$\nabla L(\boldsymbol{\Phi}^{u-1})$ 是平均代价函数的梯度；而 $\eta(u)$ 是为了控制训练过程的收敛速度而采用的步长。

这样，环境特征可以通过沿着平均代价函数梯度下降方向不断地进行迭代优化。在估计到了环境特征后，就可以在此基础上进行纯净语音特征的估计，并用估计到的纯净语音进行训练和识别。

8.4 变异语音识别方法

除了背景噪声和通道畸变影响语音识别的性能外，心理紧张、工作压力和情绪变化等所产生的发音变异，也将影响语音识别系统的顽健性。引起发音变异的原因有很多。根据话者受到的紧张性刺激程度的不同，可以将其分为以下几类：

（1）物理层变异，该层次的变异直接与语音产生的物理过程相关，如振动、重力加速度 G-force 等外来因素引起的变异。

（2）生理层变异，它可以引起语音产生机制的生理上的变化，影响从神经冲动向相应部位运动的转换。如疲劳、疾病、药物作用等。

（3）感知层变异，它可以引起语言神经中枢向神经系统发出的命令。如环境噪声引起

的 Lombard 效应。

（4）心理层变异，它影响语音产生系统的最高层，如情感变化、工作压力等引起的变异。图 8-9 给出了发生语音变异的典型情况。

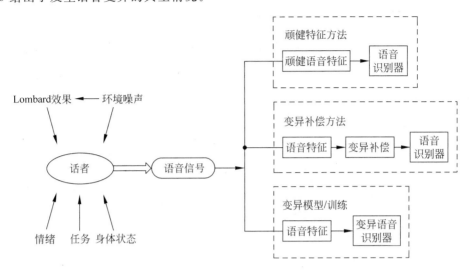

图 8-9　变异语音识别系统

变异情况对语音产生的影响比较复杂，语音受到的影响程度不仅同变异类型及变异的程度有关，还与话者及不同的发音有关，甚至对于同一种变异情况下的同一个人、同一个词的发音，不同部分受到的影响也不相同。这些情况都增加了变异语音研究的难度。

早在 1911 年，E. Lombard 就发现当话者听到背景噪声时，会努力调整自己的发音方式以提高说话的清晰度。这就是著名的 Lombard 效应。之后，陆续有人针对 Lombard 效应展开研究。直到 20 世纪 70 年代末，国外才开始系统地对变异语音展开相应的研究。主要工作集中在对变异语音的分析及发音变异对语音识别系统性能的影响分析上。从 20 世纪 80 年代末开始，才有人研究变异语音的顽健识别问题。

从总体上看，对变异语音的研究可以从 3 个方面考虑：变异语音的分析；变异语音的分类和变异情况下的语音识别。

8.4.1　变异语音的分析

变异语音的分析是变异语音研究工作的基础。根据语音产生模型可以知道，在变异情况下不仅声源受到影响，声道的调音动作同样也受到影响。因而对变异语音的分析主要从两个方面考虑：其一是从声源激励的角度考虑在变异情况下，声源激励受到的影响，体现这方面变化的典型特征是声门脉冲的形状、基频、持续时间等特征；其二是从声道角度考虑变异时声道的变化对语音产生的影响，典型的反映声道变化的特征有声道截面系数、声道频谱系数、共振峰位置、共振峰宽度，以及倒谱系数的低阶部分。其中发音过程中声道各处的截面积取决于舌、唇、颌及小舌的位置，声道截面系数的不同决定共振峰特性的不同。变异情况对声源激励和声道特性的影响导致了识别时特征参数的变化，使得这些特征的分布特性发生改变，从而使训练出的模型参数不能很好地刻画测试环境中的参数分布，最终影响了系统的识别效果。为了揭开变异情况下语音产生的奥秘，很多学者对语音产生的 6 个特征，即声门源频谱、基频、元音持续时间、强度、声道频谱及共振峰进行了研究。

对变异情况下的语音,其一些特性,如基频、频谱斜率、平均共振峰的位置、平均共振峰的宽度、词或音素的持续时间等都会发生变化,并且这些特征在不同的变异时变化也不尽相同,其中基频和共振峰是研究最多的特征。Williams 和 Steven 针对飞行员在飞行作战遇到问题时的语音数据的研究表明,在变异情况下基频值会增加,并且在正常情况下变化比较平滑的基频轨迹,在变异情况下会变化比较剧烈。在对情感数据分析时发现:不同的情感信息对基频的影响不同,如悲伤时,基频值变低,基频轨迹变的平坦;生气时基频值提高,基频的变化范围扩大。Pisoni 发现在 Lombard 效应下,幅值、持续时间、基频均发生变化,并且辅音的频谱能量向高频带处偏移。在 Lombard 效应下,对大多数音素而言,平均共振峰的宽度下降,并且元音的共振峰位置提升;对于多数音素,第一共振峰的位置升高、共振峰的幅值增加,这些导致频谱斜率的增加。大声情况变异和 Lombard 情况类似。对于缓慢的说话风格变异,持续时间变长是最显著的特征,其中元音部分持续时间的变化要比其他部分变化明显。

Hansen 等人从声道形状的变化、声道截面系数的变化、语音特征参数的偏移等方面,分析了变异情况对语音产生过程的影响。通过对选定语音每帧数据的声道形状变化的研究表明:在正常情况下,声道形状的最大变化处发生在咽喉处,而在生气情况下,最大变化的位置转移到舌的边缘及背部和唇处。这表明在变异情况下,声道的调音运动受到很大的干扰。同时对声道截面系数的研究也发现,变异情况引起的声道截面系数的变化与正常语音截面系数的变化也不相同。

上述研究表明:正常情况下产生的语音和变异情况下产生的语音相比,各种参数都有所变化,这些参数的变化反映出了声门激励与声道在变异情况下受到的影响,这些影响最终导致识别参数发生变化,从而影响了系统整体的识别性能。

8.4.2　变异语音的分类

从前面的分析看,在变异条件下语音的一些参数特性会发生变化。对这些变化参数的定量分析,可以将正常语音和变异语音区分开来,或者可以用来表明语音发生变异的程度,这就是最基本的变异语音分类的思想。变异语音按照分类特征不同分为以下 4 种。

1. 线性分类特征

它是在传统的线性语音产生模型中获得的语音特征参数;包括基频、共振峰、音素或词的持续时间、强度、声门激励源特性等。可以用其中一种特征或几种特征结合来对语音进行分类。具体的分类器可以是 HMM 或 ANN 分类器,以及基于 Bayes 的分类器等。其中的基频和共振峰等特征的提取需要顽健的不受变异情况影响的算法。

2. 非线性分类特征

与第 2 章中语音产生的非线性模型一样,非线性特征是基于这样一个假设:在语音产生过程中,有一个网状的气流经过声门,这个气流在声道中传播时遇到伪声带,会产生涡流。这样声音可以从不同的声源产生,这种由涡流运动产生的语音是非线性的。

通过实验,Teager 演示了声道中的气流是时而分离,时而附着在声道壁上,在此基础上给出了一个声道模型。在这个模型中,从声门射出的气流像一个喷嘴,在离声道壁最近的地方附着。当气流通过真声带和伪声带之间的腔体时会产生涡流。Teager 认为在伪声带处的涡流区域也产生语音,并对语音有调制作用。这里是基于这样一个假设,语音信号是在一定的载波频率上,经过频率调制和幅值调制作用的共同结果。基于上述形式,Zhou 和 Hansen 等人推导出一系列非线性分类特征,下面分别简要介绍这些特征。

TEO-FM-VAR 特征:前面的分析研究表明,在变异情况下基频的瞬时变化比正常语音的变化要剧烈得多,而这些变化是由于调制而产生的。TEO 算子是一个可以反映语音信号调制的非线性差分算子。为了考虑语音信号在基频附近的变化,用中心频率为 f_0、带宽为 $f_0/2$ 的 Gabor 滤波器对语音信号进行滤波,然后经过 TEO 操作,提取出信号中的 FM 分量,接着对其进行分帧处理,输出基于分帧的 FM 分量作为一个分类特征。之所以采用 FM 分量作为分类特征,原因是在变异情况下 FM 分量的波动比正常语音的大。

TEO-PITCH 特征:由于在变异情况下基频的变化比较剧烈,传统的基频检测方法不能更好地反映基频的变化特性。因此将语音信号先进行 TEO 操作,然后经过 50～750Hz 的带通滤波器进行滤波,接着与传统方法类似地进行分帧、计算自相关系数、进行峰值检测等操作。这里先进行 TEO 操作的原因是:在变异情况下,语音信号中的非线性分量变化明显,利用 TEO 操作可以更好地反映这种明显变化的特性。此外,TEO 操作并不影响语音信号的类周期特性,因此进行 TEO 操作后的信号可以更好地反映基频这种语音信号的类周期性。

TEO-AUTO-ENV 特征:变异情况的出现会影响语音信号不同频带的调制状态。因此,将语音信号经过四个带通滤波器,对每个带通滤波器的输出进行 TEO 操作获得一个 TEO 包络。对此包络进一步用中心频率为 f_0、带宽为 $f_0/2$ 的 Gabor 滤波器进行滤波,对每一个滤波器的输出进行分帧,对每帧信号计算归正后的自相关函数。如果该帧内没有基频的变化,则归正后的自相关函数是一个包络为直线的阻尼震荡,如果该帧内存在基频变化,则归正后的自相关函数的包络不再是一条直线。这样计算每帧信号归正后自相关函数包络下的区域面积,并用 1/2 样本点进一步归正,对于每帧信号就可以得到 4 个包络面积参数,这些参数可以反映在 4 个频带上(0～1kHz、1～2kHz、2～3kHz、3～4kHz)语音信号激励的变化情况。这种特征可以很好地反映语音信号激励的瞬时变化特性。

TEO-CB-AUTO-ENV 特征:在 TEO-AUTO-ENV 中,对语音信号频带的统一划分是为了获得除第一共振峰外的对变异敏感的频带。尽管 TEO-AUTO-ENV 允许研究高频处的非线性能量的变化,但是以 1kHz 为单位频率划分太粗糙。可以用一个更精细的划分,从而产生一个更适合变异分类的特征。人的听觉系统类似于滤波器的滤波操作,可以根据实验得到与人耳听觉系统相对应的一个临界频带的划分。基于上述原因,用临界频带来代替 TEO-AUTO-ENV 中的 4 个带通滤波器,与提取 TEO-AUTO-ENV 特征类似,对每帧信号提取 M 个归正后的 TEO 自相关系数包络区域参数。其中 M 为滤波器的个数。

3. 基于子带分析的特征

Sarikaya 和 Hansen 通过对子带能量的对数进行小波变换得到一组新的特征,并用于变异语音的识别方面。基于子带分析的特征求取方法,其基本思想是:当语音产生变异时,它的频谱能量会在各频带上发生转移,比如在大声和 Lombard 情况下,话者能量通常向低频段转移,而低频段对于人耳来说比较敏感,因而人耳可以很容易感觉到变异情况的出现。

根据这种转移可以基于小波包构造一组与人耳的临界频带类似的滤波器组。基于此分析提取出一种新的特征进行分类,其形式为

$$SE^{(k)}(si) = \frac{\sum_{m \in i} [W_\phi X(si, m)]^2}{\sup_n (SE^{(n)}(si))} \tag{8-123}$$

式中,k 为帧的序列号;si 为子带号(即为抽取出特征的维数);$SE^{(k)}(si)$ 表示第 k 帧的第 si 个子带能量;$W_\phi X$ 为对信号 X 的小波包变换。基于上述的能量参数,可以变换到倒谱域上进行分析,即

$$SC(k) = \sum_{i=1}^{L} SE^p \cos\left(\frac{k(i-0.5)}{L}\pi\right) \tag{8-124}$$

式中,$SC(k)$ 为第 k 帧的基于子带的倒谱系数;p 为一个调节系数;L 为频带的总数。另外,对子带能量进行自相关系数的变化,可以得到另外一个系数,即

$$ACS_{Si}^{(l)} = \frac{\sum_{n=k}^{k+L} [SE^{(n)}(si) \times SE^{(n+l)}(si)]^2}{\sup_j (ACS_{si}^{(l)}(j))} \tag{8-125}$$

将上式的子带能量替换为子带能量的倒谱系数,则可以得到子带能量的倒谱系数的相关系数。

4. 基于 Mel 倒谱特征变换的分类特征

倒谱特征广泛应用于语音识别领域,对于变异语音分类领域,Hansen 等人对基于 MFCC 的倒谱特征以及相应的扩展形式进行尝试。并提出两个新的分类特征:Mel 自相关系数(AC-Mel),Mel 交叉相关系数(XC-Mel)。它们的形式为

$$AC_i^{(l)} = \sum_{m=k}^{m=k+L} [c_i(m) \times c_i(m+l)] / \sup_k AC_i^l(k) \tag{8-126}$$

$$XC_{i,j}^l(k) = \sum_{m=k}^{m=k+L} [c_i(m) \times c_j(m+l)] / \sup_k XC_{i,j}^l(k) \tag{8-127}$$

式中,k 代表帧号,L 为相关窗的长度,i 为 Mel 系数的维数。Mel 自相关系数可以反映频带之间的相对能量,以及由于变异而产生的频谱斜率在帧与帧之间的相关变化。而交叉自相关系数提供了精细的频谱结构和粗略频谱结构之间的相对变化的一种测度。

8.4.3　变异语音的识别

变异语音识别主要是解决在各种变异情况下语音识别的顽健性问题。图 8-9 的右半部将变异语音识别方法分为 3 类:顽健特征的提取、变异归正补偿、识别模型的调整或训练方法的改进。下面分别介绍这些方法。

1. 顽健特征的提取

这类方法的核心是提取一种对各种变异情况都顽健的特征,使得该特征对各种变异情况都不敏感。它在特征提取过程中对特征进行修改,这样用正常语音训练的识别器可以对变异语音获得较好的效果。语音的感知过程与人类听觉系统具有频谱分析功能是密切相关的。对于变异语音,如愤怒时的语音,人耳可以单独将愤怒的信息分离送到大脑的情感神经中枢来判断所表达的情感,而将剩余的信息提交给大脑语言神经中枢来判断所表达的信息

内容。这充分体现了人耳对语音处理的优势。近年来 Mel 倒谱系数在语音识别中的广泛采用,也是因为它用到了人耳的临界频带分析的方法。人的内耳相当于一个频谱分析仪器,对于正常的语音,它的敏感区域在第一共振峰附近,所以 Mel 频带的划分加重了第一共振峰附近的权值。而 Hansen 等人通过分频带分析实验得知,在变异情况下人耳的敏感区域偏移到第二共振峰附近。根据实验分析结果将频带进行了重新划分,得到两种新的识别特征。为了与传统的 Mel 频率分割对比,将 3 个公式同时给出,即

$$\text{Mel-scale} = 2595\lg(1 + f/700) \tag{8-128}$$

$$\text{M-MFCC} = 3070\lg(1 + f/1000) \tag{8-129}$$

$$\text{Exp-log} = \begin{cases} 700(10^{\frac{f}{3988}} - 1), & f < 2\text{kHz} \\ 2595\lg\left(1 + \dfrac{f}{700}\right), & 2\text{kHz} < f < 4\text{kHz} \end{cases} \tag{8-130}$$

Mel 频域是一个由线性频域到仿人耳频域的映射。而 M-MFCC 和 Exp-log 则是在其基础上,为了对中间频段加强而得出的映射关系。经过重新分割频带后的语音信号,可以达到对各种变异语音信号敏感度降低的目的,从而提高在变异条件下语音识别的性能。

2. 变异归正补偿方法

由图 8-9 可以看出,这种方法是在基本的特征提取之上,加一个变异归正过程,并对提取出的特征尽可能消除变异情况对语音特征的影响,使得用正常语音训练的识别器仍可以获得很好的识别效果。

1) 基于假设驱动的补偿

这种方法首先建立一个描述变异影响语音数据的模型。从声源产生确定的第 t 帧倒谱矢量的第 i 维用 $c_i(t)$ 表示,在这些矢量特征进入识别器前,它可能受到两种类型的干扰。一个是服从同一分布相互独立的随机矢量序列 $\delta(t)$ 的干扰,它作用在倒谱矢量上生成一个新的序列 $u_i(t)$,即 $u_i(t) = c_i(t) + \delta(t)$。这里的 $\delta(t)$ 随机矢量序列用于表示语音倒谱参数的随机性,并假定它是一个服从零均值的高斯分布。另一个干扰是一个未知的、确定的矢量 ξ 的干扰,它表示由于变异而产生的干扰。假定变异的干扰因子随维数的变化服从指数分布 $\xi_i = ae^{-b(i-1)}$。这样最后在接收端获得的信号为 $c'_t(t) = u_i(t) + \xi_i$。进一步假设 ξ_i 在一个词内保持不变,则估计出 a 和 b 即可以知道 ξ_i,也就可以得到未受干扰的语音信号,从而达到消除变异影响的目的。

对于 ξ_i 的估计可以分为两步:先估计 ξ_i 的值,再对估计结果进一步的平滑。由于第 i 维系数 c'_i 具有如下的概率密度函数形式:

$$f(c'_i) = \frac{1}{\sqrt{2\pi}\sigma_i}\exp\left[-\frac{(c'_i - c_i - \xi_i)^2}{2\sigma_i^2}\right] \tag{8-131}$$

用最大似然估计可以得到

$$\hat{\xi}_i = \frac{1}{T}\sum_{t=1}^{T}c'_i(t) - \frac{1}{T}\sum_{t=1}^{T}c_i(t) \tag{8-132}$$

这样通过计算观测到的样本均值与实际的未受干扰之前的特征序列均值之间的差值,即可得到一个变异干扰分量。但实际的样本均值是不知道的,假设实际样本均值可以用词模型识别器中 HMM 每个状态的均值加权得到。这个状态均值在前述模型中表示为 u。在高斯分布的假设下,加权平均后有

$$\hat{c}_i = \sum_{n=1}^{N-2} w_n \mu_{i,n} \tag{8-133}$$

式中的权值可以用归正后的状态结点自环时间表示,即

$$w_n = \frac{T_n}{\sum_m T_m} \tag{8-134}$$

这里 T_n 为在结点 n 的自环时间,$\sum\limits_m T_m$ 为整个词的自环时间。

由于结点的自环时间与结点的转移概率相关,假设结点的自环时间是离散的随机变量,服从如下几何分布

$$P_{T(n)}(k) = p_n(1-p_n)^{k-1} \tag{8-135}$$

则 T_n 的均值和方差很容易得到

$$\hat{T}_n = \frac{1}{p_n} \tag{8-136}$$

$$\hat{\sigma}_{T_n}^2 = \frac{1-p_n}{p_n^2} \tag{8-137}$$

这样定义一个新的随机变量

$$\gamma_n = \sum_{m=1, m \neq n}^{N} T_m \tag{8-138}$$

则新变量的均值和方差为

$$\hat{\gamma}_n = \sum_{m=1, m \neq n}^{N} \frac{1}{p_m} \tag{8-139}$$

$$\sigma_{\gamma_n}^2 = \sum_{m=1, m \neq n}^{N} \frac{1-p_m}{p_m^2} \tag{8-140}$$

这样权系数可以表示为

$$w_n = \frac{T_n}{T_n + \gamma_n} \tag{8-141}$$

用二阶泰勒级数在均值点处展开可得

$$\hat{w}_n \cong \frac{\hat{T}_n}{\hat{T}_n + \hat{\gamma}_n} + \frac{\hat{T}_n \sigma_{T_n^2} - \hat{\gamma}_n \sigma_{\gamma_n^2}}{(\hat{T}_n + \hat{\gamma}_n)^3} \tag{8-142}$$

在得到归正的权系数后,可以求得对变异分量的估计值

$$\hat{\xi}_i = \frac{1}{T} \sum_{t=1}^{T} c_i'(t) - \sum_{n=1}^{N-2} \hat{w}_n u_{i,n} \tag{8-143}$$

得到这个变异分量之后,进一步对它平滑,以获得 a 和 b 的估计值。用拟合的方法可以得到参数值为

$$a_i = \begin{cases} \xi_1, & b_i \neq 0 \\ 0, & \text{其他} \end{cases} \tag{8-144}$$

$$b_i = \begin{cases} -\ln\left(\dfrac{\xi_i}{\xi_1}\right), & \xi_i\xi_1 > 0 \text{ 且 } |\xi_1| > |\xi_i| \\ 0, & \text{其他} \end{cases} \tag{8-145}$$

获得了这些未知参量后,在测试词的倒谱矢量中减去指数函数的值,就可以在一定程度

上消除变异因素的影响。

2）基于声源产生器的补偿

Hansen 提出了一个声源产生器框架来表述变异情况对语音特性的影响。其基本思想是：由于任何一个语音的产生都可以看成声道的各个部位的调音运动的结合，以达到期望的声道形状。这一系列的调音动作可以用相应的声源产生器来表示。即假设一个语音由 $\gamma_s: \{\gamma_j, j=1,2,\cdots,J\}$ 声源产生器产生，这里的声源产生器可以是单音素、双音素或一些过渡部分。在正常情况下，语音的产生可以看成是在 d 维特征空间下从一个声源产生器到另一个声源产生器的一系列运动，这些运动轨迹是一个合理的路径。而在变异情况下，声音的激励源部分与声道的调音动作都会发生干扰，这些干扰导致在正常时的合理路径发生了偏移，这些偏移可以用该声源产生器在 d 维特征空间上的调整来补偿。可以用将声源产生器 γ_j 变化到 $\varphi[\gamma_j]$ 来表示这个调整变化。一般来说，变异情况下语音产生过程中的一些特征，如声门、共振峰、基频、音素的持续时间，以及声道的频谱特性都会发生变化。根据变异情况下这些特征空间上的变化分析，可以得到相应的特征变化分布，从而能对相应的特征进行补偿。

前面的基于假设驱动的补偿方法中，补偿因子在一个词内均保持不变。而通过对每帧 MFCC 前 10 个系数的跟踪发现，在变异情况下，一个词的各部分受到的影响并不相同。因此在基于声源产生器的补偿方法中，虽然也是假设变异补偿因子服从指数分布，但将一个词用几个声源产生器来表示，根据各个声源产生器部分受到的影响不同，形成互不相同的补偿因子，并且在这种方法中由于同时有变异语音数据和正常语音数据，可以直接用变异语音和正常语音对应的声源产生器中的特征均值差或商来估计变异补偿因子，这样不需要从变异语音的 HMM 模型中估计正常语音的均值，因此大大简化了计算的复杂性。声源产生器理论可以用于语音产生过程中的任一特征领域，如 Hansen 等对前 8 个 MFCC 系数进行补偿，对前 4 个共振峰的位置和宽度进行补偿等。

3. 调整模型的方法

这种方法一般是在训练或识别阶段对所用方法或模型加以改进，以获得较高的识别性能，其中识别器是由变异语音训练的。最早的改进方法是多重风格训练的方法，它是将正常语音数据和变异语音数混合在一起作为训练数据来对每个模型进行训练，这种方法在一定程度上提高了系统的识别性能。但由于变异语音数据采集困难，因此用多重风格训练方法概括所有的变异情况不太现实。

Hansen 等利用前面提到的声源产生器，在正常语音参数上进行调整来获得变异语音参数，从而加大训练的样本数，以达到提高系统识别性能的目的。这种方法是在音素的持续时间，以及声道的倒谱特征上进行分析，在假定它们服从高斯分布的前提下得到如下的补偿方法。

声源产生器用它们的持续时间 $d_{s,p,k}$ 和倒谱分量 $c(s,p,k)$ 表示。其中 $s=1,\cdots,S$ 包括所有的话者；$p=1,\cdots,P$ 包括该语音所有的声源产生器；$k=1,\cdots,K$ 包括词表中所有的词。第 k 个词的第 p 个声源产生器的持续时间服从如下的高斯分布：

$$f_{p,k}(d) = \frac{1}{\sqrt{2\pi}\sigma_{p,k}} \exp \frac{(d_{p,k}-\mu_{p,k})^2}{2\sigma_{p,k}^2} \tag{8-146}$$

它的均值和方差表示为

$$\mu_{p,k} = \frac{1}{S} \sum_{s=1}^{S} d_{s,p,k} \tag{8-147}$$

$$\sigma_{p,k}^2 = \frac{1}{S-1} \sum_{s=1}^{S} (d_{s,p,k} - \mu_{p,k})^2 \tag{8-148}$$

则在词 k 的持续时间模型可表示为

$$d_k = [(\mu_{1,k}, \sigma_{1,k}), (\mu_{2,k}, \sigma_{2,k}), \cdots, (\mu_{J,k}, \sigma_{J,k})] \tag{8-149}$$

用这个模型的概率密度函数随机地产生一个词的持续时间,然后对正常语音按照这个持续时间进行归正,以产生变异语音的持续时间。对声源的持续时间进行归正后,可以进一步对频谱分量进行调整。这里用 MFCC 倒谱系数表示频谱分量。它可以表示为 P 个声源产生器所产生的特征序列,例如

$$c_i(s,k) = [c_i(s,1,k), \cdots, c_i(s,P,k)] \tag{8-150}$$

式中,i 表示特征的维数,而声源产生器产生的所有观测特征序列的平均为

$$c_i(s,p,k) = \frac{1}{O_p} \sum_{o=1}^{O_p} c_i(s,p,k)_o \tag{8-151}$$

这样,第 k 个词的第 p 个声源产生器所产生矢量的均值为对所有话者的平均值

$$m_i(p,k) = \frac{1}{S} \sum_{s=1}^{S} c_i(s,p,k) \tag{8-152}$$

上述均值可以用正常语音和变异语音分别求得,将它们的比值作为一个校正因子。对正常语音进行持续时间修正后,用该因子进行倒谱系数的校正,从而得到接近变异语音的特征数据,这样就加大了 HMM 模型训练的数据量,可以更好地反映出变异语音参数变化的特性。

除了在参数级别上对正常语音进行调整加大模型训练数据外,Hansen 等人利用正常语音合成变异语音,从而充实变异语音库的数据量。这种方法可以解决由于变异语音数据量不充分而引起的识别性能下降的问题。其做法是用正常时的语音与变异情况下的语音在持续时间、基频校正因子、基频轨迹的导数、HMM 每个状态占据时间和频谱分析的不同来训练 5 个模型,然后用训练好的 5 个模型随机产生相应的数据,对新的正常语音的相应参数进行调整,用调整后的参数合成变异语音。这样就可以解决由于变异情况下数据量不够而引起的识别性能下降问题。具体的训练方法是,正常语音和变异语音分别经过无声段的边界判别和元辅音切分,对元音部分分别计算元音持续时间和基频轨迹。

用正常语音的元音持续时间和变异语音的持续时间的比值训练持续时间模型,其中元音部分持续时间用一个离散的概率质量函数表示。用变异情况下的基频和正常情况下基频的商作为基频校正因子,并用它来训练相应的 HMM 模型和初始基频轨迹导数模型。对基频校正因子的 HMM 模型进一步用 Viterbi 算法进行解码,计算出归正后的每个状态的持续时间,用离散概率质量函数来表示这个状态的持续时间模型。

另外,计算出正常语音和变异语音平均频谱的差值,用这个差值来训练频谱不匹配的 HMM 模型。其中的基频模型和平均频谱不匹配模型分别用 3 个状态的 HMM 模型和 1 个状态的 HMM 模型来刻画,而其他的 3 个模型用离散概率质量函数来描述。用正常语音和变异语音训练好这 5 个模型之后,就可以单独用正常语音来合成变异语音。其方法是:正常的语音加窗后,经过无声段判别和元辅音切分后,首先用持续时间模型中归正因子将正常

语音元音部分的持续时间归正到变异语音的持续时间,它决定了整体的基频包络的长度。在此基础上与状态持续时间模型相结合,计算在每一个状态上应该产生的基频的个数,根据这些数值随机地产生一些表示变异情况的基频校正因子值,并将这些值按着基频轨迹导数模型来排序,用排好序的值来与正常语音的基频值相乘产生变异语音的基频值,根据调整后的元音持续时间和调整后的基频值,用线性预测方法合成出变异语音,对合成后的语音用频谱不匹配模型进行频域滤波,滤波后的语音即为合成出的变异语音。

除了用正常语音产生变异语音加大训练数据来提高识别性能外,Hansen 等也提出了对 HMM 模型的改进,以适合变异语音识别的方法,如多通道 HMM 模型方法,它将不同的变异风格结合到一个模型中,将 HMM 扩展到多维,每一维可以是一种变异风格,每维的状态之间可以相互转移,在同一状态及相连的状态的不同维之间也可以相互转移。它将正常的训练阶段分为 3 个阶段,并对相应的训练公式进行了调整。

第一阶段用通常的方法训练各单通道 HMM,对 HMM 参数的初始化采用 K-均值聚类方法,并用相应的帧能量进行加权,以减少低能量语音帧对参数估计的影响,最后用选择训练方法消除奇异点对训练参数的影响。其中奇异点的确定原则为,如果在第二次迭代后它的对数分值比前两次大,但比最后一次的平均分小,则认为它是一个奇异点。这样可以防止奇异点对模型参数的过分调整。

第二阶段训练是将与变异相关的模型结合成多通道 HMM 模型。这时所有变异风格的语音数据全部用于训练该多通道 HMM 模型;同单独模型一样,它允许在一维内进行正常状态转移,对于一个给定的状态,还允许它在各维之间的平面上转移,以及向下一个平面的各状态转移。在该阶段的训练只改变多通道模型的转移概率,而对于各状态的均值和方差不做修改。

第三阶段只是对前一阶段的模型做进一步的完善。用同样包含各种变异风格和正常条件下的语音来训练在上一阶段得到的模型,这时允许对各状态的均值和方差进行修改。

这种算法可以将变异的分类和变异语音的识别结合到一起,并可同时对几种变异风格的语音进行识别而不需要对参数的改变。

变异语音识别是一项难度很大的工作,目前还很不成熟,还有很多问题需要进行深入地研究。

参考文献

[1] Junqua J, Angelade H. Acoustic and Perceptual Studies of Lombard Speech Application to Isolated-words Automatic Speech Recognition[C]. In: Ludeman L. ICASSP 90. Albuquerque, New Mexico, USA: IEEE Press, 1990, 841-844.

[2] Boll S. Suppression of Acoustic Noise in Speech using Spectral Subtraction[J]. IEEE Trans. On Acoustics, Speech and Signal Processing, 1979, 27(2): 113-120.

[3] Berouti M, Schwartz R, Makhoul J. Enhancement of Speech Corrupted by Acoustic Noise[C]. In: Proceedings of 1979 IEEE International Conference on Acoustics, Speech and Signal Processing. 1979, 208-211.

[4] Lockwood P, Boudy J, Blanchet M. Non-linear Spectral Subtractor and Hidden Markov Models for Robust Speech Recognition in Car Noise Environment[C]. In: Niles L. ICASSP 92. San Francisco,

USA：IEEE Press,1992,265-268.

[5] Lockwood P,Boudy J. Experiments with a Non-linear Spectral Subtractor,Hidden Markov Models and the Projection, for Robust Speech Recognition in Cars[J]. Speech Communication. 1989,11(3)：215-228.

[6] 韩纪庆,秦兵. 一种 Robust 语音识别的改进谱减方法[J]. 微电子学与计算机,2000,(6)：61-64.

[7] 陈尚勤,罗成烈,杨雪. 近代语音识别[M]. 成都：电子科技大学出版社,1991.

[8] Pedro J,Stern R. Sources of Degradation of Speech Recognition in Telephone Environments[C]. In：Lever K. ICASSP 94. Adelaide South Australia：IEEE Press,1994. 109-112.

[9] Lerner S,Mazor B. Telephone Channel Normalization for Automatic Speech Recognition[C]. In：Niles L. ICASSP 92. San Francisco,USA：IEEE Press,1992,261-264.

[10] Furui S. Cepstral Analysis Technique for Automatic Speaker Verification[J]. IEEE Trans. On Acoustics,Speech and Signal Processing,1981,29(4)：254-272.

[11] Sankar A,Lee C. Robust Speech Recognition Based on Stochastic Matching[C]. In：Proceedings of 1995 IEEE International Conference on Acoustics,Speech and Signal Processing,Michigan,USA,Diane Drago,1995：121-124.

[12] 韩纪庆,王承发,高文. 二阶 CMS 用于电话语音识别的通道补偿[J]. 哈尔滨：哈尔滨工业大学学报,1998,30(6)：105-107.

[13] Hermansky H. Perceptual Linear Predictive (PLP) Analysis of Speech[J]. Journal of Acoustical Society of America,1990,87(4)：1738-1752.

[14] Hermansky H,Morgan N,Hirsch H. Recognition of Speech in Additive and Convolutional Noise Based on RASTA Spectral Processing[C]. In：Proceedings of 1993 IEEE International Conference on Acoustics,Speech and Signal Processing,Minnesota,USA,Barry J. Sullivan,1993：83-86.

[15] Hermansky H, Morgan N, Bayya A, et al. RASTA-PLP Speech Analysis Technique[C]. In：Proceedings of 1992 IEEE International Conference on Acoustics,Speech and Signal Processing,San Francisco,California,Les Niles,1992,(1)：121-124.

[16] Koehler J,Morgan N,Hermansky,et al. Intergrating RASTA-PLP into speech recognition[C]. In：Lever K. ICASSP 94. Adelaide South Australia：IEEE Press,1994,421-424.

[17] Han J Q,Gao W. Robust Telephone Speech Recognition Based on Channel Compensation[J]. Pattern Recognition,1999,32(6)：1061-1067.

[18] Lippmann R P,Martin E A,Paul D B. Multi-Style Training for Robust Isolated-Word Speech Recognition[C]. In：Proceedings of 1987 IEEE International Conference on Acoustics,Speech and Signal Processing,1987：705-708.

[19] Varga A,Moore R. Hidden Markov Model Decomposition of Speech and Noise[C]. In：Proceedings of 1990 IEEE International Conference on Acoustics,Speech and Signal Processing,1990：845-848.

[20] Gales M. Model-Based Techniques for Noise Robust Speech Recognition[D]. University of Cambridge,1990.

[21] Moreno P J. Speech Recognition in Noisy Environments[D]. Department of Electrical and Computer Engineering,Carnegie Mellon University,1996.

[22] Acero A. Acoustical and Environmental Robustness in Automatic Speech Recognition[D]. Department of Electrical and Computer Engineering,Carnegie Mellon University,1990.

[23] Moreno P J. Speech Recognition in Noisy Environments[D]. Department of Electrical and Computer Engineering,Carnegie Mellon University,1996.

[24] Junqua J C,Haton J P. Robustness in Automatic Speech Recognition：Fundamentals and Applications [M]. Boston：Kluwer Academic Publishers,1996.

[25] Juang B H,Katagiri S. Discriminative Learning for Minimum Error Classification[J]. IEEE Trans. On

Signal Processing,1992,40(12): 3043-3054.

[26] Amari S. A Theory of Adaptive Pattern Classifiers[J]. IEEE Trans. on Electronic Computers,1967,16(3): 299-307.

[27] Chang P,Juang B H. Discriminative Temple Training for Dynamic Programming Speech Recognition [C]. In: Proceedings of 1992 IEEE International Conference on Acoustics, Speech and Signal Processing,San Francisco,Les Niles,1992,(1): 493-496.

[28] Han J Q,Gao W. Robust Speech Recognition Method Based on Discriminative Environment Feature Extraction[J]. Journal of Computer Science &-Technology,2001,16(5): 458-464.

[29] Han J Q,Gao W. Discriminative Environment Feature Extraction for Robust Speech Recognition[J]. Acoustics Letters,2000,23(8): 153-157.

[30] Lombard E. Le Signe de l'Elevation de la Voix[J]. Ann. Maladies Oreille, Larynx. Nez,Pharynx,1911,37: 101-119.

[31] Hansen J H L,Womack B D. Classification of Speech Under Stress using Target Driven Features[J]. Speech Communication,1996,20: 131-150.

[32] Chen Y. Cepstral Domain Talker Stress Compensation for Robust Speech Recognition[J]. IEEE Trans. ,On Acoustics,Speech and Signal Processing,1988,36(4): 433-439.

[33] Zhou G,Hansen J H L,Kaiser J F. Nonlinear Feature based Classification of Speech under Stress[J]. IEEE Trans. On Speech and Audio Processing,2001,9(3): 201-206.

[34] Hansen J H L,Clements M A. Source Generator Equalization and Enhancement of Spectral Properties for Robust Speech Recognition in Noise and Stress[J]. IEEE Trans. On Speech and Audio Processing,1995,3(5): 407-415.

[35] Bou-Ghazale S. ,Hansen J H L. HMM-based Stressed Speech Modeling with Application to Improved Synthesis and Recognition of Isolated Speech under Stress[J]. IEEE Trans. On Speech and Audio Processing,1998,6(3): 201-216.

[36] Steeneken H J M,Hansen J H L. Speech under Stress Conditions: Overview of the Effect on Speech Production and on System Performance[C]. In: Proceedings of 1999 IEEE International Conference on Acoustics,Speech and Signal Processing,1999,4: 2079-2082.

[37] Williams C E,Stevens K N. Emotions and Speech: Some Acoustic Correlates[J]. Journal of the Acoustical Society of America,1972,52(4): 1238-1250.

[38] Teager H M, S M Teager. Some Observation on Oral Air Flow During Phonation[J]. IEEE Transactions on Acoustics,Speech,and Signal Processing,1980,28 (5): 599-601.

[39] Kaiser J F. On a Simple Algorithm to Calculate the 'Energy' of a Signal[C]. In: Proceedings of 1990 IEEE International Conference on Acoustics,Speech and Signal Processing,1990,1: 381-384.

[40] Erzin E,Cetin A E,Yardimci Y. Subband Analysis for Robust Speech Recognition in the Presence of Car Noise[C]. In: Proceedings of 1995 IEEE International Conference on Acoustics, Speech and Signal Processing,1995,1: 417-420.

[41] Sarikaya R,Gowday J N. Subband Based Classification of Speech under Stress[C]. In: Proceedings of 1995 IEEE International Conference on Acoustics, Speech and Signal Processing, 1998, 1: 569-572.

[42] Bou-Ghazale S,Hansen J H L. A comparative study of Traditional and Newly Proposed Feature for Recognition of Speech under Stress[J]. IEEE Trans. On Speech and Audio Processing,2000,8(4): 429-442.

[43] Womack B D, Hansen J H L. N-Channel Hidden Markov Models for Combined Stressed Speech Classification and Recognition[J]. IEEE Trans. On Speech and Audio Processing, 1999, 7 (6): 668-677.

[44] 马永林,韩纪庆.基于 TEO 基频的应力影响下的变异语音分类[J].声学学报,2002,27(6): 518-522.

[45] Han JiQing,et al. ,Classification of Speech Under G-Force Based on TEO Pitch[C]. Proceedings of ICICS2001,Singapore,2001,10.

[46] 张磊,韩纪庆.变异语音处理的研究进展[J].电子学报,2003,31(3):411-418.

[47] 张磊,韩纪庆等.声道的调频—调幅模型及其在语音分析中的应用[J].计算机研究与发展,2002,39 (6):689-695.

[48] 王玉伟,张磊,韩纪庆.一种基于非线性特征的应力影响下变异语音识别方法[J].信号处理,2002, 18(5):484-486.

[49] 张磊,韩纪庆等.基于特征加权的应力影响下顽健语音识别方法[J].中文信息学报,2002,16(1): 7-12.

[50] 王欢良,韩纪庆等.基于支持向量机的变异语音分类研究[J].哈尔滨工业大学学报,2003,35(4): 389-393.

[51] 张磊,韩纪庆等.基于 MFCC 特征加权的应力影响下变异语音识别方法[J].哈尔滨工业大学学报, 2002.34(6):743-747.

[52] 毕继武,韩纪庆.一种新的修正 Mel 频率映射的应力影响下变异语音识别方法[J].计算机科学, 2002,29(12):150-152.

[53] Zhang Lei,Han Jiqing,Wang Chengfa. a Novel Weighted Likelihood Measure for Speech Recognition under G-Force[C]. 7th Joint Conference on Information Science. North Carolina,USA. 2003,692-696.

语 音 合 成

人机之间常用的通信方式为键盘和显示器方式,这种方式在一些场合效率较低,而且操作也不方便。语音是人类最习惯、最方便的通信方式。随着人工智能和计算机技术的发展,人们期待着以语音方式进行人机交流,目前人机语音交互已成为人机交互(human computer interactive)中的重要课题。随着现代科学技术的发展和对人体发音器官及语音信号的分析处理水平的提高,出现了语音合成和语音识别芯片,以及在此基础之上开发的产品。机器讲话以及用人的声音去控制机器动作已不是什么难事。语音合成与语音识别技术为人机对话开辟了一条新的途径。

语音合成的主要目的是让机器能说话,以便使一些其他存储方式的信息能够转化成语音信号,让人能够简单地通过听觉就可以获得大量的信息。语音合成技术除了在人机交互中的应用外,在自动控制、测控通信系统、办公自动化、信息管理系统、智能机器人等领域也有着广阔的应用前景。目前各种语音报警器、语音报时器、公共汽车上的自动报站、股票信息的查询、电话查询业务,以及打印出版过程中的文本较对等均已实现商品化。另外,语音合成技术还可以作为听觉、视觉和语音表达有障碍的伤残人的通信辅助工具。

近几十年来,语音合成领域中的研究进展十分迅猛,涌现出大量新技术和新设计。从20 世纪 70 年代末开始,出现了一种称之为文—语转换系统的新型计算机口语输出系统,这种系统的特点是用最基本的语音单元,例如音素、双音素、半音节或音节作为合成单元建立语音库,通过合成单元拼接达到无限词汇的合成。为了保证合成器的输出具有良好的音质,在这种系统中除语音库外,还有一个相当庞大的规则库来对合成语音的音段特征和超音段特征(supra-segmental feature)进行控制。因为合成规则,尤其是超音段特征控制规则在不同语言中是不相同的,因此这类系统的一个显著缺点是它对语种的依赖性。目前世界上任何一种文—语转换系统都是针对某一种或几种特定语言的。英语文—语转换系统起步早,成绩也最好。其中一个具有代表性的成果是 DECTalk,它由 MIT 的 D. KLATT 博士于1982 年研制完成,可以发出可供用户选择的 7 种不同音色的语音,在发音速度增加到每分钟 350 词时也可以达到清晰、自然的效果。这是目前世界上享誉最高的产品之一,并在进一步发展中。瑞典皇家理工学院 Fant 实验室研制成功的多语种文—语转换系统是另一个成功的例子,该系统可以将英语、法语、瑞典语、西班牙语和芬兰语的文本输入转换为口语输出。在这些开创性的研究工作的带动下,其他各种语种的文—语转换系统相继出现,如德国 Fraunhofer 学会功效研究所成功地开发了 DECTalk 的德语版本,日本 Matsushita 电子公司利用 DECTalk 系统也开发了可以将日语和汉语转换成口语的系统。其他如俄语、乌克兰语、保加利亚语、匈牙利语等计算机口语输出系统都有研究结果报道。这些研究工作体现了这个领域当前发展趋势的一个共同特点，即从通用的语言合成技术的研究，转向结合本民族语言的特点，研制高质量的单语种的文语转换系统。这样语音合成技术和语音学、语言学的研究更加紧密。

汉语文-语转换系统的研究已有三十多年历史，如中国科学院声学研究所、社会科学院语言研究所和国内的其他研究单位都进行过有益的尝试，虽然起步晚了些，但进展很快。目前已达到了无限词汇合成的目标，但在自然度方面还没有达到令人满意的程度。

语音合成已发展到一个新阶段，其中文-语转换技术在声学处理部分的技术已趋于成熟，它的主要问题在于规则系统还不够完善。只有从本民族语言的语音学的研究中吸取丰富的知识，才能合成出连续自然的语音。至于文-语转换系统中另一个重要部分，即语言学处理部分，在国际上也尚处探索阶段，必将成为这个领域今后发展的热点。

从目前的研究情况来看，词汇量有限的语音合成比较成熟，已经逐步实用化。但是大词汇量的语音合成技术至今还未达到真正的完美程度。

9.1　语音合成的基本原理

实际上，人在发出声音之前是要进行一段大脑的高级神经活动，即先有一个说话的意向，然后围绕该意向生成一系列相关的概念，最后将这些概念组织成语句发音输出。日本学者 Fujisaki 按照人在说话过程中所用到的各种知识，将语音合成由浅到深分成三个层次（如图 9-1 所示），①按规则从文本到语音的合成（text-to-speech）；②按规则从概念到语音的合成（concept-to-speech）；③按规则从意向到语音的合成（intention-to-speech）。目前语音合成的研究还只是局限在从文本到语音的合成上，即通常所说的 TTS 系统。

图 9-1　语音合成的三个层次

语音合成是一个"分析—存储—合成"的过程。一般是选择合适的基元，将基元用一定的参数编码方式或波形方式进行存储，形成一个语音库。合成时，根据待合成的语音信息，从语音库中取出相应的基元进行拼接，并将其还原成语音信号。在语音合成中，为了便于存储，必须先将语音信号进行分析或变换，因而在合成前还必须进行相应的反变换。其中，基元是语音合成系统所处理的最小的语音学基本单元，待合成词语的语音库就是所有合成基元的集合。根据基元的选择方式以及其存储形式的不同，可以将合成方式笼统地分成波形合成方法和参数合成方法。

波形合成方法是一种相对简单的语音合成技术。它把人的发音波形直接存储或者进行简单波形编码后存储，组成一个合成语音库；合成时，根据待合成的信息，在语音库中取出相应单元的波形数据，拼接或编辑到一起，经过解码还原成语音。这种系统中语音合成器主要完成语音的存储和回放任务。如果选择如词组或者句子这样较大的合成单元，则能够合成高质量的语句，并且合成的自然度好，但所需要的存储空间也相当大。虽然在波形合成法中,可以使用波形编码技术(如 ADPCM、APC 等)压缩一些存储量,但由于存储容量的限制,词汇量不可能做到很大。通常,波形合成法可合成的语音词汇量约在 500 字以下,一般以语句、短句、词或者音节为合成基元。

参数合成方法也称为分析合成方法,它是一种比较复杂的方法。为了减少存储空间,必须先对语音信号进行各种分析,用有限个参数表示语音信号以压缩存储容量。参数的具体表示,可以根据语音生成模型得到诸如线性预测系数、线谱对参数或共振峰参数等。这些参数比较规范、存储量少。参数合成方法的系统结构较为复杂,并且用参数合成时,由于提取参数或编码过程中,难免存在逼近误差,用有限个参数很难适应语音的细微变化,所以合成的语音质量以及清晰度也就比波形合成法要差一些。

就目前的技术水平,仅采用上述的"分析—存储—合成"的思想是不可能合成任一语种的无限词汇量的语音。因而国际上很多研究者都在努力开发另一类无限词汇量的语音合成的方法,就是所谓"按语言学规则的从文本到语言"的语音合成法(text to speech synthesis by rule),简称"规则合成方法"。人们期望通过这项研究能合成出高自然度的语音来,尽管目前为止还未曾获得这样的效果。

规则合成方法是一种高级的合成方法,合成的词表可以事先不确定,系统中存储的是最小语音单位的声学参数。按照由音素组成音节、由音节组成词、由词组成词组、由词组组成句子,以及控制音调、轻重等韵律的各种规则,给出待合成的字或语句。其研究重点是挖掘出人在说话时,是按什么规则来组织语音单元的,并将这些规则的知识赋予机器,因而在机器合成语音时,只要输入合成基元,机器就应该会按照所给的规则来合成出与人说话时相同的语音来。例如,英语中什么情况下该加重音、加长音,或者两个相邻词该连读,以及文本相同但读音不同时该用哪一个音标等。汉语中除了上述的音长、一字多音等问题之外,由于汉语中存在协同发音效应,单独存在的元音和辅音与连续发音中的元音和辅音不同,因而还要知道声母与韵母之间是如何产生发音的相互影响,哪些字可以构成一个单词,因而应该按单词来发音以及什么情况下该变声调等。所使用文本的合成基元愈小,这些规则也就愈多、愈复杂,当然所用的存储容量也就可以愈少,因此在选择文本的合成基元时应该折中考虑。目前英语中多用音素、双音素为文本的合成基元,因为对于西方语言,用词为基元的按规则合成几乎是不可能的。而对汉语这种方法可以发挥上述优点,即可以用声母与韵母,甚至直接用音节字为文本基元,以减少规则的知识。

实际上,无论是哪一种合成方法,在将基元做相应的拼接时,都要按着合成规则对基元做不同的调整,使合成语音达到一定的自然度。

上述三种方法中,波形合成方法和参数合成方法都进入了实用阶段,而像规则合成这种以小单位进行合成的方法,是极其复杂的研究课题,目前应用还较少。表 9-1 给出了这三种方法的特点比较。

表 9-1 三种语音合成方法特点的比较

		波形合成方法	参数合成方法	规则合成方法
基本信息		波形	特征参数	语言符号组合
语音质量	可懂度	高	高	中
	自然度	高	中	低

续表

	波形合成方法	参数合成方法	规则合成方法
词汇量	少(500字以下)	大(数千字)	无限
合成方式	PCM、ADPCM、APC	LPC、LSP、共振峰	LPC、LSP、复倒谱
数码率	9.6～64Kbit/s	2.4～9.6Kbit/s	50～75Kbit/s
1M比特可合成语音长度	15～100s	100～420s	无限
合成单元	音节、词组、句子	音节、词组、句子	音素、音节
实现	简单	比较复杂	复杂

无论对哪种语音合成方法,合成基元的选择都是一个关键问题。基元选择与语音合成所占用的存储空间、合成质量以及所应用的规则数量等密切相关。

按照由小到大的顺序排列,语音学中的音素、双音素、半音节、音节、词、短语和句子都可能作为合成系统的基元。以短语和句子作为基本合成单元,能够保留短语和句子内部结构中的韵律和其他特征,合成的音质比较高。但是无论哪一个语种,其句子或短语均成千上万,而所能存储的句子或短语相比之下显得微不足道。同时每个句子和短语所占的存储空间也很大,因而对于无限词汇的合成是行不通的。然而,由于经过这样的处理,可得到比较高的音质,所以可以适当地降低存储量,进行有限词汇的专用合成。词是语言系统中的一个较小的单位,也是最小的自由形式。词的发音在孤立的情况和在句子中有较大的差异。词的韵律规则不仅受到其他词的影响,还受到整个句子伸展情况的影响。因此,以词为单位做合成时,若不加入韵律规则,词—词相连构成的合成语音的自然度将较差。以词为基元的优点是易于实现,需要的规则较少,对一些小词汇量专用系统比较合适,但不适于无限词汇的合成系统。音素可以作为无限词汇合成的基本合成单元,它是音位学中的最小单位。音素的数量少,持续时间短,存储量小。但是音素不是具体的实物,而仅仅是一组语声的逻辑再现,如何确定音素是一个比较困难的问题。必须有精细的规则和算法,才能有效地将一个词转换成音素组合序列的形式;同时由于音渡和协同发音的影响,不能将音素直接地连接起来合成语音,要利用平滑语音的线性插值算法,以及详尽齐全的连接规则集;但规则集对于相关音渡变化过快时也较难处理,可能会丢失一些重要的声学特征。双音素(biphones)是语音中不能用内插法或删除法再缩短或伸长的一段发音。用双音素作为基本的合成单元,解决了音渡问题,保证了起始与结束于同一个音素的语音片的连续性。但是由于许多音节是以复杂的辅音结束的,用双音素的连接很难产生这种语音特征。为此,又引入了半音节(semi-syllables)的概念。一个音节可以分成两个半音节,具体划分的方法是将大部分的元音都划归为第二个半音节。音节的持续时间因所处的位置不同而受语音的韵律影响不同。该影响出现在元音靠近的辅音片部分,所以半音节可以有效地体现出韵律特征,但还不能解决协同发音问题。多音素(morphemes)的概念是将不同词中的相同部分作为一个单位,用它们构成所有的词。多音素是语法的最小区别性单位,即是最低一级的语法单位。多音素是一种有着具体文法含义的语音基本组织,对于语音识别以及合成很重要。使用多音素作为语音基本合成单元时,不需要字符到音素的转换规则,但需要有详细的由多音素连接构成词的连接规则和插值算法,否则,音质将会很差。音节是语音中最自然的结构单位。在汉语中,一个音节就是汉语中的一个音。从结构的大小上看,音节处于音素和多音素之间,音节作为合成的基本单元,可以解决一些音素层上的协同发音问题,但音节与音节之间也存在着协同发音。

语音合成基元的大小与算法的复杂性和变化的灵活性成反比,与数据库的大小成正比。一般来说,选择什么作为基本合成单元,需要视其具体情况而定。选择的合成单元越小,需要的规则越多,编辑和处理工作越复杂,但修改的灵活性也就越大。合成基元越大,合成音质越好,但合成语音的数量以及数码率也越大。汉语中的基元不能选为音素,这是因为汉语音素在音节中结合得非常紧密,特别是有些韵母虽然标的是两个或者三个音素的级联,但从波形或语谱图中都无法分成两个或三个不同的阶段。单纯以声母或者韵母的半音节作为基元也不太合适,因为声母和韵母之间存在互调现象,况且声调又是以调频的方式调制整个音节,而不是只调制韵母。因此,对于有限词汇的合成,合成基元可以选择较大,多为词、短语或者句子;对于汉语无限词汇的合成,选择音节作为基本合成单元比较方便。

上面介绍的语音合成方法实质上并未解决机器说话的问题,其本质上只是一个声音还原的过程。语音合成的最终目的是让机器像人一样说话,根据语音的产生过程,可以设想在机器中首先形成讲话内容,它一般以表示信息的字符代码形式存在;然后按照复杂的语言规则,将信息的字符代码形式转换成由发音单元组成的序列,同时检查内容的上下文,决定声调、重音,必要的停顿以及陈述、命令、疑问等语气,并给出相应的符号代码表示。根据这些符号代码,按照发音规则生成一组随时间变化的参数序列,再去控制语音合成器发出声音。如同人脑中形成的神经命令,以脉冲形式向发音器官发出指令,使舌、唇、声带、肺等部分的肌肉协调动作发出声音一样。

迄今为止,我们对人类语言产生过程的了解仍停留在声道系统上,对大脑的神经活动知道得很少,这就使得语音合成的研究,在相当长的一段时期内只能停留在低级阶段,仍然只能进行按规则的从文本到语音的合成研究。至于更高层次的研究还有待于通信、计算机专家和生物学家、语言学家、人工智能专家等的共同努力。

应该强调指出,汉语在无限词汇量的语音合成中,具有其得天独厚的优越性。因为汉语的句子是由词组构成的,而词又是由音节组成的。虽然存在一音多字的问题,但对于机器讲话、人听话的语音合成情况来说,因为人在听话时会自然地理解这些同音字,因此这个问题是不必考虑的。即汉语合成时只要求机器讲出音节就可以,而汉语全部音节只有 1300 个左右,即使不用更小的声母、韵母为基元而用音节为基元,其语音库也不算太大。因此,在语音处理领域中,汉语这个语种,有可能比西方语言更早地、更容易地达到全词汇量的合成与识别和理解的目标。

9.2　参数合成方法

人类的发音能力是一种非常普通的能力,但语音的产生机理却是一个非常复杂的过程,无法用解析式对其进行精确的描述。现代语音学、声学、音位学研究表明:语音信号具有缓慢的时变特性,可以简单地分为清音、浊音、爆破音等。不同发音的激励源不同,其语音信号的频谱图也不相同。可以将肺部气流通过声带的结果用一个激励源模型来表示;将声道调音运动的作用用一个声道模型表示。一般情况下,语音的产生是激励源和声道共同作用的结果。激励源信号经过声道的调制作用后,经过模拟唇部辐射作用的辐射模型,形成最后的合成语音。这个语音合成过程可以用图 9-2 的简化模型表示。

图 9-2 语音合成简化模型

一般在参数合成中,根据声道特性的描述方式不同,可以分为线性预测合成方法和共振峰合成方法。

9.2.1 线性预测合成方法

线性预测合成是一种应用比较广泛和实用的语音合成方法。它是基于全极点声道模型的假定,采用线性预测分析的原理来合成语音信号。关于线性预测合成模型,它是一种"源-滤波器模型",其激励参数由增益常数、浊/清音开关信息和基音频率 F_0 组成。而声道参数用具体的 LPC 参数来控制。尽管 LPC 模型的极点主要反映了声道的谐振特性,但也不可避免地包含了声门激励源的干扰。因此,LPC 全极点模型是反映声道响应、声门激励和辐射等综合效应的模型。

一般线性预测合成系统中不允许使用混合激励形式,清音激励全部采用白噪声序列,可以通过改变浊音激励来提高合成语音的质量。合成语音样本为

$$x(n) = \sum_{i=1}^{p} a_i x(n-i) + Gu(n) \qquad (9\text{-}1)$$

实现式(9-1)的方法一般有两种:一种是用预测系数 a_i 构成直接形式的递归型合成滤波器,如图 9-3 所示,这种形式简单直观。为了合成一个语音样本,采用这种滤波器总共需要进行 p 次乘法和 p 次加法。

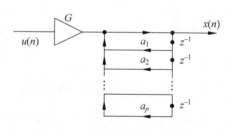

图 9-3 LPC 递归型合成滤波器

另一种是采用反射系数 k_i 构成的格型合成滤波器,如图 9-4 所示。这时合成一个语音样本需要 $2p-1$ 次乘法和 $2p-1$ 次加法。

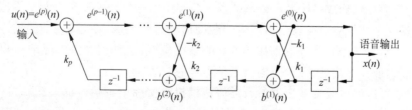

图 9-4 LPC 格型合成滤波器

图中,k_i 表示反射系数;$e^{(i)}(n)$ 表示第 i 阶正向预测误差信号;$b^{(i)}(n)$ 表示第 i 阶反向预测误差信号。具体表示如下:

$$e^{(i)}(n) = x(n) - \sum_{j=1}^{i} a_j^{(i)} x(n-j) \qquad (9\text{-}2)$$

$$b^{(i)}(n) = x(n-i) - \sum_{j=1}^{i} a_j^{(i)} x(n-i+j) \qquad (9\text{-}3)$$

这种格型滤波器结构和声道声管模型有相似之处。在声道声管模型中,声道被模拟成一系列等长度、不同截面积的无损声管段的级联,k_i规定了声波在各声管段边界处的反射量;而在这里的每一个格型网络就相当于一个小声管段,参数k_i反映了第i节格型网络处的反射。

无论采用哪一种滤波器的结构形式,LPC合成模型中的所有控制参数都必须随时间不断地修正。对于清音语音段,可以简单地针对每一帧数据改变一次参数。对于浊音语音段,根据控制参数改变时刻的选取不同,有基音同步合成和帧同步合成两种方式。基音同步合成指的是控制参数在每个基音周期的起始处改变;帧同步合成则指按帧改变参数。实验研究表明,基音同步合成要比帧同步合成有效,所以浊音语音段总是采用基音同步合成方法。由于LPC参数分析是按照帧进行的,所得的参数是在一帧时间间隔上的平均估计值。分析帧的长度固定,一般选择大于两个基音周期,因此为了得到每个基音周期起始处的控制参数,必须进行内插。在线性预测语音合成器的设计中,由于硬件复杂性的限制会产生截取误差,所以插值技术的引入则更为重要。另外,有时两帧参数之间变化会很大,一般也要加入帧间的平滑插值处理,否则音质会很差。参数插值通常采用线性插值方法,该方法简单,可较好地近似人类发音过程的反射系数及声源参数的平稳特性,而且保证参数不会因为插值而超出其数值范围,确保系统的稳定性。插值过程对各种LPC参数均适用。

采用图9-2的模型进行语音信号线性预测分析有以下缺点:根据语音信号产生机理,很多语音,特别是清音和鼻音的场合,声道响应都含有零点的影响。因此,理论上应该采用零极点模型,而不是简单的全极点模型。此外,由于LPC谱估计的效果和谐波结构密切相关,对于女声信号一般音调较高,其频谱中的谐波成分的间隔距离要比男声信号大得多,因而反映出来的声道谐振特性不如男声谱那么尖锐。当用LPC谱逼近女声信号谱的共振特性时,其误差远远大于男声信号,而童声信号效果更差。

9.2.2 共振峰合成方法

与线性预测方法相同,共振峰合成方法也是对声源—声道模型的模拟,但它更侧重于对声道谐振特性的模拟。它把人的声道视为一个谐振腔,腔体的谐振特性决定所发出的语音信号的频谱特性,即共振峰特性。音色各异的语音有不同的共振峰模式,用每个共振峰以及其带宽作为参数可以构成一个共振峰滤波器。将多个共振峰滤波器组合起来模拟声道的传输特性,根据这个特性对声源发生器产生的激励信号进行调制,经过辐射模型后,可以得到合成语音。大多数共振峰合成器采用图9-5的系统模型,这种模型的内部结构和发音过程并不完全一致,但在终端处,即语音输出上是等效的。

这种方法可以通过改变滤波器参数近似地模拟出实际语音信号的共振峰特性,同时这种合成方法具有很强的韵律调整能力,无论是音长、短时能量、基音轮廓线和共振峰轨迹都可以自由地修改。实际上,语音学的研究结果也表明,决定语音感知的声学特征主要是语音的共振峰,因此若合成器的结构和参数指定正确,则这种方法能够合成出高音质、高可懂度的语音。长期以来,共振峰合成器也一直处于主流地位。

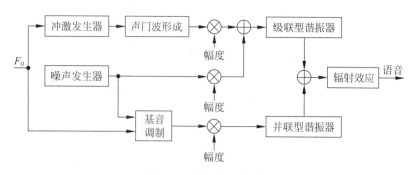

图 9-5　共振峰合成系统

1. 激励源模型

激励源对合成语音的自然度有明显的影响,由于语音合成中所要求的语音质量一般比语音通信接收端的高,因此对激励源的考虑要细致些。一般在共振峰合成器中激励源有三种类型:合成浊音语音时用周期冲激序列;合成清音语音时用伪随机噪声;合成浊擦音时用周期冲激调制的噪声,下面做进一步讨论。

发浊音时,由于声带不断地张开和关闭,产生间隙的脉冲波。有人进行过实际测量,其波形是类似于"斜三角脉冲"串的序列。开始时声门闭合幅度为零,接着声门逐渐打开,幅度缓慢上升,然后快速下降。当再次降低到零时,有一个导数不连续点,相当于声门突然关闭。这样波形的频谱,在高频部分以 $-12\mathrm{dB}$/倍频程衰减,而在口唇处的辐射影响呈现 $6\mathrm{dB}$/倍频程的上升,两者综合的结果,使得浊音语音段的频谱有 $-6\mathrm{dB}$/倍频程的衰减特性。根据这一事实,导出三种形式的浊音时激励函数,如图 9-6 所示。

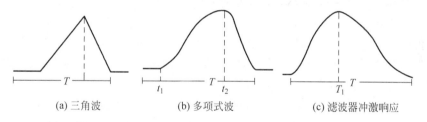

(a) 三角波　　　　　　(b) 多项式波　　　　　(c) 滤波器冲激响应

图 9-6　三种合成浊音用的激励函数

1) 三角波

该波形的上升和下降斜率约为 $1:2$,它能满足 $-12\mathrm{dB}$/倍频程的频率特性,因而可以作为合成语音的模拟激励函数,但从其波形可以看出,它有 3 个导数不连续的点,与实际的激励波形不可能很好地匹配,因此并不是最佳的选择。

2) 多项式波

1971 年 Rosenberg 在试听试验的基础上,研究了各种激励源波形效果,提出用分段波形来逼近自然声门波,其数学表达式为

$$g(t)=\begin{cases}0, & 0\leqslant t\leqslant t_1\\ Au^2(3-2u), & t_1\leqslant t\leqslant t_2\\ A(1-v^2), & t_2\leqslant t\leqslant T\end{cases} \tag{9-4}$$

式中,A 是激励波形的最大幅度,且有

$$v = \frac{t - t_2}{T - t_2} \tag{9-5}$$

$$u = \frac{t - t_1}{t_2 - t_1} \tag{9-6}$$

容易看出,这个波形的第 1 段和第 2 段连接处,以及第 2 段和第 3 段连接处是平滑的,只有在一个周期波形结束处($t=T$)斜率变化不连续,波形导数为$-2A$,表示这时声门突然关闭,从而产生所需要的-12dB/倍频程衰减。它的形状可以较好地逼近上述实测的自然波形,因而比三角波更适合作为激励音源。

3) 滤波器冲激响应

这是一种比多项式波更容易实现的激励源,因而受到重视,并得到较为广泛的应用。它是用周期冲激序列通过一个二阶低通滤波器$\frac{b}{(1 - az^{-1})^2}$产生一个周期激励信号,其中 a 和 b 与采样周期以及 T_1 的值有关。当这个信号大于频率$1/T_1$时,能得到-12dB/倍频程的衰减特性。该激励函数可表示为

$$g(n) = A\,\frac{n}{T_1}\mathrm{e}^{1 - n/T_1} \tag{9-7}$$

虽然该激励函数的波形与测量出的自然语音的激励波形(先快速上升,然后慢速下降)相差较大,但这只是影响脉冲谱的相位特性,而与幅值无关。实验表明,激励的相位特性对听觉的影响很小,因而它仍能合成出较高质量的语音,且又易于得到,故常被采用。当然它也有缺点,最主要的是激励波形的最大值出现在冲激输入后的一个固定时刻 T_1,而与音调周期长短无关。因此在实际应用中,如果 T_1 的选择适合于音调频率较高的场合,例如 400Hz,那么在低音调频率时,脉冲的宽度显得太窄,造成合成语音音质变坏。理想的解决办法是使滤波器参数随音调周期变化,但这又将使问题复杂化。

对于高质量的语音合成,激励源的脉冲形状是十分重要的,但在实际语音合成中,不够精确的合成器参数对合成语音音质的影响,要远大于激励源脉冲波形的影响。因此在一些语音合成中,也常采用最简单的三角波激励源。

合成清音的激励源理论上采用高斯白噪声,在实际应用中一般采用若干个(例如 10 个或 16 个)均匀分布的伪随机序列累加得到。清音激励源的频谱应该是平坦的,波形样本幅度服从高斯分布。而伪随机数发生器产生的序列具有平坦的频谱,但幅度为均匀分布。根据概率论中的中心极限定理,相互独立具有相同分布的随机变量之和服从高斯分布。因此,将均匀分布的若干个随机变量叠加可以近似地获得伪高斯白噪声序列。

理论上,激励源是个压力波源,而共振峰模型中声道传输函数是与源速度波及口唇处速度波相联系的。因此噪声源的压力波必须转变成速度波,这个转换涉及估计激励噪声源所处位置的声源阻抗。一般情况下,计算这个阻抗十分复杂。比较合理的近似计算是假定源的体速度正比于源压力波的积分,这一近似在口唇处无疑是正确的,因为口唇处辐射阻抗,呈现电感特性。积分运算可以用一阶低通滤波器来逼近,它的输出 $y(n)$ 和输入 $x(n)$ 满足

$$y(n) = x(n) + y(n-1) \tag{9-8}$$

这一低通滤波器的-6dB/倍频程特性抵消了口唇处辐射影响产生的 6dB/倍频程的上升,使得合成的清音语音具有平坦的谱特性,而不是浊音语音谱中 6dB/倍频程的衰减特性。

从发音过程来看,发不同的清音湍流产生的位置不同。也就是说,激励源所处的位置是

不相同的。对于摩擦音,例如汉语中/s/,湍流产生于口腔内部;而发/h/音时,湍流产生于喉部。因此,这两种情况激励源所处的位置不同,声道阻抗也不同。在擦音情况下,激励源离口唇近,相应的声道要短得多,输出的语音信号的大部分能量集中在高频端,而且出现反谐振特性,并且其在第一和第二共振峰区的能量反而较小。为了模拟不同部位湍流造成的影响,可以采用并联型谐振滤波器,对各滤波器谐振峰的幅度与带宽分别进行调整实现所希望的谱特性。

简单地将激励源分成浊音和清音两种类型是有缺陷的,因为对浊辅音,尤其是其中的浊擦音,声带振动产生的脉冲波和湍流同时存在,这时噪声的幅度被声带振动周期性地调制,这时应该将两种情况都考虑进去。

总之,为了得到高质量的语音合成,激励源的设计是不可忽略的部分,它应该具备多种形式,以适应各种不同的发音情况。

2. 共振峰声道模型

对于声道模型,声学理论表明,语音信号谱中的谐振特性(对应声道传递函数中的极点)完全由声道的形状决定,与激励源的位置无关。而语音谱中反谐振特性(对应声道传递函数中的零点)可能在下面两种情况下出现:第一种情况是当激励源的位置不在喉部,例如发摩擦音时激励源处于口腔内部,从激励源处向声门方向看去呈现的声道阻抗,在某些频率上会变得无穷大,湍流的压力波无法形成输出的速度波,导致了信号谱中的反谐振特性。第二种情况是发鼻音时,鼻腔和口腔相互耦合造成谐振支路,这同样会产生零点特性。因此对于大多数辅音和鼻音,应采用零极点模型。

一般单个共振峰可以用一个二阶滤波器实现,例如

$$V_i(z) = \frac{G_i}{1 - b_i z^{-1} - c_i z^{-2}} \tag{9-9}$$

如果将各种参数用共振峰中心频率 F_i 和共振峰带宽 B_i 表示,则有

$$c_i = - \exp(-2\pi B_i T) \tag{9-10}$$
$$b_i = 2\exp(-\pi B_i T)\cos(2\pi F_i T) \tag{9-11}$$
$$G_i = 1 - b_i - c_i \tag{9-12}$$

式中,T 为采样周期。这个二阶滤波器可以对单个共振峰特性提供良好的物理模型,同时在相同的谱精度上,低阶的数字滤波器量化的比特数较小。

在声道模型中包含多个共振峰,各个共振峰模型之间可以用下面三种方式来连接,即级联型、并联型和混合型。

1) 级联型结构

在级联型声道模型中,每对共轭极点用式(9-9)的二阶滤波器来表示,各个共振峰的二阶滤波器之间是串联关系,这时整个声道模型的传递函数可以表示为

$$V(z) = G \cdot \prod_{i=1}^{M} \frac{1}{1 - b_i z^{-1} - c_i z^{-2}} \tag{9-13}$$

式中,M 表示级联的数目,且

$$G = \prod_{i=1}^{M} G_i$$

可以进一步合并式(9-13),得

$$V(z) = \frac{G}{1 - \sum_{i=1}^{2M} a_i z^{-i}}$$ (9-14)

这时级联型结构就是一个全极点模型,它可以模拟激励源在喉部时的声道谐振特性,因此能很好地逼近元音的频谱特性。由于二阶数字滤波器对单个共振峰特性提供了很好的物理模型,同时在相同的频谱精度下,低阶的数字滤波器系数量化,相对来说需要较少的比特数。因此每个谐振器用一个二阶数字滤波器来表示,代表了一个共振峰特性。级联型谐振器只有一个幅度控制参数,共振峰特性主要由各共振峰的频率和带宽所决定。例如,假设各个共振峰的频率至少比其带宽大 5~10 倍,那么从式(9-13)可以推出级联谐振器的传输函数中,共振峰幅度随最低 5 个共振峰频率和带宽变化的关系:

(1) 如果共振峰的频率建立在 500Hz、1500Hz、2500Hz、3500Hz 和 4500Hz 上,且带宽全部等于 100Hz,则级联模型传输函数的共振峰幅值全部相同,这相当于一个均匀横截面积的声道处于声门关闭、口唇张开的状况;

(2) 共振峰的幅度反比于它的带宽,即如果一个共振峰的带宽加倍,那么峰值降低 6dB;

(3) 共振峰的幅度正比于共振峰的频率,即如果一个共振峰的频率加倍,则峰值也增加 6dB,当然合成语音的谱特性还与激励源及辐射特性的频率响应有关;

(4) 改变一个共振峰频率还会影响较高频率共振峰的幅度,幅度的变化正比于频率的平方,例如,一个共振峰的频率减半,所有较高的共振峰幅度均减小 12dB;

(5) 两个邻近的共振峰互相靠近到 200Hz 左右时,这两个共振峰的幅度都会有一个附加的 3~6dB 的增加。

2) 并联型结构

并联型结构中,各个共振峰的二阶滤波器之间保持并联的关系,在数学上用加法表示。这时的整体声道模型可以表示为

$$V(z) = \sum_{i=1}^{M} \frac{G_i}{1 - b_i z^{-1} - c_i z^{-2}}$$ (9-15)

可以将上式进一步表示为

$$V(z) = \frac{\sum_r d_r z^{-r}}{1 - \sum_k a_k z^{-k}}$$ (9-16)

这是一个典型的零极点模型,因此并联型声道模型可以模拟谐振和反谐振特性,所以可以用来合成大部分辅音和鼻音。在并联型谐振器中,各个共振峰有各自的幅度控制参数,模型参数和共振峰特性之间对应关系比较直接。

3) 混合型结构

级联型模型是一个全极点模型,不能描述鼻音和摩擦音中的反共振峰特性。而并联型模型的控制参数比较复杂,对于一些本来符合全极点模型的元音而言效果反而不佳。因此有一种折中的方案,采用既有串联又有并联的混合模型,两者根据不同的情况切换使用以达到更佳的效果。图 9-5 中就使用了两种声道模型,一种是将声道模型化成二阶数字谐振器的级联,另一种是将声道模型化成二阶数字谐振器的并联。

　　合成鼻音的声道模型,一般要比合成元音多一个谐振器,这是由于鼻腔参与谐振后,声道的等效长度增加,在同样语音信号带宽范围内,谐振峰的个数要增加。鼻音的零点特性可通过二阶反谐振器来逼近,它与前面介绍的数字谐振器正好呈镜像关系。这时二阶数字反谐振器的传递函数为

$$V_i(z) = \frac{G_i'}{1 - b_i'z^{-1} - c_i'z^{-2}} \tag{9-17}$$

式中,$G_i' = \frac{1}{G_i}$,$b_i' = -b_iG_i$,$c_i' = -c_iG_i$。

　　鼻音谱中高频区域的零点对听觉影响一般很小,为了简单而有效地合成鼻音,实际实现时可以在级联谐振器结构中增加一个谐振器和一个反谐振器;在模拟非鼻音情况时,它们提供一对复共轭的极零点,极零点的带宽保持相同,这样作用正好抵消。图9-5中的辐射模型比较简单,可用一阶差分来逼近。

　　最后要指出两点:第一,发音时声道中器官运动变化导致谐振特性变化,因此声道模型应该是时变的。高级的共振峰合成器要求前4个共振峰频率,以及前3个共振峰带宽都随时间变化,而更高频率的共振峰参数变化一般可以忽略。简单的系统,则只改变前3个共振峰频率,而带宽是固定的。第二,图9-5只是共振峰合成系统的通用原理框图,实际实现时,根据不同语种语音的发音情况、合成语音的基元选择以及合成规则等要做必要的调整。

　　共振峰合成方法有一个很大的优点,就是共振峰特性与基音轮廓线所包含的信息是完全分离的。也就是说,无论基音频率如何改变,共振峰的特性几乎不受影响。因此共振峰合成方法具有很强的韵律修改能力,特别是针对汉语基音轮廓线变化比较复杂的情况,这种合成方法很有潜力。然而,共振峰合成方法难免存在明显的人造语音的感觉,即所谓的机器腔,解决这个问题还有许多细致的工作要做。

　　LPC语音合成和共振峰语音合成是目前较为流行的两种语音合成技术。下面对这两种技术做一个归纳性的比较:

　　(1) LPC语音合成有比较简单和完全自动的分析步骤,合成器结构也比较简单,采用格形滤波器时,量化特性和稳定性都比较好,硬件实现容易;而共振峰合成需要较多参数调整,合成器结构相对要复杂些。

　　(2) 共振峰合成原理和实际发音原理联系紧密,它的模型控制参数对合成语音谱特性的影响比较直观。基于对人类发音的了解,容易确定语音合成所需要的参数变化轨迹,以及在语音段边界处的参数内插形式。在LPC合成中,控制LPC系数的变化轨迹是十分有限的,因为合成语音频谱特性由系数多项式决定,每一个系数变化范围较宽,对合成语音的频谱特性的影响较为复杂,很难找出简便的调整方法。

　　(3) 共振峰语音合成比较灵活,允许简单的变换以模仿不同人的发音,即通过共振峰频率的移动,可容易地修改语音中和讲话人特征有关的部分;而LPC合成则比较困难,只有将LPC的反射系数转变成极点的位置,才有可能做类似的修正。

　　(4) 由于LPC方法对谱包络的谷点刻画要比峰点差得多,因此进行共振峰带宽的估计一般是不合适的;而共振峰合成方法中,共振峰的带宽还可以从离散傅里叶变换谱来估计,尽管也有一定的困难,但相对来说,带宽的估计要正确些。

　　(5) 标准LPC的全极点模型,对具有零点谱特性的那些音,特别是鼻音效果比较差;共振峰合成方法则可以采用反谐振器来直接模拟鼻音中最重要的频谱零点,使得合成语音音

质得以提高。

(6) 从总体上说,选择 LPC 语音合成还是共振峰合成,基于两个因素的折中:LPC 合成具有简单、可自动进行系数分析的优点;而比较复杂的共振峰合成可望产生较高质量的合成语音。

9.3　波形拼接合成技术

当合成一种语言时,只有使合成单元的音段特征和超音段特征都与自然语言相近,合成出的语音才能清晰、自然,二者缺一不可。就现有合成技术来讲,参数合成技术在语音合成中能灵活地改变合成单元的音段特征和超音段特征,从理论上讲是最合理的。但是由于参数合成技术过分依赖于参数提取技术的发展,并且由于至今对语音产生模型的研究还不够完善,因此合成语音的清晰度往往达不到实用程度。与此相反,波形拼接语音合成技术是直接把语音波形数据库中的波形级联起来,输出连续语流。这种语音合成技术用原始语音波形替代参数,而且这些语音波形取自自然语音的词或句子,它隐含了声调、重音、发音速度的影响,合成的语音清晰自然,其质量普遍高于参数合成。

用波形拼接技术合成语音时,能很好地保持拼接单元的语音特征,因而在有限词汇合成中得到广泛的应用,例如语音表、公共汽车报站器,以及用于文语转换系统中。但是,在简单的波形拼接技术中,合成单元一旦确定就无法对其做任何改变,当然也就无法根据上下文来调节其韵律特征。因此将这种方法用于合成任意文本的文语转换系统时,合成语音的自然度不高。20 世纪 80 年代末,由 F. CharPentier 等人提出的基音同步叠加技术(pitch synchronous overlap add,PSOLA),既能保持原始发音的主要音段特征,又能在拼接时灵活调节其音高和音长等韵律特征,给波形拼接技术带来了新生。

PSOLA 算法是波形拼接技术的一种,其主要特点是:在语音波形片断拼接之前,首先根据语义,用 PSOLA 算法对拼接单元的韵律特征进行调整,使合成波形既保持了原始语音基元的主要音段特征,又使拼接单元的韵律特征符合语义,从而获得很高的可懂度和自然度。在对拼接单元的韵律特征进行调整时,它以基音周期(而不是传统的定长的帧)为单位进行波形的修改,把基音周期的完整性作为保证波形及频谱的平滑连续的基本前提。PSOLA 算法使语音合成技术向实用化迈进一大步。当前,越来越多的人研究波形拼接语音合成技术,并设计了相应的算法和系统。目前已经用这种方法至少实现了七八种语言语音合成系统,例如日本 NTT 公司基于波形文件实现日语规则合成系统,该研究中提出了相应的共振峰修改算法。这个算法以频率、带宽和谱密度为参数,灵活地变化共振峰频率,克服了语音多样性的限制,合成出不同音质的男声、女声、小孩声或沙哑声。日本 ATR 的 γ-TALK 语音合成系统,使用了大小不规则的语音单元,采用单元集自动生成和快速构造算法,自动音调控制规则。法国 CNET 以双音素作为语音基元,用基于 HMM 的语音匹配法进行特性标注,实现了法语文语转换系统。该文语转换系统已实现了多语种文-语转换,采用一种新的体系结构,保证了实时、多通道和交互功能,而且在该系统中只采用一个合成器,就可实现多语种文语转换,只要提供高层次语言处理模块。该系统已在电话网中用于公共电话服务。德国波恩大学的语音合成系统接收有重音标注的音素串,以类似半音节的时域基元拼接,输出语声流等。在国内,中国科技大学、清华大学,以及中科院声学所等的文语转换系统,也主要采用基于 PSOLA 方法的语音合成技术。对于汉语而言,其音节的独立性较强,音节的音段特征比较稳定,但汉语音节的音高、音长和音强等韵律特征在连续语流中变化复杂,而这些韵律特征又是影响汉语合成语音自然度的主要因素。因此,汉语很适合采用基于 PSOLA 技术的波形拼接法来合成。

由于韵律修改所针对的侧面不同,PSOLA 算法可以有 TD(time domain)-PSOLA 和 FD(frequency domain)-PSOLA 等几种不同的方法。

9.3.1　TD-PSOLA 算法

不论哪一种类型的 PSOLA 算法,一般都按着以下三个步骤实施:

(1) 基音同步叠加分析:对原始语音信号做准确的基音同步标注,将原始语音信号与一系列基音同步的窗函数相乘,得到一系列有重叠的短时分析信号。一般地,窗函数采用标准汉宁(Hanning)窗或汉明(Hamming)窗,窗长为两个基音周期,相邻的短时分析信号之间有 50% 的重叠部分。基音周期的准确性和起始位置非常重要,它将对合成语音的质量有很大的影响。

(2) 对中间表示进行修改:首先根据原始语音波形的基音曲线和超音段特征与目标基音曲线和超音段特征修正的要求,建立合成波形与原始波形之间的基音周期的映射关系,再由此映射关系确定合成所需要的短时合成信号序列。

(3) 基音同步叠加处理:将合成的短时信号序列与目标基音周期同步排列,并重叠相加得到合成波形。此时,合成的语音波形就具有所期望的超音段特征。

在这种方法中,为原始语音段加基音标注是算法执行的基础。基音同步标注点是与合成单元浊音段的基音保持同步的一系列位置点,它们必须能够准确反映基音的起始位置。PSOLA 技术中,短时信号的截取和叠加、时窗长度的选择都是依据同步标注进行的。浊音有基音周期,能够进行有效地标注。对于清音,为了保持算法的一致性,一般标注为一个适当的常数。在用 PSOLA 算法对声音调整时,首先从语音库中提取出原始语音 $x(n)$ 进行基音同步标注,再由基音同步分析窗 $h_m(n)$ 对原始语音数据加权得到的短时信号 $x_m(n)$,这时的短时信号表示为

$$x_m(n) = h_m(t_m - n)x(n) \tag{9-18}$$

式中,t_m 为基音标注点,$h_m(n)$ 一般选用汉宁窗或汉明窗。窗长要大于原始信号的一个基音周期,一般取为原始信号基音周期的 2~4 倍,即 $h_m(n)=h(n/(lp))$。其中,p 为基音周期,l 表明窗覆盖基音周期的比例因子。p 既可以选为分析的基音周期,也可以选为合成的基音周期。然后,对短时信号进行调整,根据待合成的语音信号的韵律信息,将短时分析信号 $x_m(n)$ 修改为短时合成信号 $\tilde{x}_q(n)$,同时原始信号的基音标注 t_m 也相应地改为合成基音标注 t_q。这种转换包括三个基本操作:修改短时信号的数量;修改短时信号间的延时;修改每个短时信号的波形。这三种操作分别对应修改音长、修改基频及修改合成信号的幅值,下面分别加以介绍。

音长的修改就是找到分析信号的基音同步标注点 t_m 与最后合成信号的基音同步标注点 t_q 之间的对应关系;一般情况下 t_m 与 t_q 之间的对应呈现一种线性关系,图 9-7 给出了音长缩短时的基音标注情况。图中 $p(n)$ 为原始基音标注序列映射到目标基音标注序列的函数。

近年来,有文献提出一种"调素"学说。"调素"是表示音高和音长的最小声调单位,一个声调可以由一个或者几个调素组成。基于"调素"学说,出现一种"边缘调素脱落"理论,所谓边缘调素是指一个声调的第一个或最后一个调素。该理论认为:在同一音步中,一个边缘调素若不属于音步尾部,声调也不在音步边缘,那么该调素在连读时即消失。一般来说,双

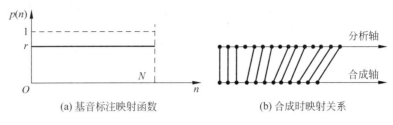

(a) 基音标注映射函数　　　　(b) 合成时映射关系

图 9-7　音长缩短情况的基音标注

音节词和三音节词各构成一个音步,因此音步有双音节音步和三音节音步之分。在此基础上,进一步提出"音步间调素脱落理论",即一个词或词组包含两个或两个以上的音步时,除了发生音步内音节之间的调素脱落,还存在音步间的调素脱落。这时基音标注的对应映射关系不再是简单的对等关系,音节在词组和短语中发音时的音长的改变,并不是音长简单、均匀地缩短,而是音节边缘调素脱落的结果。音长改变位置不是单一不变的,而是根据音节在词或词组中的位置而决定。音节左边调素脱落时,音长改变的位置在音节元音的左边;音节右边调素脱落时,相应的音长改变位置应在音节元音的右边。

针对给定的时间调整参数 γ,根据"调素"论理论,可以确定音节左右的时间调整参数 γ_L 和 γ_R,$\gamma=(\gamma_L+\gamma_R)/2$。例如,对于三音节词的首字,一般取 $\gamma_L=1$,$\gamma_R=2\gamma-1$;对于中间字,取 $\gamma_L=1-(1-\gamma)\times1.4$,$\gamma_R=1-(1-\gamma)\times0.6$。

根据音节的左右时间调整参数 γ_L 和 γ_R,可以确定原始基音标注序列映射到目标基音标注序列的函数为

$$p(n)=\begin{cases}\min\left(\dfrac{n}{1-\gamma_L}\times N,1\right), & n<\dfrac{N}{2} \\[2mm] \min\left(\dfrac{N-n}{1-\gamma_L}\times N,1\right), & n\geqslant\dfrac{N}{2}\end{cases} \tag{9-19}$$

以三音节词的中间音节为例,其函数曲线和映射关系如图 9-8 所示。可以看出,分析轴上中间的分析信号以较高的密度加入到合成轴上,而两端却较稀疏。

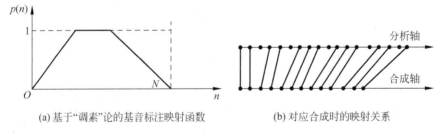

(a) 基于"调素"论的基音标注映射函数　　　　(b) 对应合成时的映射关系

图 9-8　音长缩短情况下基于"调素"论的基音标注

基频的调整实际上是通过修改信号的延时来实现的。这时短时分析信号 $x_m(n)$ 和短时合成信号 $\tilde{x}_q(n)$ 之间满足下面关系:

$$\tilde{x}_q(n)=x_m(n-\delta_q) \tag{9-20}$$

式中,δ_q 表示时延的长短,$\delta_q=t_q-t_m$。

由原始的基音标注点 t_m 得到最后合成信号的基音同步标注点 t_q 后,根据原始波形与合成波形误差最小的原则得到下面的合成公式:

$$\tilde{x}(n) = \frac{\sum\limits_{q} a_q \tilde{x}_q(n) h_q(t_q - n)}{\sum\limits_{q} h_q{}^2(t_q - n)} \tag{9-21}$$

式中，$\tilde{x}(n)$代表修改后的合成波形；t_q为合成语音的基音同步标志；$h_q(n)$代表合成窗函数；a_q是用来表示合成能量变化的因子；$\tilde{x}_q(n)$是合成语音的短时信号，它由相应的原始语音的短时信号$x_m(n)$经过相应的变换得到。从这个公式可以看出，合成语音信号的幅值可以通过调整a_q来实现。

在一定的近似情况下，式(9-21)可以进一步简化为

$$\tilde{x}(n) = \sum_{q} a_q x_q(n) \tag{9-22}$$

利用式(9-20)，可以通过对原始语音的基音同步标注t_m间的相对距离的伸长和压缩，对合成语音的基音进行灵活的提升和降低，同样还可以通过对音节中的基音同步标注的插入和删除来实现对合成语音的音长的改变，最终得到一个新的合成语音的基音同步标注t_q，并可以通过对式(9-21)中能量因子a_q的变化来调整语流中不同位置的合成语音的输出能量。对基音周期和音长的调节如图9-9所示。

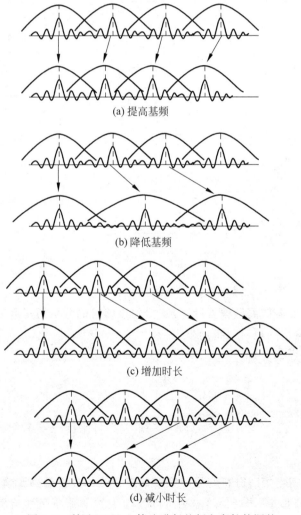

(a) 提高基频

(b) 降低基频

(c) 增加时长

(d) 减小时长

图 9-9　利用 PSOLA 算法进行基频和音长的调整

若要降低基频,则意味着 $\{t_q\}$ 间隔比 $\{t_m\}$ 要增加,反之则要减少;若要增加音长,就意味着 $\{t_q\}$ 是由 $\{t_q\}$ 做相邻基音标注点复制得到,反之则删除相邻标注点。若要改变短时能量,根据规则需要,对每一个短时信号乘以因子 a_q。

9.3.2 FD-PSOLA 算法

FD-PSOLA 算法和 TD-PSOLA 算法类似,大致也分为基音同步叠加分析、对中间表示进行修改和基音同步叠加处理三个过程。但在 TD-PSOLA 算法中,由于其变化是基于时域的,较适合于音长的改变,但当涉及基频的改变,特别是当改变幅度较大时,容易造成叠加单元的混叠。而在 FD-PSOLA 算法中,不仅可以对时间标尺改变,还可以对信号在频域上做适当调整。其中时间标尺的改变是对于给定时间调整参数 γ,确定短时分析信号和短时合成信号之间的关系,也就是确定原始基音标注序列与合成基音标注序列,可以采用基于"调素"理论的音长标尺改变方式。这里主要讨论其在频域内做的调整。FD-PSOLA 算法其主要步骤如图 9-10 所示。

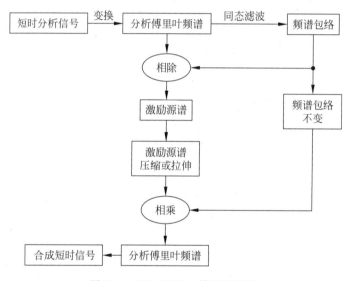

图 9-10 FD-PSOLA 算法流程图

FD-PSOLA 算法中的频域调整具体步骤如下:

1. 对短时分析信号做离散傅里叶变换,得到该信号的分析傅里叶频谱

令 $x_m(n)$ 为加窗后的短时分析信号,窗长为 N,对该短时分析信号进行傅里叶变换,得到短时傅里叶变换 $X_m(\omega)$ 为

$$X_m(\omega) = \sum_{n=0}^{N-1} x_m(n) \exp(-\mathrm{j}\omega n) \tag{9-23}$$

在频域内对 $X_m(\omega)$ 在 N 个频率点 $\omega_k = \dfrac{2\pi}{N}k$ 上进行采样($k=0,1,\cdots,N-1$),得到短时谱 $X_m(\omega_k)$。

2. 用同态滤波得到短时分析傅里叶频谱的谱包络和分析激励源频谱

在语音的产生模型中,语音信号序列可以模拟为激励脉冲序列与声道冲激响应的离散卷积。对于浊音信号 $x_m(n)$ 可以模拟为基音周期为 p 的脉冲串 $e_m(n)$ 与声道冲激响应 $v_m(n)$ 的卷积，即

$$x_m(n) = e_m(n) * v_m(n) \tag{9-24}$$

式中，$v_m(n)$ 表示声道冲激响应。由于声道的时变特性，所以 $v_m(n)$ 也是时变的。但声道的变化比较缓慢，在短时间内可以认为是不变的。

将式(9-24)变换到频域，则卷积关系变成乘积关系，例如：$X_m(z) = E_m(z) \times V_m(z)$。式中，$V_m(z)$ 对应于频谱的谱包络部分，$E_m(z)$ 对应于频谱谐波部分，即分析激励源频谱。运用同态处理方法，可以计算出语音信号的倒谱，即从倒谱的低时部分可以得到声道冲激响应信息，其响应在频谱上的表现就是频谱包络，将这个谱包络通过中值平滑得到较平滑的谱包络系数，进一步将傅里叶变换系数和谱包络系数相除，得到分析激励源频谱。这样经过同态滤波处理后，可以很容易地分离出频谱包络 $V_m(\omega)$ 和激励源频谱 $E_m(\omega_k)$。

3. 对频谱进行压缩和拉伸

按照音高调整参数 β 修改激励源频谱，对频谱进行压缩和拉伸，可以得到合成激励源频谱，如图 9-11 所示。最终得到的分析激励源谱将是声门激励在频域上的表现，根据音高调整参数 β，对激励源谱进行压缩和拉伸；当 $\beta<1$ 时，对激励源谱进行压缩；反之当 $\beta>1$ 时，对激励源谱进行拉伸。

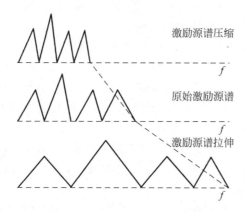

图 9-11 激励源谱进行压缩和拉伸的示意图(横坐标为频率轴)

文献[7]提供了用线性插值对激励源谱进行压缩和拉伸的方法。但这种处理容易在线性插值中丢失信息。

为了避免在线性插值中丢失信息，这里借鉴正弦模型的方法，通过激励源谱和谱包络在新的频率点采样来实现对激励源谱的压缩和拉伸，得到新的傅里叶频谱。令 $\omega_k' = \beta\omega_k$，则可以得到激励源谱 $P_m(\omega_k)$ 在 ω_k' 点的采样 $P_m(\omega_k')$，即

$$P_m(\omega_k') = \begin{cases} P(\omega_k'), & \omega_k'/\beta < \pi \ \omega_k' \in [0,\pi] \\ 0, & \omega_k'/\beta \geqslant \pi \end{cases} \tag{9-25}$$

而 $P_m(\omega_k')$ 在 $\omega_k' \in [\pi,2\pi]$ 区间内的函数是其在 $\omega_k' \in [\pi,2\pi]$ 区间内函数的对称共轭形式。紧接着，对谱包络在 ω_k 的采样点 $V_m(\omega_k)$ 线性插值得到谱包络估计 $\tilde{V}_m(\omega)$，重新在 ω_k' 采样得到 $V_m(\omega_k')$，将激励源谱 $P_m(\omega_k')$ 和谱包络 $V_m(\omega_k')$ 相乘，从而得到如下短时合成傅里叶频谱 $X_m(\omega_k')$：

$$X_m(\omega_k') = P_m(\omega_k') \times V_m(\omega_k') \qquad (9\text{-}26)$$

式中,$k=0,\cdots,N'-1$,而 $N'=N/\beta$。

通过以上的处理,可以得到合成的傅里叶频谱 $X_m(\omega_k')$。该方法的优点是避免了对频谱复数值的插值,而通过修改频率轴坐标和对谱包络的插值达到修改傅里叶频谱的目的。

4. 得到短时合成信号

对短时合成傅里叶频谱做傅里叶反变换,得到短时合成信号 $\tilde{x}_m(n)$,($n=0,\cdots,$ $N'-1$),即

$$\tilde{x}_m(n) = \sum_{k=0}^{N'-1} X_m(\omega_k') e^{jn\omega_k'} \qquad (9\text{-}27)$$

式中,$N'=N/\beta$,$\omega_k'=\dfrac{2\pi}{N'}k$。

除了前面介绍的 TD-PSOLA 和 FD-PSOLA 算法以外,还有一种方法利用时频插值(time-frequency interpolation,TFI)来实现波形拼接。这种方法将语音信号通过 LPC 逆滤波器得到激励源,进一步对其进行基音标注,将其变换到频域,并称之为原型,将原型进行存储。在合成时,将原型取出进行相应的分析和韵律调整,然后将其变换回时域信号,经过 LPC 合成滤波器得到合成语音。

近年来,随着计算机的运算和存储能力的飞速增长,语音库的规模越来越大,相应的单元挑选策略也越来越精细,使得挑选出来的单元基本不需要调整,就可以保持良好的原始语音的音质,而且不连续现象也有很大改善,自然度得到极大提高。因此,基于大规模语料库的单元拼接合成系统得到越来越广泛的应用。

在构建一个大规模语料库的合成系统时,主要包括以下几个环节。

(1) 单元尺度的选择:可以是音素、双音素、音节、词甚至短语等,对于汉语语音合成系统,比较常用的基本单元是声韵母和音节。

(2) 语料库构建:首先是在保证单元覆盖率的前提下,根据特定的搜索策略从原始文本语料中挑选出合适大小的语料,然后进行语料库录音,并对其进行标注,包括音段切分和韵律标注等。

(3) 单元挑选算法设计和优化:大规模语料库合成系统的单元挑选算法一般分为两步:首先是基于决策树或者其他索引方式的快速预选算法,得到一定数目候选单元序列;然后再考虑候选单元的自身代价和连接代价进行精细的单元打分,从而得到最优的拼接单元序列。

(4) 单元拼接算法:主要包括韵律调整和单元平滑,如上所述的 PSOLA 算法等。

9.4　汉语按规则合成

无论前面介绍的哪一种合成方式,要想合成出自然清晰的语音,都需要在基元拼接时按照一定的规则对其进行调整。近年来,在做无限词汇量合成时,出现一种选择更小的合成基元,加入庞大的规则库将其合成为词语或句子的合成方式,由于这种合成方式更侧重于各种合成规则的研究,因此称其为按规则合成。对于不同的语种,其规则是完全不同的,这里不可能一一加以介绍。下面仅讨论汉语的按规则合成,而且仅介绍从文本至语音,即文语转换这个层次的按规则合成。

文语转换系统首先接收键盘或文件按一定格式所输入的文本信息,然后按照给定的语言学规则决定出各字的发音(合成)基元序列,以及基元组合时的韵律特性,如音长、重音、声调、语调等,从而决定为合成整个文本所需的代码序列(也称为言语码),最后再用这些代码来控制机器去语音库中取出相应的语音参数,进行合成运算,得到语音输出。

汉语语音属于声调语言,有复杂的韵律结构。汉语语句结构中语音层次为:音素→音节→词语→句子。声学基元是指拼接的基本单位,它可能是音素、双音素、三音素、半音节(首音、尾音)、音节、词语、语句等。基元越小,语音数据库越小,拼接越灵活,韵律特征的变化就越复杂。

按规则合成无限词汇的汉语语音时,基元的选择一般应选声母和韵母。如果选择音素为基元,虽然其存储量可以做到很小,但是汉语中音素的音位变体规律非常复杂,至今还没有人能总结出这些音变的全部规则。实际上汉语复韵母中各音素也并不是独立可分割的单元,而是一串音位串,它们应视为一个整体的语音单位。因此,在汉语语音合成中,如果像英语等西方语言合成中那样,采用音素或双音素作为基元是不合适的。另一方面,如果采用音节甚至采用单词为合成基元,虽然这时所需的规则要简单些,但是语音库的存储容量要大大增加。折中考虑,一般采用声母与韵母作为合成基元,存储容量不大,而所需的规则大体上只是:"辅音—元音和元音—元音转接规则"和"多字词中各字的声调变调规则"等。当然,如果合成一个句子或者一篇文章,这时语气、句调的规则等也是很重要的。与其他合成技术相比较,规则合成有两个明显的优点:语音库占用的内存很小;可以灵活控制合成语音的声学特征和韵律特征。

9.4.1 韵律规则

韵律规则是合成规则中的一个重要组成部分。在许多西方语言为母语的人听起来,讲汉语的人说出来的话,抑扬顿挫、轻重相随、缓急相间、节奏分明,有如在唱歌一样。语流中这种由音高、音长和强度等方面的变化所表现出来的特征,称为"韵律特征(prosodic feature)",也叫"超音段特征"。它们反映了语音在基频、共振峰、能量以及谱分布特性上的差异。对于同一个基元,由于语境不同和重音的表现不同,其声学特征有很大的差别。通过对语音数据的声学参数,如基频、音长、音强等修改,可以进行重音、语调的模拟,实现语速、调高的变化。韵律特征主要包括声调、语调、重音等。声调属于音节层的韵律;语调属于句子层,乃至语篇层的韵律。韵律对合成语音的自然度及是否连贯影响极大,甚至还会影响语音的可懂度。

1. 重音规则

研究韵律特征可先从"重音"入手,重音在语言交流中起到重要作用。一般说汉语的重音,是指说话或朗读时读得比较重的音节或词语,所以往往给人一种错觉,语音的轻重是由气流的强弱决定的。然而,汉语的重音并不像非声调的重音那样说的声大一点、用劲一点,而是要时间长一点、音程大一点,也就是使低的更低,高的更高。

一般可以将汉语重音分为词重音和句重音两大类。所谓词重音,表现在词的某个音节可分为重轻等级。音长特征是区分这个等级的主要标志,轻声的音长较短。另外一个重要的区分特征是声调域,轻声的声调域缩小,这就使轻声字所需的能量减少,但强度并不一定减弱。

实际上,一个词的轻重是在长期使用过程中"约定俗成"的,经语言学家的归纳,从音系学的角度加以标定。一般把某一音节在一个词中的重轻程度称为重度 S_d。音节有 5 个级别的重度变化,把全部声调中的最高音(5 度)和最低音(1 度)作为声调调域的上、下限;有了声调的调域,就把声调分为低、半低、中、半高、高五度,分别用 1、2、3、4、5 表示调高符号。

在语流中用词来组成短语时,各音节的重度分配受"位置效应"和"音节数效应"的支配,某音节的重度 S_d' 变化可以用具体的公式表示为: $S_d' = S_d - D_p - D_n$。式中 S_d 为该音节原来的重度,D_p 和 D_n 分别为"位置效应减量"和"音节数效应减量",N 为音节数。D_p 和 D_n 分别为

$$D_p = \begin{cases} 0, & \text{短词首、词中、短词尾} \\ (S_d - 1)/3, & \text{词首} \\ 2(S_d - 1)/3, & \text{词尾} \end{cases} \tag{9-28}$$

$$D_n = 0.1 + 0.4(1 - \exp(-0.23(N-1))) \tag{9-29}$$

汉语重音的声学特征表现在音域加宽、音程加大,其次就是气流加强。根据语音实验的结果,也证明了汉语语流重音的声学特征,主要表现在音高即上限的增高和音长的加大。对强调重音的声学特征所做的实验表明,基频升高是强调重音的主要声学表现。基频升高的方式与声调的音高特征及曲拱度关系密切;重音的音长普遍增加,而音节重读时,对其强度没有明显的影响。这样,根据语言学家几十年的研究结果,以往认为重音就是通过音强来表达的传统观念得到了纠正。有关汉语重音的节律特征,主要表现是音高和音长的变化,即增加声调域的上限,扩大音域和持续音长两个方面,其次才是增加强度。具体的汉语重音有如下的表现方式:

(1) 增加音高上限、扩大音域、加大音长表示;

(2) 用加大音长和音强来表示语意的焦点;

(3) 增加音长、减弱音量表示语意焦点;

(4) 增加音高上限和强气流加停顿表示强调重音;

(5) 用缩短音长,加上后面的停顿表示重音。

除了词重音外,还有语句重音。汉语的语句重音指一句话里重读的某个音节或词语。它和词重音不同,语句重音跟着句子内容走。汉语中的语句重音可以分为语法重音、强调重音和节奏重音三种。其中语法重音是因为句法结构或语义表达上的需要而产生的重读现象。又可以具体分为句法重音和语义重音。

句法重音是为了表达某种句法结构。这个问题较复杂,但有以下规律:

(1) 句子,尤其是短语中的谓语中心词常常重读;

(2) 动词、形容词前面的状语性修饰语往往重读;

(3) 靠名词中心语最近的定语性修饰语往往重读;

(4) 程度补语一般重读。

语义重音是指进入句法结构后,由于重轻音不同而表示不同语义的词。所以语义重音有着区别意义的功能。其中强调重音也叫表意重音,主要是用来强调特别重要的词语而特意加强的音节,往往是表意的焦点,它一般随着题旨和语境的需要而变化。另外,节奏重音指语流中为了语意对比的需要而产生的,它只是加强节奏感,而不起到表意的作用。

2. 转接与音渡

转接与音渡是音素序列转变成语音流时的动态变化规律。人在说话时,发音器官的运动是连续的,而声道的形状不可能突变,因此连续语音流绝不是相邻的各音素简单的组合和拼接,它们之间有着不同程度的相互影响。特别当发音速度较快时,前一个音素还没有发完,舌、口、唇等已经向下一个位置移动,准备或开始发下一个音了。由于实际发音时牵涉到各个发音器官,所以音素之间的过渡现象十分复杂。在汉语发音中,存在两种基本的过渡,即辅音与元音组合和元音与元音组合。前者出现在声母和韵母的拼接过程中,称之为"转接";后者出现在复合韵母内部,称之为"音渡"。

所谓转接是指前面的辅音对其后的元音共振峰的影响。同一元音的共振峰特性受其前面的不同辅音的影响会有很大的变化,所表现出来的转接现象是不同的;反之,同一辅音对其后的不同元音的影响也是不同的。关于共振峰的转接现象,至今尚未找到普遍性的规律,但是通过大量的实验,人们也发现了一些基本规则。Delattre 在语音合成实验中发现,转接对于辅音的感知十分重要,尤其是后接元音的第二共振峰的转接走向与程度,对前面辅音的听辨起着决定性的作用。如果没有这一段转接特征,听起来就不像这个辅音。他们分析了 3 个塞音 /b/、/d/、/g/ 后接不同元音 /i/、/e/、/a/、/o/、/u/ 时共振峰转接现象发现:尽管不同元音转接的走向与程度是不同的,但同一个辅音造成的共振峰转接的走向却往往趋于同一点。例如 /b/ 使后接元音的共振峰走向趋于 700Hz 这一点,称之为"音轨"。事实上,音轨是由观察到的共振峰转接频率轨迹向前外推大约 50Hz 得到的,它表征了辅—元转接中共振峰移动的起始频率。/d/ 的音轨在 1800Hz 左右;/g/ 的情况则不同,它有两个音轨,一个在 3000Hz 左右,另一个在 1200Hz。

对汉语所做的听辨试验也发现:

(1) 转接现象主要出现在第二共振峰上,第一与第三共振峰的转接规律则比较简单:一般第一共振峰的辅—元转接总是向下,音轨为 0Hz,第三共振峰的转接可以忽略不计。

(2) 辅—元转接对辅音听辨的影响,以塞音最大、塞擦音次之、擦音最小。鼻音和边音因为具有元音性质,可不予考虑。

(3) 转接音轨与辅音发音位置有密切关系,对照辅音音素表,从左到右,基本上符合音轨逐渐由小变大的原则。但对舌根音 /g/、/k/ 和 /h/ 来说,由于它们的发音部位与元音的舌位非常接近,因此它们的音轨与后接元音有关,通常有两个音轨。由此可见,辅音的发音部位不同时,音轨也就不同。而元音舌位也会对音轨产生影响,后高元音 /u/ 对辅音音轨影响最大。应该指出,音轨本身是从大量实验中得到的统计结果,目前还无法对它做定量分析,但它可以较好地反映辅—元转接规则。

下面看看元音之间的音渡问题。在汉语中有 13 个复元音韵母,它们是由两个以上音素组成的。习惯上常把复韵母分为头音(韵头),主元音(韵腹)和尾音(韵尾)3 个部分,但是前已指出它们并不是若干个相对独立的和相对稳定的元音。复合韵母实际上是一大串飞速滑动过去的音素组合,这种滑动的过程就称作为音渡或动程。在复合元音的发音过程中,发音器官都处于不断地连续变化之中。例如,发前响二合元音 /ai/、/ao/、/ou/、/ei/ 时,舌位由低到高,口开度也随之由大变小。发后响二合元音 /ia/、/ua/、/ie/、/ue/、/uo/ 时,则正好相反,舌位由高变低,口开度由小变大。发三合元音 /iao/、/iou/ 或 /uai/、/uei/ 时,舌位由高变低又变高,口开度由小变大,又变小等。这些反映在复合元音频谱中共振峰是连续变化的,很难确切地划分各个元音之间的界限。但可以看到在复合元音的滑动变化过程中会出现一些极点,这些极点就是通常所说的头音、主元音和尾音,这些极点也称为元音滑动的目标值。复合元音中的目标值和单个元音情况不同。实验表明:复合元音起始点的目标值要受到前面的邻接辅音的影响,一般达不到零声母时的极点位置;主元音的极点位置主要是受后接尾音的影响等。知道了复合元音极点位置后,可以用内插的方法得到复合元音的近似共振峰动态轨迹。假如元音滑动轨迹呈现二次曲线特性,那么也可以采用抛物线插值方法。一般地说,前响二合元音的共振峰动态轨迹近似线性变化,后响二合元音的共振峰动态轨迹接近曲线,而且起始弯曲很厉害,后部比较平坦,三合元音的共振峰变化比较复杂,可以近似看成两个二合元音。总之,适当选取极点的个数和位置,就可以在一定的范围内改变复合元音的动程和共振峰的动态轨迹;运用极点值加内插的方法可以描述汉语韵母内的音渡现象;而音轨到元音目标值的内插可以描述汉语声韵母的转接现象,因此,这样建立起来的共振峰模型对汉语合成有着重要的意义。

汉语中还有 16 个复鼻音尾韵母,它们也都是由 2~3 个音素组成。尾音是鼻韵尾/-n/或/-ng/,它们和元音复合之后成为一个整体。发音时,发音器官由元音的发音状态逐渐向鼻音的发音状态滑动,最后完全变成鼻音。但这时声带仍然振动,鼻腔没有阻塞,因此鼻韵尾/-n/和/-ng/具有元音的性质,在建立共振峰动态轨迹时可以近似把它们当作元音一样看待。实验表明,这样近似是可行的,能够反映出鼻韵尾的效果。

3. 声调与变调

汉语是一种"声调语言"。在用汉语相互交谈中,人们不但凭不同的声母、韵母(或元音、辅音)来辨别字和词的意义,还需要从不同的声调来区别它们,这就是"声调语言"的特点。例如,星、形、醒、姓这四个字的音中,声母和韵母都是相同的,但意义不同,这是因为它们的声调是不同的。再如,树木、书目,北京、背景,中药、重要等的区别,也是靠声调来实现的。因此汉语的声调具有辨义的功能,它和辅音、元音在语音的区别特征上同样重要。声调就是音节的高低升降曲折变化,汉语音节的声调主要体现在信号的基音频率随时间而变化的规律。声调的调值用音高或基音的变化来描写。就不同人来说,妇女和儿童的声音高一些;老年男人的低一些,同一个人的音高也会有不同,兴奋时的声音略高升,情绪低落时声音略低沉。从现代音系学理论和方法来分析,认为汉语声调属于超音质特征或者叫作非线性特征,它是附加在整个音节上,所以它是属于音节层的节律特征。一般可以从声调的调类、调值和调型来考虑声调特征。对于汉语普通话,声调的调类可以分为阴平、阳平、上声、去声。此外还有一个"轻声",它是声调的变体。而声调的调值就是声调的实际读法。一般用赵元任 1930 年提出的五度记音法来描写。如前所述,分别用 1、2、3、4、5 表示声调的低、半低、重、半高、高五度。一种调值的确定,是把声调音程高低变化用五度记号记录下来。如普通话的四个声调的调值:阴平 55、阳平 35、上声 214、去声 51。声调的调型就是从声调起始点高度向右延伸,到达声调结束点的高度连接起来;若是曲线形的声调,就要在转折处再加上一个点,然后把这 3 个点连起来,这就得出了不同的声调调型。根据语音实验,普通话四个声调的音高变化如图 9-12 所示。

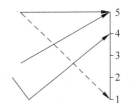

图 9-12 汉语普通话的声调调值图

这与基音时变曲线的变化趋势基本相同,因此,一般说可以用基音频率的时变规律来表示声调的变化。实际上,声调不单是体现在基音频率的变化,同时也常常伴随着音强和音长的变化。例如第三声的音节就常常比其他声调的音节更长一些,这时的音强也有强—弱—强的变化规律。

不过这些变化的主导因素还是基音频率的变化。

在连续的语流中,由于相邻音节之间的相互影响,或者由于语调和语感的需要,各音节的基音频率时变曲线与孤立发音时的音节相比会发生较大的变异。特别是在多音节词中,音节的相互影响可能使某些音节发生调值的变化,这种现象称为音变。这一变化的基本趋势是使基音时变曲线在音节间过渡时比较平滑。在连续的语流中,不仅声调的调值要发生变化,有时甚至连调型也会发生变化,所以汉语声调的调值是相对的。

对于声调的变调现象,一般对普通话双音节连续变调和三音节的连续变调研究。汉语普通话语句中的变调以双音节的连续变调最为重要,因为双音节在整个汉语词汇中就占了约 74.3%。当两个字连在一起读时,不论它们是一个词或是一个意群,都会造成变调。其调型原则上是两个字的原单字调型的接续,但受连读的影响会出现这两个字的变调。变调常常是由后一个字的声调的影响所引起,这就是所谓的"逆变规律"。在双音节的连续变调中,声调在动态语流中调值的高低、长短变化较大。但双音节音步词虽然调值略有差异,连续的调型变化却比较稳定。双音节声调变化规律大致有以下几点:

(1) 上声字加阴平、阳平、去声、轻声字时,前面的上声字的声调变成半上声。设上声的调值为 214,则半上声的调值为 21。因去掉了调值的上升部分所以叫作半上声。例如:"语音""满意""水平"等;

(2) 两个上声连读,前一个上声变得像阳平,调值由 214 变为 35。如:"五五""总理""古老"等;

(3) 两个去声字相连,前一个去声变成半去声,去声字在单独念时是个全降调,从最高的 5 度降到最低的 1 度,即调值为 51,而半去声则从最高 5 度降到中间值 3 度,即调值为 53。例如,"字调""论证""预报";

(4) 叠字形容词变调,二字重叠作形容词时,第二个字变为阴平。例如,"好好看""慢慢走"等,这是一条顺变规律,可算是变调规则中的一种特例。

对汉语双音节变调所做的统计实验还发现,双音节声调的起始和结尾部分总存在"弯头"和"降尾"的过渡状态,它们约占全声调过程的 10%～15%,双音节词第二音节的调长比第一个音节的调长稍短,大约为第一音节调长的 66%,注意到变调规律的这些细节,将会有助于改进合成语音的自然度。另外,有些音节在句子中的变调现象比较特殊,例如"不"字,一般情况下念原声调去声;但在后接去声连读时,变调为阳平;"不"字夹在重叠动词或其他词语之间时则读轻声,例如"不安""不足""不可""是不是""拿不动""了不起"等。再如,"一"字,单念或在词语末尾时,念本调阳平、在去声前念阴平、在其他非去声前念去声、夹在重叠动词之间则念轻声。例如,"一""天下第一""一生""一年""一定""等一等"。尚有其他一些特殊情况,这里就不一一列举,可参阅有关汉语语音学方面的文献。

三音节的连续变调,在汉语结构上一般都可以认为它是单音节和双音节的组合,即使在意义上不完全是这样,但在说话中往往有自然说成双音节的习惯。三音节在语法结构或意群上可以有"单—双""双—单""单—单—单"3 种格式,其变调与意群有密切的关系。例如:"总理讲"3 个字由上声字组成,由于"总理"是双音节,它们将按双音节变调规律变化:"总"读阳平,"理"虽和后面的"讲"相邻,且都是上声,但"总理讲"三音节的组合是"双—单"格,所以"理"不随"讲"而变调。注意在"单—单—单"格式时,由于说话习惯也会读成"双—单"的调型。三个音节的连续变调还与重音及语速有关。对于重读音节,需要完整的调型使其读作原调,非重读音节由于收尾声调不到位,所以调型不完整。另外,音节的起始音高又要受到前音节尾音的音高影响。语速不同,三个音节的音步切分也不相同,变调也有区别。连续音节变调还受语调影响,处在句首、句中和句尾的变调情况也不一样。一般规则可以简单总结如下:

(1) 在三音节音步中,首字阴平或阳平、次字阴平或阳平的变调规则是首字不变、次字变为阴平、末字读原调;

(2) 若语速稍慢,三音节词切分为两个音步,变调情况同单—双或双—单变调;

(3) 语速快,三个音节为一个音步,音节的音长缩短,调域也相对减少。这时,首音节调尾音高不到位,影响了次音节的起始音高;次音节的调尾又不到位,而第三个音节的调首就接上来。这样三个音节首尾相叠的结果,使得中间音节的音高级差会减小到近乎零,从而变成短阴平。

四音节以"双—双"结构的成语居多,所以变调也和两个双音节连续变调相似。例如,四音节"总理讲演","总理"和"讲演"都是双音节,在语法结构或意群上各自成为一个比较紧密的组合,因此它们各按双音节的规律变调。五音节以上的情况除了单音节调和双音节调为基本单元外,没有本身的调型,可以视同短句。

综上所述,汉语语句中的全部声调变化都是以单音节和双音节连续变调为基础的。它们的调型比较稳定,这对于按规则的汉语合成是很有利的。但是还要注意有两种因素会产生声调的一定程度变化:一是由于语法制约而改变了原来的变调规律,即语句中若干字或词由于语法组合的松紧、意群的分合有所不同,原来的变调规律会产生新的变化;二是语句中语气影响了变调,语气是表达意义的,每一句话都脱离不了环境的影响,可反映出说话人的态度、情绪等。因此在不同的语句中,基本单元的调型也会产生一些调位变体,构成不同的语调。

汉语除了音节有自己的声调外,整个句子又有表达特定语气的语调。语调是表情达意不可缺少的节律特征之一。它由音高、音长、音强等多种要素构成语言的抑扬顿挫的旋律模式。语言学界对语调的解释大致有两种意见:一种认为语调就是指语句的音高的变化,另一种观点认为语调是由音高、音长和音强等多种要素构成的句子的旋律模式。

汉语是典型的声调语言,语调问题就更为复杂。声调和声调的连接并不能构成语调,在语流中,声调的调值要受到句调调型的影响,反过来,句调的调型也会受到声调的影响。语调是语言节律的总和,它包括由音高、音长、音强乃至音色的方方面面形成的停延、节奏、重音以及声调、句调、基调等在内的节律总和。汉语语调具有一定的特殊性,因为汉语除了语调本身的节律特征,还要受到声调及连续变调的影响。

4. 音长问题

音长也是语音的重要特征之一,对语音的可懂度、自然度都有一定的影响。汉语中音长主要体现在韵母的调型段长度上,调长和调型是密切相关的,通常认为,上声音节最长,阴平、阳平次之,去声最短。在连续语流中调长的变化和声调一样,也要受到连读时上下文的牵连。例如,轻声音节的调长往往比重读时缩短近一半;在双音节中,后一音节的调长要比前一个音节的调长稍短等。在按规则汉语合成中,可将调长和调型一致起来,即:凡是平调、升调的调长适中,凡是降升调的调长较长,凡是降调的调长较短,轻声调长最短。声母的音长相对讲比较稳定。此外,根据实验语音学提供的经验,句子的最后一个音节的调长应比通常情况加长 20% 左右。除音长外,音节之间的间隙也对合成语音效果有一定的影响,适当的间隙会使语言听起来更为生动。

在汉语语音合成系统中,语句中各音节的声母和韵母的音长是按着音长协调规则来分配的。具体规则如下:

(1) 单音节按原始音长配给:将声母和韵母的原始音长,按着同一比例因子 D 变化,该比例因子随着重度 S_d 的变化如下:

$$D = 0.5 + 0.125 \times S_d \tag{9-30}$$

(2) 单音节声韵音长互补:

$$D_{f1} = k \times D_{f0} \tag{9-31}$$

式中,D_{f0} 为原始韵母音长,D_{f1} 为补偿后韵母音长,k 为补偿系数。如擦音声母音节"和、绘、画"与送气塞擦音声母音节"去"等原来较长的音节,补偿后,韵母音长有不同程度的缩短。

(3) 词处理:首先根据音长和重度的相关性,按下式修改声母和韵母的音长,修改前的声母和韵母的音长分别用 D_{i1} 和 D_{f1} 表示,而修改后的声母和韵母的音长分别为 D_{i2} 和 D_{f2},则有

$$D_{i2} = D_{i1} \times (0.5 + 0.125 \times S_d) \tag{9-32}$$
$$D_{f2} = D_{f1} \times (0.5 + 0.125 \times S_d) \tag{9-33}$$

其次,处在非词首位置的声母,其音长要比词首位置的声母音长短些,例如:

$$D_{i3} = 0.75 \times D_{i2} \tag{9-34}$$

(4) 短语处理:几个词组成短语后,各音节的重度再次变化,按式(9-30)计算音长。

(5) 句子处理:成句后,首先要在各短语前加上适当的间隙;其次,在某些音节上有强调重音时,音长(特别是韵母)要随之增加;最后,对于句末的非轻声音节,其音节音长(尤其是韵母),会随该音节的声调不同而有所增加。

5. 幅度的协调规则

幅度协调规则也是以重度为参量,在音节、词、短语和句子各层次中,按照下式调整浊音源幅度的基值:

$$A = 40 + 40 \times (0.5 + 0.125 \times S_d) \tag{9-35}$$

9.4.2 多音节协同发音规则合成

协同发音指的是与不同语音音段相连的发音态势。在前面韵律规则合成中的转接和音渡现象属于音节内部的协同发音,本节主要介绍合成多音节词语时,音节间的协同发音。

在合成多音节词语时,将音节间的协同发音效应归纳成协同发音规则,按规则增添或修改相应音段的合成参数,这样就可以合成出音色较为自然连贯的多音节词语。具体的协同发音规则如下:

规则 1:增加后过渡段。如在一个多音节词中,某一音节后面还有其他音节,则该音节会出现后过渡段,如图 9-13 所示,音长为 T_6,目标值为 F_{v6}。在该后过渡段中,某一个共振峰轨迹 $F(t)$ 按着下式从元音段的终点 t_5 处的共振峰频率 F_{v5} 向着相应的 F_{v6} 过渡,直到该音段的终点 t_6 时刻为止:

$$F(t) = F_{v5} + F_{v6}\big[(t-t_5)/T_6\big]^2, \quad t_5 < t < t_6$$
$$(9-36)$$

式中，$F_{v6} = \alpha \times (F_l - F_{v5})$。系数 α 和 F_l 随后接音节的声母类型而变，对于大多数类型来说，F_l 是后接辅音的音轨频率，即后音节的前过渡段的目标值。

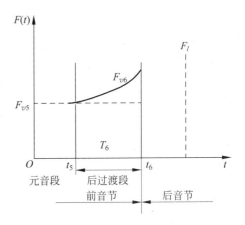

图 9-13　协同发音规则 1 的图示

规则 2：鼻韵尾被同化。如果某一带鼻韵尾 N_1 的音节，后接鼻声母 N_2，则鼻韵尾 N_1 将被同化为鼻声母 N_2。

规则 3：鼻韵尾丢失。如果某一带鼻韵尾 N_1 的音节，后接零声母音节，则鼻韵尾 N_1 将丢失，后音节元音段被鼻化。

规则 4：边音段有动态变化。如果某一有边音声母的音节，连在另一音节之后，则该边音段将出现频谱上的动态变化。前音节的韵尾为元音时，该边音段动态变化的起始频率为规则 1 中的 F_{v6}，终点频率为边音段的极点频率；前音节的韵尾为鼻音时，该边音段动态变化的起始频率为鼻音的极点频率，终点频率为边音段的极点频率。

规则 5：元音段起点共振峰频率的改变。如果零声母音节为后音节，则元音段起点的共振峰频率 F_{vl} 会改变，其值等于规则 1 中的 F_{v6}。

9.4.3　轻声音节规则合成

在普通话中，几乎任何带 4 个正规声调之一的音节，在一定条件下都能转变为轻声。汉语轻声音节大多是固定的，主要有以下几类：

(1) 单音节中有些结构助词、语气助词、方位词、趋向动词、词缀等读轻声；

(2) 双音节词的轻声处于后音节，构成"重轻"格；

(3) 三音节词中的中缀和后缀轻读；

(4) 重叠式中的后面部分轻读。

对于规则合成来说，可以利用规则将非轻声音节的有关参数变为轻声音节的参数。下面分别讨论轻声音节在音长、音高、音强和音色等方面的合成规则。

1. 音长规则

轻声音节的音长为"重读音长度的一半左右"，所以合成时，设原声母段音长和原韵母段音长分别为 T_i 和 T_f，可以按照下面的公式计算缩短后声母段音长 T_i' 和韵母段音长 T_f'。

$$\begin{cases} T_i' = 0.5 T_i \\ T_f' = 0.5 T_f \end{cases} \qquad (9-37)$$

2. 音高规则

传统语音学认为，在音高方面，轻声音节全部"失去本调""调域为零"。声学分析表明，阴平、阳平和去声后的轻声音节的声调曲线呈下降趋势；上声后的声调曲线则先平后降。

3. 音强规则

轻声音节的音强比较弱,听起来不如重音音节响亮。合成时可按照下面公式分别降低清声源幅度 A_u 和浊声源的幅度 A_v 为 A_u' 和 A_v':

$$\begin{cases} A_u' = A_u - 5\text{dB} \\ A_v' = A_v - 5\text{dB} \end{cases} \tag{9-38}$$

4. 音色规则

轻声音节在音色上与重读时是有差别的。在声母方面,最明显的是不送气清塞音和清塞擦音常常浊化;在韵母方面,轻声音节的主要元音被央化(即共振峰频率 F_1、F_2、F_3 向 $e/\partial/$ 的方向移动),复合元音韵母的动程也缩小,鼻韵尾也会消失。因此在合成这些音时,将韵母主要元音的共振峰频率目标值 F_i 进行央化处理,即

$$F_i' = F_i + \alpha(F_{\partial i} - F_i) \tag{9-39}$$

式中,$i=1$、2、3 分别对应 F_1、F_2、F_3;α 是央化因子;$F_{\partial i}$ 是央化元音 $/\partial/$ 的共振峰频率。当 $\alpha=1$ 时,原韵母的主要元音被完全央化;当 $\alpha=0$ 时,主要元音不被央化。

9.4.4 儿化音节的规则合成

儿化音节是普通话中具有特色的一类音节,韵母中除了自成音节的 $/\partial r/$ 外,全都可以儿化。在规则合成系统中,利用从非儿化音节到儿化音节的转变规律,合成儿化音节。

"儿化"的卷舌作用从韵腹开始,直到韵尾,韵头并不受影响。儿化韵的声学特性主要表现在 F_3 随时间大幅度下降(到 1.5kHz 附近),向 F_2 接近。越是接近,听感上的卷舌色彩也越重。儿化韵尾的 F_1 与 F_2 分别在 0.5kHz 和 1kHz 附近。通过大量的分析,可归纳出儿化音的两个变体:r_1 和 r_2,其共振峰频率的目标值如表 9-2 所示。

表 9-2 儿化韵尾两个变体的共振峰频率的目标值(Hz)

共振峰 变体	F_1	F_2	F_3
r_1	600	1200	1600
r_2	550	900	1500

合成时,用 r_1 或 r_2 取代韵母段上的结尾目标值。例如以元音 $/u/$ 结尾时用 r_2。以其他元音结尾时用 r_1;当韵母以鼻音 $/n/$ 结尾时用 r_1,鼻音丢失;当韵母以 $/ng/$ 结尾时用 r_2,鼻尾丢失,但元音要鼻化。

9.5 基于 HMM 的参数化语音合成技术

大规模语料库合成虽然是目前的主流方法,但也存在较多缺陷,例如,合成语音的效果不稳定、音库构建周期太长以及合成系统的可扩展性差等。这些缺点限制了大规模语料库合成系统在多样化语音合成方面的应用。因此研究者提出基于统计声学建模的语音合成方法,可实现合成系统的自动训练与构建,所以又被称为可训练的语音合成。其基本思想就是对输入的语音数据进行声学参数的建模,并以训练得到的统计模型为基础构建相应的合成

系统。

在各种基于统计声学建模的语音合成的方法中,基于隐马尔可夫模型的参数生成合成(HMM-based speech synthesis)方法得到最为充分的发展,并展示了其良好的效果。这种参数语音合成方法提出初期,由于受模型训练算法的不成熟以及参数合成器合成性能的限制,其效果与大规模语料库合成系统有较大的差距,因此,并没有引起研究人员广泛的重视。但经过对其模型训练算法的改进,以及高性能的 STRAIGHT(speech transformation and representation using adaptive interpolation of weighted spectrum)合成分析算法的提出,其合成效果有了明显提高。

在 STRAIGHT 合成分析算法的基础上,基于 HMM 语音合成的系统可以得到良好的合成效果,其框图如图 9-14 所示。这种语音合成方法主要分为两个阶段:训练阶段和合成阶段。

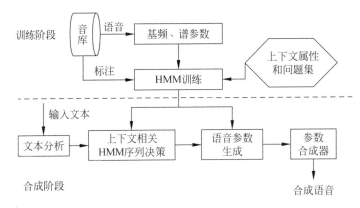

图 9-14　基于 HMM 参数语音合成系统框架

在训练阶段,对用于训练的语料进行参数提取,包括反映声道特性的频谱参数和反映激励特性的基频参数等。在 HMM 建模中,谱参数部分采用连续概率分布的 HMM 进行建模,基频参数采用多空间概率分布(multi-space probability distribution,MSD) HMM 进行建模。在合成阶段,首先对给定的待合成文本进行上下文分析,并将文本转换成模型的单元序列;然后根据基于 HMM 语音合成方法的参数生成算法,同时考虑语音参数的静态参数和动态参数,得到连续的目标语音参数序列;最后通过语音合成器生成待合成的语音。

9.5.1　基于 HMM 参数语音合成系统的训练

在 HMM 模型训练前,首先要对一些建模参数配置,包括建模单元的尺度、模型的拓扑结构、状态数目等。有关 HMM 本身详细的分析见第 6 章。在配置完参数后,还需要进行数据准备。一般训练数据包含两部分:声学数据以及标注数据。其中声学数据包括谱和基频,它们可以通过前述方法从语音波形中分析得到。标注数据主要包括音段切分和韵律标注,其中的切分信息并不是很重要,自动切分的结果基本上就可以满足要求;而对于韵律标注,则可以通过自动或人工的方法进行。除此之外,模型训练之前,还有一个重要工作就是对上下文属性集和用于决策树聚类的问题集进行设计,即根据先验知识来选择一些对声学参数(谱、基频和时长)有一定影响的上下文属性,并设计相应的问题集,比如前后调、前后声韵母等。需要注意的是,这部分工作是与语种或发音风格相关的。训练过程如图 9-15 所示。

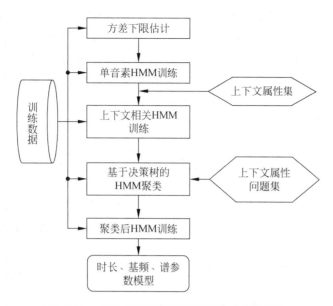

图 9-15 基于 HMM 的参数语音合成训练流程

1. 方差下限估计

在上下文相关模型训练中,由于上下文属性可能的组合远大于训练数据的数目,每个上下文相关模型对应的训练数据只有 1 个到 2 个,使得模型方差接近于零。为了避免方差过于接近零,需要预先设定一个方差的下限。由于采用谱参数和基频参数的静态以及动态特征来进行 HMM 建模,因此对不同的参数需要设定不同的方差下限。对此,根据所有数据的统计属性来自动计算各阶参数对应的方差下限。

2. 单音素模型训练

在进行方差下限估计后,要对该语种对应的所有单音素 HMM 进行初始化和训练,得到的模型用于进行上下文相关模型的扩展和初始化。一般可以先进行 Viterbi 训练,然后再进行 Embedded(嵌入式)训练。

3. 上下文相关模型训练

在得到训练好的单音素模型后,先根据上下文属性集合进行模型扩展,然后对扩展后的模型进行 Embedded 训练。由于每个音素在不同的上下文环境中发音会发生相应的变化,所以在建模的过程中需要考虑到不同的上下文环境对合成语音的影响。一般上下文环境选择包括前后音素、重音和韵律边界。其中前后音素记录当前音素的前一个音素和后一个音素的具体内容。由于不同音素组合时,会发生连读等现象的音变,这样会改变原有音素的声学特性,所以在考虑音素上下文影响时,将模型表示成"l−c+r"的形式,针对不同前后音素组合的模型来建模。另外,语法重音对音素的声学特征有很强的影响。语法重音分为韵律词重音、韵律短语重音和语调短语重音。当音素位于不同的重音位置时,其发音会发生相应的变化,重读的程度也是不同的。例如,当某一音节是句子重音时,其发音同这个音节不是重音的发音有明显的不同,两种情况下,音节发音的韵律特征差别较大,时长和基频也有相当大的变化。因此对重音的影响,也应该在建立声学模型时考虑进去,将不同重音下的音素模型区分开来,建立各自不同重音环境下的模型。最后是韵律边界的影响。所谓韵律边界是从声学的角度,将语句划分为一定的层次结构。它类似语法的词、短语和句子的划分,但又有一定的本质上的不同。韵律词是从声学角度来判断,就是那些在句子发音中结合比较紧密的音节、语法词的组合。在其内的各个音节之间感觉不到任何停顿。从声学角度看,韵律词就是语音发音的基本单元。而韵律短语是由韵律词组成,在韵律短语的边界能明显感知有停顿的存在。语调短语边界就是指在连续语音中存在比较长时间的停顿。

正如上面提到的,由于采用的上下文属性的集合数远大于训练数据的数目,因此对每一个上下文相关模型,其对应的训练数据非常有限。

4. 基于决策树的模型聚类

由于对每个上下文相关模型,其对应的训练数据可能只有 $1 \sim 2$ 个,导致模型的参数在训练后基本上都"过拟合"到那 1、2 个数据上。因此,采用基于决策树的聚类方法对上下文相关模型进行聚类,以提高模型的顽健性,以及模型复杂度和训练数据量之间的均衡性。其实现过程如下:

(1) 把所有模型(包括对应的训练样本数目信息)都放到根结点,作为当前待分裂的结点;

(2) 遍历属性问题集中的所有问题,对当前待分裂结点进行分裂尝试并计算得分,取得分最高的问题作为最终的分裂问题,如果它的得分大于某个门限,而且分裂后的结点中的训练数据不低于某个预先设定的门限,则对当前结点进行分裂,否则不进行分裂;

(3) 对分裂后的结点重复(2)操作,直到所有的叶子结点都不能分裂为止。

在决策树聚类的具体实现中,挑选合适的问题对结点进行分裂需要注意两个关键问题:一是如何计算分裂问题的得分以及确定相应的得分门限。在最初的最大似然准则下,是通过计算分裂前后结点的似然度差异作为分裂问题的得分,门限则是通过经验和实际尝试来确定。而这里基于 HMM 的参数语音合成方法中,使用最多的是最短描述长度准则,分裂问题的得分计算和最大似然估计准则相同,但门限可以根据训练数据量,以及使用的特征维数自动估算出来。二是确定结点中所包含的训练数据的最小数目门限。具体的决策树构建见第 6 章。

5. 聚类后模型训练

模型聚类后,还需要进一步地对其进行训练,以优化模型参数。训练算法与上下文相关模型训练相同,同时输出各个状态模型的状态停留时间的统计数据。

6. 时长建模

这里要先根据各个状态模型的停留时间统计信息对上下文相关时长模型进行初始化,然后同样采用决策树的方法对模型进行聚类。

对于一个语音合成系统来说,控制语音的状态时长是一个复杂的问题,因为影响语音状态时长的因素有很多,例如发音基元的特征、强调程度,以及其在句子/词语中的位置等。并且这些因素同时也在相互影响。如果状态的时长仅仅由 HMM 中状态驻留概率决定,那么状态时长与状态 i 的关系为

$$p_i(d) = (a_{ii})^{d-1}(1 - a_{ii}) \tag{9-40}$$

式中,$p_i(d)$ 为连续观测到 d 帧属于状态 i 的概率;a_{ii} 代表状态 i 的驻留概率。

当语音合成中需要调节基元的时长时,这种服从指数分布的概率密度函数并不能很好地控制状态或基元的时长。为了能够适当地控制时长,HMM 应该有一种方便控制的密度函数。所以状态时长的密度选择由参数型的概率密度函数来描述。这里状态持续时长由一

个单高斯分布模型描述。高斯分布密度的维数与 HMM 的有效状态数相同,第 n 个维度与 HMM 第 n 个有效状态相对应。而状态持续时长密度函数由 HMM 状态转移概率来估计,它在状态共享后的嵌入式迭代训练的最后一次迭代中得到。

$$\xi(i) = \frac{\sum_{t_0=1}^{T} \sum_{t_1=t_0}^{T} \chi_{t_0,t_1}(i)(t_1 - t_0 + 1)}{\sum_{t_0=1}^{T} \sum_{t_1=t_0}^{T} \chi_{t_0,t_1}(i)} \tag{9-41}$$

$$\sigma^2(i) = \frac{\sum_{t_0=1}^{T} \sum_{t_1=t_0}^{T} \chi_{t_0,t_1}(i)(t_1 - t_0 + 1)^2}{\sum_{t_0=1}^{T} \sum_{t_1=t_0}^{T} \chi_{t_0,t_1}(i)} \tag{9-42}$$

式中,$\chi_{t_0,t_1}(i)$ 代表从 t_0 时刻到 t_1 时刻 HMM 驻留在状态 i 的概率,即

$$\chi_{t_0,t_1}(i) = (1 - \gamma_{t_0-1}(i)) \prod_{t=t_0}^{t_1} \gamma_t(i)(1 - \gamma_{t_1+1}(i)) \tag{9-43}$$

式中,$\gamma_t(i)$ 代表 t 时刻状态 i 的驻留概率。这里定义 $\gamma_{-1}(i) = \gamma_{T+1}(i) = 0$。

在计算状态时长时,给定一个长度为 T 帧的语音,求一个状态序列 $q = \{q_1, q_2, \cdots, q_T\}$,使得 $\log P(q \mid \lambda, T) = \sum_{k=1}^{K} \log p_k(d_k)$ 在条件 $T = \sum_{k=1}^{K} d_k$ 下取得最大值。其中 $p_k(d_k)$ 是在状态 k 中时长为 d_k 的概率。K 则代表在 HMM 中状态总数。

使 $p_k(d_k)$ 的对数和达到最大的 $\{d_k\}_{k=1}^{K}$ 可以由下式给出:

$$d_k = \xi(k) + \rho \sigma^2(k) \tag{9-44}$$

$$\rho = \left(T - \sum_{k=1}^{K} \xi(k) \right) \tag{9-45}$$

式中,$\xi(k)$ 和 $\sigma^2(k)$ 分别为状态 k 下时长分布密度的均值和方差。

可以看出,由参数 ρ 可以控制总时长 T,也就可以通过修改 ρ 来达到调整语速的目的。如果希望得到平均的语速,那么 ρ 应该设置为 0;若要提高或降低语速,则将 ρ 相应地设为正值或者负值即可。由上式还可以看出,高斯密度的方差 $\sigma^2(k)$ 代表了状态 k 在时长变化时的"范围"。

7. MSD-HMM 建模

虽然现有的基频建模方法效果不错,但考虑到基频与谱参数的相关性,以及需要进行的状态对齐,这里对基频和谱参数采用统一的 HMM 建模方式。由于基频参数不同于谱参数,它在时间轴上是一个不连续的量,在浊音段表现为一个一维的基频值,而在清音段则没有基频值。因此,传统的 HMM 并不能直接对基频进行建模,而需要对清音段做一定的处理,一般的处理方法有以下几种:

(1) 通过一个方差为无穷大的随机分布生成相应的值,以替代清音段的基频值,然后可以直接利用传统的 HMM 对基频进行建模;

(2) 基于两段的浊音基频对清音段进行内插,使得在所有的区域都有基频值,然后直接采用传统的 HMM 对基频进行建模;

(3) 通过在 HMM 中添加一个均值为 0 的混合高斯来对清音段进行建模;

(4) 假定在清音段也有基频值,但是观测不到。然后采用 EM 算法来计算参数。

从实际效果来看,这几种方法并不是很好。因此,K. Tokuda 提出了多空间概率分布(MSD)的 HMM 来对基频参数进行建模,下面对此加以介绍。

在 MSD-HMM 中,考虑到一个样本空间 Ω 是由 G 个子空间构成,如图 9-16 所示。

$$\Omega = \sum_{g=1}^{G} \Omega_g \tag{9-46}$$

式中,Ω_g 是一个 n_g 维的实空间 R^{n_g},g 为空间索引值。对于每一个空间 Ω_g,它都有一个相应的空间权重 w_g,即 $P(\Omega_g) = w_g$,其中 $\sum_{g=1}^{G} w_g = 1$。

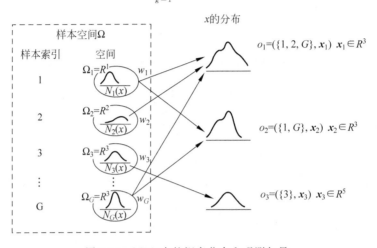

图 9-16   MSD 中的概率分布和观测矢量

如果 $n_g > 0$,则空间对应有一个分布 $N_g(x)$,$x \in R^{n_g}$。而当 $n_g = 0$ 时,假设 Ω_g 只有一个样本。在此样本空间的样本 o 可以表示为一个观测矢量 x 以及对应的空间索引值 X,即 $o = (X, x)$。如图 9-16 右边所示。其输出概率可以表示为

$$b(o) = \sum_{g \in S(o)} w_g N_g(V(o)) \tag{9-47}$$

式中,$S(o) = X$;$V(o) = x$。需要注意的是,当 $n_g = 0$ 时,$N_g(x) \equiv 1$。

前面提到,由于基频参数在浊音段表现为一个连续值,而在清音段没有观测值,因此将多空间概率分布应用到基频建模时,假定在浊音段为一个一维的变量空间,而在清音段为一个 0 维的变量空间,即设置 $n_g > 0 (g = 1, 2, \cdots, G-1)$ 和 $n_G = 0$,并且

$$S(o) = \begin{cases} \{1, 2, \cdots, G-1\} & \text{元音} \\ \{G\} & \text{辅音} \end{cases} \tag{9-48}$$

在实际系统中,G 取值为 2,即样本空间为两个子空间。同时,把谱参数和基频参数结合在一起进行 HMM 建模,其参数构成如图 9-17 所示。其中第 1 个参数流为谱参数,包括静态参数、一阶和二阶差分参数,采用连续概率分布进行建模;第 2 到第 4 个参数流分别为基频参数的静态值、一阶和二阶差分参数,各自采用多空间概率分布进行建模。在进行 HMM 训练时,似然值计算是谱参数和基频参数结合在一起进行的,而在进行上下文相关模型的决策树聚类时,谱参数和基频参数是分开进行的。

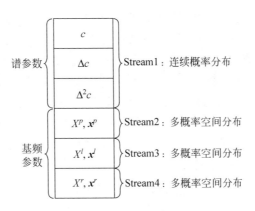

图 9-17 谱和基频参数结合建模

通过上面的训练流程,最后训练得到的模型包括谱、基频和时长参数的聚类 HMM 以及各自的决策树。此外,可以看出上面整个训练流程都是自动进行的,需要的人工干预很少。

9.5.2 基于 HMM 参数语音合成系统的合成阶段

在合成过程中,首先是对输入文本进行分析,得到需要的上下文属性;然后根据这些属性在时长、基频和谱参数的聚类决策树基础上进行分析,得到相应的模型序列,由状态时长 HMM 得到基元各状态的持续时长;根据状态时长、基音周期 HMM 和谱参数 HMM,进行参数合成,并通过合成器合成出最终的语音,具体过程如图 9-18 所示。

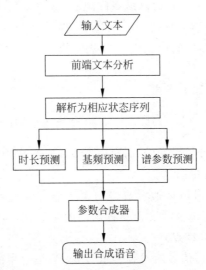

图 9-18 基于 HMM 参数语音合成流程

在参数合成阶段,可以采用 STRAIGHT 方法。它是一种针对语音信号的分析合成算法,它利用提取的语音参数能恢复出高质量的语音,并能对时长、基频以及谱参数进行高灵活度的调整。其核心思想仍然是一种源—滤波器的思想,但以往采用这种思想的一些算法合成的语音质量不够好,并且调整能力也不强。STRAIGHT 算法在原有工作的基础上进行了相应的改进,一方面通过采用一些基于听觉感知的方法对语音合成端进行改进,以提高合成语音的音质;另一方面,通过消除谱参数中的周期性来提高谱估计的准确性,由此实现了源与滤波器的完全剥离,提高了参数调整时的灵活度。它主要由以下几部分组成。

1. 去除周期影响的谱估计

对语音信号 $s(t)$ 进行短时傅里叶分析,就可以得到正常的语谱图表示 $F(\omega,t)$。由于在利用时间窗进行短时处理时,希望得到时间域和频率域最佳的解析。从时频分析的角度来看,根据不确定原理,若想得到时间域和频率域最佳的解析,要求窗函数在时间域和频率域具有相同的解析能力,这样的窗函数形式为

$$w(t) = \frac{1}{\tau_0} e^{-\pi(t/\tau_0)^2} \tag{9-49}$$

对应的频谱为

$$W(\omega) = \frac{\tau_0}{\sqrt{2\pi}} e^{-\pi(\omega/\omega_0)^2} \tag{9-50}$$

式中,$\omega_0 = 2\pi f_0$。由于 $\tau_0(t) = 2\pi/\omega_0(t)$ 是随时间变化的,因此分析窗函数的大小也要自适应地跟随这种变化。

在 $F(\omega,t)$ 中,无论从时域还是频域的角度,都可以清晰地看到语音信号的周期性对信号时频表示的影响。在 STRAIGHT 方法中,希望可以利用一些特殊的点,来得到平滑的信号时频表示 $S(\omega,t)$。

在 STRAIGHT 方法中元音的周期激励可看作是对 $S(\omega,t)$ 三维空间的采样,并且采样后的信息完全可以表示全局的声源特性和发音器官的变化过程。这样对于准周期(基音周期为 τ_0)的信号 $s(t)=s(t+n\tau_0)$,在时间域每间隔 τ_0、频率域每 $f_0=1/\tau_0$ 都可以对 $S(\omega,t)$ 提供有用的信息。即元音的频谱采样可以对 $S(\omega,t)$ 提供部分有用的信息。在 STRAIGHT 方法中,就是希望利用这种部分的信息恢复出整体的 $S(\omega,t)$ 的信息谱,从而达到对信号频谱表示平滑的目的。

可以将语音信号表示为如下形式:

$$s(t) = \sum_{k \in N} \alpha_k(t) \sin\left(\int_{t_0}^{t} k(\omega(\tau) + \omega_k(\tau)) d\tau + \phi_k\right) \tag{9-51}$$

式中,$\alpha_k(t)$ 表示第 k 个谐波分量时变的幅值调制;$\omega_k(t)$ 表示第 k 个谐波分量的时变的角频率;φ_k 表示在时刻 t_0 的初始相位。

式(9-51)表示语音信号可以近似看成是由正弦信号经过频率和幅值调制后组成的多个谐波之和。如果假设 $S(\omega,t)$ 表示发音器官运动的全局特征,它是平滑后的语谱图,则可以认为 $\alpha_k(t)$ 表示 $S(\omega,t)$ 的采样点。

这里的目标是重构平滑后信号的时频表示 $S(\omega,t)$,最简单的方法就是采用双线性函数刻画采样点之间的曲面,但由于真实的语音信号只是准周期信号,因此用这种双线性函数会带来一定的误差,可以利用插值函数来解决这个问题。令 $h_t(\lambda,\tau)$ 表示一个插值函数,则平滑后的 $S(\omega,t)$ 为

$$S(\omega,t) = \sqrt{g^{-1}\left(\iint_D h_t(\lambda,\tau) g(|F(\omega-\lambda,t-\tau)|^2) d\lambda d\tau\right)} \tag{9-52}$$

式中,D 表示插值函数 $h_t(\lambda,\tau)$ 作用的支撑曲面,这里的插值函数 $h_t(\lambda,\tau)$ 要求保持双线性曲

面的特点,即

$$h_t(\lambda,\tau) = \frac{1}{4}(1-|\lambda/\omega_0(t)|)(1-|\tau/\tau_0(t)|) \tag{9-53}$$

式中,$\omega_0(t)=2\pi f_0(t)$,并且$[-\omega_0(t)\leqslant\lambda\leqslant\omega_0(t),-\tau_0(t)\leqslant\tau\leqslant\tau_0(t)]$。其中 $g(\ )$ 函数的选取决定插值的质量。如果 $g(x)=x$,则插值函数保留信号的能量,如果 $g(x)=x^{1/3}$,则保留能察觉到的响度。

另外一种方法是通过对窗函数的调整来达到平滑的目的。它包括两个方面的平滑,一是去除时间轴上的周期性,二是去除频率轴上的周期性。

(1)去除时间轴上的周期性:它采用基音同步叠加补偿窗的方法来计算频谱,并在时域上平滑;这时需要重新构建一个窗函数 $w_c(t)$,可以对基音周期自适应;通过该窗函数,能使最后的频谱对基音周期的误差敏感度降低,其构造为

$$w_c(t) = w_p(t)\sin\left(\pi\frac{t}{\tau_0}\right) \tag{9-54}$$

式中,$w_p(t)=\mathrm{e}^{-\pi(t/\tau_0)^2}*h(t/\tau_0)$,$h(t)=\begin{cases}1-|t|, & |t|<1\\ 0, & 其他\end{cases}$。

图 9-19 给出两个窗函数的对比,图中实线是新构造的窗函数,虚线是原始的窗函数。

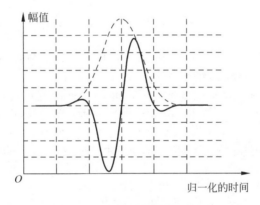

图 9-19　两种窗函数的对比

(2)去除频率轴上的周期性:通过对频谱与三角窗卷积,并进行频率轴上的平滑,得到最终的谱包络。

2. 平滑可靠的基频轨迹提取

通过在频谱上进行谐波分析,可以得到更为精确和稳定的基频轨迹。

3. 合成器的实现

在利用 STRAIGHT 合成语音时,需要的输入数据为语音的基频曲线数值和经过时间轴和频率轴平滑后的二维的谱包络。在合成时使用的是基于基音同步叠加和最小相位冲激响应的方法,并且在合成过程中可以实现时长、基频和谱参数的调整。

总体而言,基于 HMM 的参数合成方法,相对于现在大规模语料库系统的优势在于:可以在短时间内,基本上不需要人工干预的情况下,自动构建一个新的系统,因此对于不同发音人、不同发音风格、甚至不同语种的依赖性非常小。而它的不足之处在于:由于采用模型来生成目标参数,并基于参数合成器来合成最终的语音,其合成效果,尤其是生成语音的音

质与原始语音相比还是有不小差距。

本章介绍了一些语音合成方法,总体来看,计算机要真正像人一样说话,与人类自由地进行交谈,还需要一段时间,并且还需要做大量的研究工作。现在的语音合成系统还不能脱离机器腔,与生动自然的人类语言还相差较远。语音合成技术还有很多方面需要深入研究,例如在提高合成语音的自然度方面,需要对连续语音的韵律规则进行总结,将其定性的描述尽可能定量化;在丰富合成语音的表现力方面,将合成的语音赋予个人的感情色彩。另外,随着语音合成技术走向市场,降低语音合成技术的复杂性也很关键。最后,多语种文语合成在今天开放的信息社会和网络时代也显得十分重要,但毋庸置疑,语音合成技术在今天可以走出实验室进入市场的基础上,它的明天将会更加辉煌。

参考文献

[1] 石波,吕士楠.汉语普通话按规则合成系统[J].声学学报,1995,20(2):146-155.

[2] 陈愉,张宗红,李炜,等.PSOLA 技术在汉语文—语转换系统中的应用[J].计算机工程,2000,26(1):84-86.

[3] 蔡莲红.波形编辑语音合成技术及在汉语 TTS 中的应用[J].小型微型计算机系统,1994,15(10):11-16.

[4] 郑新春,柴佩琪.语音拼接合成中基于"调素"论的时长标尺修改[J].计算机工程,2001,27(3):60-61.

[5] 郑新春,柴佩琪.基于 FD-PSOLA 算法的语音合成分析方法[J].微型电脑应用,2001,17(7):26-29.

[6] 陈永彬,王仁华.语言信号处理[M].中国科学技术大学出版社,1990.

[7] Charpenter F J,Stella M G. Diphone Synthesis Using an Overlap-add Technique for Speech Waveform Concatenation[C]. In: Madisetti V K.. ICASSP 96. Atlanta,USA:IEEE Press,1996,2015-2018.

[8] Morais E S,Taylor P,Violaro F. Concatenative Text-To-Speech Synthesis Based on Prototype Waveform Interpolation[C]. In: Yuan B Z. ICSLP2000. Vol. 2. Beijing,China:China Military Friendship Publish,2000,387-391.

[9] 吴洁敏,朱宏达.汉语节律学[M].北京:语文出版社,2001.

[10] 赵元任.语言问题[M].台湾:台湾学生出版社,1977.

[11] 张刚,张雪英,等.语音处理与编码[M].北京:兵器工业出版社,2000.

[12] 曹剑芬.普通话轻声音节的特性分析[J].应用声学,1986,5(4):1-6.

[13] 冯隆.北京话语流中声韵调的时长[M].北京:北京大学出版社,1985.

[14] 初敏,唐涤飞,司宏岩,等.汉语音节音联感知特性研究[J].声学学报,1997,22(2):104-110.

[15] 吕士楠,齐士钤,张家騄.合成言语自然度的研究[J].声学学报,1994,19(1):59-65.

[16] 初敏,吕士楠.一种高清晰度、高自然度的汉语文语转换系统[J].声学学报,1996,21(4)增刊:639-647.

[17] 王蓓,吕士楠,杨玉芳.汉语语句中重读音节音高变化模式研究[J].声学学报,2002,27(3):234-240.

[18] 林焘,王理嘉.语音学教程[M].北京:北京大学出版社,1991.

[19] 吴宗济,林茂灿.实验语音学概要[M].北京:高等教育出版社,1989.

[20] 杨行峻,迟惠生,等.语音信号数字处理[M].北京:电子工业出版社,1995.

[21] 凌震华.基于统计声学建模的语音合成技术研究[D].合肥:中国科学技术大学,2008.

[22] Hideki Kawahara,Ikuyo Masuda-Katsuse and Alain de Cheveigne. Restructuring Speech Representations Using a Pitch-adaptive Time-frequency Smoothing and an Instantaneous-frequency-

based F0 Extraction: Possible Role of a Repetitive Structure in Sounds[J]. Speech Communication, 27,3-4,pp. 189-207 (1999).

[23] T. Yoshimura, K. Tokuda, T. Masuko, et al. Duration Modeling in HMM-based Speech Synthesis System[J]. Proc. of ICSLP, vol. 2, 29-32, 1998.

[24] 徐思昊. 基于 HMM 的中文语音合成研究[D]. 北京：北京邮电大学,2007.

[25] 杜嘉. HMM 在基于参数的语音合成系统中的应用[D]. 上海：上海交通大学,2008.